河南省地质环境监测院建院三十周年论文选编（1980—2010）

河南省地质环境监测院　编

黄河水利出版社

·郑州·

内 容 提 要

本书摘录了河南省地质环境监测院建院30年来先后在国际和国内学术期刊上发表的优秀学术论文100余篇，内容包括水文地质、环境地质、地质灾害研究与防治、地热矿泉水、矿山地质环境恢复与治理等方面。该论文选编的出版将为河南省更好地开展地质环境研究工作发挥重要作用。

本书可供国土资源、地质矿产、煤田地质、有色地质、石油化工勘察等部门从事相关专业的技术人员及管理人员阅读参考。

图书在版编目（CIP）数据

河南省地质环境监测院建院三十周年论文选编：1980—2010/河南省地质环境监测院编. —郑州：黄河水利出版社，2010.12
ISBN 978 - 7 - 80734 - 938 - 9

Ⅰ.①河…　Ⅱ.①河…　Ⅲ.①地质环境 - 环境监测 - 中国 - 1980—2010 - 文集　Ⅳ.①X83 - 53

中国版本图书馆 CIP 数据核字(2010)第 227272 号

组稿编辑：王路平　电话：0371 - 66022212　E-mail：hhslwlp@126.com

出　版　社：黄河水利出版社
　　　　　　地址：河南省郑州市顺河路黄委会综合楼 14 层　　邮政编码：450003
发行单位：黄河水利出版社
　　　　　发行部电话：0371 - 66026940、66020550、66028024、66022620(传真)
　　　　　E-mail：hhslcbs@126.com
承印单位：河南省瑞光印务股份有限公司
开本：787 mm×1 092 mm　1/16
印张：37.75
字数：870 千字　　　　　　　　　　　　　　印数：1—1 000
版次：2010 年 12 月第 1 版　　　　　　　　印次：2010 年 12 月第 1 次印刷

定价：160.00 元

河南省地质环境监测院建院
三十周年论文选编
（1980—2010）
编审委员会

代　序

三十年奋进，绘就地质环境事业新篇章

　　时光荏苒，星移斗转，河南省地质环境监测院已走过了30个春秋。1958年，地质部九四一队改为河南省地质局水文地质工程地质大队，揭开了河南省水工环地质工作的新篇章。1978年改革开放以后，河南省地质队伍机构调整，在原河南省水文地质工程地质大队的基础上，划分并成立河南省地质局地质十六队、地质十七队、地质十八队。1980年12月，为加强对全省水文地质工作的管理，河南省地质局成立了河南省地质局水文地质管理处。1984年，按照国家地质矿产部的要求，河南省地质局水文地质管理处更名为河南省地质矿产局环境水文地质总站，1990年更名为河南省地质矿产厅环境水文地质总站。2001年，更名为河南省地质环境监测总站，并划归河南省国土资源厅管理，2005年更名为河南省地质环境监测院。同时挂河南省国土资源厅地质灾害应急中心、河南省国土资源厅地质环境项目管理办公室的牌子，协助履行地质环境管理、保护职能，发挥业务支撑和决策参谋作用。我院作为公益性事业单位，主要承担全省地质环境项目和地质灾害应急工作。单位的职能从单一的水文地质调查评价监测，向水文地质、环境地质、地质灾害防治、矿山地质环境与地质遗迹保护等地质环境保护工作转变，由单一的技术服务向业务技术支撑转变。

　　地质环境是人类生存环境的重要组成部分，与人民群众的生产生活关系密切，地质环境保护工作日益受到广泛重视。水文地质、工程地质、环境地质在地下水资源开发与保护、城乡规划建设、环境保护等方面发挥着非常重要的作用。进入21世纪以来，传统水工环地质工作更加紧密地为经济社会发展服务，与之相关的城市地质、农业地质、旅游地质、灾害地质、矿山地质环境保护、地质遗迹保护和开发利用等得到快速发展。

　　岁月不居，天道酬勤。今天的环境院人才济济、装备先进、实力雄厚。当前拥有在职教授级高级工程师5人、高级工程师25人、工程师38人；博士研究生3人，硕士研究生5人，在读硕士研究生11人，90%以上职工有大专以上学历。30年来，在水文地质、工程地质、环境地质领域及地质灾害预防、治理等方面开展了卓有成效的工作，为政府决策和地方经济建设提供了科学支撑。

先后完成了国家、部、省级科研等各类项目数百项,取得了丰硕成果,其中获得厅级以上奖励70余项,获得部科技进步一等奖2项,二等奖5项。同时,广大技术人员勇于科技创新和刻苦研究总结,撰写了大量有学术价值的论文和专著,发表论文450余篇,出版专著40余部,为提升我国的学术水平做出了应有的贡献。

　　早在我院成立初期,老一代地质工作者在水文地质领域颇有建树。代表性科技成果有黄淮海平原咸水利用及改造试验研究、商丘地区浅层地下水资源评价攻关研究等,对平原区浅层地下水资源开发利用、农灌需水量的保证程度及旱涝碱综合治理有重要意义,在华北平原区得到大力推广。20世纪80年代初期,我院先后建成郑州、商丘地下水均衡试验场,进行潜水入渗蒸发及包气带水分运移机理研究,其成果对地下水资源评价理论与方法具有重要意义。还在全省地下水资源评价,地热、矿泉水调查评价,环境地质调查评价及地方病调查方面取得了开创性成果。在地质环境监测方面,从单一地下水动态监测拓宽到地下水、地质灾害、矿山地质、水土环境等地质环境监测全领域。监测方法从人工监测发展到远程自动化实时监测,从单孔单层到一孔多层监测,技术水平快速提高,部分技术达到国内领先水平。进入21世纪,我院在地质灾害防治与预警预报、矿山地质环境保护与治理技术等领域取得重大进展,多个领域填补我省技术空白,为政府宏观决策和地方防灾减灾提供了技术支撑,最大限度减少了人员伤亡和经济损失,为造福地方百姓发挥了积极作用。

　　在迎来我院成立30周年之际,论文选编的出版,既是我院30年科技能力和科技成果的展示,也是与省内外同行学习交流的重要载体。回眸往昔,我院同改革开放同步,与科学发展同行,那是一幅艰辛磨砺、开拓奋进的绚丽画卷,仰望枝头已是枝繁叶茂、硕果累累。展望未来,河南省地质环境监测院人豪情满怀,心潮激荡,正描绘着日新月异的地质环境监测事业新篇章。

河南省地质环境监测院院长　**杨昌生**

2010年10月

目　录

环境地质篇

地质灾害篇

综合篇

水文地质篇

河南省地下水资源可持续开发利用

宋云力   甄习春

（河南省地质环境监测院,郑州   450016）

摘   要:目前,河南省地下水资源利用状况彰显紧张,地下水污染日趋严重,已危及饮水安全,个别城市因过量开采地下水诱发了地面沉降等地质灾害。地下水开发利用存在的主要问题是资源量减少、水位持续下降、区域降落漏斗面积扩大、水质污染加剧、个别城市过量开采地下水引发地面沉降等。科学开发地下水资源、充分利用矿坑排水,统筹规划、科学管理、合理配置水资源,提高污水处理率、合理利用再生水,调整产业结构、建立节水型社会,加强地下水调查与监测、地下水环境保护等,是实现地下水资源可持续开发利用的关键。

关键词:地下水资源;可持续利用;河南省;污染

地下水资源是水资源的重要组成部分,也是人类赖以生存的宝贵资源。河南省水资源总体匮乏,特别是地下水资源利用日趋紧张,地下水污染比较严重,已危及饮水安全,个别城市因过量开采地下水诱发了地面沉降等地质灾害。水资源短缺问题已经成为制约河南省经济发展的重要因素,如何做好地下水资源的合理开发及环境保护,促进地下水资源的可持续开发利用,是迫切需要认真研究并加以解决的问题。

1   地下水资源开发利用概况

河南省地下水的天然补给资源总量为164.58亿 m^3/a(河南省地质环境监测院,2001年)。其中,按地域分布,山区丘陵区为38.87亿 m^3/a,平原岗地区为131.77亿 m^3/a(山区丘陵与平原岗地的重复量为6.06亿 m^3/a)。

河南省对地下水的利用历史非常悠久,但新中国成立初期,全省只有少量的土井开采地下水用做农灌和居民生活,工业用水开采地下水很少。

20世纪50年代末,全省农灌机井总数不足2万眼,井灌面积不足1 000万亩(1亩 = 1/15 hm^2,后同),估算地下水年开采量在20亿~25亿 m^3。70年代井灌发展很快,特别是豫北、豫东平原尤为迅速,地下水开采量也随之增加,平均每年开采地下水62.3亿 m^3。90年代,河南省地下水开采继续呈逐年增加趋势,从1990年的92.5亿 m^3 增加到1999年的129.70亿 m^3,年增长率为4%。90年代平均每年开采地下水111.61亿 m^3。

从供水构成比例看,地下水是主要供水水源。据统计资料,2000年全省总用水量为204.87亿 m^3,其中,开采地下水117.11亿 m^3,占57.2%,利用地表水为87.53亿 m^3(占

作者简介:宋云力(1962—),男,汉族,河南省杞县人,高级工程师,1984年毕业于长春地质学院水工系,工学学士。现从事水文地质、环境地质管理与研究工作。

42.7%),利用其他水源 0.23 亿 m³(占 0.1%)。

2 地下水开发利用面临的主要问题

2.1 地下水资源量减少

根据 1981 年第一次地下水资源评价结果,全省地下水天然补给资源总量为 179.44 亿 m³/a,2001 年第二次评价结果为 164.58 亿 m³/a,20 年来全省地下水天然补给资源量减少了 14.86 亿 m³。分析其原因,主要是气候变化及人类经济活动综合影响的结果。

近十几年来,大气降水相对偏少,地下水入渗补给量相应减少。根据多年资料分析,20 世纪 80 年代以后大气降水量有明显减少趋势。1956~1979 年全省平均降水量为 788.8 mm,1984~1993 年全省平均降水量为 745.0 mm,减少 5.5%。此外,降水减少还导致黄河上游来水量减少,影响黄河对两侧地下水的补给量。

人类对地下水的开采利用量持续增加,入渗条件改变,降水入渗系数亦相应减小,引起地下水位大幅度下降,埋深加大,也是导致地下水补给量减少的重要原因。如 1974 年,河南省平原区地下水水位埋深小于 4 m 的面积为 64 404 km²,大于 8 m 的面积仅为 696 km²。2006 年,地下水水位埋深小于 4 m 的面积减少到 43 638 km²,而水位埋深大于 8 m 的面积增加到 11 345 km²。另外,近年来因渠道多数进行了护砌,渠系渗漏补给地下水量也大幅度减少。

2.2 地下水水位持续下降、形成区域降落漏斗

河南省广大平原地区农业用水和城市供水主要以地下水作为水源,过量开采地下水使不少地区和城市地下水水位持续下降,降落漏斗面积不断扩大,水资源供需矛盾更加突出。

豫北的南乐、清丰、内黄、滑县及温县、孟州等地,自 1972 年以来,浅层地下水水位逐渐降低,水位埋深逐年加大,其原因主要是地下水的开采量大于补给量。汛期降水入渗补给地下水的量小于枯水期的超额开采量,致使水位年复一年地下降。目前,浅层地下水已形成两个区域降落漏斗:一个是滑县—南乐漏斗,面积达 4 826 km²(2006 年 4 月);另一个是温县—孟州漏斗,面积为 360 km²(2006 年 4 月)。

全省 18 个省辖市中,除信阳、洛阳、济源外,其他 15 个城市因地下水过量开采均形成面积不等的降落漏斗。如郑州市,20 世纪 50 年代中深层地下水为自流水,目前中深层地下水已形成面积达 277.25 km² 的降落漏斗,漏斗中心水位埋深 86.25 m(2006 年 4 月),水位累计下降近 100 m。

2.3 地下水水质污染

地下水水质污染是目前较突出的地质环境问题之一。地下水的污染源主要有工业废水、废渣排放,城市生活污水排放,农业污染源等;污染途径有直接渗漏污染,通过地表水沿河、渠下渗污染,污染土壤的间接污染等。

河南省工业废水、废渣排放一直呈逐年增长趋势。据统计,1985 年全省工业固体废物产生量为 1 871.0 万 t,1990 年为 2 039.0 万 t,1995 年为 2 792.0 万 t,1999 年达到 3 465.74 万 t。1965 年全省工业废水排放量仅为 4.9 亿 t,1985 年为 12.8 亿 t,1999 年为 10.91 亿 t。工业污水中的主要污染物有氰化物、砷化物、挥发酚、六价铬、汞、镉等。

城市人口增加,生活污水排放量增大,污水处理率低是地下水污染的另一个重要因素。2000年全省生活污水排放量达11.8亿t,超过亿吨的城市有郑州、洛阳、安阳等,而全省污水集中处理能力仅为30%左右,大量污水直接排入流经城市的河道,对河流两侧及下游地下水造成污染。如郑州市的熊耳河、金水河、贾鲁河,洛阳市的涧河,安阳市的安阳河,许昌市的清潩河,商丘市的包河,南阳市的白河,三门峡市的青农河,开封市的惠济河等,均成了城市的排污河道。

根据2000年水利部门监测资料,对全省13个水系的64条主要河流进行水质监测评价,控制河流总长5 094 km。评价结果是劣于Ⅴ类水标准的河流总长2 766 km,占54.3%;好于Ⅲ类水的河流长度1 401 km,占27.5%;Ⅳ类水占8.6%;Ⅴ类水占9.6%。山区河流水质相对较好,进入平原后由于接纳城镇工业和生活废污水,导致水质恶化;平原区河流大多是季节性河流,枯水季节的河水基本上是废污水,形成地下水的带状污染。

农业污染源主要是过量施用化肥、农药后,经灌溉和降水淋洗作用渗入地下,造成浅层地下水污染。化肥、农药的残留物不仅对土壤、地表水、地下水和农产品造成污染,而且通过食物影响人类的健康。据统计资料,河南省20世纪80年代以后,化肥、农药的施用量快速增长。1980年河南省化肥施用量为386.23万t,1998年高达1 510.14万t,农药施用量由1985年的1 218 t增加到1998年的9 100 t。

2.4 引发地面沉降等地质灾害

河南省平原区,第四系及新近系沉积厚度巨大,岩性以黏性土为主,胶结程度低,其中黏性土孔隙比大,压缩性强,大量抽取地下水后,压力降低,使地层压密,引发地面沉降。因开采地下水引发地面沉降的城市有洛阳、许昌、开封、濮阳等。

洛阳市区地面沉降始于1965年,当时的沉降量为4～12 mm,至1991年中心累计沉降量达43.6～138.4 mm,其中上海市场为沉降中心,沉降面积达5 km²左右,中心沉降速率为5.2 mm/a;许昌市1957～1985年累计地面沉降量为30.2～174.9 mm,平均沉降速率为2.79 mm/a;濮阳市1997年地面沉降量为57 mm,沉降范围约140 km²;开封市地面累计沉降量大于113 mm。

3 可持续开发利用地下水资源的对策与建议

3.1 合理利用地下水资源,促进地下水与生态环境向良性方向发展

浅层地下水被开采后,很容易从降水、地表水体得到补充,地下水资源容易再生,只要开采量合理,可以长期开采而不至于资源枯竭。一方面,应充分利用浅层地下水更新速度快、资源再生性强、可永续利用的特点,调整地下水开采战略,实行以浅为主的开发利用方针,促进地下水与生态环境向良性方向发展;另一方面,在水循环中,如果浅层地下水水位埋藏过浅,会使地下水自然循环受阻,且蒸发作用易促使包气带盐分不断累积而最终盐渍化,人类活动影响也使地下水极易遭受污染,导致地下水与生态环境趋于恶化。维持合理的地下水水位埋深,既有利于地下水良性循环、维持地表盐分和生态系统的自然平衡,又腾出含水层的空间,促进雨季得到较多降水入渗补给而储存更多的水资源。特别是河南省南部、东南部及黄河沿岸地下水开发程度较低,不少地区地下水水位埋藏浅,处于自然补排状态,应加强地下水的合理开发利用,降低地下水位,改变水循环系统,提高浅层水资

源的利用率。

承压水相对埋藏较深,一般不能直接从大气降水或地表水得到补给,尤其是深层承压水,循环条件差,一旦过量开采,水位恢复难度很大,甚至诱发出地面沉降、地裂缝等地质灾害,一般应采取保护性开采措施。

3.2　排供结合,合理利用矿坑排水

河南省是矿业大省,在矿产开采过程中地下水排放量很大,但目前利用程度低。特别是豫西、豫北山区,煤炭、铝土等矿产资源丰富,矿山排水量大,大部分矿区矿坑排水未能充分利用,若能将矿坑排水完全资源化,可缓解该地区的水资源紧张状况。

3.3　统筹规划,科学管理,合理配置水资源

(1)合理调配水资源。丰水期多利用地表水,枯水期多开发利用地下水。特别是沿黄河及其他大河两岸,枯水期加强开发地下水,腾出空间,以便汛期能得到较多的补给量,促使地表水转化为地下水;加强引黄力度,丰水期增加黄河水的引用量,多余部分补充地下水源,以丰补枯,使地下水得到合理的补偿。

(2)合理安排城市、工业及农业用水。目前,农业用水以开发浅层地下水为主,城市用水以开发深层地下水为主,方案基本合理,应坚持下去。深层地下水补给条件差,城市开采的深层地下水除上部含水层越流补给及消耗弹性储存量,其余为周边径流补给,形成区域降落漏斗。实际上,城市开采的深层地下水有相当大一部分为周边地区汇集而来,若外围再进一步开发深层地下水,必然形成城乡争水,导致整体水位下降,水资源匮乏,开采成本增高,采出水量减少,影响现有水源地的持续开发利用。应根据开采现状,进一步制订城市供水及周边农业用水方案。另外,大中城市可按照地下水的质量采取生活、工业等分质供水。

3.4　提高污水处理率,合理利用再生水资源

由于城市及工业大量排放污水,地表水体不同程度遭受污染,尤其淮河水系污染较严重,使原来较为紧缺的水资源更加不足。若能增大污水处理率,使污水资源化,污水处理后作为农业灌溉用水及城市非饮用水源,提高水的重复利用率,在一定程度上可缓解水资源的紧张状况。

3.5　调整产业结构,改革用水体制,建立节水型社会

要量水安排产业,即城市发展规划及产业布局应依水资源状况确定。对已有产业逐步改造,在水资源不足区削减或改造耗水大的企业,如电厂、造纸厂、化工厂等;新建工业要在查清水资源的前提下确定,建立真正适合当地水资源条件的工业体系。农业发展同样要依水资源状况调整种植结构,在缺水的岗丘地区种植耐旱作物,在水资源相对较丰富的豫南地区种植喜水作物等。

同时,要不断改进灌溉技术,科学灌溉,提高农业灌溉用水效率。要推广节水技术,制定相关法规,逐步建立节水型社会。

3.6　加强地下水资源调查、监测和环境保护工作

地下水资源及其各种要素(包括数量、质量、水温、化学成分等)随时空的变化而不断演化。地下水合理开发利用及其过程管理,不仅要对地下水资源的数量、质量等分布现状做出评价,更为重要的是,必须掌握其开采条件下的时空演化趋势,进行长期跟踪调查与

监测。只有不断积累各种信息和综合研究,才能对开发方案是否合理、地下水是否会受到污染及污染程度、地下水开发所产生的环境效应(包括有利和不利的)等作出判断,及时进行科学调控。因此,为保障地下水资源可持续利用,必须加强地下水资源调查与监测工作,使地下水环境得到有效保护。

参 考 文 献

[1] 许志荣.河南省浅层地下水资源评价报告[R].河南省地质局水文地质管理处,1981.
[2] 王继华.河南省区域地下水动态演变及可持续开发利用研究[R].河南省地质矿产厅环境水文地质总站,1999.
[3] 朱中道.河南省地下水资源评价[R].河南省地质环境监测总站,2001.
[4] 郭功铭.河南省区域地下水监测报告(2006年度)[R].河南省地质环境监测总站,2006.

Sustainable Utilization of the Groundwater Resources in Henan Province

Song Yunli　Zhen Xichun

(Geo-environment Monitoring Institute of Henan Province,Zhengzhou　450016)

Abstract：The steady groundwater pollution poses a threat to the security for drinking water supply. Excessive exploitation of groundwater in some cities has given rise to geological hazards, such as the surface subsidence, etc. Currently, the main issues related to the utilization of groundwater include the ever – declining store of exploitable resources, regional dropping of water level continuously, the deterioration of groundwater quality, surface subsidence, etc. Some key measures ,such as utilizing the groundwater resources in scientific ways, utilizing shallow groundwater fully, utilizing pit water rationally, overall planning, scientific management, rational utilization, adjusting industrial structure ,building water – saving society, strengthening the investigation and monitoring of groundwater,protection of groundwater environment, etc, are vital for the sustainable development and utilization of groundwater.

Key words：groundwater, sustainable, Henan Province, pollution

地下水系统的不可逆过程初探

冯全洲

（河南省地质环境监测院，郑州 450016）

摘 要：笔者考察了一个城市地下水流动系统演化史，发现新的系统结构往往通过突变产生，其过程不可逆；认为在人类不断增长的开采作用下，地下水系统不断调整结构，以满足功能需求，使系统得以进化；当这种进化达到极致仍无法满足人类日益增长的供水需求时，地下水系统只能向熵增方向演化，产生退化。地下水系统的演化模式为：自然结构→进化结构→退化结构。

关键词：地下水系统演化；不可逆过程；系统结构；演化模式

1 引 言

地质学以从"演化"的视角研究事物的发展变化规律见长，但作为地质学重要分支的水文地质学却很少触及"演化"这一重大课题，特别是在功能模拟和状态预测方面，往往忽视系统结构的"进化"和"退化"；本文试图对此进行探讨。笔者重新审视了一个城市地下水开采过程，根据地下水位动态历时情况、地下水与地表水补排关系的变迁、不同历史时期地下水流场演进等诸要素恢复地下水系统演化史，从而对地下水系统的不可逆过程进行讨论。安阳市是河南省北部的一个中型城市，随着人类开采量的不断增加，地下水系统结构及补排关系经历了一系列变化，以最大限度地满足供水需求，直至补给资源入不敷出，含水层严重疏干，不同溶质的地下水、地表水向集中开采地带聚集，使地质环境条件恶化。这种现象在中国北方城市颇具代表性。

研究区域大部位于河南省境内，包括河北省一部分，面积约 1 000 km²。有漳河、安阳河自西向东横贯全区，京广铁路由北向南通过该区。除西北、西南部为丘陵区外，其他均属冲洪积平原（见图 1）。丘陵区（Ⅰ）主要为新近系（N）碎屑岩，岩性为砾岩、砂岩、泥灰岩、泥岩。平原区含水介质主要为中更新统（Qp_2^{al-pl}）和上更新统（Qp_3^{al-pl}）的冲洪积卵砾石、砂，含水层厚度 20~40 m，上覆厚层亚黏土、亚沙土；底板为新近系泥岩，埋深小于 100 m。本文主要讨论平原区浅层地下水，含水层底板及西北、西南部与丘陵区交界处，均为新近系泥岩（N），属地质零通量边界；顶边界为包气带，接受降水补给；安阳河与地下水具补排关系。含水介质分布埋藏受安阳河、漳河两个冲洪积扇地貌单元的控制，由扇顶到扇缘表现出明显的分带性。

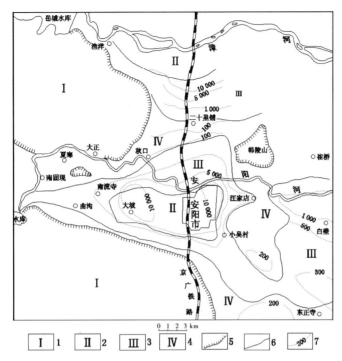

1—碎屑岩类裂隙孔含水岩组;2—单井涌水量>5 000 m³/(d·5 m);3—单井涌水量1 000～5 000 m³/(d·5 m);
4—单井涌水量<1 000 m³/(d·5 m);5—含水岩组界线;6—单井涌水量分区界线;7—导水系数 T 等值线(m²/d)

图1 安阳市含水介质结构平面图

2 地下水流动系统演化史

根据本区地下水位历时曲线,不难发现,在人工不断增长的开采作用下,地下水系统经历了三个阶段的动态响应过程(见图2)。第一阶段为1978年6月以前,第二阶段为1978年6月至1985年底,第三阶段为1986～1990年;三个阶段的动态历程,蕴涵着丰富的结构内容。

第一阶段(1978年6月以前),地下水流动系统格局由三个自然汇构成。三个汇系统自北向南依次排列(见图3):北部为崔桥汇系统(Ⅰ),地下水向崔桥方向流动,其南部的流线边界位于韩陵山以南,安阳河以北;中部为安阳河汇系统(Ⅱ),安阳河东西流向段吸收流线,排泄地下水,系统南北为两条流线边界,西部安阳河南北流向段为线源型河流补给边界,系统接受河水补给;南部为东正寺汇系统(Ⅲ),地下水自西向东穿越市区向东正寺方向汇聚。

第三阶段(1986～1990年),地下水流动系统由四个汇系统组成(见图4),四个汇系统除人工汇系统(Ⅳ)由人工强烈开采形成外,其余三个汇系统均为自然汇系统的残存部分。东北部为崔桥汇系统(Ⅰ),分布面积较第一阶段大为缩减,南部流线边界由二十里铺以南向北推移至二十里铺以北,在人工汇作用下向北退缩约7.0 km;安阳河汇系统(Ⅱ),向西大幅度退缩,仅分布于西部安阳河转弯处;东正寺汇系统(Ⅲ),此为第一阶段该系统被人工汇系统袭夺后的残存部分,分布于安阳市东南部,与人工汇系统以分水岭为

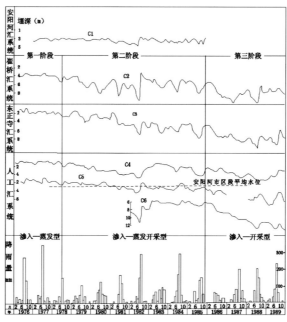

图2 安阳市地下水动态历时曲线

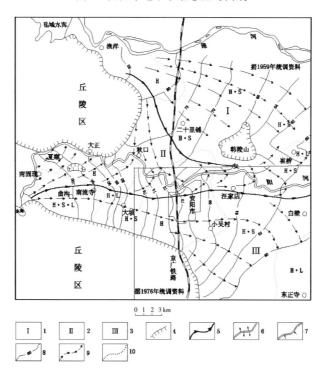

1—崔桥汇系统;2—安阳河汇系统;3—东正寺汇系统;4—地质零通量边界;5—流线边界;6—线源型河流补给边界;
7—汇线型河流排泄边界;8—等水位线(m);9—示意性流线;10—水化学相界

图3 安阳市第一阶段地下水流动系统格局

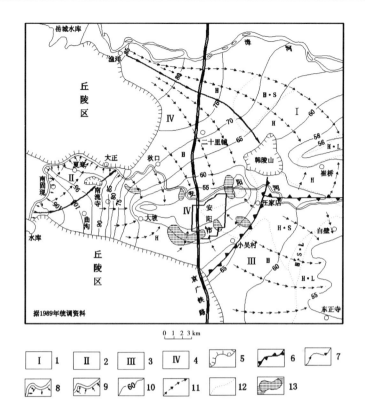

| I | 1 | II | 2 | III | 3 | IV | 4 | | 5 | | 6 | | 7 |
| | 8 | | 9 | 60 | 10 | | 11 | | 12 | | 13 |

1—崔桥汇系统;2—安阳河汇系统;3—东正寺汇系统;4—人工汇系统;5—地质零通量边界;6—分水岭边界;
7—流线边界;8—线源型河流补给边界;9—汇线型河流排泄边界;10—等水位线(m);
11—示意性流线;12—水化学相界;13—重污染区段

图4　安阳市第三阶段地下水流动系统格局

界;中部为人工汇系统(Ⅳ),地下水向漏斗中心集聚。此时,安阳河与地下水有四种补排
关系并存(见图5):西部的安阳河汇系统(Ⅱ),安阳河南北流向段侧向补给地下水(见
图5(b)),东西流向段大正以西部分侧向排泄地下水(见图5(a))(注:如图5所示,侧向
补给与侧向排泄均有垂向分量,在此仍沿用"侧向"这一术语,下同);东部的崔桥汇系统
(Ⅰ)与东正寺汇系统(Ⅲ)之间为一条分水岭边界,此为安阳河底高水位丘,两个汇系统
接受安阳河自由渗漏补给(见图5(c));整个人工汇系统(Ⅳ)接受安阳河自由渗漏补给,
但河底高水位丘已被削平(见图5(d))。

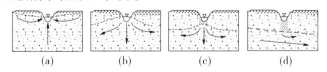

| (a) | (b) | (c) | (d) |

图5　安阳河与地下水补排关系示意图

　　第二阶段(1978年6月至1985年底),根据第一、三阶段地下水流动系统格局(见
图3、图4),结合地下水动态历时曲线(见图2),可对第二阶段地下水流动系统演进历程
做出推断:第二阶段是系统格局由第一阶段向第三阶段转变的中间产物,安阳河大正以东

河段由第一阶段的侧向排泄地下水(见图3)转变为补给地下水,该段安阳河作为分水岭边界存在,此时系统格局为:安阳河以北为崔桥汇系统(Ⅰ),安阳河以南有三个汇系统,自西向东依次为安阳河汇系统(Ⅱ)、人工汇系统(Ⅵ)、东正寺汇系统(Ⅲ)(见图6)。

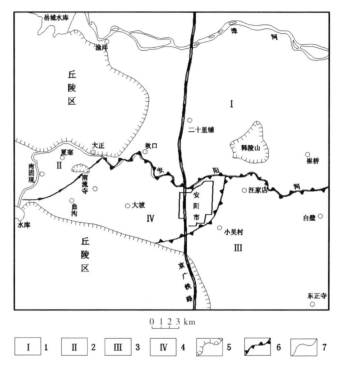

1—崔桥汇系统;2—安阳河汇系统;3—东正寺汇系统;4—人工汇系统;
5—地质零通量边界;6—分水岭边界;7—流线边界

图6　安阳市第二阶段地下水流域系统格局

3　地下水系统不可逆过程讨论

从第一阶段到第三阶段,地下水系统水量均衡关系、地下水动态类型、地表水与地下水的补排关系、地下水资源构成及地下水流场、地下水化学场均发生了深刻的变化,这种变化是系统在实现供水功能过程中,通过异常涨落[1,4]引起结构改变而产生的。当异常涨落突破某一临界值时,系统发生突变,产生新的结构,从此系统演化进入一个全新的历程。若将既能满足供水需求,又不至于付出较高环境代价的结构视为进化结构,将需要付出较高环境代价才能(或仍不能)满足供水需求的结构视为退化结构,则在持续的不断增长的开采作用下,地下水储存资源长期得不到恢复,地下水系统结构演进序列为:自然结构→进化结构→退化结构,其过程不可逆。

3.1　地下水系统的自然结构

第一阶段人工开采微弱,系统维持天然的补排关系,主要接受大气降水和安阳河侧向补给,排泄方式主要为蒸发和河流排泄。三个汇系统以各种水力边界耦合在一起,汇系统之内、汇系统之间、地下水与地表水之间具有统一的势场分布,对外显示整体功能;这是一种在漫长地质历史时期形成的,与地形地貌、含水介质、补排关系相适应的有序结构。

空间结构的有序化,决定了系统状态在时间上的稳定性(见图2,第一阶段曲线)。全区五个观测孔水位动态曲线平稳,说明系统之间水力联系密切,整体性强,具极强的稳定性;水位年变幅仅1 m左右,曲线峰顶呈平缓的小丘状,表明系统结构具极强的滤波功能,一次降雨脉冲在未形成太高的水位峰值以前,就由于蒸发(京广铁路以东水位埋深不超过2 m)和河流排泄(安阳河汇系统流程短)及汇系统之间的势能传递使其消散、恢复常态。

时空结构的有序化和稳定性,派生出有趣的水化学场结构,本区主要水化学特征在此阶段形成(见图3)。崔桥汇系统(Ⅰ)和东正寺汇系统(Ⅲ)的市区以东部分,从源到汇水型排列为重碳酸型水(H)→重碳酸硫酸型水(H.S)→重碳酸氯化物型水(H.L),源点水质最好,汇点出现高矿化水,伴生大片盐碱地分布;总的流动规律是从源到汇水化学成分追踪流线趋于成熟,汇点聚集各种溶质。东正寺汇系统(Ⅲ)市区以西部分,随流动方向水型排列为重碳酸硫酸氯化物型水(H.S.L)→重碳酸氯化物型水(H.L)→重碳酸硫酸型水(H.S)→重碳酸型水(H),原因是南流寺附近含水层厚度变薄,局部胶结径流不畅,导致溶质中途聚集,使曲沟—大坡间出现重碳酸硫酸氯化物型水(H.S.L)→重碳酸氯化物型水(H.L),大坡附近因导水性能变好,溶质在聚集过程中迁散,大坡—市区段出现重碳酸氯化物型水(H.L)→重碳酸硫酸型水(H.S)→重碳酸型水(H)反向序列。

3.2 系统结构的进化

1978年6月至1985年,系统状态偏离正常的涨落范围,地下水位动态呈下降趋势,形成异常涨落,第一阶段的宏观稳定态[1,4]被打破(见图2,第二阶段曲线),至第二阶段后期地下水系统自组织机理[3,4]重建了新的宏观稳定态(见图2,第二阶段曲线)。1978年6月至1980年,随着区域性的降雨量减少和地下水开采量增大,地下水位持续下降,但系统仍然维持自然结构;随着开采的持续和开采量增加,至1981年,地下水位降至安阳河水位以下,此时,系统发生突变,产生新的结构(见图6):安阳河大正以东河段,变侧向排泄地下水为侧向补给地下水,成为一条分水岭边界;安阳河汇系统(Ⅱ)向西退缩至夏寒附近;安阳河以北广大区域为崔桥汇系统(Ⅰ);由于安阳市集中开采出现降落漏斗,在市区及市区以西形成人工汇系统(Ⅳ);原来的东正寺汇系统(Ⅲ)被人工汇系统拦腰斩断,市区东部出现分水岭,分水岭以东为该系统的残存部分。

功能的实现引起结构的进化,进化的结构可有效袭夺安阳河补给,便于实现其功能。1982年7月至1985年底,人工开采与安阳河侧渗、降雨补给之间在新的结构作用下,建立起新的均衡关系,系统宏观稳定态得以重建,特别是在人工汇系统,表现得尤为突出:远离市区的C4孔曲线形成了一个延时较长的波峰,市区C5、C6孔只是出现了一个相对稳定的平台期,原因是市区工业开采量大,地下水位形不成延时较长的波峰,且安阳河对地下水侧向补给关系稳定,又不致产生太大的水位降。虽然此时地表水与地下水仍具统一的势场分布,由于开采方式不同,加之三个汇系统由两条高势能脊(分水岭边界)所分割,各个汇系统动态表现出明显的差异:安阳河汇系统(Ⅱ),以引用河水为主,人工开采微弱,系统退缩对其单宽径流量影响不大,仍继承了第一阶段的曲线特征;崔桥汇系统和东正寺汇系统,动态曲线呈锯齿状,表现出动态曲线随农灌和降雨作季节性变化的特点;人工汇系统(Ⅳ)则显示出工业开采集中连续的特征,动态基本不随季节变化。

系统结构的进化,使径流条件大为改观,大坡以西的重碳酸硫酸型水(H.S)、重碳酸硫酸氯化物型水(H.S.L)、重碳酸氯化物型水(H.L)全部转化为重碳酸型水(H),水质变好。东部、北部盐渍地因地下水位下降和径流条件改善,面积缩小,盐渍化程度降低。

3.3　退化结构的产生

1986~1989年,随着区域开采量的逐渐增加,特别是市区附近工业开采量猛增,进化结构已不能适应功能的需求,系统再一次偏离正常涨落范围,形成异常涨落,漏斗中心地下水位近乎直线下降(见图2,第三阶段C6孔曲线),其间地下水系统经历两次大的事件,使系统结构的进化达到极限,形成退化结构。

当地下水位降至某一临界值时,安阳河东西流向段由侧向补给地下水变为垂向自由渗漏补给地下水(见图5(b)和(c)),河流的补给能力达到极限,地下水与地表水丧失侧向水力联系,势场分布脱节,但河床下方存在高水位丘,进化结构仍未破坏。安阳河补给能力达到极限后,依然满足不了工业开采的需求,地下水位继续下降,当地下水位降至另一临界值时,安阳河大正—汪家店之间河床下方高水位丘被削平(见图5(d))。此时,系统再次发生突变,产生新的结构(见图4):人工汇系统(Ⅳ)越过安阳河向北扩展,迅速使其分布面积扩大近1倍,迫使崔桥汇系统(Ⅱ)向东北方向退缩,安阳河以北的地下水穿越安阳河下方向漏斗中心流动;1988年末至1989年,在新的结构作用下,系统再一次重建了宏观稳定态。这种宏观稳定态的再造,是系统在袭夺了蒸发量、河流排泄量和激发了河流补给量之后,仍然无法满足人们日益增长的供水需求,以形成更大的水位降袭夺邻区地下水资源为代价而实现的;这种行为,必然导致区域水位下降,使原本就存在的区域地下水供需矛盾更加突出,此时系统结构的进化已达到极限。

进化结构→退化结构的演化,因不能激发新的补给源,使漏斗中心地下水位下降严重,漏斗的西端点(见图4)到1990年6月,卵砾石含水层疏干严重,疏干值接近该点含水层厚度的一半;与此同时,随着区域地下水位大幅度下降,大批农灌井出现吊泵现象。因人工汇系统无自然排泄出口,漏斗中心聚集各种溶质,地下水质污染形势严峻:分水岭附近的重碳酸硫酸型水(H.S)已经运移至漏斗中心,使原来的重碳酸型水(H)被置换,其后的高硬度水也将接踵而至;漏斗四周的几个重污染地下水体继续向市中心流动;安阳河在成为最大的补给源后,污染的河水也成为最大的潜在污染源。目前情况下,若不采取有效措施,系统已无法恢复到1985年以前的结构和状态。

4　结　论

地下水系统具有自组织临界性,在临界点附近,系统涨落往往触发新的结构;在不断增长的人工开采作用下(指长期消耗储存资源条件下),地下水系统演化的必然模式为:自然结构→进化结构→退化结构,其过程不可逆。自然结构→进化结构的演进,是系统为实现供水功能获取负熵流[4]的过程,当地下水位降至某一临界值时,系统产生突变,形成新的有序化结构,新的结构可激发河流补给、袭夺邻区径流量和蒸发量,更好地满足功能需求,系统向熵减少方向演化;当开采量继续增加,系统无法满足供水需求时,必然引起系统状态的再次改变;当地下水位降至另一临界值时,这种状态改变产生巨型涨落,导致结构发生突变,与进化结构相适应的补排关系被打破,产生退化结构,退化结构因不能触发新的负熵流,只能向熵增方向演化。

由人类过度开采引起的地下水系统退化问题,在我国北方地区十分普遍,除导致地下水资源枯竭、地下水污染外,目前广为存在的人口稠密区的土地沙化、湿地萎缩无不与其相关,其后果是严重的,人类可以也必须规范自己的行为。通过制定严格的节水政策、采取适当的措施(如节约用水、节制开采地下水、人工回灌等),人类完全可以遏制地下水系统退化趋势,构建人与自然的和谐。*

参 考 文 献

[1] 徐恒力.地下水资源开发过程中的异常涨落和水量失调期[J].地球科学,2000,25(6):633-637.

[2] 陈六君,等.环境系统的临界性分析[J].系统工程理论与实践,2004(8):12-17.

[3] 梅可玉.论自组织临界性与复杂系统的演化行为[J].自然辩证法研究,2004,20(7):6-10.

[4] 宋毅,何国祥.耗散结构论[M].北京:中国展望出版社,1986.

The Irreversible Process in Groundwater System

Feng Quanzhou

(Geo-environment Monitoring Institute of Henan Province, Zhengzhou 450016)

Abstract: By reviewing the evolving history of the groundwater system in a city area, it is discovered that the advent of a new system structure is achieved through the process of mutation, and the whole process is irreversible; it is further believed that, under the influence of continuous artificial exploitation, the groundwater system makes necessary structural adjustments to meet the demands imposed on the performance of the whole system; furthermore, through evolvement, the whole system degenerates into a thermo – dynamic system, leading to the increase of its entropy. The general model for the evolvement of groundwater system goes as such: natural structure – evolving structure – degenerative structure.

Key words: the evolvement of groundwater system, irreversible process, system structure, model of evolvement

* 作者曾受教于中国地质大学张人权、徐恒力二位教授,文章思路受其影响颇深,特此致谢!

河南省地下水资源开发战略

朱中道

（河南地质环境监测总站，郑州　450016）

摘　要：河南为我国北方缺水省份之一，地下水资源尤为紧缺。根据国土资源部部署，2001 年河南地质环境监测总站对河南省地下水资源进行了新一轮的评价。本次地下水资源评价以可恢复的浅层地下淡水为主要对象，在对全省地下水系统进行划分的基础上，平原区采用均衡法、山区采用径流模数法，分别计算评价了河南省多年平均地下水天然资源和可开采资源，而且首次对深层承压地下水资源进行了评价；同时根据地下水水质评价、地下水污染评价、地下水系统脆弱性评价，对全省地下水环境质量进行了综合评价；调查分析了全省地下水开发利用现状及存在的环境地质问题，对沿黄地区特别是黄河影响带提出了地下水资源开发战略转变。

关键词：地下水资源；评价；开发；河南省

河南省位于我国中部，地处中西部结合地带。河南是农业大省，工业基础薄弱，水资源浪费严重，部分地区仅农业用水开采量已接近或超过当地地下水的天然补给资源量，水资源匮乏已成为影响"中原崛起"的重要因素之一。

1　地下水资源评价

综合考虑河南省地下水系统的介质场、动力场、化学场等特征，以区域地质构造和沉积环境为基础进行地下水系统划分，以次级分水岭、地质构造、含水层的结构组合类型及地下水流场特征确定亚系统边界，根据研究程度在部分地下水亚系统进行了子系统划分：全省划分为卫河地下水系统、黄河地下水系统、淮河地下水系统、汉水地下水系统 4 个地下水系统，太行山区地下水亚系统等 11 个亚系统和黄河影响带等 11 个子系统。

1.1　地下水资源数量特征

经新一轮地下水资源计算，全省地下水天然补给资源量多年平均为 164.58 亿 m^3（见表 1），约占全省水资源总量的 40%，其中山区为 38.87 亿 m^3，平原区 131.77 亿 m^3，二者重复量为 6.06 亿 m^3；浅层地下水可开采资源量多年平均为 163.00 亿 m^3，其中山区为 28.47 亿 m^3，平原为 134.54 亿 m^3；深层承压地下水可开采资源量为 10.47 亿 m^3。按地下水类型分，在全省地下水天然资源量中，松散岩类孔隙水占 77%，岩溶裂隙水占 12%，基岩裂隙水占 11%。

1.2　地下水资源质量特征

依据《生活饮用水卫生标准》（GB 5749—85）和《地下水质量标准》（GB/T 14848—93），本次对全省地下水环境质量进行了综合评价结论如下：约 7.27 万 km^2、占全省面积 44% 的地下水资源可供直接饮用；约 8.08 万 km^2、占全省面积 48% 的地下水资源需经适当处理后方可饮用;约1.21万km²、占全省面积7%的地下水资源不适宜饮用,但可作为工农业供水水源;约1 300 km²、占全省面积不足1%的地下水资源不能直接利用,需要经过专门处理后才能利用。

在分布上,豫西南大部分地区地下水可直接饮用,但豫北、豫东南浅层地下水污染比较严重,水质较差;全省主要城市如郑州、商丘、许昌、濮阳等市的浅层地下水污染严重,地下水水质呈下降趋势。全省各地都不同程度地存在着与饮用水水质有关的地方病区,豫北、豫西丘陵山区和豫东平原区分布着与大骨节病、氟中毒、甲状腺肿大等地方病有关的高氟水、低碘水和高铁锰水,全省有近千万人仍在饮用不符合饮用水水质标准的地下水。

表1 河南省各市地下水资源量统计

市(地)	天然补给资源量(万 m³/a)			可开采资源量(万 m³/a)			深层承压水可采储量(万 m³)
	合计	山区	平原	合计	山区	平原	
安阳	110 678.48	42 194.13	68 484.35	114 481.21	40 084.42	74 396.79	8 424.80
鹤壁	24 511.11	7 297.75	17 213.36	25 836.36	6 932.87	18 903.49	2 361.25
濮阳	59 112.30		59 112.30	78 653.85		78 653.85	7 375.11
新乡	114 272.88	14 595.69	99 677.19	155 639.00	13 865.91	141 773.09	12 146.29
焦作	54 711.55	16 764.23	37 947.32	62 249.77	15 803.42	46 446.35	5 090.59
三门峡	55 875.16	35 093.16	20 782.00	50 262.94	23 443.35	26 819.59	
洛阳	88 436.24	48 710.06	39 726.18	63 939.16	29 786.52	34 152.64	
郑州	75 031.08	23 427.32	51 603.76	85 264.40	20 203.81	65 060.59	8 620.12
开封	93 220.49		93 220.49	114 208.58		114 208.58	1 585.45
商丘	123 946.45		123 946.45	127 091.97		127 091.97	9 406.57
许昌	50 884.48	5 698.12	45 186.36	47 483.23	4 503.05	42 980.18	3 703.63
平顶山	60 700.82	25 125.73	35 575.09	45 781.84	16 840.30	28 941.54	1 248.39
漯河	31 129.64		31 129.64	30 702.55		30 702.55	2 343.88
周口	170 477.37		170 477.37	152 619.39		152 619.39	9 536.28
驻马店	203 812.42	15 409.18	188 403.24	172 569.43	7 704.59	164 864.84	10 774.65
南阳	208 444.51	107 166.79	101 277.72	173 473.15	79 277.27	94 195.88	3 426.48
信阳	165 146.87	35 380.64	129 766.23	117 028.19	17 690.34	99 337.85	4 363.29
济源	16 027.16	11 904.84	4 122.32	12 756.39	8 528.12	4 228.27	
全省	1 706 419.01	388 767.64	1 317 651.37	1 630 041.31	284 663.87	1 345 377.44	104 674.77

注:全省天然补给资源量中重复量为60 632.83万 m³/a,实际天然补给资源量为1 645 786.18万 m³/a。

1.3　地下水资源演化趋势及原因

新一轮地下水资源评价成果与第一次评价成果(1980年)比较,地下水天然补给资源总量减少 14.86 亿 m³,主要是平原岗地天然补给资源总量减少,山区资源量却还有所增加。变化的原因主要为:①区域降水量发生变化。1956～1979 年全省平均降水量为 788.8 mm,1956～1999 年全省平均降水量为 703.0 mm,全省多年平均降水量呈减少趋势,使地下水天然资源和可开采资源相应减少。②受地下水埋深影响。1974 年地下水位埋深小于 4 m 的地区面积为 64 404 km²,大于 8 m 的地区面积为 696 km²,1993 年地下水位埋深小于 4 m 的地区面积减少到 31 491 km²,而水位埋深大于 8 m 的地区面积扩大到 9 158 km²,1999 年地下水位埋深小于 4 m 的地区面积进一步减少到 26 276 km²,而水位埋深大于 8 m 的地区面积增加到 13 537 km²,对大气降水入渗的影响是显而易见的。③人类工程活动使地下水补给量减少。由于山区修建水库,拦截地表径流,因此中下游河道断流,河流对地下水的侧渗补给量大幅度减少,同时农业灌溉配套工程的日趋完善和灌溉定额的逐步降低,也减少了渠灌水对地下水的回渗补给。④水文地质参数发生变化。豫北、豫东平原区,地下水位下降,引起包气带厚度和结构的变化,使包气带入渗系数变小,导致地下水补给量减少。

2　地下水资源开发中存在的主要问题

2.1　地下水资源紧缺和资源浪费并存

近 20 年来,河南省用水量急剧增长,其中地下水开采量平均以每年 3 亿 m³ 的速度增加。目前,豫北除沿黄地区外,大部分地区地下水处于超采状态,郑州、许昌、商丘等城市地下水严重超采,豫西山区还有 200 多万人需解决饮水问题。与此同时,水资源浪费问题仍相当突出,目前河南省的万元工业产值耗水量一般是发达国家的 10～20 倍,每千克粮食的耗水量是发达国家的 2～3 倍。

2.2　地下水环境污染严重

由于工业和生活污水排放量增加,农业大量施用农药、化肥,区域地下水污染问题日益突出。地下水污染严重地区主要分布在城镇及周边、排污河道两侧、农灌区等地表污染水体分布区,地下水环境污染呈现由点到面、由城市到农村扩展的趋势,由污染造成的缺水城市和地区日益增多。

2.3　不合理开采地下水诱发地面沉降等环境问题

豫北因不合理开采地下水,出现区域地下水位下降,并形成清丰—南乐、温县—孟州等区域地下水位降落漏斗,漏斗面积达 1.2 万 km²,区域地下水位下降还使平原湿地萎缩、地表植被破坏,导致生态环境退化;全省 18 个城市存在不同规模的地下水降落漏斗,其中濮阳、郑州、开封、许昌、洛阳发生地面沉降,对城市基础设施建设构成严重威胁。

3　地下水资源可持续利用的战略转变

地下水分布广、储存量大、调蓄能力强、水质水量相对稳定、保证程度高。地下水的开发利用,需要在查明含水层系统的地质构造、介质分布和地下水补径排条件基础上,科学合理地确定地下水的开采地段、开采层位和开采量。为此,应从以下几个方面实现地下水资源开发利用的战略性转变。

3.1 调整地下水开发利用思路,实施以地下水资源的可持续利用支持河南省经济可持续发展的战略

地下水的开发利用应遵循的基本原则如下:

(1)采补平衡,持续利用。根据地下水补给和储存条件,按照采补平衡的原则,调整优化地下水开采布局和用水结构。城市及豫北超采区压缩开采量,豫南、豫东南有资源潜力的地区扩大开采量,基本做到采补平衡,实现地下水资源的可持续利用。

(2)浅层为主,深层适度,咸淡结合。河南省大部分地区以开发浅层地下水为主,在沿黄两侧和太行山前冲洪积扇区等深层地下水资源丰富、开发利用后又不产生较大环境地质问题的地区,可有计划地适度开发深层地下水;在豫东、豫北地下咸水分布区,可应用抽咸补淡、淡咸混合等技术,合理利用咸水资源。

(3)合理调控,以丰补歉。充分利用黄河影响带含水层分布广、储存空间大、调控能力强的特点和优势,合理调控地下水位,增加地下储水空间,提高大气降水的有效渗入量,减少蒸发、蒸腾损失,有效利用土壤水。

(4)保护水质,优质优用。采取有效措施,保护地下水资源,严格控制和预防地下水污染。按照优先满足生活用水需求,兼顾工业、农业和生态环境用水的原则,合理开发利用地下水。在郑州、漯河等地蕴藏优质矿泉水的地区,实行优质优价,确保城市生活用水,严禁地下水用做他途。

(5)联合调蓄,统筹兼顾。坚持地表水、地下水,上、下游水资源统筹兼顾。水资源调蓄要实现从以地表水调蓄为主向地表水、地下水联合调蓄的战略转变,充分发挥地表水库和地下水库的优势,综合开发利用水资源。按照不同的水文地质条件,调整优化地下水开采利用布局和用水结构。

3.2 按地下水资源赋存和分布规律,实施区域地下水资源开发与保护战略

黄淮海平原和南阳盆地,人口稠密、耕地集中,地下水资源是本区重要的供水水源,供水较为紧张,在豫北和豫中的许昌—漯河及安阳、濮阳、新乡、郑州、商丘等城市,由于长期超量开采,已诱发区域地下水水位下降、水质污染和地面沉降等问题。因此,主要城市和平原区应在节约用水的前提下,调整地下水开采布局:适当压缩深层水的开采量,有效利用土壤水,改造利用微咸水。对山前隐伏岩溶水和豫东南平原区深埋的渐近系承压含水层中的地下水资源进行勘察评价,确定开采潜力,开采可利用的地下水资源;控制山区水利工程设施对地表水的拦蓄量,增加山前和平原区地下水天然补给量,保障河流维持生态平衡所需的水量,沿黄地区应增加地下水开采,扩大黄河侧渗补给量;豫东、豫北扩大地下咸水的利用量,推广抽淡改咸、咸淡混合的灌溉技术,实行旱涝碱综合治理,既能解决农业灌溉用水问题,又能使浅层地下咸水逐步得到淡化。

豫北山区、豫西黄土区是河南省缺水区,根据水资源条件,豫北山区应在查明岩溶分布规律的基础上充分利用岩溶地下水,豫西黄土区应重点开发黄土塬区、河谷冲积层等含水层系统的地下水资源,同时合理确定产业结构、生产规模和城市建设布局,本着"优先保障生活用水,基本保障经济和社会发展用水,努力提供生态环境用水"的原则,合理开

发利用地下水资源。

3.3　加快地下水人工调蓄工程建设,从以地表水调蓄为主向地表水、地下水联合调蓄转变

黄河影响带河南段,初步查明地下调蓄水库 12 个,调蓄库容 51.24 亿 m^3;南水北调中线工程河南段,规划地下调蓄水库 16 个,调蓄库容 62.84 亿 m^3,全省地下水库总调蓄库容达 114 亿 m^3,有较强的调蓄能力。丰水年在这些地区人为地将大气降水、地表水纳入地下,通过地下储蓄径流输送到下游,以减少大气降水、地表水的流失和蒸发损失,同时起到滞洪作用;枯水年可适当超量开采,腾出库容,待丰水年予以补偿。实行地下水人工调蓄,最大限度地利用水资源,改善生态环境,防止水土流失,减少农业灌溉量,是一项意义重大的战略工程。

浅层地下水由于直接接受大气降水的补给,循环更新速度快,是主要开采层位;深层地下水一般补给周期较长,循环更新速度慢。地下水的可持续开采量受诸多因素限制,要根据地下水资源的补给和赋存条件,科学合理地确定开采层位和开采量,超采区压缩开采量,有潜力区扩大开采量,基本做到采补平衡,实现地下水资源的可持续利用。

3.4　加强地下水水源地储备,向有序应急供水转变

河南省部分地区存在盲目打井,成井率低,以及不当开采引起水质变化、水资源枯竭等问题,应急开采地下水资源,必须遵循水文地质规律,根据区域水文地质资料,编制应急供水水源方案,有计划地开展地下水应急供水水源地的勘察工作,选择具有多年调蓄能力的含水层,采取以丰补枯、疏干供水的调节补偿方式,实施应急供水,缓解供水危机。

3.5　改善缺水地区群众生活用水条件,实施扶贫找水

目前,河南省尚有 200 余万人的饮用水困难问题亟待解决,特别是豫西黄土地区,干旱缺水,生态环境脆弱,人畜饮水十分困难。豫西可供利用的地表水源严重不足,比较而言,地下水具有一定的开发利用潜力和较好的调蓄作用,充分开发利用地下水是解决缺水地区人畜饮水和防病改水问题的重要途径,也是一项重要的扶贫工程。

3.6　建立地下水资源保护带,有效防止地下水污染

由于地下含水介质埋藏分布的复杂性,故地下水一旦被污染,治理要比地表水困难得多。因此,防治地下水污染,应坚持"以防为主、防治结合、防重于治"的方针,要根据水文地质条件和工、农业生产布局,科学划分地下水防护带的范围和防护层位,并采取科学严格的防护措施,保证地下水水源地及补给区水质不被污染。同时,要重视原生地下水环境质量差的问题,加强地下水的水质调查和改水工作;在地方病多发区和人畜饮水困难地区,要在查明地下水环境的基础上,寻找并开辟新的地下水源。

4　结　语

围绕河南省国民经济和社会发展规划目标,开展重点地区地下水资源潜力调查工作,对供水前景作出评价,为缺水贫困区、城市密集区、基础设施和基础工业建设提供地下水供水水源,为城镇、工矿供水提供后备水源。积极开展河南省地下水水质与污染状况的调查,在进一步摸清区域情况的基础上,提出防治规划与对策,科学划分和确定地下水水源地保护区,确保安全供水。同时,针对地下水监测站网和井孔年久失修

等问题,尽快完善河南省地下水环境监测站网系统,修缮监测井孔,更新设备。为防止过量开采地下水造成的地面沉降威胁,急需加快建立郑州、濮阳、许昌等地的地下水环境和地面沉降监测网。*

参 考 文 献

[1] 朱中道,王继华,魏秀琴,等. 河南省地下水资源评价[R]. 河南省地质环境监测总站,2002.
[2] 赵云章,朱中道,王继华,等. 河南省地下水资源环境与研究[R]. 河南省地矿局,2003.

* 本文得到了河南省地矿局副总工程师、教授级高级工程师赵云章的悉心指导,在此致谢!

河南省地下水质量状况及评价

魏秀琴　杨新梅

（河南省地质环境监测院，郑州　450016）

摘　要：本文以近期水质调查资料为依据,根据国家《生活饮用水卫生标准》(GB 5749—85)、卫生部《生活饮用水卫生规范》(2001 年)和国家《地下水质量标准》(GB/T 14848—93)等,对目前河南省广泛开采的浅层地下水和中深层地下水的质量状况进行了生活饮用水卫生评价和综合评价,指出了地下水中主要超标物的种类、超标率,论述了河南省地下水的质量状况。河南省平原地区地下水已无优良级水出现,浅层地下水普遍受到污染,较差级别以下水质分布面积占平原和岗区总面积的 79%,良好级别以上水质分布面积仅占 21%。中深层地下水绝大部分地区是好的,75% 的地区水质在较好级以上,劣质水仅占 25%,大大优于浅层水。

关键词：河南省；地下水；质量；评价

1　引　言

地下水资源不仅是河南省国民经济发展的命脉,还是城镇居民的生命之源,也是广大农村地区的主要饮用水源。据有关资料,2004 年,河南省共开采地下水 119.30 亿 m^3,其中开采浅层地下水约 96.63 亿 m^3,占 81%；开采中深层地下水约 22.67 亿 m^3,占 19%。

按照河南省国土资源厅的要求,河南省地质环境监测院于 2005 年组织开展了河南省地下水环境调查工作,对全省城镇居民的饮水质量现状进行了全面调查与评价,水质分析项目较为齐全,除《地下水质量标准》(GB/T 14848—93)中规定的无机物组分外,还包括一部分有机物组分,本文就是在此基础上编写而成的。

2　环境水文地质概况

按照地下水的赋存条件和含水层组的特征,可以将河南省地下水划分为四种基本类型,即碳酸盐岩类裂隙岩溶含水岩组、基岩裂隙含水岩组、碎屑岩类孔隙裂隙含水岩组和松散岩类孔隙含水岩组。其中松散岩类孔隙含水岩组主要分布在黄淮海冲积平原、山前倾斜平原和灵三、伊洛、南阳等盆地中,面积近 11 万 km^2,地下水主要赋存在第四系和新近系砂、砂砾、卵砾石层孔隙中,沉积物主要由第四系和新近系冲积、冲洪积、湖积、冰水沉积物组成。含水层厚度由山前向平原逐渐变大,颗粒也相应地由粗变细。受黄河、淮河多次改道、古地理环境变化的影响,含水岩组的分布多呈条带状。根据松散岩类含水层的岩

作者简介：魏秀琴(1958—),女,高级工程师,长期从事水文地质、环境地质方面的工作。E-mail：wxq51782@ sina. com。

性组合及埋藏条件,又可将河南省地下水划分为浅层、中深层两个含水层组。

浅层地下水指赋存于地表以下 60 m 深度以内含水层中的松散盐类孔隙水,也称为潜水,广泛分布于河南省黄淮海平原、南阳盆地、伊洛盆地和灵三盆地,也是河南省目前广大城乡,尤其是农村地区居民生活饮用水的主要水源。

中深层地下水因其具有承压性,因而也称为承压水。含水层埋深一般为 60 ~ 300 m,主要是更新统含水层。而在豫西黄土地区、各山前缓岗地区和淮河平原有古、新近系含水层分布。由于构造、古地理、气候及成因不同,各地沉积厚度和埋藏深度差别很大。随着城市化步伐的加快,中深层地下水开采量不断增大,目前已是河南省城镇居民的主要饮用水水源。河南省中深层地下水以淡水为主,豫东局部地区分布有咸水。

3 浅层地下水质量评价

3.1 浅层地下水生活饮用水卫生评价

根据本次调查结果,河南省浅层地下水中所有井点全部符合《生活饮用水卫生标准》(GB 5749—85)、中华人民共和国卫生部《生活饮用水卫生规范》(2001 年)的项目有:铜、阴离子合成洗涤剂、硒、汞、六价铬、氯仿、四氯化碳、苯并(a)芘、滴滴涕、六六六、铝、钡、铍、钼、钴、镍、钒等 17 项。

超标的项目主要有:总硬度(超标率为 43.35%,最高超标倍数为 17.52 倍)、锰(超标率为 24.57%,最高超标倍数为 29 倍)、氟化物(超标率为 19.36%,最高超标倍数为 7.6倍)、硝酸盐氮(超标率为 18.45%,最高超标倍数为 24.28 倍)、溶解性总固体(超标率为16.47%,最高超标倍数为 6.86 倍)、钠(超标率为 10.4%,最高超标倍数为 4.62 倍)、硫酸盐(超标率为 10.4%,最高超标倍数为 9.3 倍)、氯化物(超标率为 8.67%,最高超标倍数为 9.16 倍)、锑(超标率为 8.39%,最高超标倍数为 9.4 倍)等 9 项,其他如挥发酚类、铁、砷、pH 值、铅、石油类、镉、锌、硼、耗氧量、氰化物、银等 12 种组分也有不同程度的超标,但超标率都在 5% 以下。

3.2 浅层地下水环境质量综合评价

3.2.1 评价标准与方法

综合评价是根据国家《地下水质量标准》(GB/T 14848—93)进行的。参加评价的项目为:色、嗅和味、浑浊度、肉眼可见物、pH 值、总硬度、溶解性总固体、硫酸盐、氯化物、铁、锰、铜、锌、钼、钴、挥发性酚类、阴离子合成洗涤剂、高锰酸盐指数、硝酸盐、亚硝酸盐、氨氮、氟化物、碘化物、氰化物、汞、砷、硒、镉、六价铬、铅、铍、钡、镍、滴滴涕、六六六等,共计35 项。具体步骤如下:

(1)首先进行各单项组分评价,按照该标准所列分类指标,划分为五类,根据从优不从劣的原则,划分组分所属质量级别。

(2)对各类别按表 1 分别确定单项组分评价分值 F_i。

表 1 单项组分评价类别与 F_i 分值关系

类别	I	II	III	IV	V
F_i	0	1	3	6	10

(3)按式(1)、式(2)计算综合评价分值 F：

$$F = \sqrt{\frac{\overline{F}^2 + F_{max}^2}{2}} \qquad (1)$$

$$\overline{F} = \frac{1}{n}\sum_{i=1}^{n} F_i \qquad (2)$$

式中，$\overline{F}$ 为各单项组分评分值 F_i 的平均值；F_{max} 为各单项组分评价分值 F_i 中的最大值；n 为项数。

(4)根据 F 值，按综合评价分值级别表(表2)划分地下水质量级别。

表2 综合评价分值级别表

级别	优良	良好	较好	较差	极差
F	<0.80	0.80~2.50	2.50~4.25	4.25~7.20	>7.20

3.2.2 评价结果

根据以上方法，河南省浅层地下水缺少优良级别，仅有 4 个级别，分别是：良好级(F 值为 0.80~2.50)、较好级(F 值为 2.50~4.25)、较差级(F 值为 4.25~7.20)和极差级(F 值大于 7.20)，缺少优良级水(F 值小于 0.80)。各级别水的分布见图1。

水质良好区(F 值为 0.80~2.50)：主要分布在山前地带和盆地的边缘地带，在平原地区，多呈点状或小块状分布，如鹿邑、汝南、西平、潢川等地，总面积为 1.46 万 km²，约占全区(含平原区和岗区，下同)总面积的 13%。

水质较好区(F 值为 2.50~4.25)：主要分布在良好区周围，多呈条带状分布，面积为 0.82 万 km²，约占全区总面积的 8%。

水质较差区(F 值为 4.25~7.20)：在全区广泛分布，尤其是黄淮海平原地区，总面积为 8.19 万 km²，约占全区总面积的 75%。

水质极差区(F 值大于 7.20)：呈点状或小块状零散分布在豫北温县、新乡、延津、内黄、南乐、范县等局部地段和卫辉—滑县一带，豫东睢县—柘城的安平镇一带和商丘等地，面积为 0.4 万 km²，约占全区总面积的 4%。

4 中深层地下水的质量评价

4.1 中深层地下水生活饮用水卫生评价

按照国家《生活饮用水卫生标准》(GB 5749—85)和中华人民共和国卫生部《生活饮用水卫生规范》(2001 年)进行评价，中深层地下水中全部符合标准的项目主要有：pH 值、铜、锌、阴离子合成洗涤剂、氰化物、硒、汞、铬、银、耗氧量、钼、钴、钡、镍、铝、钒等 16 项；超标的项目主要有：氟(超标率 17.33%)、总硬度(超标率 13.33%)、溶解性总固体(超标率 9.33%)、钠(超标率 9.33%)、锰(超标率 8%)、硫酸盐(超标率 8%)、锑(超标率 7.94%)、挥发酚(超标率 4%)、氯化物(超标率 4%)、硝酸盐氮(超标率 2.67%)、硼(超标率 1.59%)等，其他如铁、砷、镉、铅的超标率均为 1.33%。

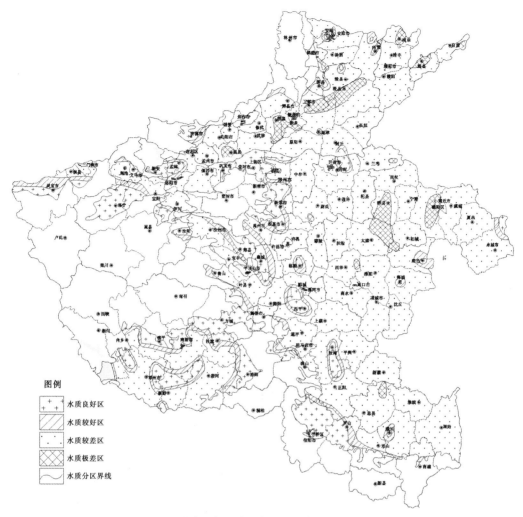

图1　浅层地下水水质综合评价图

4.2　中深层地下水环境质量综合评价

4.2.1　评价标准与方法

中深层地下水的环境质量综合评价的标准、方法与浅层地下水完全相同。参评项目较浅层水减少了滴滴涕、六六六两项,共计33项。

4.2.2　评价结果

同样可以划分为水质良好区、水质较好区、水质较差区、水质极差区4种类型,优良级水仍未出现(见图2)。总的分布规律是:由山前向平原、自西向东水质逐渐变差。

水质良好区:在全区分布范围最广,面积最大,从豫北的太行山前到豫南的桐柏—大别山前,从豫西的灵宝到中东部的沈丘,以及南阳盆地都有大面积分布,面积为6.04万km^2,约占全区(含岗区和平原区)总面积的55.67%。

水质较好区:多分布在水质良好区和较差区的中间地带,面积为2.04万km^2,约占全区总面积的18.84%。

水质较差区:主要分布在河南省东部平原地区,如豫北的南乐—清丰—长垣—封丘、温县—孟州,豫东的开封—兰考—宁陵—商丘—永城及南部的新蔡—息县—罗山等地,面积 2.76 万 km², 约占全区总面积的 25.48%。

水质极差区:只在豫北内黄出现,面积仅有 0.01 万 km², 约占全区总面积的 0.01%。

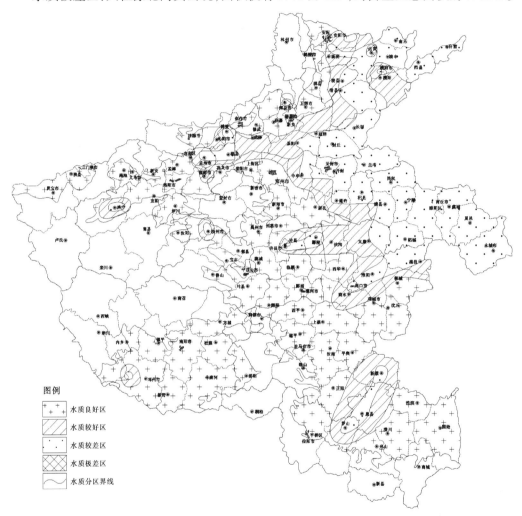

图2 中深层地下水水质综合评价图

5 结 语

以上结果表明,河南省平原地区浅层地下水普遍受到污染,较差级别以下水质(劣质水)分布面积已达 8.59 万 km², 占平原区和岗区总面积的 79%;良好级别以上水质分布面积 2.26 万 km², 仅占 21%。中深层地下水绝大部分地区水质是好的,75% 的地区水质在较好级以上,劣质水仅占 25%,大大优于浅层水。

水对人的生命和健康是至关重要的。本次调查水样大多取自城乡居民的饮用水源,基本反映了农村和一部分城镇地区居民的饮水质量现状。目前,河南省平原地区浅层地下水普遍受到污染,近80%的地区浅层地下水质量不符合生活饮用水标准,仍有2 000万农村人口存在饮水安全问题。如何让人民群众喝上洁净水,是摆在各级政府面前的重要问题。它不仅直接影响着广大农民群众的生命和健康,也制约着农村经济的发展和全面建设小康社会的进程。建议有关部门一定要把解决农村安全饮水问题作为落实"三个代表"重要思想、构建社会主义和谐社会的一项重要工作来抓,因地制宜,科学决策,加快实施农村饮水安全工程,确保饮水安全。另一方面,随着河南省城市化进程的加快,地下水资源开发的力度逐渐加大,水质污染问题会越来越严重。因此,要加强地下水资源的统一管理,进一步增强全民的环境保护意识,加大治污力度,促使地下水质量向好的方向发展。

参 考 文 献

[1] 朱中道,王继华,魏秀琴,等. 河南省地下水资源评价[R].河南省地质环境监测总站,2002.
[2] 赵云章,朱中道,王继华,等. 河南省地下水资源与环境[M].北京:大地出版社,2004.
[3] 魏秀琴,杨新梅,徐世民,等.河南省地下水环境调查与评价[R].河南省地质环境监测院,2006.
[4] 汪珊,孙继朝,李政红,等.长江三角洲地区地下水环境质量评价[J].水文地质工程地质,2005,32(6):30-33.

Groundwater Quality State and Evaluation in Henan Province

Wei Xiuqin   Yang Xinmei

(Geo-environmental Monitoring Institute of Henan Province, Zhengzhou   450016)

Abstract: Based on the investigating data means of water quality, the comprehension evaluation of shallow and mid – deep groundwater quality in Henan Province was performed according to the "Health Standards for Domestic Drinking Water" (GB 5749—85), "Health Norms for Domestic Drinking Water" (2001) and "Groundwater Quality Standards" (GB/T 14848—93) et al. The varieties of supper – standard substance and supper – standard rate were indicated and the state of groundwater quality was discussed. The shallow groundwater was contaminated generally, and there is no excellent water in plain of Henan Province. The area of polluted water is 79% and the area of excellent water is 21% in the plain and hillock ones. The area of mid – deep groundwater was excellent in 75% and was bad in 25%. The quality of mid – deep groundwater is better than one of shallow groundwater.

Key words: Henan Province, groundwater, quality, evaluation

河南省平原区浅层地下水环境演化趋势分析

魏秀琴

（河南省地质环境监测院，郑州　450016）

摘　要：本文根据 2005 年对河南省平原地区水质和水位的实际调查结果，论述了浅层地下水的水质现状，将历史资料进行对比，分析了浅层地下水环境演化趋势与形成原因，并在此基础上，提出了防止地下水环境进一步恶化的建议。

关键词：河南省；浅层地下水环境；演化趋势

1　区域地质、环境水文地质背景

河南省境内北、西、南三面为山地、丘陵和台地，东部为平坦辽阔的黄淮海平原，地势总的特征是西高东低，呈阶梯状下降。山地、丘陵面积 7.4 万 km^2，平原面积为 9.3 万 km^2。河南省在全国地貌中的位置，正处于第二级地貌台阶向第三级地貌台阶过渡的地带，西部的太行山、崤山、熊耳山、嵩箕山、外方山、伏牛山等山地属于第二级地貌台阶，东部平原和西南部的南阳盆地属于第三级地貌台阶，而南部边境地带的桐柏—大别山构成第三级地貌台阶中的横向突起。

含水岩组按地下水的赋存条件和含水层组的特征划分为四种基本类型，即松散岩类孔隙含水岩组、碳酸盐岩类裂隙岩溶含水岩组、基岩裂隙含水岩组、碎屑岩类孔隙裂隙含水岩组。

松散岩类孔隙含水岩组主要分布在黄淮海冲积平原、山前倾斜平原和灵三、伊洛、南阳等盆地中，面积约 10.93 万 km^2。地下水主要赋存在第四系和新近系砂、砂砾、卵砾石层孔隙中，沉积物主要由第四系和新近系冲积、冲洪积、湖积、冰水沉积物组成。含水层厚度由山前向平原逐渐变大，由数米增至数十米，颗粒也相应地由粗变细。受黄河、淮河多次改道及古地理环境变化的影响，含水岩组的分布多呈条带状。根据松散岩类含水层的岩性组合及埋藏条件，又可划分为浅层、中层、深层三个含水层组。

浅层地下水指赋存于地表以下 60 m 深度以内含水层中的松散岩类孔隙水，也称为潜水，其广泛分布于河南省黄淮海平原、南阳盆地、伊洛盆地和灵三盆地，也是该省目前广大城乡，尤其是农村地区居民生活饮用水的主要水源。含水层主要为冲积和冲洪积砂、砂砾、卵砾石，结构松散，分选性好，普遍为二元结构，具有埋藏浅、厚度大、分布广而稳定、渗透性强、补给快、储存条件好、富水性好等特点，该含水层组一般为潜水，局部为微承压水。

平原地区的浅层地下水主要接受山前侧向径流补给、降雨入渗补给、河流入渗补给、渠系渗漏及灌溉水回渗补给。浅层地下水的径流条件受地形地貌、水文、人为等多重因素

作者简介：魏秀琴(1958—)，女，高级工程师，长期从事水文地质、环境地质方面的工作。E-mail：wxq51782@ sina. com。联系电话：13938538400。

的共同影响,不同区段,径流方向不同。黄河以北地区受黄河对地下水补给作用的影响,浅层地下水总的流向是由西向东、由南向北。黄河以南地区地下水流向主要受地形控制,黄河作为地上悬河对地下水的补给作用十分明显,地下水总的流向是由西北向东南。灵三盆地浅层地下水的径流条件受地形控制,总的流向是由西南向东北。南阳盆地浅层地下水的径流方向则是由盆地边缘向盆地中心、由北向南。浅层地下水的排泄方式主要为蒸发、人工开采、向下游排泄、越流补给中层水。

2 浅层地下水水质概况

根据国家《地下水质量标准》(GB/T 14848—93),对色、嗅和味、浑浊度、肉眼可见物、pH 值、总硬度、溶解性总固体、硫酸盐、氯化物、铁、锰、铜、锌、钼、钴、挥发性酚类、阴离子合成洗涤剂、高锰酸盐指数、硝酸盐、亚硝酸盐、氨氮、氟化物、碘化物、氰化物、汞、砷、硒、镉、六价铬、铅、铍、钡、镍、滴滴涕、六六六等共计 35 个项目进行综合评价。结果表明,河南省浅层地下水缺少优良级别,仅有 4 个级别,分别是:良好级(F 值为 0.80 ~ 2.50)、较好级(F 值为 2.50 ~ 4.25)、较差级(F 值为 4.25 ~ 7.20)和极差级(F 值大于 7.20),缺少优良级水(F 值小于 0.80)。各级别水的分布见图1。

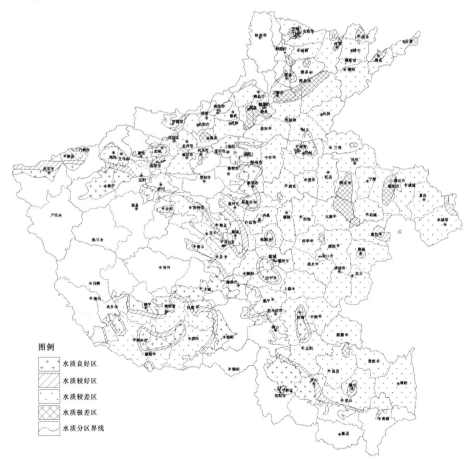

图1 浅层地下水水质综合评价图

水质良好区(F 值为 0.80 ~ 2.50):主要分布在山前地带和盆地的边缘地带,在平原地区,多呈点状或小块状分布,如鹿邑、汝南、西平、潢川等地,总面积为 1.46 万 km^2,约占全区(含平原区和岗区,下同)总面积的 13%。

水质较好区(F 值为 2.50 ~ 4.25):主要分布在良好区周围,多呈条带状分布,面积为 0.82 万 km^2,约占全区总面积的 8%。

水质较差区(F 值为 4.25 ~ 7.20):在全区广泛分布,尤其是黄淮海平原地区,总面积为 8.19 万 km^2,约占全区总面积的 75%。

水质极差区(F 值大于 7.20):呈点状或小块状零散分布在豫北温县、新乡、延津、内黄、南乐、范县等局部地段和卫辉—滑县一带,豫东睢县—柘城的安平镇一带和商丘等地,面积为 0.4 万 km^2,约占全区总面积的 4%。

3 浅层地下水环境演化趋势

经过对历史资料的分析和对比可知,河南省浅层地下水环境已发生了很大变化,主要表现在以下几个方面。

3.1 地下水位持续下降

20 世纪 50 年代,全省地下水年开采量仅 20 亿 ~ 25 亿 m^3,到 20 世纪末,已增加到 130 亿 m^3,增加了 6 倍。开采量的迅速增加,直接导致地下水位的迅速下降。据有关资料,河南省区域浅层地下水位埋藏深度,在 60 年代之前普遍较浅,80% 以上的区域地下水位埋深小于 4 m,最大埋深不足 6 m;70 年代起地下水位逐年下降,1976 年,水位降落漏斗已经形成,漏斗中心水位埋深 10 ~ 15 m,尚未出现埋深大于 16 m 的区域;到 90 年代初地下水位埋深小于 4 m 的区域缩小近一半,最大水位埋深达到 16 m 左右;90 年代末地下水位埋深小于 4 m 的区域已较小,埋深在 4 ~ 8 m 的区域面积最大,豫北局部地区地下水位埋深达 20 ~ 22 m。到 2005 年,水位仍在持续下降,区域水位降落漏斗总面积已达近万平方千米,水位埋深超过 8 m 的地区已达 21 224 km^2,其中超过 16 m 的地区就达 5 166 km^2,漏斗中心水位埋深已达 32 ~ 33 m。如图 2 所示为孟州市气象局浅井水位动态变化曲线。

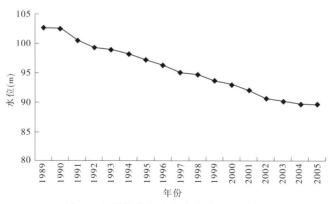

图 2　孟州市气象局浅井水位动态变化曲线

3.2 浅层地下水水质发生变化

经过对早期水质调查资料的分析和对比,发现浅层地下水水质变化突出表现在以下几方面。

3.2.1 水化学类型趋于复杂化

水化学类型反映了水的总体特征,其变化直接反映了地下水环境的演化趋势。在自然状态下,地下水中阴离子以重碳酸根离子(HCO_3^-)、硫酸根离子(SO_4^{2-})、氯离子(Cl^-)为主。1985 年,平原地区浅层地下水水化学类型主要为 3 种阴离子:重碳酸根离子(HCO_3^-)、硫酸根离子(SO_4^{2-})、氯离子(Cl^-)相互组合,共出现了 27 种不同的水化学类型;而本次调查采用相同的分类方法,共出现 76 种不同的水化学类型。尤其值得注意的是,又出现了新的水化学类型——硝酸根(NO_3^-)型,阴离子中,硝酸根占了主导地位,这在以往是没有的。虽然此类型水分布面积不大,但这充分说明地下水中氮的污染已相当严重。由表 1 可知,从全区来讲,与 20 年前相比,简单的 HCO_3^- 型水的分布面积减少了9 437 km²,其他相对复杂的水化学类型面积相应扩大,水化学类型也更加复杂。

表 1　不同时期河南省浅层地下水水化学类型分布情况对比　　　　　　（单位:km²）

水化学类型	分布面积		2005 年与 1985 年相比
	1985 年	2005 年	
$HCO_3 - Ca$	62 561	58 766	− 3 795
$HCO_3 - Mg$	68	12 369	+ 12 301
$HCO_3 - Na$	24 394	6 451	− 17 943
$HCO_3 \cdot SO_4 - Ca(Mg \cdot Na)$	8 902	4 783	− 4 119
$HCO_3 \cdot Cl - Ca(Mg \cdot Na)$	11 739	16 769	+ 5 030
$HCO_3 \cdot SO_4 \cdot Cl - Na(Mg)$		831	+ 831
$HCO_3 \cdot Cl \cdot SO_4 - Ca(Mg \cdot Na)$	426	547	+ 121
$SO_4 - Ca(Mg \cdot Na)$	410	1 663	+ 1 253
$Cl - Na(Mg \cdot Ca)$		4 515	+ 4 515
$NO_3 - Ca(Mg)$		1 806	+ 1 806
合计	108 500	108 500	

3.2.2 水的矿化度发生了变化

地下水矿化度的变化不仅取决于地质环境条件,人为因素的影响同样不可忽视。从全区来讲,浅层地下水矿化度的变化与人类工程活动紧密相关,其变化大致可分为两个阶段。

第一阶段从 20 世纪 60 年代到 70 年代为水质淡化期。60 年代之前地下水开采量较小,水位普遍较浅,80%以上的区域地下水位埋深 4 m,蒸发作用强,土壤盐碱化较为严重,地下水的补给、径流和排泄基本处于自然状态。自 1965 年开始,全省大规模开展群众性的打井运动,治理盐碱化,井灌事业迅速发展,地下水开采量增加,水位迅速降低,豫北地区出现了水位降落漏斗,土壤盐碱化程度大大降低,水质逐渐淡化,矿化度降低,咸水分布面积缩小,淡水区域扩大。到 1985 年,咸水(矿化度大于 1.0 mg/L)面积缩小到 12 784 km²,其中矿化度大于 2.0 mg/L 的分布面积为 1 198 km²。

第二阶段为矿化度基本稳定或略有升高期。20 世纪 80 年代以来,开采量仍在逐渐增加,大部分地区浅层地下水位埋深在 4 m 以上,一方面蒸发强度减弱,土壤淋滤作用增强,不利于土壤中盐分积累;另一方面水位降低,有利于高矿化度废污水的渗入,造成浅层地下水污染而使矿化度升高。与 1985 年相比,濮阳东南部沿黄地带、封丘东北部、商丘北部地带水质淡化,矿化度降低,而内黄—南乐、获嘉—新乡、许昌—太康—民权、上蔡—新蔡—正阳和南阳盆地西南部地区水的矿化度则有所升高。表 2 表明,2005 年与 1985 年相比,矿化度小于 0.5 g/L 的地区面积减少了 9 121 km²,而矿化度 0.5 ~ 1.0 g/L、1.0 ~ 2.0 g/L、大于 2.0 g/L 的面积则分别增加了 7 730 km²、193 km²、1 198 km²。从整个平原地区来讲,水的矿化度基本稳定,部分地区有升高趋势。

表 2　不同时期河南省浅层地下水矿化度变化情况对比

矿化度(g/L)	面积(km²)		2005 年与 1985 年相比增减面积(km²)
	1985 年	2005 年	
<0.5	58 112	48 991	-9 121
0.5 ~ 1.0	37 604	45 334	+7 730
1.0 ~ 2.0	11 586	11 779	+193
>2.0	1 198	2 396	+1 198
合计	108 500	108 500	

3.2.3　高氟水区范围缩小

地方性氟中毒是河南省一个突出的环境地质问题。20 世纪 80 年代初,全省高氟水区(含量大于 1.0 mg/L)分布面积达 3.17 万 km²,占全省国土总面积的 19%,其多属于碱化型。其中平原区及岗区高氟水分布面积为 26 654 km²。全省共有氟中毒患者 385.55 万人。河南省在饮水型氟中毒病区广泛实施了改水降氟措施,收到良好效果。截至 1997 年底,已建改水工程 6 000 多处。20 年来,河南省西部和南部地区水氟含量基本没有变化,豫北和南阳盆地的大部分地区水氟含量有所降低,中东部的大部分地区水氟含量则有升高趋势。与 1985 年相比,在河南省平原区和岗区,高氟水面积减少了 3 474 km²(见表 3)。安阳—淇县一带的太行山前地带、洛阳以西的平原和岗区(包括灵三盆地和伊洛盆地西部)、黄淮海平原西南部南阳盆地唐河—泌阳段等地浅层地下水中的氟化物含量自 1985 年未发生变化,仍属于低氟水区;新乡—焦作—沁阳—孟州—温县—武陟所构成的环形地带、洛阳—巩义—郑州市区一带、新郑—尉氏—开封县、杞县—民权等地水氟含量未发生大的变化,仍属于中氟水区;清丰—濮阳—浚县、台前—范县—濮阳县南部沿黄地带、修武—获嘉、虞城等地,水氟含量保持不变,在 1 ~ 2 mg/L,仍属于高氟水区。豫北的南乐—内黄—滑县—长垣一带和南阳盆地的邓州市北部及唐河县西北部地区水氟含量有所降低,长葛—通许—太康—睢县—宁陵—永城南部以及兰考、中牟、项城、沈丘等地水氟含量有所增加。

表3 不同时期河南省浅层地下水氟化物含量变化情况对比

氟含量(mg/L)	面积(km²)		2005年与1985年相比增减面积(km²)
	1985年	2005年	
<0.5	48 264	51 927	+3 663
0.5~1.0	33 582	33 393	−189
1.0~2.0	21 950	17 303	−4 647
>2.0	4 704	5 877	+1 173
合计	108 500	108 500	

3.2.4 总硬度大面积升高

与1985年相比,豫北的浚县—濮阳、豫西的洛宁、豫东的周口—郸城、豫南的罗山—潢川等局部地段硬度略有降低,灵三盆地、沿黄地带孟津—兰考段、中部的宝丰—临颍—太康、豫南的上蔡—信阳一带和南阳盆地东部硬度基本保持不变,其余大部分地区硬度普遍升高。由表4可以看出,超标区(含量大于450 mg/L)面积较1985年增加了23 380 km²,目前,河南省平原地区浅层地下水总硬度超标范围已达45 047 km²,约占河南省平原区总面积的42%。近年来,硬度更有加快升高的趋势。其原因主要有两个方面:一是城市工业和生活废水的入渗,使所含的Ca、Mg直接进入地下水引起硬度升高;二是地下水过量开采引起水动力场和水文地球化学环境的改变,污染载体与包气带和含水围岩之间发生一系列的水文地球化学作用,促使土壤及其下层沉积物的钙镁易溶盐、难溶盐及交换性钙镁由固相向水中转移,从而使地下水硬度增高。这些作用主要有酸性溶滤作用、碳酸溶滤作用、盐效应及盐污染等。

表4 不同时期河南省浅层地下水总硬度变化情况对比

总硬度(mg/L)	面积(km²)		2005年与1985年相比增减面积(km²)
	1985年	2005年	
<300	33 326	14 312	−19 014
300~450	53 507	49 141	−4 366
450~550	14 009	27 161	+13 152
>550	7 658	17 886	+10 228
合计	108 500	108 500	

3.2.5 "三氮"污染加重

"三氮"指氨氮($NH_4^+ - N$)、硝酸盐氮($NO_3^- - N$)、亚硝酸盐氮($NO_2^- - N$)。从调查结果来看,硝酸盐氮的污染较为严重,其次为亚硝酸盐氮。

在平原地区浅层地下水中,硝酸盐氮($NO_3^- - N$)的最低含量为0.02 mg/L,最高含量为502.4 mg/L。大部分地区的含量符合饮用水质标准。超过饮用水质标准、含量大于20

mg/L 的地区则主要分布在黄河以南的许昌—鄢陵—周口—沈丘—郸城—太康一带、南阳盆地中部和汝州、叶县、遂平、新蔡、新郑—尉氏、新乡—卫辉及安阳等地。超标区(IV类水、V类水分布区)总面积为 25 669 km²,占全省平原区和岗区总面积的 23.7%。其中含量在 20～30 mg/L 的 IV 类水分布区面积为 16 697 km²,V类水(含量大于 30 mg/L)分布区面积为 8 973 km²。图 3 为周口市农机总公司浅井硝酸根含量变化曲线。

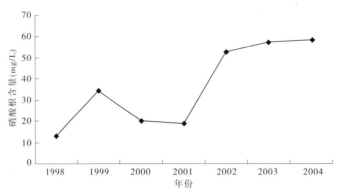

图3　周口市农机总公司浅井硝酸根含量变化曲线

亚硝酸盐氮($NO_2^- - N$)的检出率为 73.04%,最高含量为 1.70 mg/L。不符合饮用水质标准、含量大于 0.02 mg/L(IV类水以上)的地区主要分布在豫北的武陟—延津—长垣一带、豫东的睢县—宁陵、豫南的漯河—商水—息县一带,总面积 15 878 km²,占 15%。其中IV类水(含量 0.02～0.1 mg/L)分布区面积为 13 062 km²,V类水(含量大于 0.1 mg/L)分布区面积为 2 816 km²。

水环境中的氮污染来源主要是城镇生活污水、含氮的工业废水和农田氮肥。氮污染目前已经成为我国城市地下水污染的一大问题,地下水中"三氮"的空间分布特征主要受污染源的控制,主要是工业"三废"、化肥和农药的过量施用、生活污水、污水灌溉等。其中农药、农业含氮肥料的施用和流失是导致平原区浅层地下水中"三氮"含量增高的主要因素。

4　结论与建议

通过以上分析可以看出,河南省平原地区浅层地下水环境演化的主要趋势是水位持续下降和水质恶化,其原因主要有两个方面:一个是水文地质条件的因素,另一个则是人类工程活动的影响。为了遏制水质恶化的势头,促进地下水环境质量向好的方向转化,笔者提出如下建议:

(1)进一步调整产业结构,加强重点污染源治理。治污要从源头抓起,对于那些污染重、效益低的重点污染企业实行"关停并转",标本兼治,通过行业和资源整合,彻底走出发展经济"粗大型、高污染"的怪圈,真正树立科学发展观,加强环境监督,确保重点排污企业废水稳定达标和总量控制制度全面实施。

(2)积极实施城市化战略,倡导绿色消费,加强城镇污水处理。河南省城镇化水平较低,广大农村地区多为分散供水,很少实行集中供水,农户多用压水井取水,井旁就是渗水坑,生活污水就地排放,极易使浅层地下水受到污染。因此,要积极实施城市化战略,倡导绿色消费,加快城市化进程,大力推进集中供水。同时,随着城市化进程的加快,城镇居民的生活污水排放量会越来越多。一方面要积极推广节水技术,减少污水排放量;另一方面,要加快污水处理厂的建设,提高污水处理率,加强污水资源化的研究和利用。

(3)调整优化农业产业结构,积极研究、开发和推广面源污染防治技术,切实做好农业面源污染治理。农业面源污染面大量广,要以科学发展观为指导,调整施肥结构,防止施用过量的氮肥和农药,以减少对地下水的污染。要结合新农村建设,全面规划,综合治理,强化生态功能,实现农业优质、高产、高效,达到生态与经济两个系统的良性循环和经济、生态、社会三大效益的统一,使农业的发展、农村经济的增长与资源环境的保护协调同步。

(4)加强矿山环境治理,促使矿山环境质量向好的方面转化。加大矿山废渣、污水的治理力度,减少水土污染。对废水排放量较大、污染严重的矿山企业,要求同步建设废水处理设施,达标排放。对于规模较小、污染严重的小型矿山应坚决关闭。

(5)加强地下水资源的统一规划和管理,制定地下水保护的专项规划,防止因过量开采地下水而导致环境地质问题的产生。

参 考 文 献

[1] 魏秀琴,杨新梅,豆敬峰,等. 河南省地下水环境调查与评价[R]. 河南省地质环境监测院,2006.
[2] 吕航. 长春市地下水硬度异常及形成机理分析[J]. 中国环境管理,2007(6):33-39.
[3] 王继华,李东海,等. 河南省区域地下水动态演变及可持续开发利用研究[R]. 河南省地矿厅环境水文地质总站,1999.

Trend Analysis on Evolution of Shallow Groundwater Environment in Plain Area of Henan Province

Wei Xiuqin

(Geological Environment Monitoring Institute of Henan Province, Zhengzhou 450016)

Abstract: Based on actually investigation of water quality and level in plain Area of Henan Province in 2005, lately situation of shallow groundwater quality was discussed, the evolution trend and the formation reason of Shallow groundwater environment were analyzed by compared with historical materials. Based above research, we put forward suggestions of guarding groundwater environment worse.

Key words: Henan Province, shallow groundwater environment, evolution trend

Rainfall Infiltration Recharge Function Building with Regression Analysis with Lysimeter Data

Qi Denghong

(Geological Environment Monitoring Institute of Henan Province, Zhengzhou　450016)

Abstract:Accurately calculating the quantity of rainfall infiltration recharge (RIR) to groundwater is critical importance to the evaluation and management of groundwater resources. Enormous works have been done to estimate the quantity of RIR and to understand the processes of infiltration recharge by many methods including field tests, lysimeters and etc. There are 35 lysimeters with 7 kind of soil and 5 different depth (1 m, 2 m, 3 m, 5 m and 7 m) installed in Zhengzhou Groundwater Balance Test Field to measure the infiltration recharge flux and evaporation flux under conditions of fixed water tables at the bottoms of the soil columns. A simple meteorological observation has built to measure the rainfall, wind rate and water evaporation on ground surface. Some key infect factors have been chosen to construct the rainfall infiltration recharge functions (RIRF) for different kinds of soil after the relationship between the RIR and rainfall and evaporation in the corresponding and former period by uniform design method. Comparing the measured data with the calculated data by RIRF, the small difference denotes that using the RIRF can calculate the RIR more accurately than conventional method of product of rainfall and constant RIR coefficient.

Key words:lysimeter, regression analysis, rainfall infiltration recharge function (RIRF), uniform design

1　Introduction

The process of rainfall goes into groundwater through soil is called rainfall infiltration process; the groundwater recharge is called rainfall infiltration recharge (RIR). It is the main driving force of surface contaminant polluting groundwater, and is also the main recharge source of groundwater. Accurately calculating the quantity of RIR to groundwater is critical importance to the evaluation and management of groundwater resources. In the past groundwater estimation, groundwater fluctuation data is often used to ascertain rainfall infiltration coefficient, which is multiplied by rainfall to calculate RIR. In 1970s and 1980s of 20 th century, many equilibriumexperimental points were built in China, where can use lysimeter observing RIR, and calculating rainfall infiltration coefficient for evaluating the groundwater resource[1,2].

Rainfall flux, rainfall characters, lithologic characters of unsaturated zone, groundwater depth, and human activities are the factors affect RIR, part of which exist nonlinear relationship. Moreover, hysteresis and delayed reaction occurred in rainfall infiltration[3-8]. So RIR is a nonlinear function affected by many factors. But in the past groundwater resource estimation, RIR is considered as a linear function of rainfall (rainfall infiltration coefficient is a constant), which has a big error to the facts, so it affects the accuracy of groundwater resource evaluation.

Influencing factors of RIR are selected through analyzing the observed data of equilibrium experimental points in Zhengzhou and correlation analysis. Rainfall infiltration function is established by using regression analysis that studied the relationship between RIR and influencing factors, which can analysis the rule of RIR.

2 Influencing factors choosing

2.1 Main influencing factors

After rainfall infiltration, calculating initial soil moisture distribution is a considerable factor, because it determined the velocity of rainfall infiltration and soil moisture storage in unsaturated zone, and can affect final infiltration recharge. According to the soil moisture equilibrium principle, rainfall, evaporation and infiltration recharge controlling mainly determine soil moisture in unsaturated zone, and initial soil moisture is mainly affected by rainfall, evaporation in a period of time before calculating. So regression model of RIR is as follows:

$$R(t) = \sum_{\tau=0}^{m} a_{\tau} P(t - \tau) + \sum_{i=0}^{n} b_i E(t - i) + cM + C \qquad (1)$$

where, M is groundwater depth[L], a, b, c, C are constant, m, n are prophase rainfall, time length of water evaporation respectively, which can be evaluated different values because of different influencing degree between rainfall and evaporation. Using experiment-designing method can derive the reasonable value. Because RIR decreasing as groundwater depth increasing when depth exceed 1 m, linear format is denoted for establishing unified model.

2.2 Establishing model method and process

Regression model consider evaporation and groundwater depth in different periods except different periods of rainfall. Especially evaporation needs consideration, because former evaporation will affect RIR. Using trial method derives the numbers of former rainfall and evaporation in order to get better result through less former rainfall and evaporation.

2.2.1 Uniform design abstract

The purpose of uniform design is to derive satisfied parameters using least experiments. Uniformdesign is a experiment designing method of many factors and many levels which invented by two Chinsese mathematicians named Fang Kaitai and Wang yuan, it is a scientific method of distributing testing spots uniformly in experimental range, which can get reasonable result especially for large range and many factors or levels of experiments[9].

Uniform design often uses a uniform table $U_n(q^s)$ and corresponding tables, U represents uniform design, n represents numbers of experiments, q represents numbers of levels, s is numbers of columns which can arrange numbers of *s* factors. Every uniform design table is accompanied by a introduction table, which explains degree of homogeneity of experiment.

The steps of uniform design is as follows: ①choosing reasonable factor and level based on the purpose of experiment; ②listing the factors and their levels on the column and the row according to the index of the number chosen from the chosen reasonable uniform design table and use table.

2.2.2　Establishing model process

After the ranges of rainfall and evaporation and their experiment levels have been determined, the test scheme is determined using uniform design method. The average values of error square (AES) of every test are calculated. The minimum ASE is determined by Krige method. The new test schemes with miner interval near the column and row of minimum ASE are determined by uniform design. The AES of new test schemes is calculated and the process repeats until getting the most suitable number of former periods of rainfall and evaporation that are used to regression analysis.

3　Rainfall infiltration recharges function

The annual and monthly RIRFs of different soils are determined with this method.

3.1　Annual rainfall infiltration recharge model

Annual RIR has little relationship with rainfall and evaporation in the former period and evaporationin the corresponding period according to the former analysis. The RIRF can be descriedby the follow equation.

$$R(t) = aP(t) + bM + C \qquad (2)$$

The coefficients of equation (2) derived from measured data about rainfall, RIR and evaporation by regress analysis method are listed in table 1. According to the regress results, RIR is positive correlation with rainfall, but is negative correlation with buried depth of groundwater level. The sensitivity of RIR to buried depth of groundwater level is largest in silt from Xinxiang, and second in fine sand from Kaifeng, and least in silt clay from Zhumadian shown that its recharge mainly derived from preferential flow.

Table 1　Regression coefficients of the annual RIR to rainfall and buried depth of groundwater level in different soil lysimeters

Regression coefficient	a	b	C	r	F	markedness
Silty fine sand from Kaifeng	0.917,1	−6.504,1	−157.83	0.812,4	84.43	markedly
Loess-like sabulous clay from Zhengzhou	0.502,6	−4.007,1	−65.06	0.709,7	44.15	markedly
Light sabulous clay from Xinxiang	0.620,0	−22.710,0	−4.38	0.753,9	57.27	markedly
Mild clay from Zhumadian	0.552,2	−0.688,1	−105.07	0.839,8	104.05	markedly

3.2 Monthly rainfall infiltration recharge function

The numbers of former periods of rainfall and evaporation are both less than 10 according to the former analysis, so 10 tests listed in table 2 are made under the directed by uniform design. The corresponding determining coefficient, F value and ASE are calculated respectively. Comparing the three characteristic values, the best m and n are used to determine the regression function and their regression coefficients are listed in table 3. The coefficients of infiltration recharge functions show that the RIR is mainly affected by the rainfall of two months before and the same month rainfall counts for 58% ~ 67% of all rainfall. Monthly RIR is negative correlation to monthly evaporation, especially the last past monthly because it evaporated more water from soil in lysimeter, which may be led more water stay in soil instead of recharging groundwater. When the buried depth of groundwater level is more than 1 m, the RIR decreases with the buried depth of groundwater level. The decreasing rate is largest in loess loam, and it is decreasing in loam, light loam, loan with silt interbed and fine sand. But the inverse phenomena occur in loam from Zhumadian, which may be led by the ruleless macro pores or cracks and strong preferential flow in the lysimeters.

Table 2   The test scheme for monthly RIRF

Number of test	1	2	3	4	5	6	7	8	9	10
m	1	2	3	4	5	6	7	8	9	10
n	7	3	10	6	2	9	5	1	8	4

Table 3   Coefficients of monthly RIRFs

Lithology	Silty fine sand from Kaifeng	Sabulous clay with thin clay interbed from Anyang	Loess-like sabulous clay from Zhengzhou	Light sabulous clay from Xinxiang	Sabulous clay from Xuchang	Mild clay from Nanyang	Mild clay from Zhumadian
P_t	0.506,5	0.102,1	0.302,5	0.259,0	0.256,8	0.275,3	0.321,2
P_{t-1}	0.277,3	0.038,8	0.090,7	0.106,7	0.134,3	0.142,0	0.102,2
P_{t-2}	0.019,3	0.011,1	0.063,7	0.079,7			0.059,8
E_t	-0.023,4	-0.004,4	-0.001,6	-0.012,8	-0.048,9	-0.017,5	-0.014,3
E_{t-1}	-0.080,9	-0.024,1	-0.063,0	-0.060,8		-0.070,7	-0.045,2
m	-0.498,0	-0.659,2	-2.679,9	-1.522,4	-1.995,6	-0.724,1	0.256,8
C	15.758,0	7.490,0	20.476,0	19.915,0	16.094,0	8.064,8	2.315,6
r	0.819,8	0.568,1	0.743,4	0.695,6	0.714,6	0.797,0	0.894,3
F	96.69	22.48	58.26	44.20	28.70	100.65	188.33

Fig. 1 shows that the difference between monthly recharge data measured with calculated by regression function, which shows the monthly RIRF constructed by regression analysis can be used to calculate the RIR.

3.3　Daily rainfall infiltration recharge function

The values of m and n are less than 120 days i. e. 2 months according to the monthly RIRF. 24 tests with an interval of 5 days were taken under the direction of uniform design, and their determining coefficient, F value and ASE are calculated respectively. With the same method above, the best m and n are used to determine the regression function and their regression coefficients are listed in table 4. Fig. 2 shows that the difference between the measured data and calculated data by daily RIRF is large, especially of shallow buried depth of groundwater table, which may be led by the non - linear correlation between RIR and buried depth of groundwater table, and the delay of infiltration recharge make the dairy RIR is little correlation to the daily rainfall.

4　Conclusions

The RIRFs with different time scale are established by regression analysis with rainfall and evaporation in same or/and former periods. Among the functions, annual and monthly infiltration recharge function is well to calculate the recharge. RIR is positive correlation with rainfall, but is negative correlation with buried depth of groundwater level. The sensitivity of RIR to buried depth of groundwater level is largest in silt from Xinxiang, and second in fine sand from Kaifeng, and least in loam from Zhumadian shown that its recharge mainly derived from preferential flow. For monthly scale, RIR is mainly affected by the rainfall of two months before and the rainfall in the same month counts for $58\% \sim 67\%$ of all rainfall. The daily RIRF is less accurate because of the delay of infiltration and the irregular temporal distribution of rainfall.

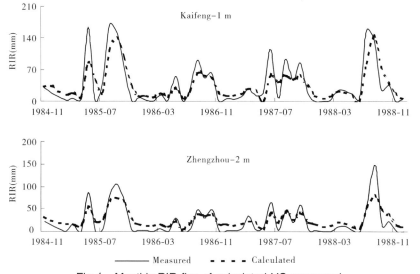

Fig. 1　Monthly RIR flux of calculated VC measured

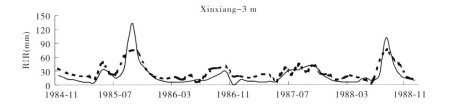

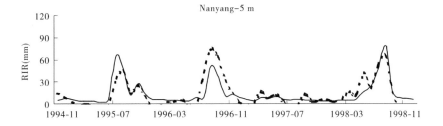

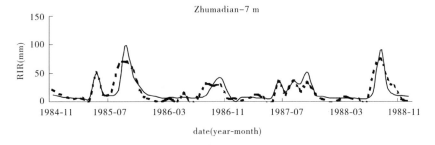

date(year-month)

Continued to Fig. 1

Table 4 Statistical characteristics of error of daily RIRF

Lithology	Buried depth of groundwater level	1 m	2 m	3 m	5 m	7 m	Total
Silty fine sand from Kaifeng	Minimum	−70.36	−31.27	−31.07	−14.76	−6.73	−70.36
	Maximum	9.03	13.63	16.37	13.97	13.60	16.37
	Average	−0.10	0.21	−0.08	−0.06	0.03	0.00
	Standard deviation	5.09	2.30	2.37	1.96	1.97	2.99
	Su mmary of square error	129.61	26.56	28.02	19.30	19.47	44.59
Sabulous clay with thin clay interbed from Anyang	Minimum	−45.15	−27.90	−8.44	−2.04	−1.54	−45.15
	Maximum	3.80	6.92	9.96	9.39	9.61	9.96
	Average	−0.15	0.09	0.14	−0.04	−0.03	0.00
	Standard deviation	2.66	1.51	0.88	0.82	0.81	1.52
	Summary of square error	35.57	11.39	3.92	3.39	3.26	11.50

Continued to Table 4

Lithology	Buried depth of groundwater level	1 m	2 m	3 m	5 m	7 m	Total
Loess-like sabulous clay from Zhengzhou	Minimum	−42.43	−22.34	−7.77	−4.72	−3.02	−42.43
	Maximum	5.36	7.49	11.69	11.59	11.69	11.69
	Average	−0.21	0.07	0.23	0.02	−0.10	0.00
	Standard deviation	3.58	1.82	1.30	1.28	1.28	2.06
	Summary of square error	64.11	16.59	8.71	8.23	8.19	21.17
Light sabulous clay from Xinxiang	Minimum	−42.57	−22.37	−7.58	−4.75	−3.04	−42.57
	Maximum	5.35	7.50	11.55	11.45	11.55	11.55
	Average	−0.21	0.07	0.23	0.02	−0.10	0.00
	Standard deviation	3.58	1.82	1.30	1.28	1.28	2.06
	Summary of square error	64.22	16.60	8.65	8.20	8.19	21.17
Sabulous clay from Xuchang	Minimum	−45.35	−18.27	−5.96	−3.89	−1.31	−45.35
	Maximum	4.58	9.63	13.07	12.59	12.69	13.07
	Average	−0.20	0.11	0.20	−0.10	−0.02	0.00
	Standard deviation	3.68	1.73	1.28	1.19	1.20	2.05
	Summary of square error	67.74	15.00	8.41	7.12	7.21	21.09
Mild clay from Nanyang	Minimum	−42.87	−15.44	−22.88	−30.91	−41.61	−42.87
	Maximum	7.45	16.62	14.02	16.47	16.33	16.62
	Average	−0.17	0.14	0.09	−0.02	−0.04	0.00
	Standard deviation	2.66	1.40	1.42	1.62	1.83	1.85
	Summary of square error	35.59	9.89	10.10	13.12	16.78	17.09
Mild clay from Zhumadian	Minimum	−27.49	−27.64	−27.77	−21.02	−21.73	−27.77
	Maximum	8.80	11.09	12.77	15.77	15.81	15.81
	Average	−0.01	−0.02	0.04	0.01	−0.02	0.00
	Standard deviation	2.11	1.82	1.71	1.57	1.71	1.79
	Summary of square error	22.18	16.64	14.55	12.28	14.56	16.04

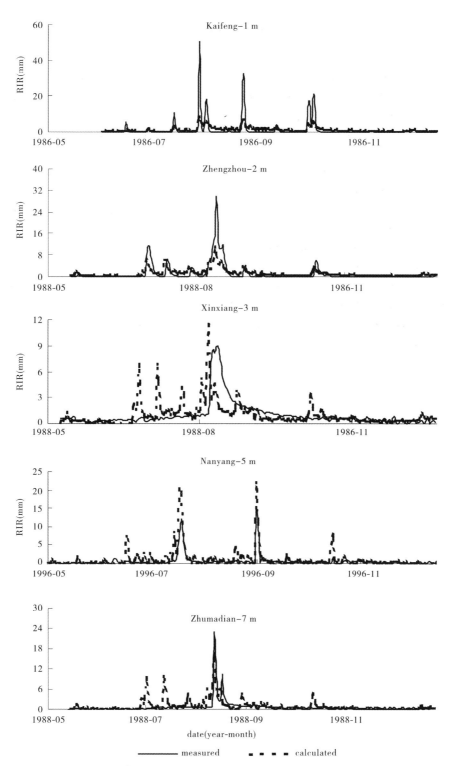

Fig. 2 Daily RIR flux of calculated VS measured

References

[1] Wang D, Zhang R, Shi Y, et al. Foundation of Hydrogeology[M]. Beijing: Geology Press, 1995.

[2] Xu H. Exploitation and protection of water resources[M]. Beijing: Geology Press, 2001.

[3] Zhang P, Li R. The Affecting Factors of Underground Water Supplied by Rain Penetration[J]. Journal of Liaoning University, 1999, 26(2):118-122.

[4] Wu J, Zheng J. Model Estimation of Sub – coefficient of Recharge by Rainfall Infiltration[J]. Journal of HohaiUniversity, 1999, 27(6):7-11.

[5] Wang Z, Li Sh, Xin X, et al. System analysis of precipitation delay recharge[J]. Survey Science and Technology, 1998(4):11-14.

[6] Li Y. Lagging distribution of precipitation recharge to phreatic water[J]. Survey Science and Technology, 1997(3):22-26.

[7] Chen Ch. The weight function method of hysteresis recharge – a method to deal with lagging of precipitation recharge to phreatic water[J]. Hydrogeology and Engineering geology, 1998(6):22-24.

[8] Zhou M, Jin M, Wei Xiu, et al. Analysis of precipitation recharge using observed data of lysimeter[J]. Geological Science and Technology Information, 2002, 21(1):37-40.

[9] Fang K. Uniform design and uniform design table[M]. Beijing: Science Press, 1994.

降水入渗补给过程中优先流的确定

齐登红[1,2]　靳孟贵[2]　刘延锋[2]

（1. 河南省地质环境监测院，郑州　450016；
2. 中国地质大学环境学院，武汉　430074）

摘　要：优先流是降水、灌溉水等入渗补给地下水的主要形式之一，流速快，流动路径复杂，难以定量描述。本文针对优先流难以定量描述的问题，以郑州地中渗透仪观测资料为基础，探讨了新乡亚砂土等试筒降水入渗过程及其中的优先流补给量比例。根据土壤的水力性质、气候等资料建立不存在优先流的数值模拟模型来刻画降水入渗补给过程，通过模拟获得地下水入渗补给量与实测地下水入渗补给量的历时曲线，将大于模拟值的实测值视为优先流的量，并计算其在总补给量中所占的比例。结果表明，优先流占总补给量的比例为 10% ~ 80%；随着土壤黏性增加，优先流所占比例呈增加趋势；随地下水位埋深的增大，优先流所占比例呈逐渐下降趋势。

关键词：地中渗透仪；优先流；降水入渗补给；模拟模型
中图分类号：P641　　**文章编号**：1000 - 2383(2005)06 - 0000 - 00

1　引　言

　　土壤中的优先流是指土壤在整个入流边界上接受补给，但水分和溶质绕过土壤基质，只通过少部分土壤体的快速运移[1]。优先流的产生是由于土壤中往往存在大量的根孔、虫孔等大孔隙及裂隙等，根据其形成原因，又被称为大孔隙流、绕流、漏斗流、指状流、沟槽流、捷径流、部分驱潜流和地下风暴流等[2-5]。优先流的运移速度快，对地下水补给起重要作用。准确确定优先流的量，对于深入认识入渗补给过程、准确评价地下水补给资源及地下水污染分析具有重要意义，但土壤中分布复杂的大孔隙和裂隙导致优先流的量难以确定。目前，用于描述土壤中优先流的模型有基于可动 - 不可动概念的二流域模型、双重空隙模型、双重渗透性模型、运动波模型、两阶段模型等[6-10]。这些模型大都需要了解土体的结构、渗透性等信息，而土壤大孔隙和裂隙的分布不规则性使这些模型的使用存在局限性。本文通过分析郑州地中渗透仪监测资料，研究了降水入渗补给过程，利用数值模拟技术计算假定均质各向同性情况下地中渗透仪中的活塞式入渗补给过程，通过对比降水入渗实际观测资料和土壤水分运移模拟结果来分离降水入渗过程中的活塞流量与优先流量，并计算出优先流量所占比例。

基金项目：国家自然科学基金(40472123)资助。
作者简介：齐登红(1960—)，男，河南省地质环境监测院高级工程师，博士。主要从事水文地质、环境地质研究工作。E-mail：hnqdh@ tom. com。

2 降水入渗补给模式

降水入渗方式有两种,即活塞式和捷径式(优先流)。活塞式入渗是鲍得曼(Bodman)等于1943年在对均质砂进行室内入渗模拟试验的基础上提出的[11]。这种入渗方式是入渗水的湿锋面整体向下推进,犹如活塞的推移,故称为活塞式入渗。活塞式入渗过程中的水分整体运移过程可直接用基于连续理论的理查德(Richards)方程刻画[12]。

土壤中除粒间孔隙和颗粒集合体内及颗粒集合体间的孔隙外,还存在根孔、虫孔和裂缝等大的孔隙通道。当降水强度较大,细小孔隙来不及吸收全部水量时,一部分降水将沿着渗透性良好的大孔隙通道优先快速下渗,并沿下渗通道水分向细小孔隙扩散,下渗水通过大孔隙通道的捷径流优先到达地下水。

3 优先流的确定方法

3.1 确定机理

降水入渗过程中往往同时存在两种补给模式。由于降水入渗补给过程中包气带中水分除存在垂向运移外,还存在水平运移,而且大孔隙、裂隙的分布规律很难刻画,因此优先流的量及其在总入渗补给中所占的比例很难确定。地中渗透仪可以直接测量降水入渗补给量,而且其四周封闭,土体内水分以垂向一维运移为主。测量值包括了优先流及活塞流,假定活塞流可用 Richards 方程刻画,比活塞式先补给地下水的那部分实测补给量即为优先流的量(见图1)。

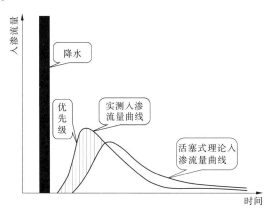

图1 优先流模式与活塞式模式入渗曲线对比图

3.2 活塞流描述

地中渗透仪中活塞流可用一维非饱和土壤水分运移方程(Richards 方程)描述。即

$$
\begin{cases}
\dfrac{\partial \theta}{\partial t} = \dfrac{\partial}{\partial z}\left[K(\theta)\, \dfrac{\partial h}{\partial z}\right] + \dfrac{\partial K(\theta)}{\partial z} \\
\theta(z,t) = \theta_0(z) \\
h(z,t)\big|_{z=B} = h(B,t) \\
-K(\theta)\left(\dfrac{\partial h}{\partial z} + 1\right)\bigg|_{z=0} = q_0(t)
\end{cases}
\tag{1}
$$

式中,θ 为土壤体积含水量;h 为负压水头;z 为垂向坐标,零点取在地面,向上为正;t 为时间;$K(\theta)$ 为对应含水量 θ 时的土壤渗透系数;$q_0(t)$ 为上边界处的水分通量;$h(B,t)$ 为下边界处负压值,地中渗透仪的底边界取为定水头边界,其压力水头为 0;B 为深度。模型中不考虑土壤吸、脱水之间的滞后作用。

方程(1)为一非线性偏微分方程,而且上边界条件复杂多变,难以用解析法求解,一般用数值方法求解。本文采用迦辽金有限单元进行求解,将实测补给流量与模拟结果进行比较,确定优先流的量。

4 降水入渗补给过程中优先流量确定

根据上述方法,以郑州地下水均衡试验场新乡亚砂土为例,确定其降水入渗过程中的优先流的量。选择地下水位埋深为 2 m、3 m、5 m 和 7 m 的 4 个试筒(内设中子仪观测土壤含水量资料),对其中的降水入渗过程中的活塞流部分进行模拟。

4.1 活塞流模拟

2 m 试筒中地下水位埋深较小,入渗补给过程短,而且补给的速度快,补给量大,土壤含水量变化较大。与地下水位埋深较大的试筒相比,2 m 试筒更能反映土壤岩性水力性质对降水入渗过程的影响。因此,选用 2 m 试筒对该岩性的水力参数进行识别,并分析其中水分运移规律。然后用识别后的参数分别对 3 m、5 m 和 7 m 埋深的试筒进行模拟,计算降水入渗过程中优先流的量。

土壤水分运移模拟一般按如下过程进行:第一步进行离散化。模型深度取至地下水面(即整个试筒),按照 2 cm 间隔进行剖分。模拟时段从 2000 年 5 月 1 日至 2001 年 12 月 31 日,共 609 d。第二步确定边界条件和初始条件。试筒顶部土体裸露于空气中,直接接受降水入渗补给和蒸发,处理为已知流量边界,直接在模型顶部单元上赋实测降水量和潜在蒸发量。各试筒均采用马里奥特瓶来观测降水入渗补给量和地下水蒸发量,地下水位保持恒定,下界面处理为定水头边界。从 2000 年 4 月 1 日开始监测土壤含水量,为尽量避免由于中子仪安装等可能造成的误差,且整个 4 月几乎没有降水,因此可取 2000 年 5 月 1 日作为初始时刻。将 2000 年 5 月 1 日的实测不同深度土壤含水量,按线性插值的方式为各节点赋初始含水量。第三步选取水力参数。土壤水分特征参数采用常用的 van Genuchten 模型。由于缺少土壤水分特征曲线试验资料,利用土壤颗粒分析资料和经验模型初选相关参数。USSL(United States Salinity Laboratory,美国国家盐改中心)根据 1 913 个不同岩性的颗粒组成、干密度、土壤水分特征曲线参数、饱和渗透系数等实测数据,利用人工神经网络技术建立了土壤水分特征曲线参数和饱和渗透系数与土壤颗粒组成、干密度之间的函数关系(Rosetta 软件)。根据该试筒实测的土壤颗粒组成(见表 1),利用 Rosetta 软件提供的神经网络模型来初步计算该岩性的土壤水分特征曲线参数。

表 1 新乡亚砂土岩性颗粒分析资料

岩性	颗粒组成(%)			UNSODA 定名
	砂粒	粉粒	黏粒	
	2～0.05 mm	0.05～0.005 mm	<0.005 mm	
新乡亚砂土	45.0	40.5	13.5	Loam

　　根据建立的土壤水分运移模型,用计算的土壤含水量和实测土壤含水量进行拟合和对比分析,反复修改参数,当两者之间误差达到标准后,即认为此时的参数值代表该土壤的入渗参数。计算土壤含水量和实测含水量之间的误差的目标函数如下:

$$E = \sum_{i=1}^{m} \sum_{j=1}^{n} W_j (\theta_{ij}^e - \theta_{ij}^0)^2 \tag{2}$$

式中,m 为时段总数;n 为观测点总数;W_j 为权系数;θ_{ij}^e 为 i 时刻第 j 个观测点的计算土壤含水量;θ_{ij}^0 为 i 时刻第 j 个观测点的实测土壤含水量。

　　目标函数 E "最小"时的参数值即为待求的参数,实测浅层土壤含水量与拟合土壤含水量对比曲线见图 2,同时结合 Rosetta 初选的经验参数对参数进行识别,识别后的参数见表 2。

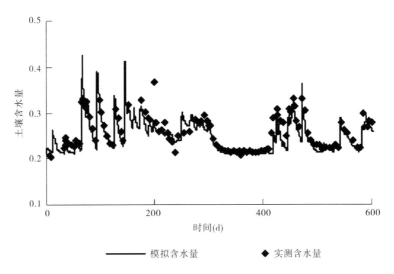

图 2　模拟含水量与实测含水量对比曲线

表 2　识别后的新乡亚砂土水力参数值

岩性	θ_r	θ_s	α	N	m	K_s(cm/d)
新乡亚砂土	0.049 6	0.455 0	0.012 4	1.635 8	0.388 7	28.15

4.2　优先流部分的确定

　　利用表 2 中的参数分别对地下水位埋深为 2 m、3 m、5 m 和 7 m 的新乡亚砂土中降水入渗补给过程进行模拟。图 3 为不同水位埋深新乡亚砂土试筒的模拟入渗补给量与实测入渗补给量历时对比曲线,可以看出,亚砂土中普遍存在优先流。按照前述分离优先流量的方法计算各试筒中优先流入渗量,并按照模拟入渗补给曲线和实测曲线的关系分段统计不同埋深的优先流补给量,结果如表 3 所示。

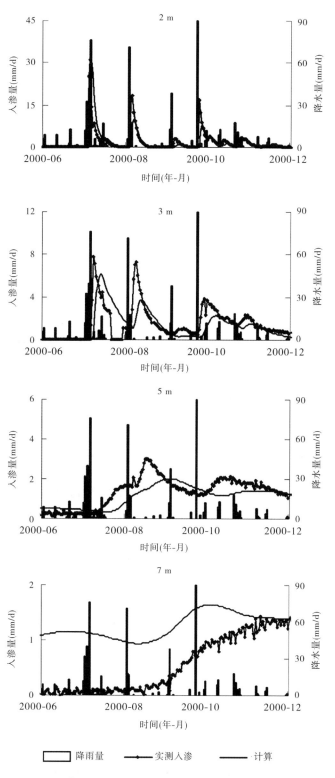

图3　不同埋深模拟入渗流量与实测值对比

表3　不同埋深新乡亚砂土中优先流量

时段 （年-月-日）	降水量 （mm）	不同埋深优先流量(mm)			
		2 m	3 m	5 m	7 m
2000-05-01 ~ 07-02	77.3	0.0	0.0	0.0	0.0
2000-07-03 ~ 08-02	220.1	53.2	18.8	13.0	0.0
2000-08-03 ~ 09-02	118.9	35.2	24.0	23.5	0.0
2000-09-03 ~ 09-23	58.0	10.6	7.2	0.0	0.0
2000-09-24 ~ 10-21	131.5	32.5	24.8	12.4	0.0
2000-10-22 ~ 11-14	52.4	12.0	8.3	9.2	0.0
2000-11-15 ~ 12-31	17.6	7.6	15.9	0.8	0.0
2001-01-01 ~ 05-31	76.0	23.9	33.8	20.1	0.0
2001-06-01 ~ 06-30	66.6	0.0	0.1	8.4	3.0
2001-07-01 ~ 09-04	188.7	16.0	6.7	33.3	11.8
2001-09-05 ~ 12-31	96.5	21.2	7.7	35.2	24.5
总计	1 103.6	212.1	147.1	156.0	39.2
实测总补给量(mm)		459.2	359.6	457.1	334.3
优先流所占比例(%)		46.2	40.9	34.1	11.7

由表3可以看出，2 m埋深试筒中，优先流的量较大，约占总补给量的46.19%。随着地下水位埋深的增加，优先流所占比例逐渐减小，3 m、5 m、7 m试筒中优先流所占比例分别为40.91%、34.13%和11.72%。

利用相同的方法，计算郑州均衡试验场中开封粉细砂和驻马店亚黏土试筒中优先流的量(见表4)。从表4可以看出，随着地下水位埋深的增加，优先流补给量占总入渗补给量的比例呈逐渐下降趋势。土壤黏粒含量越高，优先流所占比例越高。

表4　不同岩性试筒中优先流所占比例

岩性	不同埋深优先流所占比例(%)			
	2 m	3 m	5 m	7 m
开封粉细砂	32.93	35.75		19.71
新乡轻亚砂土	46.19	40.91	34.13	11.72
驻马店亚黏土	66.03	79.83	77.97	46.17

5 结 论

利用基于 Richards 方程的数值模拟方法计算不同埋深和岩性条件下地中渗透仪中的活塞式入渗补给流,并与实测入渗补给量进行对比,将大于模拟值的入渗补给量视为优先流式补给量。计算结果表明,土壤黏性越高,越容易产生裂隙和虫孔等大孔隙,优先流越明显,所占比例越高;在埋深较浅(2 ~ 3 m)的黏性土试筒中,优先流补给形式占主导地位,占41% ~80%;随着地下水位埋深增大,优先流所占比例呈递减趋势,说明导致优先流的大孔隙和裂隙等主要发育于浅部。

优先流是一个普遍存在的复杂问题,难以准确刻画。本文所提出的方法从理论上反映了优先流与活塞流的区别,可在不需要查明土壤孔隙结构的情况下比较准确地确定降水入渗补给过程中优先流的量,但其精度取决于岩性参数的获取,此外还需要进行入渗补给量的观测。

参 考 文 献

[1] Andreini M S, Steenhuis T S. Preferential paths of flow under conventional and conservation tillage[J]. Geoderma,1990, 46:85-120.

[2] Beven K, Germann P. Macropores and water flow in soils[J]. Water Resour. Res. , 1982, 18:1311-1325.

[3] Bouma J. Influence of soil macroporosity in environmental quality[J]. Advanced in Agronomy, 1991, 46:137.

[4] Brusseau M L, Rao P S C. Modeling solute transport in structured soils[J]. Geoderma, 1990, 46:169-192.

[5] Czapar G F, Horton R, Fawcett, R S. Herbicide and tracer movement in soil columns containing an artificial macropore[J]. J. Environ. Qual. , 1992, 21:110-115.

[6] Kung K J S. Preferential flow in a sandy vadose zone:1. Field observation[J]. Geoderma, 1990, 46:51-58.

[7] Kung K J S. Preferential flow in a sandy vadose zone:2. Mechanism and implications[J]. Geoderma, 1996, 46:59-71.

[8] Šimunek J, Jarvisb N J, van Genuchten, M Th, et al. Review and comparison of models for describing non-equilibrium and preferential flow and transport in the vadose zone[J]. Journal of Hydrology, 2003, 272:14-35.

[9] Roth K, Jury W A, Flühler H, et al. Field scale transport of chloride through an unsaturated field soil [J]. Water Resour. Res. , 1991, 27:2533-2541.

[10] Kluitenberg G J, Horton R. Effect of solute application method on preferential transport of solute in soil [J]. Geoderma, 1990,46:283 – 297.

[11] 王大纯, 张人权, 史毅虹,等. 水文地质学基础[M].北京: 地质出版社, 1995:63-65.

[12] 雷志栋,杨诗秀,谢森传.土壤水动力学[M].北京:清华大学出版社,1988.

Determination of Preferentiai Flow in Precipitation Infiltration Recharge

Qi Denghong[1,2]　Jin Menggui[2]　Liu Yanfeng[2]

(1. Geological Environment Monitoring Institute of Henan Province, Zhengzhou　450016;
2. School of Environmental Studies, the China University of Geosciences, Wuhan　430074)

Abstract: Preferential flow is one of main forms of infiltration recharge from rainfall and irrigation to groundwater. Its rapid flow rate and complicated flow path make it be very difficult to quantify preferential flow. To quantify the infiltration recharge by the mean of preferential flow and its percentage of total infiltration recharge, a new method has been developed based on the measured infiltration recharge of lysimeters in Zhengzhou Groundwater Balance Test Field. The numerical simulation model that can describe the piston flow in lysimeters by Rechards equation was constructed and calibrated according to the soil hydraulic parameters and weather data and other data. The recharge flux more than the calculated flux can be regard as the preferential flow because of the preferential flow is faster and reaches groundwater earlier than piston flow. Comparing the measured recharge flux and calculated recharge flux, the quantity of preferential flow and its percentage in total precipitation infiltration recharge can be determined. The percentage of preferential flow in total precipitation infiltration recharge is about from 10 to 80 percentages, and it increases with the increasing of clay in soil, and decreases with depth of groundwater level.

Key words: lysimeter, preferential flow, precipitation infiltration recharge, simulation modeling

系统响应分析在降水入渗补给计算中的应用

齐登红

(河南省地质环境监测院,郑州　450016;
中国地质大学环境学院,武汉　430074)

摘　要:本文针对常用的利用降水入渗系数法确定降水入渗补给量,不能反映降水入渗补给量随降水频率等因素而变化的弊端,利用郑州市地下水均衡试验场地中渗透仪长时间观测系列资料,通过对降水－降水入渗补给量进行系统响应分析,建立了4种岩性、5个水位埋深的年际和月际的降水－入渗补给响应函数。根据同期及前期的年、月降水量数据,可用该降水入渗补给函数计算相应地区的降水入渗补给量。

关键词:地中渗透仪;系统响应分析;降水入渗补给函数

1　引　言

降水从地表进入土壤,通过土壤进入地下水的过程称为降水入渗过程,入渗补给地下水的量称为降水入渗补给量。地下水资源评价时通常采用地下水动态资料来计算降水入渗系数和降水入渗补给量。20世纪70年代末80年代初,我国在各地建立了多个地下水均衡试验场,通过地中渗透仪直接测定的降水入渗补给量,计算降水入渗系数,用于地下水补给资源评价[1,2]。

降水入渗补给的影响因素非常复杂,主要有降水(降水量、降水特征等)、包气带岩性、地下水位埋深及人类活动等,而且部分因素之间存在着非线性关系,同时降水入渗存在明显的滞后和延迟效应[3-7]。因此,降水入渗补给量是一个受多种因素综合影响的动态函数。用降水入渗系数计算降水入渗补给量时是把降水入渗补给量看做降水量的线性函数(降水入渗系数为常数),显然与实际存在较大误差,影响了地下水资源评价的精度。

通过分析郑州地下水均衡试验场长系列观测资料,笔者利用系统响应分析法研究了降水入渗补给量与同期及前期降水量之间的关系,建立降水入渗补给函数描述降水入渗补给量与同期及前期降水量之间的定量关系,求取降水入渗补给量,同时也可以分析降水入渗补给规律。

2　试验场概况

郑州地下水均衡试验场位于郑州市西南郊卧龙岗村,1984年建成后一直运行至今。共安装了7种岩性、5个不同水位埋深(1 m,2 m,3 m,5 m,7 m)计35套地中渗透仪。地

基金项目:国家自然科学基金(40472123)资助。

作者简介:齐登红(1960—),男,高级工程师,博士,主要从事水文地质、环境地质研究工作。E-mail:hnqdh@tom.com。

中渗透仪内的土样是在综合分析河南省平原区地质、地貌和水文地质特征的基础上,选取的有代表性岩性。其中,黄河冲积平原三组(分别取自安阳市清丰县亚砂土夹薄层黏土及亚黏土、新乡市原阳县轻亚砂土和开封市尉氏县粉细砂),淮海平原两组(许昌市鄢陵县亚砂土和驻马店市平舆县亚黏土),南阳盆地一组(南阳邓县亚黏土),豫西黄土区一组(郑州市荥阳市黄土状亚砂土)。只有粉细砂一组为扰动样,其余6组均为原状土样。地中渗透仪每日观测三次,获取不同岩性、不同埋深试筒的降雨入渗补给量和潜水蒸发量。试验场内配有气象观测系统,与地中渗透仪同步观测,以获取与之配套的气象资料[8]。受观测资料连续性和观测误差的制约,本文只选用开封市尉氏县粉细砂、郑州市荥阳市黄土状亚砂土、新乡市原阳县轻亚砂土和驻马店市平舆县亚黏土四种岩性的观测资料做重点分析。

3 降水入渗补给函数的建立

降水到地面后,通过包气带下渗补给地下水。若将包气带视为一个系统,则可把降水视为该系统的输入,入渗补给地下水的量视为系统响应。因此,若将包气带概化为一个线性时不变集中参数系统,降水作为其输入,入渗补给量作为其输出,则可采用系统响应分析方法建立数学模型来描述入渗补给－降水之间的关系。

由于非饱和带土壤水分的调蓄作用,在降水过后一段时间,仍存在入渗补给量,因此降水入渗补给地下水的量可以视为包气带系统零状态响应和零输入响应之和。将降水 $P(t)$ 作为包气带系统的输入,降水系列视为时间间隔为 Δt 的一系列输入脉冲,则脉冲强度为 $P(t)\Delta t$。把该系统概化为时不变系统,系统的响应曲线形状基本一致,故只是响应值不同。若取 $\Delta t = 1$,则任一时刻的系统对全部输入的响应可表示为:

$$R(t) = \sum_{\tau=0}^{n} P_e(t-\tau)h(\tau) \tag{1}$$

$$P_e = P - P_i \tag{2}$$

式中,$R(t)$ 为 t 时刻的降水入渗补给量;τ 为对本期降水入渗补给量产生明显影响的前期降水的时间;$P_e(t-\tau)$ 为 $t-\tau$ 时刻的有效降水量;P 为总降水量;P_i 为无效降水量,即能产生入渗补给的临界降水量,假定同一时间尺度的无效降水量为同一值,则可通过实测的降水入渗补给量和同期降水量值确定,它仅具有该时间尺度上的统计意义,该值应该与对应时间内的降水强度和频率相关;$h(\tau)$ 为权函数。

式(1)为降水入渗补给在包气带系统的零状态响应函数。其中 τ 和 $h(\tau)$ 可以根据实测数据,分别利用相关分析和最小二乘法确定。

由于包气带系统的输出存在明显滞后和延迟,某一时刻的系统输出可能是多次输入信号所引起的(见图1)。图1中从左到右分别为:连续三次(t_1,t_2,t_3)降水过程的降水量,三次降水后分别引起的降水入渗过程线,三次降水后的叠加降水入渗过程线。

降水入渗补给量通常是指某一时间尺度的统计值。不同时间尺度,降水入渗补给的滞后和延迟时间不同。下面分别建立年、月尺度上不同地下水位埋深、不同岩性的降水－入渗补给系统响应函数。

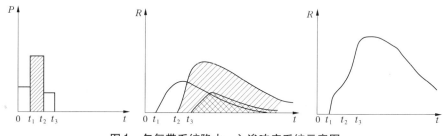

图 1　包气带系统降水 - 入渗响应系统示意图

3.1　年降水入渗补给函数

由长系列观测资料分析可知,降水入渗补给的延迟一般不超过 3 个月,表 1 列出了 4 种岩性不同地下水位埋深的年降水入渗补给量与本年度和前一年度降水量的相关系数。其中,P_t 为年降水入渗补给量与当年降水量的相关性分析;P_{t-1} 为年降水入渗补给量与前一年降水量的相关性分析;表 1 中数值为相关系数。由该表可以看出,年降水入渗补给量与本年度的降水量呈显著正相关,而大多与前一年的降水量呈非显著负相关,这是由于前期降水量大,土壤含水量高,从而使本年的降水容易发生蓄满产流,地表径流量大而入渗补给量小。因此,年降水入渗补给量与年降水量之间的系统响应函数可简化为:

$$R(t) = a(P(t) - P_i) \tag{3}$$

式中,a 为权系数;$P(t)$ 为当年的降雨量。利用 1984 ~ 2001 年共计 18 年的观测资料,建立降水量与入渗补给量的系统响应函数,其结果见表 2。其中,a 为权系数;P_i 为年有效降水量(mm);r 为相关系数;F 为显著性检验值。表 2 中数值为 a、P_i、r、F 对应的值。根据显著性检验,除新乡轻亚砂土的 7 m 地下水位埋深的回归方程为显著外,其余均为极显著。由此可以说明,只要知道当年的降水量,就可以用式(3)求取不同岩性和不同埋深的年降水入渗补给量。

表 1　年降水量入渗补给量与当期和前期降水量的相关系数

岩性	系数	地下水位埋深				
		1 m	2 m	3 m	5 m	7 m
开封粉细砂	P_t	0.866 7	0.823 0	0.753 7	0.651 5	0.867 7
	P_{t-1}	- 0.110 9	0.064 6	- 0.143 0	- 0.037 2	- 0.211 8
郑州黄土状亚砂土	P_t	0.716 3	0.861 2	0.925 6	0.855 5	0.514 0
	P_{t-1}	- 0.376 5	- 0.172 2	- 0.389 8	- 0.186 1	0.273 7
新乡轻亚砂土	P_t	0.962 1	0.681 6	0.887 3	0.893 5	0.653 6
	P_{t-1}	- 0.406 9	- 0.112 9	- 0.319 9	- 0.383 4	0.089 3
驻马店亚黏土	P_t	0.891 5	0.839 5	0.854 1	0.845 1	0.834 9
	P_{t-1}	- 0.479 0	- 0.382 8	- 0.347 4	- 0.308 7	- 0.369 4

表2　年降水入渗补给量与年降水量系统响应分析

岩性	系数	地下水位埋深				
		1 m	2 m	3 m	5 m	7 m
开封粉细砂	a	0.931 9	0.811 0	0.881 9	0.814 5	1.044 5
	P_i	147.03	164.09	192.48	128.71	278.90
	r	0.884 3	0.851 0	0.795 9	0.712 7	0.885 4
	F	46.64	34.12	22.46	13.42	47.16
	$F_{a=0.01}(1,13)$	9.07				
	显著性	极显著	极显著	极显著	极显著	极显著
郑州黄土状亚砂土	a	0.298 9	0.662 8	0.653 2	0.558 4	0.339 6
	P_i	21.36	124.25	300.53	180.64	34.01
	r	0.650 7	0.882 1	0.937 2	0.873 6	0.598 2
	F	11.75	56.10	115.56	51.53	8.92
	$F_{a=0.01}(1,16)$	8.53				
	显著性	极显著	极显著	极显著	极显著	极显著
新乡轻亚砂土	a	0.820 3	0.424 2	0.669 6	0.507 5	0.457 7
	P_i	45.55	70.21	195.56	35.99	63.90
	r	0.958 7	0.836 9	0.907 8	0.913 7	0.677 5
	F	125.05	25.71	51.55	55.62	9.34
	$F_{a=0.01}(1,11)$	9.65				
	显著性	极显著	极显著	极显著	极显著	显著
驻马店亚黏土	a	0.566 5	0.606 4	0.497 9	0.450 2	0.482 3
	P_i	154.43	231.45	195.56	65.49	100.26
	r	0.878 7	0.851 2	0.901 7	0.852 3	0.893 3
	F	47.45	36.82	60.89	37.16	55.28
	$F_{a=0.01}(1,14)$	8.86				
	显著性	极显著	极显著	极显著	极显著	极显著

3.2　月降水入渗补给函数

地下水资源评价和地下水数值模拟时通常以月为基本时间单位来计算降水入渗补给量。月降水入渗补给量与当月和前期月降水量之间的相关系数见表3(略去了相关系数小于0.1的项)。其中,P_t为月降水入渗补给量与当月降水量的相关性分析;P_{t-i}为月降水入渗补给量与前期(月)降水量的相关性分析。表3中数值为相关系数。由表3可以看出,随着地下水位埋深的增加,月降水入渗补给量与当月的降水量的相关性逐渐减弱,而与前期降水量的相关性逐渐增强。

表3　不同岩性不同水位埋深的月降水入渗补给量与月降水量的相关系数

岩性	系数	地下水位埋深				
		1 m	2 m	3 m	5 m	7 m
开封粉细砂	P_t	0.986 5	0.886 6	0.900 8	0.532 9	0.217 4
	P_{t-1}	0.317 8	0.504 8	0.556 1	0.853 8	0.759 4
	P_{t-2}	0.159 3	0.157 5	0.124 7	0.287 8	0.551 6
	P_{t-3}				0.160 1	0.299 3
	P_{t-4}					0.164 4
郑州黄土状亚砂土	P_t	0.934 4	0.940 1	0.780 7	0.231 5	0.013 7
	P_{t-1}	0.351 3	0.408 5	0.708 3	0.732 2	0.225 5
	P_{t-2}	0.261 9	0.184 8	0.273 8	0.638 9	0.568 8
	P_{t-3}				0.446 4	0.652 4
	P_{t-4}					0.489 4
	P_{t-5}					0.260 0
	P_{t-6}					0.104 6
新乡轻亚砂土	P_t	0.970 7	0.897 2	0.639 6	0.105 0	-0.064 6
	P_{t-1}	0.335 5	0.438 6	0.817 3	0.648 5	0.212 5
	P_{t-2}	0.241 7	0.172 8	0.336 6	0.711 9	0.549 6
	P_{t-3}			0.146 7	0.519 6	0.634 1
	P_{t-4}				0.151 0	0.398 8
	P_{t-5}					0.322 6
	P_{t-6}					0.110 2
驻马店亚黏土	P_t	0.900 2	0.883 4	0.853 4	0.748 2	0.751 4
	P_{t-1}	0.420 4	0.519 4	0.544 4	0.596 2	0.641 4
	P_{t-2}	0.309 8	0.342 9	0.323 1	0.376 3	0.384 3

　　相关系数最大的前期月降水可视为当月入渗补给的主要来源,二者之间的时间间隔可近似视为峰值滞后期。当地下水位埋深小于2 m时,峰值滞后期不到1个月;若地下水位埋深超过2 m,则随着地下水位埋深的增加,峰值滞后期逐渐增长。峰值滞后期的长短还与岩性相关,以7 m地下水位埋深为例,在4种岩性中,驻马店亚黏土的滞后期最短,小于1个月,比颗粒较粗的粉细砂、亚砂土的滞后期还短,这是由于黏性土中容易形成大孔隙或裂隙,而存在大量优先流补给所致;开封粉细砂峰值滞后期为1~2个月;郑州黄土状亚砂土和新乡轻亚砂土峰值滞后期为2~3个月。

利用式(1)建立降水入渗补给函数。τ 值初值取峰值滞后的时间,然后逐次增大 τ 值,并计算相应数学模型预测值与实测值之间的误差平方平均值,理论上使其误差平方平均值最小的数学模型为最优。考虑实际监测时间序列较短的情况,应采用误差平方平均值变化对 τ 值敏感性较小时刻的 τ 值来建立系统响应函数。利用试算获得的 τ 值在该时期内的降水量来建立不同岩性、不同地下水位埋深的降水入渗补给响应函数数学模型。模型中各系数见表4,其中,P_t 为月降水入渗补给量与当月降水量的相关性分析;P_{t-i} 为月降水入渗补给量与前期(月)降水量的相关性分析;表4中3~9列数值为相关系数;P_i 为月有效降水量(mm),负值是由前期降水对地下水滞后入渗造成的;r 为相关系数;F 为显著性检验值;表4中后3列为 P_i、r、F 对应的值。根据 F 检验系统响应函数模型均为极显著。利用该函数模型对降水入渗补给量进行预测,其预测值与实测值吻合(见图2),说明该函数模型符合实际,可以在实际中应用。

表4　月降水入渗补给量与月降水量系统响应分析

岩性	地下水位埋深(m)	系数							统计特征值		
		P_t	P_{t-1}	P_{t-2}	P_{t-3}	P_{t-4}	P_{t-5}	P_{t-6}	P_i	r	F
开封粉细砂	1	0.891 2							1.03	0.986 1	2 038.30
	2	0.555 3	0.172 8						5.73	0.912 5	139.29
	3	0.662 8	0.251 6						6.30	0.938 0	204.91
	5	0.198 1	0.536 6	0.009 7					−1.99	0.894 8	72.27
	7	−0.023 0	0.404 5	0.200 7	0.059 0				−4.82	0.836 6	30.31
郑州黄土状亚砂土	1	0.582 6							−4.80	0.936 0	409.85
	2	0.537 2	0.069 9						8.39	0.946 3	239.83
	3	0.252 6	0.209 7	0.010 7					12.22	0.915 8	93.63
	5	0.002 3	0.159 6	0.107 2	0.066 5				−8.24	0.880 4	44.81
	7	0.023 9	0.019 2	0.075 0	0.086 0	0.048 0	0.025 3	0.038 0	−5.38	0.837 1	15.39
新乡轻亚砂土	1	0.674 5							−1.93	0.971 6	978.55
	2	0.368 0	0.075 3						5.40	0.907 7	131.08
	3	0.173 4	0.281 7	0.030 4					2.32	0.909 3	85.92
	5	−0.033 1	0.158 1	0.159 7	0.091 9				−9.77	0.894 7	52.16
	7	0.006 3	0.027 0	0.100 3	0.107 3	0.027 0	0.057 1	0.040 8	−11.20	0.804 3	12.04
驻马店亚黏土	1	0.381 0	0.047 3	0.069 5					14.86	0.919 7	98.75
	2	0.347 0	0.096 2	0.069 8					14.79	0.924 5	105.82
	3	0.311 1	0.110 9	0.054 3					15.42	0.904 5	80.99
	5	0.212 3	0.121 9	0.063 6					4.30	0.851 6	47.52
	7	0.214 6	0.144 7	0.064 0					4.08	0.874 8	58.67

对于以上几种岩性,可以直接利用不同时间尺度(年、月)的系统响应函数和已知连续多期降水量,来计算和预测 1 m、2 m、3 m、5 m 和 7 m 的降水入渗补给量。由于地中渗透仪是定水位埋深,因此观测的降水入渗补给量可能偏大。

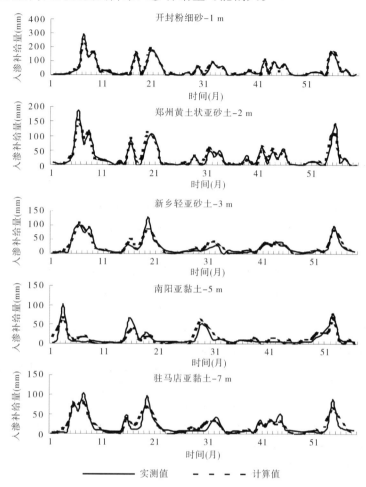

图2   计算降水入渗补给量与实测值之间的对比曲线

4   结   论

将包气带视为线性时不变集中参数系统,降水量作为其输入,降水入渗补给地下水的量作为包气带系统的响应,利用系统响应分析可以建立比较准确的降水入渗函数。年降水入渗补给量函数,仅需考虑当年降水量即可;对于非黏性土的月降水入渗补给函数,当埋深小于等于 1 m 时,可只考虑当月降水量,随着埋深的增大,需要考虑前期降水量的时间则越长;对于黏性土,因存在优先流,当月降水量对入渗补给量的贡献最大,随着埋深增大贡献缓慢降低且趋于稳定。

利用系统响应法建立的年、月降水入渗补给函数,简单方便,且反映了降水入渗机理,但需要大量实测数据建立响应函数式。由于不同地区降水强度和频率不同,利用单一均衡试验场资料建立的降水入渗函数在其他地区可能产生较大误差。

参 考 文 献

[1] 王大纯，张人权，史毅虹，等.水文地质学基础[M].北京：地质出版社，1995:69.

[2] 徐恒力.水资源开发与保护[M].北京：地质出版社，2001.

[3] 张平,李日运.降雨入渗补给地下水的影响因素[J].辽宁大学学报,1999,26(2):118-122.

[4] 吴继敏,郑建青.次降雨入渗补给系数的模型研究[J].河海大学学报,1999,27(6):7-11.

[5] 王增银,李世忠,辛选民,等.降水延迟补给系统分析[J].勘察科学技术,1998(4):11-14.

[6] 李云峰.降雨补给潜水的滞后分配[J].勘察科学技术,1997(3):22-26.

[7] 陈崇希.滞后补给权函数——降雨补给潜水滞后性处理方法[J].水文地质工程地质,1998(6):22-24.

[8] 周旻,靳孟贵,魏秀琴,等.利用地中渗透仪观测资料进行降水入渗补给规律分析[J].地质科技情报,2002,21(1):37-40.

Using Systems Response Analysis Meihod to Calculate Precipitation Infiltration Recharge

Qi Denghong

(Geological Environment Monitoring Institute of Henan Province, Zhengzhou 450016; School of Environmental Studies, the China University of Geosciences, Wuhan 430074)

Abstract: Using precipitation recharge coefficient to calculate the precipitation infiltration recharge to groundwater cannot reflect the precipitation infiltration recharge varies with the frequency and intensity of precipitation. Based on long term data of the precipitation infiltration recharge measured by the lysimeters at groundwater balance test station in Zhengzhou City, annual and monthly precipitation infiltration recharge functions according to four kinds of soil and five different depth of groundwater are constructed by systems response analysis. Using these functions, we can calculate the monthly or annual precipitation infiltration recharge accordingto the monthly or annual precipitation.

Key words: lysimeter, system response analysis, precipitation recharge function

河南省浅层地下水中"三氮"的分布及成因分析

魏秀琴

（河南省地质环境监测院，郑州　450016）

摘　要：近期调查结果表明，河南省浅层地下水氮的污染以硝酸盐氮（$NO_3^- - N$）和亚硝酸盐氮（$NO_2^- - N$）为主，超标区主要分布于人口较为集中、工农业较为发达、地下水开发利用程度较高的黄淮海平原中部和南阳盆地，面积分别占平原区总面积的 15%、25%。硝酸盐氮（$NO_3^- - N$）污染有逐渐加重的趋势，已经出现了硝酸根型地下水。其原因主要为工业"三废"和城市生活污水的排放及农药、化肥的不合理施用。

关键词：河南省；浅层地下水；"三氮"分布；成因

河南省浅层地下水主要指第四系松散岩类孔隙地下水，含水层埋深一般不超过 60 m，多为潜水。浅层地下水不仅是工业、农业的主要供水水源，也是河南省平原地区城区居民的重要饮用水源，地下水水质的好坏，与人民生产生活有直接的关系。"三氮"是地下水污染的重要标志，因而也是地下水水质评价的重要指标，含量过高会对人、畜有害，直至死亡。2005 年，河南省曾进行全省范围内的水质调查，共采集浅层地下水样 300 余组，调查面积 108 000 km²。本文将根据此次水质调查结果，对浅层地下水环境中"三氮"的分布、演化趋势进行论述，结合其所处的水文地质条件和污染源特点，分析其形成原因，为控制和治理污染提供科学的依据。

1　浅层地下水中"三氮"的分布

"三氮"通常指氮的化合物，即氨氮（$NH_4^+ - N$）、亚硝酸盐氮（$NO_2^- - N$）、硝酸盐氮（$NO_3^- - N$），因三者化学性质的稳定性及受污染物的来源等方面的差异，在地下水中的含量和分布也不尽相同。

氨氮（$NH_4^+ - N$）：检出率 13.01%，最高为 3.08 mg/L。绝大部分地区含量小于 0.5 mg/L，符合饮用水质标准，局部地段如豫北的卫辉、原阳、延津和南阳盆地的邓州、新野等地，含量大于 0.5 mg/L，超过了生活饮用水质标准。氨氮污染多呈星点状。

亚硝酸盐氮（$NO_2^- - N$）：检出率 73.04%，最高含量为 1.70 mg/L。绝大部分地区含量都小于 0.02 mg/L，符合饮用水质标准。不符合饮用水质标准、含量大于 0.02 mg/L（Ⅳ类水以上）的地区主要分布在豫北的武陟—延津—长垣一带、豫东的睢县—宁陵、豫南的

基金项目：河南省政府基金（豫财建[2004]219 号）。

作者简介：魏秀琴（1958—），女，汉族，河南南阳人，高级工程师，学士，长期从事水文地质、环境地质方面的工作。E-mail：wxq51782@sina.com。

漯河—商水—息县一带,总面积 15 878 km²,占 15%。

　　硝酸盐氮($NO_3^- - N$):河南省平原地区浅层地下水中硝酸盐氮($NO_3^- - N$)含量最低为 0.02 mg/L,最高为 502.4 mg/L。大部分地区的含量小于 20 mg/L,符合饮用水质标准。超过饮用水质标准、含量大于 20 mg/L 的地区则主要分布在黄河以南的许昌—鄢陵—周口—沈丘—郸城—太康一带、南阳盆地中部和汝州、叶县、遂平、新蔡、新郑—尉氏、新乡—卫辉及安阳等地,总面积 25 669 km²,占河南省平原和岗区总面积的 23.7%[1](见图 1)。

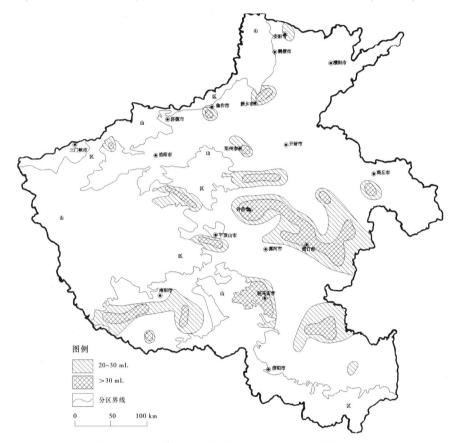

图 1　河南省浅层地下水硝酸盐氮($NO_3^- - N$ 图分布)

2　地下水中"三氮"演化趋势

　　长期水质动态监测资料表明,河南省平原地区浅层地下水氨氮($NH_4^+ - N$)、亚硝酸盐氮($NO_2^- - N$)含量变化趋势不太明显,而硝酸盐氮($NO_3^- - N$)含量则呈逐渐升高的趋势。1985 年,平原地区浅层地下水化学类型主要为三种阴离子:重碳酸根离子(HCO_3^-)、硫酸根离子(SO_4^{2-})、氯离子(Cl^-);本次调查发现又出现了新的水化学类型——硝酸根(NO_3^-)型,也就是说,在阴离子中,硝酸根占了主导地位,这在以往是没有的。虽然此类型水分布面积不大,但这充分说明局部地段地下水中硝酸根的污染已相当严重。城市地下水中硝酸根的污染情况也相当突出(见图 2),个别城市不仅浅层地下水中硝酸根含量升高,中深层地下水中硝酸根含量也呈上升趋势[1](见图 3)。

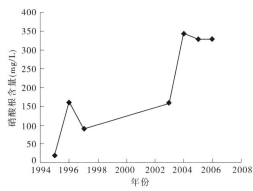 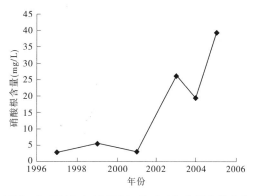

图2 周口北郊变电站浅井硝酸根含量变化曲线 图3 郑州纺织机械厂中深井硝酸根含量变化曲线

3 形成原因分析

3.1 地下水中氮的来源

地下水环境中的氮污染来源主要是工业"三废"和城镇生活污水、含氮的农药和化肥。

3.1.1 工业"三废"、生活污水的排放

据统计,河南省的工业"三废"排放总量呈逐年递增趋势。其中工业废水排放量1965年为4.9亿 m^3,2004年已增加到13.3亿 m^3;工业废气中的二氧化硫排放量由1990年的49万 t增加到2004年的111万 t;固体废物产生量由1990年的2 039万 t增加到2004年的5 140万 t,增加152%(见表1)。尽管环境保护力度不断加大,工业废水排放达标率已由1990年的43.5%提高到2004年的93.7%,但对环境尤其是地表水环境造成的压力依然很大。虽然在这些污水中,NH_4^+ 的含量一般较高,但一方面由于包气带土层对其具有很强的吸附能力,另一方面硝化作用使其发生分解转化为 NO_3^-,因而浅层地下水中 NH_4^+ 的含量不是很高;NO_2^- 在水中极不稳定,它是硝化作用的中间产物,易受水体水温、滞留时间、酸碱环境、氧化还原性质等因素的影响。由于 NO_3^- 在松散岩石中具有很强的迁移能力,因此土壤中的 NO_3^- 能随渗透水顺利通过包气带进入地下水。因此,工业"三废"、生活污水的任意排放,不仅污染了境内的地表水体,也通过包气带土层向地下水中转移,从而导致硝酸根含量的升高。

表1 河南省工业"三废"排放及处理情况统计

项目	1965年	1985年	1990年	1995年	2000年	2003年	2004年
废水排放总量(万 m^3)					227 643	239 766	250 652
工业废水排放量(万 m^3)	49 000	128 000	104 934	98 364	109 210	114 224	133 324
生活污水排放量(万 m^3)					118 433	125 542	117 328
工业废水排放达标量(万 m^3)			45 656	48 288	88 297	104 480	109 909
工业废水排放达标率(%)			43.5	49.1	80.9	91.5	93.7
工业废气排放量(亿标 m^3)				6 092	7 436	11 992	13 103
废气中二氧化硫排放量(万 t)			49	66	75	90	111
工业固体废物产生量(万 t)			2 039	2 792	3 625	4 467	5 140
工业固体废物排放量(万 t)				7.8	31.2	3.6	4.2

3.1.2　农药化肥的不当施用

由图4、图5可以看出,河南省农药化肥的施用量呈逐渐增加趋势。其中农药的施用量1990年为3.31万t,2000年为9.55万t,10年间增加了近两倍;进入21世纪以后,河南省农药施用量仍在继续增加,至2004年,全年农药施用量已达10.12万t。化肥施用量(折纯量)1978年为52.54万t,2003年已增加到493.16万t。2003年的化肥施用量较1978年增加了839%。

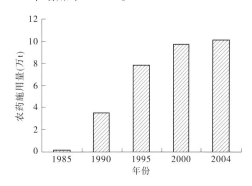 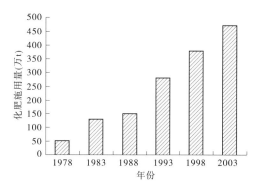

图4　河南省历年农药施用量变化趋势图　　　图5　河南省历年化肥施用量变化趋势图

施入农田的氮肥主要包括碳铵 NH_4HCO_3、硫铵 $(NH_4)_2SO_4$、硝铵 NH_4NO_3、尿素 $CO(NH_2)_2$ 和氨水 NH_4OH 等,当它们被施入土壤后,很快就溶解在土壤溶液中,主要以 NH_4^+ 的形式存在,其中一部分被作物所吸收,另一部分被土壤吸附,被作物吸收利用的只占30%~40%,大部分氮肥经各种途径损失于环境中,对水环境造成了污染[5,6]。在灌溉条件下,经硝化作用转变为硝态氮 NO_3^- 随水下渗进入含水层,导致地下水中硝酸盐含量升高乃至超标。

3.2　硝酸盐含量升高的机理

由图1可以看出,浅层水中硝酸盐氮超标区大多位于黄河以南的黄淮冲积平原和南阳盆地,水位埋深较小,一般4m左右,人口较为集中,工业、农业都比较发达,地表水体已严重污染。由于土壤颗粒表面绝大多数带负电,由工业废水和生活污水进入包气带环境中的 NH_4^+ 首先被迅速吸附并保存在土壤中,在适宜的温度、土壤pH及含水量、包气带岩性的影响下经硝化作用而转化为 NO_3^-,并进入地下水。硝化作用是指氨经过微生物作用氧化成亚硝酸,再进一步氧化成硝酸的过程。它分两个阶段进行:①亚硝化作用;②硝化作用。

硝化作用的第一阶段,氨被亚硝化细菌氧化成亚硝酸,$2NH_4^+ + 3O_2 \rightarrow 2NO^- + 4H^- + 2H_2O$;

硝化作用的第二阶段,亚硝酸经硝化作用,氧化为硝酸,$2NO_2^- + O_2 \rightarrow 2NO_3^-$。$NO_3^- - N$基本上不被土层吸附,在松散沉积物中有很强的迁移能力。因此,地下水中含氮化合物的污染形式主要为 $NO_3^- - N$ 及较少的 $NO_2^- - N$[2-6]。

4　结论及建议

河南省浅层地下水氮的污染以硝酸盐氮($NO_3^- - N$)和亚硝酸盐氮($NO_2^- - N$)为主,

超标区主要分布于人口较为集中、工农业较为发达、地下水开发利用程度较高的黄淮海平原和南阳盆地,面积分别为 25 669 km² 和 15 878 km²,占平原区总面积的 15%、25%。硝酸盐氮(NO₃⁻ - N)污染有逐渐加重的趋势。其原因主要为工业"三废"和城市生活污水的排放及农药、化肥的不合理施用。建议加大处理工业"三废"和城市生活污水力度,使之达标排放,合理施用农药、化肥,减少环境中污染物的排放量,防治地下水污染。

参 考 文 献

[1] 魏秀琴, 杨新梅, 豆敬峰, 等. 河南省地下水环境调查与评价[R]. 河南省地质环境监测院, 2006.
[2] 乔光建, 张均玲, 唐俊智. 地下水氮污染机理分析及治理措施 [J]. 水资源保护, 2004(3):9-12.
[3] 叶许春, 张世涛, 宋学良. 昆明盆地浅层地下水氮的分布及污染机理[J]. 水土保持学报, 2007, 21(4):186-188.
[4] 邹胜章, 张金炳, 李洁, 等. 北京西南城近郊浅层地下水盐污染特征及机理分析[J]. 水文地质工程地质, 2002, 29(1):5-9.
[5] 孟晓路, 梁秀娟, 盛洪勋, 等. 吉林市城区地下水中总氮的分布规律及迁移影响因素分析[J]. 水土保持研究, 2007, 14(6): 86-88.
[6] 梁秀娟, 肖长来, 盛洪勋, 等. 吉林市地下水中"三氮"迁移转化规律[J]. 吉林大学学报:地球科学版, 2007, 37(2): 335-340.

Distribution and Analysis of Formation Cause of "Three – Nitrogens" of Shallow Groundwater in Henan Province

Wei Xiuqin

(Geological Environment Monitoring Institute of Henan Province, Zhengzhou   450016)

Abstract:Based on actually investigation of water quality in plain area of Henan Province in recent years, nitrogen pollution in shallow groundwater is main nitrate-nitrogen(NO₃⁻ – N) and nitrite-nitrogen(NO₂⁻ – N). The above standard districts of nitrogen pollution are situated in the mid-Huang-huai-hai plain and Nanyang basin, where the population is denser, production of industrial and agriculture is advanced, and utilization degrees of groundwater is better, and the above standard area is about 15% and 25% of total plain ones. The pollution of nitrate-nitrogen(NO₃⁻ – N) are gradually worse, nitrate radical groundwater has been found. The ascending reason of pollution worse is free stack of industrial three-wastes and rubbishes of city life, over used chemical fertilizers and agricultural pesticide.

Key words:Henan Province, shallow groundwater, "Three-Nitrogens" distribution, formation cause

河南省平原区农村居民饮用水质量存在的主要问题及对策

魏秀琴　郭功哲　豆敬峰

（河南省地质环境监测院，郑州　450016）

摘　要：饮用水是人类生存的基本需求，饮用水质量的优劣直接影响到人民的身体健康。本文针对河南省农村居民饮用水质量中存在的主要安全问题，分析了形成原因，提出了对策及建议。

关键词：河南省；平原区；农村饮用水；安全问题；对策

1　引　言

党中央、国务院对饮用水安全保障工作高度重视。因此，切实做好饮用水安全保障工作，是维护最广大人民群众的根本利益，落实科学发展观，实现全面建设小康社会目标，构建社会主义和谐社会的重要内容。河南省平原地区农村居民饮用水源主要为第四系松散岩类浅层孔隙地下水，含水层埋深一般不超过 60 m，多为潜水。平原地区的浅层地下水主要接受山前侧向径流补给、降雨入渗补给、河流入渗补给、渠系渗漏及灌溉水回渗补给。浅层地下水的径流条件受地形地貌、水文、人为等多重因素的共同影响，不同区段的径流方向不同。浅层地下水的排泄方式主要为蒸发、人工开采、向下游排泄、越流补给中层水。水位埋深一般为 28 m，局部大于 16 m。据统计，进入 21 世纪以来，河南省年均开采地下水在 120 亿 m³ 左右，其中浅层地下水约占 80%。农村地区采水多用压水井，分散供水，井深多在 30 m 以内，仅局部有条件的地区为集中供水，井深 30～50 m。2005 年，为了解农村地区饮用水质量状况，河南省共采集水样 300 余组，水质检验项目多达 60 多项，对水质进行了全面评价，为下一步实施饮用水安全工程提供了重要依据。

2　饮用水存在的主要安全问题

按照《生活饮用水卫生标准》，浅层地下水中所有井点全部符合的项目有：铜、阴离子合成洗涤剂、硒、汞、六价铬、氯仿、四氯化碳、苯并(a)芘、滴滴涕、六六六、铝、钡、铍、钼、钴、镍、钒等 17 项。超标的项目主要有：总硬度（超标率为 43.35%，最高超标倍数为 17.52 倍）、锰（超标率为 24.57%，最高超标倍数为 29 倍）、氟化物（超标率为 19.36%，最高超标倍数为 7.6 倍）、硝酸盐氮（超标率为 18.45%，最高超标倍数为 24.28 倍）、溶解性总固体（超标率为 16.47%，最高超标倍数为 6.86 倍）、钠（超标率为 10.4%，最高超标

作者简介：魏秀琴(1958—)，女，高级工程师，长期从事水文地质、环境地质方面的工作。E-mail：wxq51782@ sina.com。联系电话：13938538400。

倍数为 4.62 倍)、硫酸盐(超标率为 10.4%,最高超标倍数为 9.3 倍)、氯化物(超标率为 8.67%,最高超标倍数为 9.16 倍)、锑(超标率为 8.39%,最高超标倍数为 9.4 倍)等 9 项,其他如挥发酚类、铁、砷、pH 值、铅、石油类、镉、锌、硼、耗氧量、氰化物、银等 12 种组分也有不同程度的超标,但超标率都在 5% 以下。以上结果表明,河南省平原地区饮用水中不合格项目主要为总硬度、锰、氟、硝酸盐氮、溶解性总固体等,超标率均在 15% 以上。也可以说,总硬度、锰、氟、硝酸盐氮、溶解性总固体等 5 项指标不合格是饮用水存在的主要安全问题。

硬度是衡量地下水环境质量优劣的重要指标之一。总硬度超标面积最大,达 45 047 km^2,占河南省平原和岗区总面积的 42%,主要分布在豫北的孟州—沁阳—修武—新乡—范县、安阳—内黄—清丰—南乐一带,中部的禹州—许昌—杞县—宁陵—商丘—永城、叶县—舞阳、漯河—淮阳、郸城,豫南的新蔡和南阳盆地的西南部及伊洛盆地的渑池、伊川等地。

锰超标区总面积 32 245 km^2,约占河南省山区和岗区总面积的 30%,主要呈片状分布于黄河以北的浚县—濮阳、原阳—封丘一带和黄河以南的开封—通许—扶沟—太康、兰考—宁陵—柘城及西华—上蔡—汝南—正阳—息县—淮滨一带,面积 31 461 km^2,占 29.0%。

氟是人体不可或缺的元素之一,但是人体在高氟环境中,长期摄入过量的氟易得氟中毒病。人体氟钙结合后生成的氟化钙沉淀于骨骼和软组织中,造成血液中钙含量降低,使骨质硬化,引起骨细胞的代谢障碍。人体长期摄入过多的氟会引起骨质改变,重者会引起脊柱弯曲、四肢变形等氟骨症。高氟水区主要分布在河南省中东部和东北部地区,包括南乐—清丰—浚县—台前、修武—获嘉、沁阳、封丘—兰考—通许、睢县—宁陵—商丘—虞城、太康—淮阳—周口等地,含量一般为 1~2 mg/L,长葛、扶沟、通许、柘城北部及豫北濮阳的庆祖、封丘等地含量大于 2 mg/L,超标区面积共 23 025 km^2,占 21%。其中含量 1.0~2.0 mg/L 分布区面积为 17 584 km^2,大于 2.0 mg/L 的面积为 5 441 km^2。

硝酸盐氮超过饮用水质标准、含量大于 20 mg/L 的地区则主要分布在黄河以南的许昌—鄢陵—周口—沈丘—郸城—太康一带、南阳盆地中部和汝州、叶县、遂平、新蔡、新郑—尉氏、新乡—卫辉及安阳等地,总面积 25 669 km^2,占河南省平原和岗区总面积的 23.7%。

咸水(溶解性总固体含量大于 1.0 g/L)区主要分布在豫北的卫辉—延津一带及长垣县和濮阳县境内的近黄河地段、豫东的宁陵—商丘—虞城一带及中部的许昌—鄢陵县城—太康县域的西南部地区,总面积 14 175 km^2,约占河南省平原和岗区总面积的 13%。

3 形成原因分析

造成以上情况的原因不仅与地下水形成的古地理环境、地貌、气候条件、地质构造等自然条件有关,也与人类活动密切相关,即受自然因素和人为因素的共同影响。

自然因素指对地下水化学成分起控制作用的环境和水文地质条件,如地形地貌、地质构造、气候条件、含水介质成分、上覆岩土性质、地下水的径流条件,以及地下水的氧化还原环境和有机质分布等,如锰、氟的超标及咸水分布等都与这些因素有关。

人为因素主要指人类生产活动对地下水形成条件的改变,从而导致地下水中化学成分发生变化,如总硬度、硝酸盐超标及局部地区地下水中溶解性总固体含量超标等。这些人为因素主要有:地下水位持续下降、未经处理的工业"三废"和城镇生活污水的大量排放、农药和化肥的不合理施用。

3.1　地下水开采量不断加大,地下水位持续下降

20 世纪 50 年代,全省地下水年开采量仅 20 亿~25 亿 m³,到 20 世纪末,已增加了 6 倍。开采量的迅速增加,直接导致地下水位的迅速下降。据有关资料,河南省区域浅层地下水位埋藏深度,在 20 世纪 60 年代之前普遍较浅,80% 以上的区域地下水位埋深小于 4 m,最大埋深不足 6 m;到 2005 年,地下水位仍在持续下降,区域水位降落漏斗总面积已达近万平方千米,水位埋深超过 8 m 的地区已达 21 224 km²,其中超过 16 m 的地区就达 5 166 km²,漏斗中心水位埋深已达 30 余 m。地下水的过量开采,水位持续下降,引起水动力场和水文地球化学环境的改变,污染载体与包气带和含水围岩之间发生一系列的水文地球化学作用,包括酸性溶滤作用、碳酸溶滤作用、盐效应及盐污染等,促使土壤及其下层沉积物的钙镁易溶盐、难溶盐及交换性钙镁由固相向水中转移,从而引起地下水硬度升高和含盐量的增加。

3.2　工业"三废"、生活污水排放量不断增加

据统计,全省的工业"三废"排放总量呈逐年递增趋势。其中工业废水排放量 1965 年为 4.9 亿 m³, 2004 年已增加到 13.3 亿 m³;工业废气中的二氧化硫排放量由 1990 年的 49 万 t 增加到 2004 年的 111 万 t;固体废物产生量由 1990 年的 2 039 万 t 增加到 2004 年的 5 140 万 t,增加 152%(见表1)。尽管河南省环境保护的力度不断加大,工业废水排放达标率已由 1990 年的 43.5% 提高到 2004 年的 93.7%,但对环境尤其是地表水环境造成的压力依然很大。这些污水不仅污染了境内的地表水体,也通过包气带土层向地下水中转移,导致硬度升高和溶解性总固体含量升高。

表 1　河南省工业"三废"排放及处理情况统计

项目	1965 年	1985 年	1990 年	1995 年	2000 年	2003 年	2004 年
废水排放总量(万 m³)					227 643	239 766	250 652
工业废水排放量(万 m³)	49 000	128 000	104 934	98 364	109 210	114 224	133 324
生活污水排放量(万 m³)					118 433	125 542	117 328
工业废水排放达标量(万 m³)			45 656	48 288	88 297	104 480	109 909
工业废水排放达标率(%)			43.5	49.1	80.9	91.5	93.7
工业废气排放量(亿标 m³)				6 092	7 436	11 992	13 103
废气中二氧化硫排放量(万 t)			49	66	75	90	111
工业固体废物产生量(万 t)			2 039	2 792	3 625	4 467	5 140
工业固体废物排放量(万 t)				7.8	31.2	3.6	4.2

3.3　农药、化肥施用量逐年增加

由图 1、图 2 可以看出,全省农药和化肥的施用量呈逐渐增加趋势。其中化肥施用量

（折纯量）1978 年为 52.54 万 t,2003 年已增加到 493.16 万 t。2003 年的化肥施用量较 1978 年增加了 839%。全省农药的施用量亦呈逐年递增趋势:1990 年全省农药施用量为 3.31 万 t,2000 年为 9.55 万 t,10 年间增加了近两倍。农药施用量为 1.5 kg/hm^2,以有机磷类、聚酯类农药为主。进入 21 世纪以后,全省农药施用量仍在继续增加,至 2004 年,全年农药施用量已达 10.12 万 t。农用塑料薄膜的使用量 1990 年为 2.75 万 t,2004 年增加到 10.16 万 t,较 1990 年增加了 269%。农药、化肥的过量施用导致了地下水中硝酸盐含量的升高乃至超标。

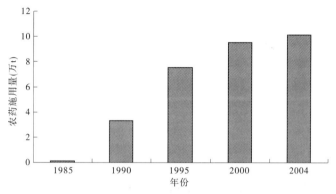

图 1 河南省历年农药施用量变化趋势图

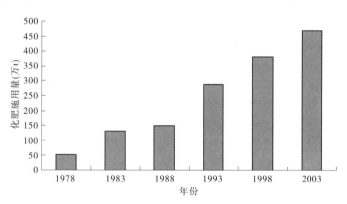

图 2 河南省历年化肥施用量变化趋势图

4 对策与建议

饮用水是人类生存的基本需求,饮用水质量的优劣直接影响到人民的身体健康,党中央、国务院对饮用水安全保障工作高度重视。胡锦涛总书记于 2003 年 7 月对农村饮水安全工作做出了重要批示:无论有多大困难,都要想办法解决群众的饮水问题,绝不能让群众再喝高氟水。2001 年 11 月 8 日,温家宝总理在全国农田水利基本建设电视电话会上强调,"要下决心用 3 年时间基本解决农村人畜饮水困难问题,这是各级政府的一项重要职责"。因此,切实做好饮用水安全保障工作,是维护最广大人民群众的根本利益,落实科学发展观,实现全面建设小康社会目标,构建社会主义和谐社会的重要内容。据有关资料,从 2001 年至 2003 年底,河南省累计投入 10 多亿元资金,新建各类农村饮水工程

10.52万处,基本解决了全省农村饮水困难问题。然而,由于种种原因,截至2004年底,河南省尚有近2 000万人的饮水不安全。2005年以来,河南省又投入大量资金,以解决农村地区居民饮水安全问题。但是,笔者认为,除此之外,还应做好以下几方面的工作:

(1)加强水资源的统一管理,合理调配,防止过量开采地下水。

(2)加大环境保护力度,减少污染物的排放量,防治地下水污染。

(3)推广集中式供水,因地制宜,科学规划,合理布局,优化资源配置,降低供水成本,提高经济和社会效益。

(4)采用适宜的新技术、新工艺、新材料和新设备,进行水质改良,能够有效地增加可利用水资源量。如高氟水区、锰超标区、苦咸水区,要进行改氟、降锰、除盐改水等。

参 考 文 献

[1] 魏秀琴,杨新梅,豆敬峰,等. 河南省地下水环境调查与评价[R]. 河南省地质环境监测院,2006.
[2] 李志萍,陈肖刚,朱中道,等. 郑州市农村饮水不安全问题分析及对策研究[J]. 水土保持研究,2007,14(2):89-91.
[3] 吕航. 长春市地下水硬度异常及形成机理分析[J]. 中国环境管理,2007(6):33-39.

Main Question of Potable Water Quality in Villages and Countermeasure of Prevention and Cure in Plain Area of Henan Province

Wei Xiuqin　　Guo Gongzhe　　Dou Jingfeng

(Geological Environment Monitoring Institute of Henan Province, Zhengzhou　450016)

Abstract:Potable water is basic requirement for human subsistence and its quality directly influences the people in good health. This paper points out main question of quality of potable water in villages in Henan Province, analyzes the reason of formation and puts forward countermeasure and suggestions.

Key words:Henan Province,plain area,potable water in villages,safe problems, countermeasure

河南省平原区浅层地下水总硬度的
分布及其演化趋势

魏秀琴　豆敬峰　郭功哲

（河南省地质环境监测院，郑州　450016）

摘　要：总硬度是地下水质量评价的重要指标之一。本文根据 2005 年的调查结果，论述了河南省平原区浅层地下水总硬度的分布规律，分析了硬度演化趋势及升高的原因，并在此基础上提出了防止硬度进一步升高的建议。

关键词：河南省；浅层地下水；总硬度；分布；演化趋势

1　引　言

水的硬度是指溶解在水中的盐类物质的含量，即钙盐与镁盐含量的多少，通常以水中所含碳酸钙的多少来表征。水的总硬度既不能过大，也不能过小。如果硬度过大，饮用后对人体健康有一定影响。硬水问题也使工业上锅炉业、洗染业及酿酒业因设备和管线的维修与更换而耗费大量资金。而饮用水的硬度过低，也会影响人体健康。早在 20 世纪 60 年代，美国学者施罗德等对美国 163 个城市进行的一项研究发现，美国心脏病的死亡率与饮水硬度呈显著的负相关，即饮水硬度高死亡率低，饮水硬度低死亡率高。此后英国、瑞典、荷兰、爱尔兰、意大利、芬兰、加拿大等国相继开展了此项研究，多数获得了一致的结果。我国生活饮用水卫生标准规定，水中碳酸钙含量低于 450 mg/L 的水，可称为适度硬水。饮适度硬水，有益健康。

2　河南省平原地区浅层地下水的总硬度分布现状

据调查，河南省平原地区浅层地下水总硬度（以 $CaCO_3$ 计）最低为 96.1 mg/L，最高为 4 338 mg/L。按照国家《地下水质量标准》（GB/T 14848—93），全区可分为小于 150 mg/L（Ⅰ类水）、150～300 mg/L（Ⅱ类水）、300～450 mg/L（Ⅲ类水）、450～550 mg/L（Ⅳ类水）和大于 550 mg/L（Ⅴ类水）五个区。其中Ⅰ类水主要反映地下水化学组分的天然低背景含量，适用于各种用途；Ⅱ类水主要反映地下水化学组分的天然背景含量，适用于各种用途；Ⅲ类水以人体健康基准值为依据，主要适用于集中式生活饮用水源及工、农业用水；Ⅳ类水以农业和工业用水为依据，除适用于农业和部分工业用水外，适当处理后可作生活饮用水；Ⅴ类水不宜饮用，其他用水可根据使用目的选用。如图 1 所示，Ⅰ类水区和Ⅱ类水

作者简介：魏秀琴（1958—），女，高级工程师，长期从事水文地质、环境地质方面的工作。E-mail：wxq51782@ sina.com。联系电话：13938538400。

区主要分布在南阳盆地东南部、信阳的罗山—潢川—光山和驻马店的汝南—平舆—正阳
一带,其他则呈小片状零星分布,面积很小;河南省绝大部分平原地区浅层水的总硬度在
300 mg/L 以上,其中豫北的孟州—沁阳—修武—新乡—范县、安阳—内黄—清丰—南乐
一带,中部的禹州—许昌—杞县—宁陵—商丘—永城、叶县—舞阳—漯河—淮阳、郸城,豫
南的新蔡和南阳盆地的西南部及伊洛盆地的渑池、伊川等地大于 450 mg/L,超过了生活
饮用水质标准,面积为 45 047 km^2,约占全省平原区总面积的 42%。

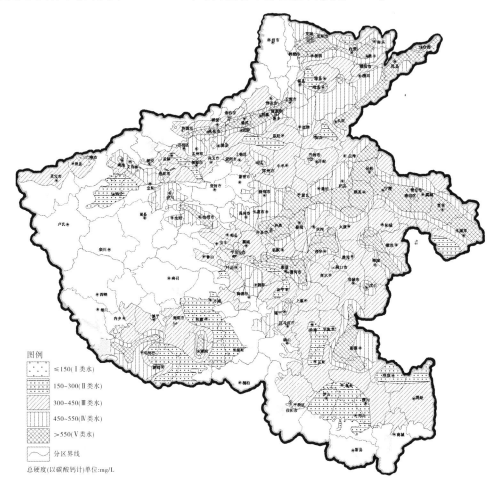

图1　河南省平原区浅层地下水总硬度分布图

3　平原地区浅层地下水总硬度的演化趋势

据以往监测资料,平原地区浅层地下水总硬度总体上呈升高趋势。与 1985 年相比,
豫北的浚县—濮阳、豫西的洛宁、豫东的周口—郸城、豫南的罗山—潢川等局部地段硬度
略有降低,灵三盆地、沿黄地带孟津—兰考段、中部的宝丰—临颍—太康、豫南的上蔡—信
阳一带和南阳盆地东部硬度基本保持不变,其余大部分地区硬度普遍升高。由表 1 可以
看出,超标区(含量大于 450 mg/L)面积 20 年间增加了 23 380 km^2,其增速之快、面积之
大是前所未有的。这一现象在城市地区表现得尤为突出(如图 2 所示)。2005 年郑州地

区浅层地下水的总硬度较 1959 年平均上升了 183 mg/L。

表 1　不同时期河南省浅层地下水总硬度变化情况对比

总硬度(mg/L)	面积(km²)		
	1985 年	2005 年	2005 年与 1985 年相比
<300	33 326	14 312	−19 014
300~450	53 507	49 141	−4 366
450~550	14 009	27 161	+13 152
>550	7 658	17 886	+10 228
合计	108 500	108 500	

图 2　商丘市沈楼浅层水总硬度变化曲线

4　总硬度升高原因分析

4.1　地表污水的渗入

随着城市化进程的加快,城镇人口急剧膨胀,污水排放量相应增加。据统计,全省工业废水排放量 1965 年为 4.9 亿 m³,1985 年为 12.8 亿 m³,2004 年已增加到 13.3 亿 m³,2004 年全省废水排放总量为 25.06 亿 m³,其中生活污水排放量为 11.73 亿 m³,约占 47%。这些污水基本未经处理便排入地表水中,导致地表水体的污染。据水利部门有关资料,在四大流域中,污染最为严重的属海河流域,每年超过 70% 的河段水质被严重污染,超过 V 类水标准,已失去使用功能;长江流域水质较好,劣 V 类水的河段长度未超过一半;黄河流域水质不稳定,时好时坏。全省地表水体总的污染趋势是逐渐加重,每年有 51%~63% 河段的河水水质遭到严重污染,失去使用功能。地表污水的渗漏,使污废水中很多酸、碱、盐类等物质被带进土壤层,经过化合分解、离子交换与离子效应等化学作用,把土壤中的钙、镁物质溶解或置换出来,造成地下水硬度的升高。

4.2　工业废渣和城市生活垃圾的随意堆放及农药、化肥的大量施用

河南省固体废物产生量 1990 年为 2 039 万 t,而到 2004 年已增加到 5 140 万 t,逐年增加。全省农药的施用量也呈逐渐增加趋势,其中化肥施用量(折纯量)1978 年为 52.54 万 t,1988 年增加到 154.57 万 t,1998 年为 320.80 万 t,2004 年已增加到 493.16 万 t。2004 年的化肥施用量较 1978 年增加了 839%。全省农药的施用量亦逐年递增:1990 年全

省农药施用量为 3.31 万 t,2000 年为 9.55 万 t,10 年间增加了近两倍。其中含有许多有机物与无机物,它们被随意堆放,或用做农肥,在阳光、氧气、二氧化碳、水分及生物的作用下,发生分解、氧化,也把土壤中的钙、镁物质置换出来。这些钙、镁物质又随雨水、灌溉水和污废水渗入地下,从而引起浅层地下水硬度的升高。

4.3　开采地下水引起含水层水动力条件的改变

地下水过量开采引起水动力场和水文地球化学环境的改变,污染载体与包气带和含水围岩之间发生一系列的水文地球化学作用,促使土壤及其下层沉积物的钙镁易溶盐、难溶盐及交换性钙镁由固相向水中转移,从而使地下水硬度增高。当地下水从压力较高的地带进入压力较低的地带时,由于水动力条件的改变,水中溶解物质的化学平衡遭到破坏,打破了原来地下水中 CO_2 平衡压力,促使 $CaCO_3$ 分解,使水质发生变化,形成新的水文地球化学环境,导致地下水硬度升高。20 世纪 50 年代,全省地下水年开采量仅 20 亿 ~ 25 亿 m^3,到 20 世纪末,已增加到 130 亿 m^3,增加了 6 倍。开采量的迅速增加,直接导致地下水位的迅速下降。据有关资料,河南省区域浅层地下水位埋藏深度,在 20 世纪 60 年代之前普遍较浅,80% 以上的区域地下水位埋深小于 4 m,最大埋深不足 6 m;70 年代起地下水位逐年下降,1976 年,水位降落漏斗已经形成,漏斗中心水位埋深 10 ~ 15 m,尚未出现埋深大于 16 m 的区域;到 90 年代初地下水位埋深小于 4 m 的区域缩小近半,最大水位埋深达到 16 m 左右;90 年代末地下水位埋深小于 4 m 的区域已较小,埋深在 4 ~ 8 m 的区域面积最大,豫北局部地区地下水位埋深达 20 ~ 22 m。到 2005 年,水位仍在持续下降,区域水位降落漏斗总面积已达近万平方千米,水位埋深超过 8 m 的地区已达 21 224 km^2,其中超过 16 m 的地区就达 5 166 km^2,漏斗中心水位埋深已达 32 ~ 33 m。

5　结果与讨论

河南省平原地区浅层地下水总硬度总体上呈升高趋势,到目前为止,硬度超过生活饮用水标准的地区已达 45 047 km^2,约占全省平原区总面积的 42%。近年来,硬度更有加快升高的趋势。保护好珍贵的地下水资源,遏制硬度急剧升高的趋势,是摆在我们面前的任务。为此,笔者建议:

(1)进一步推进产业结构战略性调整,加强重点行业管理与污染源治理,促进地表水水质向好的方向转化。

治污要从源头抓起,对于那些污染重、效益低的重点污染企业实行"关停并转",标本兼治,通过行业和资源整合,使河南省走出发展经济"粗大型、高污染"的怪圈。要真正树立科学发展观,加强环境监督,确保重点排污企业废水稳定达标和总量控制制度全面实施。

(2)调整优化农业产业结构,积极研究、开发和推广面源污染防治技术,切实做好农业面源污染治理。

农业面源污染面大量广,要以科学发展观为指导,因地制宜,利用现代科学技术,发挥农业资源优势,依据经济发展水平及"整体、协调、循环、再生"的原则,运用系统工程方法,结合新农村建设,全面规划,综合治理,强化生态功能,实现农业优质、高产、高效,达到生态与经济两个系统的良性循环和经济、生态、社会三大效益的统一,使农业的发展、农村经济的增长与资源环境的保护协调同步。

（3）加强地下水资源的统一规划和管理，分区实施限量开采。

根据地下水资源的分布状况，编制开采规划，在地下水位急剧下降、漏斗范围不断扩大的地区应实行限量开采，抑制硬度上升过快的势头。

参 考 文 献

[1] 魏秀琴,郭功哲,朱中道,等. 河南省地下水环境调查与评价[R]. 河南省地质环境监测院, 2006.

[2] 吕航. 长春市地下水硬度异常及形成机理分析[J]. 中国环境管理, 2007(6):33-39.

[3] 邹胜章,张金炳,李洁,等. 北京西南城近郊浅层地下水盐污染特征及机理分析[J]. 水文地质工程地质, 2002, 29(1): 5-9.

Distribution and Evolution Trend of Total Hardness of Shallow Groundwater in Plain Area of Henan Province

Wei Xiuqin   Dou Jingfeng   Guo Gongzhe

（Geological Environment Monitoring Institute of Henan Province, Zhengzhou   450016）

Abstract: Total hardness is one of important targets of groundwater quality evaluation. Based on actually investigation of water quality in plain area of Henan Province in 2005, the distribution of shallow groundwater total hardness was discussed, evolution trend and the raising reason of shallow groundwater hardness were analyzed. Based above research, we put forward measures of guarding groundwater hardness further worse.

Key words: Henan Province, shallow groundwater, total hardness, distribution, evolution trend

商丘市中深层微咸水水文地质
参数计算方法探讨

戚　赏

（河南省地质环境监测院，郑州　450016）

摘　要：商丘市浅层、深层地下水超采严重，中深层微咸水作为部分替代水源，其参数计算具有重要意义。文章分析了商丘市中深层微咸水补径排、动态、水质与埋藏特征，通过对含水岩组的分析，确定该含水层组模型为无越流补给的无限均质含水层；以非稳定流抽水试验为基础，首次对商丘市中深层微咸水采用半对数拐点法、周文德法、恢复水位法三种不同方法计算含水层组导水系数(T)、导压系数(α)、渗透系数(k)及弹性释水系数(μ_e)等参数，并对计算结果进行比较，从而得出了合理的水文地质参数值，为下一步中深层微咸水的资源评价打下了基础。

关键词：商丘市；中深层微咸水；水文地质参数计算

1　引　言

商丘市中深层微咸水埋藏深度在 70～350 m，为第四系下更新统(Q_1)、中更新统(Q_2)沉积，含水层有 6～8 层，岩性主要为细砂、泥质中细砂、粉细砂、粉砂等，总厚度 20～40 m，具承压性。水质较差，矿化度 1.6～3 g/L，为咸水层，目前开采井多利用于地温空调等方面。静水位埋深 16～18 m，水位 30～32 m。

中深层含水层组与上部浅层含水层组和下部深层含水层组之间有较厚的黏土弱透水层相隔，水力联系甚微，其补给来源主要靠区域侧向径流补给，中深层地下水的排泄方式主要为人工开采及向东南方向区外的侧向径流，目前开采量较小。据不完全统计，2008 年度中深层地下水开采量为 14.17 万 m³。

本文采用半对数拐点法、周文德法、恢复水位法三种方式来计算中深层含水层组导水系数(T)、导压系数(α)、渗透系数(k)及弹性释水系数(μ_e)等水文地质参数，并对三种计算结果进行对比，以得到商丘市中深层微咸水合理的水文地质参数值。

2　微咸水特征

2.1　补径排与动态特征

中深层地下水补给来源为侧向径流及弹性释水量，其消耗方式为人工开采和向区外的侧向径流，因此其动态类型为"径流—开采"型。在侧向径流流入流出固定的前提下，由于开采量与弹性释水量此消彼长，在某个时间段内地下水位有升有降，但季节影响不是关键因素。由于开采井分布较为集中，抽水状态下各井相互影响，单井水位变化受区域开采总量及开采强度控制,但开采量仍是其动态变化的主导因素。

2.2 水质特征

中深层地下水埋藏深度在60~350 m,矿化度一般在1.76~2.18 g/L,为微咸水;水化学类型较简单,多为$HCO_3 \cdot Cl \cdot SO_4$—$Na \cdot Mg$型水;pH值7.9左右,为中性水;硫酸盐含量在394.81~497.59 mg/L,氯化物含量在315.86~380.02 mg/L,总硬度(以$CaCO_3$计)含量较高,按《供水水文地质手册》中地下水硬度的分类,中深层地下水属硬度大于449.82 mg/L的极硬水。

2.3 埋藏特征

评价区中深层微咸水主要埋藏于第四系松散沉积地层中,顶底板埋藏深度及厚度变化受地质构造、水文地质条件的制约,在凹陷区咸水发育,厚度也较大,隆起区则相对较小。微咸水底板埋深与厚度的变化,均受基底构造的控制,二者变化规律类似。评价区由东北向西南,咸水底板高低起伏,厚薄相间分布。咸水边缘地带埋藏较浅,厚度较薄,评价区东部如虞城等凹陷区内厚度可达200~300 m。

3 模型概化

3.1 评价区的确定

根据梁园区内中深层含水层组水文地质条件、地下水流场特征和本层地下水开采利用程度较低的现状,确定商丘市规划区为评价区,面积为496.5 km²。包括梁园区、睢阳建成区及李庄、双八、水池铺、平台、城北等11个乡镇。区内的特点是:地形平坦,包气带岩性多为亚黏土与亚砂土互层,开采程度低,含水层厚度较大,分布广,颗粒以细砂为主。

3.2 模型概化

评价区内中深层含水层组结构、埋藏条件、富水性等水文地质条件较简单,而且开采量小,天然状态下接受邻区向评价区的侧向径流补给,排泄于向下游的侧向径流。

区内属冲积平原的前缘地带,含水层为非均质、各向同性的承压含水层。底板水平,分布广泛,各方向为无限延伸边界。对区内含水层的非均质性,采用对各主要水文地质参数取平均值,使其概化为局部地段的均质含水层,将中深层含水层组概化为无限均质含水层组,含水层水流服从达西定律。

由于中深层含水层组上部有较厚亚黏土、亚砂土等弱透水层覆盖,且非稳定流抽水试验中本层水位与上部浅层地下水水位不一致,故可认为无越流补给条件,以此为基础进行地下水资源计算。

4 抽水试验概况

4.1 工程布设

本次采用非稳定流抽水试验,工程布设于商丘市规划区中部。布设抽水主孔1眼,位于温州大酒店后院,观测孔3眼,一是距抽水主孔10.12 m的同深、同含水层位的观测孔,二是距抽水主孔520 m的浅层观测孔,三是距抽水主孔80 m的深层观测孔。抽水试验工程控制面积0.27 km²。

4.2 抽水试验资料初步分析

抽水试验于2004年9月18日14时始,抽水主孔静止水位埋深18.30 m,抽水累计时间660 min,抽水主孔水位降深4.87 m,单位涌水量6.16 m³/(h·m),同深观测孔静止水位埋深18.21 m,抽水660 min后降深0.57 m。

浅层观测孔静止水位埋深16.40 m,主孔抽水时,观测孔水位变化幅度在0.04~0.05 m;深层观测孔静止水位埋深72.20 m,主孔抽水时,观测孔水位变化幅度在0.05~0.07 m。因此,可以认定中深层地下水与其上浅层地下水、其下深层地下水均无水力联系。

5 水文地质参数计算

本次采用半对数拐点法、周文德法、恢复水位法三种方式来计算中深层含水层组导水系数(T)、导压系数(α)、渗透系数(k)及弹性释水系数(μ_e)等参数。

5.1 半对数拐点法

(1)当主孔抽水出水量$Q = 30$ m³/h时,距主孔$r = 10.12$ m处的同深观测孔稳定降深$S_{max} = 0.57$ m,水位观测资料见表1。

表1　温州大酒店后院中深层观测孔水位观测数据统计

累计时间 (min)	水位降深 (m)	累计时间 (min)	水位降深 (m)	累计时间 (min)	水位降深 (m)	累计时间 (min)	水位降深 (m)
1.0	0.000	9.0	0.193	60.0	0.423	300.0	0.565
1.4	0.005	10.0	0.206	70.0	0.438	330.0	0.580
1.6	0.013	12.0	0.221	80.0	0.450	360.0	0.575
1.8	0.019	14.0	0.232	90.0	0.465	390.0	0.570
2.0	0.022	16.0	0.257	100.0	0.477	420.0	0.570
2.5	0.087	18.0	0.276	110.0	0.478	450.0	0.572
3.0	0.092	20.0	0.290	120.0	0.486	480.0	0.573
3.5	0.096	25.0	0.320	140.0	0.500	510.0	0.570
4.0	0.101	30.0	0.341	160.0	0.510	540.0	0.569
4.5	0.117	35.0	0.365	180.0	0.525	570.0	0.570
5.0	0.120	40.0	0.391	200.0	0.540	600.0	0.568
6.0	0.143	45.0	0.400	220.0	0.552	630.0	0.569
7.0	0.161	50.0	0.410	240.0	0.550	660.0	0.570
8.0	0.180	55.0	0.415	270.0	0.550		

(2)依表1资料,绘出同深观测孔$S—f(\lg t)$曲线(见图1),并在曲线上找出拐点$S_i = S_{max}/2$处的水位下降值0.29 m及拐点处相应的时间值20 min(t_i)。如图1所示,取x坐标为一个对数周期($x = 1$),对应的y值即切线斜率$\tan\alpha = 0.37 = m_i$,按公式:

$$\frac{2.3S_i}{m_i} = e^{\frac{r}{\beta}} \cdot k_0 \left(\frac{r}{\beta} \right) \tag{1}$$

代入已知数据,得:$e^{\frac{r}{\beta}} \cdot k_0 \left(\frac{r}{\beta} \right) = 1.80$。

查《供水水文地质手册》求得:

$$\frac{r}{\beta} = 0.32, e^{\frac{r}{\beta}} = -1.38, k_0 \left(\frac{r}{\beta} \right) = 1.31$$

按公式:

$$\beta = r / \left(\frac{r}{\beta} \right) \tag{2}$$

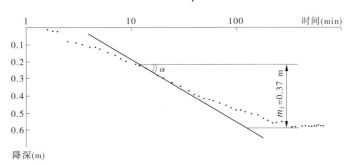

图1　温州大酒店抽水试验观测孔 $S—f(\lg t)$ 曲线

求得:$\beta = 31.63$。

按公式:

$$T = \frac{0.183Q}{m_i} e^{-\frac{r}{\beta}} \tag{3}$$

求得导水系数:$T = 258.35 \ m^2/d$。

按公式:

$$\mu_e = \frac{2 \cdot T \cdot t_i}{\beta \cdot r} \tag{4}$$

求得弹性释水系数:$\mu_e = 0.023$。

按公式:

$$\alpha = T / \mu_e \tag{5}$$

求得导压系数 $\alpha = 11\ 232.61 \ m^2/d$。

按公式:

$$k = T / m \tag{6}$$

求得渗透系数:$k = 9.57 \ m/d$。式中,m 为同深观测孔含水层厚度,取 27 m。

5.2　周文德法

如图1所示 $S—f(\lg t)$ 曲线,在曲线上任取一点 a,得 a 点的坐标 $t_a = 16 \ min$,$S_a = 0.26$ m,按公式:

$$w(\mu) = S_a / m_i \tag{7}$$

代入已知数据并查《供水水文地质手册》得:

$$\mu = 0.17$$
$$w(\mu) = 1.36$$

按公式:

$$T = \frac{Q}{4\pi[S_a]}[w(\mu)] \tag{8}$$

求得导水系数 $T = 299.45$ m²/d。

按公式:

$$\mu_e = \frac{4 \cdot T \cdot [t_a]}{r^2}[\mu] \tag{9}$$

求得弹性释水系数 $\mu_e = 0.022$。

按式(5)求得导压系数 $\alpha = 13\ 611.36$ m²/d。

按式(6)求得渗透系数 $k = 11.09$ m/d。

5.3　恢复水位法

按水位叠加原理,利用水位恢复剩余降深 S' 和 $1 + t_p/t_r$ 之间的对数关系(t_p 为抽水持续时间,t_r 为每次恢复时间),由 S' 和 $1 + t_p/t_r$ 的计算结果绘制 $S'—f[\lg(1 + t_p/t_r)]$ 关系曲线(见图2)。

按公式:

$$T = \frac{0.183 \times Q}{i} \tag{10}$$

求得 $T = 297.95$ m²/d。

式中,Q 为主孔抽水水量,m³/d;i 为 $S'—f[\lg(1 + t_p/t_r)]$ 直线斜率,由图2 得 $i = \Delta S = 0.44$。

按公式:

$$\mu_e = \frac{2.25 \cdot T \cdot t_0}{r^2} \tag{11}$$

求得 $\mu_e = 0.032$。

式中,t_0 为剩余降深为0时的 t 值。

按式(5)求得导压系数 $\alpha = 9\ 310.94$ m²/d。

按式(6)求得渗透系数 $k = 11.04$ m/d。

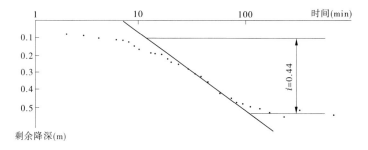

图2　$S'—f[\lg(1 + t_p/t_r)]$ 关系曲线

6 结 语

(1)商丘市中深层微咸水尚未开展过水资源评价工作,从本次抽水试验结果来看,根据温州大酒店后院水井非稳定流抽水试验数据,采用半对数拐点法、周文德法、恢复水位法三种方法计算,其结果是比较相近的(见表2)。

表2 温州大酒店非稳定流抽水试验计算结果

方法	半对数拐点法	周文德法	恢复水位法	平均
导水系数 $T(\mathrm{m^2/d})$	258.35	299.45	297.95	285.25
导压系数 $\alpha(\mathrm{m^2/d})$	11 232.61	13 611.36	9 310.94	11 384.97
渗透系数 $k(\mathrm{m/d})$	9.57	11.09	11.04	10.57
弹性释水系数 μ_e	0.023	0.022	0.032	0.026

(2)本次取得的水文地质参数,可为下一步水资源评价工作打下基础。在商丘市浅层、深层地下水已严重超采的情况下,作为部分替代水源,中深层微咸水的资源计算与评价工作具有重要意义。

河南省地热资源开发与保护对策研究

甄习春

（河南省地质环境监测院，郑州　450016）

摘　要：河南省地热资源较为丰富，可分为沉积盆地传导型和隆起山地对流型两种类型。部分城镇地热开发程度较高，主要用于洗浴、养殖等方面，存在的主要问题有地热地质勘察滞后，缺乏科学利用规划，产业化水平低，局部过量开采，管理环节薄弱。促进地热资源可持续利用的主要对策是加强地热立法、强化监测监督管理，加强地质勘察评价与规划，依靠科技，提高产业化水平，合理开采、梯级利用、注重节约等。

关键词：地热；开发；对策；河南省

地热资源是一种十分宝贵的矿产资源，也是国家鼓励开发的新能源之一。自 20 世纪 90 年代以来，河南省地热开发利用力度不断加大，地热市场不断拓宽，形成了商业性开发地热的高潮。与此同时，也出现了开发市场秩序混乱，资源浪费、过量开采等问题。因此，如何科学开采、合理利用、加强管理、有效保护地热资源，促进地热资源可持续利用成为迫切问题。

1　地热资源概况

河南地层齐全，地质构造复杂，成矿条件优越，蕴藏着丰富的矿产资源，是全国矿产资源大省之一。截至 2006 年底，全省已发现各类矿产 127 种，查明资源储量的为 75 种；已开发利用的为 86 种，其中能源矿产 7 种，金属矿产 18 种，非金属矿产 59 种，水气矿产 2 种，矿业产值连续多年处于全国前五位。河南省地热资源丰富，4 000 m 以浅热储层储存的地热流体量为 77 527.21 亿 m^3，储存热能量折合标准煤达 2 030 亿 t；地热流体每年可开采量为 56 070.18 万 m^3，热能量折合标准煤 380 万 t，开发潜力较大。

20 世纪 70 年代以前，地热资源的利用仅限于热泉，闻名遐迩的汝州温泉、鲁山温泉、商城汤泉池、陕县温塘等因温度高、含有丰富的矿物质，疗效显著而声名远播。80 年代以后，打井开发地热工作逐步开展。河南省地热井开采深度 300 ~ 3 318 m 不等，大部分为 800 ~ 1 200 m，以中、低温地热资源为主。

据 2008 年调查统计，河南省温泉有 34 处，其中 11 处水温≥40 ℃。地热井总数 650 余眼，集中分布在郑州、开封、新乡、安阳、鹤壁、濮阳、商丘、周口、许昌、漯河、南阳、洛阳、三门峡等主要城市，鄢陵等 20 多个县(市)也有地热井。其中郑州、开封地区地热井数量占全省总井数的 50% 以上，全省最大井深鹤热 3[#]深达 3 318 m，水温 74 ℃，洛阳市新凿的 1 眼地热井水温高达 98.5 ℃，为全省之冠。

地热水的开发利用涉及生活饮用、洗浴、医疗、康乐、休闲保健、饮料、养殖、种植、制革、供暖等方面。主要开发方式是洗浴、游泳、康乐和养殖,热泵技术有了一定程度的推广应用。

2 地热资源开发方面存在的主要问题

目前,河南省地热资源在勘察规划、开发利用及管理保护方面存在的主要问题有以下几方面:

一是地热管理工作比较薄弱。没有出台专门的地方管理法规,政府部门之间职责交叉。存在多头管理、地热开发市场秩序混乱、无序开采等问题。

二是地热资源勘察与开发利用规划工作滞后,地热资源家底不清,存在盲目审批、盲目开采、无序利用等现象。

三是地热的不合理开发容易引发不良环境地质问题。重开发、轻保护,引发资源枯竭、水位持续下降、地面沉降等环境地质问题。

四是开发利用形式单一,产业化水平低。地热资源的开发缺乏指导及政府政策性支持,与城市建设和房地产业、公共服务业没有很好地结合,利用率和经济效益低下,商业化进程缓慢,地热水一般用于生活和洗浴,用于地热供暖、养殖和种植的较少。地热商业性开发仍处于低水平的初级阶段,产业化体系仍处于较低的水平。

五是资源节约意识薄弱,地热资源利用效益低,浪费严重。用户节水意识淡薄,未把地热作为一种珍贵的矿产资源,而当做一般"水"资源对待,造成地热资源的浪费。

六是河南省尚未建立地热动态监测网络,对地热动态和变化趋势无法进行监测预报工作。

3 地热资源开发与保护的对策建议

当前世界能源消费剧增,传统化石能源消耗迅速,生态环境持续恶化,温室气体排放导致全球气候变暖日益严峻。地热资源的开发利用,在保障能源安全、实现低碳生活、提高生活质量、带动相关产业经济发展等方面,具有显著的社会、经济及环境效益。河南省地热资源丰富,开发潜力较大,应抓住目前机遇,大力推进地热资源开发利用。现提出如下对策建议:

一是加快地方地热资源管理的立法工作。目前,我国还没有一部适用于全国的地热管理法规。为了减少地热开发的盲目性,扭转地热无序开发的被动局面,建议参照内蒙古、河北、北京、天津等省(市、区)地热资源管理规定(办法),制定《河南省地热资源管理办法》,理顺管理体制,组建以国土资源部门为主的专门管理机构,负责地热开发审批登记及勘察许可、采矿许可、征缴资源税等工作。从源头上依法加强地热开发管理。

二是依法加强对地热矿产资源的管理。地热资源属能源矿产资源,要严格按照《中华人民共和国矿产资源法》、《中华人民共和国能源法》及其配套法规,使地热资源纳入法制管理轨道,用经济、法律和必要的行政手段规范及约束政府、企业与个人行为。

进一步加强日常监督管理,从成井审批、施工、开发利用、动态监测、尾水排放、污染防治及回灌等方面严加规范和约束。强化开发利用环节监督,严格地热井的审批,严禁无证开采,依法征收矿产资源补偿费,加大处罚力度。

　　三是加大资金投入,加强地热资源勘察与规划工作。地热地质基础性勘察工作是制定规划,保障其合理开发利用的前提条件。建议拓宽投、融资渠道,加大投资力度。基础性地热地质工作应建立政府为主、市场为辅的投资机制,政府在公益性投资的同时,制定优惠政策,多方面吸引社会资金,实施地热勘察项目,提高地热资源的保障能力,降低资源开发的风险和成本,为相关产业可持续发展提供资源基础。

　　应根据各地开发利用实际,逐步开展大比例尺地热详查工作,查明地热地质条件及资源储量。加快深层地热资源的勘察评价,提高地热地质研究程度,为合理开发提供更加详细的地质依据。建议在省资源补偿费和两价款专项资金项目安排上把地热项目列为重点支持项目。近阶段安排安阳、新乡市地热资源普查,周口凹陷、通许凸起地热资源勘察及风景名胜区周边温泉资源勘察。

　　尽快推进地热资源丰富地区开发利用规划编制工作,指导河南省地热资源综合开发利用。坚持以地热地质勘察为基础,根据地热资源量、质量特征、区位和经济发展需求,进行科学论证和规划,在规划指导下,因地制宜地确定开发利用方案。凡未进行地热地质勘察的地区,地热资源量和质量不清楚的,严禁盲目开发。

　　应根据各地实际情况,以"开源与节流并举"和"开发与保护并重"为方针,编制郑州、开封、洛阳、南阳等主要城市及县市地热资源开发利用与保护规划,做到总量控制,分层开采利用、分层管理、合理设置矿权,制定勘察开发长远规划,指导地热资源合理开发与保护。对于井点密度过大、水位下降明显的区域,要坚决关停部分地热井。

　　四是依靠科技进步,提高资源利用水平。利用中一定要充分发挥地热资源自身多功能、多用途的特点,最大限度地提高其利用效率。充分发挥地热能源优势,开发同时面向城市和农村两个市场,促进地热产业发展。通过地热资源综合利用的规模经营,形成适应市场需求的,集地热采暖、生活洗浴、农业温室、工厂化养殖、旅游度假及康乐理疗于一体的现代化企业集团,实现地热资源利用产业化。

　　应推广地源热泵技术的应用,提高低温资源利用水平,推进地热供暖产业的发展,积极发展地热温泉浴疗、保健、休闲度假等现代化服务,支持地热农业示范项目建设。大力推进地热供暖工程、地热综合利用工程、农业高效利用工程等示范工程建设,建设温泉休闲度假示范基地。要拓宽地热利用领域,扩大地热资源综合利用的规模经营,形成一批适应市场需求的,集地热采暖、生活洗浴、农业温室、工厂化养殖、旅游度假及康乐理疗于一体的现代化企业集团,实现地热资源利用产业化,提高地热产业化水平。

　　开展地热梯级利用研究,要逐步解决地热尾水排放温度高、资源利用率低与环境热污染等问题。推进地热尾水回灌,延长地热田寿命。河南省多属低温地热资源,但其载体中含多种人体需要的营养元素和微量元素,开发利用时,要视地热资源温度的高低,实施科学规划,梯级开发和综合利用。据已有经验,温度高于60 ℃的地热资源,可先用于采暖,回水用来供温泉康乐中心搞综合服务或居民洗浴用,余水还可用于蔬菜大棚等种植业。综合利用后的地热资源,不仅其本身能量功能作用得到充分发挥,而且对城市大气净化、减少污染、美化市容、节约用地会产生巨大的社会经济效益和环境效益。

　　五是注重地热资源保护,提高公众资源忧患意识和保护意识。合理开发,综合利用,节约和保护并重是地热资源开发利用必须遵循的原则。在开发利用的同时,合理布局、有序开发,杜绝破坏浪费。开展地热回灌,延长地热田寿命。加强资源开发中的环境保护,最大限度地降低地热开发对环境的影响,做到"在保护中开发,在开发中保护",保障可持续利用。

应加大宣传力度,提高公众的资源忧患意识和资源保护意识。地热资源是在长期的地质历史过程中形成的,形成周期长,不可能在短时间内再生,来之不易,储量有限。要采取电视、网络媒体宣传及散发传单等方式,逐步普及地热知识,提高社会公众对地热开发利用的认知程度,积极营造促进地热开发利用的良好社会氛围。

六是大力推进浅层地热能开发利用。目前,河南省浅层地热能地质勘察工作严重滞后,开发利用管理混乱,除个别科研项目涉及外,全省尚未开展浅层地热能调查评价和科学利用规划工作。

为保障浅层地热能科学有序合理开发,根据《国土资源部关于大力推进浅层地热能开发利用的通知》(国土资发[2008]249号)要求,要尽快启动开展浅层地热能勘察评价,摸清河南主要城市(镇)浅层地热能资源分布规律及数量,编制开发利用规划,建立主要城市(镇)浅层地热能动态监测网络及监测实验区,指导建立浅层地热能开发利用示范工程,总结开发利用经验,促进河南省浅层地热能合理开发利用。

七是建立地热动态监测网络,为资源管理与保护提供科学依据。建立地热资源开发监测网络,是保证地热资源持续稳定开发、科学管理和有效保护的基本手段。利用动态监测资料,可以研究地热流体、水质、水量动态变化规律,研究资源开发与地面沉降间的关系,研究资源开发对环境的影响,为开发利用与保护规划的完善和修正提供参数,为制定开采强度指标提供依据。

近期完成郑州、开封两市地热尾水回灌试点,在郑州、开封、漯河、周口等主要城市及部分山区温泉建立动态监测网。开发单位应重视动态监测工作,安装监测管,开展地热动态监测工作,并将监测资料及时上报主管部门。根据动态监测资料,及时优化调整开采方案,避免持续超量开采,引发资源枯竭,发生地面沉降灾害。

随着低碳经济时代的到来和能源形势的发展,作为新能源之一的地热资源,越来越显示出其开发潜力和广阔的前景。笔者相信,只要注重科学开发,加强管理与保护,河南省地热资源的开发利用和产业化发展一定会迈向新的水平。

河南省地下水动态自动化监测建设

朱中道　齐登红

（河南省地质环境监测院,郑州　450016）

摘　要:针对地下水动态监测的现状和存在的问题,河南省开展了地下水动态自动化监测试点工作。本文介绍了自动化监测试点的选取、设备的安装调试、自动化监测和自动化传输等主要建设过程,对监测技术要点、注意事项和存在问题等进行了论述。

关键词:河南省;地下水动态;自动化监测

1　地下水动态监测现状及存在的问题

1.1　监测网点现状

河南省开展地下水监测工作已有 40 多年的历史,监测网络完善。全省区域地下水动态监测点有 127 个,主要分布在黄淮海平原和南阳盆地,控制面积 10.9 万 km^2,监测项目主要为水位、水温、水质。其中 18 个为逐日观测,109 个为 6 次/月,有 8 个水温监测点、30 个水质监测点。现全部为人工观测,监测工具以测钟和电测水位计为主。由于井点分散,全部观测井均委托当地群众监测,河南省地质环境监测院监测中心定期、不定期抽查监测质量并负责水质监测工作。

河南省先后成立了 17 个省辖城市的地质环境监测站(济源未建站),并分别开展各城市的地质环境监测工作。在地下水动态监测方面,主要监测水位、水质。开展城市地下水监测工作较早的是郑州市,从 1971 年便开始系统监测地下水,并根据开采层位的变化不断补充和完善。目前,监测控制面积为 1 100 km^2,覆盖整个郑州市区。监测层位也由当初的浅层、中深层地下水,扩大到深层、超深层地热水。其他 16 个城市从 1987 年以来逐步开展地下水监测工作,监测层位基本上为目前的主要开采层位,每年进行 1~2 次水位统调。除郑州、许昌等少数城市水质监测点较多外,大部分城市水质监测点仅有 3~5 个,且以水质简分析为主。

1.2　存在问题

(1)河南省地下水监测机构不健全,管理体制不顺。由于机构改革,隶属关系改变,河南省原有 17 个省辖市地质环境监测站,除河南省地质环境监测院直属的郑州、开封、商丘、周口 4 个站外,其他 13 个地质环境监测站归各市国土资源局。由于技术人员缺乏,资金支持力度不够,地下水监测工作开展得不均衡,已影响全省地下水环境监测资料的连续性和完整性。

(2)监测手段落后。目前,河南省地下水监测多为人工监测,监测工具以测钟和电测水位计为主,缺乏高科技装备投入。

（3）地下水动态监测网不完善。目前，浅层地下水动态监测点对地下水降落漏斗控制不够，深层地下水动态及地下水天然露头（泉点）监测点较少，同时缺少水量和水质监测项目，急需增加浅层地下水降落漏斗控制点、深层地下水动态监测点和水量水质监测项目。

（4）专门孔遭破坏严重。20 世纪 80 年代施工的专门观测孔多设在气象站，随着城镇建设发展，气象站外迁，监测孔无人保护，遭受不同程度的破坏；多数专门监测孔由于常年没有维护，淤塞严重。

（5）监测信息化建设滞后。目前，河南省地下水监测多为人工监测，资料汇交通过邮局。1990 年以前监测运行良好，近年来委托人员反映监测费用偏低，每年都有停测现象发生，使监测资料连续性受到影响；同时邮寄周期使得监测资料利用的时效性差，不能适应社会发展要求。

2 地下水动态自动化监测建设

2.1 自动化监测试点建立

为了更准确、及时地掌握全省地下水动态的变化情况，提高地下水监测的精度，改善河南省地下水监测技术水平和信息处理水平，在对区域地下水动态监测网点优化的基础上，从 2005 年开始探索采用最先进的仪器设备，选择合适的专门监测井点，开展地下水动态自动化监测试点和自动化传输示范建设。

在地下水动态监测仪器应用方面，国外一些发达国家有几十年乃至上百年的历史，其监测设备水平各异。其中俄罗斯以浮标式机械自记水位仪为主；美国采用水位、水温复合式探头，由电缆与地面仪器相连，现场测量数据通过卫星传送到全国地下水信息系统处理中心；荷兰、日本、澳大利亚等也是用复合式探头监测水位、水温信号，测量主机装在一个密封的圆筒内，水位、水温等数据存储于机内存储模块中，定期到现场打开筒盖，通过串行数据传输线将模块中的数据传入笔记本电脑中。

随着传感器技术和数据通信技术的发展，精度更高、自动化程度更高、实时性更强、运行更可靠的地下水监测仪器已在国内开发研制，目前以陕西欣源科技有限公司的"水位水温遥测、自动记录混合系统"和中国地质调查局水文地质工程地质技术方法研究所的"WS－1040 地下水动态自动监测仪"代表了国内较先进水平。陕西欣源科技有限公司的"水位水温遥测、自动记录混合系统"融计算技术、监测技术、无线网络通信技术为一体，通过 GSM 无线通信的方式实时遥测地下水位、水温变化，系统运行时，设在水文长观孔孔口处的分站可以连续或定时自动记录水位、水温变化情况，并利用 GSM 无线通信装置将监测数据传送至设在监测中心的主站，由主站进行数据处理，具有测量精度高、测量范围大、操作简便、功耗小、无人值守全天候自动工作等特点。中国地质调查局水文地质工程地质技术方法研究所的"WS－1040 地下水动态自动监测仪"采用复合式探头监测水位、水温信号，仪器的主体部分装在一个密封的不锈钢圆筒内，通过电缆配接传感器，通过串行接口直接连接计算机进行数据回收和设备管理，具有高精度、高分辨率、稳定性好、抗干扰、全自动无人值守、不受气压及环境温度的影响等特点。

在充分论证的基础上，选取黄淮海平原的 10 个专门监测井（见表 1）作为自动化示范

河南省地质环境监测院建院三十周年论文选编(1980—2010)

监测试点,监测仪器采用日本光进电气工业株式会社的精密自记水位计(MC – 1100W),其测量精度为 ±0.1% FS,仪器适应温度 – 5 ~ 50 ℃,测定间隔在 2 s ~ 24 h,可以任意设定,配备 3.6 V/1.9 Ah 的专用电池。

表1 河南省地下水水位自动化监测井基本情况一览表

编号	位置	井深(m)	探头深度(m)	监测项目	监测频率	传输频率
1	郑州市建设路	95.5	40.0	水位	1 次/h	1 次/(2 ~ 3 月)
2	内黄县气象局	46.5	29.0	水位	1 次/h	1 次/(2 ~ 3 月)
3	封丘县气象局	57.7	25.0	水位	1 次/h	1 次/(2 ~ 3 月)
4	兰考县气象局	31.7	25.0	水位	1 次/h	1 次/(2 ~ 3 月)
5	宁陵县气象局	37.8	22.0	水位	1 次/h	1 次/(2 ~ 3 月)
6	安阳县白壁棉研所	39.1	25.0	水位	1 次/h	1 次/(2 ~ 3 月)
7	浚县新镇李庄水文站	33.3	25.0	水位	1 次/h	1 次/(2 ~ 3 月)
8	民权县气象局	36.9	12.0	水位	1 次/h	1 次/(2 ~ 3 月)
9	杞县气象局	41.0	25.0	水位	1 次/h	1 次/(2 ~ 3 月)
10	鄢陵县马坊乡	210.0	35.0	水位	1 次/h	1 次/(2 ~ 3 月)

野外安装和数据采集均用笔记本电脑操作,在安装微电脑遥测水位计数据采集装置和数据分析处理软件后,将水位计与电脑连接(见图1),分别进行时间的设定(水位计和电脑同步)、测定间隔的设定(间隔 1 h)、参数设置等后,水位计即开始连续监测地下水位,监测数据在水位计内自动保存。为采集数据和了解仪器使用情况,需定期(2 ~ 3 个月)到井口处进行检查,将水位计与电脑连接后,可以从水位计下载数据,进行数据列表、图形显示、数据保存或更换电池。

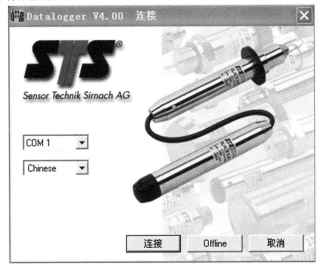

图1 计算机与自记水位计通信连接界面

精密自记水位计安装后,目前运行情况基本良好。由于专用电池稳定性不强,个别井点有中断数据监测现象,加上电池不易购买,水位计何时工作何时停测不易发现,给自动化监测带来不便。

2.2 监测数据的自动化传输

在地下水自动化传输示范监测方面,选取全省 10 个专门监测井(见表 2),安装仪器型号为水位水温遥测和自动记录混合系统(XY－Ⅱ型),水位测量范围为 0 ~ 500 m,测量精度为 2 cm,分辨率为 0.5 cm;温度传感器测量范围为 0 ~ 70 ℃,测量精度为 0.1 ℃,分辨率为 0.01 ℃,测量时间间隔为 1 min ~ 24 h,数据暂存容量 60 000 组,分站个数小于等于 32 768 个,电池使用寿命为 10 年,分站操作方式为中文菜单式操作。

表 2 河南省地下水水位水温自动化监测井基本情况一览表

编号	位置	井深(m)	探头位置(m)	监测项目	监测频率	传输频率
1	郑州碧沙岗公园	70.0	35.40	水位、水温	2 次/d	2 次/d
2	河南省地勘局	290.4	90.00	水位、水温	2 次/d	2 次/d
3	淮阳县气象局	23.7	20.05	水位、水温	2 次/d	2 次/d
4	柘城县气象局	32.0	20.00	水位、水温	2 次/d	2 次/d
5	虞城县气象局	36.3	29.00	水位、水温	2 次/d	2 次/d
6	延津县气象局	34.8	29.00	水位、水温	2 次/d	2 次/d
7	许昌市政府	282.2	90.05	水位、水温	2 次/d	2 次/d
8	新密市矿务局	171.0	170.00	水位、水温	2 次/d	2 次/d
9	巩义市宋陵公园	100.0	78.00	水位、水温	2 次/d	2 次/d
10	三门峡陕州风景区	210.0	29.50	水位、水温	2 次/d	2 次/d

水位水温遥测和自动记录混合系统由主站、分站构成,分站完成数据的采集,主站完成数据的处理,主站和分站通过数据通信装备完成数据交换;分站采集的数据,根据主站的命令利用数据通信设备发送到主站,由主站完成数据的处理。

主站由主控微机、数据处理软件系统、GSM 网络数据通信设备等组成,主站通过通信设备接收分站发来的数据,并将数据整理保存到磁盘,利用多参数水文处理软件,可完成数据的显示、查询、编辑,并对数据进行处理,生成各种报告并打印输出(见图 2)。

野外发射孔内设备　　　　办公室接收、处理　　　　网上发布监测结果

图 2 地下水水位水温遥测系统工作流程

　　分站由多功能监测仪、锂离子电池组、传感器及电缆等组成,主要进行数据采集、数据暂存、数据显示、数据传输等。水文长观孔分布在野外,提供交流电困难,故采用锂离子电池供电,分站采用定时加电工作方式,每当时间间隔到时,仪器加电工作,测量水位、水温的变化情况,计算、存储并利用 GSM 无线通信模块向主站传送数据。

　　目前,监测传输频率设置为 2 次/d,通过 6 个月的试运行,到 2006 年 5 月 31 日主站已接收数据 3 600 余组,分站、主站运行良好。分站或主站若出现故障,可在第一时间发现,即使通信信号暂时中断,分站内保存的监测数据仍可由笔记本电脑导出,实现了真正意义上的自动化监测和自动化传输,可以实时监测地下水水位、水温的变化情况。

3　结　语

　　通过河南省地下水动态自动化监测网络试点建设,提高了地下水监测的频率和精度,加快了信息传输速度,节省了人力、物力,对推进河南省地下水动态监测技术、信息管理及传输的现代化进程具有重要的现实意义。

参 考 文 献

[1]　赵云章,朱中道,王继华.河南省地下水资源与环境[M].北京:大地出版社,2004.
[2]　朱中道,等.河南省地下水监测网优化及监测自动化建设报告[R].河南省地质环境监测院,2006.

Automatic Monitoring of Groundwater Regime in Henan Province

Zhu Zhongdao　　Qi Denghong

(Geo-environmental Monitoring Institute of Henan Province, Zhengzhou　450016)

Abstract:In view of the state of art and existing problems towards monitoring of groundwater regime in Henan Province, a modeling program, aimed to automate the monitoring of groundwater regime in Henan Province, has been carried out. This paper gives an brief introduction to the program, including the choosing of testing site, the installment and adjustment of equipments, automatic monitoring and automatic transmission, etc.. Other issues, such as the main points of monitoring techniques, the remaining problems are also dealt with in this paper.

Key words:Henan Province, groundwater regime, automatic monitoring

河南省地下水监测现状及分析

朱中道

（河南省地质环境监测总站，郑州 450006）

摘 要：河南省地下水动态监测工作始于 20 世纪 70 年代初期，控制面积达 10.8 万 km^2，监测项目主要有水位、水温、水质，为科学利用和保护地下水资源提供了许多优秀成果。本文对全省地下水环境监测进行了回顾、总结和规划。

关键词：河南；地下水监测；现状；分析

1 地质环境背景

河南省地处我国中部，地理坐标为北纬 31°23′~36°22′、东经 110°21′~116°39′，总面积 16.7 万 km^2，人口 9 555 万人，位居全国各省（市、区）第一。河南位于暖温带和北亚热带气候过渡地区，伏牛山脉和淮河干流以南属亚热带湿润、半湿润气候，以北属暖温带干旱、半干旱季风气候。全省多年平均气温在 12.8~15.5 ℃，多年平均降水量从北往南大致在 600~1 200 mm，降水多集中在 7~9 月三个月。境内有黄河、淮河、海河和长江四大水系，大小河流 1 500 余条。

河南省地貌显著的特点是北、西、南三面为山地、丘陵和台地，东部为辽阔的大平原，其中山地、丘陵面积 7.4 万 km^2，平原面积 9.3 万 km^2。其地势是西高东低，从西向东呈阶梯状下降，由西部的中山、低山、丘陵和台地，逐渐下降为平原。河南省在全国地貌中的位置，正处于第二级地貌台阶向第三级地貌台阶过渡的地带，西部的太行山、崤山、熊耳山、嵩箕山、外方山、伏牛山等山地，属于全国第二级地貌台阶，东部平原和西南部的南阳盆地，属于全国第三级地貌台阶，而南部边境地带的桐柏—大别山构成第三级地貌台阶中的横向突起。

河南省在大地构造上跨华北板块和扬子板块，镇平—龟山韧性剪切带为主缝合线。华北板块由华北陆块和其南缘的北秦岭褶皱带组成，扬子板块为其北缘的南秦岭褶皱带；以栾川—固始韧性剪切带为界分为华北和秦岭两个地层区，秦岭地层区又以镇平—龟山韧性剪切带为界分为北秦岭和南秦岭两个分区。

河南省地层发育较齐全，自太古界至新生界均有出露，岩浆岩也比较发育，分布广泛。根据地下水赋存条件及含水岩组特征，全省地下水分为三种类型：①松散岩类孔隙水，主要分布在黄淮海冲积平原、山前倾斜平原和灵三、伊洛、南阳等盆地中，面积约 12.0 万

作者简介：朱中道，男，36 岁，1988 年毕业于中国地质大学水文地质专业，高级工程师，从事水文地质、环境地质研究工作，先后承担过河南省区域地下水动态监测、区域环境地质调查、区域地下水资源评价等课题。

km^2,地下水主要赋存在第四系和新近系砂、砂砾、卵砾石层孔隙中;②碳酸盐岩类裂隙岩溶水,岩性主要为震旦系、中上寒武系、奥陶系的灰岩、白云质灰岩、泥质灰岩,分布在太行山区、嵩箕山地、淅川山地,在山前排泄地带的有利部位往往形成大泉,如辉县百泉、安阳珍珠泉、小南海泉、鹤壁许家沟泉等,流量都曾在 1 000 m^3/h 以上;③基岩裂隙水,是指变质岩和浆岩类裂隙含水岩组,分布在伏牛山、桐柏山、大别山区,由花岗岩、片麻岩、片岩、千枚岩、石英岩、白云岩、大理岩等组成。地下水赋存在构造质碎带和风化裂隙中,泉点较多,泉流量一般为 5.4 ~ 20 m^3/h。

2 地下水环境监测现状

河南省地质环境监测机构由总站和 17 个分站组成,还拥有郑州、商丘两个地下水均衡试验场。

目前,河南省区域监测网点主要为地下水动态监测网点,2004 年全省国家级地下水动态监测点数达 127 个,主要分布在黄淮海平原和南阳盆地,控制面积 10.8 万 km^2,监测项目主要为水位、水温、水质,其中 36 个为逐日观测,91 个为 6 次/月,有 8 个水温监测点、30 个水质监测点。全部为人工观测,监测工具以测钟和电测水位计为主。由于井点分散,全部观测井均委托当地群众监测,总站监测中心定期、不定期地抽查监测质量并负责水质监测。

河南省已建的 17 个城市地质环境监测分站中,仍以地下水动态监测为主,仅郑州市开展了地热资源监测,濮阳市开展了地面沉降调查,汛期各城市开展了突发性地质灾害调查。全省目前拥有各类城市监测点 392 个,其中国家级监测点 92 个,省级监测点 300 个,监测以地下水水位为主,除郑州、许昌等少数城市采样点较多外,大部分城市水质采样仅限于国家级监测点,且以水质简分析为主。

均衡试验研究方面,目前河南省商丘均衡试验场因年久失修,损坏严重,郑州均衡试验场运行良好。郑州均衡试验场气象要素 3 次/d 进行观测,地下水均衡要素 2 次/d 进行观测,汛期特别是强降雨后还加密观测,积累了长序列的监测资料。

3 地下水环境监测成就及分析

3.1 地下水开发利用中存在的环境地质问题

地下水的开发利用,极大地缓解了河南省水资源紧缺矛盾,改善了河南东北部低洼易涝地区地下水埋藏浅、汛期积水致涝、土壤长期盐渍化的局面。同时,由于超量开采导致了诸如地下水水位持续下降、地下水水质污染等环境地质问题。

全省大部分地区和城市以地下水作为主要供水水源,长期以来过量开采,使不少地区和城市地下水水位持续下降,降落漏斗面积不断扩大,局部水资源面临枯竭,供需矛盾突出。在平原区现已形成了以南乐、清丰为中心和以温县、孟州为中心的两个大的区域降落漏斗;在山区的新密市,地下水水位埋深大部分地区达 70 m,最大水位埋深达 150 m 以上,部分含水层被疏干,造成机井报废或取水困难。河南省主要城市如许昌、郑州、商丘、濮阳等,地下水开采量相对较大,浅层地下水均形成了较大的降落漏斗,郑州市的中深层地下水及商丘市的深层地下水,降落漏斗面积达 500 km^2 左右。

受开采条件、施工因素等影响,开采地下水造成的污染较为严重。在广大平原区,因地下水水位埋深小于 10 m,许多农村没有实行集中供水,农户以压井取水饮用,受生活方式限制,井旁即为渗水坑,生活污水等随即排入地下,污染浅层地下水,"三氮"普遍超标均与此有关,安阳市各区大肠菌群超标也均与此有关。城市中,目前以中深层地下水为主要开采层。受开采强度和水文地质条件的影响,浅层地下水对深层地下水越流补给。如郑州市中深层地下水亚硝酸盐超标现象严重,与浅层地下水污染密切相关;商丘市深层地下水矿化度增高,与中深层水补给有关。

3.2 地下水环境监测成就

河南省近 40 年的地下水动态监测资料为地下水资源评价开发利用、地下水环境保护和生态建设提供了可靠的基础资料保障。通过地下水环境监测发现了许多水资源开发利用中存在的问题及其产生的原因,为政府决策提供了科学依据。如在豫东对咸水的利用改造试验、商丘地区浅层地下水评价研究、均衡试验场对水文地质参数的研究等,对河南广大平原区地质环境保护和地下水资源开发起到了极大的促进作用。豫西及豫北焦作地区岩溶水的研究对河南省山区岩溶地下水的开发利用起到了示范作用,一些环境地质问题正采取有效措施加以控制和治理。

地下水均衡试验研究对河南省水文地质发展贡献很大,引起了国内外学术界的重视。特别是"六五"、"七五"期间,先后完成的国家重点项目有商丘潜水入渗蒸发及包气带水分运移机理研究(1987 年)、郑州均衡场地中渗透计地下水蒸发入渗试验研究(1991 年)、商丘均衡场"四水"相互转化研究(1990 年)等,对河南省地下水资源评价,如黄淮海平原地下水资源评价(1986 年)、河南省地下水资源评价(2001 年)等具有重大的指导作用。

3.3 地下水环境监测规划

根据中国地质环境监测院的部署和河南省经济发展对地质环境监测工作的需求,力争在 3 ~ 5 年内,建立和完善以地下水与地质灾害为主的地质环境监测体系,使其成为与气象、水文、地震和环保具有同等地位的全省公益性监测网,定期发布河南省地质环境公报和地下水通报,达到全省地质环境的有效监控,及时为政府和社会提供地质环境监测与预警信息,为科学利用和保护地质环境服务,为防灾减灾提供科学依据与技术支持,有效避免地质灾害威胁区内的人民生命财产损失。

到 2006 年,河南省国家级地下水环境监测点总数达到 527 个,其中长观孔 219 个(区域长观孔 127 个,城市长观孔 92 个),统测孔 300 个,流量监测点 8 个,地下水水质和污染监测点 165 个;完成 219 个长观孔维护(洗孔、建立保护设施等)与标识建设(埋设高程桩、地理位置和高程测量等),90 个专门长观孔实现自动化监测,实现地下水开发利用比较集中的城市如郑州、许昌、商丘和豫北地区地下水环境实时监控及网上信息发布;针对国家级地下水监测孔区域性控制不足、缺乏地下水流量监测点的现状,增设泉点 8 个,以满足黄淮海平原和南阳盆地地下水的战略性监控要求,为水资源开发利用、地下水资源评价和生态环境保护提供基础依据;重点加强地下水水质监测,在 2006 年之前对区域长观孔的 50%、城市长观孔和流量监测点的 100%,总计 165 个点,进行地下水水质和污染监测,使重要城市和地区地下水水质、污染程度得到有效监控;加强信息化技术开发,实现地下水环境监测的正规化和监测数据的数字化存储与管理。保障郑州地下水均衡试验场的正常运转,增加新的监测项目(如中子仪监测),为全国第二轮地下水资源评价提供基础资料。

4　结　语

　　地质环境监测是一项基础性、公益性地质工作,其主要产品是信息。这些信息面向政府,为地质环境管理与保护服务,实现对地质环境的有效监控,为国家重点基础建设、资源开发和环境保护决策提供基础支持;面向社会,为防灾减灾提供信息服务,有效地避免或减少人民生命财产损失和公共基础设施的破坏,为社会经济可持续发展提供保障。因此,地质环境监测的潜在经济、社会、环境效益巨大,很难用定量化的指标加以衡量。

　　在党和政府的正确领导下,在中国地质环境监测院的大力支持下,在全体地质环境监测人员的努力下,我们的地质环境监测工作一定能够飞速发展。

单孔多层地下水监测井设计与建设

甄习春[1] 朱中道[1] 卢予北[2] 侯春堂[3]

(1. 河南省地质环境监测院,郑州 450016;

2. 河南省郑州地质工程勘察院,郑州 450003;

3. 中国地质环境监测院,北京 100081)

摘　要:在调研欧洲发达国家地下水多层监测技术的基础上,立足国内现有条件,经过充分论证,提出了松散岩类孔隙水地区单孔多层(4层)地下水监测井设计方案,在监测井的井孔设计、施工工艺、管材等方面实现了重大突破。成功完成了井深350 m的单孔多层地下水监测井建设,为类似地区单孔多层地下水监测井建设提供了技术示范,为国家地下水监测工程的实施提供了参考依据。

关键词:单孔多层;地下水;监测井;设计;建设

1　引　言

我国监测井多以单井或一组不同深度的群井组成,存在的主要问题是投资大、施工周期长、占地多、不便于管理。监测井的管材,多采用钢管或铸铁管,这种材料易腐蚀,维护难度大、使用寿命较短。为了解决上述问题,在黄淮海平原地区开展了单孔多层地下水示范监测井建设,力求在监测井的成井工艺和管材使用上有所创新,为国家地下水监测工程的实施提供参考依据。

2　区域环境条件

单孔多层地下水示范监测井位于郑州市区西南部。郑州是河南省省会,北临黄河,是陇海—兰新经济带重要的中心城市,全国重要的交通枢纽,著名商埠,河南省政治、经济、文化中心,中原城市群的中心城市。

郑州是一个水资源严重缺乏的城市,人均水资源占有量为198 m^3,人均水资源占有量不足全省平均水平的1/2、全国平均水平的1/10,水资源短缺已成为郑州市经济社会可持续发展的主要制约因素。地下水类型以松散岩类孔隙水为主,依含水层的埋藏深度和开采条件分为浅层、中深层、深层和超深层地下水,浅层地下水以 $HCO_3 - Ca \cdot Mg$ 型为主,中深层地下水以 $HCO_3 - Ca$、$HCO_3 - Ca \cdot Na$ 型为主,达矿泉水标准,深层地下水水温一般25~40 ℃,属低温矿泉地热水资源,超深层地下水水温40~48 ℃,属温热矿泉地热水资源。市区浅层地下水资源补给量为18 747.5 万 m^3/a,中深层地下水为11 174.77 万 m^3/a;浅层地下水可采资源量为 8 332.557 2 万 m^3/a,中深层地下水可采资源量为11 174.714 万 m^3/a,深层矿泉水可采资源量为 4 135.8 万 m^3/a,超深层矿泉水可采资源量为 130.75 万 m^3/a。近年来,由于郑州市区违规凿井现象严重,地下水过量开采,地下水年开采量约 8 500 万 m^3,地下水水位平均以 2.0 m/a 的速度在下降,中深层地下水降落漏斗面积近 400 km^2。

监测井位置的选择主要考虑了以下几个方面:一是具有区域水文地质单元代表性。郑州市位于黄淮海冲积平原冲积扇顶部,松散层厚度超过 600 m,含水层垂向上表现为下粗上细多个沉积韵律,可以作为黄淮海平原地下水系统的代表性控制点。二是监测资料具有实用性。监测井位于郑州市区浅层地下水和中深层地下水降落漏斗的边缘,示范监测井的布设符合《地下水动态监测规程(征求意见稿)》,可以有效监测郑州市不同地下水开采层的动态变化,为地下水资源的合理利用、监督管理与保护提供可靠依据。三是有利于开展地下水开发利用和保护的科学研究。监测井所在的郑州地下水均衡试验场在我国"六五"、"七五"期间进行了大量基础性的水文地质研究工作,积累了长系列的研究资料,并已被列入国家地下水监测工程重点建设的地下水均衡试验基地,一孔多层地下水示范监测井建设可以与试验设施相结合,在地下水资源的合理利用和保护研究方面实现突破。四是施工条件便利。不需征地,水电路施工条件便利,维护方便。

3 监测井设计

3.1 技术路线

我国单孔多层地下水监测井建设目前处于起步阶段,监测井的设计以实现单孔多层地下水监测为目标,重点突破单孔多层监测井的设计、施工、成井、材料等成套技术,主要遵循"成本低、耐腐蚀、使用寿命长、维护保养方便"等原则,进行了前期研究和论证工作。

(1)研究不同水文地质条件下单孔多层地下水监测井建设的可行性。我国是水文地质条件复杂的国家,特别是北方缺水地区,地下水开发利用程度较高,地下水开发深度可达千米,地层复杂,含水层位多,成井技术难度大。建立单孔多层地下水监测井是否可行,在郑州地区监测深度控制在哪些范围,控制几层监测等都需要研究和论证。

(2)在单孔多层地下水监测井建设过程中的钻探、扩孔、变径、下管、止水、洗井、无套管成井技术等方面进行试验研究,力求在施工和成井工艺上有所创新。

(3)研究论证无套管一次成井技术和新材料应用,如采用 PVC – U 等新材料作为井管等,从成本、工期等方面论证其经济性。

为全面监控郑州市浅层、中深层和深层地下水的动态特征并便于对比,单孔多层地下水示范监测井设计井深为 350 m,全孔取芯并录井。其中 0 ~ 180 m 钻井口径为 600 mm,180 ~ 350 m 为 450 mm。采用裸孔下入 4 根监测管分层成井方案,设计初期考虑观测管材料为球墨铸铁(规格 DN100,外径 118 mm)或 PVC – U 管,暂定小于 150 m 的观测管采用 PVC – U 管,大于 150 m 的观测管采用球墨铸铁管;设计审查时根据专家意见,将监测管材料定为 PVC – U 管,滤水管为 PVC – U 铣缝式。

3.2 风险分析

该监测井首次在国内组织实施,尽管钻井深度只有 350 m,但是采用 PVC – U 管材在无井壁保护管的情况下,分别在同一眼井内成井 4 次尚属首次。所以,该项目存在的主要风险有以下几方面:

（1）由于 PVC－U 管材密度仅为 1.45 kg/m^3，与泥浆密度差较小，所以监测管在井内不容易下到位，并且目前采用该管材成井没有成功经验可借鉴。

（2）成井过程中若泥浆参数不合理和其他措施不力，很可能出现井管挤毁事故，特别是 PVC－U 管材铣缝后强度降低。

（3）钻井口径大，地层松散分 4 次成井，在成井过程中有井壁坍塌的风险。

（4）单孔多层成井若止水工序出现问题，将会导致 4 段含水层水位连通并一致，使工程报废。

针对上述存在的风险问题，在成井过程中必须严格从设备、钻探施工和事故处置、抗风险预案等方面做到缜密考虑和部署，确保工程万无一失。

4 施工技术与成井工艺

4.1 钻探设备

目前，国内外还没有施工单孔多层地下水监测井的专门设备，本次选择红星－400 型钻机和 TBW－850/50 泥浆泵作为监测井的主要钻探设备，钻具和钻探辅助设备选择与常规水文水井一样。

4.2 钻探工艺

为保证岩芯采取率，选择 φ127 mm 单管合金取芯钻头，采用正循环泥浆钻井工艺，本次黏土层岩芯采取率达 95%，砂层岩芯采取率为 65.8%，平均岩芯采取率为 80.4%。

扩孔采用正循环泥浆钻进工艺，由于该井上下口径不同，先用 φ450 mm 三牙轮钻头和钻具组合钻进至设计井深后，再用 φ600 mm 合金钻头和钻具组合钻进至 200 m，最后用 φ450 mm 三牙轮钻头划眼并下入井底进行彻底冲孔换浆。

4.3 管材

通过调研，选用江阴市星宇塑胶有限公司生产的 φ110 mm PVC－U 给水用硬聚氯乙烯管作为监测井管材。

国产 PVC－U 管材在深度超过 150 m 的井中应用几乎是空白，为此进行了管材和连接扣拉力试验、液压试验、落锤冲击试验和抗弯曲变形等专门试验（见表 1）。要求 PVC－U 给水用硬聚氯乙烯管规格为外径 110 mm、单根管长 6 m，井管材料技术参数应达到：

（1）监测井管采用丝扣连接方式，其拉力破坏极限不小于 18 000 N；

（2）滤水管采用 PVC－U 铣缝式，其缝宽为 1 mm，孔隙率为 10% 以上。

表 1 单孔多层地下水监测井 PVC－U 管材技术指标

规格	外径（mm）	壁厚（mm）	密度（kg/m^3）	冲击试验（TIR%）	液压试验（MPa）	密封试验（MPa）
参数	110	7.2	1.45	≤5	42	3.36

4.4 成井工艺

滤料选择河南嵩山产天然石英滤料，规格为 φ2～5 mm。

止水材料选择机制黏土球，规格为 φ20 mm。

钻井液类型为低固相钠土泥浆,其主要性能指标为比重 1.0～1.2,黏度 25～35 s,失水量小于 30 mL,切力 5～10 mg/cm³,pH 值 8～10。

下管分 4 次,采用钻机提吊法由深到浅依次下入,管材通过管箍丝扣连接,管箍外径为 φ140 mm。

止水根据孔内空间的大小,选择合适的滤料和黏土球直径,投滤料和黏土球的体积要计算精确,工序不能出错。

当 4 套井管全部下完和成井后,选择空压机分 4 次分别洗井至水清沙净,然后取 4 组水样进行水质测试。单孔多层地下水监测井成井结果见表 2。

表 2　单孔多层地下水示范监测井成井结果

监测井序号	成井深度 (m)	含水层位置 (m)	滤水管长度 (m)	水位埋深 (m)	水温 (℃)
1	90.0	72.0～78.0	6.0	40.00	18.0
2	198.0	175.5～196.5	18.0	75.10	19.5
3	270.0	256.0～263.0	12.0	94.78	20.5
4	348.0	319.0～332.5	12.0	93.24	21.0

5　监测方案

单孔多层地下水监测井施工完成后,对采取的岩芯进行登记和压缩存放保存,进行自动化监测试运行。地下水自动化监测主要是依靠科技进步,更新与改进传统的地下水动态监测手段、方法与设备,逐步实现监测资料的处理、整理、分析、传输及监测成果发布的及时化、自动化、信息化和智能化。

在单孔多层地下水监测井中安装 4 套水位水温遥测、自动记录混合系统(XY－Ⅱ型)分站仪器,仪器探头位置分别在井口下 76.0 m、179.0 m、255.0 m、320.0 m 处,监测传输频率设置为 2 次/d。通过 1 个多月的调试运行,水位、水温动态基本稳定(见图 1、图 2),分站、主站运行良好。

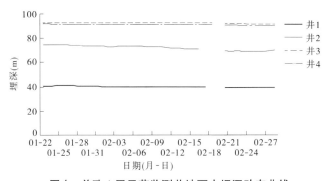

图 1　单孔 4 层示范监测井地下水埋深动态曲线

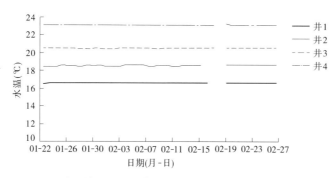

图2 单孔4层示范监测井地下水水温动态曲线

根据单孔4层地下水监测井的水位、水温动态变化曲线,井1代表浅层地下水,井2代表中深层地下水,井3、井4基本代表深层地下水,分别与郑州市区就近浅层、中深层、深层地下水动态比较,结果与该监测井附近各层位监测井水位、水温监测数值基本一致,变化幅度较小。这充分说明单孔4层地下水示范监测井的分层止水效果显著。

6 结 语

6.1 主要技术创新

该示范监测井项目的实施,使我国在单孔多层地下水监测技术方面取得了突破:

(1)填补了国内单孔多层地下水监测井的一项空白。成功地完成最大井深350 m单孔多层地下水监测井建设,成为目前我国监测井深度最大、观测含水层段最多的单孔多层地下水监测井。

(2)首次采用"无套管成井工艺",解决了PVC-U管材下井困难和容易挤毁的问题,实现了单孔多层监测井施工中分层下管、分层止水和分别成井的技术创新。

(3)在井管材料应用上实现突破。本次选用的PVC-U管材具有质量轻、成本低、不腐蚀、不结垢等特点。通过该项目的实施,在400 m以内的多层监测井中采用PVC-U管材作为监测井管是可行的。在PVC-U管材连接技术和PVC-U滤水管的加工等方面具有创新。

6.2 推广应用前景

监测井建设采用"无套管成井工艺",平均每米监测井可节约成本943元。管材方面,采用PVC-U管材每米可节约成本近100元。单孔多层地下水监测井体现了节约用地、节省资金、缩短施工周期和便于管理等众多优点,还解决了井管腐蚀问题,不仅具有显著的经济效益,而且具有广阔的推广应用前景。*

参 考 文 献

[1] 姚兰兰,等. 郑州市地下水动态监测报告[R].河南省地质环境监测院,2006.
[2] 朱中道,等. 国家级单孔多层地下水示范监测井建设报告[R].河南省地质环境监测院,2007.

* 本文得到了河南省地矿局赵云章教授级高级工程师的悉心指导,在此致谢!

河南省地热资源及开发保护区划

王继华　　甄习春

(河南省地质环境监测院,郑州　450016)

摘　要:在总结地质结构,划分河南地热资源类型,研究地温场分布规律及新近系、古近系、寒武 - 奥陶系热储层特征的基础上,分类、分经济性评价了地热资源。根据利用现状分析及地热地质条件,提出了勘察、开发利用方向,全省划分为限制开采区、控制开采区、鼓励开采区、允许开采区及其他等五个开发保护区;指出今后主要开发对象是新近系馆陶组热储,勘察研究重点是隐伏潜山寒武 - 奥陶系热储,利用以供暖为主。

关键词:地热资源;热储;开发保护;区划;河南省

1　区域地质背景

河南省西北、西、南三面为隆起山地,东部为黄淮海平原,面积为 16.7 万 km²。大地构造上位于中国南北板块的拼合带,大致以焦作—商丘断裂为界,北部构造线以北北东向为主,南部构造线以北北西向为主,这种构造体系控制着地热资源的形成与储存。境内东部黄淮海平原属华北台凹南部,由一系列的次级凹(断)陷及断块隆起组成[1],其与西部的洛阳、灵宝—三门峡及南阳等山间凹(断)陷盆地,构成河南沉降盆地,新生代堆积物最大沉积厚度达 7 000 m 以上,是地热资源的主要储集区。

2　地热地质条件

2.1　地热资源类型及分布

根据储存条件及地温场成因,河南地热资源分为沉降盆地传导型和隆起山地对流型两种类型。

2.1.1　沉降盆地传导型

其分布在东部平原及西部山间盆地,是河南地热资源主要类型。热储介质主要为新近系、古近系松散砂岩和寒武 - 奥陶系碳酸盐岩,具有多层及面状分布的特点。地表一般无地热显示,地球内的热能以传导方式向地表传递,自恒温带以下地温随深度增加而升高,深大断裂往往构成地热田的边界。千米深处地温 35 ~ 50 ℃,局部达 60 ℃ 左右;热水温度达到 100 ℃,埋深一般超过 2 500 m。

2.1.2　隆起山地对流型

其主要分布在由岩浆岩、变质岩和沉积岩组成的山区。盖层不发育,热储呈带状,宽

基金项目:河南省 2004 年度两权价款项目(豫财建[2004]219 号)及 2005 年度两权价款项目(05081)资助。
作者简介:王继华(1969—),男,河南淮阳人,高级工程师,主要从事水文地质、环境地质工作。

数十米至数千米。地热显示为温泉,分布受断裂控制,热源通过深循环的地下水沿断裂或裂隙对流传递,深大活动断裂一般为控热构造[2,3],其次级断裂往往形成导热构造。热水产量视水文地质条件而定,溶隙热储较大,基岩裂隙热储一般较小,断裂发育、裂隙开启性及补给好的基岩热储较大,水量也较大。

2.2 地温场分布规律

2.2.1 平面分布规律

河南省新生界地温梯度值为 2.5 ~ 4.0 ℃/100 m,总体上由山前至平原渐增,隆起区一般大于凹陷区。内黄、菏泽、通许等隆起区地温梯度相对较高,一般为 2.75 ~ 3.5 ℃/100 m;开封及周口凹陷一般为 2.5 ~ 3.25 ℃/100 m;汤阴及东明断陷、驻马店及潢川凹陷一般小于 2.75 ℃/100 m。三门峡断陷及洛阳凹陷区一般为 3.0 ℃/100 m;南阳凹陷中部为 3.0 ~ 4.0 ℃/100 m,外围小于 3.0 ℃/100 m。地温场主要受断裂构造、基底起伏或地下水活动的影响[4],地温梯度大于 3.5 ℃/100 m 的高值区主要分布在通许凸起及周口凹陷两构造单元的西部,汤阴断陷、内黄凸起和开封凹陷交会部,以及南阳盆地中部。

2.2.2 垂向变化规律

垂向上随深度增加呈现小 – 大 – 小的变化规律。小于 1 000 m 时地温梯度一般小于 3.2 ℃/100 m,深 1 000 ~ 2 000 m 时地温梯度为 2.8 ~ 3.8 ℃/100 m,深度大于 2 000 m 时一般为 2.6 ~ 3.5 ℃/100 m。

根据地温梯度的变化,河南省沉降盆地 1 000 m 埋深地温一般为 35 ~ 50 ℃,2 000 m 埋深地温为 58 ~ 86 ℃,3 000 m 埋深地温为 90 ~ 122 ℃。

2.3 主要热储层特征

2.3.1 明化镇组(N_2m)孔隙热储

其主要分布在东部平原,为目前主要开采层。热储顶板埋深 350 ~ 400 m,底板埋深 800 ~ 1 500 m。储水介质主要为细、中砂层,孔隙度为 30% ~ 40%,共 15 ~ 50 层,单层厚 1 ~ 35 m,累计厚度 140 ~ 370 m,凹(断)陷区厚度大于凸起区。单井涌水量在长垣—开封—太康—漯河一线以东地区为 50 ~ 100 m³/(h·20 m),其他地区为 20 ~ 50 m³/(h·20 m)。800 m 以深井口水温一般可达 40 ℃以上,地热流体水化学类型以 HCO_3 – Na 型为主,总溶固一般为 0.5 ~ 1.0 g/L。

2.3.2 馆陶组(N_1g)孔隙热储

其主要分布在东部平原,局部缺失。顶板埋深 600 ~ 1 500 m,底板埋深 900 ~ 2 500 m。热储介质主要为细、中、粉细砂层,孔隙度为 25% ~ 30%,共 10 ~ 20 层,单层厚 4 ~ 15 m,累计厚 60 ~ 250 m。井口水温一般为 45 ~ 65 ℃,热水产量总体上由山前向平原逐渐增大,周口—西华—太康一带为 40 ~ 80 m³/(h·20 m)。地热流体水化学类型以 Cl – Na、HCO_3 – Na 为主,总溶固一般为 1.0 ~ 3.0 g/L。

2.3.3 古近系(E)裂隙孔隙热储

其分布在山间盆地及东部平原的凹(断)陷区,地层厚 1 000 ~ 5 000 m。热储为砂砾岩、细砂岩等,孔隙度为 5% ~ 20%,砂岩单层厚 1 ~ 15 m,最厚达 91.5 m,累计厚 300 ~ 800 m。古近系热储胶结程度高,富水性较弱[4],单井热水产量 5 ~ 20 m³/(h·20 m),水质差。大部分地区经济价值不大。

2.3.4　寒武 - 奥陶系(∈-O)溶隙 - 裂隙热储

广泛隐伏于东部平原下部。热储层主要为奥陶系中统马家沟组和寒武系中统张夏组,岩性以灰岩、白云质灰岩、白云岩为主,厚 70 ~ 860 m。凸起区顶板埋深一般小于 2 000 m,适宜开采;凹(断)陷区顶板埋深一般大于 4 000 m,不便开采。该类热储溶隙 - 裂隙发育程度随深度增加而渐弱,不同构造位置,其水温、水质、水量有较大差异。目前,仅鹤壁市及永城市进行了勘探。

3　地热资源计算

3.1　原则与方法

传导型计算深度下限为 4 000 m,局部为 1 200 ~ 1 500 m;计算对象为新近系、古近系及寒武 - 奥陶系热储;计算包括储存量和地热流体可开采量(年限为 100 年),地热流体可开采量不考虑动态补给。对流型计算限于温度大于 35 ℃ 的地热露头,仅计算地热流体可开采量。

储存资源采用静储量法和热储法[5];地热流体可开采量,新生界热储采用水头降落法,隐伏下古生界热储采用回采系数法,带状热储采用动态法及解析法。可采热流体含热能量采用水量折算法。

3.2　计算结果

地热储存资源、地热流体可开采量及所含热能量计算结果见表 1。

表 1　河南省地热资源计算成果

地热类型	热储	热水储存量(亿 m³)	热能储存量(10¹⁶kJ)	地热流体可开采量(万 m³/a)			地热流体可开采量含热能量(10¹²J/a)		
				经济	次经济	合计	经济	次经济	合计
传导型	N	56 529.38	116 345.82	14 727.92		14 727.92	15 163.28		15 163.28
	E	19 161.33	137 360.62	2 695.80	541.03	3 236.83	5 786.33	2 318.39	8 104.72
	∈-O	1 836.50	339 416.76	32 418.13	4 311.97	36 730.10	73 171.48	12 368.34	85 539.82
对流型	K-Pt			489.89		489.89	959.25		959.25
全省		77 527.21	593 123.20	50 331.74	4 853.00	55 184.73	95 080.35	14 686.73	109 767.07

河南省地热流体可开采资源以低温、经济型为主,主要分布在东部平原。新生界地热流体在东明断陷、开封凹陷储存丰富,地热水可采模数大于 40 万 m³/(100 km²·a),以新近系馆陶组为主;汤阴断陷、内黄凸起南部、通许凸起中部、周口凹陷及菏泽凸起黄河南段资源较丰富,可采模数 20 万 ~ 40 万 m³/(100 km²·a);内黄凸起的核部、潢川山前凹陷、获嘉—辉县凹陷,地热资源极其贫乏,开采条件差。东部平原隐伏丰富的下古生界地热资源,通许凸起中东部开采条件较为有利。

4　地热资源开发利用与保护区划

4.1　开发利用现状及主要问题

4.1.1　开发利用现状

河南地热开发主要集中于东部平原的主要城市及漯河—周口以北、新乡—濮阳以南的 20 多个县市。以开发 800 ~ 1 200 m 深度的新近系明化镇组低温资源为主。全省地热水开采总量为 4 419.28 万 m^3/a。孔隙型地热水占 84.76%;温度在 40℃以上的地热水占22.17%。郑州、开封、商丘 3 市区开采程度高达 130% 以上,已严重超采,新乡市区开采程度为 100% ~ 70%,其他地区开采程度小于 40%;陕县温塘、洛阳龙门、汝州温泉镇、鲁山下汤等地因扩泉开采,大部分温泉已断流。

河南地热资源开发为直供直排,尚未回灌。用途为洗浴、城市供水、种养殖、矿泉水生产、供暖等,地热水开采比例分别为 56.44%、38.13%、1.64%、0.26%、0.24%,其他用途为 3.29%。

4.1.2　利用存在的主要问题

河南省地热开发存在利用方式单一,产业化水平及热能利用率低,资源浪费严重等问题;部分地区由于地热井集中或超量开采严重,存在水位持续下降、资源衰减、地面沉降及温泉显示景观消失。

4.2　地热资源开发利用

4.2.1　地热勘察

勘察重点为东部平原,主要目的层为新近系馆陶组及浅埋寒武 - 奥陶系热储。工作程度高的地区,应加强资源合理配置研究;空白区要采用资料二次开发、遥感、物化探、钻探、试验等综合手段,加大勘察深度,提高工作精度。2015 年前工作建议:逐步开展通许凸起寒武 - 奥陶系地热勘察,三门峡及南阳盆地,汤阴、东明断陷及周口凹陷地热田普查;周口、新乡、濮阳、安阳等城市市区地热资源普查;济源省庄、栾川汤池寺、鲁山上汤、商城汤泉池等对流型地热勘察,促进旅游业发展。

4.2.2　利用方向及布局

新近系馆陶组热储资源丰富,水温较高,水质较好,是今后主要利用对象;潜山寒武 - 奥陶系热储是今后勘察研究的重点;古近系大部地区开发经济价值不大。利用方向:应加大供暖及农业比例,温水主要用于种养殖、土壤加温[6];温热水主要用于采暖、温室;热水主要用于采暖;中温水主要用于采暖、烘干。利用布局:城市(镇)以供暖为主,其次为工业、洗浴,适量用于矿泉水生产(符合标准);城市(镇)郊区、农业基地、农村等,以种养殖为主,其次为供暖、旅游等;温泉出露区,以旅游及医疗为主,其次为供暖、种养殖。

4.2.3　提高利用水平

针对利用中存在的问题,建议:①编制开发利用与保护规划,实行总量控制开发、分层分质合理配置利用;②推广"热泵"技术,提高低温资源利用水平,促进供暖产业发展;③推进地热回灌[7],开展梯级利用,提高资源利用能效;④拓宽利用领域,优化产业结构,促进地热产业化进程。同时,逐步建立动态监测网络,不断优化开采方案,防范地面沉降[8]、资源衰减等环境地质问题。

4.3　开发保护区划

　　根据河南省地热资源开发利用现状及地热地质条件,全省区划为 5 个地热开发保护区(见图 1)。

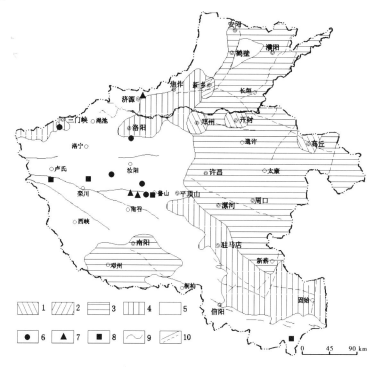

1—限制开采区;2—控制开采区;3—鼓励开采区;4—允许开采区;5—其他地区;
6—限制开采点;7—控制开采点;8—鼓励开采点;9—分区界线;10—断层

图1　河南省地热资源开发保护区划图

　　限制开采区(点):包括郑州、开封、商丘等城市开采影响区,以陕县温塘、洛阳龙门、汝州温泉街、嵩县汤池寺、鲁山下汤等温泉出露区。开采程度高于 130% ,超采较严重。前者水位下降速率快,降落漏斗范围大;后者地热显示景观消失或衰落。今后,郑州市区以开采东北部馆陶组及西南部埋藏岩溶地热水为主,开封市区以馆陶组为主,商丘市区以寒武－奥陶系及北部古近系为主;温泉出露区削减利用量,尽可能恢复地热显示景观。

　　控制开采区(点):包括新乡市区及周边,济源省庄、鲁山上汤及中汤等温泉,开采程度为 70% ~90% ,潜力小。新乡一带中部超采,南部新近系及西北部寒武－奥陶系可适量扩采。

　　鼓励开采区(点):包括驻马店—新蔡以北大部及南阳盆地,卢氏汤河、栾川汤池寺、商城汤泉池、鲁山碱厂等温泉。平原区热储层以新近系、古近系及寒武－奥陶系为主,热水生产能力及水温适中,地热地质条件相对较好。开采程度一般小于 50% ,潜力较大,开发风险较低。今后,东部平原应以馆陶组或寒武－奥陶系开发为主,山区保持地热显示景观,不宜盲目凿井扩泉开采。

　　允许开采区:分布于三门峡盆地、济源次凹、洛阳盆地及平舆凸起以南。热储主要为古近系,埋藏深,胶结程度高,热水产量小。本区开采程度小于20%,但热储条件较差,开发风险较高。

其他地区:包括内黄凸起核部及温泉出露区以外的其他山区,除局部构造发育部位外,大部分地区缺乏成热条件,现基本无开采,开发风险高。

5 结 语

地热开发对调整能源结构,构建资源节约型和环境友好型社会具有重大意义。河南以传导型为主的低、中温地热资源丰富,开发前景广阔。地热开发应与城市及新农村建设相结合,统一规划、科学利用、有效保护,加大供暖及农业利用比例,以市场为导向,以资源为基础,以产业为依托,将资源优势更好地转化为经济、社会效益和环境效益,为河南社会经济发展作出更大的贡献。

参 考 文 献

[1] 河南省地质矿产局. 河南省区域地质志[M]. 北京:地质出版社,1989.
[2] 吕志涛,韩书记. 河南省鲁山下汤地热田地热资源分析[J]. 地下水,2005,27(1):16-17.
[3] 李宏伟,罗锐. 龙门地下热水的开发与利用前景分析[J]. 中国煤田地质,2005,17(6):26-27.
[4] 王心义,聂新良,赵卫东. 开封凹陷区地温场特征及成因机制探析[J]. 煤田地质与勘探,2001,29(5):4-6.
[5] 刘向阳,龚汉宏. 邯郸市地热资源评价[J]. 中国煤田地质,2007,19(6):47.
[6] 齐玉峰,王现国,王关杰. 开封凹陷区地热资源开发利用与保护[J]. 地下水,2007,29(4):78.
[7] 李喜安,刘玉洁,蔚远江,等. 西安地区地热水资源开发利用现状及展望[J]. 水资源保护,2003,31(3):52.
[8] 乔光建,刘东国. 邢台市地下热水资源合理开发利用的研究[J]. 水资源保护,2005,21(6):44.

Regionalization of Exploitation and Protection of Geothermal Resources in Henan Province

Wang Jihua　Zhen Xichun

(Geo-environmental Monitoring Institute of Henan Province,Zhengzhou　450016)

Abstract: Based on the summary of geological structures and classification of geothermal resources in Henan Province, according to the general pattern of geothermal field, and the features of heat storing layers of Holocene, Neogene, Cambrian-Ordovician, various types of geothermal resources in Henan Province were evaluated. In light of the above evaluation, some suggestions were put forward concerning geothermal prospecting and exploitation, with the division of the whole province into five regions, i. e., region of limited exploitation, region of controlled exploitation, region of encouraged exploitation, region of allowable exploitation, etc.. The main object for future exploitation is Guantao formation of Neogene, The focus for investigation and research is buried geothermal storage of Cambrian-Ordovician, which may be used for heat-supply.

Key words: geothermal resource, reservoir, exploitation and protection, zonation, Henan Province

河南省地热资源研究

王继华[1]　赵云章[2]　郭功哲[1]

(1.河南省地质环境监测院,郑州　450016;　2.河南省地质调查院,郑州　450007)

摘　要:本文根据河南省地热资源的储存条件及其成因,将河南地热资源划分为两种类型:沉降盆地传导型、隆起山地对流型;研究了地温场空间变化规律及热储结构组合特征,阐述了新近系明化镇组、馆陶组及古近系、寒武－奥陶系热储层地热特征,对全省地热资源进行了评价,指出馆陶组热储是今后主要的开发对象。

关键词:地热资源;类型;地温梯度;热储;特征

1　地热资源类型及分布

河南省西北、西、南三面为隆起山地,东部为黄淮海平原,新生界最大沉积厚度达7 000 m以上。研究区大地构造横跨华北、扬子两大板块,大致以焦作—商丘断裂为界[3],北部构造线以北北东向为主(见图1),南部构造线以北北西向为主,这种构造体系控制着沉积作用、变质作用和地热资源的形成与储存。

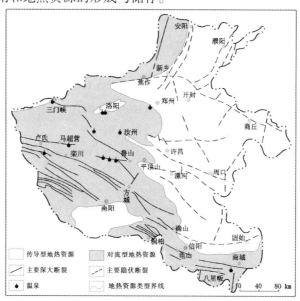

图1　河南省地热资源类型及主要深大断裂分布图

基金项目:河南省两权价款地质勘查项目(05081)。

作者简介:王继华(1969—),男,高级工程师,主要从事水文地质、环境地质调查与研究工作。E-mail:wjh981205@163.com。

河南省地热资源丰富、分布广泛,根据地热资源的储存条件及地温场成因,全省地热资源可划分为沉降盆地传导型和隆起山地对流型两种[1]基本类型(见图1)。

1.1　沉降盆地传导型地热资源

其主要分布在黄海淮平原,其次为南阳、洛阳及三门峡等西部山间盆地,为河南省地热主要类型。热储介质主要为新近系、古近系松散砂岩和寒武-奥陶系碳酸盐岩,流体为孔隙水或岩溶水,盖层为黏性土层。此资源类型,地表一般无地热显示,地球内的热能以传导方式向地表传递,自恒温带以下地温随深度增加而升高,深大断裂往往构成地热田的边界。地温场主要受断裂构造、基底起伏或地下水活动的影响,地温梯度 2.5~4.0 ℃/100 m,千米处地温一般为 35~50 ℃,当深度超过 2 500 m 时,地下热水的温度才能达到 100 ℃以上。地温高异常区主要分布于深大活动断裂交会或发育部位。

1.2　隆起山地对流型地热资源

其主要分布在西部山区,热储由岩浆岩、变质岩和古生代沉积岩组成,带状展布,宽度数十米至数千米,盖层不发育,地表热显示为温泉,其出露受断裂控制,热源通过深循环的地下水沿断裂或裂隙对流传递,深大活动断裂一般是控热构造[2],而深大断裂的次级断裂往往形成导热构造。如鲁山五大温泉,其上、中、下汤及碱场温泉以 10.5~11.5 km 等间距沿车村—下汤断裂南 820~3 000 m 出露,受车村断裂及其派生的北东和北西向断裂控制,车村—下汤断裂为一级控热构造(热源对流的主要通道),派生断裂为导热构造(控制温泉的出露)。此外,水体活动影响温泉的温度。如洛阳龙门温泉断裂带水温达 51 ℃以上,断裂带上部因受伊河水混合,伊河两岸温泉温度为 25 ℃左右,而位于其西北 1.5 km 处受相同构造控制的张沟地热井井口水温达 98 ℃。该类型热储热水产量,由温泉出露的具体水文地质条件而定,溶隙热储较大,基岩裂隙热储一般较小。如果热异常区断裂发育,裂隙开启性及补给条件好,基岩裂隙热储热水产量也较大,鲁山五大温泉花岗岩热储就是例证。河南省主要温泉特征见表1。

表1　河南省主要温泉特征

温泉名称	水温(℃)	流量(m³/h)	地质特征	水化学类型	总溶固(g/L)	备注
陕县温塘	61.5	30.0	∈-O 灰岩,朱阳镇—会兴镇断裂控制	HCO₃·SO₄-Na·Ca	0.74	井采
卢氏汤河	54	7.90	燕山期花岗岩,瓦穴子—汤河大断裂控制	SO₄·HCO₃-Na	0.61	
栾川汤池寺	64	30.0	熊耳群安山玢岩,马超营断裂控制	HCO₃·SO₄-Na	1.13	
汝州温泉街	63	30.0	Pt₂、∈,九皋山及温泉街断裂控制	SO₄·Cl-Na	1.74	井采
鲁山上汤	63	32.4	燕山期花岗岩,车村及其派生断裂控制	HCO₃·SO₄-Na	0.49	
鲁山中汤	61	10.7	燕山期花岗岩,车村及其派生断裂控制	HCO₃·SO₄-Na	0.38	
鲁山下汤	61	49.6	燕山期花岗岩,车村及其派生断裂控制	HCO₃·SO₄-Na	0.55	井采
商城汤泉池	52.6	22.0	燕山期花岗岩,商城—麻城及汤泉池断裂控制	SO₄-Na	0.73	

2　地温场变化规律

2.1　平面分布规律

河南省新生界地温梯度变化范围为 2.0～4.0 ℃/100 m[1]（见图 2），总体由山前至平原渐增,凸起区一般大于凹陷区。东部盆地内黄凸起、菏泽凸起、通许凸起等区地温梯度值相对较高,一般为 2.75～3.5 ℃/100 m。济源—开封凹陷、周口凹陷地温梯度一般为 2.5～3.25 ℃/100 m。汤阴断陷、东明断陷、平舆凸起、驻马店凹陷及潢川山前凹陷一般小于 2.75 ℃/100 m;西部山间盆地的灵三断陷及洛阳凹陷地温梯度一般为 3.0 ℃/100 m。南阳凹陷中部,地温梯度大于 3.0 ℃/100 m,外围地区新生界相对较薄,地温梯度值小于 3.0 ℃/100 m。

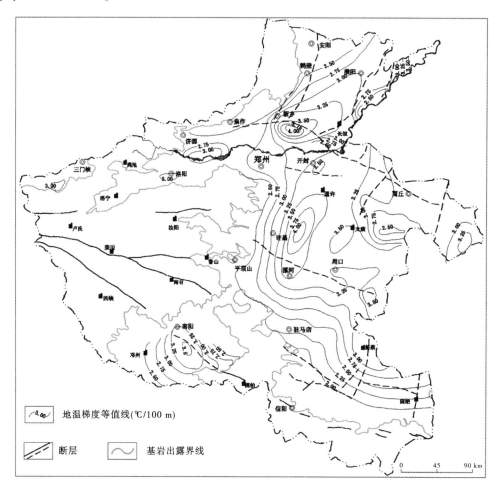

图 2　河南省新生界地温梯度等值线

地温梯度大于 3.5 ℃/100 m 的高异常区主要分布在通许凸起及周口凹陷两构造单元的西部以及汤阴断陷、内黄凸起和开封凹陷三构造单元的交会部和南阳盆地中部。

2.2　垂向变化规律

地温梯度垂向上随新生界厚度增加呈现小－大－小的变化规律(见图3)。当深度小于1 000 m时,地温梯度多小于3.2 ℃/100 m;1 000～2 000 m深度,地温梯度一般为2.8～3.8 ℃/100 m;当深度大于2 000 m时,地温梯度一般为2.6～3.5 ℃/100 m,向下随深度增加略有减小趋势,达到一定深度后,地温梯度近似为一个常数。

根据地温梯度的变化,河南省沉降盆地1 000 m埋深地温一般为35～50 ℃,2 000 m埋深地温为58～86 ℃,3 000 m埋深地温为90～122 ℃。

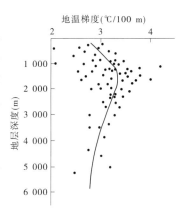

图3　地温梯度—深度关系图

3　热储结构组合类型

根据热储空间展布,河南省热储结构组合划分为单一、双层和多层三种类型。隆起山地均为单一热储结构组合类型,沉降盆地三种类型均有分布。

单一热储结构组合:新近系单一结构分布在内黄凸起的核部及通许凸起和平舆凸起的局部;古近系单一结构分布在济源凹陷、潢川凹陷、洛阳盆地及南阳盆地的外围;寒武－奥陶系单一结构主要分布在永城断褶带及隆起山地边缘地带(如洛阳龙门、陕县温塘)。

双层热储结构组合:新近系－古近系双层结构主要分布在东部盆地凹(断)陷区及南阳盆地中部;新近系－寒武奥陶系双层结构主要分布在凸起区;古近系－寒武奥陶系双层结构主要分布在汝河断陷。

多层热储结构组合:为新近系－古近系－寒武奥陶系多层组合,主要分布于东部沉降盆地的凸起区与凹(断)陷区过渡地带。

4　主要热储层特征

据河南省区域地层含水特性、埋藏条件及地热井勘探资料,全省主要热储层有新近系明化镇组、馆陶组孔隙热储层,古近系裂隙孔隙热储层,寒武－奥陶系溶隙热储层(见图4)。

4.1　明化镇组(N_2m)孔隙热储层

其主要分布在黄淮海平原,为目前主要开采层,以温水为主。热储顶板埋深350～400 m,底板埋深一般为800～1 500 m。储水介质岩性主要为细、中、中细砂层,孔隙度为30%～40%,共15～80层,单层厚度1～35 m,最厚达45 m,总厚度140～370 m,凹(断)陷区厚度大于凸起区。长垣—开封—通许—太康—漯河一线以东地区单井涌水量较大(50～100 m^3/(h·20 m)),其他地区单井涌水量较小(20～50 m^3/(h·20 m))。流体水化学类型以HCO_3－Na(Ca)型为主,总溶固一般为0.5～1.0 g/L。黄河以南地区多数达到生活饮用水和饮用天然矿泉水标准。

4.2　馆陶组(N_1g)孔隙热储层

其主要分布在黄淮海平原,内黄隆起和淮滨凹陷大部及通许凸起东部缺失。顶板埋深600～1 500 m,底板埋深900～2 500 m。热储介质主要为细、中、粉细砂层,孔隙度为

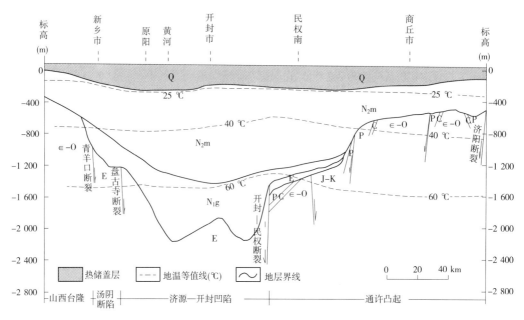

图4　新乡—商丘地热地质剖面图

25%~30%,共10~20层,单层厚度4~15 m,累计厚度60~250 m,局部最大厚度360 m,凹陷区大于凸起区,北中部大于南部。井口水温一般为45~65 ℃,热水产量总体由山前向平原增大,周口—西华—太康一带较大(80~40 m³/(h·20 m)),西部山前一般小于20 m³/(h·20 m)。流体水化学类型以 Cl - Na、HCO₃ - Na 为主,总溶固一般为1.0~3.0 g/L。

4.3　古近系(E)裂隙孔隙热储层

其主要分布在东部平原的凹(断)陷区及西部山间盆地,地层总厚度1 000~5 000 m。热储储水介质岩性为砂砾岩、细砂岩、粉砂岩等,孔隙度一般为5%~20%,砂岩单层厚度1~15 m,最大厚度91.5 m,累计厚度300~800 m。目前主要在山间盆地及济源凹陷、汤阴断陷进行开发(见表2),总体来看,古近系热储埋藏深,胶结程度高,富水性较弱,地热井地热流体产量小,水质较差,除南阳盆地西南及汤阴断陷北部外,其他地区无很大的开发利用价值。

表2　各构造单元古近系热储特征

构造位置	井口温度 (℃)	热水产量 (m³/h)	pH 值	总溶固 (g/L)	主要水化学类型	热矿水类型
济源盆地、洛阳盆地	40~60	10~20	7.4~7.9	3.08~9.6	SO₄·Cl - Na·Ca	氟水为主
灵宝盆地	45~52	5~8	7.7~8.1	1.5~1.8	Cl - Na	碘水为主
南阳盆地西南部	45~53	30~50	7.5~8.6	1.2~1.8	SO₄ - Na·Ca	1 200 m以深碘水为主
汤阴断陷北部	45~50	40~60	8.0~8.2	1.1~2.5	Cl - Na	偏硅酸达矿泉水浓度
驻马店凹陷西部	48~52	7~10	7.4~7.6	3.0~3.2	SO₄ - Na	氟水

4.4 寒武-奥陶系(∈-O)溶隙热储层

其广泛隐伏于黄淮海平原下部。热储主要为奥陶系中统马家沟组和寒武系中统张夏组,岩性以灰岩、白云质灰岩、白云岩等为主,厚度70~860 m,凸起区顶板埋深一般小于2 000 m,适宜开采;凹(断)陷区顶板埋深一般大于4 000 m,开采不经济。该类热储溶隙发育程度随深度增加而渐弱,构造位置不同,其水温、水质、水量有较大差异。由于埋藏深,条件复杂,目前仅鹤壁市及永城市进行了勘探,鹤热2#深3 276 m,自流量76.96 m³/h,井口水温74 ℃,总溶固一般为4.2~4.8 g/L,孔深和自流量为河南之最。

5 区域地热资源评价

5.1 评价原则与方法

传导型地热资源评价[1]下限为4 000 m,计算包括储存资源和可开采资源,评价年限为100年。对流型地热资源评价对象为温度大于35 ℃的地热露头,仅计算可开采资源。

储存资源采用热储法;地热流体可开采量:新生界热储采用解析法(压力水头最大下降值为150 m),隐伏下古生界热储采用回采系数法。对流型热储采用动态法或解析法,可利用热能量采用流体可开采量换算法。

5.2 地热资源评价

根据评价原则及计算方法,河南省地热储存资源和可开采资源计算结果见表3。

河南省地热资源储量丰富,4 000 m以浅可采资源以低温、经济型为主,主要分布在黄淮海平原。新生界地热流体在东明断陷、开封凹陷资源丰富,可采模数大于40万 m³/(100 km²·a);汤阴断陷、内黄凸起的南部、通许凸起的中部、周口凹陷及菏泽凸起黄河南段资源较丰富,可采模数20万~40万 m³/(100 km²·a);内黄凸起的核部、潢川山前凹陷、获嘉—辉县凹陷及山麓带潜山区,地热资源极其贫乏,开采条件差。凸起区隐伏下古生界地热资源较丰富,开采条件有利。

表3 河南省地热资源计算成果

地热类型	热储	热水储存量 (亿 m³)	热能储存量 (10¹⁶kJ)	可开采热水量(万 m³/a)			可利用热能量(10¹²J/a)		
				经济	次经济	合计	经济	次经济	合计
传导型	N	56 529.38	116 345.82	14 727.92		14 727.92	15 163.28		15 163.28
	E	19 161.33	137 360.62	2 695.80	541.03	3 236.83	5 786.33	2 318.39	8 104.72
	∈-O	1 836.50	339 416.76	32 418.13	4 311.97	36 730.10	73 171.48	12 368.34	85 539.82
	小计	77 527.21	593 123.20	49 814.85	4 853.00	54 694.85	94 121.09	14 686.73	108 807.82
对流型	K-Pt			489.89		489.89	959.25		959.25
全省		77 527.21	593 123.20	50 331.74	4 853.00	55 184.73	95 080.35	14 686.73	109 767.07

6　结　语

河南省地热资源类型分为沉降盆地传导型和隆起山地对流型两种,以前者为主。黄淮海平原新近系明化镇组和馆陶组及古生界寒武－奥陶系热储层具有较高的开发价值。明化镇组热储埋藏浅,水质好,水量大,为目前主要开采层;馆陶组热储资源丰富,水温高,但埋藏较深,水质稍劣,目前开发力度不大,是今后主要的开发对象;寒武－奥陶系热储在黄淮海平原广布,由于埋藏深,条件复杂,凸起区是今后重点研究的方向。古近系热储埋藏较深,单井热水产量小,水质差,大部分地区无大的开发价值。

参 考 文 献

[1] 王继华,等. 河南省地热、矿泉水资源调查评价报告[R]. 河南省地质环境监测院,2008.

[2] 白明晖,等. 河南省地热资源调查研究报告[R]. 河南省地质局水文地质管理处,1981.

[3] 劳子强,等. 河南省区域地质志[M]. 北京:地质出版社,1989.

A Study of Geothermal Resources in Henan Province

Wang Jihua[1]　　Zhao Yunzhang[2]　　Guo Gongzhe[1]

(1. Geological Environment Monitoring Institute of Henan Province, Zhengzhou　450016;

2. Geologic Surveying Institute of Henan Province, Zhengzhou　450007)

Abstract:Based on the reservoir condition and its origin, the geothermal resources in Henan Province is divided into two types: sedimentary－basin resource and fracture－tectonic－convectional resource. In addition, the rule of spatial changing of geothermal field as well as the combinative character of the geothermal reservoir structure are studied in this paper, the geothermal character of Minghua grou Pand Guantao group of Neogene period as well as paleogene period, Cambrian and Ordovician period, are described. Based on the foregoing work, the geothermal resource of the whole province is appraised. The paper points out that geothermal reservoir of Guantao group is the main reservoir worth developing.

Key words: geothermal resource, types, geothermal gradient, reservoir, character

河南省地热开发环境影响分析及保护对策

郭功哲　王继华

（河南省地质环境监测院，郑州　450016）

摘　要：河南省地热资源丰富，利用以洗浴为主，热利用率低，尾水排放量大。本文分析了地热开发对大气、水体、土壤等可能产生的影响及不合理开发可能引发的地面沉降、资源衰减等问题，提出了地热开发的环境保护措施。

关键词：地热；开发；环境；保护

1　地热资源及开发利用现状

1.1　地热资源及分布

依据地热储存条件及成因，河南省地热资源有沉降盆地传导型和隆起山地对流型两种类型（见表1）。前者主要分布在黄淮海平原及西部山间盆地，为河南省主要地热资源类型，热储介质为层状砂岩及碳酸盐岩，具有开发价值的主要热储层[1]有新近系的明化镇组及馆陶组热储层、古近系热储层及下古生界寒武－奥陶系热储层；后者主要分布在西部隆起山区，热储介质由带状岩浆岩、变质岩和古生代沉积岩组成，地热常以温泉的形式显示，温泉出露受构造控制。

河南省地热资源储量丰富，可开采资源以低温、经济型为主（见表1）。

表1　河南省地热可开采资源量

资源类型	可开采热水量（万 m^3/a）			可利用热能量（10^{12}J/a）		
	经济	次经济	合计	经济	次经济	合计
传导型	49 814.85	4 853.00	54 694.85	94 121.09	14 686.73	108 807.82
对流型	489.89		489.89	959.25		959.25
低温	46 038.84	2 367.76	48 406.60	80 140.92	5 382.74	85 523.66
中温	4 292.90	2 485.24	6 778.14	14 939.42	9 303.99	24 243.41
全省	50 331.74	4 853.00	55 184.74	95 080.34	14 686.73	109 767.07

1.2　地热开发利用现状

河南省地热资源开发主要集中在郑州、开封、新乡、安阳、濮阳、周口、许昌、漯河、南阳、洛阳等主要城市，其次为漯河—周口以北、新乡—濮阳以南的20多个县市，郑州、开封

作者简介：郭功哲（1968—），男，工程师，主要从事水文地质、环境地质调查及研究工作。

地区地热井数量占全省总井数的 50% 。地热开发深度多为 800 ~ 1 200 m,以低温资源为主,目前全省地热水开采总量约为 4 500 万 m^3,人均 0.45 m^3。其中松散岩类地热水开采量占全省总量的 84.76% ,温度在 40 ℃以上的地热水开采量占总量的 22.17% 。

全省地热均为直接利用,在洗浴及浴疗、城市供水、种养殖、矿泉水及饮料生产、供暖等方面,地热流体开采比例分别为 56.44% 、38.13% 、1.64% 、0.26% 、0.24% ,其他用途为 3.29% 。全省尚未开展地热综合利用,地热供暖也未得以推广普及。

2 地热开发环境影响分析

地热流体温度较高,一般总溶固及氟化物含量高,并含有一些特殊的化学成分,如硫化氢气体及铅、汞、砷等重金属。开发中未回灌不合理排放的地热尾水,将对大气环境、水环境和土壤环境造成损害和污染,不合理开采易引发地面沉降及资源衰减等问题。全省地热开发未进行回灌,地热尾水多通过排污管网排泄,部分就地排放,对环境有不同程度的影响。

2.1 对大气的污染

地热开发对大气环境影响较大的有 H_2S、CO_2、CH_4 等不凝气体[2]。H_2S 气体可以造成人的窒息死亡或麻痹人的嗅觉神经,因其具有臭鸡蛋味道,而易于觉察,一般在通风条件好的情况下,不易造成事故。河南省大部分地区地热流体不含 H_2S、CO_2 气体或含量低,不会造成大气环境的污染。鹤壁新区深埋的寒武 – 奥陶系热储 H_2S、CO_2 气体含量较高,气味异常,开发可能会对周围大气造成污染,应引起重视。

2.2 热水有害组分污染

地热尾水化学成分较为特殊,河南省主要超标项目为氟化物,部分地段为氯化物和硫酸盐,一般不宜直接排放,特别是古近系及温泉地热尾水更不宜直接排放。未经处理的尾水长期排放,会对水体、土壤及农作物、水产养殖造成一定影响,进而可能影响人类健康。

2.2.1 对地表水的影响

地表水体受地热尾水有害成分的污染影响,各地有所差异。雨水多、河水流量大的地区,排入的有限地热尾水,经河水稀释和降解,对地表水体一般没有影响。河南省地热开采多集中在主要城市,处理后的地热尾水作为中水循环利用或达标排放,对地表水体没有大的影响;山区温泉尾水一般就地排放,其排泄量虽小,但氟化物含量较高,长期会造成周围水体污染,在排泄不畅时,将导致局部水体温度升高,对水生生物有一定危害。今后,随地热开发程度的提高,大量排放的尾水,若不进行回灌或处理,将对地表水体产生一定程度的影响。

2.2.2 对地下水的影响

地热尾水温度相对较高,排放的有害成分对近处浅层地下水有一定程度的污染,可能影响人、畜饮水安全,而对深层水一般影响不大。河南省目前尚未对此进行专门研究。据河北省固安县的霸 25 井监测[3],高总溶固、高氟地热尾水的长期排放,造成霸 25 井周围浅层水总溶固及氟含量升高,使原有的浅层甜水变为不能饮用的苦咸水。

2.2.3 对土壤、农作物的影响

地热水中钾、钠、磷等元素虽可以改变土壤性质,提高农作物产量,但长期大量的盐类

排入农田,会造成严重的土壤板结和盐碱化。地热水或地热尾水中的氟元素对土壤的影响程度,与土壤的结构和渗透性能有关。砂质土壤渗透性较好,氟的富集程度低于黏性土壤,鱼塘底泥中氟的含量明显高于农田土壤中的氟含量。水溶性氟还可能被农作物吸收,且不同品种、不同部位有所差异,粮食和豆类高于蔬菜,稻根高于稻米,所以植物中氟含量的变化在一定程度上可反映出土壤中氟的污染程度。河南省利用地热水灌溉及种植的较少。山区温泉地带、平原区周口凹陷,地热水氟含量较高,其尾水排放会对土壤及农作物产生一定影响。

2.2.4 对水产养殖的影响

鱼能够吸收水中的氟,并富集在体内,使体内氟含量增高,鱼的硬组织中氟富集量占总氟量的95%以上,且鱼皮氟富集量高于鱼肉、小鱼大于成鱼。利用含氟量较高的地热水养鱼,并经常食之,会对人体产生危害。河南省东部平原600 m以浅新近系温水及山间盆地温水可用于渔业,其他地热水多因氟化物、铜、锌等超标,不宜直接用于渔业。

2.2.5 放射性污染

地热流体不同程度地含有氡、镭、铀和钍等放射性物质。据有关资料,过量的氡进入人体呼吸系统可造成辐射损伤,诱发肺癌;过量的镭可能导致骨癌和鼻癌。河南省地热水中,镭含量一般小于0.2 Bq/L;氡含量多数达不到检出限(0.857 Bq/L),高者接近3.0 Bq/L。镭、氡含量较小,不致危害人体健康,从地热水医疗角度分析,微量放射性元素对人体有一定好处。

2.3 对环境的热污染

河南省地热热利用率较低,尾水热量的释放,会使局部地区的空气和水体温度升高,产生不同程度的热污染,造成周围生态环境的改变,对农作物生长及水生生物产生有害影响,甚至引起水产生物幼体、鱼卵等的畸形和死亡。部分排放地带及排入温度较高尾水的排污管道,会成为蚊、蝇、虫的聚居地,造成微生物的大量繁殖,改变附近生存环境质量,危害健康。

2.4 地面沉降

地热水形成周期长,补给缓慢,过量开采后,水压下降引起黏性土和砂层的压密,而导致地面沉降。如开封市和开封县紧邻,现有地热井近100眼,由于长期超量开采,地热水位以2~2.5 m/a的速率下降,不但造成对地热资源的破坏,而且在建成区的西部和东南部产生了4个地面沉降漏斗区,总沉降量大于30 mm的区域达182 km²,局部累计最大沉降达242 mm;郑州市同样由于地热井布局不合理及过量开采,可能已引发地面沉降,只是未监测而已。

河南省地热资源主要分布于沉降盆地,区内沉积有巨厚的松散地层,今后随地热井数量的增多,如长期不合理开采,有导致区域地面沉降发生的可能。

2.5 地热资源的衰减

山区表现为地热自流景观的消失或衰落,削弱旅游价值;平原区表现为可采资源的减少。

河南省温泉出露区一般环境优美,自流景观及地热流体的医疗保健功效,使温泉具有较高的旅游价值,部分开发单位为追求经济利益,凿井扩泉开采,造成部分温泉断流,削弱了其旅游资源价值。如鲁山下汤及碱厂、陕县温塘、汝州温泉镇等知名温泉已断流,造成地热旅游资源的破坏。平原区地热资源补给源远,循环周期长,有些沉积时形成的封存古水不可再生。过量开采将会造成热田面积减少,资源衰减,增加开发成本。资源的衰减同时会引起流体温度的降低及质量的下降,削减或丧失其功能。

3 地热开发中的环境保护

针对开发中可能产生的环境影响,应科学合理利用,采取有效措施,正确处理能源和环境的关系,实施保护环境的能源发展战略,充分体现其绿色能源的特点。

(1)对富含 H_2S、CO_2 气体的地热尾水,应采取物理吸收和化学吸收工艺,脱气后排放。

(2)废弃的地热流体必须严格按照国家及地方有关污染物排放标准进行排放。可以采取生物化学技术,清除、浓缩和回收尾水中有毒物质和有价值金属,变废为宝,达标排放或回灌。

(3)合理调整开采布局,科学有序开采,避免储层过量集中开采,缓解储层开采压力。

(4)开展地热回灌,可分别选取新生界及下古生界热储层开展回灌试验,然后在全省逐步推广。另外,要根据地热资源实际合理调整开采量,采取封井等有效措施,逐步禁止在没有回灌措施的情况下超量开采,避免地面沉降、地热资源衰减情况的发生。

(5)开展梯级利用,降低尾水排放温度,减轻或避免对环境的热污染。

(6)建立地热流体动态监测网络,并加强对重点区位可能发生灾害的设防。

4 结 语

地热与常规能源相比,属清洁能源。开发地热资源对构建资源节约型和环境友好型社会,保障河南省能源安全,改善河南省现有能源结构,促进节能减排目标的实现具有重要意义。河南省地热开发对环境的不利影响较小,在开发过程中,要做到对环境的有效保护,科学合理利用,使其更好地造福于河南人民。

参 考 文 献

[1] 王继华,等. 河南省地热、矿泉水资源调查评价报告[R]. 河南省地质环境监测院,2008.
[2] 朱家玲,等. 地热能开发与应用技术[M]. 北京:化学工业出版社,2006.
[3] 汪集暘,马伟斌,等. 地热利用技术[M]. 北京:化学工业出版社,2005.

河南省饮用天然矿泉水资源及开发利用与保护

王继华

（河南省地质环境监测院，郑州 450016）

摘 要：河南省现有饮用天然矿泉水水源地 152 个，共 5 种类型，允许开采总量 6 431.33 万 m³/a。矿泉水多属中性、淡水，达标元素较单一。目前，矿泉水年产量 10.29 万 m³，开发中存在水源保护形势严峻、资源浪费严重、市场占有率低等问题。本文分析了矿泉水利用方向，划分了 5 个矿泉水开发保护区，指出优先开发碘、硒等稀有矿泉水，鼓励太行山区及嵩箕山东麓的开发，限制平原区开采等开发利用方向。

关键词：矿泉水；类型；资源；开发与保护；河南省

1 引 言

20 世纪 80 年代后期至今，依据 GB 8537—87 和 GB 8537—1995 国家标准，河南评价鉴定的饮用天然矿泉水水源地共有 197 个，类型 10 种，提交允许开采资源量为 10 891.72 万 m³/a。已鉴定水源除部分枯竭报废外，GB 8537—1995 标准取代 GB 8537—87 标准后，前期鉴定的部分水源存在水质达不到 GB 8537—1995 标准的情况。目前存在矿泉水资源家底及分布不清，利用不尽合理，重开发轻保护，资源浪费严重及市场占有率低等问题。本文根据 2007～2008 年开展的"河南省地热、矿泉水资源调查评价"及相关资料，在复核矿泉水资源的基础上，对其赋存分布、水化学组成特征及开发利用与保护进行分析研究，以期为河南天然饮用矿泉水产业的良性发展提供依据。

2 矿泉水类型及分布

2.1 矿泉水类型及允许开采量

采用饮用天然矿泉水 GB 8537—1995 国家标准，逐一对评价鉴定的 197 个饮用矿泉水水源地进行复核，结果表明，达标水源地 152 个，27 个水源地水质因界限指标不达标或限量指标超标而达不到 GB 8537—1995 标准，18 个水源地枯竭报废。

达标的 152 个矿泉水水源地（见表 1），允许开采资源量为 6 431.33 万 m³/a。类型有锶型、偏硅酸型、锶－偏硅酸型、锶－碘型、硒－偏硅酸型等 5 种[1]，以锶－偏硅酸型及锶型为主，偏硅酸型为次。矿泉水主要赋存于 1 200 m 以浅的新近系松散砂岩，上部为主，其次为寒武－奥陶系碳酸盐岩。

基金项目：河南省 2005 年度地质勘查基金项目"河南省地热、矿泉水资源调查评价（05081）"资助。

作者简介：王继华（1969—），男，河南淮阳人，高级工程师，主要从事地热、矿泉水研究工作。E-mail：wjh981205@163.com。

表1　饮用天然矿泉水类型及允许开采资源量

储层岩性	锶-偏硅酸型		锶型		偏硅酸型		其他类型		合计	
	产地	允许开采量	产地	允许开采量	产地	允许开采量	产地	可开采量	产地	允许开采量
松散岩类	79	2 438.92	16	539.71	8	290.72	2(A)	90.75	105	3 360.11
碎屑岩类	2	34.31	7	244.57					9	278.88
碳酸盐岩	7	290.47	20	2 313.32	2	87.28			29	2 691.07
其他基岩	1	9.13	3	18.18	4	63.01	1(B)	10.95	9	101.26
合计	89	2 772.8	46	3 115.78	14	441.00	3	101.70	152	6 431.33

注:产地单位为"个",可开采量单位为"万 m^3/a";A 代表锶-碘型、B 代表硒-偏硅酸型。

2.2　矿泉水分布

　　河南饮用天然矿泉水主要集中在洛阳以东、开封以西、黄河以南、漯河以北的区域,其次为太行山前地带及南阳盆地。除濮阳、济源市外,其余省辖市均有分布,郑州、洛阳及新乡 3 市水源产地均在 10 个以上,其中郑州市达 65 个,郑州、洛阳两市产地数量占全省总数的 51%;南阳、开封、安阳、许昌、漯河、信阳等市水源产地有 6~10 个;平顶山、鹤壁、商丘等市水源产地有 1~3 个。

　　锶型主要分布在太行山及嵩箕山前、洛阳盆地;偏硅酸型主要分布在淮河冲积平原的信阳—驻马店地区;锶-偏硅酸型主要分布在黄河冲积平原的郑州—开封地区;锶-碘型及硒-偏硅酸型零星分布在太行山前、灵宝及南阳盆地。全省由北向南呈现锶型→锶-偏硅酸型→偏硅酸型过渡分布的规律。

3　水化学组成特征

3.1　水化学组分

　　赋存于松散砂岩介质中的矿泉水,以中性淡水为主(见表2),硬度为极软-极硬水,以中低钠为主,水化学类型以 $HCO_3-Na(Ca、Ca·Mg)$ 为主;赋存于碳酸盐岩、碎屑岩及其他基岩介质中的矿泉水,为中性淡水,以中低钠为主,硬度为软水-微软水,水化学类型以 $HCO_3-Ca(Na)$ 为主。

表2　饮用天然矿泉水常量元素含量

赋存介质	总硬度	总溶固	pH	Na^+	Ca^{2+}	Mg^{2+}	Cl^-	SO_4^{2-}	HCO_3^-	主要水化学类型
松散岩	14.2~508.9	306.4~1 556.8	6.9~8.8	17.5~470.0	3.24~138.1	1.1~65.8	3.5~264.1	2.4~476.5	17.2~588.8	H-N、H-C、H-C·M
碎屑岩	110.0~262.3	507.6~865.4	7.0~8.6	22.8~261.2	25.5~72.9	11.3~24.6	13.7~31.2	14.9~446.6	329.5~454.4	H-C·M、H·S-N·C
碳酸盐岩	245.3~433.2	364.6~777.3	6.8~8.1	3.22~74.5	63.9~118.0	18.8~37.8	0.9~84.8	4.8~196.9	199.5~445.9	H-C·M、H-N
其他岩类	46.6~278.8	141.2~662.97	6.8~7.8	7.0~116.0	13.8~47.6	2.33~40.2	1.4~46.9	2.0~44.8	64.5~374.2	H-C、H·S-C·M

注:总溶固和元素含量单位为 mg/L。

3.2　特征组分

锶(Sr)、偏硅酸(H_2SiO_3)、氟化物(F)等主要特征组分的形成与富集(见表3),与古沉积环境、地质构造、储存介质岩性、温度、地下水运移等因素有关。

表3　饮用天然矿泉水主要特征组分含量

矿泉水类型	地层	水源地(个)	特征组分含量(mg/L)	涌水量(m³/h)
锶型	Q	7	Sr:0.3~1.4;H_2SiO_3:16~25;F:0.3~1.6	30~40
	N	9	Sr:0.2~0.5;H_2SiO_3:15~30;F:0.3~1.2	10~100
	P、T	7	Sr:0.4~1.6;H_2SiO_3:15~30;F:0.2~1.0	5~90
	∈、O、C	20	Sr:0.3~2.8;H_2SiO_3:15~27;F:0.1~2.0	10~606
	其他	3	Sr:0.3~0.6;H_2SiO_3:10~26;F:0.2~0.52	10~36
偏硅酸型	Q	6	H_2SiO_3:34~96;Sr:0.2~0.3;F:0.1~0.5	33~68
	N	2	H_2SiO_3:47~58;Sr:0.3~0.4;F:<0.7	20~102
	∈、O	2	H_2SiO_3:28~31;Sr:0.2~0.3;F:0.2~0.5	40~60
	其他	4	H_2SiO_3:32~47;Sr:0.1~0.3;F:0.3~1.5	2.5~80
锶-偏硅酸型	Q	11	Sr:0.3~1.2;H_2SiO_3:26~98;F:<0.7	10~80
	N	68	Sr:0.2~1.3;H_2SiO_3:25~52;F:0.2~1.5	10~98
	P	2	Sr:2.3~2.6;H_2SiO_3:26~30;F:1.5~1.7	10~29
	∈、O	7	Sr:0.4~2.9;H_2SiO_3:28~55;F:0.1~1.3	20~108
	其他	1	Sr:0.4~0.5;H_2SiO_3:54~63;F:0.5~0.7	10
锶-碘型	N	2	Sr:0.33~0.72;I:0.32~0.42;F:0.3~0.8	50~53
硒-偏硅酸型	γ₃	1	Se:0.01~0.014;Sr:0.2~0.23;F:0.2~0.4	12.5

锶含量一般为0.2~0.6 mg/L,最大2.8 mg/L,碳酸盐岩及碎屑岩介质含量相对较高[2]。偏硅酸含量一般为15~60 mg/L,最大96 mg/L,松散岩介质含量相对较高。东部平原锶含量由北向南趋于减小,偏硅酸含量则相反,垂向上二者均有随深度增加而略有增高的趋势。

氟化物含量一般为0.2~1.5 mg/L,大者1.5~1.7 mg/L。岩浆岩及变质岩介质含量一般小于1.0 mg/L。

稀有组分碘含量达标产地分布于新乡和灵宝,赋存于新近系松散岩介质[3,4],含量为0.32~0.42 mg/L;硒含量达标产地位于南阳独山,赋存于岩浆岩裂隙中,含量为0.01~0.014 mg/L。

4　开发利用与保护

4.1　开发利用现状及主要问题

4.1.1　开发利用现状

全省利用的矿泉水水源有 134 个,主要开采层位为第四系和新近系明化镇组,年总开采量为 568.36 万 m³,利用率为 10.03%,近 95% 用于工农业及生活供水。河南现有矿泉水企业 41 家,品牌 42 个,产品以锶－偏硅酸型桶装水为主,绝大多数企业年产量小于 1 万 m³,全省年总产量为 10.29 万 m³,占可开采资源总量的 0.16%,占全国总产量的 2.5%。郑州市产量占全省总产量的 34.89%。

4.1.2　主要问题

管理体制不顺:目前,河南省国土及水利均为矿泉水主管部门,管理体制不顺,职责不清,管理局面较混乱,开发企业分不清管理主体,直接影响矿泉水资源合理开发与保护。

水源地保护形势严峻:矿泉水开发中未按设立的三级保护区进行设防,致使位于城区的水源易遭受污水的影响,农业区浅部水源易遭受农药、化肥的污染,部分生态环境遭受破坏的山区,对矿泉水质量也有一定影响。地下水长期超采的地区,矿泉水资源趋于减少。

市场占有率低:河南矿泉水以锶－偏硅酸型为主,缺乏锌型、锂型及碳酸型等稀有矿泉水,未进行深层次开发,知名品牌少,市场占有率低于纯净水、山泉水等其他饮用水。

资源浪费严重:大部分矿泉水水源未用于矿泉水开发,而是作为一般地下水用于工、农业及生活供水;矿泉水生产存在规模小、耗水量大、利用率低、浪费严重等问题。

4.2　开发利用方向

根据河南省饮用矿泉水资源特征、赋存条件及利用现状,其开发利用建议着重以下方面:

(1)矿泉水勘察开发,应综合考虑水质、水量、环境等因素,且以能够找到的碘、锂、硒等稀有类型矿泉水为主导。开发区域以山区为主,首推太行山区及山前地带,特别是云台山一带,平原区原则上不鼓励开发,不宜在城市建成区内大规模开发。

(2)对已有水源地较多且资源丰富的锶型、锶－偏硅酸型及偏硅酸型矿泉水,一般情况下不宜再进行评价[5]。其开发可选择界限指标含量高、水量丰富、低钠、低矿化度、低硝酸盐,能创名牌的水源加以开采或扩采;限制界限指标含量低、水量小、开采深度浅、环境较差的同类水源的开采[6]。

(3)矿泉水产品除目前的 18.9 L 外,还应开发 2 L、13.6 L 等其他规格的桶装水,并加大瓶装水生产力度。此外可开发淡味矿泉水、适合配置婴儿营养品的矿泉水、加气和加味矿泉水等深层产品。同时要加大宣传影响,重视包装形式的多样化,注重产品质量,实现销售跨出省界和国门。

(4)具有医疗功效的矿泉水,除常规产品外,还可开发医疗矿泉水产品及旅游项目。

(5)对于鉴定或建厂较多的郑州、新乡、洛阳等地区,应限制开采,统一规划,合理布局,打造名牌,规模开发,注重产品质量,并适当向未开发且界限指标含量高的县市发展。

4.3 开发保护分区

根据矿泉水水源赋存的环境地质条件和水质、水源地数量,结合利用现状及利用方向,全省可划分 5 个矿泉水开发保护区(见图 1)。

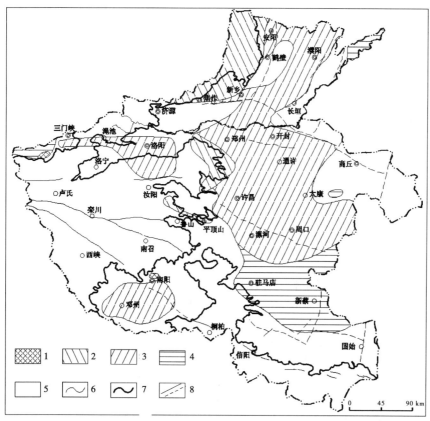

1—优先开发保护区;2—鼓励开发保护区;3—限制开发保护区;4—远景开发保护区;
5—不适宜开发区;6—分区界线;7—基岩出露线;8—断层

图 1　饮用天然矿泉水开发保护分区

优先开发保护区:位于灵宝及南阳盆地边缘,环境地质条件较好,已鉴定水源少,前者为稀有的锶 – 碘型矿泉水,后者为硒 – 偏硅酸型矿泉水,水量丰富,尚未开发利用,应优先开发并有效保护。

鼓励开发保护区:主要分布于太行山区及嵩箕山东麓,地理环境优美,储层为寒武 – 奥陶系碳酸盐岩,开采程度低。矿泉水多为低钠、低矿化度的锶型矿泉水,水质好,水量丰富。

限制开发保护区:主要分布于黄淮海平原、洛阳及南阳盆地,矿泉水主要赋存于新近系松散砂层,类型以锶 – 偏硅酸型为主。已有矿泉水水源地较多且分布集中,类型普通,开采程度高,人类工程活动强烈,环境相对较差,今后应限制开发,防止资源衰减及其他环境地质问题的发生。

远景开发保护区:主要分布于范县—台前、柘城、灵宝盆地及豫南。赋存于新近系 500 ~ 1 000 m 松散砂层中的地下水,水量丰富,达标项目有锶、碘、锂、偏硅酸型等,含量较高,总溶固小于 1.0 g/L,水质较好。

不适宜开发区:主要分布于豫西、豫南山区及豫东平原。山区界限组分多数不达标且水量小,平原氟化物含量一般超标,界限组分含量低。二者除局部外,大部不适宜矿泉水开发。

4.4　水源保护

要严格按照矿泉水勘察评价时设立的三级卫生防护区进行保护,编制污染应急预案,以应对水源污染突发事件。严格控制矿泉水开采量,严禁超量开采,防止资源衰减或枯竭,集中开采区要合理布设井距。加强矿泉水水质、水量、水位和水温的动态监测,指导其合理开采,保障资源的可持续利用。同时,加强周围环境诸如热污染、土壤污染、水质污染等可能威胁矿泉水水源安全的设防[7]。

5　结　语

饮用天然矿泉水是宝贵的矿产资源,其开发对于提高人们的健康水平、促进地域经济发展具有重要意义。河南省矿泉水资源丰富,但保护力度有待加强,相信随着饮水认识的提高和开采手续的简化及新产品的不断开发,河南矿泉水市场前景广阔。

参 考 文 献

[1] 王继华,等.河南省地热、矿泉水资源调查评价报告[R].河南省地质环境监测院,2008.
[2] 刘庆宣,王贵玲,张发旺.矿泉水中微量元素富集的地球化学环境[J].水文地质工程地质,2004,31(6):19-21.
[3] 曾昭华.地下水中碘的形成及其控制因素[J].吉林地质,1999,18(2):30-32.
[4] 袁修锦.安徽淮北平原中部含碘矿泉水成因分析[J].地下水,1999,21(1):23-24.
[5] 谷振峰.山东饮用天然矿泉水及其勘查与保护[J].山东地质,2002,18(3-4):86.
[6] 徐水辉,罗仕康.湖南省矿泉水及开发利用[M].北京:地质出版社,2003:119.
[7] 杨礼茂.湖北省矿泉水资源及开发利用[J].地域研究与开发,1998,17(增刊):110.

Potable Natural Mineral Water Resource in Henan Province and its Development and Protection

Wang Jihua

(Geological Environment Monitoring Institute of Henan Province, Zhengzhou　450016)

Abstract:At present Henan Province possesses 155 drinking natural mineral water resources, among covering five different types and the allowable exploitation amounts to $6,435.52 \times 10^4$ m³/a. These water sources mainly produce neutral and fresh water. But qualified elements in water are monotonous. At present the annual output of mineral water is 10.29×10^4 m³/a. Grim situation of water source conservation, serious waste of resources, low market shares are the problems existing in its development. This paper analyzes the way of using mineral water in future, and compartmentalizes 5 protected areas of mineral water, gives priority to the development of iodine, selenium and other rare mineral water, encourages the development of mountainous area of Taihang and east side of Songji, restricts on the exploitation of the plains area.

Key words:mineral water, type, resource, development and protection,Henan Province

郑州市地热矿泉水的补给与资源保护

齐登红　　甄习春

（河南省地质环境监测院,郑州　450016）

摘　要:郑州市地热矿泉水主要是埋藏深度为 800 ~ 1 200 m 的地下水。由于对该层水缺乏系统的研究,在开发和管理中存在着盲目性。本文通过对郑州市地质、水文地质条件及氘、氧 -18、氚的环境同位素特征的分析,计算了地热矿泉水的补给高度和形成年龄及可采资源量,在此基础上提出了地热矿泉水资源开发与保护方案。

关键词:地热矿泉水;补给形成;资源保护

1　引　言

郑州市地热矿泉水因其温度高且富含矿泉水成分具有较高的开发利用价值。目前,已建成地热水井 100 多眼,主要分布在郑州市中部和东北部地区,开采比较集中。由于对该层水赋存条件、成因机制、分布规律和可采资源等问题缺乏系统的研究,在开发中出现了开采布局不合理、资源超采引起水位持续下降等环境地质问题,因此必须加强对地热矿泉水的研究和管理,保护这一珍贵的水资源。

2　地热矿泉水的地质环境和水文地质特征

郑州市地热矿泉水指的是埋藏深度为 800 ~ 1 200 m 的地下水。其含水层为上第三系馆陶组下段湖相沉积物,岩性以细砂、中细砂为主。经矿物鉴定,砂粒的矿物组成主要为长石、石英、角闪石、云母等。经化学分析和试验研究证明,这些矿物是 H_2SiO_3 和 Sr 的主要来源。

地热矿泉水含水层主要分布在京广线以东和须水—圃田以北地区,受老鸦陈断层和须水断层控制,面积达 346 km^2。含水层组顶板埋深为 807.6 ~ 943.5 m,总厚度为 86 ~ 187 m,其径流方向为自西南流向东北,导水系数为 9.4 ~ 66.5 m^2/d,贮水系数为 9.0 × 10^{-5},单位涌水量为 0.3 ~ 1.0 $m^3/(h \cdot m)$,水质类型以 HCO_3 - Na 型为主。H_2SiO_3 含量达 25 ~ 30 mg/L,Sr 含量达 0.2 ~ 0.4 mg/L,较一般的地下热水含量高 17% 左右,对人体具有一定的保健作用;水温在 40 ~ 50 ℃,属 H_2SiO_3 - Sr 型地热矿泉水。该地热矿泉水含水层在 20 世纪 80 年代中期开始开发利用,始为自流井,水位高出地表约 15 m。随着 90 年代以后开始进行大规模的开发,水位持续下降,到 2007 年降水漏斗中心水位埋深已达 103 m,漏斗面积已达 55 km^2,同时引发了一些地质环境问题。但经监测证明该含水层的水温和水质没有明显变化,其原因有待研究。

作者简介:齐登红(1960—),男,教授级高级工程师,博士,从事水文地质及环境地质研究工作。

3　地热矿泉水环境同位素特征和形成

为了查明地热矿泉水的补给来源和年龄,笔者用多种方法分地区采集了具有较强代表性的西南山丘区降水、地表水和市区浅层水(埋深小于60 m)、中深层水(埋深60~350 m)、深层水(埋深350~800 m)、超深层水(埋深800~1 200 m)等不同层位的地下水水样共27组,做氘、氧-18、氚的同位素含量测定。根据试验结果绘制不同水类型的氘、氧-18、氚含量曲线(见图1)。

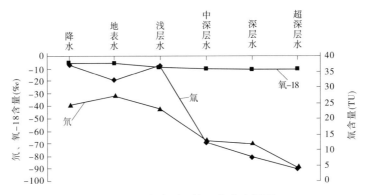

图1　不同水类型环境同位素含量图

从图1中可以看出,大气降水、地表水、浅层水中三种同位素含量均较高且接近,说明地表水和浅层水均来自降水,水力联系密切。当地下水随埋藏深度增加时,环境同位素含量则有降低的趋势,说明深层地下水的补给形成时间和路径均较长,水质和水温都发生了明显变化[1,3]。

利用降水中的高度效应和降水中的同位素含量,计算郑州市地热矿泉水的补给区和补给高度[1]。计算公式为:

$$H = \frac{\delta S - \delta P}{K} + h$$

式中,H 为补给区标高,m;h 为取样地区平均标高,m;δS 为地下水中 $\delta^{18}O$ 同位素含量(‰);δP 为降水中同位素含量($\delta^{18}O$ 取平均值 -6.9‰);K 为同位素高度梯度[2]($\delta^{18}O$ 为 -0.5‰/100 m)。

将同位素[18]O含量代入上式计算出地热矿泉水的补给高度为702~944 m,这一高度与郑州市西南低山丘陵区标高一致,可以说明郑州市西南低山丘陵区主要为该地热矿泉水的补给区。

利用同位素氚的标记性来计算地热矿泉水的相对年龄[1],计算公式为:

$$t = \frac{1}{\lambda}\ln\left(T_0/T\right)$$

式中,t 为水在含水层中存储的时间,a;T_0 为降雨中氚的含量;T 为地下水中氚的含量,TU;λ 为氚的衰变常数[2],$\lambda = 5.576 \times 10^{-2}$ a。

经计算,地热矿泉水的平均年龄为43.2 a。

根据环境同位素特征和环境地质条件分析同样可以证明,郑州市地热矿泉水的形成来自西南低山丘陵区,降水入渗地下经过漫长的岁月与岩土发生水文地球化学作用,溶解带来了有益的矿物成分,随水流向东北方向径流,到达郑州市汇集。

4 地热矿泉水资源评价及保护

地热矿泉水埋深为 800 ~ 1 200 m,与上部含水层之间存在相对稳定的隔水层;该层水以侧向径流为主;地热矿泉水的分布范围在京广线以东、陇海线以北、黄河大堤以南、中牟县分界线以西的郑州市区,面积为 346.06 km²;依据开采现状将该区分为三个区,即城区、近郊区、郊区;火车站—圃田一线为隔水边界,其余边界为透水边界;导水系数和弹性释水系数由非稳定流抽水试验资料求得。

依据上述地质、水文地质条件,建立地热矿泉水承压平面二维非稳定流数学模型如下:

$$\begin{cases} \mu_e \dfrac{\partial H}{\partial t} = T\left(\dfrac{\partial^2 H}{\partial x^2} + \dfrac{\partial^2 H}{\partial y^2}\right) & x,y \in \Omega, t > 0 \\ T\dfrac{\partial H}{\partial n}\bigg|_{\Gamma_2} = q(x,y,t) & x,y \in \Gamma_2, t > 0 \\ H(x,y,0) = H_0(x,y) & x,y \in \Omega \end{cases}$$

式中,H 为承压水水头,m;x,y 为节点坐标,m;T 为导水系数,m²/d;μ_e 为弹性释水系数;t 为计算时段长度,d;Ω 为计算域;Γ_2 为计算区第二类边界;H_0 为初始水头,m;$q(x,y,t)$ 为第二类边界单宽流量,m³/(d·m)。

对空间用有限元法,对时间用差分法,将上述数学模型离散化为线性方程进行求解[4,5]。

依据水位、开采量和抽水试验资料进行现状可采资源评价;同时适当调整开采方案,将水位年降幅控制在 5 m 以内,水位标高控制在 0 m 以内,进行了 2010 年导向性预测可采资源评价。评价预测结果见表 1、图 2、图 3。

表 1 地热矿泉水现状可采资源和导向性预测可采资源评价成果

区名	面积 (km²)	现状资源 (万 m³/a)	预测年份	预测资源 (万 m³/a)	已采资源 (万 m³/a)	潜力资源 (万 m³/a)	水位下降值 (m)
城区	24.73	27.69	2010	25.70	28.28	-2.58	34.0
近郊区	133.78	27.09	2010	67.50	31.25	36.24	50.1
郊区	187.55	16.51	2010	43.69	12.24	31.45	41.6
合计	346.06	71.29		136.89	77.64	65.11	平均41.9

从表 1 中可以看出,在城区已经超采,在近郊区和郊区有一定的开采潜力,但到 2010 年水位平均下降 41.9 m,届时 20 m 等水位线圈定漏斗面积为 130.0 km²,漏斗中心水位将达 -15.24 m。

根据环境同位素的分析和计算,郑州市地热矿泉水主要靠西南部山丘区地下水补给,形成过程相当缓慢,含水层颗粒较细,水资源量有限,且开采后水位恢复慢,基本上属于不可再生资源,因此该地热矿泉水十分宝贵,开采利用必须慎重。依据以上水资源评价结果和开采现状制定如下地热矿泉水资源保护方案:

(1)在城区,已经超量开采,应控制开采量,调整开采布局,实行轮流开采,使地下水达到采补平衡。年水位降幅不能超过5 m,到2010年水位标高控制在0 m左右。

(2)在近郊区和郊区,有开采潜力,可扩大开采,但要严格分层止水,井间距不得小于2 000 m,仍要控制开采量,保证年水位降幅不超过5 m。

(3)地热矿泉水是宝贵的资源,应依法办理开发审批手续。在开发的同时,必须加强资源的保护工作。要加强对地热矿泉水资源的规划、管理和开发监督,同时加强地热矿泉水的动态监测工作,使其更好地为郑州人民造福。

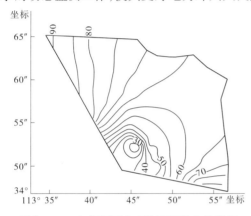

图2　2010年超深层水现状预测等水位线图　　图3　2010年超深层水导向性预测等水位线图

5　结　论

(1)通过对郑州市地热矿泉水的地质、水文地质资料的分析和研究,基本上查明了该层水的地质背景、水文地质特征和水文地球化学特征。

(2)用环境同位素方法分析和计算该层水形成补给高度为702～944 m,形成补给年龄为43.2 a。由分析证明,西南低山丘陵区的降水入渗地下经过漫长的岁月与岩土发生水文地球化学作用,溶解有益的矿物成分,随水流向东北方向径流,形成目前的地热矿泉水。

(3)对郑州市地热矿泉水资源进行了评价,目前在城区该层地下水已经超采,在郊区仍有一定的开采潜力。

(4)依据水资源评价结果和开采现状制定了地热矿泉水资源开发和保护方案。

参 考 文 献

[1] 张人权,等.同位素在水文地质中的应用[M].北京:地质出版社,1983.

[2] Fuly G. Isotope geology[M]. New York: Science Press, 1983.

[3] 沈照理,等.水文地球化学基础[M].北京:地质出版社,1993.

[4] 薛禹群.地下水动力学原理[M].北京:地质出版社,1986.

[5] 陈崇希,唐仲华,等.地下水流动问题数值方法[M].北京:中国地质大学出版社,1990.

Recharge Formation of heat Mineral water and
Resource Protection in the Zhengzhou

Qi Denghong   Zhen Xichun

(Geo-environment Monitoring Institute of Henan Province, Zhengzhou   450016)

Abstract: There is heat mineral water in Zhengzhou, which means the groundwater buried in the depth about 800 ~ 1,200 m under ground surface. It has been blindly exploited because have not been systematically studied. Based on the analysis on the geological condition, hydrogeological condition and the isotopes of ^{18}O and tritium, the recharge altitude and the age of this water were calculated. The exploited resource today and exploitable resource of heat mineral water were calculated. Based on this analysis, the exploited and protective measures were put forward in this paper.

Key words: heat mineral water, recharge formation, resource protection

陕县温塘地热矿泉水的合理开发利用

商真平[1]　　姚兰兰[1]　　张　巍[2]

（1. 河南省地质环境监测院，郑州　450016；
2. 河南省地质矿产勘查开发局，郑州　450006）

摘　要：该文根据温塘地热矿泉水的形成机制、分布形式及开发利用现状，说明开采地热矿泉水过程中存在的主要问题，并依据实际调查结果重点论述了温塘地热矿泉水的合理开发利用方案。

关键词：地热；矿泉水；开发利用

1　引　言

陕县温塘位于河南省三门峡市陕县境内，北临黄河，南依崤山，面积 4.68 km^2，人口约 6 万人。陕县温塘地热矿泉水资源较为丰富，开发利用早，利用价值较高，是河南省著名的温泉之一。温塘地热矿泉水中微量元素锶、偏硅酸均超过国家矿泉水标准，一些地段的矿化度也达标。其中，锶的含量为 $1.033 \sim 1.63 \text{ mg/L}$，偏硅酸含量为 $36.77 \sim 57.12$ mg/L。陕县温塘地热矿泉水水温较高，分布较为规律，沿灵宝—三门峡主断裂带，水温多在 60 ℃ 以上，在主断裂带两侧的次一级断裂带上，热储资源相对富集，但水温相对低一些，一般为 $50 \sim 60$ ℃，地热水进入泛流补给区后，水温便逐步降至普通水温，其温降梯度为 1.12 ℃。

陕县温塘地热矿泉水的利用已有 2 000 多年的历史。据陕县县志记载：远在西汉以前人们便开始利用温塘地热矿泉水洗浴、治疗疾病，并视之为"神水"；至唐代，人们已知道利用温塘水地热温度较高的特点来栽培农作物，改变农作物的成熟期，并取得了明显效果。

改革开放以来，温塘地热矿泉水资源的开发利用程度、利用范围有了很大程度的发展。目前主要用于洗浴疗养、生产矿泉饮料、大棚种植、孵化鸡鸭、利用地热节约能源等，地热矿泉水井亦由 1958 年的 1 眼增至 33 眼，年开采量 380 多万 t。但是，在开采利用过程中，也存在不少不利因素，不利于地热矿泉水的合理开发利用。

2　地质环境条件

2.1　水文地质条件

温塘地区受地层、地貌、构造的控制，区内地下水主要分为两种：松散岩类孔隙水、岩溶构造裂隙水。

2.1.1　松散岩类孔隙水

其主要分布于温塘村以南的黄土台塬及温塘村以北黄河冲洪积形成的阶地之上，含水层岩性主要为细砂、中粗砂、砾石层,含水层厚度由北向南逐渐变薄,其富水性由北向南减弱,区内地下水主要受黄河的侧渗补给、大气降水及农田灌溉补给等,排泄方式主要以人工开采、径流排泄为主。

2.1.2 岩溶构造裂隙水

其主要分布于温塘村以南山区,受地貌、地质构造的影响,寒武系地层的灰岩和白云质灰岩构造裂隙及岩溶发育。岩溶水分为两层:上层溶洞标高在 425 m 左右,下层溶洞标高在 350 m 左右,沿三门峡—灵宝纵深大断裂带附近也有溶蚀现象。岩溶水主要接受来自断裂带上游及裂隙的径流补给,本区内断裂构造及裂隙为良好的地热水通道,并与灰岩溶洞共同构成了地热水的热储层。

2.2 地热矿泉水形成机制

陕县温塘位于山西裂谷南端,山西裂谷呈"多"字形雁形排列,基底受纵横断裂切割形成许多菱形断凸和断凹,成为地热场形成的必要条件。灵宝—三门峡纵深大断裂为本区的导水构造,破碎的灰岩及灰岩溶洞成为地热矿泉水的储存空间,在上游基岩裸露山区接受降水补给,向北径流深循环,在循环过程中经深部侵入岩体热源加热升温,并在加热运移过程中溶解吸收岩石中的易溶元素。地热矿泉水在隆起区汇集,通过灵宝—三门峡大断裂的破碎带在温塘地区出露,从而形成地热矿泉水。其中,部分地热矿泉水上升到地表浅部后,与温塘以北地势低洼的第四系含水层混合,形成距断层近径流的温度高,距断层远径流的温度低的地热矿泉水缓流层。

3 开发利用中存在的主要问题

(1)开采井密度大,开采量集中。在化纤厂、啤酒厂的 0.09 km^2 范围内有 7 眼开采井,开采量 115.0 万 m^3/a,占总开采量的 30%。

(2)缺乏有效的保护措施和系统化的动态监测资料,地热矿泉水的动态变化规律不清楚,如漏斗中心位置、水位埋深、深井开采量、开采时空分布等均没有监控措施。

(3)地热矿泉水开采量不清楚。对地热矿泉水的开采井数无准确的资料,无法确切统计开采量。

(4)对地热资源开发、利用、发展趋势研究不够,地热资源浪费现象严重。

(5)对地热矿泉水资源的环境保护不够,水质不同程度地受到污染。

4 合理开发利用建议

陕县温塘是陕县人民政府所在地,是搬迁不久且新兴发展的工农业小县城。多年观测资料显示,温塘地热矿泉水水位处于持续下降状态,井深在不断加大。以温塘大口井为例,自 1991 年至 1998 年,水位下降了 4.12 m,平均年降幅 0.59 m,无序的超强混乱开采是造成水位下降的主要原因。为合理开采和保护地热矿泉水资源,有规划适量地开采地热矿泉水是主要途径。为此,笔者认为应从以下几个方面来考虑陕县地热矿泉水的合理开发和利用。

(1)依据《中华人民共和国矿产资源法》,对地热矿泉水进行统一管理,制定合理开采量,实行计划开采。年度总开采量控制在 380 万 m^3 左右,同时,在超强开采已形成降落漏斗的地段,严格实行计划取水,使地热水水位有计划地得到保护性恢复。陕县温塘的地热水年开采量约为386.3万 m^3,且有个别井未在统计之列,而且开采强度的分配极不合理。如在化纤厂、啤酒厂一带,0.09 km^2 范围内7眼井同时开采,年开采量115.0万 m^3,占温塘整个地区年开采量的1/3,其开采模数达到1 277.78万 $m^3/(km^2 \cdot a)$,超出本地区平均开采模数的15倍。

(2)采取循环阶梯式用水原则,即由高水质、高水温要求的单位向低水质、低水温要求的单位采取阶梯下降式用水,对同等水质要求的则采用由低污染向高污染方向循环利用方法,以求达到水尽其用,避免单一用水的浪费现象出现。

(3)调整用水结构,加大对普通地下水的取水量。如在化纤厂、浆板厂等地,因工业生产需水对水质无特殊要求,不能采用地热矿泉水为工业生产用水,对民用生活用水,采取管道分隔装置,饮用水和其他生活用水分开。

(4)对地热矿泉水新井的审批严格把关,对确需打的地热矿泉水井要合理定位,严格止水,严禁混合开采。

(5)依据取水用途,采取分质取水原则。如在水利部疗养院—温塘村大口井—啤酒厂一带水质较好区,除用于生活饮用、医疗保健外,还可进行保健饮料、酒类、食品加工类等行业开发;在辛店村浆板厂一带,水温较低,适于建鱼塘,进行温水养殖等。

(6)设置温塘地热水保护区,划定界限。严禁在区内建造化工、造纸、印染等具有污染放射性质的工矿企业,严禁在区内开矿采石;对已建企业和其他用水单位,实行严格的排污防治措施,确保地热矿泉水不受污染。同时,加强工作,争取使上述单位搬迁至保护区外或保护区下游。

(7)加大宣传力度,增强广大群众对地热矿泉水矿产资源的认识,厉行节约用水,加强防污治污的措施。

(8)认真做好地热矿泉水的长期动态监测工作,包括水质、水温、水位、水量,时刻掌握其发展方向,为科学化管理地热矿泉水资源积累经验和资料。认真、持续开展地热矿泉水动态监测工作,是合理开发利用和保护地热矿泉水资源的一项重要的基础性技术工作。

通许县地热资源及开发利用研究

王继华[1]　王荣彦[2]　黄景春[1]

（1.河南省地质环境监测院,郑州　450016;
2.河南省地勘局第二水文地质队,郑州　450053）

摘　要: 通许县地处通许隆起中部,成热地质背景有利。地热资源类型属盆地传导型,地温梯度 3.2~3.8 ℃/100 m,1 000 m 埋深地温为 48~54 ℃。主要热储层有新近系明化镇组和馆陶组孔隙热储及寒武－奥陶系溶隙－裂隙热储,热储结构组合分为单一、双层和多层三种类型,地热流体主要是沉积水。研究区属大型地热田,各热储地热水各具特点。建议分温、分质综合利用,增加采暖和农业利用比例,勘察重点是寒武－奥陶系碳酸盐岩潜山热储,加强地热流体动态监测及尾水回灌研究。

关键词: 地热资源;热储;地热流体;开发利用;通许县

中图分类号: TV211.1^{+}2;S215

1　引　言

通许县地处豫东平原,面积 767 km^2,自 1996 年以来,相继凿建千米左右地热井 20 眼,地热开发促进了县域经济的发展。区内以往未进行地热勘察,了解限于地热井及局部石油勘探资料,存在地热地质条件不清、储量不明、利用不尽合理、开发风险较高等问题,制约了地热产业发展。为此,2007~2008 年在该区开展了地热普查。地热调查及物化探、抽水试验、水质测试等工作表明,通许是河南东部平原成热条件较为有利的地区,开发潜力较大、前景较好。本文依据地热普查及相关资料,就地温场、热储等地热地质条件及地热流体质量、资源储量和开发利用情况进行分析研究,以期为通许地热资源的可持续利用提供依据。

2　地热地质背景

通许县位于通许隆起的中部,基底为古生界寒武－奥陶系碳酸盐岩及石炭－二叠系碎屑岩[1],新生界直接覆盖于二叠系之上,沉积厚度 1 000~1 500 m,由南向北增大。奥陶系顶板埋深 1 800~2 400 m,西深东浅;古近系大部分地区缺失,仅分布于东南部;新近系分布广泛,厚 700~1 300 m,自下而上发育有馆陶组和明化镇组。

通许隆起大地构造属巨型秦岭纬向构造带的东端和新华夏系第二沉积带的复合部位,属嵩箕山脉的东延。北为开封凹陷及菏泽凸起,南为周口凹陷,西至嵩箕台隆,东邻永城断褶带。隆起内 EW、NE、NW 向三组断裂将基底切割成破碎的断块状,局部形成新生代小断陷。通许县由于处于隆起区中部(见图 1),断裂构造不发育,对本区地热形成有一定影响的断层有四所楼—练成断裂(F_1)、竖岗断裂(F_2)、半坡—水坡断裂(F_3)、崔桥断裂(F_6)、杞县断裂(F_7)、中牟—开封断裂(F_{10})。

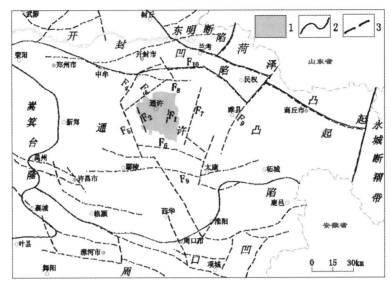

1—研究区;2—褶皱构造界线;3—隐伏断层

图 1　区域地质构造图

3　地热地质条件

3.1　地温场分布规律

3.1.1　地温梯度

通许县地温梯度为 3.3 ~ 3.8 ℃/100 m,平均值为 3.56 ℃/100 m,邸阁西南及冯庄东北小于 3.4 ℃/100 m,其余地区为 3.4 ~ 3.8 ℃/100 m,长智三所楼附近最高达 3.9 ℃/100 m,地温梯度分布具有西南及东北部小、中东部大的规律(见图2)。研究区基底较为平缓,岩性无大的差异,地温梯度差异主要受基底断裂构造及裂隙发育影响,位于中东部的 F_1 断裂为一导热、控热构造,是深部热源上升的通道,热传导性能强,受此影响浅部形成地热异常,而大岗李一带地热异常分析与基底裂隙发育有关。本区平均地温梯度高于开封凹陷区(3.27 ℃/100 m)和周口凹陷区(3.25 ℃/100 m),主要是因为来自地球深部的热流在传导过程中,受地球物理场及基底起伏影响,于地壳浅部进行再分配,由负向构造区向正向构造区集中[2],在基岩隆起区的浅部形成高地温梯度。

垂向上地温梯度随深度增加略有减少。300 ~ 500 m 深度为 3.2 ~ 3.9 ℃/100 m;500 ~ 800 m深度为 3.0 ~ 3.7 ℃/100 m;800 ~ 1 300 m 深度为 2.8 ~ 3.6 ℃/100 m。这主要是由于随着埋深的加深,地层密实度增高,孔隙率变低,热导率增大,热传递性能变好的缘故[3]。

3.1.2　地温分布

通许地区大地热流平均值为 63.11 MW/m²,高热流值分布在长智三所楼及大岗李附近,与地温梯度分布规律一致。从区域来看,本区大地热流值高于北部开封凹陷(59.54

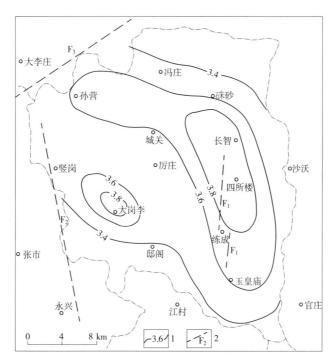

1—地温梯度等值线(℃/100 m);2—隐伏断层

图2 地温梯度等值线图

MW/m²)和南部周口凹陷(58.13 MW/m²),也高于华北盆地大地热流值(58.6 MW/m²),并且高于同一构造东西邻区。

根据地温梯度计算,500 m埋深地温变化范围为32~35 ℃,1 000 m埋深地温变化范围为48~54 ℃。500 m埋深大于34 ℃的高温区及1 000 m埋深大于52 ℃的高温区主要分布在长智—四所楼—练成—玉皇庙及大岗李一带。地温垂向上随地层深度增加而增大,300~500 m深度为25~35 ℃;500~700 m深度为31~40 ℃;700~1 000 m深度为40~53 ℃;推算1 400 m深度地温达60 ℃左右。

3.2 热储层特征及埋藏条件

工作区热储为层状,可被利用的热储层有新近系明化镇组及馆陶组砂岩类孔隙热储和寒武-奥陶系碳酸盐岩类溶隙-裂隙热储。古近系砂岩热储由于厚度薄、范围小、胶结程度高,无开发价值[4]。

3.2.1 新近系明化镇组热储

该热储层遍布全区。热储层顶板埋深300 m左右,底板埋深900~980 m,厚度由西南向东北增加。自上而下分为300~520 m、520~700 m、700~980 m三个含水热储段,700 m以深为温热水。含水介质岩性以中砂、细砂为主,有18~22层,单层厚2~20 m,最厚达39 m,累计厚度275~390 m。热储层水位埋深上段为28~35 m,下段为18~26 m,单井热水产量上段及下段分别为80~115 m³/(d·m)、38~132 m³/(d·m),水温25~50 ℃。水化学类型属HCO_3-Na型水,矿化度为0.5~1.1 g/L。中段目前尚未开发利用,根据资料推测,热储含水砂层颗粒较细,富水性弱。

3.2.2　新近系馆陶组热储

该热储层分布于除东南部外的其余地段。热储层顶板埋深 950～980 m,底板埋深南浅北深,东北部最深达 1 500 m。含水介质主要为细砂、细中砂,有 7～10 层,单层厚度 1.5～35 m,累计厚度 90～108.5 m。水位埋深 15～22 m,单井热水产量为 28～110 m³/(d·m),井口水温 49～63 ℃,以温热水为主。水化学类型为 HCO_3–Na 型及 HCO_3·SO_4–Na 型,矿化度为 0.97～1.40 g/L。

3.2.3　寒武–奥陶系热储

根据石油地质资料及物探资料,该热储层分布广泛,顶板埋深 1 770～2 400 m,西深东浅,其中,砾砂—邸阁一线以东及西部竖岗一带热储顶板埋深小于 2 000 m。本区寒武–奥陶系热储由于埋藏较浅,顶部溶隙–裂隙发育较好,是工作区乃至东部平原具有较高开发前景的潜山热储层[5]。

3.3　热储结构

本区地热类型属沉积盆地传导型,热源为地球深部放射性元素的衰变,传递方式为岩石的热传导。热储盖层为第四系及新近系上部黏性土及砂层,总厚度约 300 m。热储由新近系及古近系砂岩和寒武–奥陶系碳酸盐岩组成,根据垂向叠置,2 000 m 深度,热储组合类型分为单一、双层及多层三种类型。其中,新近系单一结构分布在砾砂—邸阁一线以西;新近系、寒武–奥陶系双层结构分布在砾砂—邸阁一线以东及竖岗一带;新近系、古近系、寒武–奥陶系多层结构仅分布在东南玉皇庙一带。

3.4　地热流体来源及动态

研究区及附近地区氢氧同位素分析表明,区内地热流体大部分为东部盆地沉积物形成时保存下来的沉积水和封闭水,部分为沉积物形成后西部山区大气降水入渗后的侧向径流补给[6]。2000 年以来的监测资料表明,地热流体水温、水质动态稳定;水位动态类型属开采型,总体呈下降趋势,馆陶组较为明显,下降速率为 0.8～1.0 m/a;受开采影响,热水井热水产量有减少趋势。

4　地热流体化学特征及质量

4.1　化学特征

研究区地热流体化学类型单一。新近系明化镇组均为 HCO_3–Na 型(见表 1);馆陶组以 HCO_3–Na 型为主,局部为 HCO_3·SO_4–Na 型。温水为极软–软的弱碱性淡水,温热水属极软的弱碱性淡水–微咸水。

表 1　地热流体化学成分

热储	温度	总溶固	总硬度	pH 值	K^+	Na^+	Ca^{2+}	Mg^{2+}	Cl^-	SO_4^{2-}	HCO_3^-	F^-	水化学类型
明化镇组	温水	529.5～656.2	70.0～143.5	7.6～8.4	1.58～2.35	78.2～154.0	12.4～27.5	4.5～18.2	15.2～42.5	21.6～51.4	294.7～345.4	0.06～0.38	HCO_3–Na
	温热水	752.3～1 108.3	16.0～172.5	7.75～8.4	1.54～3.96	132.1～296.6	2.6～28.1	1.8～24.9	29.8～53.9	55.2～93.2	425.9～646.2	0.92～1.92	
馆陶组	温热水	973.0～1 399.3	22.5～35.0	8.05～8.1	2.48～3.48	277.4～397.2	4.0～9.0	2.4～4.9	32.3～123.7	81.7～243.5	572.4～610.2	1.20～2.00	HCO_3–Na; HCO_3·SO_4–Na

注:总溶固和元素含量的单位为 mg/L。

垂向上随深度增加,常规组分中,Ca^{2+}、Mg^{2+}含量有减小趋势,而 HCO_3^-、SO_4^{2-}、Na^+等含量及总溶固呈增大趋势,这种变化趋势在 850 m 以深尤为明显;Cl^-含量无大的变化。特征组分中,Sr^{2+}含量有减小趋势;F^-含量有增加趋势;H_2SiO_3含量变化趋势不明显,950~1 100 m 段含量相对较高。

4.2　地热流体质量

温水在长智、城关及竖岗等地,偏硼酸或偏硅酸有医疗价值浓度;大部分地区温热水,氟达医疗价值浓度,馆陶组局部为氟水,县城及硃砂等地偏硼酸有医疗价值浓度,全区偏硅酸达矿水浓度。

温水水质符合生活饮用标准。县城区及邸阁一带的温热水,镉、氟化物、总铁和钠离子含量及总溶固等 5 项指标超生活饮用标准 0.11~1 倍,水质自上而下变差,其他地区符合生活饮用标准。

小于 35 ℃的温水,符合农灌用水要求;温热水除水温超标外,局部全盐量、总镉超农灌水标准。温水符合渔业用水标准;温热水在县城及邸阁局部,汞、镉、铜、氟化物超渔业用水标准。地热流体属锅垢很少 – 少,具有中等 – 硬沉淀物,起泡、非腐蚀性水,总体适宜工业锅炉利用。

5　地热资源储量

储存资源采用静储量法和热储体积法[7]计算。3 000 m 深度范围,热水储存量为 1 789.92 亿 m^3;热能储存量为 19 110.05 × 10^{16} J,新近系、寒武 – 奥陶系储量分别占热能总储量的 24.77%、74.92%。

地热流体可开采热水量,新近系、寒武 – 奥陶系分别采用水头降落法及回采系数法计算;可利用热能量采用水量折算法计算。可开采热水资源总量为 1 838.16 万 m^3/a,新近系、寒武 – 奥陶系热储可开采热水总量分别占总量的 16.98%、83.00%;可利用热能总量为 5 429.0 × 10^{12} J/a,相当于标准煤 185 543.46 t/a,折合热能 172.15 MW,属大型地热田,新近系、寒武 – 奥陶系可利用热能分别占总量的 5.87%、94.20%。

6　地热资源开发利用

通许现有水温大于 25 ℃的井点 43 眼,其中千米左右地热井 20 眼(城关镇 13 眼)。开发利用深度为 300~1 300 m,2008 年全县地热水开采为 105.55 万 m^3/a,明化镇组开采量占总量的 94.60%,温热水开采量占总量的 18.52%。利用以洗浴、农村生活及城市供水为主,均为直接利用。开发利用中存在管理混乱,井点布局及用途结构不合理,利用形式单一,热能利用率低、浪费严重等问题。

6.1　地热资源勘察

通许县寒武 – 奥陶系碳酸盐岩热储在河南东部平原乃至华北盆地埋藏相对较浅,属经济型开采资源,成热地质条件有利,储量较为丰富,今后应将其作为主要勘察对象,利用钻探、地球物理勘探等手段,查明地质条件、断层位置、性质及产状,摸清热储产量、压力及地热流体质量,为开发提供依据。可优先对顶板埋深小于 2 000 m 的区域进行勘察,特别是东南部玉皇庙一带。

6.2　地热资源利用

地热开发以水为载体,应根据各层位和各区段地热流体温度、水质进行合理利用。根据通许实际,建议温水利用以生活、农灌、养殖、土壤加温[6]为主;温热水利用以采暖、医疗、温室为主;热水利用以采暖为主,其次为工业;中温水利用以烘干、采暖为主。今后地热资源的开发利用应与城市及新农村建设相结合,以新近系馆陶组为重点,调整目前用途结构,增加采暖及农业利用比例;引进热泵技术,提高低温资源利用水平;开展水产养殖,温室花卉育苗、蔬菜种植等地热农业利用;依靠科技创新,逐步开展梯级综合利用,提高资源利用能效;对于地热井数量较多、井网密度大的县城区,要控制开采。

6.3　地热资源保护

成立专门管理机构,立法加强地热资源的统一管理。编制开发利用与保护规划[8],合理配置地热资源,实行总量控制开采,分层分质利用。注重地热开发中的环境保护,综合利用以降低尾水排放温度,减少对环境的影响。开展地热流体动态监测工作,加强地热尾水回灌研究[9],以指导地热资源的合理利用,保护地质环境,实现地热资源的可持续利用。

7　结　语

通许县成热地质背景有利,地热资源储量丰富,地热流体质量较好,开发前景广阔。今后在以岩溶潜山热储为勘察重点的同时,要加强合理利用及保护研究,加大在采暖、农业种养殖方面的利用,提高资源利用能效,将资源优势更好地转化为社会、环境效益和经济效益,为通许社会经济的发展作出更大贡献。

参 考 文 献

[1] 王继华,等.河南省通许县地热资源普查报告[R].河南省地质环境监测院,2008.

[2] 张保健,高继雷,鹿波,等.高青县城区地热资源及开发利用[J].山东地质,2008,24(11):31-32.

[3] 王心义,聂新良,赵卫东.开封凹陷区地温场特征及成因机制探析[J].煤田地质与勘探,2001,29(5):4-6.

[4] 乔光建,刘东国.邢台市地下热水资源合理开发利用的研究[J].水资源保护,2005,21(6):42.

[5] 聂新良,王心义,尚赵顺.河南省东部平原地热系统的基本特征[J].焦作工学院学报,2002,21(2):102.

[6] 齐玉峰,王现国,王关杰.开封凹陷区地热资源开发利用与保护[J].地下水,2007,29(4):78.

[7] 刘向阳,龚汉宏.邯郸市地热资源评价[J].中国煤田地质,2007,19(6):47-48.

[8] 杨利国,吴东民,宋会香,等.郑东新区地热资源及开发保护对策[J].地下水,2008,30(1):49.

[9] 李喜安,刘玉洁,蔚远江,等.西安地区地热水资源开发利用现状及展望[J].水资源保护,2003,31(3):52.

Research on the Development of Geothermal Resource of Tongxu County

Wang Jihua[1]　　Wang Rongyan[2]　　Huang Jingchun[1]

(1. Geological Environment Monitoring Institute of Henan Province, Zhengzhou　450016;

2. Water Regime 2nd Team, Geological Exploration Bureau of

Henan Province, Zhengzhou　450053)

Abstract: Locating in the middle of Tongxu swell, the Tongxu county is geologically favorable of geothermay which has a geothermal gradient of 3.2 ~ 3.8 ℃/100 m and a temperature of 48 ~ 54 ℃ at a depth of 1,000 m. The main geothermal reservoirs including pore reservoir of Minghua town groupe and Guantao groupe of Neogene system as well as the karst − fracture reservoir of Cambrian-Ordovician system. The reservoir formation can be divided into three types of solo layer, double layer and multiple layer. The main geothermal fluent is the precipitated sedimentary water. The research area is a large − sized geothermal field, of which each of the geothermal reservoir has a different character. The author suggested in the paper that when the geothermal is developed, different uses should be made according to the different temperature and quality, while the ratio of heating and agriculture should be increased. The target layer is the carbonate burial hill reservoir of Cambrian − Ordovician system.

Key words: geothermal resource, reservoir, geothermal fluent, development, Tongxu County

郑州市地热资源热储特征分析 *

田东升　宋云力　朱洪生

（河南省地质环境监测院,郑州　450016）

摘　要：郑州市位于河南省中部,蕴藏较丰富的地热资源。结合地热成因和开发利用情况,郑州市热储划分为断裂型和沉积盆地型,其中沉积盆地型自上而下划分为第一热储层、第二热储层。本文阐述了各热储层埋藏深度、岩性、水文地质参数、富水性及地下热水循环特征,为地热资源评价提供基础。

关键词：特征;热储结构;断裂型;沉积盆地型;郑州市

1　引　言

郑州为河南省省会,是全国区域中心城市之一,同时也是全国著名的商贸城,具有承东启西的重要战略地位。近年来,随着经济的快速增长、城市框架的拉大、人口的急剧增加,能源消耗量大幅度增加,能源和环境保护问题日益突出。郑州市区蕴藏较丰富的地热资源,目前已有150余眼地热水井,地热资源的合理有序开发促进了郑州市绿色城市建设和经济发展,带动了以郑州为中心的中原城市群经济的快速崛起。了解郑州市热储结构和地下热水循环特征,从而为郑州市地热资源评价及地热产业健康发展提供依据。

2　自然地理

郑州市位于河南省中部,地理坐标:北纬34°32′～34°57′,东经113°26′～113°52′。市区建成区面积243.3 km²,人口287.7万人。

郑州属暖温带半湿润气候,四季分明。多年平均气温14.25 ℃,平均降水量为629.7 mm,蒸发量1 853.2 mm,相对湿度66%。

京广铁路以西地区为南、北高的黄土台塬及中间较低的塬前冲洪积岗地,京广铁路以东地区为黄河泛流平原。

3　热储划分原则

正确地划分热储,有助于地热资源的客观评价、综合开发和实行科学的优化管理。按以下原则划分：

（1）考虑地热成因,即热源供给的方式、途径。

（2）考虑地热是矿又是水这一特点,即热储层和水循环的连续性。

＊本文原载于2007年《地下水》第29卷第5期。

作者简介：田东升(1965—),男,河南上蔡县人,高级工程师,主要从事水文地质、环境地质及地质灾害调查研究。

（3）考虑热储岩性、结构、埋藏深度及相对独立的整体，是补、径、排和水循环的统一体。进行划分时应考虑储热、储水空间的完整性及热储的构造、地温场与地热流体特征。

（4）划分时要考虑层次性。

根据上述原则将郑州市热储划分为断裂型和沉积盆地型，其中沉积盆地型自上而下划分为第一热储层、第二热储层。

4 热储结构及地下热水循环特征

4.1 热储结构

4.1.1 断裂型

其分布于尖岗断层西南，在郑州市区西南三李一带，从西南向东北，该热储埋藏深度逐渐加大，至尖岗断层达 1 960 m。热储层岩性为奥陶系、寒武系灰岩，厚度 600 ~ 1 200 m，盖层以页岩、泥岩为主。

渗透系数 0.28 ~ 0.58 m/d，平均为 0.43 m/d；导水系数 21.97 ~ 45.63 m²/d，平均为 34 m²/d。井口温度一般为 27 ~ 42 ℃。

地下热水位埋藏深度 46 ~ 110 m。三李村北农业示范园内地热井井深 325 m，静水位埋藏深度 110 m，涌水量 40 m³/h，水温 42 ℃。地下热水的水化学类型为 $HCO_3 \cdot SO_4 - Ca$ 型，矿化度为 0.82 g/L。

4.1.2 沉积盆地型

其分布于尖岗断层东北部，埋藏深度大于 350 m，热储温度 25 ~ 48 ℃，热储岩性为新近系砂层。

4.1.2.1 第一热储层

其主要分布于刘胡垌、侯寨至小刘一线以北的广大地区，即分布于尖岗断裂东北。热储层主要为新近系上更新统（明化镇组）下段和中更新统（馆陶组）上、中段湖积地层，其顶板埋深一般在 350 ~ 450 m，底板埋深 500 ~ 800 m。盖层为上部第四系及新近系黏性土层。热储层岩性以中细砂为主，共有 11 ~ 23 层之多，下部微胶结，总厚度 24.3 ~ 226.3 m，平均厚度 155.3 m。

渗透系数 0.49 ~ 2.64 m/d，平均为 1.456 m/d；导水系数 35.2 ~ 273 m²/d，平均为 141 m²/d；平均压力传导系数 4.1×10^4 m²/d；弹性释水系数 3×10^{-7} ~ 3.8×10^{-3}，平均为 3.44×10^{-3}；单位涌水量 1 ~ 3 m³/(h·m)。一般井口水温 25 ~ 39 ℃。水化学类型主要为 $HCO_3 - Na$ 型、$HCO_3 \cdot SO_4 - Na$ 型、$HCO_3 - Ca$ 型，矿化度 500 ~ 700 mg/L，pH 值 7.2 ~ 8.56，H_2SiO_3 含量为 25.99 ~ 45.06 mg/L，Sr 含量为 0.21 ~ 1.03 mg/L。

该热储层在空间分布、埋藏深度、岩性特征、厚度等方面，表现为不同层位，其热储厚度、热储岩性都有所变化：

（1）层埋藏深度为 345 ~ 550 m，岩性为新近系明化镇组下段的细砂、粉细砂、中细砂及中粗砂，区内共有 5 ~ 7 层，厚度 55.3 ~ 139.4 m。须水、齐礼闫、十里铺以南地区较薄，向北逐渐增厚。单层厚度 16 ~ 47.3 m，最厚 62.5 m，最薄仅 3.5 m。

（2）层埋藏深度为 534 ~ 675 m，岩性为新近系馆陶组上段的中细砂、中粗砂、粗砂和细砂,而在老鸦陈断层以西为馆陶组的中细砂,区内有 3～6 层,总厚度一般为 34.4～51.5 m,但在空军医院至市政府一带厚度达 104 m 之多。单层厚 10～26.8 m,最厚可达47.3 m,最薄为 5.5 m。本层在区内的绝大部分地区均有分布,东部、北部厚度大,向西和南部厚度变薄,在刘胡垌、十八里河以南地区缺失。

(3)层埋藏深度为 660～800 m,岩性为新近系馆陶组中段的中细砂、细砂和粉细砂,区内共有 4～5 层,总厚度 26～49.7 m。单层厚 8～16 m,最大厚度为 23 m,最小厚度仅为3.5 m。其分布于上街断层以北、老鸦陈断层以东。须水断层以南厚度变薄,在刘胡垌、十八里河以南没有沉积。

4.1.2.2 第二热储层

该热储是指埋藏深度在 800～1 200 m 以内,井口水温 40～48 ℃的新近系热储。由于受地质构造的严格控制,该热储层主要分布在老鸦陈断层以东和须水断层以北地区。总面积 423.41 km²。

该热储组的埋藏深度为 800～1 200 m。热储层为新近系馆陶组下段湖相沉积物,岩性以细砂、中细砂为主,夹有粉细砂层。多由钙质胶结或半胶结,呈半成岩状态,顶板埋深807.6～943.5 m,局部小于 800 m。共有 8～10 层,单层厚 14～18 m,最厚可达 67.82 m,最薄的仅有 3.5 m,总厚度 86～187 m。导水系数 17.32～33.0 m²/d,平均为 25 m²/d;压力传导系数平均为 2.78×10^4 m²/d;弹性释水系数平均为 8.99×10^{-4};单位涌水量一般小于 1.0 m³/(h·m),多数为 0.5 m³/(h·m),局部(老鸦陈—柳林一带)大于 1.0 m³/(h·m)。井口水温 40～48 ℃。水化学类型主要为 HCO_3-Na 型,个别为 $HCO_3·SO_4$-Na 型,矿化度为 600～900 mg/L,最高可达 1 281 mg/L,pH 值 7.4～8.3,H_2SiO_3 含量为25～30 mg/L,Sr 含量为 0.2～0.3 mg/L。盖层为新近系明化镇组、馆陶组中上段黏土层、各级别砂层和第四系亚黏土、砂层。

4.2 地下热水循环特征

利用地热水中氢氧同位素研究结果,断裂型和沉积盆地型热储中地热水的主要补给来源为市区西南山区大气降水。大气降水通过岩溶裂隙、断裂通道径流,主要消耗于人工开采。断裂型地下热水交替快,但沉积盆地型地下热水运移很慢,第一热储层地下热水平均年龄为 32.6 年,第二热储层地下热水平均年龄为 43.2 年。

2005 年枯水期,断裂型热储地下热水埋藏深度 48～110 m,沉积盆地型地下热水埋藏深度 60～95 m,20 世纪 90 年代以来大规模开发,导致地下水位持续下降,已形成大面积的地下水水位降落漏斗,到 2005 年漏斗面积已达 72 km²。

地下热水动态类型简单,为开采动态型。

5 结 语

依据热储划分原则将郑州市的热储结构划分为断裂型和沉积盆地型热储层,沉积盆地型热储层进一步划分为第一热储层和第二热储层,详细阐述了各热储层的岩性、厚度、空间结构、水文地质参数、富水程度、地下水循环特征,为郑州市地热资源评价打下了坚实的基础。

参 考 文 献

［1］田东升,张青锁,等.河南省郑州市区地热资源普查与开发利用保护［R］.河南省地质环境监测院,
2006.

［2］甄习春,等.郑州市饮用矿泉水环境同位素与矿泉水形成初步研究报告［R］.河南省地矿厅环境水
文地质总站,1995.

［3］张人权,等.同位素方法在水文地质中的应用［M］.北京:地质出版社,1983.

［4］卢予北,等.地热资源开发与问题研究［M］.郑州:黄河水利出版社,2005.

［5］齐登红,等.超深层地下水的补给形成研究［J］.湖南科技大学学报,2005(3).

［6］姚兰兰,等.郑州市地下水动态监测报告［R］.河南省地质环境监测院,2005.

地应力测量及其对矿床突水防治的作用与意义*

——以河南夹沟铝土矿床突水防治工程为例

李满洲[1]　余　强[1]　郭启良[2]　陈群策[2]

（1. 河南省地质环境监测院,郑州　450016；
2. 中国地震局地壳应力研究所,北京　100081）

摘　要:针对铝土矿床突水,开展地应力测量研究,是分析查明突水成因、优化确定防治方案及合理进行矿床底板管理的一项重要手段。夹沟矿床测量分析结果表明:①矿床地区存在较高的水平构造应力,其量值明显高于垂向应力。矿床水平高构造应力对矿床底板及其边坡稳定性具有不良影响,矿床开采掘面轴线应沿 N70°E 方向布设趋佳。②由于持续开采作用,矿床附近地应力状态产生不良扰动,水平高构造应力同开采形成的局部地应力场不良改变的叠加影响对矿床底板岩石场各类裂隙、结构面导水起到极为重要的"催化"作用,是造成矿床底板突水的重要因素之一。③防治工作应重视加强矿床底板管理,科学预留安全隔水层屏障。建议对矿床底板及其下伏一定范围内的灰岩实施预注浆处理,使得裂隙底板得以加固、灰岩溶洞裂隙得到堵塞,以抵抗不良应力的作用,消除或减弱对矿床突水的影响。

关键词:铝土矿床;地应力测量;作用与意义;河南夹沟

1　引　言

河南夹沟铝土矿床,位于河南省偃师市府店镇寨孜村南 300 m。矿床赋存于石炭系本溪组的中上部,矿床底板毗邻奥陶系中统马家沟组灰岩古侵蚀面,矿体埋深 19.07～89.31 m,矿床平均厚度 15.52 m,储量 155.38 万 t,设计年露采能力 12 万 t。自开采以来,为国家经济建设作出了重大贡献。然而,矿山正值开采盛期,于 2003 年 10 月发生突水,至 2004 年 4 月,百米矿坑突水淹达 30 余 m,致使矿山被迫停采,给企业乃至国家造成不小的损失。为此,中铝河南矿山公司和河南省地质环境监测院决定组成联合研究组,开展对该矿床突水成因与防治方法的研究。其中,地应力测量即是该项研究的重要手段之一。

2　地应力测量结果

2.1　测量方法

测量方法采用水压致裂法。该法是目前国际上可直接进行深孔应力测量的先进方法。它无需知道岩石的力学参数便可获得地层中现今地应力的多种参量,并具有操作简

---

* 本文原载于 2006 年《地球学报》第 27 卷第 4 期。

作者简介:李满洲(1961—),男,工学硕士,教授级高级工程师,主要从事区域地质环境演化与地质灾害研究。

便、可连续或重复测量、测量速度快、测值可靠等特点,近年来得到广泛采用,并取得很好的应用效果。

2.2 测量过程

测量系统采用双回路系统,见图1。即用两个独立的加压系统分别向封隔器和试验段加压。其特点是在测量过程中,可同时观察封隔器和试验段内的压力变化,一旦发现封隔器座封压力不够或封隔器密封不好,可随时进行补压,为测量数据的可靠性提供了保障。

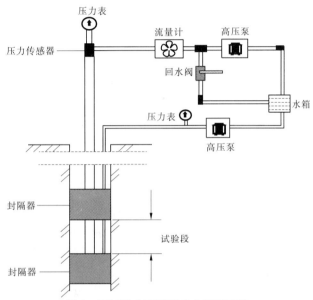

图1 双回路水压致裂应力测量系统

最大水平主应力方向的确定采用定向印模法,它可直接把孔壁上的裂缝痕迹印下来。该装置由自动定向仪和印模器组成,见图2。

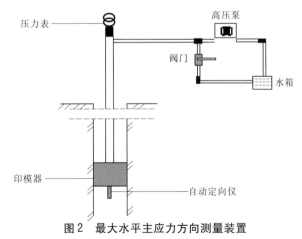

图2 最大水平主应力方向测量装置

各压力参数判读及计算方法如下:

破裂压力 P_b——取压裂过程中第一循环回次的峰值压力作为岩石的破裂压力。

重张压力 P_r——后续几个加压回次中使已有裂缝重新张开时的压力。这里取压力－时间曲线上斜率发生明显变化时的对应点压力作为破裂重张压力。

关闭压力 P_s——该压力的确定对于水压致裂应力测量非常重要,其取值精度直接影响最大和最小水平主应力的计算精度。目前,常用的取值方法有拐点法、单切线及双切线法、dt/dp 法、dp/dt 法、Mauskat 法等。本次测量 P_s 取值采用单切线法。

2.3 测量结果

测量工作历时 3 天,共进行 3 孔、10 段地应力压裂测量和 4 段定向印模测量。所得压力曲线标准、完整,见图 3。

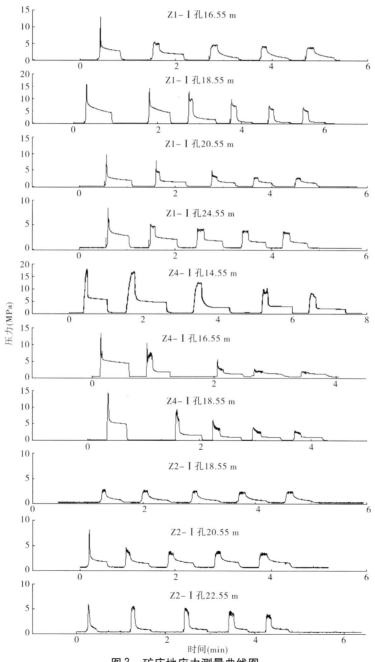

图3　矿床地应力测量曲线图

根据压裂曲线特征求得各测量参数见表1。

表1 矿床地应力测量结果

孔号	孔深 (m)	P_b (MPa)	P_r (MPa)	P_s (MPa)	P_H (MPa)	P_0 (MPa)	T (MPa)	S_H (MPa)	S_h (MPa)	S_H 方向
Z1 - I	16.55 ~ 17.15	13.06	4.03	3.17	0.16	0.14	9.03	5.34	3.17	
	18.55 ~ 19.15	16.52	6.63	3.62	0.18	0.16	9.89	4.07	3.62	N64°E
	20.55 ~ 21.15	9.88	2.78	2.35	0.20	0.18	7.10	4.09	2.35	
	24.55 ~ 25.15	8.41	3.68	2.39	0.24	0.22	4.73	3.27	2.39	N80°E
Z2 - I	18.55 ~ 19.15	—	2.33	2.33	0.18	0.15	—	4.51	2.33	
	20.55 ~ 21.15	7.17	3.21	2.78	0.20	0.17	3.96	4.96	2.78	N66°E
	22.55 ~ 23.15	5.90	4.52	3.23	0.22	0.19	1.38	4.98	3.23	
Z4 - I	14.55 ~ 15.15	17.13	6.59	3.58	0.14	0.13	10.54	4.02	3.58	
	16.55 ~ 17.15	13.49	2.74	1.88	0.16	0.15	10.75	2.75	1.88	
	18.55 ~ 19.15	13.94	4.48	2.76	0.18	0.17	9.46	3.63	2.76	N69°E

注:表中,P_H 为试段深度上水柱压力;P_0 为试段深度上孔隙压力;T 为岩石抗拉强度;S_H 为最大水平主应力;S_h 为最小水平主应力。

将最大、最小水平主应力用图表示,即可获得钻孔应力随深度的分布状况,见图4。

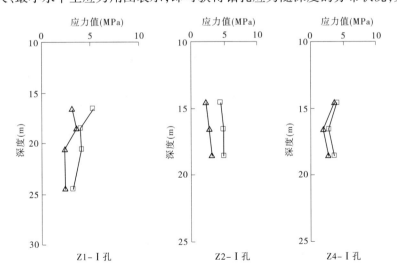

图4 水平主应力垂向分布图

定向印模测量获取测点的最大水平主应力方向,见图5。它们分别为 N64°E、N80°E、

N66°E 和 N69°E,总体优势方向为 N70°E 左右。

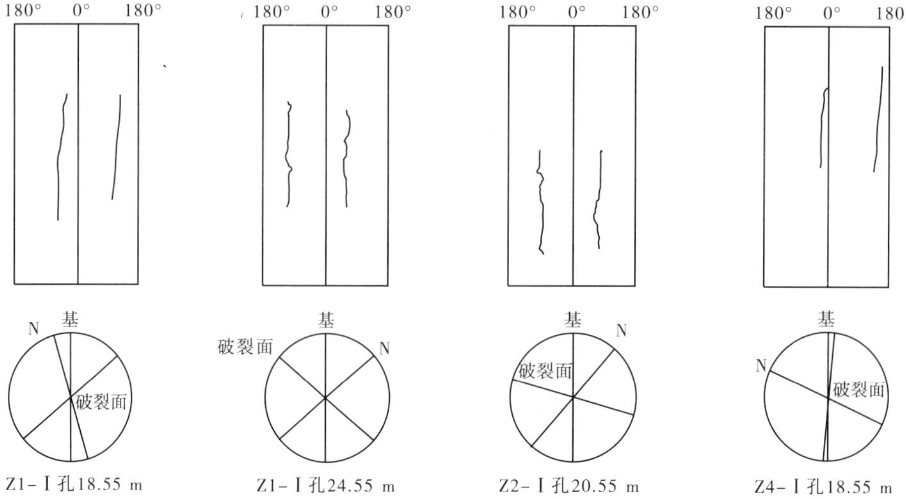

图5　定向印模测量图

3　地应力测量的作用与意义

以夹沟铝土矿床突水为例,地应力测量的作用与意义主要体现在分析查明矿床突水的成因和优化指导矿床突水防治方法的选取等方面。

3.1　矿床突水成因分析

3.1.1　矿床地质环境条件

夹沟铝土矿床位于嵩山背斜北翼、石炭系中统本溪组(C_{2b})内,下部为铝土页岩、铁质黏土岩及山西式铁矿层,中上部为铝土岩、厚层状铝土矿、铝土页岩等。其为一套良好的隔水岩层,呈东西向条带状展布,由南向北缓倾斜,倾角18°~20°。

矿床下伏奥陶系中统马家沟组(O_{2m})灰岩。顶面受古岩溶剥蚀作用影响,呈凹凸不平状。由厚层状灰岩、豹皮状灰岩等构成,厚约80 m。岩溶、裂隙十分发育,为矿床底板下伏主要含水岩组,水压力高、富水性强,单位涌水量0.88~2.11 L/(s·m)

矿区构造特征总体上为东西走向、向北倾斜的舒缓单斜构造。矿床勘探发现,矿区中部,有一小型断层存在,长700 m,走向NNW,倾向近SW,倾角75°左右。

3.1.2　矿床突水成因

岩体的透水性能与其结构面及其力学性质密切相关,而岩体结构面的力学性质又受地应力的大小和方向所控制。夹沟铝土矿床底板由铝土岩、铝土矿、黏土岩等构成,通常情况下透水很弱,为良好的隔水岩层。但是,矿床一旦开采,特别是在采坑达百米的情况下,矿床应力场状态必然发生变化,其中存在的层理、节理和采动裂隙等多种结构面就将复活。一般在高地应力作用下,与最大水平主应力近于平行的结构面将会不同程度地张开甚至破裂,从而使透水性增强。

本次3个测量钻孔位于矿坑底部矿床上,水平相距约15 m,孔深20~30 m。测量数据表明,矿床应力场类型为大地动力场型,原岩应力主要由构造应力场形成。平均最大水平主应力为 4.16 MPa,优势方向为 N70°E;平均最小水平主应力这 2.18 MPa,方向为 NNW,水平面内的差应力不大。用孔深范围内岩体重量估算的垂直应力约为 0.53 MPa,水平构造应力明显大于垂直应力。

上述不良应力状态是随着矿床的不断开挖而逐渐加剧的,矿床底板垂直应力随开挖深度的增加而减小,而矿床周侧的水平构造主应力则会维持原有水平不变。随着矿床的不断开采,矿坑底部矿床垂直应力人为地迅速削减,水平高构造应力导致矿床隔水底板一定深度内的各种缓倾角结构面产生不同程度的"上拱"及"活化",从而降低了矿床底板隔水岩体的强度,使得原本良好的本溪组(C_{2b})隔水岩组发生变形破坏,各种结构面的"张开度"增大或由闭合到完全张开,或原有的破碎带、张性结构面变得更为发育而形成突水通道,矿床底板下伏奥陶系中统马家沟组(O_{2m})灰岩裂隙岩溶承压水便得以乘"隙"而出,顶托涌入矿坑内,进而造成矿床突水。钻孔井下超声波成像资料显示,即使在较为完整的灰岩地层内,这些缓倾角结构面也非常发育。

勘探发现矿床底板存在小型断层,走向北西,倾角较大。从地应力场状态来看,该断层在北东向最大水平应力的作用下,表现为压扭性,断层导致矿床底板突水的影响不大。

综上分析,夹沟矿床突水是岩石场、渗流场和应力场耦合作用的结果。水平高构造应力同开采形成的局部地应力场不良改变的叠加影响对矿床底板各类裂隙、结构面导水起到极为重要的"催化"作用,是造成矿床底板突水的重要因素之一。

3.2 矿床突水防治方法的优化拟定

地应力是直接作用在矿床底板及其围岩上的载荷,是影响矿床底板和矿坑边坡稳定性的主要因素之一,是引起矿床底板与边坡变形和破坏、产生矿床突水及其动力地质现象的重要原因。因此,准确把握并主动适应或利用它十分重要。它对于正确确定岩体力学属性,优化开展矿床底板管理、实现采矿决策和设计科学化,以及从战略角度提出矿床突水防治对策等具有重要的指导作用和意义。

矿床底板的稳定性除与岩石的力学强度有关外,在较大程度上由岩体中应力分布规律及其开采引起的应力变化所决定。其应力状态对开采方式、掘面走向及其矿床底板预留隔水安全层厚度等至关重要。当水平应力大于垂直应力时,掘面走向轴线应选择在最大水平主应力方向上;反之,掘面走向轴线应选择在最小水平主应力方向上。这时矿床底板受力较小且较均匀,可有效减弱矿床底板的剪切变形破坏程度。倘若掘面走向与最大主应力方向以较大角度斜交,往往一侧产生应力集中而另一侧发生应力释放,易于造成矿床底板的变形破坏。因此,建议夹沟矿床开采掘面轴线应沿 N70°E 方向布设,以有效抑制矿床底板及其边坡的变形与破坏,减轻矿床突水的强度及其矿坑边坡动力地质现象的发生。

同时,夹沟矿床突水防治工作应重视加强矿床底板管理,科学预留安全隔水层屏障厚度。建议对矿床预留底板及其下伏一定范围内的灰岩实施预注浆处理,使得裂隙底板得以加固、灰岩溶洞裂隙得到堵塞,以抵抗不良应力的作用,消除或减弱对矿床突水的影响。

4　结　语

(1)夹沟铝土矿床平均最大水平主应力为4.16 MPa,平均最小水平主应力为2.81 MPa。最大水平主应力优势方向 N70°E。矿床应力场类型为大地动力场型,其主要由水平构造应力所组成。

(2)夹沟矿床突水是岩石场、渗流场和应力场耦合作用的结果。水平高构造应力同开采形成的局部地应力场不良改变的叠加影响对矿床底板岩石场各类裂隙、结构面导水起到极为重要的"催化"作用,是造成矿床底板突水的重要因素之一。

(3)矿床水平高构造应力对矿床底板及其边坡稳定性具有不良影响,矿床开采掘面轴线应沿 N70°E 方向布设。突水防治工作应重视加强矿床底板的管理,科学预留安全隔水屏障厚度。建议对矿床底板及其下伏一定范围内的灰岩实施预注浆处理,使得裂隙得以加固、溶洞得到堵塞,以抵抗不良应力的作用,消除或减弱对矿床突水的影响。

参 考 文 献

[1] 国际岩石力学学会试验方法委员会确定岩石应力建议方法,方法2:采用水压致裂技术确定岩石应力的建议方法[J]. Int. J. Rock Mech. Min. Sci. & Geomech. Abster, 1987, 24(1):53-73.

[2] Hayashi K, et al. Characteristics of shut-in curves in hdyraulic fracturing stress measurements and determination of in situ stress minimum compressive stress[J]. J. G. R., 1991, 96(B11,18):311-321.

[3] 中国地震局地壳应力研究所. 水压致裂裂缝的形成和扩展研究[M].北京:地震出版社,1999.

[4] 郭启良,陈群灿,毛吉震,等. 中铝河南偃师夹沟铝土矿床地应力测量及分析报告[R].中国地震局地壳应力研究所,2005.

[5] 李满洲,王继华,铁平菊,等. 中铝河南偃师夹沟铝土矿床突水机理与降水试验报告[R].2004.

[6] 中国地震局.DB/T 14—2000 原地应力测量水压致裂法和套芯解除法技术规范[M].北京:科学出版社,2000.

河南省矿业开发对地下水影响分析评价

赵承勇　郭玉娟

（河南省地质环境监测院,郑州　450016）

摘　要:通过对河南省各类矿区地下水的调查分析,基本摸清了采矿活动对地下水的影响现状;依据我国地下水生活饮用水、工业、农业用水水质要求,对矿区地下水水质进行了评价分区,并对各区的污染情况和程度进行了详细论述。

关键词:矿业开发;地下水;影响评价

1　引　言

目前开发利用矿产主要为煤、金、铝土、钼、铁、铜、铅矿等,但由于金、铝土、钼、铁矿的开采面积和深度、规模等远不及煤矿,因而对水资源和水环境的影响要比煤矿的影响小得多,所以下面重点就煤矿开采对水资源的影响进行分析。

根据对河南省矿山企业的调查,得出全省矿坑排水年产出总量为 41 575.92 万 m^3,年排放量为 36 072.01 万 m^3。其中 15% 用于生产、生活用水,大部分都排出地表流失了,造成水资源的大量浪费。

2　煤层与含水层组合特征

河南煤田地质构造、沉积环境和区域水文地质条件特征分析表明,煤层与含水层、隔水层组合有以下特征:煤层、含水层与隔水层三者共同赋存于一个地质体中,一般为同期沉积。三者具有独立的成层特征,但又有互层关系。同时,受沉淀环境影响,在层厚上有厚薄和尖灭的变化规律。三者都受后期构造的影响,被断层切割成块状或被褶皱挤压而显出厚薄不一的特征。煤层、含水层、隔水层、弱含水层均为交互相沉积,共存于同一系统中。其中煤层夹于含水层中,其顶底板均有含水层和隔水层,因此煤层开采时,在采区范围内,含水层要受到影响,地下水天然条件下的补、径、排关系也要发生变化。

3　矿业开发对地下水资源的破坏

煤矿开采直接影响的地下水是煤系地层裂隙水、岩溶水。煤层开采后由于顶板的冒落,采空区上覆含水层遭到破坏,原来储存于含水层的裂隙水在短时间内排空,在开采深部煤层时,煤系地层下伏含水层遭到破坏后,特别是奥灰含水层,矿井涌水量迅速增大,造成矿坑突水危害。随着时间的延长,排水量逐渐趋于相对稳定,其破坏是永久性的。

煤矿开采对水资源的破坏除可计量的直接损失外,更为重要的是对生态环境的扰动,

作者简介:赵承勇(1961—),男,高级工程师,主要从事水文地质、工程地质、环境地质和地质灾害调查评价工作。

而这种扰动所产生的影响更具广泛性和深远性。

(1)改变了地下水自然流场及补、径、排条件。由于煤、水资源共存于一个地质体中,在天然条件下,各有自身赋存条件及变化规律,煤矿开采打破了地下水原有的自然平衡,局部由承压转为无压,导致煤系地层以上裂隙水受到明显的破坏,使原有的含水层变为透水层,原有的水井干枯,泉水断流。

(2)改变了"三水"转化关系。在自然状态下,降水、地表水与地下水存在一定的补排关系,由于矿坑排水在浅部地段,"三带"连通,使地表水转化为地下水,涌入矿坑再排出,在下游转化为地下水,地表水、地下水互相转化,相互补给,改变了原有状态下的循环过程。

(3)地下水质恶化。

(4)形成大面积水位下降漏斗区。

(5)引起地面地质灾害,进一步破坏了水资源。由于采空区的形成及其顶板塌陷,在地面引起较为严重的地质灾害,主要有地裂缝、塌陷、滑坡、崩塌。一系列的地质灾害,破坏了浅部隔水层和储水构造,改变了径流路线,枯竭了浅层水资源,并影响了侧向补给量。

4　矿区地下水环境质量评价

4.1　评价标准

(1)本次评价的方法参照《地下水质量标准》(GB/T 14848—93)水质评价原则制定。该标准依据我国地下水水质现状,参照生活饮用水、工业、农业用水水质要求,将地下水质量划分为五类。

Ⅰ类:主要反映地下水化学组分的低天然背景含量,适用于各种用途。

Ⅱ类:主要反映地下水化学组分的天然背景含量,适用于各种用途。

Ⅲ类:以人体健康基准为依据,主要适用于集中式生活饮用水水源及工农业用水。

Ⅳ类:以农业和工业用水要求为依据,除适用于农业和部分工业用水外,适当处理后可作生活用水。

Ⅴ类:不宜饮用,其他用水可根据使用目的再进行专门评价。

(2)污染评价标准。地下水污染是指在人类活动影响下,地下水质量发生明显恶化的现象。地下水污染评价采用单项参数评价与多项参数综合评价相结合的原则进行,将地下水受污染的程度划分为四级:

Ⅰ级:主要反映地下水化学组分的天然背景值含量或无明显可辨识的污染源存在,且水质的变化未超过生活饮用水卫生标准(GB 5749—85),定为未污染(主要为标准的一、二类水)。

Ⅱ级:仅有单项参数超背景值,且有可辨识的污染源存在,但污染水未超生活饮用水卫生标准或单项超生活饮用水卫生标准且污染超标强度在10%以内时,定为轻度污染,适当处理后,可供饮用。

Ⅲ级:多于一级参数超背景值或超生活饮用卫生标准且污染强度在10%以内时,定为中度污染。不宜适用,适用于农业和部分工业用水,适当处理后可供饮用。

Ⅳ级:有多于一项参数超背景值或超生活饮用水卫生标准且污染超标强度大于10%

时,定为重度污染。不宜饮用,适当处理后,适用于农业和部分工业用水。

4.2 评价方法

地下水质量评价以地下水调查的水质分析资料及水质监测资料为基础,分为单项参数评价和多项参数综合评判的方法进行。单项参数评价按标准分类指标划分为五类,不同类别标准相同时,从优不从劣。然后综合对比各项指标的评价结果,采用就高不就低的原则判定地下水类别。也就是说,当有某一参数含量较高时,就按它所属的类型确定该地下水的类别,最后的归类取决于各单项参数评价的最高者。

4.3 评价参数

本次评价选择 pH 值、氨氮、硝酸盐氮、亚硝酸盐氮、挥发性酚类、热气氯化物、砷、汞、铬、总硬度、铅、氟、锌、铜、锰、硒、硫酸盐、氯化物等 30 余项作为评价参数。

4.4 地下水环境背景值

地下水环境背景值是确定地下水是否受污染的标准。本次背景值的选取参照《黄河冲积平原(河南省开封市)地下水环境背景值调查研究》和《地下水质量标准》(GB/T 14848—93)共同确定。

5 矿区地下水质量评价分区

矿区地下水水质现状主要反映岩溶水、裂隙水和孔隙水,现根据收集的资料和矿区地下水资源的水质分析成果分述如下。

5.1 平顶山矿区

5.1.1 松散岩类孔隙水

松散岩类孔隙水主要分布在沙河冲积平原、汝河冲积平原、山前倾斜平原区。根据其埋藏深度可划分为浅层水和中深层水。中深层地下水由于其埋藏较深,不易受到污染,故仅对浅层地下水污染现状作如下评介:

该区水化学类型主要为 $HCO \cdot SO_4 - Ca$ 型水,在七矿、西市场、西高皇一带为 $SO_4 \cdot Cl - Ca$ 型水,东高皇、黄台徐一带为 $HCO_3 - Ca$ 型水。该区东部主要超标因子为 Cu、Mn、NO_2 及硬度,水质较差。北部山区为 $HCO_3 - Ca$ 型水,据分析结果,基本上满足生活饮用水标准,没有分析出超标项目,水质较好。

5.1.2 碎屑岩类裂隙水

其主要赋存于上石盒子组平顶山砂岩及石千峰组石英砂岩中,水量较小,泉流流量 $0.03 \sim 2.63$ L/s,一般为 $0.1 \sim 0.3$ L/s,季节性变化明显,浅部已基本被疏干,水化学类型为 $HCO_3 - Ca$ 型水,矿化度小于 0.4 g/L,水质良好,没受到污染,基本上满足生活饮用水标准。

5.1.3 碳酸盐岩类岩溶裂隙水

沿锅底山断层将整个平顶山岩溶水系统分为东西两部分,西部的十一矿、五矿和七矿靠近岩溶水,补给区径流条件好,水质较好,为 $HCO_3 - Ca$ 型水,矿化度为 $0.2 \sim 0.4$ g/L,水温相对较低,一般在 18 ℃左右。

东部情况有所不同,郭庄背斜以西的三矿、四矿、六矿、一矿、二矿、十矿和十二矿由于锅底山断层的阻隔,地下水径流变弱,水质不如西部,水化学类型复杂,主要为 $HCO_3 -$

Na、HCO_3 · SO_4 – Na、HCO_3 – Ca · Mg 型水。矿化度较西部普遍增高,一般为 0.5 g/L,水温升高。

郭庄背斜以东的八矿距岩溶地下水补给区最远,埋藏最深,地下水活动最弱,水质更差,为 HCO_3 – SO_4 – Na – Ca 型水,矿化度一般大于 0.5 g/L,水温更高,最高达 40 ℃以上。

总而言之,平顶山煤田岩溶地下水水化学分布规律是沿着地下水总的流向,自十一矿至八矿,地下水径流逐渐变弱,水质变差,地温渐高,水化学类型逐步由 HCO_3 – Ca 型转变为 HCO_3 – SO_4 – Na – Ca 型。

根据矿区地下水监测资料,本区岩溶地下水的污染程度可分为中等污染、轻污染和未污染三个级别。

中等污染区:分布在西区的韩庄,岩溶水中挥发酚、汞和总硬度三项超标,挥发酚含量为 0.002 mg/L,汞含量为 0.001 2 mg/L,总硬度为 28.46 德国度。综合评价指数为3.330。

轻污染区:分布在平顶山市的西部及南部和西区的韩庄、大庄一带,有 1～2 个超标项目,挥发酚含量为 0.001 6～0.002 4 mg/L,汞含量为 0.000 1～0.001 68 mg/L,总硬度为 4.94～25.26 德国度,综合评价指数为 1～2.3。

未污染区:分布在平顶山市的北部、东部等,碳酸盐岩含水层上覆较厚的二叠系泥岩或第四系的黏土、亚黏土层,岩石的透水性弱,地面污染物质不易直接渗入,下伏岩溶水未受污染,未出现超标项目,综合评价指数等于零。

5.2　新密矿区

5.2.1　松散岩类孔隙水

该区未作专门的污染分析,根据现有资料,其污染程度较岩溶水和裂隙水严重,尤其是浅层孔隙水,受地面污染源的影响更易污染。

5.2.2　裂隙水

该区常量组分:硫酸根含量为 2.4～49.5 mg/L,氯化物含量为 11～53.5 mg/L,硝酸根含量为 1.4～8.0 mg/L,氨离子含量为 0.06 mg/L,亚硝酸根只有一个检出,含量为 0.006 mg/L。矿化度为 265～693 mg/L,pH 值为 6.8～7.65。均未超出生活饮用水水质标准。

微量元素:挥发酚最高含量为 0.002 mg/L,达到生活饮用水限量的最高允许标准。氟化物各点均有检出,含量为 0.2～0.36 mg/L,未超过生活饮用水水质限量标准。其他离子如铁、汞、银、铜、锌、砷、硒等,仅在 1～2 个点中检出,含量很低,未超过生活饮用水标准。六价铬和镉未检出。

5.2.3　岩溶水

该区岩溶水中汞、硒、银、六价铬、锌、铁、砷、铜、铅、氰化物均有检出,除阴离子合成洗涤剂检出含量为 0.65 mg/L,超过生活饮用水含量 0.3 mg/L 的限量要求外,其他均未超标。

常规组分中硫酸盐、氯化物、硝酸盐氮全部检出,氨氮和亚硝酸氮部分检出,总硬度为

15.25 ~ 21.34 德国度,矿化度为 3.15 ~ 447 mg/L,pH 值为 7.05 ~ 7.8,均符合生活饮用水水质标准。

挥发酚的含量为 0.000 07 ~ 0.004 692 mg/L,新密煤田东风矿岩溶水的含量为 0.004 692 mg/L,超过生活饮用水水质标准。其他点均未超标。

该区岩溶地下水的污染程度分为轻度污染和未污染两个级别。轻度污染水分布在东风矿附近,挥发酚一项超标,综合评价指数为 2.35。其他广大地区岩溶水未受污染,未出现超标污染项目,综合评价指数等于零。

5.3 焦作矿区

5.3.1 孔隙水

该区水化学特征为 $HCO_3 \cdot SO_4 - Ca \cdot Mg$、$HCO_3 - Ca \cdot Mg$ 和 $HCO_3 \cdot SO_4 - Na \cdot Mg$ 型。其中焦作市区南、东部地区第四系孔隙水水质较差。

5.3.2 岩溶水

本区岩溶水有五种类型,即 $HCO_3 - Ca$、$HCO_3 - Ca \cdot Mg$、$HCO_3 \cdot SO_4 - Ca$、$HCO_3 \cdot SO_4 - Ca \cdot Mg$ 及 $SO_4 \cdot HCO_3 - Ca \cdot Mg$ 型,其总的分布规律是由补给区经径流区至排泄区水化学类型由单一到复杂过渡。

总的来看,区内岩溶水是一种低矿化、低硬度的淡水,矿化度 0.2 ~ 0.5 g/L,硬度 10 ~ 20 德国度。pH 值 7 ~ 8,其化学成分以 Ca^{2+}、HCO_3^- 含量为主,其他离子次之。Ca^{2+} 的含量一般为 50 ~ 100 mg/L,HCO_3^- 含量一般为 200 ~ 300 mg/L,Mg^{2+} 含量一般为 10 ~ 30 mg/L,Na^+ 含量小于 20 mg/L,SO_4^{2-} 含量东部一般为 20 ~ 40 mg/L,西部南部大于 100 mg/L,Cl^- 含量小于 20 mg/L。游离 CO_2 含量略高,一般为 5 ~ 10 mg/L,局部达 30 mg/L 左右。

本区微量元素中,铁、F^-、酚、氰、阴离子合成洗涤剂全部被检出,且铁、F^- 和酚有超标现象,Cu^{2+}、Pb^{2+}、Cr^{6+}、As^{3+}、Hg^{2+} 等部分被检出,且 Cu^{2+}、Pb^{2+}、Mn^{2+} 有超标现象。

总之,本区岩溶水综合污染指数为 0 ~ 35.4,大部分地区岩溶水未受污染,污染指数大于 3 者皆为本底值超标所致,岩溶水污染程度属轻污染。

5.4 其他矿区

其他矿区未作深入研究。但金属矿山绝大多数情况下具有明显的环境污染特性,其造成的地下水污染也是不可避免的,如小秦岭金矿区、栾川钼矿区和零星分布的铝土矿与硫铁矿区,地下水中一般会出现氰化物、硫酸根和氟离子超标现象。

参 考 文 献

[1] 赵承勇,等.河南省矿山地质环境调查与评估[R].河南省地质环境监测总站,2004.

[2] 赵承勇,等.河南省主要矿山地面塌陷调查研究[R].河南省地质环境监测院,2005.

[3] 赵承勇,等.河南省矿山环境防治规划研究[R].河南省地质环境监测院,2006.

Analysis of the Affection on Groundwater by Mineral Development in Henan Province

Zhao Chengyong　　Guo Yujuan

(Geo – environmental Monitoring Institute of Henan Province, Zhengzhou　450016)

Abstract: By way of investigation and analysis of the groundwater in various mining fields in Henan Province, an over view of the effects on groundwater due to mining activities are obtained basically. In light of the specific standards on water for various purposes, such as drinking , industry and agricultural irrigation , an evaluation and zonation of groundwater quality in mining fields are carried out, with an detailed discussion of groundwater pollution in each zone.

Key words: mining development, groundwater, evaluation of affection

中铝河南分公司夹沟铝土矿矿坑突水量预测研究

黄景春　　王　玲　　豆敬峰

（河南省地质环境监测院，郑州　450016）

摘　要：文章阐述了夹沟铝土矿突水概念模型，以回归分析法为基本手段，评价预测了矿坑未来开采期内，不同气象条件、不同开采深度条件下的突水强度。利用矿坑专门降水试验验证了预测的可行性和实用性。

关键词：夹沟铝土矿；回归分析；突水量预测

1　引　言

中铝河南矿山公司夹沟铝土矿区位于偃师东南，地处偃师、登封、巩义三市的结合部。夹沟突水矿床位于该矿区的中偏东部，北距府店镇寨子村 500 m，地面标高 336.7～358.7 m。现矿床坑口南北长 340 m，东西宽 285 m，形状近似长方形，面积 93 800 m²。矿体埋深 19.07～89.31 m，平均厚度 15.52 m，矿石储量 155.38 万 t。设计年开采能力 12 万 t。2003 年 10 月，至 264 m 标高时发生突水，至 2004 年 4 月百米矿坑淹达 30 余 m，最大积水量 149 480 m³。矿山被迫停产，损失很大。为此，作者对铝土矿矿坑突水量作出预测研究，力图为矿山恢复治理及持续开采提供科学依据与技术支撑。

2　突水量预测的原则、方法

矿坑突水量是指矿山建设和生产过程中单位时间内流入矿坑的水量（一般为地下水，露采时包括地表径流），其大小用突水强度表示。它是确定矿床水文地质条件复杂程度的重要指标之一，对矿坑的经济技术评价有很大的影响，同时也是矿山设计部门确定排水设备和制定防水措施的主要依据。本次矿坑突水量预测遵循的基本原则：在建立突水模型的基础上，根据矿坑抽水试验，采用回归分析法，建立矿坑突水量预测方程，预测不同降水条件下矿层底部不同开采标高的突水量。

夹沟铝土矿为深凹露天开采，矿坑突水水源和途径分为两种：①来自矿坑侧壁石炭系上统岩溶裂隙含水岩组，突水途径主要沿岩溶、裂隙通道在重力作用下自由渗流；②来自矿坑底板奥陶系中统和寒武系中、上统裂隙岩溶含水岩组，突水途径为在承压水力作用下顶托渗透。两者为相互独立的渗流场，我们称之为"二元突水模型"。

突水量预测包括矿坑开采范围大气降水汇入量和矿层顶底板岩溶水突水量。其中，地下岩溶水突水量预测采用回归分析法。

作者简介：黄景春（1974—），男，工程师，从事水工环研究工作。E-mail：hjchun2008@163.com。

3 矿坑大气降水量计算

偃师市7~9月三个月大气降水占全年降水总量的50%以上,雨季降水对铝土矿开采有较大影响,汇入矿坑的降水量计算雨季7~9月日平均降水量和日最大暴雨量。据偃师气象站1961~2003年逐日降水资料,雨季7~9月日平均降水量为0.031 1 m,日最大暴雨量为0.109 4 m。雨季矿坑正常(日平均)降水量和日最大暴雨量分别按下式计算:

$$Q_{平} = F \cdot A$$
$$Q_{暴} = F \cdot A_{暴}$$

矿坑坑口最大面积现状为93 800 m²,末期为111 360 m²(据矿区勘探报告),现状和末期开采阶段矿坑大气降水汇水量计算结果见表1。

表1 雨季矿坑日降水汇水量

开采阶段	坑口面积 F (m^2)	雨季日降水 $A(\text{m})$		雨季矿坑日汇水量 $Q(\text{m}^3)$	
		日平均	日最大	日平均	日最大
现状	93 800	0.003 12	0.109 4	292.66	10 261.72
末期	111 360			347.44	12 182.78

4 地下水突水量预测

矿坑地下水突水量的预测,在矿坑突水机理分析的基础上,根据抽水试验,采用降深与突水量间的回归分析法,在现状预测的基础上,进行不同气象条件下矿坑最终开采深度范围内(标高254 m以上)的预测。

4.1 预测方程的确定

4.1.1 预测方程类型的判别

根据夹沟铝土矿水文地质模型的特点及抽水试验,选择非确定型(统计)模型中 Q—S 曲线方程法,即突水量—降深曲线方程法。该法就是利用抽水试验的资料,建立突水量(Q)与水位降深(S)的曲线方程,然后根据试验阶段与未来开采阶段水文地质条件的相似性,把 Q—S 曲线外推,以预测矿层不同开采深度的突水量。

突水量—降深曲线方程(Q—S 曲线方程)可以归纳为四种基本类型(见图1),即:

(1)直线型(Ⅰ型)的数学模型。
$$Q = aS$$

(2)抛物线型(Ⅱ型)的数学模型。
$$S = aQ + bQ^2 \quad 或 \quad S_0 = a + bQ(令 S_0 = S/Q)$$

(3)幂曲线型(Ⅲ型)的数学模型。
$$Q = aS/b \quad 或 \quad \lg Q = \lg a + 1/b \lg S$$

(4)对数曲线型(Ⅳ型)的数学模型。
$$Q = a + b \lg S$$

根据抽水试验的突水量和相应的水位降深资料判别实际的 Q—S 曲线类型,本次采

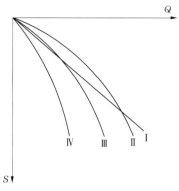

图1 Q—S曲线方程类型

用曲度法判别,由下式求出曲度值n。

$$n = \lg S_2 - \lg S_1 / (\lg Q_2 - \lg Q_1)$$

式中的Q_i和S_i分别为同次抽水的水量和水位降深。

当$n = 1$时,Q—S方程为直线型;

当$1 < n < 2$时,为幂曲线型;

当$n = 2$时,为抛物线型;

当$n > 2$时,为对数曲线型。

如果$n < 1$,说明抽水资料有错误。

对应不同水位降深的突水量,根据抽水试验资料及矿坑不同标高的储水体积(联办矿提供)计算得出。根据试验资料及矿坑储水体积,计算不同水位标高(降深)下的矿坑突水量见表2。

表2 实测和预测不同水位标高突水量数值

水位标高(m)	水位降深(m)	突水量(m³/h)		水位标高(m)	水位降深(m)	突水量(m³/h)	
		试验实测	预测			试验实测	预测
282	1.59	42.0	47.71	275	8.59	111.0	107.79
281	2.59	66.03	65.09	274	9.59	113.0	111.71
280	3.59	78.5	76.72	273	10.59	115.0	115.24
279	4.59	88.0	85.47	272	11.59	116.5	118.45
278	5.59	93.15	92.49	271	12.59	118.0	121.4
277	6.59	99.6	98.35	270	13.59	119.0	124.12
276	7.59	108.0	103.38				

将求得的Q、S,分10组分别代入曲度公式,计算求得n的区间均大于2,因此判定本次Q—S曲线方程类型为对数曲线型(Ⅳ型),曲线方程为:

$$Q = a + b \lg S$$

4.1.2 预测方程待定参数的确定

方程中待确定的参数为a和b,根据下式确定:

$$a = (\sum Q - b \sum \lg S)/N$$

$$b = (N\sum Q\lg S - \sum Q\sum \lg S)/N\sum (\lg S)^2 - (\sum \lg S)^2$$

根据不同降深对应的突水量,求得 a 和 b 值:

$$a = 31.2, b = 82$$

将 a 和 b 值代入Ⅳ型方程,求得的对数曲线方程如下:

$$Q = 31.2 + 82\lg S$$

4.1.3 预测方程的显著性检验

本次对预测方程的显著性检验,采用方差分析法。根据抽水试验求得的预测方程,令 $y = Q, x = \lg S$,把对数曲线方程转化为似直线方程:

$$y = 31.2 + 82x$$

方差分析检验步骤如下,具体计算见表3。

(1)计算总平方和 Lyy 及其自由度 f_{yy}。

(2)计算回归平方和 U 及其自由度 f_U。

(3)计算剩余平方和 Q 及其自由度 f_Q。

表3　显著性检验计算

变差来源	平方和	自由度	方差	方差比(F)	显著性
回归	6 507.52	1	6 507.52	595.73	* *
剩余	120.16	11	10.923 6		
总	6 627.68	12			

(4)查工程地质手册 F 分布($a = 0.01$)表,由于 $F = 595.73 > F_{1,11}^{0.01} = 9.65$,所以本次所建立的回归方程高度显著(用两个星号表示)。

根据试验资料及预测方程绘制的 $Q—S$ 关系曲线,实测和计算得出的突水量值(见表2)。可以看出,在抽水降深范围内,实测与预测线近于重合,非常接近,说明预测方程可靠性高。

4.2 矿坑突水量预测

4.2.1 现状预测

现状预测指现状降水(2004 年降水量506.5 mm,为平水年)及开采条件下对矿层顶底板岩溶水突水量的预测(起始水位283.59 m)。把水位降深值代入 $Q—S$ 曲线方程,可以预测出现状条件下,矿坑开采至不同标高(270~254 m)处的地下突水量,见图2和表4。

4.2.2 不同气象(降水)条件下突水量预测

工作区岩溶地下水动态类型为气象型,在现状预测的基础上,采用统一水文地质模型,利用不同降水年份岩溶地下水水位的变化预测其相应年份的矿坑突水量。

根据偃师气象资料,1979 年为平水年(保证率为57%),1980 年为丰水年(保证率为28%),1981 年为枯水年(保证率为95%)。相应降水年份的岩溶水位值:1979 年为251.0 m,1980 年为264.1 m,1981 年为247.24 m。

丰水年相对平水年水位升幅为13.1 m,枯水年相对平水年水位降幅为3.76 m。

2004 年为平水年,矿坑突水量预测起始水位标高为283.59 m,根据不同气象年份间的水位变幅,矿坑丰水年、枯水年突水量预测时,地下水的起始水位标高分别为 296.69 m、279.83 m。在同一水文地质模型下,现状条件下求得的预测方程也适用于不同气象年份的矿坑突水量预测。丰水年、枯水年不同水位标高下矿坑突水量预测计算结果见表4。

4.2.3 矿层底板突水量预测

根据计算,矿坑开采末期枯水年、平水年、丰水年突水量分别为 146.99 m^3/h、151.83 m^3/h、164.89 m^3/h。不同气象年份矿层不同开采底板标高处(271 ~ 254 m)突水量预测结果见表4。

表4 不同气象年份矿层底板不同标高矿坑突水量预测一览

底板标高 (m)	突水量(m^3/h)			底板标高 (m)	突水量(m^3/h)		
	枯水年	平水年	丰水年		枯水年	平水年	丰水年
271	108.77	121.40	146.80	262	133.79	140.61	157.50
270	112.59	124.12	148.16	261	135.74	142.22	158.51
269	116.04	126.65	149.47	260	137.58	143.76	159.49
268	119.18	129.01	150.73	259	139.33	145.24	160.45
267	122.07	131.23	151.95	258	141.00	146.66	161.38
266	124.75	133.31	153.13	257	142.59	148.03	162.29
265	127.23	135.28	154.28	256	144.12	149.34	163.18
264	129.56	137.15	155.38	255	145.59	150.61	164.04
263	131.74	138.92	156.45	254	146.99	151.83	164.89

5 突水量预测评价

本次突水量预测是建立在矿床"二元突水模型"上,根据矿床降水试验进行的预测。根据显著性检验,实测及计算突水量值的对比、实测及预测曲线的拟合,证明预测方程的精确性较高,预测的突水量较可靠,可以作为矿床排水设计的依据。

6 结 语

根据预测,矿床开采末期、标高 254 m 处,丰、平、枯年份突水量分别为 164.89 m^3/h、151.83 m^3/h、146.99 m^3/h。该矿床突水量的预测是建立在"二元突水模型"框架下的预测,矿层底部应保留一定厚度的隔水层。倘若开采不慎,局部揭露矿床下伏 $O_2 + \in_{2+3}$ 含水岩组,或预留隔水安全层厚度不够,以及遭遇不明断裂及其他导水通道,有产生大量突水的可能,其突水量不再遵循上述预测结果。对此,应引起注意,需采取合理的开采方法,并制定切实的突水应急预案,以防不测。

参 考 文 献

[1] 李满洲,杨昌生.铝土矿床突水机理与防治技术[M].郑州:黄河水利出版社,2007.

[2] 施龙青,韩进.底板突水机理及预测预报[M].徐州:中国矿业大学出版社,2004.

[3] 王继华,李满洲,铁平菊,等.中铝河南分公司夹沟铝土矿矿床突水机理与降水试验研究报告[R].河南省地质环境监测总站,2005.

[4] 常士骠,等. 工程地质手册[M]. 北京:中国建筑工业出版社,1992.

Prediction Research on the Inrush in Mining Pit of Jiagou Mining Area ,Henan Branch of CHALCO

Huang Jingchun Wang Ling Dou Jingfeng

(Geological Environment Monitoring Institute of Henan Province ,Zhengzhou   450016)

Abstract：The conceptual model of inrush in mining pit of Jiagou aluminum mining area was put forward in this article. By means of regression analysis, and taking into account various conditions concerning future exploitation, such as the climatic features and exploitation depths, the prediction of inrushing intensity was carried out. The feasibility and application of the predication was verified by the results of the designed pumping draw - down test within the mining pit.

Key words：Jiagou aluminum mining area ,regression analysis ,prediction of inrush intensity

焦作矿区矿坑充水机理研究

商真平　姚兰兰　赵承勇

（河南省地质环境监测院，郑州　450016）

摘　要：河南省是我国中部地区矿业开发大省，是我国主要的产煤基地之一。矿坑充水一直是煤矿开采存在的主要问题之一。矿坑大量地抽排地下水、疏干含水岩层，不仅对矿区的地下水环境造成了破坏，还可能对矿区周围的地下水环境造成影响。因此，对这些问题的研究与解决，将在不同程度上解除矿山生产中不安全因素，并对各矿山的发展起到积极有效的推动作用，同时，为下一步开展矿山及其周围地质环境保护等工作提供依据。

关键词：焦作矿区；矿坑突水；地下水系统

1　焦作煤矿区水文地质概况

焦作矿区位于河南省西北部，北靠太行山，南临黄河，东西长 40 km，南北宽 6 km，面积约 240 km²。矿区分布有 15 个井田，主要开采二叠系山西组煤层，其次为石炭系太原组二煤，平均开采深度约 300 m。矿区处于山前倾斜平原，断裂构造发育，东西向断层以凤凰岭断层、朱村断层为主，近南北向以九里山断层、王封断层为主。见图 1。

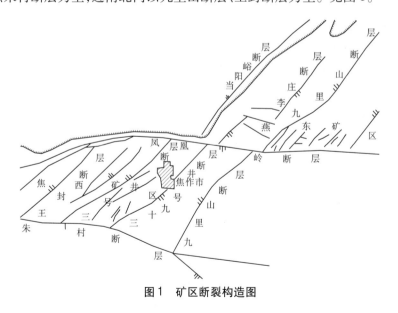

图1　矿区断裂构造图

作者简介：商真平（1966—），男，高级工程师，主要从事水文地质、工程地质与环境地质工作。

2 焦作矿区地下水系统特征

2.1 主要含水层组及特征

根据地层时代、含水介质特征等,本区的主要含水层组有:第四系砂砾石孔隙含水层组、二叠系砂岩裂隙含水层组、石炭系灰岩裂隙－岩溶含水层组、中奥陶统灰岩网格裂隙－岩溶含水层组、中寒武统灰岩稀疏裂隙－岩溶含水层组。其中,中奥陶统灰岩网格裂隙－岩溶含水层组为该区的主要含水层,由厚层灰岩、白云质灰岩、泥灰岩组成,厚度350~400 m。根据岩性组合特征,可划为二组六段,根据钻孔资料和微观鉴定,O_2S^2 和 O_2S^3 裂隙率及易溶物含量高(见表1),CaO 和 MgO 比值大,岩溶发育,富水性强,成为中奥陶纪主要的含水层段。

表1 中奥陶统灰岩网格裂隙－岩溶含水层特征

地层代号	厚度(m)	岩性	岩溶裂隙(%)	易溶物		难溶物	
				最高－最低(%)	平均(%)	最高－最低(%)	平均(%)
O_2S^3	70	灰岩与角砾状灰岩	1.96	56－31	47	39－0.5	12.5
O_2S^2	130	纯灰岩含水性强	2.12	56－47.5	52.6	8.3－0.5	3.3
O_2S^1	50	深灰色泥质灰岩含水性弱	1.16	54.2－22.5	43.2	50.7	6.9
O_2X^2	90	灰白色白云质灰岩含水性强	1.58	55－32	49.8	36.8－1.5	8.2
O_2X^1	60	泥灰岩角砾状灰岩含水性弱	0.38	48.2－32.6	37.9	33.3－7.6	25.9

2.2 矿区地下水补径排及转化特征

天然条件下,地下水主要接受大气降水和季节性洪水渗漏补给。目前,在矿坑排水的情况下,大量的矿坑水通过渠道渗漏和农灌回渗补给地下水,成为主要补给水源。

此外,天然状态下岩溶地下水主要在九里山残丘南侧奥灰"天窗"顶托越流,以群泉的形式排出地表,其天然排泄量一般为 3~12 m^3/s。但目前,由于受煤矿开采的影响,一方面,岩溶地下水的排泄方式发生变化,泉水断流,自备井开采及岩溶水沿断层直接进入矿坑或沿断层位 L_2、L_8 灰岩进入矿坑,而后以矿坑排水的形式排泄岩溶地下水成为目前岩溶水的主要排泄方式;另一方面,岩溶地下水流场发生了改变,岩溶水由原来的以水平运动为主转变为以垂直运动为主,从而造成以矿坑排水为中间环节所形成的九里山岩溶水与孔隙水特殊的转化关系。

3 矿床充水特征及条件

从矿床充水空间及长期疏干排水的情况分析,矿坑充水来源有二:一是赋存在煤系地层上的第四纪松散岩类孔隙水,其特征是埋藏浅,自由渗漏进入矿井,多表现为顶板水,水量小,不易造成大的突水危害;二是赋存于煤系地层之下的奥陶系灰岩岩溶水,其特点是埋藏深,水压大,以顶托越流进入矿坑,表现为底板水,水量大,来势猛,往往造成突水淹井事故。例如演马矿 1979 年 3 月 9 日下山东场巷道,底板突水水量达 243 m^3/min,造成重大淹井事故,直至 1981 年 12 月才恢复生产。

从顶底板水量和时间的变化关系看,开采初期,矿坑充水多以顶板水为主,随着时间的推移,顶板水量逐渐趋于稳定状态,而底板水量却逐渐增大。

3.1 充水通道

矿区充水通道主要有断裂带 L_2、L_8 灰岩联合通道,采矿造成的裂隙通道和"天窗"通道以及古陷落通道。

焦作矿区断裂构造发育,构成矿坑充水通道的主要是主干断裂控制的次级断层带,这些次级断层多数张裂性好,导水富水性强,并相互沟通,使深部中奥陶裂隙岩溶水和 L_2、L_8 灰岩水发生水力联系,从而形成矿坑底板充水的良好通道。矿区大多数底板突水都受断层控制,O_2 灰岩岩溶水顺着断层破碎带通过 L_2 灰岩或 L_8 灰岩进入矿坑。

3.2 采矿造成的裂隙通道

通过对焦作地区矿坑充水水源及充水途径的分析可知,采矿造成的裂隙通道是顶板水的主要补给途径,但采矿造成的裂隙是否可以成为顶板充水通道,主要取决于冒落带的高度与裂隙高度之和,当其大于顶板隔水层厚度时,就可以成为第四系砂砾石孔隙水垂直下渗补给矿坑的通道,否则形不成通道。我国各矿区经验证明:二叠系页岩厚度大于 60 m 时,上覆第四系砂砾石孔隙水不易垂直下渗补给矿坑。而焦作矿区因构造复杂,大煤顶板隔水层厚度变化较大,特别是朱村、焦西、演马、韩王、九里山等大水矿井,局部地段顶板隔水层厚度小于 60 m,其抗压、抗张能力低,受矿井开采影响,引起大顶冒落带的高度常常达到上覆含水层,从而引发顶板突水,突水量达 4.3 m³/min。其次,采矿造成的裂隙通道还可表现为底板水。由于矿山开采触发水压对底板隔水层的压力,当底板所受到的水压力大于它本身的抗压强度极限值时,即可发生底鼓,使底板隔水层原有的地层结构受到破坏,在隆起的顶部以及两侧产生裂隙,下伏含水层的水便通过这些裂隙涌入矿坑,在深部断层的影响下,深部岩溶水顺着构造破碎带以及裂隙进入矿坑,易形成突水。例如演马矿,1964 年 9 月 16 日矿山压力增大,引起高达 0.6 m、宽 4 m、长 12 m 的底鼓,鼓起两侧产生裂隙,岩溶水便沿着裂隙进入矿坑,造成突水。

3.3 "天窗"通道

在焦东矿区演马—九里山一带,由于九里山断层北西盘下降,南东盘上升,石炭、奥陶系地层直接和第四系接触,局部地段中奥陶统灰岩暴露地表,形成"天窗"通道。增加矿坑充水量往往有两种形式:一是 L_8、L_2 灰岩直接和砂砾岩石含水层接触,地下水通过 L_8、L_2 灰岩岩溶裂隙以底板充水形式补给矿坑;二是大气降水,砂砾石孔隙水通过奥陶统灰岩补给 L_8、L_2 灰岩含水层,然后进入矿坑。砂砾石之间的孔隙,L_8、L_2 灰岩和奥陶系灰岩岩溶裂隙、溶洞均为"天窗"通道的表现形式。

陷落柱也是矿坑充水的一种通道。据矿井揭露,本区陷落柱不发育,仅在李村矿天官区的采煤过程中遇到一个古陷落柱,并引起突水,突水量达 89 m³/min。

4 矿坑充水机理分析

4.1 井巷围岩的性质

当井巷围岩为含水层时,储存于其中的地下水就会成为矿井充水的水源。当井巷围岩为隔水层时,如果厚度大而稳定,且具有足够的强度,则可起阻止周围的水向矿井充水的作用;反之,隔水层厚度小而不稳定,且强度较低,或存在各种天然或人为通道时,即使含水层距井口较远,仍能导致矿井充水。因此,井巷围岩对矿井充水起重要作用。

4.1.1　含水岩层对矿井充水的影响

根据含水岩层的含水空间特征,可将含水岩层分为孔隙充水岩层、裂隙充水岩层和岩溶充水岩层。特别是岩溶充水岩层,其含水空间分布极不均一,致使岩溶水具有宏观上的统一水力联系,而局部水力联系不好,水量分布极不均匀的特点。因此,岩溶充水岩层对矿井充水影响有两个鲜明特点:一是位于岩溶发育强径流带上的矿井易发生突水,突水频率高,矿井涌水量大,如焦作韩王矿、演马矿位于九里山断层强径流带上,为该矿区突水最频繁、水量最大的矿井;二是矿井充水以突水为主,个别突水点的水量常远远超过矿井正常涌水量,极易发生淹井事故。

充水岩层的厚度和分布面积愈大,地下水储量愈丰富,对矿井充水影响愈大,反之则愈小。同时,充水岩层的出露和补给条件对矿井充水亦有很大影响。

4.1.2　隔水岩层对矿井充水的影响。

一般认为,松散层中的黏土,坚硬岩石中含泥质较高的柔性岩石和胶结很好而且裂隙、岩溶不发育的岩层,以及经过后期胶结的断层破碎带都可以起到较好的阻水作用。特别指出的是,当地质剖面中的砂质黏土、黏质砂土、粉砂岩或一些裂隙不发育的坚硬岩层等,其透水性介于含水层和隔水层之间,其垂向渗透系数较大时,含水层与含水层之间或者充水岩层与井巷之间仍可能通过其产生越流补给,向矿井充水,特别是在上下含水层水头差很大或水压较高时。同时,隔水层的隔水性质不是一成不变的,黏土或隔水断层在水压作用或长期渗透影响以及矿压等人为因素影响下,可由阻水层变为导水层。

隔水层的厚度愈大,愈能在各种情况下有效地阻止水进入矿井;厚度不大的隔水层或经受不住水压的作用,或在开采活动等人工作用下遭受破坏,甚至完全失去阻水能力而导致矿井充水。此外,由于地质作用的复杂多变性,隔水层既可能因变薄、尖灭而形成“天窗”,也可能因断层、陷落柱等破坏而形成导水通道而使矿井充水。

隔水层是由不同的岩性岩层组成的结果。例如焦作矿区二叠系大煤和太原统八灰之间的隔水层即是由砂岩、薄层灰岩、泥岩、砂质泥岩及页岩组成的互层。据研究,刚性较强的岩层如灰岩、砂岩具有较高的强度,对抵抗矿压的破坏起较大的作用;而柔性岩石如泥岩、页岩等,其强度较低,抵抗矿压破坏的能力差,但其隔水阻水能力较强。由刚性、柔性相间的岩层组成的隔水岩层则更有利于抵抗矿压与水压的综合作用,在厚度相同的条件下更有利于抑制底板突水。

4.2　地质构造

地质构造是影响矿井充水的重要因素,河南省70%的矿井充水与地质构造有关。具体影响表现为以下几方面。

4.2.1　褶曲构造

褶曲的类型决定地下水的储存条件和储存量大小,向斜构造与单斜、背斜相比,易于汇集和储存地下水,常形成蓄水构造或自流盆地。同属向斜构造,其规模愈大,含水层的分布范围愈广,地下水的储存量愈丰富,对矿井充水影响愈大。

在褶曲形成过程中,常产生一系列具有导水作用的伴生裂隙:①平行主应力的横张裂隙导水性强;②向斜轴部的纵张裂隙常常是底板突水的通道;③层间裂隙有利于灰岩中岩溶的发育及地下水的汇集与运移。

4.2.2 断裂构造

断层是矿井充水的重要通道,地下水、地表水甚至大气降水都可能沿导水断层渗入或涌入矿井,具体表现为:①断层的导水和储水作用;②断层缩短了煤层与对盘含水层的距离,当采掘工作揭露或接近断层时突水,如焦作冯营矿 1301 工作面位于断层的上盘,原推测断层倾角为 70°,留设 37 m 的断层防水煤柱,煤柱端点距下盘二灰含水层(L_2)46 m,实际上断层面倾角在深部变缓,只有 55°~50°,从而使煤柱宽度减小为 19 m,煤柱端点至下盘 L_2 的距离减小至 36 m,煤柱抗水压能力变弱而使二灰水沿煤柱突出。

断层在降低岩层强度的同时,由于断层性质的不同,则表现出了导水和阻水两方面的特点。

断裂构造的存在,除破坏岩层的完整性外,还显著降低断层附近岩层的强度。由于断层破碎带地段隔水层的强度比正常地段低,断层破碎带及其近旁常常是整个隔水层最薄弱的地段,因此断裂构造及其近旁是矿井突水最多的部位。如焦作矿区,与断裂构造有关的突水常发生在两条主干断裂的复合部位及其锐角一侧,像主干断裂旁侧的"人"字型小构造、断裂密集带、断层尖灭端、断层交叉点等部位,见图 2。

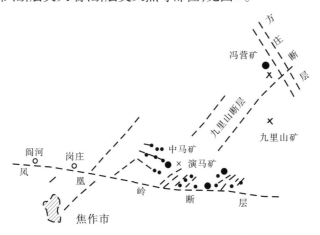

图 2 焦作矿区突水点位置与断层展布关系图

尽管断裂构造是影响矿坑充水的主要因素,但并非所有的断层都导水,有的还起着良好的隔水阻水作用,构成矿井或充水岩层的天然隔水边界。断裂是否导水,主要取决于:①断裂面的力学性质,一般张裂性断裂导水性最好,压性断裂最差,扭性断裂介于两者之间。②断裂两盘的岩性,相同力学性质的断裂,两盘均为刚性岩层时导水性好,均为柔性岩层时导水性差。如果一盘为柔性岩层,另一盘为刚性岩层,断裂可能在天然情况下隔水,开采后逐渐变为导水。如焦作韩王矿 1221 老采巷,1974 年 9 月 24 日距断层 5 m 处停掘,开始无水,25 日 12 时,发现正前方巷道出现底鼓,两帮各有一小股水涌出。水量为 12~15 m³/h,26 日 1 时增至 876 m³/h,3 时达到 1 440 m³/h,这种滞后突水的现象在煤矿生产中时有发生。③断裂的规模,在其他条件相同时,断层的走向愈大,断裂带宽度愈宽,导水条件愈好。

4.3 岩溶陷落柱

岩溶陷落柱是由于煤系地层下伏的奥陶系灰岩顶部岩溶发育,常形成巨大的溶洞,使上覆地层失去支撑,从而在重力的作用下不断向下垮落而成。由于它不同程度地贯穿了奥灰以上的地层,当贯穿煤系地层时,陷落柱就可能成为奥灰水进入矿井的通道。如河南省的安阳、鹤壁、焦作、新密矿区都出现过此现象。

4.4 人为因素

人为因素对矿井充水的影响既包括产生新的充水水源和通道,也包括改变水文地质条件而影响矿井的充水程度等。

4.4.1 老空积水

矿井采掘工程一旦揭露或接近老空积水区,老空积水便成为新的充水水源,轻则增大矿井涌水量,重则淹没巷道、工作面或采区,甚至冲毁巷道,造成人员伤亡。河南省许多煤矿开采历史悠久,有的长达数百年,老空积水大多分布在矿井浅部,位置居高临下,且位置不清,水体几何形状极不规则,空间分布极不规律,对积水区位置难以分析判断和准确掌握,因此矿井充水常带有突发性。如焦作演马矿,周边小煤窑越界开采,防柱采完后,演马矿突然涌水淹井,差点造成伤亡,损失 100 多万元;登封矿区新建矿和韩梁矿区韩庄矿多次突水,均造成淹井和伤亡事故。这些都是人为因素导致老空积水造成的。

4.4.2 导水钻孔

未进行封孔,或虽封孔,但质量不符合要求的钻孔便成为沟通煤层上部或下部含水层的导水钻孔,当采掘工程揭露或接近时,会酿成突水事故。因此,所有钻孔终孔后都应按封孔设计要求和钻探规程的规定进行封孔。

4.4.3 采掘破坏对矿井充水的影响

煤层在天然状态下与周围岩层相接触,并保持其应力平衡状态。当煤层采出后,采空区周围的岩层失去支撑而向采空区内逐渐移动、弯曲和破坏,原始应力状态亦随着发生变化。随着采矿工作面的不断推进,围岩的移动、变形和破坏不断由采场向外、向上和向下扩展,导致顶板、底板和煤壁的破坏,在采场周围形成破坏带或人工充水通道。当波及充水水源时,就会发生顶板突水、底板突水或断层突水。

5 矿井长期排水对地质环境条件的改变

矿井长期排水会使矿区水文地质条件发生很大变化,甚至根本性的变化。长期排水既可能引起某些导致矿井充水的含水层疏干,使矿井涌水量减少,也可能引起地下水分水岭位置和补排关系的变化,使矿井涌水量增加,在隐伏岩溶矿区还可能产生岩溶塌陷,形成新的人工充水通道,使矿井充水条件更加复杂。

6 结 语

矿坑突水多发生在煤矿区,其突水条件一般有充水水源、充水通道和充水程度,这些条件取决于矿井所处的自然地理、地质和水文地质特征,也决定于矿井建设和生产过程中采矿活动对天然水文地质条件的改变,即一系列自然因素和人为因素错综复杂的影响。

因此,只有充分分析研究矿坑充水机理,全面掌握可能充水的内在与外在因素及条件,才能在实际生产中采取切实有效、有针对性的防治措施,以避免或减小矿坑充水带来的危害和造成的损失。

参 考 文 献

[1] 赵承勇,等.河南省矿山地质环境调查与评估报告[R].2004.

[2] 潘国营,等.焦作矿区岩溶水 Cl⁻ 污染原因初探[R].2002.

[3] 陈崇希,等.地下水开采–地面沉降模型研究[J].水文地质工程地质,2001,28(2):5-7.

Research on the Inrush Mechanism in Jiaozuo Mining Area

Shang Zhenping   Yao Lanlan   Zhao Chengyong

(Geo – environmental Monitoring Institute of Henan Province, Zhengzhou   450016)

Abstract: Henan Province, one of the major provinces which abound in mineral resources in central China, is also a leading coal mining base of China. Water inrush happening in mining pits has always been a major problem related to mining activities. The large scale pumping and depletion of groundwater in mining pits, not only damage the groundwater environment in the mining areas, may affects the surrounding groundwater environment as well. The research and resolve of these problems, may contribute to the resolving of adverse factors in mining process greatly, promote the smooth development of mining enterprises, and produce data base for the following work concerning the geo-environment preservation around mining areas.

Key words: Jiaozuo mining area, inrush in mining pits, groundwater system

The Role of Water/Rock Interaction in Water Bursting from the Bottom Bed of a Bauxite Ore Deposit*

Li Manzhou

(Geo - environment Monitoring Institute of Henan Province, Zhengzhou   450016)

Abstract: The bottom layer of an bauxite ore deposit in Jiagou, Henan, is mainly composed of claystone with kaolinite and hydromica. The dominant cations of these claystones are Al^{3+} and Mg^{2+}. The confining water - bearing formation below the bottom bed of the ore deposit is formed by limestone with well developed karst, and groundwater runoff with a pH between 7.2 ~ 7.8. Under the coupling influences from water/rock interaction and tectonic stress, and the emergence and spreading of various inherent structural planes, the passivating membrane of $[Al(OH)_3 (H_2O)_3]$ ruptured, leading to continuous erosion along these planes. This resulted in the expansion of fissures and seepage channels, so fissures developed gradually in the lower part of the bottom bed of the ore deposit. When the fissures combined between the upper and lower part of the bottom bed of the ore deposit, water bursting became inevitable.

1   Introduction

The Jiagou bauxite mine, where water bursting has occurred from the bottom bed of an ore deposit, is located 1 km southeast of Jiaguo of Fudian, Yanshi County, Henan Province, on the inclined proluvial terrace on the northern hillside of Mount Song. The mineral deposits were found in the middle and upper parts of the Carboniferous Benxi group, with its bottom bed adjacent to an ancient limestone erosion plane situated in the Ordovician Majiagou group. The above mentioned water burst happened in October 2003, when the excavation level reached 264 m above sea level, resulting in a pit overwhelmed to a depth of 30 m, and suspending all mining activities, together with severe losses. Therefore, the Henan treasury department allocated a special fund to support the research on water bursting mechanism and mitigation methods. This study examines the roles played by rock type and minerals in the bottom bed of the ore deposit, and water/rock interaction.

---

* 本文原载于 2010 年《国际水岩相互作用研究》(国际 CRC 出版社)。

作者简介: 李满洲(1961—),男,工学硕士,教授级高级工程师,主要从事区域地质环境演化与地质灾害研究。

1.1　The characteristics of confining water

The confining aquifers beneath the ore deposit are constituted by Ordovician and Cambrian limestone karst layers, which include thick layered limestone, dolomitic limestone, angular graveled limestone and laminated argillaceous limestone, with a total thickness between 140 ~ 320 m, and well – developed karst phenomena. Owing to karst development, the upper plane exhibits gentle undulation. The terrain inclines from south to north with a slope of $18° \sim 20°$. Being the main source of bursting water, and supplied by atmosphere precipitation, the confining water recharges the mining area through run – off with a water yield capacity in the range of $0.88 \sim 2.1$ L $/($ s $\cdot$ m $)$. The hydrochemical type of confining water belongs to the $HCO_3 – Ca – Mg$ type, with TDS generally below 0.5 g/L, and a pH in the range of $7.2 \sim 7.8$ (Tong xiang, et al. , 1983; Man zhou, et al. , 2006).

1.2　Petrology of the ore deposit

Kaolinite argillite: grey, with mud structure, layered and macula formation. Mineral components include kaolinite (90% ~ 95%) in small (< 0.005 mm) irregular clusters. Secondary minerals include hydromica (<5%), limonite (<5%), charcoal (<5%), with phyllite – like hydromica, uniformly distributed in the rocks. Trace minerals include apatite, magnetite, and pyrite.

Hydromica claystone: grey, oolitic texture, with gravel structure, and massive or layered formation, consisting entirely of hydromica (80% ~ 99%), kaolinite (< 10%), limonite (5% ~ 10%), quartz silt (<5%), and vermiculite. Minor minerals include rutile, zircon, tourmaline, monazite, apatite and magnetite. The phyllite – like hydromica (0.01 ~ 0.048 mm) particles distribute heterogeneously. Kaolinite exists in cryptocrystalline aggregates, with few kaolinite particles concentrating like oolites in rocks.

Ferruginous claystone: brown grey, with mud or gravel structure, and massive or layered formation. Minerals include intergrown hydromica, kaolinite (70% ~ 85%), limonite (15% ~ 30%), diaspore (<10%), and muscovite. Minor minerals include rutile.

Calcium claystone: grey black, mud structure, massive, stratified. Minerals include kaolinite, hydromica (65% ~ 85%), calcite (15% ~ 20%), and limonite (10%). Minor minerals include rutile and pyrite.

Bauxite series: claystone type, grey, with mud structure, and massive layered. Bauxite: diaspore (10% ~ 40%), other clay minerals (>60%) including hydromica, kaolinite, and limonite; Bauxite claystone: composed of hydromica and kaolinite (60% ~ 85%), diaspore (5% ~ 15%), and phyllite like kaolinite particles distribute unevenly.

Bauxite shale: composed of hydromica (85%) and diaspore (5% ~ 15%). Minor minerals include rutile, zircon, tourmaline, ilmenite, pyrite, limonite, etc.

In conclusion, the components of the bottom bed of the ore deposit in Jiagou is primarily claystone such as kaolinite and hydromica, with clay as principal mineral component. Testing results showed a layered chemical structure of this clay minerals. Cations are mostly Al^{3+} and

Mg^{2+}, secondly Fe^{3+}, Mn^{2+}, and Fe^{2+}, with a low Na^+ content.

2　Influences of chemical corrosion on water bursting from the bottom bed of ore deposit

2.1　Chemical corrosion facilitates the formation of underground water channels and exacerbate water bursting

Observations and experiments indicate that direct or indirect dissolution occurs when water in the holes or fissures of the bottom bed of the ore deposit is in contact with insoluble minerals in the rocks. It is certain that rocks dissolve in water to different degrees, influenced by heterogeneous mineral types of distinct chemical components in the bottom bed of the ore deposit. Those containing highly soluble minerals generally dissolve more rapidly. The water proofing ability is enhanced when Na^+ cations are abundant in constituent minerals, but it is weakened when Al^{3+} and Fe^{3+} cations are common. Through experiments, Chafu Reginald (Mineral Teaching and Research Section of Wuhan College of Geology, 1978) concluded that the ratio among the permeability of clay minerals containing Na^+, Ca^{2+}, Al^{3+} and Fe^{3+} separately, turned out to be 1:48:280:290.

The reason for the rock permeability to be weakened when Na^+ is abundant is that the dispersion of the cation can lead to the breaking up of mineral aggregates and narrowing of pores in rocks. Both processes can affect the water connectivity between rocks with an increasing amount of bound water and a decrease of the effective porosity.

Cations like Al^{3+} and Fe^{3+} can increase the permeability of rocks, because these cations can dissolve in water under certain conditions. Thus, the scale of pores and fissures increase due to the separation of those cations, therefore rock permeability is enhanced. For example, when water is in contact with the surface of fissures in the bottom layer of the ore deposit, Al^{3+} will be dissolved in form of $[Al(H_2O)_6]^{3+}$. Hydrolysis products and valences have a close relationship with the pH in water (Mineral Teaching and Research Section of Wuhan College of Geology, 1978; Weilin, et al., 1992). The hydrolysis reactions occur as follows:

$$[Al(H_2O)_6]^{3+} \longrightarrow [Al(OH)(H_2O)_5]^{2+} + H^+$$

$$[Al(OH)(H_2O)_5]^{2+} \longrightarrow [Al(OH)_2(H_2O)_4]^+ + H^+$$

$$[Al(OH)_2(H_2O)_4]^+ \longrightarrow [Al(OH)_3(H_2O)_3] + H^+$$

As shown in the reactions, as the pH of the solution increases, so does the degree of hydrolysis, leading to a decrease of H_2O molecules, increasing hydroxide radicals, reducing hydration hydroxyl radical complex charge and producing neutral alumina hydroxide. The hydrolysis mechanism of Fe^{3+} is similar. Baozhen (1990) reported that hydrolysis is restrained when pH < 4, and $[Al(OH)_3(H_2O)_3]$ is the dominant species in water. $[Al(OH)(H_2O)_5]^{2+}$, $[Al(OH)_2(H_2O)_4]^+$ and little $[Al(OH)_3(H_2O)_3]$ appear in water when pH > 4. Neutral $[Al(OH)_3(H_2O)_3]$ is the main deposit in water when pH = 7 ~ 8. Previous studies show that clay stones which primarily contain montmorillonite tend to dissolve in acid conditions, while clay rocks which mainly contain kaolinite and hydromica tend to dissolve in alkaline conditions. In addition, as the bottom bed is located above the karst groundwater with strong seepage flow, $[Al(OH)_3(H_2O)_3]$ deposits can be washed out in time which in turn speed up dissolving and corroding processes.

Dissolution, corrosion, and drainage of the rocks which are composed mainly of kaolinite and hydromica with low contents of Mg^{2+}, result in Na^+ – rich solutions that facilitates the formation of underground water channels, and also increases water inflow to the floor deposits, as seen in an ultrasonic image (Fig. 1). The water/rock chemical corrosion effect is the important factor facilitating the formation of underground water channels and exacerbates water bursting from the bottom bed.

2.2 Stress effects facilitate chemical corrosion and development of underground flow paths

The drive forces that resulted in the formation of fissures at the bottom bed in Jiagou include the wedge – split of underlying confining water and tectonic stress. Tension and shear stresses produced and extended these fissures. In addition to wedge – split of confining water of the Jiagou bauxite bottom bed, horizontal tectonic stress is prominent. The stress field survey shows that maximum horizontal principal stress is 4. 16 MPa, minimum horizontal principal stress at 2. 81 MPa, and the dominant direction of maximum horizontal principal stress is N70°E. The stress field in the mine is dynamic and mainly composed by horizontal tectonic stress (Chen qunce, et al., 2005). It is formed by structural planes that are parallel to the maximum horizontal principal stress cracking and continuously stretching. Passivation membrane is formed by $[Al(OH)_3(H_2O)_3]$, which was deposited on the fissure surface, and was continuously cracked due to tectonic stress and water wedge – split. The new dissolving action continuously happened on fresh rocks. It caused the extension and connection of fissures to facilitate the formation and development of water bursting channels. Under this stress cracking effect, the corrosion of rocks in water is called stress corrosion (Longqing, et al., 1999). Ultrasonic testing image (Fig. 1) illustrates clearly that sub – horizontal structure fissures and stress corrosion along fissures developed well. Here, stress facilitates chemical corrosion and water bursting from the bottom bed of the ore deposit.

3 Influences of water/rock physical interaction on water bursting

3.1 Water's effects on the strength of the bottom bed

The bottom bed of the ore deposit in the Jiagou mine consists of solids (rock – forming minerals) and water in holes or fissures. Water reduces the elasticity of rocks, and according to previous research (Bietong, et al., 1988), rock strength varies with the content of water (Table 1).

As is shown in Table 1, the uniaxial compressive strength of rock decreases dramatically as water content increases, controlled by the lithological composition and depending on content,

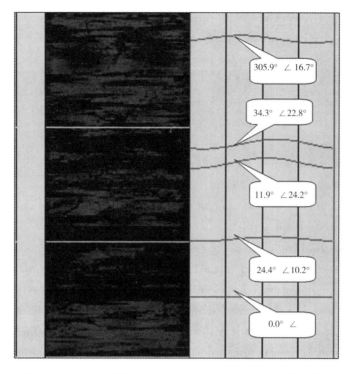

Fig. 1　Ultrasonic image of the fissures in the bottom bed of the Jiagou mine

cementation state and crystal degree of hydrophilic clay minerals. The influence of water on the uniaxial compressive strength of sedimentary rock can be calculated as follows:

$$\sigma_c = \sigma_0 - KW \tag{1}$$

where, σ_c is uniaxial compressive of rocks with different water content, σ_0 is uniaxial compressive strength in dry state, K is influence coefficient of water on rocks (Table 2), W is Water content (%).

Table 1　Water effects on rock mechanical behavior at the bottom bed of the ore deposit

Lithologic type	Water content(%)	Uniaxial compressive strength (MPa)
Argillaceous siltstone	0	119.4
	0.56	88.5
	0.78	51.6
	0.84	68.3

Table 2 Uniaxial compressive strength, influence coefficient of water on rocks and water content for local argillaceous siltstone and mudstone

Lithology	Compressive strength (σ_0)	Coefficient (K)	Water content $(\%)$
Argillaceous siltstone	120.98	71.61	$\leqslant 0.84$
Mudstone	30.36	4.93	$\leqslant 5.13$

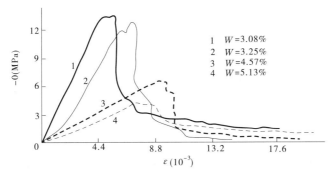

Fig. 2 Total stress – strain curve of mudstone with different water content ($\varepsilon = 10 \ \mu\varepsilon/s$)

3.2 Water influence on the strain character of the bottom bed of the ore deposit

We can use deformation modulus and the Poisson ratio to study the influence of water on the strain character of rocks. According to Zhou Ruiguang's study, deformation modulus and Poisson ratio have certain relationship with the water content:

$$E = E_0 \exp(-bW) \tag{2}$$

$$\mu = \mu_0 \exp(cW) \tag{3}$$

with following parameters: E_0 is deformation modulus under desiccation condition (MPa), μ_0 is Poisson ratio under desiccation condition, E is deformation modulus under certain W condition (MPa), μ is Poisson ratio under certain W condition, c is experiment constants relate to lithology, W is water content of the rock ($\%$).

The water content does not only influence deformation parameters of rocks, but also their deformation mechanism. Fig. 2 shows the deformation modulus and peak strength of mudstones, which decrease rapidly with increasing water content, and the strain values corresponding to peak strength increase accordingly. Meanwhile, under desiccation or low water content conditions, rocks show brittleness and shear breakage with obvious strain softening character. With increasing water content, rocks show plastic failure character after peak strength and strain softening character is not apparent.

In addition to dissolution, water affects the deformation features of rocks by enhancing the mobility of molecules. The water pressure in holes and fissures counteracts part of the total stress on any sections inside rocks. This reduces the elastic yield limit of rocks, prone to plastic deformation and reduces shear strength of rocks, thus facilitates shear breakage. All these will promote the occurrence and development of fissures in the Jiagou bauxite ore deposit, and facilitate the formation of water bursting channels and water bursting from the bottom bed of the ore deposit under dissolution conditions.

4 Conclusions

The bottom bed of the ore deposit in Jiagou, Henan, is mainly formed by claystone with kaolinite and hydromica. These claystones are mainly composed of Al^{3+} and Mg^{2+}, with minor contents of Fe^{3+}, Mn^{2+}, and Fe^{2+}, and low Na^+. The confining water – bearing formation below the bottom bed of the ore deposit is composed of limestone, with well developed karst and groundwater runoff with pH between 7.2 ~ 7.8. Therefore, the bottom bed of the ore deposit is subject to strong water/rock interaction processes, such as chemical dissolution, corrosion and drainage. Under the coupled influence of water/rock interaction and tectonic stress and the emergence and spreading of various inherent structural planes, the rupture of the passivating membrane of $[Al(OH)_3(H_2O)_3]$ caused further erosion along these planes. This resulted in the expansion of fissures and seepage channels, which developed gradually in the lower part of the bottom bed of the ore deposit. When the fissures were connected between the upper and lower part of the bottom bed of the ore deposit, water inrush happened. These chemical and physical reactions between water and rocks, which formed pores and fissures in the waterproof floor of the ore deposit, gradually extended and facilitated the inflow of water.

References

[1] Baozhen W. Water pollution control engineering[M]. Beijing: Higher Education Press,1990.

[2] Bietong P, Xujun W. Current situation and development trend of engineering rock permeability research [J]. Geological Science and Technology Information,1988, 7(2): 61-67.

[3] Qunce C, Jizhen M, Qimei A. China Aluminum in Henan Jiagou bauxite mineral deposit[R]. China Seismological Bureau, Institute of Crustal Stress,2005:16-28.

[4] Longqing S, Dong Z, Zengde Y. Stress corrosion mechanism of water-resisting floor[J]. Journal of Jiaozuo Institute of Technology,1999,18(1).

[5] Manzhou L, Qiang Y,Jihua W. China Aluminum in Henan Jiagou bauxite mineral deposit: water – inrush mechanism and control method[R]. Geological Environmental Monitoring Institute of Henan Province, 2006.

[6] Mineral Teaching and Research Section of Wuhan College of Geology. Crystallography and mineralogy [M]. Beijing: Geological Publishing House,1978.

[7] Tongxiang W, Yisheng W, Fusheng W. Yanshi County, Henan Province Jiagou bauxite. Exploration and geological reports in detail[R]. Geological Bureau of Henan Province, Geological Survey Second Team, 1983.

[8] Weilin S, Tiejun W, Qingwang L. Physical and chemical properties of clay[M]. Beijing: Geological Publishing House,1992.

河南省矿坑突水影响因素与防治措施

赵承勇

(河南省地质环境监测院,郑州 450016)

摘 要:依据矿山环境调查资料,阐述了河南省矿坑突水主要因素为自然因素和人为因素,矿坑突水的充水水源、充水通道和充水程度,决定于矿井所处的自然地理、地质和水文地质特征,也决定于矿井建设和生产过程中采矿活动对天然水文地质条件的改变。

关键词:矿坑;突水;因素;防治措施

1 引 言

河南省为矿业大省,近50年尤其是20世纪80年代以来,人类强烈的采矿工程活动所引起的环境问题呈现多样化和极其复杂化的态势,对区域社会经济发展影响是巨大的。因此,在调查矿山地质环境现状的基础上,分析研究引起矿山地质环境问题的各种因素显得极为重要。本文针对矿坑突水问题的影响因素进行阐述分析。

2 矿坑突水影响因素

2.1 自然因素

2.1.1 大气降水

各煤田在开采过程中涌水量随季节变化明显,雨季大,旱季小,且有一定的滞后性。鹤壁八矿枯水期排水量为 $400 \sim 470$ t/h,丰水期排水量增大到 $475 \sim 580$ t/h;同时降水量呈现多年周期性变化。如焦作矿区连续干旱年,矿井地下水由原来的85 m持续下降到36 m,恢复正常水位后又回升到85 m。

2.1.2 地形

地形直接影响矿井水的汇集和排泄,是控制矿井涌水量大小和防治工作难易程度的主要因素之一。位于当地侵蚀基准面以上的矿井一般不会发生突水事故,位于当地侵蚀基准面以下的矿井则易发生突水事故,河南省许多矿区大都如此。

2.1.3 地表水

地表水能否涌入矿井及其渗入量的大小,主要取决于下述因素:

(1)井巷与地表水体间的岩石渗透性。若地表水体与井巷之间为强透水岩层,即使距离甚远,地表水也可能导致矿井充水。如鹤壁矿区,淇河、洹水河床奥陶系灰岩裸露,溶蚀裂隙发育,与地下水水力联系密切,鹤壁九矿突水引起小南湾泉群消失,河水流量减少。

(2)地表水体与井巷的相对位置。只有当井巷高程低于地表水时,地表水才能成为

作者简介:赵承勇(1961—),男,高级工程师,主要从事水文地质、工程地质、环境地质和地质灾害调查评价工作。

矿井充水水源;当井巷高程低于地表水体,在其他条件相同时,距离愈小,影响愈大,反之则影响愈小。

(3)地表水体的性质和规模。当地表水是矿井突水水源时,若为常年性水体,则水体为定水头补给边界,矿井涌水量通常大而稳定,淹井后不易恢复;若为季节性水体,只能定期间断补给,矿井涌水量随季节变化。因此,当矿区存在地表水体时,首先应查明水体与井巷的相对位置;其次需要勘察水体与井巷之间的岩层透水性,判断地表水有无渗入矿井的通道及其性质;最后在判明地表水确系矿井充水水源时,再根据地表水体的性质和规模大小、动态特征,结合通道的性质确定地表水对矿井充水的影响程度。

河南省对矿井充水有明显影响的地表水有:济源矿区的蟒沁河,宜洛矿区的洛河支流李沟河,临汝矿区的蒋公河,平顶山矿区的湛河,韩梁矿区的沙河支流石龙河等。济源矿区排水资料证明,凡在沁、济、蟒河引水灌溉期间,矿井排水量就增大。另外,在韩梁矿区的石龙河与临汝矿区的蒋公河干旱季节,河水流至石炭系突然消失,河水大量注入地下,补给灰岩含水层,使河床常年呈干涸状态,只有雨季才有水流。据实测河水流量,每年通过矿区石龙河有164万t水注入石炭系中,蒋公河每年有290万t水注入临汝矿区石炭系含水层中。平顶山矿区被40余m的第四系黏土层所隔,河流对其影响较小。

2.1.4 井巷围岩的性质

当井巷围岩为含水层时,储存于其中的地下水就会成为矿井充水的水源。当井巷围岩为隔水层时,如果厚度大而稳定,且具有足够的强度,则可起阻止周围的水向矿井充水的作用;反之,隔水层厚度小而不稳定,且强度较低,或存在各种天然或人为通道时,即使含水层距井口较远,仍能使矿井充水。因此,井巷围岩对矿井充水起重要作用。

2.1.4.1 充水岩层对矿井充水的影响

根据充水岩层的含水空间特征,可将其分为孔隙充水岩层、裂隙充水岩层和岩溶充水岩层。特别是岩溶充水岩层,其含水空间分布极不均一,致使岩溶水具有宏观上的统一水力联系,而局部水力联系不好,水量分布极不均匀的特点。因此,岩溶充水岩层对矿井充水影响有两个鲜明特点:一是位于岩溶发育强径流带上的矿井易发生突水,突水频率高,矿井涌水量大,如焦作韩王矿、演马矿位于九里山断层强径流带上,为该矿区突水最频繁、水量最大的矿井;二是矿井充水以突水为主,个别突水点的水量常远远超过矿井正常涌水量,极易发生淹井事故。

充水岩层的厚度和分布面积愈大,地下水储量愈丰富,对矿井充水影响愈大,反之则愈小。同时,充水岩层的出露和补给条件对矿井充水亦有很大影响。

2.1.4.2 隔水岩层对矿井充水的影响

一般认为,松散层中的黏土,坚硬岩石中含泥质较高的柔性岩石和胶结很好而且裂隙、岩溶不发育的岩层,以及经过后期胶结的断层破碎带都可以起到较好的阻水作用。特别指出的是,当地质剖面中的砂质黏土、黏质砂土、粉砂岩或一些裂隙不发育的坚硬岩层等,其透水性介于含水层和隔水层之间,其垂向渗透系数较大时,含水层与含水层之间或者充水岩层与井巷之间仍可能通过其产生越流补给,向矿井充水,特别是在上下含水层水头差很大或水压较高时。同时,隔水层的隔水性质不是一成不变的,黏土或隔水断层在水压作用或长期渗透影响以及矿压等人为因素影响下,可由阻水变为导水。

隔水层的厚度愈大,愈能在各种情况下有效地阻止水进入矿井;厚度不大的隔水层或经受不住水压的作用,或在开采活动等人工作用下遭受破坏而强度降低,甚至完全失去阻水能力而导致矿井充水。此外,由于地质作用的复杂多变性,隔水层既可能因变薄、尖灭而形成"天窗",也可能因断层、陷落柱等破坏而形成导水通道而使矿井充水。

隔水层是由不同的岩性岩层组成的结果。例如焦作矿区二叠系大煤和太原统八灰之间的隔水层即是由砂岩、薄层灰岩、泥岩、砂质泥岩及页岩组成的互层。据研究,刚性较强的岩层如灰岩、砂岩具有较高的强度,对抵抗矿压的破坏起较大的作用;而柔性岩石如泥岩、页岩等,其强度较低,抵抗矿压破坏的能力差,但其隔水阻水能力较强。由刚性、柔性相间的岩层组成的隔水岩层则更有利于抵抗矿压与水压的综合作用,在厚度相同的条件下更有利于抑制底板突水。

2.1.5 地质构造

地质构造是影响矿井充水的重要因素,河南省70%的矿井充水与地质构造有关。具体影响表现为以下几方面。

2.1.5.1 褶曲构造

褶曲的类型决定地下水的储存条件和储存量大小,向斜构造与单斜、背斜向比,易于汇集和储存地下水,常形成蓄水构造或自流盆地。同属向斜构造,其规模愈大,含水层的分布范围愈广,地下水的储存量愈丰富,对矿井充水影响愈大。在褶曲形成过程中,常产生一系列具有导水作用的伴生裂隙:①平行主应力的横张裂隙导水性强;②向斜轴部的纵张裂隙常常是底板突水的通道;③层间裂隙有利于灰岩中岩溶的发育及地下水的汇集与运移。

2.1.5.2 断裂构造

断层是矿井充水的重要通道,地下水、地表水甚至大气降水都可能沿导水断层渗入或涌入矿井,具体表现为:①断层的导水和储水作用;②断层缩短了煤层与对盘含水层的距离,当采掘工作揭露或接近断层时突水,如焦作冯营矿1301工作面位于断层的上盘,原推测断层倾角为70°,留设37 m的断层防水煤柱,煤柱端点距下盘二灰含水层(L_2)46 m,实际上断层面倾角在深部变缓,只有55°~50°,从而使煤柱宽度减小为19 m,煤柱端点至下盘 L_2 的距离减小至36 m,煤柱抗水压能力变弱而使二灰水沿煤柱突出。

断裂构造的存在除破坏岩层的完整性外,还显著降低断层附近岩层的强度。由于断层破碎带地段隔水层的强度比正常地段低,断层破碎带及其近旁常常是整个隔水层最薄弱的地段,因此断裂构造及其近旁是矿井突水最多的部位。如焦作矿区,与断裂构造有关的突水常发生在两条主干断裂的复合部位及其锐角一侧,像主干断裂旁侧的"入"字型小构造、断裂密集带、断层尖灭端、断层交叉点等部位。尽管断裂构造是影响矿坑充水的主要因素,但并非所有的断层都导水,有的还起着良好的隔水阻水作用,构成矿井或充水岩层的天然隔水边界。断裂是否导水,主要取决于:①断裂面的力学性质,一般张裂性断裂导水性最好,压性断裂最差,扭性断裂介于两者之间。②断裂两盘的岩性,相同力学性质的断裂,两盘均为刚性岩层时导水性好,均为柔性岩层时导水性差。如果一盘为柔性岩层,另一盘为刚性岩层,断裂可能在天然情况下隔水,开采后逐渐变为导水。如焦作韩王矿1221老采巷,1974年9月24日距断层5 m处停掘,开始无水,25日12时,发现正前方巷道出现底鼓,两帮各有一小股水涌出。水量为 12 ~ 15 m³/h,26 日 1 时增至 876 m³/h,3 时达到 1 440 m³/h,这种滞后突水的现象在煤矿生产中时有发生。③断裂的规模,在其他条件相同时,断层的走向愈大,断裂带宽度愈宽,导水条件愈好。

2.1.6　岩溶陷落柱

岩溶陷落柱是由于煤系地层下伏的奥陶系灰岩顶部岩溶发育,常形成巨大的溶洞,使上覆地层失去支撑,从而在重力的作用下不断向下垮落而成。由于它不同程度地贯穿了奥灰以上的地层,当贯穿煤系地层时,陷落柱就可能成为奥灰水进入矿井的通道。如河南省的安阳、鹤壁、焦作、新密矿区都出现过此现象。

2.2　人为因素

人为因素对矿井充水的影响既包括产生新的充水水源和通道,也包括改变水文地质条件而影响矿井的充水程度等。

2.2.1　老空积水

矿井采掘工程一旦揭露或接近老空积水区,老空积水便成为新的充水水源,轻则增大矿井涌水量,重则淹没巷道、工作面或采区,甚至冲毁巷道,造成人员伤亡。河南省许多煤矿开采历史悠久,有的长达数百年,老空积水大多分布在矿井浅部,位置居高临下,且位置不清,水体几何形状极不规则,空间分布极不规律,对积水区位置难以分析判断和准确掌握,因此矿井充水常带有突发性。如焦作演马矿,周边小煤窑越界开采,防柱采完后,演马矿突然涌水淹井,差点造成伤亡,损失 100 多万元;登封矿区新建矿和韩梁矿区韩庄矿多次突水,均造成淹井和伤亡事故。这些都是人为因素导致老空积水造成的。

2.2.2　导水钻孔

所有钻孔终孔后都应按封孔设计要求和钻探规程的规定进行封孔。未进行封孔,或虽封孔,但质量不符合要求的钻孔便成为沟通煤层上部或下部含水层的导水钻孔。当采掘工程揭露或接近时,会酿成突水事故。

2.2.3　采掘破坏对矿井充水的影响

煤层在天然状态下与周围岩层相接触,并保持其应力平衡状态。当煤层采出后,采空区周围的岩层失去支撑而向采空区内逐渐移动、弯曲和破坏,原始应力状态亦随着发生变化。随着采矿工作面的不断推进,围岩的移动、变形和破坏不断由采场向外、向上和向下扩展,导致顶板、底板和煤壁的破坏,在采场周围形成破坏带或人工充水通道。当波及充水水源时,就会发生顶板突水、底板突水或断层突水。

2.2.4　矿井长期排水引起充水条件变化

矿井长期排水会使矿区水文地质条件发生很大变化,甚至根本性的变化。长期排水既可能引起某些导致矿井充水的含水层疏干,使矿井涌水量减少,也可能引起地下水分水岭位置和补排关系的变化,使矿井涌水量增加,在隐伏岩溶矿区还可能产生岩溶塌陷,形成新的人工充水通道,使矿井充水条件更加复杂。

3　防治措施

根据水文地质条件进行分区分带,实行分区隔离开采,开展水文地质预报。在采掘中遇断层和老空区时,"有疑必探,先探后掘,疏堵结合,分类防治",采取提前疏干降压或预先封堵导水通道,加设挡水墙,未探清地质情况的工作面不采掘等措施,可防突水。采取留设防水煤柱、巷道预注浆切断补给通道,可防突水。巷道穿越断层时要加强支护,对井田断层交叉点等构造发育地段需重点加固,以防滞后突水。当遇到裂隙密集带、两组或两组以上断裂和裂隙交叉部位时,最好回避开采,以防突水。查清矿区地表陷坑,封堵洞穴口,回填洼坑,疏导积水,以防地表水流经洼坑入矿井,预防突水。顶板砂岩水应以疏排为主,地表水、底板灰岩水应以防为主。建立矿井完整的防水系统,防治矿坑突水。

参 考 文 献

[1] 河南省地质环境监测总站. 河南省地下水资源评价报告[R]. 2002.
[2] 河南省地矿建设工程(集团)有限公司,平顶山煤业(集团)有限责任公司. 河南省平顶山矿区地质环境调查评价与防治报告[R]. 2002.
[3] 河南省地质环境监测院. 河南省矿山地质环境调查与评估报告[R]. 2004.

Factors Influencing Water Bursting towards
Mining Pits and Prevention Measures in Henan Province

Zhao Chengyong

(Geological Environment Monitoring Institute of Henan Province, Zhengzhou 450016)

Abstract: In light of the data concerning the environment of mines, the paper categorizes the factors influencing the water bursting towards mining pits into natural factors and manmade ones; inrush factors, such as sources of water bursting, water bursting passage and water bursting intensity, are determined by geographical, geological and hydro-geological features within mining areas, and are determined by those manmade changes of hydro-geological conditions during mining process as well.

Key words: mining pits, water bursting, factors, prevention measures

国家级单孔多层地下水示范监测井经济效益评价

闫 平 董 伟

(河南省地质环境监测院,郑州 450016)

摘 要:本文总结了国家级单孔多层地下水示范监测井建设的概况、目标任务、完成的工程量、施工工艺与材料使用,指出了在建设中的多项创新。监测井运行良好,说明监测井建设比较成功。分析了工程的经济合理性,对监测井建设的经济效益进行了评价。该建设工程在全国有推广和示范作用。

1 引 言

地质环境监测工作既是一项服务于国民经济建设和政府宏观决策的基础性工作,又是一项服务于全社会的公益性工作。地下水环境监测是地质环境监测的重要组成部分。随着我国经济和社会的快速发展,人类活动对地质环境的影响日趋严重,地下水的过量开采和水质污染等问题日渐突出,严重制约社会经济发展。为此,必须加强地下水环境监测工作,完善我国地下水监测网络,提高地下水监测的科技水平,为保障我国水资源安全提供监测信息。

我国目前地下水环境监测网络的建设,主要是在不同的层位实施地下水监测井,通过监测获取地下水水位与水质动态资料。监测井多为单个孔或由一组不同深度的群孔组成,存在的主要问题是投资大、施工周期长、占地多、不便于管理。过去施工的监测井,多采用钢管或铸铁管为井管材料,这种材料易腐蚀,维护难度大、使用寿命较短。为了解决上述问题,河南省地质环境监测院在郑州实施全国第一眼单孔多层地下水示范监测井,力求在监测井的成井工艺和管材使用上有所创新。

2 示范监测井建设的目标任务

进行单孔多层地下水示范监测井建设的目标是:在分析研究区域水文地质条件和地下水开发利用情况的基础上,研究论证单孔多层监测井选址依据、施工工艺、管材选取等,完成350 m深的单孔多层地下水监测井工程建设,为其他地区地下水监测井建设提供技术示范,为国家地下水监测工程的实施提供参考依据。

主要任务为调研国内外监测技术现状,进行单孔多层地下水监测井可行性分析;进行单孔多层地下水监测井方案(包含井深、管材、监测层位、监测仪器等)论证;施工350 m深单孔多层地下水示范监测井;提出示范井监测方案,实现水位、水温自动化监测,安装调试自动化监测和自动化传输设备;初步提出单孔多层地下水监测井的设计、施工等技术要求,为国家地下水监测工程的实施提供技术参考。

3 建设工程概况

国家级单孔多层地下水监测井建设完成的主要工程量见表1。

表1 完成主要工程量一览表

序号	项目		单位	设计工作量	完成工作量
1	资料收集	调查研究报告	份		6
		钻孔柱状图	张		10
2	钻探施工	地质钻探	m	350	358
		物探测井	m	350	358
		扩孔	m	350	358
		下管	m	350	921
3	样品测试	地下水样采集	组	4	4
4	监测孔维护	洗井	井	4	4
		井口保护	井	1	1
		高程测量	井	1	1
5	自动化监测	自动化监测	井	4	4
		自动化传输	井	4	4
6	成果	报告	份	1	1
		图件	张	1	1
		信息系统	套	1	1

4 监测井施工工艺与材料

在施工工艺方面,目前国内外还没有施工单孔多层地下水监测井的专门设备。国外由于监测井较浅,在地下水监测井施工方面有专门的钻探设备,具有"操作轻便、动力小、机械化程度高"等特点,但是由于我国华北地区水位埋深较大,该设备无法使用。在国内,监测井的施工主要以水文水井钻探设备和常规钻具为主,因此选择红星–400型钻机和TBW–850/50泥浆泵作为监测井的主要钻探设备。

红星–400型钻机主要用于水文地质勘察、水井施工和基桩工程领域,具有"起塔快、整体移动方便、操作简便"等特点。TBW–850/50泥浆泵,在850 m以内的钻探和水井施工中完全可以满足泥浆的正常循环,具有质量轻、性能稳定等特点,并且在实际生产中可根据需要,通过改变缸套尺寸或冲次来改变泵量、泵压的大小,从而实现取芯和全面钻进泵量的控制。

井管材料的选取非常重要,要解决监测井井管材料的强度、腐蚀和结垢等问题,需采用新材料。根据国内外现状,结合目前国内技术经济情况,本次拟采用PVC – U管材。依据"保证质量安全、降低监测井成本、延长使用寿命"等基本原则,结合国内外技术现状和发展趋势,通过调研,选用江阴市星宇塑胶有限公司生产的 ϕ 110 mmPVC – U给水用硬聚氯乙烯管作为监测井管材。

国产PVC – U管材在深度超过150 m的井中应用几乎是空白。为此,进行了管材和连接扣拉力试验、液压试验、落锤冲击试验和抗弯曲变形等专门试验。要求PVC – U给水用硬聚氯乙烯管规格为外径110 mm、单根管长6 m,井管材料技术参数应达到:监测井管采用丝扣连接方式,其拉力破坏极限不小于18 000 N;滤水管采用PVC – U铣缝式,其缝宽为1 mm,孔隙率为10%以上。井管材料其他技术参数见表2。

表2　单孔多层地下水示范监测井 PVC – U 管材技术参数

规格	外径 (mm)	壁厚 (mm)	密度 (kg/m³)	冲击试验 (TIR%)	液压试验 (MPa)	密封试验 (MPa)
参数	110	7.2	1.45	≤5	42	3.36

5　监测井监测运行

单孔多层地下水监测井施工完成后,进行试运行。在监测井中安装自动化监测装置,该装置是示范监测井建设的一部分。地下水自动化监测主要是依靠科技进步,更新与改进传统的地下水动态监测手段、方法与设备,逐步实现监测资料的处理、整理、分析、传输和监测成果发布的及时化、自动化、信息化和智能化。

为了准确、及时地掌握单孔多层地下水示范监测井地下水动态的变化情况,提高地下水监测数据的精度,改善地下水监测技术水平和信息处理水平,在充分调研的基础上,采用先进的仪器设备,进行自动化监测和自动化传输示范。

根据单孔四层示范监测井的水质资料分析,与监测井附近环境院的人工监测井地下水质比较,水质差别不大。这也充分说明单孔四层地下水示范监测井的水质基本上代表了该地区地下水的水质情况,达到了示范监测井设计方案的要求。

6　工程经济分析

根据项目设计书,单孔多层地下水示范监测井建设涉及水文地质钻探、物探测井、水土试验、新工艺成井、动态监测与综合研究等工作内容,其中水文地质钻探、物探测井为350 m,自动化监测拟安装4套设备,依据中国地质调查局2000年制定的《地质调查项目设计预算暂行标准》等,项目概算总费用为87.43万元,项目实际支出67.15万元,项目经费结余20.28万元。费用支出基本合理,符合国家、省有关法规和规章的有关规定,专用仪器设备购置均通过政府采购程序进行。直接成井费用51.85万元(含监测仪器),一孔四层示范监测井成井总深度906 m,直接建设成本约572元/m。

7　主要的技术创新

国家级单孔多层地下水示范监测井项目主要技术创新表现在:

（1）采用"无井壁保护管四次分别成井工艺"，即"裸孔四次分别成井方案"，成功地实现了无井壁套管情况下，分层下管、分层投砾和分层止水的技术创新；体现了节约用地、节省资金、缩短施工周期和便于管理等众多优点，为其他地区建设单孔多层监测井起到了示范作用。

（2）在井管材料选取上有所创新。PVC－U管材具有质量轻、成本低、不腐蚀、不结垢等特点。20世纪70年代地矿部就将其纳入水文水井领域推广使用的范围，但是，由于人们的传统观念和一些技术问题，至今仍未推广应用。所以，加大该技术的进一步研究和创新，在水文成井和监测井建设中具有一定的推广意义。通过该项目的实施，在400 m以内的多层监测井中采用PVC－U管材作为监测井管是可行的，其管材选择目前在国内为最深，在连接和滤水管的加工等设计思路及成井工艺方面具有一定的创新。

（3）通过一些技术措施和方法，解决了PVC－U管材下井困难和容易挤毁的问题，并实现了自主创新。该项目的成功实施，在监测井中解决了金属井管腐蚀、结垢和堵塞问题，从而延长了监测井的使用寿命，减少了维修和洗井次数，具有直接的社会经济效益。

8 经济效益分析

国家级单孔多层地下水示范监测井工程主要遵循"质量保证安全、管材和工艺成本低、耐腐蚀、使用寿命长、维护保养方便"等原则，从经济角度分析主要表现在：

（1）如果监测井采用地质套管、普通钢管或铸铁管等金属材料，一方面在技术发展和创新上毫无进展，另一方面解决不了腐蚀和结垢问题，导致监测井频繁维修保养和使用寿命的降低。该项目所需 ϕ110 mm×7.2 mm规格的PVC－U管材总计921 m，包括管箍在内其成本为86元/m，总管材费用为7.920 6万元。采用PVC－U管材每米可节约成本近100元，共节约管材费用9.21万元。

（2）在成井工艺方面，主要创新之一是"无井壁保护管四次分别成井工艺"。采用"无井壁保护管四次分别成井工艺"，每一眼350 m左右的监测井可节约直接费用33万元左右，平均每米可节约直接成本943元。

（3）采用"无井壁保护管四次分别成井工艺"和选择PVC－U管材不但具有显著的经济效益，而且解决了腐蚀和结垢问题，实现了技术创新和发展。同时，对今后水文水井的管材选择和成井工艺提供了新的思路与依据。特别是对于高盐地区和腐蚀性较强地区的水井工程，选择PVC－U管材作为井管，具有很强的实用性，并具有广阔的应用前景。

参 考 文 献

[1] 朱中道,等.国家级单孔多层地下水示范监测井建设报告[R].河南省地质环境监测院,2006.
[2] 王大纯,等.水文地质学基础[M].北京:地质出版社,1995.
[3] 赵云章,等.河南省地下水资源与环境[M].北京:中国大地出版社,2004.
[4] 中国地质环境监测院.地下水动态监测规程[R].2004.
[5] 郭公喆,等.河南省2007年地下水环境监测年度报告[R].河南省地质环境监测院,2007.

河南沉降盆地地热资源评价

王继华

(河南省地质环境监测院,郑州　450016)

摘　要:沉降盆地是河南地热资源的主要分布区,具备一定成热条件的面积达 83 996 km^2,蕴藏丰富的地热资源。本文阐述了新近系、古近系及寒武－奥陶系热储层特征。在建立热储地质概念模型的基础上,采用热储法计算了储存资源量;采用水头降深法、回采系数法、水量折算法分层、分温、分经济性计算了可开采资源量。评价认为,东明断陷及开封凹陷资源丰富,通许凸起寒武－奥陶系热储开发价值高,古近系热储层利用价值不大。

关键词:沉降盆地;地热资源;热储;评价;河南省

1　引　言

河南沉降盆地主要包括东部华北断凹盆地及汝河断陷,洛阳、灵宝—三门峡、南阳等西部山间凹(断)陷盆地,具备一定成热条件的面积达 83 996 km^2,盆地内新生代松散堆积物最大沉积厚度达 7 000 m 以上,地温梯度一般为 2.0 ~ 4.5 ℃/100 m[1],蕴藏丰富的传导型地热资源。东部盆地主要热储层有新近系孔隙热储层、古近系裂隙孔隙热储层及寒武－奥陶系溶隙裂隙热储层[2];山间盆地以古近系裂隙孔隙热储层为主。评价盆地地热资源储量,摸清其分布规律,对河南地热资源的合理开发与科学保护具有重要意义。

2　区域地质概况

河南省地质构造跨越中朝准地台和秦岭褶皱系两个一级构造单元。区内中朝准地台西部为山西台隆、嵩箕台隆及华熊台缘凹陷;东部属华北台凹南部,由一系列的凹(断)陷及凸起组成(见图 1),北部呈北北向排列,南部近东西向排列。秦岭褶皱系由北秦岭褶皱系及南阳凹陷和潢川山前凹陷组成。

沉降盆地是本区地热资源主要储存区[3]。基底主要由下古生界寒武系、奥陶系碳酸盐岩及石炭系铝质岩、灰岩和二叠系碎屑岩组成,局部为太古界和元古界片岩、片麻岩及大理岩等变质岩。东明断陷、开封凹陷、周口凹陷、潢川山前凹陷及南阳、洛阳、灵三、汝河等凹(断)陷为较厚的中生界碎屑岩;盖层为新生界古近系和新近系。古近系分布在华北台凹的凹(断)陷及西部山间盆地,厚度一般为 1 000 ~ 3 000 m,最厚可达 5 000 m 以上,主要为油气地层;新近系覆盖整个沉降区,形成大盖层,厚度一般为 400 ~ 1 000 m,西部盆

基金项目:河南省两权价款地质勘查基金(05081)资助。

作者简介:王继华(1969—),男,河南淮阳人,高级工程师,主要从事水文地质及环境地质工作。E-mail:wjh981205@163.com。

地厚度小于东部平原,东明断陷及开封凹陷厚度最大可达 2 000 m。

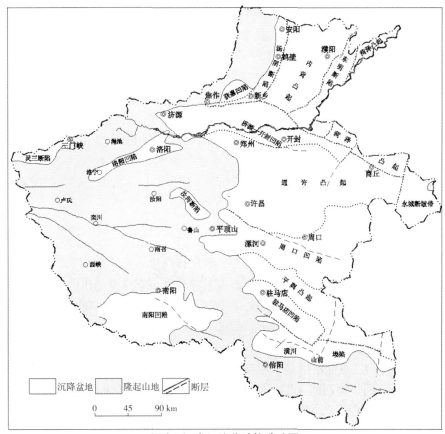

图 1　河南沉降盆地构造略图

3　主要热储层

3.1　新近系(N)孔隙热储层

沉降区广泛分布。东部平原厚度大,分为明化镇组和馆陶组,是目前主要的开采层。热储层顶板埋深一般为 350 ~ 400 m,底板埋深东部平原一般为 600 ~ 1 500 m,最大达 2 500 m 左右,西部盆地一般为 400 ~ 800 m。含水介质为粉细砂、中细砂及含砾砂等,有 30 ~ 60 层,单层厚度 3 ~ 77 m,累计厚度 100 ~ 600 m,孔隙度一般为 25% ~ 35%。单井涌水量东部平原一般为 20 ~ 50 m³/(h·20 m),西部盆地一般小于 20 m³/(h·20 m)。400 ~ 800 m 段井口水温一般为 25 ~ 40 ℃,800 ~ 900 m 以深段井口水温一般可达 40 ℃以上。水化学类型以 $HCO_3 - Na$[4]、$Cl·SO_4 - Na$、$Cl - Na$ 型为主,总溶固为 0.5 ~ 5 g/L。随深度增加总溶固增大、水质变差。

3.2　古近系(E)裂隙孔隙热储层

其分布于东部平原的凹(断)陷区及西部山间盆地。顶板埋深东部一般为 600 ~ 1 500 m、西部为 400 ~ 800 m。含水介质为砂砾岩、细砂岩、粉砂岩等,单层厚度为 1 ~ 15 m,累计厚度 300 ~ 800 m,孔隙度一般为 5% ~ 20%[5]。780 ~ 1 500 m 取水段井口水温为

41 ~ 60 ℃,单井涌水量为 5 ~ 20 m³/(h·20 m),热流体水化学类型以 Cl - Na、SO₄ - Na 为主,总溶固为 3.0 ~ 10.0 g/L,开参 3 井 2 317 m 段总溶固为 62.46 g/L。古近系热储埋藏深,胶结程度高,渗透率小,富水性弱,水质差。除局部地段外,大部分地区开发价值不大。

3.3 寒武 – 奥陶系(ϵ - O)溶隙裂隙热储层

其广泛隐伏于东部平原下部。热储层主要为奥陶系中统和寒武系中统及上统,岩性以灰岩、白云质灰岩、白云岩等为主,厚度 70 ~ 860 m。凸起区顶板埋深一般小于 2 000 m,适宜开采;凹(断)陷区顶板埋深一般大于 4 000 m,不便开采。热储溶隙发育程度随深度增加而渐弱,不同构造位置,其水温、水质、水量有较大差异。目前仅鹤壁市及永城市进行了勘探,鹤热 2# 井深 3 276 m,自流量为 76.96 m³/h,井口水温为 74 ℃,总溶固为 4.2 ~ 4.8 g/L。

4 地热资源评价

4.1 评价原则

评价对象为新近系、古近系及寒武 – 奥陶系等具有一定开发利用价值的层状热储,热水产量小、成热条件差的地段,不予评价;评价不考虑动态补给;计算包括储存资源和可采资源两部分,评价开采年限为 100 年;评价深度下限一般为 4 000 m,局部为 1 200 ~ 1 500 m。

4.2 热储层地质概念模型

新近系及古近系:热储层由多个相互叠置的砂、细砂、粉砂层及砂岩组成,相对隔水层为黏性土(岩),不同热储间无明显的水力联系,径流补给微弱,开采为消耗弹性储量。其地质模型概化为:平面上均质、各向同性、无限边界,垂向上无越流,不考虑弱透水层释水的承压含水层。

寒武 – 奥陶系:热储集层具有一定的储集系数(储集层占地层厚度的比值)、溶隙裂隙发育不均(平面上不一、垂向上随深度减弱),平面上无限延伸、垂向上无越流的承压含水层模型。

4.3 评价方法

4.3.1 储存资源

地热储存资源评价采用热储法[6],计算公式如下:

$$Q_R = E_V \cdot A \cdot D \cdot \Phi$$

$$Q_{RE} = A \cdot D [E_V \cdot P_w C_w \Phi + P_r C_r (1 - \Phi)](T - T_0)$$

式中,Q_R 为储存热水量,m³;Q_{RE} 为储存热能量,J;A 为计算热储面积,m²;D 为热储层平均有效厚度,m;Φ 为热储层孔隙率(%);E_V 为热储层系数(热水储层占总体积比值),无量纲;P_r、P_w 分别为热储岩石和地热水的密度,kg/m³;C_r、C_w 分别为热储岩石和水的比热,J/(kg·℃);T 为热储层计算段的平均温度,℃;T_0 为基准温度,℃。

4.3.2 可开采热水资源

新近系及古近系热储层采用弹性水头最大允许降深法,计算公式如下:

$$Q_w = \mu \cdot M \cdot F \cdot \frac{S_{max}}{t}$$

寒武-奥陶系热储层采用回采系数法,计算公式如下:

$$Q_w = R_E \cdot Q_R / t$$

式中,Q_w 为可开采热水量,m^3/a;μ 为热储层弹性释水率,m^{-1};M 为热储层计算段平均厚度,m;F 为热储层计算面积,m^2;S_{max} 为热储层水位最大允许降深,m;t 为设计开采年限,a;R_E 为回采系数,无量纲;其他符号意义同前。

4.3.3 可利用热能资源

采用可开采热水量折算法,计算公式如下:

$$Q_{WE} = Q_w \cdot P_w \cdot C_w (T - T_0)$$

式中,Q_{WE} 为可利用热能量,J/a;其他符号意义同前。

4.4 主要参数选取

评价由于涉及面积广、深度大,评价参数在平面上及垂向上有较大差异。参数主要根据区域地质资料、钻孔、石油地质、抽水试验、经验值、地热勘查成果及水源地勘探资料选取确定。主要参数选取如下:

孔隙度:新近系、古近系、寒武-奥陶系热储分别取 20%~30%、5%~20%、3%~5%。

热储层系数:新近系及古近系热储层系数取 1.0,寒武-奥陶系热储层系数取 0.2。

回采系数:寒武-奥陶系热储层回采系数取 0.2。

比热及密度:干石英砂比热为 794 J/(kg·℃)、密度为 1 650 kg/m^3;碳酸盐岩比热为 920 J/(kg·℃)、密度为 2 700 kg/m^3;水的比热为 4 180 J/(kg·℃)、密度为 1 000 kg/m^3。

允许降深及设计开采年限:最大允许降深设定为 150 m,开采年限设计为 100 年。

弹性释水率:新近系、古近系热储层分别取 $2.12 \times 10^{-6} \sim 8.16 \times 10^{-6}\,m^{-1}$、$0.45 \times 10^{-6} \sim 2.12 \times 10^{-6}\,m^{-1}$。

4.5 地热资源计算评价

根据热储模型及评价原则、方法,河南沉降盆地地热储存资源和可开采资源计算结果见表1、表2。

表1 河南沉降盆地地热储存资源计算结果

热储	计算面积(km²)	热水储存量(亿 m³)	热能储存量(10¹⁶ J)		
			流体储存	岩石储存	热能总储量
N	61 908.85	56 529.38	62 695.98	53 649.85	116 345.83
E	45 558.54	19 161.33	43 678.42	93 682.21	137 360.63
∈-O	51 960.60	1 836.50	4 276.99	335 139.77	339 416.76
合计	83 996.26	77 527.21	110 654.39	482 471.83	593 123.22

河南沉降盆地4 000 m以浅新近系、古近系热储储存的热水量、热能量分别占盆地对应总储量的97.63%、42.77%,下古生界寒武-奥陶系热储由于埋藏深、温度高,其热能储存量远大于新生界储量。新近系热储储存的热水量是古近系热储储存量的2.95倍,但

热能储存量小于古近系热储层储量。

沉降盆地 4 000 m 以浅可开采资源以低温、经济(热储埋深小于 3 000 m)型资源为主。新生界可采资源在东明断陷及开封凹陷储量丰富,可采模数大于 40 万 m³/(100 km²·a),其次为汤阴断陷、内黄凸起的南部、通许凸起的中部、周口凹陷及菏泽凸起黄河南段,可采模数为 20 万~40 万 m³/(100 km²·a);西部山间盆地资源较贫乏,内黄凸起核部、潢川山前凹陷及获嘉凹陷,地热条件差,资源极贫乏。东部平原凸起区下古生界地热资源丰富,地热地质条件有利。古近系热储埋藏深、水质差、热水单井产量小,可采中、低焓资源贫乏,利用成本高,大部分地区开发价值不大。

表 2　河南沉降盆地地热可开采资源计算结果

热储	温度分级	可开采热水量(万 m³/a)			可利用热能量(10¹² J/a)		
		经济	次经济	合计	经济	次经济	合计
新近系	低温	14 727.92		14 727.92	15163.28		15 163.28
古近系	低温	2 366.30		2 366.30	4 583.72		4 583.72
	中温	329.50	541.03	870.53	1 202.61	2 318.39	3 521.00
寒武－奥陶系	低温	28 538.83	2 367.76	30 906.59	59 722.94	5 382.73	65 105.67
	中温	3 879.30	1 944.21	5 823.51	13 448.54	6 985.60	20 434.14
合计	低温	45 633.05	2 367.76	48 000.81	79 469.94	5 382.73	84 852.67
	中温	4 208.80	2 485.24	6 694.04	14 651.15	9 303.99	23 955.14

5　结　语

(1)评价基本摸清了河南沉降盆地地热资源数量及分布规律,为合理开发利用提供了依据。

(2)东部平原新近系馆陶组热储资源较丰富,水温较高,开采条件较好,是今后主要的开发对象;凸起区寒武－奥陶系热储地热地质条件较好,尤以通许凸起区开发价值最高。古近系热储大部分地区开发价值不大。

(3)地热资源是在一定地质历史时期形成的,其可开采资源属弹性储量的一部分,补给周期长,再生缓慢,开发过程中要科学规划、合理利用,以保障资源的可持续利用。

参 考 文 献

[1] 陈墨香,邓孝. 华北平原新生界盖层地温梯度图及其简要说明[J]. 地质科学,1990(3):270-271.
[2] 王继华,等. 河南省地热、矿泉水资源调查评价报告[R]. 河南省地质环境监测院,2008.
[3] 王宝玉. 河南省地热资源开发利用现状及展望[J]. 河南地质,1998,16(2):128.
[4] 聂新良,王心义,等. 河南省东部平原地热系统的基本特征[J]. 焦作工学院学报:自然科学版,2002,21(2):103.
[5] 钟广法,林社卿,侯方浩. 泌阳凹陷核三下段砂岩成岩作用及储集性[J]. 矿物岩石,1996,16(2):45.
[6] 刘向阳,龚汉宏. 邯郸市地热资源评价[J]. 中国煤田地质,2007,19(6):47.

商丘市城区可采地热资源量计算分析

商真平　姚兰兰

（河南省地质环境监测院，郑州　450016）

摘　要：结合商丘市水文地质条件、地层构造、热储特征及开采现状，计算了商丘市城区地热水资源总量、可采资源量。结果表明，商丘城区范围内的地热水开采已达到采补平衡状态。为更好地利用宝贵的地热水资源，使其发挥更大的效益，应尽快制定商丘市地热水资源的开发利用规划，有节制地、合理地开采地热水，加强对地热水水位、水质、水量等动态的监测，掌握其发展方向。同时，应加大对 550 m 以下的地热水资源的开发研究，寻找新的可供开发利用的地热水资源，以保证商丘市工、农业经济的可持续发展。

关键词：地热；资源总量；可采量；计算评价；商丘城区

1　地热资源开发利用现状及热储特征

自 20 世纪 70 年代中期以来，商丘市城区共开发地热井 125 眼，深 500 m，主要分布在城区 160 km² 范围内，井口出水温度为 25 ~ 34 ℃。目前，地热水资源年开采量大于 0.2 亿 m³（2001 年除外），无序无节制的开采，致使地热水水位下降。1993 ~ 1999 年水位共下降 11.71 m，地热水漏斗面积不断扩大，漏斗中心水位持续下降。2001 年商丘市城区 -10 m 等水压线闭合圈的面积达 197.2 km²，中心水位埋深 66.39 m。

商丘市城区地热田属覆盖沉积型层控地热田，主要分布在黄淮海平原的偏东南缘，为层状孔隙水，自西北流向东南，具一定的承压性。据地热井开采资料分析，已开采的热储层垂向深度为 350 ~ 550 m，赋存于上第三系及第四系下更新统的冲洪积相地层之中，岩性以细砂、中细砂、粉细砂、少量粗砂及粉砂为主，层间由黏土或亚黏土层隔开，主要靠侧向流入和漏斗周边补给，排泄方式为人工开采和侧向流出，静水位埋深为 58.43 m，动水位埋深为 65 m，出水量为 50 ~ 100 m³/h，每公顷涌水量为 6.07 ~ 15.03 m³，水温为 25 ~ 34.5 ℃，地温梯度为 2.08 ~ 3.35 ℃/100 m，导水系数为 740 ~ 878.7 m²/d，弹性释水系数为 6.86×10^{-4}，压力传导系数为 1.55×10^{-6}，储水系数为 4.94×10^{-4}。现状年（2001 年）开采条件下，区内地热田水位、水量、水温动态相对稳定，动水位的变化受开采量制约。

2　地热资源量评价计算

2.1　热储层概念模型的建立

根据区域地层及构造条件可知，热储层岩性均一、顶底板基本水平、厚度变化不大，将其概化为均质、各向同性的承压热储层，故在开采条件下，区内热储层属非稳定的静储量

作者简介：商真平（1966—），男，河南郑州人，高级工程师，主要从事水文与工程地质工作。

消耗型。热储层地热水与区外同层地热水水力联系密切,而不同含水层间无明显水力联系,为一无越流补给(或排泄)、水平方向上无限分布的承压热储层。

2.2　弹性储量法

(1)数学模型。表达式为:

$$Q_{弹} = (SM_{cp} + S' \cdot M'_{cp}) \cdot \Delta h \cdot F \tag{1}$$

式中,$Q_{弹}$为热储层弹性释水量,m^3;S为热储层弹性给水率;S'为弱隔水层的弹性给水率;M_{cp}为热储层的平均有效厚度,m;M'_{cp}为弱隔水层的平均厚度,m;F为计算区面积,m^2;Δh为区域水位(设计)下降值。

(2)参数选取。①面积(F),规划城区面积为300 km^2;②水位下降值(Δh),按90 m、110 m两种水位下降值计算;③热储层弹性给水率(S),根据实际非稳定流抽水试验及黄淮海、开封市区等地非稳定流抽水试验计算结果,取$S = 3 \times 10^{-4}$;④弱隔水层的弹性给水率(S'),根据豫东平原供水报告,$S' = 1.81 \times 10^{-4}$;⑤热储层平均有效厚度(M_{cp}),取含水层平均厚度的80%,为41.32 m;⑥弱隔水层平均厚度(M'_{cp}),以商丘城区15眼地热井资料及区域地层资料,选取$M'_{cp} = 60$ m。

(3)计算结果。

地热水资源总量计算:将各参数值代入式(1)得:

$$Q_{弹 \cdot 90\,m} = (3 \times 10^{-4} \times 41.23 + 0.000\,181 \times 60) \times 90 \times 300 \times 10^6 = 6.28 \times 10^8$$

$$Q_{弹 \cdot 110\,m} = (3 \times 10^{-4} \times 41.23 + 0.000\,181 \times 60) \times 110 \times 300 \times 10^6 = 7.67 \times 10^8$$

可采资源量计算:地热水消耗以弹性释水量为主,其计算公式为:

$$Q_{可采} = Q_{弹} \cdot a/t \tag{2}$$

式中,a为地热水可采系数,取75%;t为开采时间。

按30年开采期计算得:

$$Q_{可采 \cdot 降90\,m} = 0.157\ 亿\ m^3/a$$

$$Q_{可采 \cdot 降110\,m} = 0.193\ 亿\ m^3/a$$

2.3　开采潜力分析

2001年,开采量0.17亿 m^3/a为已采量,根据潜力指数计算公式:

$$P = Q_{可采}/Q_{已采}$$

计算得:

$$P_{90\,m} = 0.92$$

$$P_{110\,m} = 1.13$$

潜力指数P值的判定标准:若$P > 1.2$,则有开采潜力;若$1.2 \geqslant P \geqslant 0.8$,则采补平衡,若$P < 0.8$,则潜力不足,已超采。判定商丘市城区范围内的地热水开采状态为采补平衡。

3　结　语

商丘市城区地热水可采资源量应控制在0.15亿 m^3/a(降深90 m)、0.20亿 m^3/a(降深110 m)左右,且350~550 m深度范围内的低温地热水资源的开采已达到采补平衡,开采潜力不大。为更好地利用宝贵的地热水资源,使其发挥更大的效益,应尽快制定商丘市地热水资源的开发利用规划,有节制地、合理地开采地热水,加强对地热水水位、水质、水量等动态的监测,掌握其发展方向,为科学管理商丘市地热水资源提供依据。同时,应加大对 550 m 以下的地热水资源的开发研究,寻找新的可供开发利用的地热水资源,以保证商丘市工、农业经济的可持续发展。

参 考 文 献

[1] 商真平,戚赏,王稼宪,等.商丘市城区地热资源调查评价报告[R].河南省地质环境监测院,2002.
[2] 林学钰,廖资生,韩鹏飞,等.开封市区地下热流系统及开发工程配置[R].长春地质学院,开封市节约用水办公室,1993.
[3] 白明辉.河南省地热资源调查研究报告[R].河南省地质局水管处,科技处,1981.

商丘市地下水动态分析

豆敬峰

（河南省地质环境监测院，郑州　450016）

摘　要：根据对商丘市 2007 年及系列地下水动态监测资料，对地下水水位变化幅度、地下水水位埋深及降落漏斗演变进行了分析，为提高地下水管理的时效性、准确性和科学性，促进社会经济发展、地下水资源合理开发利用提供依据。

关键词：地下水；动态；分析

商丘市位于河南省东部，地处豫鲁苏皖四省交界处，面积 10 704 km²，为古黄河历次改道决口泛滥形成的冲积平原区。地理位置优越，陇海铁路横贯东西，京九铁路纵跨南北，105 国道、310 国道与连霍及商周、商菏、商亳四条高速公路在此交会。

地下水资源是商丘市工农业生产、居民生活的主要水源，区内地下水资源的大规模开发已有 30 余年历史，目前地下水供需矛盾十分突出。

2007 年度商丘市降水总量 761.6 mm，属平水年份。浅层地下水补给量为 3.28 亿 m³，深层地下水主要以弹性释水来保证消耗，补给量可忽略不计。

1　地下水开发利用状况

商丘市地下水开采主要集中在城市规划区，主要为梁园建成区，李庄、双八、平台、王楼、水池铺、孙福集、谢集、刘口、张阁、周集、观堂、城北等乡镇开采亦较为集中。

商丘市域以地下水为其主要供水水源，市区主要开采深、浅层地下水，郊区及农业灌溉区以抽取浅层地下水为主，辅以引黄灌溉。市域 2007 年度地下水开采总量为 21 833.1 万 m³，比 2006 年度多采 1 912.9 万 m³。按用水对象分类，工业及城市生活用水量 7 140.0 万 m³，比 2006 年增加 1 845.0 万 m³，农业灌溉用水量 14 693.1 万 m³，比 2006 年增加 67.9 万 m³；按开采层分类，浅层地下水开采量 18 563.1 万 m³，占地下水开采总量的 85%，比 2006 年增加 1 737.9 万 m³，深层地下水开采量 3 270.0 万 m³，占地下水开采总量的 15%，比 2006 年增加 175.0 万 m³。

地下水开采区域分布不均现象仍然十分突出，梁园区地下水开采主要集中在市除东北部以外地区，以中南部开采强度最高，睢阳区地下水开采主要集中在城区北部及东北部，两区形成的深、浅层地下水低水位区相连成片，形成降落漏斗。

本区深层地下水主要开采深度为 300～550 m，近年来该市水行政主管部门对该深度段内地下水采取限制开采措施，对深层地下水水位的持续快速下降起到了有效遏制作用。目前该市正加大对中深层微咸水（埋深 60～300 m）及超深层地下水（埋深 550 m 以深）的开发力度。中深层微咸水可用于对水质要求不高的行业，超深层地下水水温较高（埋深

1 500 m时部分地段水温可达 56 ℃以上),可作为地下热水利用。

2 地下水水位特征

2.1 地下水水位

依照影响浅层地下水水位动态变化的自然因素和人为因素,将监测区内浅层地下水动态划分为 3 种类型。

(1)入渗 - 开采型:分布在浅层地下水降落漏斗周边地区,面积约占整个市域面积的 80% 。大部分区域包气带岩性为砂性土,极易接受大气降水的补给,农业灌溉开采是这一地区浅层地下水的主要排泄方式,而气象条件是影响其动态变化的主要因素。

(2)径流 - 开采型:分布在地下水位漏斗区以内,其水位动态变化受开采影响较为直接,降水由漏斗外围向中心侧向径流补给,但水位上升相对降雨时间有明显的滞后作用,且随着岩性不同,其滞后的时间也不尽相同。

(3)水文 - 开采型:此动态类型以傍河(水库、湖)区浅层地下水为主,分布呈点状、块状,地下水体与地表水有直接水力联系,互为补充或消耗,在地表水位高于地下水位时,地表水补给地下水,反之,地下水补给地表水。因此,地下水位与地表水位动态变化关系密切,二者与开采、降水等因素相互作用,呈现出明显的水文 - 开采动态特征。

深层地下水动态类型为"开采型",其多年整体水位呈下降状态,由于开采量与弹性释水量此长彼消,在某个时间段内深层地下水位有升有降,但季节影响不是地下水位动态变化的关键因素。由于开采井的分布过于集中,抽水状态下各井孔相互干扰,单井地下水动态变化受区域开采状态与开采强度控制。年内深层地下水水位动态变化整体而言呈微下降趋势。

2.2 地下水埋深

对浅层地下水水位埋深起决定作用的是地形地貌、开采状况及降水。本区北部为黄河故道及高滩区,河床高出地面 5 ~ 10 m,年内地下水水位埋深为 5.75 ~ 9.60 m,故道南侧为背河洼地,地势低凹,是故道内浅层地下水向南侧侧渗补给的浸润地带,年内水位埋深在 0.45 ~ 2.69 m,再向南为广大平原区,地面高程 50 ~ 42 m,年内最大水位埋深位于梁园区第二水厂一带(水位埋深 14.13 m)。

深层地下水水位埋深亦受地形地貌、开采状况的影响,但区内深层地下水开采一般集中在建成区,地面高程 50 m 左右,地形平坦,变化不大,因此深层地下水埋深变化主要受开采控制。

2.3 地下水位降落漏斗

2.3.1 浅层降落漏斗

浅层地下水漏斗形成于 20 世纪 70 年代初,其北部黄河故道高滩区,为浅层地下水分水岭,水位落差大,补给条件好,而开采则集中于建成区内,经过 30 余年的开采,逐渐形成了一个以东西向为长轴、南北向为短轴的降落漏斗。

2007 年以 40 m 水位等值线为漏斗边界,浅层地下水漏斗面积为 93.0 km²,与 2006 年同期相比,漏斗面积减少 22.0 km²。

2.3.2　深层降落漏斗

深层地下水漏斗形态与开采强度关系密切,因各年开采强度分布不均,漏斗中心经常发生位移。年内深层地下水漏斗为一多中心并存且相互分离的不规则"梨"状。

2007 年枯水期深层地下水最大漏斗中心位于省地质 11 队一带,水位 – 22.69 m,与2006 年同期相比上升 1.98 m;丰水期深层地下水最大漏斗中心位于省地质 11 队一带,水位 – 24.14 m,与 2006 年同期相比上升 2.16 m。

3　地下水水质

2007 年浅层地下水超标组分主要有总硬度、Mn^{2+}、SO_4^{2-}、Cl^-、矿化度、F^- 等,浅层地下水综合评价漏斗区均为极差级别,水质与 2006 年度相比略有下降。

2007 年深层地下水超标元素以 F^- 为主,水质综合评价均为较差级别,深层地下水总体水质与 2006 年相比基本相同。

4　开发建议

(1)市区内深层地下水年内仍处于超采状态,若不加以控制,水源将日趋枯竭,甚至可能引起上层微咸水的越流补给,从而导致深层地下水水质恶化。因此,应继续大力进行节水宣传,提高人们的节水意识,强化行政及法律手段,减少深层地下水的开采量。

(2)进一步加强对区内地热水、中深层微咸水的深入研究,引导鼓励对该层地下水的开采。

(3)优化开采结构,增加地表水的供应量,缓解地下水水源的不足。

(4)完善和加强地下水动态监测工作,根据地下水动态的变化,实时调整地下水开采方案,使有限的地下水资源发挥最佳经济、环境效益和社会效益。

郑州市地热矿泉水的水位动态特征及开发利用建议

魏秀琴 姚兰兰 朱中道

(河南省地质环境监测院,郑州 450016)

摘 要:郑州市地热矿泉水的开发始于20世纪70年代,随着开采井的不断增加,开采量也相应增大。本文根据多年监测资料,论述了郑州市地热矿泉水的水位动态特征,并对今后工作提出了建议。

关键词:地热矿泉水;水位动态;特征

1 基本情况概述

郑州市地热矿泉水是指含水层埋藏于400~1 010 m,水质符合国家矿泉水标准的深部地下水。因水温较高,达34~46 ℃,因而又称为地热矿泉水。相对于浅部地下水而言,又可分为深层地下水和超深层地下水两种类型。

深层地下水含水层组由10余层新近系细砂、中砂及粗砂组成,厚130~190 m,分布范围为869.70 km²。含水层顶板埋深230~450 m,西部浅、东部深。底部埋深为西部400~700 m,东部750~800 m。底部隔水层西部为二叠、三叠系泥岩,东部为黏性土层,厚20~40 m。单井涌水量50~100 m³/h(以降深30 m计)。市区大部分涌水量小于50 m³/h。水温34~40 ℃。水中锶含量0.42~0.82 mg/L,偏硅酸含量31.2~46.8 mg/L,属锶、偏硅酸复合型矿泉水。深层地下水允许开采量概算为607万t/a。

超深层地下水含水层组主要分布在京广铁路以东、陇海铁路以北的市区范围内,面积为427 km²,主要由新近系下部的砂砾石、细砂组成,呈半胶结、半成岩状态。含水层顶板埋深为820~876 m,厚80~110 m。单井涌水量10~30 m³/h,老鸦陈—柳林一带大于30 m³/h,市区东部沿陇海铁路两侧则小于10 m³/h。水温40~46 ℃。水中锶含量0.20~0.56 mg/L,偏硅酸含量26.0~33.8 mg/L,仍属锶、偏硅酸复合型矿泉水。含水层分布范围为426.60 km²。经初步估算,允许开采量为44万t/a。

2 地热矿泉水的开采状况

郑州市地热矿泉水的开采始于1973年,当时700 m深度的地热水能够自流,水头高12 m。1984年打成第一眼千米深井,水头高14.56 m,到1985年全市共建成地热井3眼。1987年发现地热水达到饮用天然矿泉水标准后,建井速度加快。1994年全市共有地热矿泉井21眼,年开采量239万t。黄河水利委员会井处于超深层水水位漏斗中心,华北水利水电学院、省农科院、市皮革厂、省储运公司井能够自流。1996年新建深井9眼,地热矿泉水井总数已达 40 多眼,地热矿泉水开采量为 254.5 万 t,占当年总供水量的 0.85%。黄金公司井水位最低(1996 年 7 月标高 41.27 m),奥克啤酒厂、民航食品厂、马庄、华北水利水电学院、市皮革厂井仍自流,水头高 0.5～2.0 m。到 1998 年,郑州市地热矿泉水井有 60 多眼。目前,矿泉水井总数已达 180 余眼。随着井数的不断增加,开采量逐渐加大,水位持续下降。

3　地热矿泉水水位动态

随着开采井数的不断增多,开采量加大,地热矿泉水水位不断下降。深层地下水水位自 1987 年以来已形成水位降落漏斗,当时面积约 106 km^2,到 1998 年已达 140 km^2。全市水位每年平均以 5～6 m 的速度持续下降(如图 1 所示),目前漏斗中心位于陇海路与京广路交叉口的 713 所和桐柏路郑州移动通信公司一带。

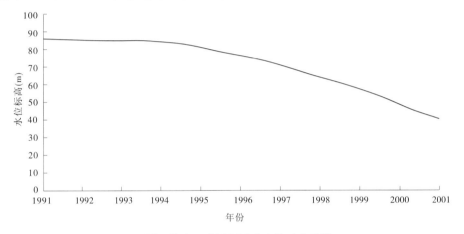

图 1　热电厂生活区深井水位动态曲线

深层地下水水位亦呈持续下降趋势,目前漏斗面积约 50 km^2,漏斗中心在商城路物资站—黄河北街冶金厅招待所一带,水位埋深在 90 m 左右。尤其是 2003 年,水位大幅度下降,平均下降 16 m 左右(如图 2 所示)。漏斗中心水位平均下降幅度为 6 m/a 左右,漏斗边如华北水利水电学院一带,水位降幅平均为 1.3 m/a。现在全市已无自流井。

4　开发利用建议

近年来,人们保健、环保、节能意识逐渐提高,深部地热矿泉水以其水质良好,具有保健功能,水温高、节约能源等优势而备受青睐。但是,由于补给条件的限制,长期过量开采,会导致水资源枯竭、水质恶化、地面沉降等一系列环境水文地质问题的产生,因此提出如下建议:

(1)开展水资源评价工作,为水资源开发和管理提供科学依据。

郑州市深部地热矿泉水的开采已有 20 多年的历史,积累了相当多的资料,为资源评价奠定了基础,但地热矿泉水的水资源评价工作尚未系统进行过,给资源管理造成困难。建议开展郑州市水资源评价工作,为开发和管理深部地热矿泉水资源提供科学依据。

(2)严格打井审批程序,加强水资源统一管理。

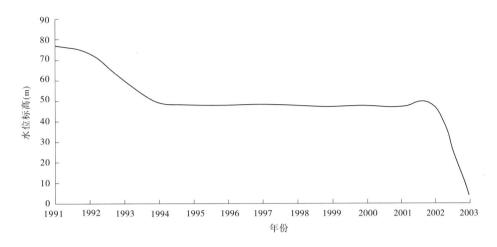

图 2　冶金厅招待所超深井水位动态曲线

地热矿泉水是一种特殊资源,不仅水温高,而且含有特殊的化学成分,是珍贵的矿泉水,但目前多数用来洗浴,这无疑是一种浪费。另外,超深层地下水主要分布于市区京广铁路以东、陇海铁路以北的局部地段,补给条件有限,现有井群分布过于集中,此区不宜再打新井。应严格打井审批程序,加强水资源统一管理,使有限的资源能够长期持久地被开发利用。

(3)加强地质环境监测工作,进一步完善监测网络。

郑州市地下水水位动态监测工作始于 20 世纪 70 年代初,至今已有 30 多年的历史,但多限于浅部地下水。深部地下水的监测是在 20 世纪 90 年代以后开始的,主要是水位监测,内容单一,网络不健全。建议今后加强监测工作,内容包括水位、水量、水温、水质等,有条件的话,还应逐步开展地面沉降量的监测,以便发现问题及早解决。

环境地质篇

河南省城市环境地质问题特征及防治对策

朱中道　甄习春

（河南省地质环境监测总站，郑州　450006）

摘　要：本文系统阐述了河南省城市建设中引发的环境地质问题的类型、分布特征及危害程度，并提出了相应的防治对策。

关键词：环境地质问题；分布特征；对策

新中国成立60多年来，河南工业化、现代化有了较快的发展，伴随着工业化、现代化的发展，城市化也得到了长足发展，已形成了以郑州为中心的综合型城市，以洛阳、新乡、安阳、开封为主的工业型城市，以平顶山、焦作、鹤壁、濮阳等为主的资源型城市，以信阳、商丘、驻马店等为主的综合型农业城市四大类型。到1999年底，全省城市已有38个，城市人口达2 974万人，市区面积达1.27万 km²，城市化水平为16%。随着城市化进程的不断加快，与城市工程、经济建设有关的环境地质问题频繁发生，如地下水资源枯竭、水质污染、垃圾不合理堆放、地面塌陷、地面沉降等，已成为制约城市进步和经济发展的严重障碍，因此开展城市环境地质问题防治工作势在必行，意义重大。

1　城市环境地质问题特征

河南省自然地质条件复杂，生态环境脆弱。各个城市所处的地理位置和环境地质条件不同，决定了全省城市环境地质问题具有普遍性、多发性，其危害程度严重。

1.1　地下水水位下降，水资源枯竭

河南省17个主要城市中，除信阳以地表水为主作为供水水源外，郑州、开封、平顶山、鹤壁、安阳等均为地表水和地下水联合供水，其他城市均依赖地下水作为供水水源。随着城市的发展，工业和生活需水量增加，城市地下水普遍处于超采状态，使得城市地下水水位持续下降，降落漏斗面积不断扩大，城市供水危机加大，许昌、商丘等城市面临地下水资源枯竭的严重局面，严重制约城市的发展。以郑州为例，20世纪50年代火车站以南一带为中深层地下水自流区，水头高出地面15 m，随着开采量的增加，水头逐渐降低，由自流到不自流，最后转化为地下水水位埋深不断增大，进而形成中深层地下水降落漏斗；20世纪70年代初，地下水位埋深达30 m；20世纪80年代初，水位埋深超过50 m；此后，郑州市区实行计划用水、节约用水、限量用水、回灌等措施，地下水位有所回升，90年代初水位埋深恢复到35 m左右；近年来，地下水开采量呈增加趋势，地下水位再度下降，1998年深层地下水埋深为43.25 m，与20世纪50年代相比，郑州市区中深层地下水水位平均下降25～60 m。郑州市浅层、深层、中深层、超深层漏斗中心的地下水水位每年分别以1.2 m、2.1 m、7.5 m、2.2 m的速度下降。

1.2 水质污染

受地表水污染的影响,河南省城市地下水污染严重。根据各城市地下水水质监测资料,依据《生活饮用水卫生标准》(GB 5749—85)和《地下水质量标准》(GB/T 14848—93),1999年度城市地下水水质有所恶化的城市有开封、洛阳、安阳、新乡、濮阳、焦作、鹤壁、周口、三门峡等9个城市,郑州等其他8个城市水质稳定。城市地下水中主要水质超标项目为总硬度、三氮、挥发酚、矿化度等。

1.3 垃圾不合理堆放

目前,我国城市人均垃圾年生产量达440 kg,而且每年以8%~10%的速度增长,全国有200多座城市陷入垃圾包围之中,河南有2/3的城市被垃圾包围。郑州市每天产生的生活垃圾达1 960 t(不包括建筑垃圾),城乡结合部、进出市区的公路旁,垃圾堆随处可见。

河南省城市生活垃圾仍然是混合收集,处理难度大。目前主要采用露天堆放、自然填沟的原始方式处理城市垃圾,对大气、土壤和地下水等造成现实的影响和潜在的危害。特别是填埋厂的渗沥水,由于没有进行必要的收集和净化处理,已导致一些地区的水源严重污染;同时垃圾堆存占用了大量的土地资源,由于城市生活垃圾中存在大量有机物质,堆放或填埋会产生大量甲烷气体,可能引发垃圾爆炸。

近年来,世界各国开发垃圾资源化技术,通过回收垃圾堆中有用成分实现垃圾的资源化和减量化。目前,河南省郑州、许昌、南阳等垃圾处理厂开工建设,建成后年处理垃圾3.2×10^5 t。为城市垃圾找到一条科学合理的出路,是科技工作者的一大难题。

1.4 地面塌陷

河南省城市地面塌陷主要发生在平顶山、焦作、鹤壁、郑州等地,其中平顶山、焦作、鹤壁等为采矿引起的地面塌陷,在此不作分析,仅以郑州市的地面塌陷为例说明。

郑州市地面塌陷主要分布于旧城区的火车站、德化街、二七塔一带10 km²范围内,每年汛期均有发生,塌陷深度一般在地面以下10 m内,最早记载于1962年,发生次数最多的年份是1983年,一年内发生大小塌陷90多次(处);1992年5月3日,郑州市降雨135 mm,国棉五厂、六厂发生大面积塌陷4处,总面积400 m²,塌陷深5 m,造成人防工程坍塌,水管破裂,通信设备破坏,直接经济损失200万元;1998年5月西太康路发生地面塌陷,影响交通一月余。地面塌陷造成房屋裂缝倒塌、地下水管断裂、供电通信中断、交通受阻,经济损失严重。郑州市位于黄泛平原与倾斜平原交接带,地表建筑群密集,地下硐室及管网纵横交错,土体原状结构被破坏,加上地形平坦,地面排水不畅,暴雨后易形成地面积水,在一定水动力条件下,土层易被水潜蚀掏空,形成地下空洞。因此,郑州市区的地面塌陷,是城市建设、黄土湿陷及降雨等因素综合作用的结果。

1.5 地面沉降

河南省由于长期过量开采地下水引起的地面沉降,尚处于初始阶段,累计沉降量和沉降速度均较小,目前仅在许昌、洛阳、开封、濮阳出现,许昌市最大沉降量为188 mm,沉降中心位于旧县委附近;洛阳市最大沉降量为100 mm,沉降中心在涧西区上海市场附近;开封市最大沉降量为113 mm,沉降中心位于南关一带;濮阳市近年来也发生地面沉降,平均沉降量8 mm,最大沉降量23 mm。

2　防治对策

河南省城市环境地质问题不断发生和进一步恶化的原因主要有两个方面:自然因素和人类活动。自然因素表现为受厄尔尼诺等影响降水时空变化较大;人类活动表现为城市及周边地表植被严重破坏,公路的修建,各种矿山的兴建与开采,矿渣的堆放等。上述各种因素加在一起,使得全省城市环境地质问题危害严重,因此开展环境地质问题防治势在必行,意义重大。城市环境地质问题防治应抓好以下几个方面的工作:

(1)加强防灾减灾工作的宣传,坚持"以防为主,防治结合"的指导思想,树立全民防灾减灾意识,防患于未然。

(2)防治工作应坚持工程措施、生物措施及行政措施并举原则。

(3)制定全省防灾减灾规划,应根据地质灾害和环境地质问题危害程度和社会影响程度,先重后轻,对重大灾害应由主管部门统一指挥安排整治,地方各级政府和部门也应采取抢险自救措施,降低灾害造成的损失。

(4)加强危险区和易发区地质灾害的监测,搞好灾害的预警预报工作,发动群众,作好群测群防工作,切实保护人民群众生命财产安全。

(5)加强灾害风险评估工作,对新建城镇、工厂、矿山、学校的选址应作地质灾害的风险评估,减少因人的行为或生活方式不当而诱发的地质灾害和造成的人员伤亡与经济损失。

总之,在经济高速发展的今天,应树立经济发展与环境保护并举,经济建设与地质灾害防灾并举的原则,减少灾害损失,确保河南省城市国民经济正常、可持续发展。

参 考 文 献

[1] 河南省统计局. 河南统计年鉴1999[M]. 北京:中国统计出版社,1999.

河南省矿山地质环境质量评价 *

宋云力　　甄习春　　赵承勇

（河南省地质环境监测院,郑州　450016）

摘　要:选取地形地貌、工程地质条件、构造条件、崩塌、滑坡、泥石流、地面沉陷、地裂缝、地面沉降、土地占用与破坏、固体废弃物、废水和废液排放、矿坑突水、水位下降、煤(矸石)自燃、企业规模、生态环境恢复治理难易程度等 17 项评价因子,采用神经网络法,将全省按 6′×5′剖分成 2 025 个评价单元,根据每一评价单元的环境质量分级,将全省矿山地质环境质量分为三类:环境质量较差区(含 13 个亚区)、环境质量中等区(含 9 个亚区)和环境质量良好区。

关键词:矿山;地质环境;质量;评价;河南省

1　矿产资源概况与主要矿山地质环境问题

河南省是矿业大省。全省已发现各类矿产 126 种(含亚矿种为 154 种),探明资源储量的 73 种,已开发利用的 81 种。省内已探明资源储量并载入 2002 年河南省矿产资源储量表的固体矿产地共 936 处,其中主矿产地 719 处,伴生矿、共生矿产地 217 处。

根据 2002 年统计资料,全省有 8 194 个各种经济性质的独立核算采矿单位从事矿业生产活动,开发利用矿产 81 种。国有控股矿山 284 个,其他经济类型矿山 7 910 个。较大的矿山有:平顶山煤田、鹤壁煤田、焦作煤田、义马煤田、永城煤田、郑州煤田、灵宝金矿、中原油田、河南油田、栾川钼矿、郑州铝土矿等。绝大多数矿山分布在京广铁路线以西和豫南的丘陵、山区,黄淮海平原区除中原油田和永城煤田外,金属和非金属矿床屈指可数。在河南省矿业采选业的产值构成中,煤炭占 47.3%,石油、天然气占 40.7%,金属矿产、非金属矿产占 12%。

根据 2002 年调查资料,主要的矿山地质环境问题有:矿山灾害(包括采空地面塌陷、地裂缝、崩塌、滑坡、泥石流、矿坑突水等)、煤矸石堆放及自燃、占用和破坏土地、矿区水土流失、区域地下水位下降、水体污染等。

矿山开采引发的崩塌、滑坡、泥石流灾害主要分布于灵宝小秦岭矿区、栾川钼矿区和嵩县祁雨沟金矿区,其中:崩塌 16 处,滑坡 15 处,泥石流沟 32 条。据初步调查,煤矿采空地面塌陷 473 处,主要分布在平顶山、焦作、义马、鹤壁、济源、永城、新密等煤田开采区,累计塌陷面积 39 500.87 hm²,经济损失 43 987.9 万元。非煤矿山开采引起的地面塌陷 49 处,主要分布在安阳铁矿、栾川康山金矿、红庄金矿、三道庄钼矿、南泥湖钼矿、灵宝小秦岭金矿等矿区,塌陷面积累计 440.5 hm²,经济损失 623.32 万元。矿区发生地裂缝共 324

---

* 本文原载于 2008 年《信阳师范学院学报》(自然科学版)第 21 卷第 1 期。

作者简介:宋云力(1962—),男,本科学士,教授级高级工程师,主要从事水文地质、环境地质方面的工作。

条,经济损失 9 445.3 万元。

河南省因矿业开发引起的土地破坏点多面广,采矿场占地 9 079.67 hm²、固体废料场 1 703.93 hm²、尾矿库 721.99 hm²,各矿山企业占用、改变破坏土地总量为 46 187.7 hm²。大型企业占用、改变破坏土地为 21 834.54 hm²,中型企业占用、改变破坏土地为 11 772.64 hm²,小型企业占用、改变破坏土地为 12 580.51 hm²。

全省矿山废水年产出量 46 823.87 万 m³,年排放量 37 627.31 万 m³,废石、废渣年产出量 3 155.92 万 t,年排放量 2 043.62 万 t,累计积存量 27 526.37 万 t。

2 矿山地质环境质量评价原则

现状条件下,河南省内的矿山地质环境问题主要有崩塌、滑坡、泥石流、采矿地面塌陷、地裂缝、土地占用与破坏、固体废弃物、废水和废液排放、地下水位下降、矿坑突水、煤(矸石)自燃、瓦斯爆炸等。矿山地质环境综合评价主要是在详细调查矿山地质环境现状,充分研究矿山地质作用与地质环境之间的相互影响及由此产生的环境地质问题的表现形式、形成机制和发育规律的基础上,突出以矿山地质环境的多少、发育程度、危害程度为主体,兼顾地质环境背景,结合人类工程、经济活动的强度,依据"区内相似、区际相异"的原则进行评价分区。

3 评价方法

3.1 评价因子的选取与赋值

在充分调查和研究河南省地质环境背景与主要地质环境问题及矿山开采活动特点的基础上,选取表 1 中的 17 个评价因子,其中部分因子由多个要素组成。

表 1 矿山地质环境评价因子一览表

序号	类型	评价因子	组成要素
1	区域地质背景	地形地貌	地貌类型、冲沟切割
2		工程地质条件	工程地质岩组、孕育地质灾害程度
3		构造条件	发育程度、活动性
4	矿山地质环境	崩塌	规模、影响面积、经济损失、死亡人数
5		滑坡	规模、影响面积、经济损失、死亡人数
6		泥石流	规模、影响面积、经济损失、死亡人数
7		地面沉陷	规模、影响面积、经济损失、死亡人数
8		地裂缝	规模、影响面积、经济损失、死亡人数
9		地面沉降	规模、影响面积、经济损失、死亡人数
10		土地占用与破坏	总面积、治理面积
11		固体废弃物	年排放量、累计积存量
12		废水、废液排放	年排放量、年治理量、年循环利用量
13		矿坑突水	最大突水量、经济损失、人员死亡
14		水位下降	影响面积、区域地下水位最大下降幅度
15		煤(矸石)自燃	易燃程度、危害程度

续表1

序号	类型	评价因子	组成要素
16	人类活动	企业规模	
17	恢复治理	矿山生态环境恢复治理的难易程度	

在所选取的 17 个评价因子中,部分评价因子的组成要素是定性的,为了在对评价因子赋值时能够尽可能定量化,需根据相关标准对这些定性要素进行量化转变。具体赋值标准见表2～表5。其中,崩塌、滑坡、泥石流、地面沉陷、地裂缝、地面沉降等 6 个评价因子中,"规模"是其定性组成要素,在对其进行量化转变时按照《全国矿山地质环境调查实施细则》(中国地质环境监测院,2002)对规模的划分标准执行。

表2　地形地貌各组成要素的量化转变

地貌类型	赋值	地形切割强度	赋值
高山、中山	3	冲沟密度大,重度切割	3
低山、丘陵	2	冲沟密度较大,中度切割	2
平原、盆地	1	轻度切割,无冲沟	1

表3　工程地质条件各组成要素的量化转变

工程地质岩组	赋值	孕育地质灾害程度	赋值
松散土体	3	严重	3
软弱、较软弱岩组	2	中等	2
坚硬、较坚硬岩组	1	轻微	1

表4　构造条件各组成要素的量化转变

构造发育程度	赋值	构造活动性	赋值
强	3	强	3
中	2	中	2
弱	1	弱	1

表5　煤(矸石)自燃因子各组成要素的量化转变

易燃程度	赋值	危害程度	赋值
极易	3	极严重	3
易	2	严重	2
较易	1	轻微	1
不自燃	0	无	—

3.2 评价因子的赋值分类

针对企业规模和矿山生态环境恢复治理的难易程度 2 个评价因子,定性确定赋值分类。其他 15 个评价因子进行定量确定赋值分类。分类方法采用神经网络法。

人工神经网络(Artificial Neural Network)基本原理是通过对已知样本的学习,掌握输入与输出之间的非线形关系,并能对这种关系进行存储记忆,然后通过"联想"对未知样本进行预测。本次计算主要采用误差反向传播(BP)算法,其网络结构一般为三层:输入层、中间隐含层和输出层(见图 1)。

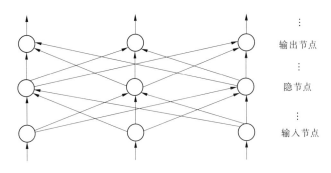

图 1   网络结构

BP 算法的一般步骤为:

(1)用任意小([−1, +1])的随机数设置各层节点之间的初始连接权和各节点的初始阈值。

(2)给定输入及期望输出。

(3)通过网络之间前向传播计算各层节点的激活值(输出值):

$$Q_{pj} = f(\sum_j O_{pji} Q_{(p-1)_i}) \tag{1}$$

式中,p 为输入模式对序列;i, j 为对应层节点序列;f 为 sigmoid 函数,即 $f(x) = (1 + e^{-p})^{-1}$。

(4)比较输出层各节点激活值与期望输出值之间的差别,将误差反向传播给输出层以下各层节点,即按下式用迭代法进行权值修正:

$$\Delta w(k+1) = \Delta w(k) + \eta \delta_{pj} O_{pj} \tag{2}$$

(5)重复迭代计算,直至实际输出与期望输出的均方差小于某一给定值 ξ 为止,网络训练完毕。

(6)用学习好的网络,输入预测样本参数,便可直接得到相应的预测输出。

3.3 评价因子的赋值

依据上述方法,对所选取的 17 个评价因子进行分类并加以评分赋值,具体赋值分级标准见表 6。

3.4 单元格的剖分

将全省按经纬度剖分网格,网格大小为 $6' \times 5'$,共剖分 2 025 个评价单元,每个评价单元面积约为 100 km^2。

表6　河南省矿山地质环境评价分级表

序号	类型	评价因子	评价方法	赋　值		
				3	2	1
1	区域地质背景	地形地貌	神经网络法	Ⅰ类	Ⅱ类	Ⅲ类
2		工程地质条件		Ⅰ类	Ⅱ类	Ⅲ类
3		构造条件		Ⅰ类	Ⅱ类	Ⅲ类
4	矿山地质环境	崩塌		Ⅰ类	Ⅱ类	Ⅲ类
5		滑坡		Ⅰ类	Ⅱ类	Ⅲ类
6		泥石流		Ⅰ类	Ⅱ类	Ⅲ类
7		地面沉陷		Ⅰ类	Ⅱ类	Ⅲ类
8		地裂缝		Ⅰ类	Ⅱ类	Ⅲ类
9		地面沉降		Ⅰ类	Ⅱ类	Ⅲ类
10		土地占用与破坏		Ⅰ类	Ⅱ类	Ⅲ类
11		固体废弃物		Ⅰ类	Ⅱ类	Ⅲ类
12		废水、废液排放		Ⅰ类	Ⅱ类	Ⅲ类
13		矿坑突水		Ⅰ类	Ⅱ类	Ⅲ类
14		水位下降		Ⅰ类	Ⅱ类	Ⅲ类
15		煤(矸石)自燃		Ⅰ类	Ⅱ类	Ⅲ类
16	人类活动	企业规模	定性分析	大	中	小
17	恢复治理	矿山生态环境恢复治理的难易程度		难	较难	易

3.5　评价单元的积分计算和分级

分别计算各单元格的矿山地质环境及恢复治理、人类活动及区域地质背景的得分,并计算其总得分。计算方法主要采用积分值法,即:

$$M = \sum_{i=1}^{n} \alpha_i \tag{3}$$

式中,M 为某评价单元的总评分值;α_i 为第 i 个评价因子的评分值;n 为 i 个评价因子数。

根据表6中评价因子赋值分级标准,给每一个评价因子赋值,并对每个单元内的评价因子赋值累计求和,得出其积分值。

在对单元进行具体分级时,主要遵照以下原则:

(1)贯彻以矿山地质环境的多少、发育程度、危害程度为主体,兼顾地质环境背景和人类工程、经济活动强度的主旨。

(2)以矿山地质环境及恢复治理得分、人类活动得分、区域地质背景得分及总得分为分级因素,利用神经网络法进行定量分级。

(3)在定量分级的基础上,根据各单元格内矿山地质环境问题的发育程度及强度和矿山企业的数量、采矿类型进行综合评定。

依据上述分级原则,将评价单元积分值划分为三个等级:Ⅰ级、Ⅱ级、Ⅲ级,对应矿山环境质量划分为环境质量较差区、环境质量中等区和环境质量良好区。

4　评价结果

在评价单元分级的基础上,将全省矿山地质环境质量分为三个大区:环境质量较差区(Ⅰ)、环境质量中等区(Ⅱ)和环境质量良好区(Ⅲ)(见表7)。

表7　河南省矿山地质环境质量综合评价结果

分区及编号		矿山地质环境质量亚区
矿山地质环境质量较差区(Ⅰ)	Ⅰ-01	鹤壁、安阳煤、铁矿地面沉陷、崩塌、滑坡、泥石流亚区
	Ⅰ-02	济源煤矿地面沉陷亚区
	Ⅰ-03	焦作煤矿矿坑涌水、地面沉陷亚区
	Ⅰ-04	灵宝金矿崩塌、滑坡、泥石流亚区
	Ⅰ-05	义马煤矿滑坡、地面沉陷、煤矸石自燃亚区
	Ⅰ-06	宜阳煤矿地面沉陷亚区
	Ⅰ-07	郑州、禹县煤矿地面沉陷、矿坑突水亚区
	Ⅰ-08	栾川、洛宁、嵩县钼矿、金矿崩塌、滑坡、泥石流亚区
	Ⅰ-09	平顶山煤矿地面沉陷、矿坑突水亚区
	Ⅰ-10	永城煤矿地面沉陷亚区
	Ⅰ-11	南阳市、南召非金属矿崩塌、滑坡、泥石流亚区
	Ⅰ-12	舞钢铁矿滑坡、固体废弃物亚区
	Ⅰ-13	桐柏金属矿地面塌陷、泥石流、水土污染亚区
矿山地质环境质量中等区(Ⅱ)	Ⅱ-01	鹤壁、安阳煤矿崩塌、滑坡、地面沉陷亚区
	Ⅱ-02	焦作、济源煤矿崩塌、地面沉陷亚区
	Ⅱ-03	灵宝金矿土地占用、水土污染亚区
	Ⅱ-04	陕县—伊川铝土矿地面沉陷、水土流失亚区
	Ⅱ-05	郑州、平顶山煤矿水土流失、矿坑突水亚区
	Ⅱ-06	卢氏—内乡铁矿崩塌、滑坡、地面塌陷亚区
	Ⅱ-07	嵩县、栾川钼矿、金矿滑坡、泥石流、水土污染亚区
	Ⅱ-08	方城—桐柏金属矿崩塌、滑坡、泥石流亚区
	Ⅱ-09	信阳非金属矿水土流失、崩塌、滑坡亚区
矿山地质环境质量良好区(Ⅲ)	Ⅲ	除Ⅰ、Ⅱ的其他矿区

5　结　语

在充分调查和研究河南省地质环境背景和主要地质环境问题及矿山开采活动特点的

基础上,采用神经网络法对全省矿山地质环境质量进行了评价,将全省矿山地质环境质量分为 13 个环境质量较差区、9 个环境质量中等区和环境质量良好区(未细分)。通过评价,不仅可以了解全省不同矿区的地质环境质量状况和主要地质环境问题,而且为制定全省矿山地质环境保护与防治规划提供了科学依据。

参 考 文 献

[1]赵承勇,等. 河南省矿山地质环境调查与评估报告[R]. 河南省地质环境监测总站,2003.
[2]朱中道,等. 河南省地下水资源评价报告[R]. 河南省地质环境监测总站,2002.

矿山开采占用破坏土地资源与治理措施

赵承勇 齐登红 郭玉娟

(河南省地质环境监测院,郑州 450016)

摘 要:依据河南矿山环境调查资料对全省矿山开采产生的土地资源破坏现状进行了概述,重点对矿山露天开采和井下开采中,生活区、采矿区、矿渣、尾矿库造成的土地资源的占用、改变及破坏进行了分析,按照耕地、林地、草地及其他地类,分大型、中型和小型矿区以及全省重点矿业城市进行剖析和研究,总结出各类矿产资源与不同开采方式对土地破坏的机理和分布规律,指出了矿山开采对土地破坏和环境的危害,提出了土地资源破坏的恢复与治理措施。

关键词:土地资源;矿山开采;治理措施

1 矿业开发破坏土地资源现状

河南省矿产资源开发主要方式为井下开采和露天开采,引起的土地破坏点多面广,程度各不相同,主要有采矿场、固体废料场、尾矿库、地面塌陷等占用、改变、破坏耕地、林地、草地和其他地类资源,会造成严重的水土流失,引发地质灾害,对矿区环境造成严重破坏。

根据野外调查、卫片解译和资料收集,经综合分析全省各矿山企业占用、改变破坏土地状况统计资料可知,采矿场占地 9 078.47 hm²、固体废料场 1 703.92 hm²、尾矿库 721.98 hm²、地面塌陷和地面沉陷 34 683.31 hm²,矿山企业占用、改变破坏土地数总量为 46 187.69 hm²。矿山企业占用各类土地情况见表1。大型企业占用、改变破坏土地数量为 21 834.54 hm²、中型企业 11 772.64 hm²、小型企业为 12 580.51 hm²(见表2)。国营企业占用、改变破坏各类土地数量情况见表3。各地(市)矿山企业、占用、改变破坏土地数量情况见表4。

表1 矿山企业占用、改变及破坏土地数量 （单位:hm²)

类型	采矿场	固体废料场	尾矿库	地面塌陷	总计
耕地	3 623.16	402.62	92.98	28 130.98	32 249.74
林地	632.18	134.59	130.19	624.34	1 521.29
草地	445.30	96.75	41.71	342.99	926.76
其他	4 377.83	1 069.96	457.10	5 585.00	11 489.90
合计	9 078.47	1 703.92	721.98	34 683.31	46 187.69

作者简介:赵承勇(1961—),男,工程师,主要从事环境地质、水文地质、矿山环境研究工作。

表2　各类型矿山企业占用、改变及破坏土地数量　　　　（单位：hm²）

企业类型	耕地	林地	草地	其他	合计
大型	18 779.05	139.48	95.9	2 820.11	21 834.54
中型	7 020.45	855.55	333.2	3 563.44	11 772.64
小型	6 450.24	526.27	497.66	5 106.34	12 580.51
总计	32 249.74	1 521.29	926.76	11 489.89	46 187.69

表3　国营矿山企业占用、改变及破坏土地数量　　　　（单位：hm²）

企业类型	耕地	林地	草地	其他	合计
大型	18 779.05	139.48	98.9	2 820.11	21 834.54
中型	6 906.15	855.55	333.2	3 481.06	11 575.96
小型	3 760.50	309.28	155.36	1 509.80	5 734.94
总计	29 445.70	1 304.31	584.46	7 810.97	39 145.44

表4　全省各市矿山企业占用、改变及破坏土地面积统计　　　　（单位：hm²）

地区	耕地	林地	草地	其他	合计
郑州	7 842.9	68.96	85.45	984.16	8 981.47
洛阳	115.21	100.60	49.80	795.83	1 061.43
平顶山	13 176.83	15.17	78.45	3 262.98	16 533.43
三门峡	1 739.13	99.23	154.58	3 396.51	5 389.45
鹤壁	1 851.20	805.74	0.66	591.35	3 248.95
安阳	806.45		15.0	286.76	1 108.22
濮阳	281.7	6.0		5.23	292.93
焦作	3 678.68	155.57	19.38	567.69	4 421.32
驻马店		6.0	37.6	308.04	351.64
新乡	107.63	0.20	0.01	54.39	162.24
济源	504.29	10.78	7.37	105.91	628.35
信阳	24.2	51.20	14.3	219.06	308.75
南阳	165.66	200.84	456.74	780.07	1 603.31
商丘	1 912.47	1.00		3.50	1 916.97
许昌	10.68		5.92	125.74	142.34
漯河	35.6			1.30	36.9
总计	32 252.63	1 521.2	925.26	11 488.52	46 187.70

　　按企业规模划分,大、中型企业所占破坏土地的面积较大,其中大型矿山企业占用、改变及破坏土地数量占47.27%,中型矿山企业占用、改变及破坏土地数量占25.5%,小型矿山企业占用、改变及破坏土地数量占27.4%。按地区划分,占用破坏土地较为严重的地区为平顶山、郑州、三门峡、焦作、鹤壁地区,分别占全省破坏土地面积的35.8%、19.4%、11.7%、9.6%、7.0%。按矿种划分,煤矿占用破坏土地程度尤为严重,金矿、铝钒土矿次之。

2 露天开采对土地资源的破坏

河南省露天开采的矿产种类繁多,主要的矿种有铝土矿、钼矿、铅锌矿、煤矿、珍珠岩和膨润土、石灰岩等。其中铝土矿主要分布在郑州、洛阳、三门峡,钼矿主要分布在栾川三道庄钼矿矿区,铅锌矿零星分布在三门峡、南阳、洛阳等地,露天煤矿位于三门峡义马市,珍珠岩和膨润土主要分布在信阳上天梯矿区,石灰岩主要分布在太行山、嵩山山前地带。开采这些矿产对土地资源和环境的影响主要发生在基建和生产过程中。

露天矿建设期间,矿山生产区、办公区以及生产基础设施和交通运输系统的建设都需占用土地,建设过程中必将对矿区原有的土地、水系、植被和大气等生态环境造成一定影响。露天矿生产期间,首先是矿区开采上覆岩层和表土的剥离,需进行大规模的开挖,其开挖面积和速度取决于露天矿的规模和生产能力。开挖范围内原有的土地和生态环境将被彻底破坏,同时可能对周围的土地、水文、植被和大气造成不利的影响,其中最主要的是水土流失、地下水位降低和生态环境恶化。其次是开挖出来的土石方需另地存放,即大量剥离物存放场要压占土地,其压占土地的面积则取决于剥离量和堆存方式,这与井下开采时煤矿煤矸石排放场的情况相似,但其堆放量和占地面积将远比煤矸石多。压占区的土地可利用性和地面附着物将被彻底掩埋而丧失,对生态环境的影响程度则与排放场的位置和剥离物本身的理化性质有关。

采石场对植被和生态环境的破坏比其他矿产露天开采更为严重。这类矿山企业点多面广,开采没有任何设计或保护措施,倚坡开挖,露天作业,随意性很大。特别是在一些石灰岩采石场,往往是多用途开采,一方面直接将荒料运走,作为建筑材料或水泥生产原料,另一方面就地烧制石灰,并对生石灰进行粉碎和过筛,这样不但将开挖区植被全部破坏,而且在风的作用下将石灰粉吹到周边一定范围内把植被烧死。另外,频繁的放炮震动对环境也造成一定的影响。

3 井下开采对土地资源的破坏

河南省的矿产大多数为井下开采,开采矿种主要以煤、铁、钼、铜、铅锌矿为主。煤矿主要分布在平顶山、郑州、义马、永城、焦作、鹤壁矿区,铁矿主要分布在安阳、舞阳矿区,钼矿主要分布在栾川钼矿矿区,铜矿主要分布在桐柏矿区,铅锌矿零星分布在三门峡、南阳、洛阳等地。井下开采对土地的压占破坏及对环境的影响主要有两个方面:一是矿区地面塌陷,二是废渣及采矿场压占。从现场调查资料分析,废渣及采矿场压占破坏土地的数量较少,大约只占矿区破坏土地的26%,而采矿沉陷土地面积一般要占到矿区破坏土地总面积的74%,所以采矿破坏土地的数量以塌陷为主,特别是煤矿区尤为突出。

采矿塌陷可使地面塌陷范围内的地表发生垂直沉降。如果地下水水位较浅,或有外来水源排入,或因大气降水,就可能造成塌陷区积水而淹没土地。地面塌陷区沉降和移动不均衡,使地面塌陷区产生不同的倾斜、弯曲、裂缝,甚至造成滑坡或崩塌,使土地本身可利用性及其附着物受到破坏。如耕地变得起伏不平或支离破碎,造成水、肥、土壤流失,耕作难度加大。根据调查情况来看,除采动形成的崩塌、滑坡等突发性灾害破坏以外,农作物和果树因塌陷影响减产的比例,一般轻度破坏不会超过原产量的5% ~10%,中度破坏减产不会超过原产量的20% ~30%。地面建筑物、构筑物、水利、交通、电力等工农业生产设施因采矿塌陷而遭受不同程度的破坏。

采矿塌陷引起的地表沉降和裂缝可能在一定程度上改变地表径流方向和汇水条件,使部分地表水沿裂缝渗入地下,同时也可使地下水沿上覆岩层采动裂缝渗入采空区或深部岩层,从而使矿区地表水减少,潜水干涸,井、泉断流,同时使地下水位降低,甚至使上覆岩层中的含水层遭受破坏。地表水通过采动裂缝渗入地下的同时,地表污水也随之进入含水层,从而污染地下水源;地下水通过采动裂缝进入采空区时,又可能受到采矿污染;矿坑水通过排水系统排放到地表水系中又使地表水系受到污染,因而矿区水环境将不断恶化,而水环境的恶化又将进一步导致整个矿区生态环境的恶化。

4　土地资源破坏恢复与治理措施

按照"谁开发谁保护、谁破坏谁恢复"的方针,制定系统、科学的恢复治理措施,通过征收矿山环境恢复治理保证金等手段,加大对矿山土地破坏治理工作的投入。鼓励各种资金直接投资矿山土地破坏治理与恢复。土地资源恢复治理,应针对不同的矿山环境问题采用不同的治理办法,灵活掌握。对露天开采和地下开采造成的土地资源破坏的不同特征,可采用削坡、回填平整、土地复垦、绿化等措施恢复矿山环境,消除地质灾害隐患。对于矿山生活区、矿渣、尾矿压占的土地资源,待采矿结束后进行绿化和复耕。依靠科技进步,树立典型示范工程,提高综合防治能力。开展矿山土地破坏恢复与治理的技术研究和技术创新,大力推进生态矿业,促进河南省矿业开发的可持续发展。

参 考 文 献

[1] 赵承勇,等. 河南省矿山地质环境调查与评估报告[R]. 河南省地质环境监测总站,2004.
[2] 梁天佑,等. 河南省平顶山矿区地质环境调查评价与防治报告[R]. 河南省地矿建设工程(集团)有限公司,平顶山煤业(集团)有限责任公司,2002.

The Devastation Effects of Mining on Land Resources and the Countermeasures

Zhao Chengyong　　Qi Denghong　　Guo Yujuan

(Geological Environment Monitoring Institute of Henan Province, Zhengzhou　450016)

Abstract:Starting with a brief introduction of devastation of land resources due to mining activities in Henan Province, and focusing on the negative effects on land resources in those areas , such as residential complexes, mining areas, slag storing sites etc, caused by opencast work and underground work respectively, this paper did a comprehensive research on the relation between land resources (divided into farmland , grassland, etc.) and mining activities, by categorizing mining enterprises into different sizes, revealed the devastation mechanism and distribution pattern of land resources due to different mining styles pertaining to various mineral resources, put forward some suggestions on the reclamation and related treatment measures.

Key words: land resources,mining,treatment measures

河南省地质环境问题及防治对策

甄习春

(河南省地质环境监测总站,郑州 450006)

摘 要:河南省地质环境问题比较突出。地下水的过量开采、区域降落漏斗面积扩大,地下水污染日趋严重,已危及饮水安全,同时,诱发了地面沉降等地质灾害。此外,城市垃圾填埋和废水排放、地质灾害危害及矿山环境等问题也日趋严重。除自然环境、地质构造条件外,人口增长、矿业开发等人类经济、工程活动加剧是地质环境问题恶化的主要影响因素。最后,提出了防治对策与建议。

关键词:地质环境;问题;影响因素;河南省

地质环境保护是环境保护工作的重要组成部分,加强地质环境调查研究与保护工作,对于深入贯彻中央人口、资源、环境的基本国策,促进人与自然的和谐共处,保障经济社会的可持续发展,具有十分重要的意义。

1 自然环境与地质概况

河南省位于黄河中下游,总面积 16.7 万 km²,其中山地岗丘 6.82 万 km²,平原 9.88 万 km²,人口 9 667 万人(2003 年)。省内发育海河、黄河、淮河、长江四大水系,大小河流 1 500 余条。河南处于暖温带和亚热带气候过渡地区,气候具有明显的过渡性特征,其中南部降雨量达 1 000 ~ 1 200 mm,黄淮之间为 700 ~ 900 mm,北部及西部仅 550 ~ 700 mm。淮河以南属亚热带湿润气候,以北为暖温带半湿润半干旱气候,全省多年平均气温在 12.8 ~ 15.5 ℃,多年平均降水量为 550 ~ 1 200 mm。

河南省地层发育齐全,自太古界到新生界均有出露,岩浆岩也较发育。本区处于秦岭—昆仑构造体系东段与新华夏系第二沉降带和第三隆起带的复合部位,整体构造格架由秦岭纬向构造带和新华夏系组成,活动断裂较为发育。由于地质构造复杂,成矿条件优越,已分布丰富的矿产资源,目前已发现矿产 102 种,探明储量的 70 种。区内水文地质研究程度较高,目前,主要地下水开采层位为第四系、第三系松散岩类孔隙水和元古界、古生界碳酸盐岩类岩溶地下水,最大可采深度达 1 580 m。

河南省地质环境条件复杂,生态环境脆弱,加之人为活动影响,使得环境地质问题较为突出。

作者简介:甄习春(1963—),男,汉族,河南省柘城县人,1984 年毕业于长春地质学院水文地质专业,工学学士,教授级高级工程师。现从事水文地质、环境地质管理与研究工作。

2 主要地质环境问题

2.1 地下水环境恶化

为满足社会经济发展的需求,不断加大对地下水的开采,致使地下水资源分布及数量、质量发生了改变,产生了诸如地下水位持续下降、资源量减少、水质污染等地质环境问题。

2.1.1 地下水资源过量开采

根据浅层地下水开采量及可开采资源量,全省18个省辖市中,开采强度较大的有鹤壁、焦作、许昌和漯河及濮阳北部,安阳市总体上虽未超采,但平原区超采较为严重,已形成大范围降落漏斗(濮阳—清丰—南乐漏斗区),该漏斗为华北大漏斗的一部分,地下水严重缺乏;洛阳、商丘两市地下水已接近采补平衡,进一步扩大开采的余地较小;豫南信阳、驻马店因以利用地表水为主,地下水开采量小,可进一步适量扩大开采。总体来看,全省地下水资源量不足,主要体现在豫北各市。

2.1.2 地下水水位持续下降,漏斗面积扩大

河南省大部分地区和城市以地下水作为主要供水水源,长期以来缺乏对地下水的统一管理和合理开发利用,为满足工农业生产的发展,无计划地过量开采,使不少地区和城市地下水水位持续下降,水位埋深加大,降落漏斗面积不断扩大。

地下水水位下降幅度大,供水紧张的地区为安阳、鹤壁及濮阳市的北部,焦作市的南部及郑州市南部。根据地下水动态长期观测资料,上述地区地下水水位自1972年以来持续下降,且近几年下降速率略有加快趋势,历年平均下降速率为 $0.3 \sim 0.7$ m/a。山区因过量开采导致水位下降主要表现在岩溶分布区,一些名泉、大泉流量相继减少或干涸,如新密超化泉、渑池仁村等一些有名的大泉现已干涸断流,豫北珍珠泉、百泉等名泉流量也大量减少,并时有断流现象发生。

区域地下水已形成安阳—濮阳漏斗及温县—孟州漏斗。安阳—濮阳漏斗形成于20世纪70年代,漏斗扩展范围包含安阳市平原地区的全部及濮阳、鹤壁市的大部分地区,面积为 8 236 km²,南乐、清丰一带,水位埋深为 $20 \sim 22$ m;滑县东部,水位埋深为 $18 \sim 20$ m。温县—孟州漏斗形成较早,在1972年区域地下水水位监测开始时已存在,只不过范围较小,1976年漏斗面积为 300 km²,现在漏斗面积为 562 km²,漏斗中心水位埋深为 $20 \sim 22$ m。

此外,全省主要城市因供水不足,过量开采地下水,多已形成区域降落漏斗。浅层地下水降落漏斗面积大于 100 km² 的有商丘、郑州、濮阳、开封、安阳、南阳等市,其中商丘市漏斗面积最大,为 297 km²。郑州市中深层地下水漏斗面积近 500 km²,为全省之最,中心水位埋深接近 90 m。

2.1.3 地下水水质污染

浅层地下水污染较为严重。据河南省地质环境监测总站2001年提交的《河南省环境地质调查报告》,在407组水样中,Ⅰ类水(优良)有 2 组,仅占取样总数的 0.5%,Ⅱ类水(良好)有107组,占26.0%,Ⅳ类水(较差)有219组,占54.0%,Ⅴ类水(极差)有79组,占19.5%。Ⅳ类水及Ⅴ类水共有298组,表明占总数73.5%的地下水中,部分元素组分

超过国家生活饮用水标准而不适宜饮用。

从全省地下水水质分布情况来看,山区地下水水质一般为Ⅰ、Ⅱ类水,水质较好,符合工农业生活用水要求;平原区浅层地下水普遍污染,地下水体丧失部分或全部功能。地下水中主要污染因子为矿化度、总硬度及三氮等。

2.2 城市地质环境问题

2.2.1 地面塌陷

河南省的18个主要城市中,郑州、洛阳、平顶山、焦作、鹤壁等城市存在地面塌陷。城市发生地面塌陷主要是矿业开采、降雨、城市建设及黄土湿陷等多种因素共同作用的结果。

因矿业开采导致地面塌陷的城市有焦作、平顶山、鹤壁等。其中焦作矿区煤矿开采年限长,地下采空造成大范围地面塌陷,目前形成较大塌陷坑17个,严重塌陷面积73 km²,最大深度为5.0 m。平顶山市区因煤矿开采已形成较大塌陷坑20多个,严重塌陷面积为80.13 km²,最大塌陷深度6.0 m,并伴有大量地裂缝,造成部分房屋、墙体开裂,无法居住,道路及其他市政设施遭受破坏。

因地下水开采、降雨、城市建设、黄土湿陷等导致的地面塌陷,仅发生在洛阳市及郑州市。洛阳市历史上记载有3次地面塌陷,分别为公元284年6月、公元287年及公元307年3月。洛阳市因位于黄土区,历史上记载的3次地面塌陷可能是黄土湿陷所引起,亦可能与城市建设有关。

2.2.2 地面沉降

地面沉降的产生主要与过量开采地下水有关,地下水的长期过量开采,导致含水层固结压缩,黏性土被压密,从而引起地面沉降。据有关资料报告,因地下水的长期过量开采,许昌、洛阳、开封、濮阳等城市均已发生地面沉降。

1985年根据对许昌市23个高程控制点复测,许昌市累计地面最大沉降量为188 mm,1957年以来年均沉降速率2.79 mm/a。1989年相对于1985年又下沉5~20.8 mm,沉降面积达54 km²,其中有3.31 km²累计沉降量大于150 mm,占市区面积的3.76%。

洛阳市地面沉降始于1965年,当时沉降量在4~12 mm,至1991年中心累计沉降量达43.6~138.4 mm,沉降中心位于涧西区上海市场一带,中心沉降速率为5.2 mm/a,面积达5 km²左右。

开封市最大沉降量达113 mm,沉降中心位于南关一带。濮阳市近年来也发生地面沉降,平均沉降量8 mm,最大为23 mm。

从目前情况来看,地面沉降尚未形成对地面设施的致命破坏,但从长期来看,地面沉降的发生,对城市建设危害巨大,有关部门应高度重视,采取措施建立相应观测网点,有效防范。

2.2.3 城市生活垃圾填埋

垃圾填埋物包括生活垃圾和工业垃圾两部分,称之为固体废物。目前,河南省主要处理方式是卫生填埋,但超过半数的垃圾处理场不规范,防渗不良或未防渗,随着降雨入渗,垃圾废液对土壤、地下水造成污染。

1999年全省18个主要城市共清运生活垃圾386.58万t,人均日产垃圾0.3~0.8 kg,

垃圾清运量最多的城市为郑州市(78.05万t),其次为洛阳和安阳两市。垃圾处理量郑州市最高,达76.7万t,其次为洛阳、安阳市,处理量分别为40.0万t、29.7万t。全省主要城市垃圾总处理率为82.93%,平顶山、漯河、濮阳、安阳、南阳及驻马店6个城市全部处理,处理率最高;其次为郑州、洛阳、开封;三门峡市生活垃圾未进行任何处理。

2.3 矿山地质环境问题

根据2002年的调查,河南省主要的矿山地质环境问题有:矿山灾害(包括:采空地面塌陷、地裂缝、崩塌、滑坡、泥石流、矿坑突水等)、煤矸石堆放及自燃、占用和破坏土地、矿区水土流失、区域地下水位下降、水体污染等。

矿山开采引发的崩塌、滑坡、泥石流灾害主要分布于灵宝小秦岭矿区、栾川钼矿区和嵩县祁雨沟金矿区,其中:崩塌16处,滑坡15处,泥石流沟32条。地面沉陷主要分布在平顶山、焦作、义马、鹤壁、济源、永城、新密等煤田开采区。调查沉陷区473处,沉陷面积累计43 987.9 hm²,经济损失39 411.35万元。矿山开采引起的地面塌陷地49处,主要分布在安阳铁矿、栾川康山金矿、红庄金矿、三道庄钼矿、南泥湖钼矿、灵宝小秦岭金矿区等,塌陷面积累计440.5 hm²,经济损失623.32万元。矿区发生地裂缝共324条,经济损失9 445.3万元。

全省矿山废水年产出量46 823.87万m³,年排放量37 627.31万m³,废石、废渣年产出量3 155.92万t,年排放量2 043.62万t,累计积存量27 526.37万t。

2.4 地质灾害

河南省地质构造较复杂,自然地质作用及人类工程、经济活动较强烈,地质灾害发育,崩塌、滑坡、泥石流、地裂缝等均有分布。

崩塌为山区、丘陵及黄土区的一种主要地质灾害,主要分布于豫北、豫西、豫南部山区、丘陵,河流两岸及中西部黄土。山区以基岩崩塌为主,中西部黄土区以土质崩塌灾害且以小规模为主,大型崩塌较为少见。

滑坡分布于地形陡峻的中低山区,强烈切割的斜坡地带,滑坡相对集中,在黄土分布区,尤其是黄土覆盖丘陵区,受下伏基岩斜面的影响,黄土覆盖层易于滑动。就河南省而言,滑坡地面灾害主要分布在豫西山区,尤其是黄河两岸,伊洛河流域以及山间盆地边缘地带,北、南部山区已有分布。

泥石流是发生于中低山区及黄土丘陵区的地质灾害,主要分布于豫西、豫北、南部中低山区以及中西部黄土丘陵地区。豫西、南部山区泥石流沟相对集中,豫北山区相应地较为分散。泥石流主要发生在采矿区,比较突出的矿区有灵宝小秦岭金矿区、栾川三道庄钼矿区、卢氏八宝山铁矿区、洛宁上宫金矿区、嵩县祁雨沟金矿区、安阳东冶铜铁矿区、林州铁矿区、舞钢铁矿区、桐柏北部山区的多金属矿区等。

河南省地裂缝发生历史久远,史志记载最早的地裂缝始于公元108年,截至1925年,全省记载的地裂缝仅有21处,涉及14个县市。全省地裂缝的方向以东西向为最多,其次是南北向、北西向和北东向。规模最大的地裂缝带是潢川—固始地裂缝带,该地裂缝带涉及省内息县、潢川、光山、商城、固始、淮滨及安徽的阜南、颍上、金寨、霍丘、六安、寿县等12县(市、区),南北宽70 km,东西长200 km,面积14 000 km²。全省地裂缝长度大于100 m的有24条,其中大于500 m的有11条,单条地裂缝在地表显示宽度不一,一般为0.5 m

左右,宽者达 2 m 以上。

3 地质环境问题的危害和影响

3.1 地下水水质污染影响饮水安全

河南省地下水水质污染是目前较突出的环境问题之一。地下水的污染源主要有工业废水、废渣排放,城市生活污水排放,农业污染源等,污染途径有直接渗漏污染,通过地表水沿河、渠下渗污染,通过土壤污染间接污染等。

河南省属北方缺水省区,全省人均水资源量不足 444 m^3,其中地下水资源量人均 175 m^3,只占全国人均水平的 1/5,居全国第 22 位。由于水资源空间分布的不合理性,全省正常年份缺水 40 亿~50 亿 m^3。近年来,水污染日趋严重,进一步加剧了水资源的供需矛盾。

3.2 地质环境问题制约城镇化发展进程

城市垃圾的产生给城市建设和居民生活带来严重危害,主要表现为侵占大量土地、污染水体、污染农田、造成二次大气污染、有碍市容观瞻等。

3.2.1 侵占大量土地

据估算,每堆积 15 万 t 土渣,约需占地 1 万 m^2。目前全省固体废物堆存量已达数亿吨,以工业废物为主,如煤矸石、炉渣、粉煤灰和尾矿等,且主要集中在城市,占地约 1 822 hm^2。焦作市每年产生煤矸石 100 多万 t,粉煤灰 80 多万 t,综合消化利用量仅为 68 万 t,占产生量的 35%,占用大量土地。另外,城市内火电厂发电,每年产生的大量粉煤灰、锅炉渣占地相当可观,且需要花费大量资金处理。

3.2.2 污染水体

因未按有关要求严格对垃圾进行处理,市内垃圾淋滤液往往对地表及地下水体构成污染,如郑州市垃圾堆放场附近沟、河近岸水体中 COD、BOD、NH_4^+ 的含量较高,水质明显受污染。

3.2.3 污染农田

城市垃圾 90% 运往农村,部分未作任何处理就当肥料施往农田。病菌、虫卵、医院垃圾等严重污染农作物,经过农副产品渠道又返回城市,影响城市居民的身体健康。

3.2.4 造成二次大气污染

工业粉尘可造成二次扬尘,生活垃圾腐化产生恶臭,均给空气中增加新污染成分。

3.2.5 有碍市容观瞻

垃圾不仅污染环境,威胁居民健康,而且影响城市风貌,有损投资环境。

3.3 地质灾害的危害和影响

据不完全统计,近 10 年来,河南省共发生地质灾害 412 起,造成死亡 253 人,重伤 43 人,毁坏民房 1 412 间,破坏耕地 1 058.35 万 m^2,直接经济损失 23.79 亿元。分布面积广、灾害发生次数多、规模小、经济损失大是地质灾害的突出特征。在全省 112 个县级行政区中,有近一半的县(市)区位于山地丘陵区,每年发生的地质灾害达百起,地质灾害的频繁发生,造成了众多人员伤亡和财产损失,严重制约了当地社会经济的发展和稳定。

崩塌危害:崩塌体堆积在公路上,造成交通中断,如 312 国道桐柏县鸿仪河段,因开挖边坡,1998 年沿公路近 300 m 长的坡体崩塌,迫使交通中断 20 余天;崩塌能够毁坏甚至摧毁房屋及生活设施,如 1992 年 8 月三门峡市实验油厂发生黄土崩塌,将该厂锅炉房、浴池、化验室等全部推入深沟,直接经济损失 70 万元;露天开采的矿山,人为的崩塌事故时有发生,如 1987 年 9 月,息县蒲公山灰岩矿矿坑陡壁崩塌,崩塌体约 1 万 m³,致使 24 人重伤,损失惨重。

滑坡的危害:滑坡常造成人员伤亡,如 1990 年陕县宜村乡南沟村雨后发生黄土滑坡,滑坡面积仅 2 000 m²,造成周围村民埋没丧生。新安县国防公路石寺南坡弯道地段,1998年雨季发生滑坡,使交通中断数月;卢氏县 209 国道五里川至瓦窑沟近 20 km 路段,1998年雨季就发生滑坡 20 多处。

泥石流的危害:泥石流来势凶猛、具突发性、历时短,在其形成区、堆积区皆可造成危害。如 1943 年鲁山朱家坟村被泥石流夷为沙滩,32 人死亡;1956 年泥石流将鲁山县沙巴店村夷平,全村 80 人无一生还;1994 年灵宝文峪金矿发生泥石流,致使 60 人丧生,数百人失踪;1996 年嵩县祁雨沟金矿尾矿坝溃决引发泥石流,造成两幢办公楼倒塌,十几辆汽车被冲走,36 人遇难;1996 年洛宁金矿两座矿坝溃决引发泥石流,直接经济损失 600 万元;1982 年鲁山县二郎庙玉皇庙沟发生泥石流,311 国道被冲毁,交通中断达一年之久;1996 年林州市红旗渠总干渠被泥石流冲毁 527 处,2 500 m 渠道被泥石流全部淤埋;1998年西峡县西坪镇淇河一支流暴发泥石流,造成 30 km 公路报废,交通被迫中断。

地裂缝的危害:在地裂缝发生地区,当裂缝发展到一定程度时,能够对所有对象造成不同程度的破坏。如 1974 年息县以东豫皖两省交界处南北宽 70 km、东西长 200 km 范围内,发生大面积地裂缝,引起 7 000 余间房屋(河南境内 2 000 余间)出现裂缝,大片耕地被破坏;1991 年三门峡温塘北发生四条南北向地裂缝,单条裂缝长 100 ~ 200 m,间距 150 m,致使道路、农田设施严重破坏。

4　影响因素分析

河南省地质环境问题比较突出,其形成原因是多方面的,主要有自然地理因素、人为因素(人类工程活动),也有管理方面的因素。

4.1　自然地理因素

自然地理因素是导致地质环境条件恶化的主导因素,即内因。

4.1.1　气候影响

地下水天然资源量减少的原因,主要为全球气温变暖,降水量减少,补给量不足。再加上人类经济活动对地下水的过量开采,导致地下水位持续下降,降水入渗补给条件改变,降水入渗量减少;因降水量减小,地表水体上游来水量亦相应减少,河流侧渗补给量减少,部分河流由原来的补给地下水,现已转变为排泄地下水,相应增加了地下水的消耗量。

4.1.2　地质构造影响

地裂缝的形成不仅受地层岩性、地理位置、气象等因素控制,也与地震及地质构造活动有关。地震与地质构造活动往往引起大面积地裂缝的产生。如 20 世纪 70 年代产生的大规模的潢川—固始地裂缝带,涉及省内息县、潢川、光山、商城、固始、淮滨及安徽的阜南、颍上、金寨、霍丘、六安、寿县等 12 个县(市、区),南北宽 70 km,东西长 200 km,面积

14 000 km^2。

4.1.3　自然环境综合影响

地形地貌、地层岩性、地质构造、气象、水文等自然条件是影响崩塌、滑坡、泥石流、地面塌陷、地面沉降等地质灾害发生发展的主要因素。地质灾害一旦发生,对人民的生命财产及国家基础设施会造成巨大的破坏和损失。

4.1.4　地层影响

地层岩性,特别是地表岩性决定着地下水的污染程度,在污染物相同的条件下,地层渗透性越强,地下水的污染程度越高。

4.2　人口增长因素

随着人口的增长,所需资源量越来越大,人与资源的矛盾也越来越突出,破坏地质环境的人类活动也越来越多。如随着人口的增长、需水量的增加,过量开采地下水,导致地下水位持续下降,使含水层压缩,产生地面沉降,引发地面建筑物变形,地下管网损坏;因人口的增长产生的生活垃圾越来越多,环境污染也越来越严重。

4.3　经济增长方式和产业结构影响因素

经济增长方式粗放,产业结构、能源结构不合理,小型的、粗加工的、污染严重的工业发展较快,结构性污染问题突出。如造纸、皮革、化工等小型工厂,在没有采取任何环保措施的情况下快速发展,工厂排放的废物、废水、废气等不进行任何处理直接排放,形成污染源,不仅污染环境,还损害人民的身体健康。

4.4　矿业等人类工程活动影响因素

河南省地质环境的破坏除自然因素外,主要是人类工程活动造成的。矿业开发不仅破坏自然环境,还引发了较严重的地质灾害,如露天采矿引起的矿坑坑壁崩塌,地下采矿引起的地面塌陷、地裂缝,矿渣堆放不当引发的泥石流等,不仅损坏农田、堵塞交通、破坏地面建筑等工程设施,还危及人民生命财产的安全。

5　地质环境保护的对策与建议

(1)切实加强领导,把地质环境保护纳入国民经济和社会发展计划。

各级政府要切实加强领导,要有高度的社会责任感,把地质环境保护和地质灾害防治作为一件大事列入议事日程,确立地质环境保护和地质灾害防治在保障社会稳定与经济可持续发展中的基础地位。

(2)加强地质环境方面的法制建设,建立健全监督管理体系,不断提高依法行政水平。

法制建设是加强地质环境保护和地质灾害防治工作最重要、最有效的手段,也是地质环境保护和地质灾害防治中最为薄弱的环节。因此,要加强监督,有效控制不合理的工程、经济活动,依法打击和惩治破坏地质环境的责任事件,大幅度减少破坏地质环境和诱发地质灾害的人为活动。

(3)加强科学技术研究,提高地质环境保护和管理水平。

充分发挥企、事业单位和科研机构的积极性,切实加强地质环境调查、评价和保护的新理论、新技术、新方法的研究、开发与应用,为提高地质环境保护水平提供技术支撑。

(4)建立稳定的投入保障机制。

地质环境保护和地质灾害防治是一项功在当代、利在千秋的公益性事业,应充分发挥社会主义制度的优越性,坚持国家、地方、集体、个人一起上,多渠道、多层次筹措资金,保障地质环境保护和地质灾害防治的经费来源。

(5)坚持"预防为主、防治结合"的原则,采取切实可行的综合防治措施。

河南省地质环境比较复杂,地质环境保护工作应坚持"预防为主、防治结合"的原则。对少数威胁严重可能造成大量经济损失和人员伤亡的地质灾害,应由有关部门或专业队伍进行专门监测、防治;对量大、点多、面广且分散的地质灾害,应采取"群测群防"的方法进行监测、防治。地质灾害防治应采取综合性措施,包括预防性、控制性工程措施和生物措施等,以提高地质灾害防治水平。

(6)加强地质环境保护和减灾防灾的科普宣传教育工作。

目前,由于人们缺乏地质环境保护和减灾防灾意识,不合理开发自然资源,破坏地质环境,使地质灾害加重的经济、工程活动仍很突出。所以,通过各种形式宣传普及地质环境保护和地质灾害防治知识尤为重要。

河南省矿山环境问题与保护措施

赵承勇

（河南省地质环境监测院，郑州　450016）

摘　要：依据矿山环境调查资料，分析了河南省矿产资源的开发利用现状，论述了矿山地质灾害、压占和破坏土地与植被、水均衡破坏及"三废"排放对矿山环境破坏的现状，指出了矿山环境保护与治理工作存在的问题，提出了矿山环境保护与治理对策。

关键词：河南省；矿山环境；现状分析；保护对策

1　引　言

河南省是矿产资源大省，由于历史原因，长期以来矿产开采引发许多矿山环境问题，造成矿区及其周围生态环境的破坏，不仅影响矿山的正常生产活动，而且威胁着矿区周围居民的生命财产安全，制约区域经济的发展，甚至会引发严重的社会问题。因此，在满足河南省国民经济和社会发展对矿产需要的同时，要转变粗放的矿产资源开发利用方式，最大限度地减少矿产资源开发过程中对生态环境的破坏。为了加强矿山环境保护工作，建设节约型、环境友好型社会，必须分析研究河南省矿山环境现状和存在的问题，提出加强矿山环境保护和治理的对策与措施，保证矿产资源开发与环境保护协调发展，最大限度地减少或避免因矿产开发引发的环境问题，改善矿区人民生产、生活条件和矿区周围生态环境，促进社会经济可持续发展。

2　矿产资源开发利用现状

河南省矿产资源丰富，截至 2004 年底，全省已发现矿产资源 126 种（含亚矿种为 157 种），已探明储量的 73 种，已开发利用的 85 种。载入河南省矿产资源储量登记统计库的固体矿产共 75 种，矿区数为 759 处，矿产地共 967 处，其中，主要矿产地 759 处，伴共生矿产地 238 处。河南省优势矿产主要为煤、石油、天然气、铝土矿、钼、金、银、耐火黏土、萤石、水泥用灰岩、玻璃用石英岩、玉石、天然碱等。还有一些矿产，当前虽然尚未查明资源储量，但资源丰富且开采规模较大，如砖瓦用黏土、建筑用砂、建筑石料等。依托丰富的矿产资源，河南建立起以轻纺、食品、冶金、建材、机械、电子、石油、化工为主体，门类齐全，具有一定规模的工业体系。截至 2005 年底，全省共有 4 549 个各类经济性质的独立核算采矿单位从事矿业生产活动。全省从事矿业生产人数 57.51 万人，固、液体矿产量为 20 141.62 万 t，矿山企业现价工业总产值为 549.84 亿元。

作者简介：赵承勇（1961—），男，高级工程师，主要从事水文地质和环境地质研究工作。

3　矿山环境问题

河南是一个矿业大省,矿业的开发在满足经济发展的同时也产生许多矿山环境问题,对矿区及其周围的生态环境造成破坏。通过全省近5 000个矿山环境现状调查资料统计,矿山环境存在的主要问题有矿山开发诱发地质灾害(包括地面塌陷、地裂缝、崩塌、滑坡、泥石流等),压占、破坏土地和植被,采矿区地下水位下降、水均衡破坏,粉尘污染、固体废弃物、废水排放、煤矸石自燃等。

3.1　矿山地质灾害

全省矿山地质灾害较为严重的是矿山开采造成采空区地面塌陷,并诱发地裂缝。地面塌陷区主要分布在平顶山、焦作、义马、鹤壁、济源、永城、新密等煤田开采区和安阳、栾川、灵宝等金属矿区。矿山开采塌陷地522处,塌陷面积累计44 548 hm²。地面塌陷易形成崩塌、滑坡,由于其突发性,往往造成巨大的人员伤亡和财产损失。在平原地区,地面塌陷改变了地表水、地下水的流向,塌陷区内长年或季节性积水,使土地完全不能耕种,严重破坏生态环境。地裂缝主要为煤矿区地面塌陷引发周围地面的拉张裂缝。由于矿山开采产生的地裂缝多达779条。地裂缝严重破坏耕地,土地复垦难度较大,同时地裂缝破坏居民住宅、铁路、公路、乡村道路以及水利、电力设施等,严重威胁人民群众的生命财产安全,比较典型的有平顶山矿区青草岭、娘娘山地裂缝。因矿山开采直接产生有影响的崩塌灾害475处;滑坡灾害473处,比较典型的有义马北露天矿滑坡、义马跃进煤矿山体滑坡等。

泥石流是矿山开采引发的又一较大的地质灾害。矿区是人类活动和工程建设的集中分布区,在山丘区,矿山开采留下大量废石废渣,极易形成泥石流。泥石流沟常发生面状侵蚀,使土地瘠薄、农田被毁,破坏了两岸坡体的稳定,滑坡、崩塌发育,地质生态环境脆弱。全省矿山开采产生有影响的泥石流沟32条,采矿固体废物堆放诱发的泥石流灾害有494处。泥石流发育规模较大的是在小秦岭金矿区和栾川钼矿区,小秦岭金矿区内废石尾矿堆积量巨大,最大的枣乡峪、大湖峪,废石尾矿堆积量达4 100多万 m³,栾川上房沟、三道庄钼矿区露天开采剥离的废石、土及尾矿堆积量近亿立方米。小秦岭的几个泥石流沟内分布着许多村庄及矿工居住地,安阳李珍铁矿黄岭尾库东副坝以下即是安阳市重镇铜冶镇,栾川冷水镇麦秸沟铅锌矿尾矿库下是冷水镇政府、医院、学校和厂矿等,以上矿区均有发生泥石流的安全隐患。

3.2　压占、破坏土地和植被

全省各类矿山企业都不同程度地占用、破坏土地和植被资源。矿山企业占用、改变破坏土地数总量为46 187.7 hm²。占用、破坏土地和植被较为严重的地区为平顶山市、郑州市、三门峡市、焦作市和鹤壁市,分别为16 533.43 hm²、8 981.47 hm²、5 389.45 hm²、4 421.32 hm²、3 248.95 hm²。煤矿占用、破坏土地和植被程度尤为严重,金矿、铝矾土矿次之。河南省露天矿开采的矿产种类繁多,有石灰岩、铝土矿、铜矿、铅锌矿、煤矿、珍珠岩和膨润土等。露天矿建设期间,矿区建设占用土地,开采将上覆岩层和表土剥离,需进行大规模的开挖,使原有的植被和土地破坏严重,引发水土流失、地下水位下降和生态恶化等环境问题。其次是开挖出来的土石方需异地存放,大量剥离物存放场压占土地,破坏植被。

3.3 水均衡破坏

矿山开采改变了降水、地表水与地下水自然流场及补、径、排条件，打破了水循环原有的自然平衡，造成地下水位下降，形成大面积水位降落漏斗，诱发地面塌陷、地裂缝、矿坑突水等灾害。

3.4 "三废"排放

矿山废水含矿坑水、选矿废水、堆浸废水和洗煤水，全省废水年产出量 46 623.87 万 t，年排放量 37 627.31 万 t。矿山废水易造成地表水、地下水和土壤的污染。矿山固体废弃物排放包括尾矿、废石(土)、煤矸石、粉煤灰等。煤矿煤矸石堆放点 1 367 处，年产出量 692.21 万 t，历年的煤矸石堆放累计总量有 9 222.44 万 t。金属、非金属矿山和灰岩矿山废石、废渣年产出量 3 155.92 万 t，年排放量 2 043.62 万 t，累计积存量 27 526.37 万 t。煤矸石堆放除对水土造成污染外，极易自燃，释放大量 CO、SO_2、NO_2、苯并芘等有害气体，严重污染矿区及周围的大气环境。河南省煤矸石自燃现象比较普遍，主要集中在鹤壁矿区、焦作矿区、荥巩矿区、义马矿区、平顶山矿区，特别是义马矿区和平顶山矿区煤矸石自燃尤为严重。开采水泥灰岩和建筑石料场除对植被和生态环境造成破坏外，这类矿山企业点多面广，多为露天开采，矿山周围星罗棋布的水泥厂、碎石厂，造成空气污染和粉尘污染。

4 矿山环境保护与治理存在的问题

河南省对矿山环境保护与治理工作十分重视，并取得了一定的成绩，但还存在许多问题。主要问题有：法规政策体系、监管、约束机制和经济政策有待完善；"谁开发谁保护、谁破坏谁治理"的政策得不到有效落实；资源浪费和环境破坏仍较严重，矿业秩序整顿和资源整合工作有待进一步加强；历史积留问题多，恢复治理程度低、难度大；技术落后，缺少必要的技术支持。

5 矿山环境保护与治理措施

针对河南省矿山环境的现状和存在的问题，提出如下矿山环境保护和管理对策：

(1)按照国土资源部关于逐步建立矿山环境治理和生态恢复责任机制，推进矿山环境恢复治理保证金制度等生态环境恢复补偿机制的要求，完善法规建设，实现依法行政。加强法制建设，依法加强监管，是控制矿山环境破坏和矿山地质灾害的有效途径。尽快制定并实施《河南省矿山环境管理办法》、《河南省矿山环境保护与治理保证金制度》等相关法律、法规和配套管理办法，实现依法行政。

(2)各级政府要切实加强领导，把矿山环境保护纳入当地国民经济和社会发展规划，将矿山环境保护工作同经济建设和社会发展的总体部署结合起来，真正把矿山环境保护当做事关社会稳定和经济发展的一件大事。加大矿山环境治理资金的投入力度，运用法律、行政、经济、科学技术、宣传教育等手段和措施，对各种矿业活动进行规划、调整及监控，防止或减少矿山环境问题和矿山地质灾害的发生，促进矿业的持续、健康发展。依法严格执行矿山建设项目环境影响评价制度、矿山地质灾害评估制度、申请办理采矿证的环境影响报告制度和矿山环境保护工程"三同时"制度，严格矿山企业年检时的矿山环境保护与治理查审制度。加强执法检查和行政监察,遏制地方保护主义,建立矿山环境保护与治理工作的行政监督管理机制和行政、法律责任追究机制。国土资源部门要加强矿山环境监督管理,定期对本行政区域内采矿权人对矿山环境治理的情况进行依法监督检查,与有关部门密切协作,共同搞好矿山环境治理工作,改善矿区的生态环境。

(3)制定系统、科学的规划实施方案,确保规划落到实处。各级政府和矿山企业开展矿山环境调查与评价,编制本地区的矿山环境保护与治理规划和实施方案,经过评审认定后严格按规划和方案实施。国土资源管理部门依据规划或实施方案的要求,进行监督检查,努力使矿山环境保护与治理工作走向制度化、规范化和科学化的轨道。将矿山环境保护贯穿于矿产资源开发全过程,必须坚持"事前预防,事中治理,事后恢复"的原则,按照科学的矿山环境管理系统的要求,做好矿山环境保护与治理工作。

(4)对于矿山地质灾害的防治应严格执行"安全第一,预防为主"的方针,贯彻执行矿山安全条例、矿山安全规程等国家及相关部委颁发的法律、法规与有关规定。矿山企业应严格贯彻执行安全设施"三同时"原则,接受主管部门的审查、指导和监督。建立健全矿山环境监测体系和矿山地质灾害防治预警信息系统。矿山企业应设专职人员对采矿场、固体废物堆场等进行监测,并制定相应的预警、应急预案,防止灾害事故的发生。

(5)建立稳定的投入保障机制,完善奖惩措施,促进综合治理。通过矿业税收、财政补贴、优惠贷款和矿山环境恢复治理保证金以及环保费的征收等经济手段,加大对矿山环境保护与治理工作的投入。矿山企业应承担矿山环境恢复治理的责任,各级政府应加大对计划经济时期建立的国有大中型矿山以及20世纪80年代中后期成立的民采矿区的矿山环境恢复治理的资金投入,改善矿区环境质量。以矿业权人资金投入为主体,国家、地方、集体和个人共同参与,多渠道、多层次、多方位筹集矿山环境保护与治理资金,鼓励各种资金直接投资矿山环境保护与治理。

(6)依靠科技进步,树立典型示范工程,提高综合防治能力。开展矿山环境保护与治理技术研究和技术创新。通过科技进步和技术创新,提高矿产资源开发利用和矿山环境保护与治理、矿山地质灾害预测预报技术水平。加大科技投资力度,鼓励矿山企业、科研和开发机构开展矿山环境保护与治理技术的研究,建立矿山环境保护与治理技术支撑体系,推广先进实用技术和经验。应加强国内外技术合作,培训人才,促进河南省矿山环境保护与治理工作。

(7)加强矿山环境保护的宣传教育。利用媒体和环境日、地球日等纪念日活动积极开展矿山环境保护的宣传与教育,培育公众的环境保护意识,发挥新闻媒体及公众的监督作用,调动矿业权人、公众等各方面的积极性,共同参与,做好矿山环境保护与治理工作。各级政府和矿山企业必须认识到矿山环境保护与治理的重要性,树立矿业可持续发展的战略思想,大力推进生态矿业,促使矿业健康地发展。

参 考 文 献

[1] 河南省统计局. 河南省统计年鉴(2000—2004 年)[M]. 北京:中国统计出版社,2000.

Problems and Protection Countermeasures
of Mine Environment in Henan Province

Zhao Chengyong

(Geological Environmental Monitoring Insitute of Henan Province , Zhengzhou   450016)

Abstract:The current situations of mine resources utilization in Henan province was systematically analyzed according to the investigation data about the environment of mine. After analyzing the damages to environment of mine caused by mine geological hazards, the destroy and occupy of land and vegetation by mine exploitation, out-of-balance of water resources and discharge of the three wastes, the problems in protection and control of environmental of mine were pointed out and reasonable countermeasures were put forward to protection and improve the environment of mine.

Key words:Environment of mine in Henan province, analysis of current situations, protection countermeasure.

第四纪全新世中期中原气候环境的特征*

李满洲

（河南省地质环境监测院，郑州 450016）

摘 要: 孢粉分析和考古及古史资料研究结果表明,中原地区全新世中期系大暖期气候环境,气温升高、雨量增加明显,其时段为 8 000 ~ 4 500 aB. P. ,鼎盛期即大洪水时期为 7 200 ~6 000 aB. P. 。这期间气温较今高出 2 ~4 ℃,降雨量较今增加 300 ~400 mm,甚至增加达 500 mm 以上。雨量充沛,植被茂密,河流成网,平原地区呈现出湖泊遍野的景象。

关键词: 中原地区;全新世中期;气候环境特征

就全球而言,第四纪全新世气候环境总体上属于冰后期,但气候又有明显的波动。其中,全新世中期在世界上许多地方显示出大暖期的特征。然而,各地起落时间不一、强度不同。本文试图从孢粉分析、考古及古史资料研究方面对中原地区全新世中期气候环境的特征做一分析综述。

1 孢粉分析与全新世中期中原气候环境的特征

不同的气候条件下古植被的发育状况不同,植被起到示温的作用。从河南平原 44 个孢粉鉴定钻孔、770 个孢粉样品分析来看,中原地区全新世孢粉丰富,达 170 多个属种,但各属种在地层垂向上分布很不一致。自下而上,可明显划出 3 个孢粉组合带(见图 1、图 2)。

下带为松林 – 草原型植被带。该带木本植物中针叶林花粉含量较高,达 17.8% ~ 23.4% ,主要为松,偶见云杉、冷杉。阔叶树以桦、栎、鹅耳枥、榆、朴、胡桃为主;草本以蒿为主,其次为藜科、禾本科、麻黄。水生草本以香蒲、莎草、狐尾藻、眼子菜为主,孢子主要为水龙骨科,以松林孢粉谱为代表,反映出寒温的气候。但从草本植物喜湿的成分,如毛茛、香蒲、水鳖、莎草、黑三棱、眼子菜等大量出现来看,古气候已由冷期向湿期开始演变。

中带为针阔叶混交林 – 草原型植被带。该带木本植物占明显优势,最高达 73.0% ,其中又以栎、榆属等阔叶植物花粉含量较高,达 27.1% ;灌木及草本植物花粉次之,以香蒲、眼子菜等水生植物含量较高;蕨类孢子含量达最高峰,占 30.2% ,主要为卷柏、水龙骨。另外,还见真蕨纲。为针阔叶混交林 – 草原带孢粉谱,反映出温暖的气候环境,推测年均气温较今高 2 ~3 ℃。

上带为松林 – 草原型植被带。该带灌木及草本植物花粉占绝对优势,占孢粉总数的 59.1% ~ 92.7% ,以藜科、蒿属、禾本科为主。水生草本含量降低;木本植物花粉仅占

*本文原载于 2009 年《河南地质调查通报》上卷。

作者简介:李满洲(1961—),男,工学硕士,教授级高级工程师,主要从事区域地质环境演化与地质灾害研究工作。

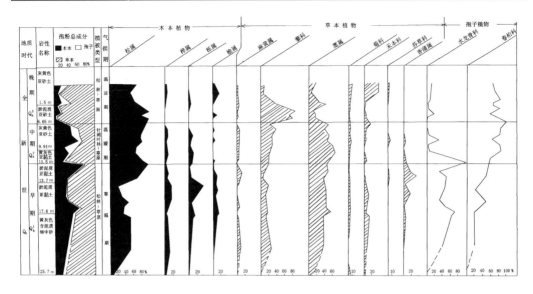

图1　濮阳市 HK4 孔全新世沉积孢粉式

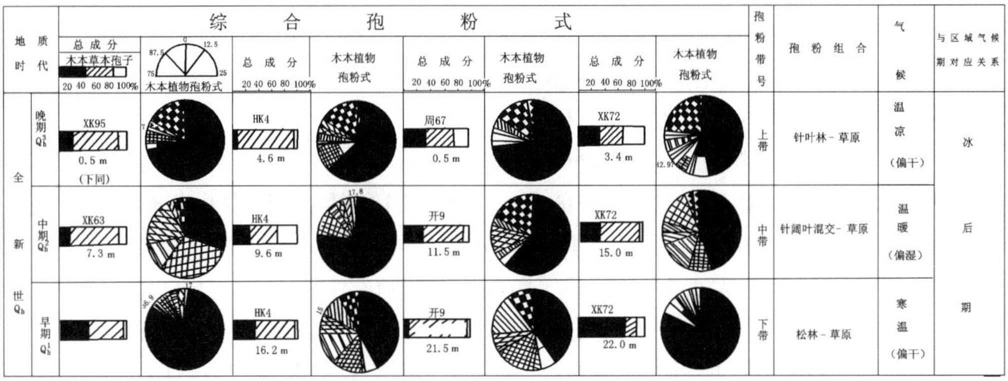

图2　全新世河南平原综合孢粉式与气候环境

3.5%～18.1%,以松为主,仅见少量的温带阔叶树,如桦、榆、椴、柳和喜寒的冷杉、云杉;孢子植物以卷尾柏为主,其次为里白科、鳞始蕨科、鳞盖蕨科、水龙骨科。以草本植物为主,阔叶树减少,松属增加,并偶见云杉,说明气候向温凉方向发展,推测年均气温较今低1～2 ℃。

从河南平原沉积物稳定矿物与非稳定矿物组合段在垂向上的交替变化来看,全新世可划分出3个重矿物组合段:上段为角闪石－磷灰石组合段,中段为磁铁矿－榍石－角闪石组合段,下段为角闪石－绿帘石－透闪石组合段。垂向上,重矿物组合段的交替变化所反映的气候波动规律同孢粉组合分带十分一致。

上述3个孢粉组合带显示出全新世气候寒温－温暖－温凉变化的3个阶段,代表着中原地区全新世早、中、晚3期气候环境的特征。其中明显看出,全新世中期呈现暖期气候环境的特征,同早、晚期相比气温明显升高、降雨量显著增大,水生草本植物发育,木本植物与阔叶林植被茂盛。

据濮阳 HK4 孔全新世堆积物 C^{14} 测年结果,全新世中期温暖气候环境出现于 7 500～

8 000 aB. P. ,结束于 2 500 ~ 3 000 aB. P. (见表 1)。

表 1　濮阳市 HK4 孔全新世气候分期与测年结果

地质时代		岩　性	C^{14}测定	气候期	B. Srenander 分期
全新世	晚期	灰黄色亚砂土,灰黑色淤泥质亚黏土	郑州东部基 8 孔 1 039 a ± 131a	温凉	亚大西洋期较冷湿,2 500 a
	中期	灰黄色亚砂土、亚黏土,深灰黑色淤泥质亚黏土		温暖	亚北方期较暖干,5 000 a 大西洋期暖湿,7 500 a
	早期	上部灰黑色淤泥质亚黏土,下部为灰黄色中细砂	濮阳 HK4 孔 8 125 a ± 605 a	寒温	北方期暖干,9 500 a 前 北 方 期 气 候 抬 升, 10 300 a

2　考古发现与全新世中期中原气候环境的特征

中原地区迄今发现不少新、旧石器时代的遗址。其中,新石器时代遗址约有 2 000 处,有 8 000 ~ 7 000 aB. P. 间的裴李岗文化、7 000 ~ 4 500 aB. P. 间的仰韶文化以及 4 500 ~ 3 800 aB. P. 间的河南龙山文化等。

2.1　下王岗遗址发掘与全新世中期气候环境

贾兰坡等通过对淅川县下王岗遗址动物骨骼的研究,首开河南省新石器时代仰韶文化时期,即全新世中期生态环境与气候的研究。下王岗仰韶文化层中共发现 24 种动物骨骼,其中喜暖 7 种,占 29.17% ,这些动物现今分布范围的北界多数不超过北纬 33°,其中还有更偏南的动物,如野生水牛、苏门犀等,在我国境内已不见;其余为长江南北均可见到的适应性较强的动物,占 70.83% ,这是下王岗各期文化层中喜暖性动物最多的时代。有猕猴、黑熊、虎、豹猫、苏门犀、亚洲象、野猪、麝、苏门羚等适宜森林和多树的山区动物,有孔雀、麂、梅花鹿、豪猪等适宜开阔地带灌林丛生的动物,有适宜生活在海拔 2 000 ~ 4 000 m、食竹笋和嫩枝叶的多竹山区的大熊猫等。在仰韶时期各文化层中都发现有许多竹灰,有的甚至还可看出竹的纤维,三期的长屋中还发现有铺竹织物的痕迹,显示出该地区还有茂密的竹林。

下王岗仰韶文化遗址充分反映出当时该地区森林茂盛、温暖湿润的气候环境,贾兰坡认为可与国际上全新世中期温暖气候的顶峰即 B. Srenander 大西洋期相对比。

2.2　大河村遗址发掘与全新世中期气候环境

大河村遗址属仰韶时期文化,共发现 18 块孢粉样品。其中,乔木类占 50% ~ 90% ,草本和灌木类较少,占 27% ~ 48.5% 。阔叶树花粉占 52.1% ,多于松属花粉。乔木中散生有热带、亚热带树种,如 Tsuga、Podocarpus、Quercus、Platycarya、Ligu - damdar、Oleaceae 和 Enporbiaceae,这些喜暖喜热的乔木类花粉占木本类花粉的 24.5% 。草本类中,水生 Nymphoides、Potamogetomaceae、Sparganiaceae 及 湿 生 Cyeraceae 大 量 出 现,占该类的 37.8% 。

遗址沉积物以灰黄色和灰黑色淤泥质亚砂土为主,发掘有竹鼠、水牛、野猪、鹿、轴鹿、兔、家猪、狗、鸡、环颈、龟、雉、鳖、鲤、蚌、螺等大量动物的骨骼及莲子等。

这种阔叶树花粉占明显优势,喜热和水生植物以及竹鼠、水牛等大量出现,表明全新世中期郑州地区较今温暖,与现在长江中下游亚热带气候相近,相当于 B. Srenander 大西洋期,年降雨量较现在偏多。由于年均降水量 >1 000 mm 时才能满足竹子的正常生长,因而推测当时年均降雨量可能平均 >1 000 mm,较今增加 300 ~ 400 mm。另外,水生植物的大量出现,表明该地区为浅水湖沼的环境。

2.3 濮阳西水坡龙虎人组合图发现与全新世中期气候环境

1988 年,濮阳西水坡发现一个仰韶文化墓葬。在 45 号墓中,遗体两侧有用蚌壳摆成的龙虎,构成一龙虎人组合图(见图 3)。据研究,这个墓葬的主人可能就是五帝之一的颛顼帝,或其宗教核心人物,距今 6 000 多 aB. P.。

孙长虹、郭书元对该遗址出土的蚌壳瓣鳃类进行了研究,共有 33 种,其中 31 种构成 Lamprotula - Cuneopsis - Unio组合,称为西水坡丽蚌动物群,其时代为全新世中期偏早阶段。蚌壳 C^{14}测年 6 465 ±45 aB. P.,同层出土的陶器特征显示为仰韶文化早期(7 000 ~ 6 000 aB. P.)产物。该动物群与长江中、下游流域洞庭湖、鄱阳湖和太湖及其周围水域的现代丽蚌动物群组合特征十分接近,同属东洋

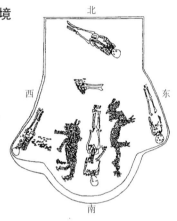

图 3 濮阳西水坡龙虎人组合图

界、中印亚界亚热带湿热气候动物地理区。根据该动物群反映的生态环境,该地区当时应该是气候湿热、雨量充沛、河流成网、湖泊遍野的环境。

2.4 农作物粟、黍、稷和稻的考古发现与全新世中期气候环境

粟、黍、稷是指小米群,前仰韶文化的裴李岗遗址出土有炭屑和黍粒,到了仰韶时代小米已是农业的基础。仰韶遗址中石制、蚌制和骨制的农具已很多,粟已经为仰韶时的人所大量储藏。中原地区的西邻西安半坡遗址有几处储藏有粟的壳物,115 号窖穴腐朽皮壳达数斗之多。除西安半坡外,"小米"还发现于陕西宝鸡斗鸡台、华县柳子镇和泉护村,山西万泉荆村等地。

1921 年安特生在携返瑞典的仰韶陶罐残片上发现一充满谷壳的印痕,后经瑞典植物学家鉴定为人工栽培稻谷的外壳。近年陕西华县柳子镇仰韶文化层草灰中除粟壳外,亦发现有类似稻壳的遗迹。

粟、黍、稷和稻的种植,标志着仰韶时期古气候环境是较温暖的。

王守春等对仰韶文化遗址特征研究后认为,仰韶文化具有遗址面积大和遗址密度高的特点,从 1 万 m^2 到数十万 m^2,每个遗址常有很多房址及用以储藏粮食的窖穴,表明这一时期物质较为丰富。而在当时生产力水平十分低下,能有如此状况,只有用光热、水汽气候环境优越,适宜人类生存和粟、黍、稷及稻的种植才能解释。

而以黑陶为特征的河南平原东邻亳县东乡钓鱼台龙山文化遗址中,发现一件陶鬲内有炭化麦粒 1 斤 13 两。山西荆村、苏北殷周、河北石家庄战国及洛阳西汉诸遗址中,发现不少高粱遗迹。麦和高粱的大量种植,标志着该时期气候环境已较冷湿了。

另外,与仰韶文化形成明显对比的是龙山文化遗址密度明显地降低。之所以会出现

这种情况,可能与该时期气候环境相对恶化有关。

在家畜种类方面,仰韶文化和前仰韶文化时期只有猪、狗、鸡。而龙山文化时期则增加了山羊和绵羊,羊是与游牧文化相联系的气候相对较干旱严酷的草原动物。因此,龙山文化时期,羊作为家畜传入中原,很可能与在仰韶文化期后,气候环境变得相对干旱有关。

周昆叔研究发现,约 8 000 aB. P. 后,由于气温渐升,土壤层形成,为裴李岗文化、仰韶文化的出现和农业的发展提供了条件。但在此之后的洛阳皂角树遗址和二里头文化层下伏地层磁化率骤然降低则表示气温发生了下降,即反映了夏前约 4 000 aB. P. 气温变凉的情况。这在陕西岐山周原周文化地层开口在褐红色土上部亦得以说明,此外在安阳姬家屯也有类似的情况。

3　史料研究与全新世中期中原气候环境的特征

刘东生、丁梦麟等依据史书记载的"阪泉之战"、"涿鹿之战"、"禹伐三苗"等资料,对全新世气候变化进行了研究。古史传说的"阪泉之战"与"涿鹿之战"史书多有记载,史学界也比较认定,"阪泉之战"在前,系黄帝与炎帝之战;"涿鹿之战"在后,系炎黄二帝与蚩尤帝之战,是五帝之始进行一系列征战中两次最为著名的战役,位于中原地区北邻的河北省西北部涿鹿一带。之所以会出现这些战争,他们认为由全新世中期 8 500 ~ 5 000 aB. P. 的大暖期、7 200 ~ 6 000 aB. P. 的极盛期,即大洪水时期中国东部平原(一级阶梯)遭受海侵(天津和白洋淀以西一带)成为一片泽国所致。

这时期位于长江中游江汉平原的炎帝部落,正面临着大洪水的劫难,迫使族民唯有向西北黄土高原(二级阶梯)迁徙,或就地向山林河谷高地转移才可免受水害(近年来,在湖南澧县彭头山和河南舞阳发现的 8 000 多 aB. P. 的稻作遗存都突然中断消失,直到 5 000 ~ 4 000 aB. P. 才又再现,不失为佐证)。在向黄土高原迁徙的过程中,于河北涿鹿一带与黄帝部落发生了历史上著名的"阪泉之战",并结成华夏部族联盟国。

在北方原本生活在滨海地带的东夷族,为躲避洪水,由其首领蚩尤率领族民亦由一级阶梯向二级阶梯黄土高原大规模迁徙,与先期到来的炎黄二帝在河北涿鹿一带展开殊死的"涿鹿之战",因蚩尤帝被擒杀而两族融合。古歌中记述,从前的"五支奶"、六支祖都"居住在东方,挨近在海边,天水相连接",后来"经历万般苦,迁徙到西方",记述了该族民西迁的历史。

东夷族长期定居生活在东方(东部平原一级阶梯),原本生产力水平胜过黄土高原华夏氏族一筹,向西迁徙黄土高原付出如此惨重的代价,一定有着关乎到族民生存的根本性原因。刘东生、丁梦麟认为这个根本性原因就是全新世中期(8 500 ~ 5 000 aB. P.)气候变暖,气温较今高出约 4 ℃,降雨量较今增加 300 ~ 400 mm,甚至可增加达 500 ~ 800 mm,海平面较今高出 3 ~ 4 m 从而遭遇灾难性水害。

而当 4 000 aB. P. 前后的寒冷期来临时,上述情况发生了逆转,人类聚集则由二级阶梯的黄土高原,向一级阶梯的东部平原迅猛扩展,遂导致著名的"禹伐三苗"之战。

狭义的三苗居地为江汉平原一带,是其祖居地。广义的三苗活动范围,则包括全新世中期大洪水泛滥时向西北方向黄土高原迁移留下的地区。"禹伐三苗"就是由黄土高原南下直插三苗的心脏——江汉平原,灭三苗国,并进而巡狩长江下游直至会稽。湖北天门石家河城址,一般认为为三苗或三苗国之都,呈现为中原龙山文化对石家河文化的取代,是"禹伐三苗"历史事件的真实写照。

"禹伐三苗"的年代,据新近"夏商周断代工程"研究,为公元前2106年(李学勤、江林昌,2001),即4 000 aB. P. 前后。这次降温、干旱事件导致中原周围地区五大新石器文化的衰落和终结,加速和促进中原地区夏代文明的诞生,也是大禹治水在该时期取得成功的背景条件。

1973年竺可桢根据我国历史文献中大量的古气候记录,提出从仰韶文化至殷墟时代即5 000~3 000 aB. P. 为温暖期。

1985年刘东生等根据黄土高原全新世地层发育的多层黑垆土,提出9 900~8 100 aB. P.、7 400~4 600 aB. P. 为相对温暖的成壤期,并据仰韶文化新的年代数据,对竺可桢划定的仰韶文化的温暖期修改为8 000~5 000 aB. P.。

1990年安芷生等提出我国全新世最佳期,即温暖期为9 000~5 000 aB. P.。

1992年施雅风等指出中国全新世大暖期出现于8 500~3 000 aB. P.,其中稳定暖湿的鼎盛期阶段在7 200~6 000 aB. P.。

4 结 论

综上研究结果表明,中原地区第四纪全新世中期气候环境的特征是暖期气候环境,气温升高、雨量增加明显,其时段为8 000~4 500 aB. P.,鼎盛期即大洪水时期为7 200~6 000 aB. P.。这期间气温较今高出2~4 ℃,降雨量较今增加300~400 mm,甚至增加达500 mm以上。雨量充沛,植被茂密,河流成网,平原地区呈现出湖泊遍野的景象。这种较高分辨率下的研究结果和研究方法,对于准确识别和把握近期以来中原地区气候、环境的状况,探讨该地区未来气候、环境的演变具有重要的意义。

参 考 文 献

[1]丁仲礼,刘东生. 250万年以来37个气候旋回[J]. 科学通报,1989,34(19):1494.
[2]周昆叔. 中原古文化与环境[M]. 北京:海洋出版社,1995.
[3]王守春. 黄河流域气候环境变化的考古文化与文字记录[M]. 北京:海洋出版社,1992.
[4]竺可桢. 中国近五千年来气候变迁的初步研究[J]. 中国科学,1973(2):168-190.
[5]刘东生,丁梦麟. 黄土高原 农业起源 水土保持[M]. 北京:地震出版社,2004.
[6]刘嘉麒,倪仁燕,储国强. 第四纪的主要气候事件[J]. 第四纪研究. 2001,21(3):53.
[7]安芷生,吴锡浩,卢演俦,等. 最近2万年来中国古环境变迁的初步研究[M]. 北京:科学出版社,1990.
[8]郭正堂,丁仲礼,刘东生. 黄土中的沉积—成壤时间与第四纪气候旋回[J]. 科学通报,1996(1).
[9]李满洲,李玉信,等. 河南平原第四纪地质演化与地下水系统研究报告[R]. 河南省地质环境监测院,2008.
[10]杨怀仁,徐馨. 中国东部第四纪自然环境的演变[J]. 南京大学学报:自然科学版,1980(1):52.
[11]杨育彬,袁广阔. 20世纪河南考古发现与研究[M]. 郑州:中州古籍出版社,1997.

交通工程建设引发的环境地质问题及对策 *

张青锁[1]　　张军杰[2]　　刘占时[1]

（1. 河南省地质环境监测院,郑州　450016；
2. 河南省核工业地质局,信阳　464000）

摘　要：公路、铁路等交通工程建设可能引发环境地质问题。主要有工程建设形成的人工斜坡的坡面侵蚀,造成的水土流失；人工斜坡设计不合理引发滑坡、崩塌、泥石流等地质灾害；软岩坡面在物理风化作用形成风化剥落,产生崩塌、滑坡地质灾害。在工程设计和施工中应采取有效的工程措施预防环境地质问题,保护地质环境,实现可持续发展。

关键词：交通工程；环境地质问题；地质灾害；对策

中图分类号：P66　文献标识码：A　文章编号：1004–5716(2009)08–0016–03

1　引　言

　　随着时代发展,铁路、公路等交通工程的建设速度不断加快,不可避免地对地质环境造成了破坏,工程建设开挖路堑、填筑路堤,都导致原生植被的破坏、水土流失,引发地质灾害等一系列环境地质问题,特别在山区修建公路、铁路必然要改变山区原有的自然环境和生态环境,其较之于平原地区工程建设尤甚。因此,保护和恢复公路、铁路边坡和沿线路侧的生态环境势在必行。国家已经十分重视公路、铁路建设中生态建设和环境保护,在国发〔2000〕31 号文件"国务院关于进一步推进绿色通道建设的通知"中指出：绿色通道要和公路、铁路、水利设施建设统筹规划,并与工程建设同步设计、同步施工、同步验收。由此可见,公路、铁路沿线生态环境的保护和恢复,已成为当前公路、铁路交通工程建设的研发热点和施工重点。在工程建设之初就要采取有效的工程措施保护地质环境,否则必然会引发水土流失,严重的将引发地质灾害,如滑坡、崩塌、泥石流等环境地质问题,给当地造成巨大的人员伤亡和财产损失。要预防和防治这些问题的发生,必须根据工程的特点在建设之初预见到工程建设可能引发的环境地质问题,在工程设计施工中采取有效措施加以预防。

2　交通工程建设特点及其可能引发的环境地质问题

　　交通工程建设过程会大量地占用土地、开挖山体等,从而对地质环境产生一定的负面影响：植被破坏、局部地貌破坏、土壤侵蚀、自然资源影响（土地、草场、森林、野生动物等）、景观影响及生态敏感区（著名历史遗迹、自然保护区、风景名胜区和水源保护地等）影响等。特别是山区地形险峻,沟壑纵横,要修建公路、铁路必然是"高填深挖、逢沟架

* 本文原载于 2009 年《西部探矿工程》第 21 卷第 8 期。

桥、遇山钻洞",工程必然破坏山区原有的植被和地形,从而引发水土流失、地质灾害等环境地质问题。这些工程主要由主体工程、路堤、路堑、隧道、桥涵、弃土场、取土场等项工程组成,下面根据各项工程的特点分析其可能造成的环境地质问题。

2.1 主体工程

铁路、公路的主体工程会对所经区域的植被、耕地、水池、堤坝等生态环境、生产设施产生直接占压和破坏。铁路、公路等工程多是地表工程,短则几十千米、上百千米,长则几百千米、上千千米。在一般情况下,工程建设需占的地表面积,不会小于线路最小长度(各必经点间垂线距离之和)与路宽的乘积,所以当交通工程的标准(主要是路基宽度)、起点、沿途必经站点和终点确定之后,其工程的最小占地面积就已确定,只要工程实施,就必然会对地表环境造成侵占和破坏,这是由工程特点所决定的(当然大都市的地铁和高架桥等情况除外)。交通工程不仅占地面积大,而且交会、交叉工程多,对其他相关设施的影响也很大。铁路、公路等线型工程对所经地区地面植被、耕地及水利水保工程的破坏或占压是长期的,除施工便道、生活区和构件加工厂等临时工程外,路面、站点等永久性工程在竣工后都无法恢复原地貌。

主体工程沿途挤占河道、水体,影响行洪蓄水。当铁路、公路等线型工程沿河建设时,一般都会出现路基侵占河道的问题,路基侵占河道,一方面会影响河道行洪,加大对岸洪水威胁,另一方面也会造成洪水对路基本身的危害,因此在山区经常会发生沿河公路被洪水冲坏的问题。

主体工程对原地形的再造作用,会引起地表径流汇集、泄排和下渗等水文效应发生综合变化。如在山区坡脚处的路基,会阻挡坡面汇流、排水路径,使分散排水变为集中排水,这样就会在排水口造成集中冲刷。现代公路路面材料多由不透水的沥青或水泥等材料配制,在降雨时路面阻止了雨水下渗,使地表径流增加,地下水资源量减少,其影响也是不利的。

2.2 路堤工程

路堤是指土、石在原地面填筑而成的路基,它的高度一般小于20 m,两侧坡面为台阶形(>8 m时)或单面坡,坡率一般为1:1.75~1:1,即29.7°~45°。根据土壤抗侵蚀研究的成果,坡率在20°~40°的裸露斜坡最易发生土壤侵蚀,且土壤侵蚀的形式随坡率增大逐步由沟蚀→崩岗→滑坡崩塌方向发展。可见,路堤边坡最易遭受雨水侵蚀,造成水土流失,引发地质灾害等环境地质问题。

2.3 路堑

路堑是自原地面向下开挖形成的路基,它的高度一般为几米到几十米,最高者可达百米,坡面为台阶形,台阶高度6~20 m,视地质条件而定。路堑可分土质路堑和岩石质路堑。

土质路堑坡率为1:0.5~1:2,即26.6°~63.4°,土质路堑可能造成的环境地质问题表现于两个方面:一是流水对边坡土壤的侵蚀造成水土流失;二是由于路堑边坡设计不合理或施工不当引发的边坡滑坡和崩塌等地质灾害。

岩石边坡可能造成的环境地质问题表现于两个方面:一是由于边坡设计不合理或施工不当引发滑坡、崩塌、泥石流等地质灾害;二是由于某些成岩较差的软岩在物理风化作用下风化剥落,产生滑坡、崩塌。还有就是多余的路堑挖方或不适宜做填料的路堑挖方丢弃,形成弃土,容易形成泥石流等灾害。

2.4　桥涵及隧道工程

这两项工程对地面植被和地形改变较小,它们可引发的环境地质问题主要来源于开挖产生的弃方。

2.5　取土场

当填料不足或者挖方的土方不适合做填料时则需在适当的地方取土做路堤填方的填料,取土场必然要破坏地表原有的植被,形成裸露的边坡,这样必然造成水土流失,边坡易发生滑坡、崩塌等地质灾害。

2.6　弃土场

交通工程建设所生产的废渣主要包括两方面,一是开挖路堑、路基,二是开挖隧道。开挖路堑、隧道等工程,废弃物不能就地倾倒,废石弃渣一般要集中堆放在某些地点,容易提交施工单位的环境保护意识。但在半挖半填方段,施工活动是难以控制的,沿路乱弃废石废渣现象非常普遍,这是交通建设造成的最常见环境问题。当挖方数量大于填方数量或因土质原因挖方不能用做填料时,这些挖方必须弃掉,弃土场一般位于低洼或沟谷之中,弃方系自然堆弃,未经碾压,其形成的坡度就是土体的自然休止角,且一般未经处理,这样的斜坡本已处于临界状态,在雨水的作用下容易坍滑,造成大规模的水土流失,在暴雨时还可能形成泥石流。

2.7　施工便道和其他辅助工程

施工便道和其他辅助工程,如生活服务区、车站等,也是容易引发环境地质问题的地方。特别是建设期的施工便道,由于运料车多是重型卡车,车辆运行时不仅对地面破坏严重,还产生大量的粉尘和烟雾,直接造成尘雾污染和噪声污染。

3　预防环境地质问题的措施

3.1　工程措施

只要在设计与施工中做到四条就可有效地防治水土流失、地质灾害等环境地质问题的发生:其一,是确定合适的坡率和采取合理的支挡结构,确保人工边坡不发生滑坡、崩塌;其二,是采用恢复植被方法封闭坡面,避免雨水侵蚀坡面而造成水土流失及因物理风化作用形成的风化剥落;其三,尽量做到填挖平衡,减少弃土及取土;其四,做好排水系统,减小雨水的侵蚀能力。

3.2　生态恢复措施

根据公路、铁路的工程形式的不同,生态环境恢复方法分为:填方路基边坡(下边坡)、挖方路基边坡(上边坡)、边坡两侧等。

3.2.1　人工种植

人工种植的特点是工程造价低、见效快且便于操作等。结合交通工程形式人工种植的方法可分为:填方路基边坡两侧采用人工种植乔木,一般选用落叶乔木连续种植,形成与路域为侧的分离;填方路基边坡选用耐干旱瘠薄等抗性较强的草灌木结合,减少雨水冲刷造成的水土流失。

3.2.2　自然恢复

交通工程建设完成后,通过自然的方式恢复植被。自然恢复的弊端是所用的时间较长,一般为 10~20 年,自然覆盖达不到防护的作用,且效果较差。

3.3 生态恢复和工程措施相结合

工程措施因交通工程形式的不同而不同,上边坡一般采用浆砌片石进行防护,下边坡采用拱形骨架或菱形块的形式,来减少雨水冲刷。人工种植与工程措施相结合即为在拱形骨架或菱形块的基础上栽植草灌木,这种方法缺点为:工程投入大,但防护的效果明显,能在短期内达到环保的作用。

常用预防环境地质问题的措施见表1。

表1 常用预防环境地质问题的措施一览表

工程项目	坡面防护	支挡加固措施
路堤	1. 植草;2. 浆砌骨架植草(拱形、人字形、菱形);3. 三维网植草	1. 路堑坡脚设置脚墙;2. 路肩挡土墙
路堑	1. 护面墙;2. 锚喷;3. 喷混植生;4. 骨架植草护坡;5. 支撑渗沟加拱形骨架植草	1. 挡墙;2. 抗滑桩;3. 锚索;4. 桩板墙;5. 锚索抗滑桩
取土场	1. 植草;2. 三维网植草	
弃土场	1. 植草;2. 三维网植草;3. 骨架植草	挡墙

表1中所列各项工程措施都是经多年实践验证行之有效的预防水土流失、地质灾害等环境地质问题的方法,在具体应用时要结合工程具体条件如地质条件、坡率等因素,综合应用。但是应注意的是,这些防护措施必须随工程的进展及时实施,这样才能达到有效预防的目的。

4 结论与建议

(1)交通工程建设必须兼顾水土流失、地质灾害等环境地质问题。

(2)交通工程建设可能造成的环境地质问题主要有:工程占压土地资源;破坏生态环境;挤压河道;破坏水环境,引起水文效应综合变化;工程建设形成的人工斜坡的坡面侵蚀,造成的水土流失;人工斜坡设计不合理引发滑坡、崩塌、泥石流等地质灾害;软岩坡面风化剥落,产生崩塌、滑坡地质灾害。

(3)采取合理的工程和生态环境恢复措施可以预防交通工程建设可能引发的水土流失、地质灾害等环境地质问题。

(4)做好工程沿线地质环境监测工作。工程项目地质环境监测工作是一项新工作,应该认真总结经验,逐步推广。对铁路、公路等工程来说,监测的内容应侧重于防治和减少水土流失、避免地质灾害方面,如及时做好防汛和地质灾害检查,对容易遭受洪水危害的路段,崩塌、滑坡危险区,泥石流易发区等要及时提出灾害预报和防治措施,保证铁路、公路的安全运行。

总之,交通工程建设造成的环境破坏、水土流失和地质灾害危害,有其自身的规律和特点,防治环境破坏、水土流失和地质灾害,要根据其工程建设的要求和特点,针对可能造成的不良环境影响、水土流失和地质灾害危害,科学编制环境地质问题防治方案,并将方案确定的防治经费纳入主体工程概算。环境地质问题防治施工应当与主体工程的施工有机结合,同时组织。依法搞好环境地质问题防治施工监理和防治工程的竣工验收,提高工程质量和效益。只要把以上各环节的工作做好,就可以将因工程建设造成新的环境地质问题危害减小到最低水平,以保护和改善工程建设区生态环境,保证铁路、公路的安全运行。

参 考 文 献

[1] 张青锁,张福然. 信阳市羊山新区北环路道路工程建设场地地质灾害危险性评估报告[R]. 河南省地质环境监测院,2005.

[2] 张青锁,张福然. 信阳市羊山新区中环路道路工程建设场地地质灾害危险性评估报告[R]. 河南省地质环境监测院,2005.

[3] 张青锁,张福然. 叶信高速公路连接线长塘埂至信阳公路改建工程建设场地地质灾害危险性评估报告[R]. 河南省地质环境监测院,2005.

[4] 田东升,张青锁,马喜,等. 南召分水岭至南阳段高速公路建设场地地质灾害危险性评估报告[R]. 河南省地质环境监测总站,2004.

[5] 赵承勇,张青锁. 国道106线太康县绕城段改建工程建设用地地质灾害危险性评估说明书[R]. 河南省地质环境监测总站,2002.

[6] 赵承勇,张青锁. 河南省省道S301大林线安阳市城区段改建工程(东段)建设用地地质灾害危险性评估说明书[R]. 河南省地质环境监测总站,2002.

[7] 赵郑立,赵承勇,张伟,等. 洛阳市郊(魏湾)—嵩县(梁园)段公路新建工程建设用地地质灾害危险性评估报告[R]. 河南省地质环境监测总站,2002.

[8] 岳超俊,张伟,陈广东,等. 陇海铁路沿线(郑州—三门峡段)地质灾害调查报告[R]. 河南省地质环境监测总站,2004.

[9] 潘懋,李铁锋. 环境地质学[M]. 北京:高等教育出版社,2003.

Environmental Geological Problems Caused by Construction of Transportation Projects and Countermeasures

Zhang Qingsuo[1]   Zhang Junjie[2]   Liu Zhanshi[1]

(1. Geo – environment Monitoring Institute of Henan Institute, Zhengzhou   450016;

2. Henan geological bureau of nuclear – industry, Xinyang   464000)

Abstract: Road, rail and other transport projects could trigger environmental geological problems. These problems include: Soil erosion caused by slope erosion on artificial slopes. Artificial slopes Designing unreasonable trigger landslides, collapse, mud – rock flows, and so on. Occurre collapsed and landslides for soft rock slope under the physical weathering. Effective measures should be taken in engineering design and construction to prevent environmental geological problems, and to protect the geological environment and sustainable development strategies.

Key words: transportation projects, environmental geological problems, geological hazard, countermeasures

河南省资源开发诱发的环境地质问题及防治对策

朱中道

(河南省地质环境监测总站,郑州　450006)

摘　要:本文在论述河南省环境地质条件的基础上,系统阐述了河南资源开发过程中诱发的环境地质问题的分布特征及危害程度,并提出了相应的防治对策。

关键词::资源开发;环境地质问题;对策

1　地质环境背景

河南省是我国中西部地区的桥头堡,位于黄河中下游,总面积 16.70 万 km^2,其中山地岗丘 6.82 万 km^2,平原 9.88 万 km^2,人口 9 613 万人(2002 年底)。省内发育海河、黄河、淮河、长江四大水系,大小河流 1 500 余条。河南处于暖温带和亚热带气候过渡地区,气候具有明显的过渡性特征,淮河以南属亚热带湿润气候,以北为暖温带半湿润半干旱气候,全省多年平均气温在 12.8~15.5 ℃,多年平均降水量 550~1 200 mm。

河南省地层发育齐全,自太古界到新生界均有出露,岩浆岩也较发育。本区处于秦岭—昆仑构造体系东段与新华夏系第二沉降带和第三隆起带的复合部位,整体构造格架由秦岭纬向构造带和新华夏系组成,活动断裂较为发育。由于地质构造复杂,成矿条件优越,分布了丰富的矿产资源,目前已发现矿产 126 种,探明储量的有 73 种。区内水文地质研究程度较高,目前主要的地下水开采层位为第四系、第三系松散岩类孔隙水,以及元古界、古生界碳酸盐岩类岩溶裂隙水,最大可采深度达 1 580 m。

河南省地质环境条件复杂,生态环境脆弱,加之人为活动影响,使得环境地质问题较为突出。

2　人类活动诱发的主要环境地质问题

2.1　地下水资源局部枯竭

河南省浅层地下水天然补给资源 164.58 亿 m^3/a,其中淡水资源(矿化度 <2 g/L)为 131.78 亿 m^3/a,可采资源 163.01 亿 m^3/a,其中淡水可采资源 155.89 亿 m^3/a,中深层地下水可采资源 10.47 亿 m^3/a。由于降水补给逐年减少,而地下水开采量逐年增加,从 20 世纪 60 年代末 37 亿 m^3/a 到 1997 年的 137.35 亿 m^3/a,30 年增加了约 100 亿 m^3/a,地下水开采强度不平衡,造成几个名泉流量衰减或干涸,平原地区地下水位埋深下降,其中埋深 <4 m 的,1964 年为 7.14 万 km^2,1998 年仅存 2.6 万 km^2,而水位 >8 m 的地区,1964 年不存在,1998 年已有 1.79 万 km^2,并形成了河南省较著名的三大区域漏斗:安(阳)—

濮(阳)漏斗、温(县)—孟(州)漏斗和长(葛)—临(颍)漏斗,总面积达 8 000 km²,同时河南省著名的小杨庄湿地正在萎缩。

根据 17 个城市地下水动态监测和 30 个县市区域水文地质调查成果,17 个城市和 20 余个县城周围主要地下水开采层都处于超采和严重超采状态,如郑州市在厚达 1 000 m 之内的四大含水层组,均处于超采状态,形成了 200～450 km² 不等的漏斗,且近年来扩展相当快,特别是中深层承压水,开采量统计值 19 万～20 万 m³/d,根据多年动态分析及调查分析,实际开采量已超过 23 万 m³/d;安阳市进入 90 年代以后,地下水一直处于半疏干状态;商丘市深层水漏斗面积已大于 500 km²,中层咸水越流补给强烈,呈现开采层水质逐年恶化趋势。

2.2 地下水水质污染严重,饮用水源质量下降

根据全省 17 个城市 162 眼监测井资料分析,竟没有一眼符合《地下水质量标准》中 Ⅰ 类水质,符合 Ⅱ 类的有 73 眼,占监测点数的 45.1%,符合 Ⅲ 类的有 39 眼,占 24.1%,Ⅳ 类有 39 眼,Ⅴ 类的有 1 眼,也就是说有近 1/3 的水井遭受严重污染,主要污染物为三氮、总硬度、挥发酚、氯化物、氟化物等。深层地承压水也遭不同程度的污染,主要污染物为 NO_2^-、Cl^-、SO_4^{2-}、F 及矿化度等,仅郑州市 400～750 m 段开采层位的深层承压水 NO_2^- 的超标率就高达 32.5%。

区域上,全省浅层地下水污染相当严重,根据"九五"期间对全省地下水水质普查的 407 组水样分析,Ⅰ 类的仅 2 组,占 0.5%,Ⅱ 类的 106 组,占 26%,Ⅳ 类的 220 组,占 54.1%,Ⅴ 类的 79 组,占 19.4%,即 73.5% 的浅层地下水受到严重污染,主要污染物为三氮、总硬度和矿化度等。

2.3 矿山地质环境破坏严重

河南矿产资源丰富,矿山企业发展迅速,2002 年,全省有 8 974 个采矿单位,开发利用矿产 79 种,从业人数 68 万人,年矿产产量达 2.02 亿 t。由于多数乡镇矿山企业重开采、轻保护,加之管理不到位,矿区地质环境遭受严重破坏。

2.3.1 地面塌陷

河南省各主要煤炭开采区地表均有不同程度的地面塌陷,仅国有煤矿矿区地面塌陷面积已达 177.6 km²,其中 70% 属可耕地,乡镇煤矿产生的地面塌陷随处可见。地面塌陷还连带着一系列生态环境问题:土地资源破坏、地下水水质恶化、村庄搬迁、道路破坏。仅省内 5 个主要统配矿务局统计,每年因地面塌陷征地、迁村费用达 3 692 万元。

2.3.2 废矿尾矿(渣)不合理堆放

河南主要矿区如小秦岭矿区、桐柏矿区,废矿渣随便顺河堆放,一遇洪水,即可产生人工泥石流,1995 年三门峡市文峪金矿发生的一次人工泥石流造成 60 多人死亡,这些潜在的人为泥石流威胁日趋严重。传统的冶炼技术使废液含有大量的汞、氰、酚等有毒物质,又直接危胁着下游人民的人身健康。

据调查,河南省超设计标准运行的尾矿库有数百座,其安全性能令人担忧,仅栾川钼矿区就分布全尾矿库数十座,对栾川县域和下游的陆浑水库构成严重威胁。据统计,全省年固体采矿总量约 1.73 亿 t,产生的废渣和尾矿必将占用大量土地,从而导致一系列环境问题。煤矿的煤矸石,依然是矿业开发中占用土地的大户,全省年排矸石量 1 840 万～

2 000万t,每年侵吞土地6.87~7.47 km²,矸石山占地量已近500万m²,铝土矿开采也是占地大户。

2.3.3 矿坑突水

矿坑突水是河南省煤矿区最严重的一种地质灾害,仅焦作矿区新中国成立以来发生矿坑突水700余次,造成大的突水淹井灾害达14次,直接经济损失3亿多元。

2.4 城市垃圾已成社会一大公害

河南省有2/3的城市被垃圾包围,2002年全省城市生活垃圾产生量达600万t,仅郑州市每天产生的生活垃圾就有1 960 t(不含建筑垃圾)。河南省城市生活垃圾是混合收集,处理难度大,主要采用露天堆放、自然填沟坑填的原始方式处理,对土壤、地下水、大气质量等造成严重影响。

2.5 地上悬河仍是中原人民的心腹之患

人类历史上,黄河下游大改道7次,中小改道20余次,决口1 500余次。每次改道、决口都给下游的社会发展和广大人民的生命财产带来严重损失。新中国成立后,对下游堤防先后4次加高培厚,度过了50余年的安澜期,由于挟带的泥沙在下游大量淤积,且淤积速度远大于大堤加高的速度,使悬河更加之"悬",下游堤防高度一般是7~10 m,最高达14 m(开封),下游悬河仍然是河南省最大的潜在环境地质问题。

3 加快河南省环境保护法律法规政策的制定和实施

(1)加强河南省地下水资源的调查与规划,依法管理超采区,严惩超采区。

(2)制定和贯彻矿业环境保护的具体法规政策。矿山环保工作一定要坚持"开发与保护并重,预防为主,防治结合"和"谁开发谁保护;谁污染谁治理;谁破坏谁治理"的原则,依据《中华人民共和国土地管理法》、《中华人民共和国环境保护法》、《中华人民共和国矿产资源法》、《中华人民共和国水土保持法》、《中华人民共和国森林法》等,制定河南省矿山环境保护具体条例,对那些环保意识差、采选冶炼技术落后及非法采矿者,应坚决取缔。

(3)加大科技投入,改善环境质量。一是加大推广节水技术力度,河南是农业大省,农业灌溉节水率若能提高到50%,地下水资源即可达到修复,地质环境质量可大大提高。二是加大对矿山废矿石(渣)、煤矸石及矿坑排水的综合利用程度,通过综合利用不仅能减少矿山排废总量对环境产生的污染,而且能提高矿产资源的经济效益。三是加大对城市生活污水、企业污水的处理力度。

(4)积极开展水资源开发利用保护规划和矿山环境地质保护规划工作,并尽快变为政府行为。

(5)加强宣传,增强民众环保意识。

4 加强环保的地质工程技术对策

(1)系统开展地下水资源评价及供水功能评价,根据河南省的实际情况,开展地下水的"浅调、中补、深限"的前期调查工作。

(2)加强对城市地质环境容量的评价研究。

（3）加强对矿山环评及地质工程治理研究工作。

（4）对城市供水及农村居民生活用水水质差的地区,应用新技术、新方法,寻找新的清洁水源。

（5）加强对悬河稳定性的综合地质研究。重点研究的课题一是开封凹陷、东濮凹陷对黄河现代淤积的影响和控制,二是黄河悬河演变规律的研究,三是意外洪灾的地质对策研究。

巨厚松散层地区采空地面塌陷分析

——以永城矿区为例

李 华

(河南省地质环境监测总站,郑州 450006)

摘 要:本文通过对永城矿区陈四楼矿及车集矿地面塌陷的分析,探讨了巨厚松散层地区开采塌陷的一般规律,为巨厚松散层地区开采塌陷区的地质环境综合治理恢复提供了依据和参考。

关键字:永城矿区;巨厚松散层;开采塌陷;机制分析

开采塌陷是指由于地下采矿所引起的地表岩、土体向下陷落,并在地面形成塌陷坑(洞)的一种地质现象,为地面塌陷种类之一。这种现象在煤炭资源开发时表现得尤为突出,大面积的地面塌陷不仅对地面建(构)筑物、农业、公路及通信设施等造成极大危害,而且也加重了煤炭企业的负担。

1 永城矿区概况

永城矿区位于河南省商丘永城市境内,地理坐标为东经 $116°11'15''\sim116°39'23''$,北纬 $33°42'20''\sim34°12'30''$。

1.1 地质环境背景

该区属暖温带季风气候,地势平坦,地下水位埋深 $1\sim4$ m;已揭露地层自下而上为:奥陶系、石炭系、二叠系、三叠系、第三系及第四系,其中第三系、第四系松散沉积物平均厚度 312.97 m,砂层占 30%~40%,含煤地层为石炭系,属华北型含煤沉积,总厚度 8.4 m,主要可采煤层厚度 5.65 m;区域构造上属于新华夏系第三沉降带之华北凹陷带豫淮凹陷地区,矿区主体构造为永城复式背斜,地层倾角 10°~20°,次级褶皱发育,断层多为高角度正断层,以纵向断层为主。

1.2 开采规模

永城矿区设计规模为 780 万 t/a,其中陈四楼煤矿设计规模为 240 万 t/a,于 1997 年投产,设计服务年限 65.6 年;车集煤矿设计规模 180 万 t/a,于 1999 年投产,设计服务年限 82.5 年;城郊煤矿设计规模 240 万 t/a,于 2002 年试生产。

2 矿区开采塌陷现状

矿区自投产以来,出现的大面积开采塌陷主要集中于陈四楼煤矿和车集煤矿,到 2001 年 12 月,塌陷情况如下述。

2.1 陈四楼煤矿开采塌陷

陈四楼煤矿采用立井开拓方式,中央并列式通风,南北翼布置采区,采用“上行”开采顺序,顶板管理采用全部垮落法。自开采以来,南翼采区开采塌陷区面积为 3.85 km²,所采煤层垂直投影面积为 1.65 km²,采煤面积与塌陷面积之比为1:2.33;北翼采区开采塌陷区面积 2.45 km²,所采煤层垂直投影面积为 0.87 km²,采煤面积与塌陷面积之比为1:2.82。南翼塌陷盆地盆底下沉值为 1.5~3.0 m,北翼为 1.5~2.1 m,均为非稳定塌陷区。

2.2　车集煤矿开采塌陷

车集煤矿采用立井开拓方式,对角式通风,南北翼布置采区,沿采区上、下山布置走向长壁工作面进行采煤,采用"上行"开采顺序,顶板管理采用全部垮落法。自开采以来,南翼采区开采塌陷区面积为 1.01 km²,所采煤层垂直投影面积为 0.35 km²,采煤面积与塌陷面积之比为1:2.89;北翼采区开采塌陷区面积为 1.75 km²,所采煤层垂直投影面积为 0.56 km²,采煤面积与塌陷面积之比为1:3.20。南翼开采塌陷区的盆底下沉值为 0.8 m,北翼开采塌陷区的盆底下沉值为 1.8 m,由于整个采区尚未充分采动,整个塌陷区尚未稳定。

2.3　省内其他主要矿区塌陷情况

据已有资料分析,省内其他矿区的采空区与塌陷区之比均远远小于永城矿区(省内其他主要矿区开采塌陷及采空区与塌陷区之比见表1)。

表1　河南省各主要矿区塌陷特征表

矿区名称		塌陷特征		
		采空区面积(km²)	塌陷面积(km²)	采空区面积与塌陷面积之比
郑煤集团	裴沟矿	4.34	7.95	1:1.83
	芦沟矿	1.79	3.20	1:1.79
	王庄矿	3.90	6.71	1:1.72
	超化矿	1.45	2.46	1:1.69
	告成矿	0.83	1.27	1:1.52
	大平矿	2.17	3.92	1:1.81
平煤集团	一 矿	13.20	20.2	1:1.53
	二 矿	3.54	5.95	1:1.68
	三 矿	2.37	3.18	1:1.34
	四 矿	8.59	11.66	1:1.36
	五 矿	8.75	12.69	1:1.45
	六 矿	9.51	14.89	1:1.57
焦作煤业集团	韩王矿	3.00	3.20	1:1.07
	演马矿	2.60	3.50	1:1.35
	中马村矿	1.00	1.80	1:1.80
	九里山矿	2.00	2.60	1:1.30

续表1

矿区名称		塌陷特征		
		采空区面积(km²)	塌陷面积(km²)	采空区面积与塌陷面积之比
义煤集团	千秋矿	12.00	16.60	1:1.38
	常村矿	7.15	9.36	1:1.31
	杨村矿	3.70	5.70	1:1.54
	曹窑矿	0.99	1.31	1:1.32
鹤壁煤业集团	二 矿	5.14	6.70	1:1.30
	三 矿	4.96	5.33	1:1.07
	四 矿	8.42	11.08	1:1.32
	五 矿	2.81	3.20	1:1.14

3 巨厚松散层地区开采塌陷机制分析

开采塌陷是发生在地质体中的一种力学现象,地质体一般是由土体和岩体构成,其力学性质存在很大的差异。虽然开采塌陷中岩体与土体都表现为塌陷,但机制不同。如果覆岩上土层较薄,表土层的有效应力可以忽略不计,但当覆岩上土层较厚,尤其是沉积有很厚的含水松散层时,土体内将会出现附加应力,引起土层的变形、位移和固结压缩,从而引起地表塌陷量的叠加。这时,地表的下沉及变形值除开采层上部岩土体塌陷外,还应包括岩土体的塑性变形、流变、冒落物的压密及土层的固结变形等,此时开采塌陷的下沉量为:

$$S_{max} = S_1 + S_2$$

式中,S_1 表示在煤层开采以后,上覆岩、土体在自重作用下的采空区陷落量,在此情况下,最大下沉值不会超过开采厚度,即塌陷系数小于1;S_2 则是岩层和上覆的土层压密所致,岩层本身的压缩量较土层小得多,因而上覆土层在附加应力作用下的固结量往往起主导作用。

土由固体矿物颗粒、水和气体三相组成,具有碎散性,其受外力压缩包括三个部分:①固体矿物颗粒本身压缩;②土中液相水的压缩;③土中孔隙的压缩,土中水与气体受压后从孔隙中挤出,使土的孔隙减小。在一般情况下,前两部分压缩量都很小,可以忽略不计,因此可以认为土的压缩是第③部分产生的。对于饱水土体,由于其孔隙内全部充满了水,要使孔隙减小,就必须使土中的水被挤出,即土的压缩与土孔隙水的挤出是同时发生的。由于土中水的挤出需要一定的时间,土的颗粒越粗,孔隙越大,则透水性越大,因而土中水的挤出和土体的压缩越快;黏性土的颗粒很细,则要很长时间;通常,把土随孔隙水排出而体积变化的时间过程称为固结过程。

在巨厚松散层下进行开采活动,由于土体内产生的附加应力,引起土层的变形、位移和固结,因此地面塌陷具有明显的特征,以永城矿区为例,其特征如下:

（1）塌陷系数偏大。陈四楼矿地表所建立的50个塌陷观测点的观测资料表明,塌陷系数达到1.3。

（2）地表塌陷范围扩大。随着地表塌陷系数的增大,地表塌陷盆地的范围也将扩大,这是由于开采引起的下沉盆地与开采含水松散层的固结压缩沉降盆地形成迭加的复合下沉盆地的缘故,以陈四楼矿为例,其反映地表沉陷影响范围的指标——$\tan\beta$ 值为1.6。

（3）地表塌陷盆地亦向上山方向发展。最大下沉角的大小与上覆岩层的岩性有关,在巨厚含水松散层地区开采,θ 值的增大表明地面塌陷盆地亦向上山方向偏移。

（4）地表下沉盆地边界水平移动值增大。在巨厚含水松散层地区开采,地面塌陷盆地边界处往往仍有较显著的变形值,活跃期集中而剧烈。

4 结 论

煤炭资源开发的同时,地面将不可避免地产生大面积塌陷区,对地面建(构)筑物、农业生态环境及地质环境造成严重不良影响,同时也加重了煤炭企业的负担,在巨厚松散层地区开采时尤为突出。因此,在开采时必须对开采工艺进行特殊设计,保持煤层的协调开采,同时对已塌陷的区域进行综合治理,争取经济效益和社会效益的双丰收。

参 考 文 献

[1] 工程地质手册编委会. 工程地质手册[M]. 北京:中国建筑工业出版社,1992.

[2] 陈希哲. 土力学地基基础[M]. 北京:清华大学出版社,2002.

[3] 于双忠,彭向峰,等. 煤矿工程地质学[M]. 北京:煤炭工业出版社,1993.

南阳市水资源可持续开发利用问题浅议

甄习春

（河南省地矿厅环境水文地质总站，郑州　450006）

摘　要：水资源问题已成为影响人类生存和社会经济可持续发展的重要制约因素。南阳市自然环境条件得天独厚，水资源较为丰富，天然水资源总量为 95 亿 m^3，其中，地表水为 67 亿 m^3，地下水为 28 亿 m^3。地表水年利用量为 13.4 亿 m^3，地下水年开采量为 7 亿 m^3，地下水尚有开发潜力。随着社会经济发展和水资源的大量开发利用，水资源环境状况发生了较大变化，目前存在的主要水环境问题是：水质污染不断加剧，水质恶化，局部地段地下水超量开采，水位持续下降，降落漏斗面积逐年扩大。加强水资源的管理，合理开发利用水资源，节约用水，加强保护，是实现水资源可持续开发利用的关键。

关键词：水资源；现状；可持续；南阳市

　　水是生命之源，水是人类拥有的宝贵自然资源。现代社会经济的不断发展，使得人们对水资源的重要性有了更为深刻的认识。一方面，由于人类活动的影响及水资源的大量开发，水质污染日趋严重，适用的淡水资源不断减少；另一方面，社会经济的发展和人民生活水平的提高，使得人们对水资源，无论是水量还是水质，都有了更高的需求。水资源短缺及水质污染问题已成为影响人类健康生存和社会经济持续发展的重要制约因素。

　　南阳市地处河南省西南部，辖 11 个市（县），面积 2.66 万 km^2，人口 1 085 万人。随着社会经济的不断发展，对水资源需求量不断增加，水环境状况不容乐观。如何合理开发利用水资源，促进水资源的可持续开发利用，对南阳市社会经济的持续、稳定发展具有重要意义。

1　自然地理概况与水资源开发利用现状

　　南阳市自然环境条件得天独厚，西部、北部为低山、丘陵岗地，东部、中部、南部为冲积平原，地势四周高、中间低，构成一个天然盆地。

　　南阳地处北亚热带季风气候区，雨量较为充沛，多年平均降水量 709～1 168 mm，最大年降水量 1 984.9 mm（1964 年），最小年降水量 411.7 mm（1976 年）。降水多集中在 6～9 月，约占年降水量的 60% 以上。区内水系发育，河网渠系密布，主要有白河、唐河、湍河、潦河、西赵河等，均属长江水系。主要灌渠有鸭东干渠、白桐干渠、刁河干渠等。全市共有大、中、小型水库 495 座，库容 23.54 亿 m^3。

作者简介：甄习春（1963—），男，河南省柘城县人，1984 年毕业于长春地质学院水工系，高级工程师，现从事水文地质、环境地质研究与管理工作。

全区天然水资源总量为 95 亿 m³,其中,地表水 67 亿 m³,地下水 28.07 亿 m³。可利用水资源量为 32.86 亿 m³,其中,地表水 10.35 亿 m³,浅层地下水 20.83 亿 m³,深层地下水 1.68 亿 m³(见表 1)。

表 1　南阳市水资源量一览表　　　　　　　（单位:亿 m³）

地表水		地下水					
天然资源量	可利用量	天然资源量			可采资源量(浅层/深层)		
		全市	山区	平原	全市	山区	平原
67.0	10.35	28.07	18.51	9.56	20.83/1.68	12.44/0.93	8.39/0.75

20 世纪 90 年代以来,全市地下水开采量有了较大增加,由 1991 年的 4.46 亿 m³ 增至 1998 年的 7.08 亿 m³。最大年开采量为 7.68 亿 m³(1994 年)。

农业灌溉是水资源开发利用的主要方面,其次是城乡生活用水和工业用水。据 1998 年统计资料,全市水利工程供水量为 13.4 亿 m³/a,其中,农业用水 12.22 亿 m³,工业用水为 0.84 亿 m³,城乡生活用水 0.34 亿 m³。

南阳市区,城市现有供水能力 33.6 亿 m³/d,1998 年总供水量为 0.887 9 亿 m³,其中,生活用水 0.288 3 亿 m³,工业及其他用水 0.599 6 亿 m³。市区地下水开采量为 0.547 亿 m³,约占全市供水量的 65%。

2　主要水资源环境问题

2.1　水质污染

2.1.1　地表水污染现状

据 1996 年环保部门的监测资料,河南省境内长江水系的 4 条河流,Ⅱ类水质河段仅占 10%,Ⅳ、Ⅴ类水质占 50%,超Ⅴ类水质占 40%,污染相当严重。

白河、唐河、湍河、潦河的部分河段,多项理化指标超Ⅴ类水质标准,已基本失去使用价值。引灌河东风大渠水体呈黑色,臭味刺鼻,水质也超Ⅴ类水质标准。

地表水中主要污染因子是生化需氧量、高锰酸钾指数、非离子铵、挥发酚等。

市内水库水质总体情况良好。

2.1.2　地下水污染现状

区内平原区浅层地下水污染比较严重。根据 1998 年 135 个浅层地下水监测井点资料,按照国家《地下水质量标准》(GB/T 14848—93)评价,较差或极差的水占 50% 以上,主要污染因子是矿化度、总硬度、NO_3-N、NO_2-N、细菌类。浅层水的污染形式有带状污染、面状污染和点状污染。

带状污染主要分布在受污染的河流沿岸,包气带岩性多为砂质土,渗透性好,污水下渗而污染地下水,部分河段污染情况见表 2。

浅层地下水面状污染严重的地段是淅川县引灌河东风大渠灌区。超标废水的灌溉造成大面积地下水污染,部分村庄饮水困难,恶性肿瘤发病率增高。

点状污染分布广泛,如人口集中的城镇、河南油田等。这些地段生活污水排放量及固体废弃物均有一定的规模,而且一般情况下不经任何处理,对地下水的影响较大。

表2 1998年河流沿岸地下水污染情况

河流名称	白河			湍河		黄水河	黄鸭河
污染河段	南阳段右岸	南阳段左岸	新野段	内乡段	邓州段	内乡段	南召段
距河距离(m)	600	5 500	350	700	1 000	350	450
地下水水质	Ⅳ	Ⅳ	Ⅳ	Ⅳ	Ⅳ	Ⅳ	Ⅳ
污染宽度(m)	>600	>1 000	>350	>700	>1 000	>350	>450

此外,个别深层水点也受到了污染。

2.1.3 主要污染源

水质污染源主要有工业污染源、城市污染源、农业污染源。

工业污染源有废水排放和废渣堆放。主要排污企业是造纸厂、采矿企业。

城市污染源包括生活废水和生活垃圾。如南阳市区生活废水排放量为7 103万t,生活垃圾19.9万t(1998年)。

农业污染源主要是牲畜粪便、农药化肥等。据统计,全市1998年农业化肥使用量达199.4万t,其中,氮肥100.4万t,磷肥65.8万t,钾肥12.57万t。

2.2 局部超量开采地下水,漏斗扩大,水位下降

目前,全市地下水开采量为7.08亿 m^3,占可采资源量的1/3,尚有较大开采潜力。南阳盆地地下水可采资源量为8.58亿 m^3,年开采量为6.32亿 m^3,剩余2.26亿 m^3,潜力指数1.36。可扩大开采的地段主要分布在白河、唐河、湍河、西赵河的河道带。

地下水超采区主要分布在城镇及大型工矿企业等集中开采地下水的地段。如南阳市区白河两岸浅层地下水已形成降落漏斗,面积分别为61.55 km^2 和45 km^2,深层地下水形成了200 km^2 的降落漏斗。邓州、新野等城区也形成了面积不等的降落漏斗。

区域地下水水位也有较大变化。20世纪80年代以前,地下水开采量较小,平原区水位埋藏浅,一般为2～4 m,随着地下水开采量的不断增加,区域地下水动态类型由入渗 - 蒸发型变为现在的入渗 - 开采型,水位埋深也由2～4 m降至目前的4～10 m,平均下降了4 m左右。

3 水资源可持续开发利用的对策与建议

首先,要加大水资源保护的力度,从治理污染源着手,工业废水、城市生活废水要达标排放,对工业废渣和生活垃圾进行无害化处理,建立饮用水源保护区,限制农药、化肥的施用,推广绿色农业。加强污水灌溉管理,严禁直接引用未经处理的污水灌溉。

其次,加强水资源的管理,认真贯彻落实《中华人民共和国水法》、《中华人民共和国水污染防治法》,依法管水、用水。尽快开展新一轮水资源调查评价工作,做好水资源开发利用规划。合理调配地表水、地下水资源,地下水丰富的地段要优先利用地下水,深层

地下水水质较好,其开发用途应以生活饮用为主。对新建大型耗水项目的选址要考虑水资源的分布情况。

最后,要在全社会倡导节约用水,大力推行节约用水工作。农业节水的潜力最大,要改变以往的大水漫灌方式,推行喷灌、滴灌技术。在工业方面,要限制新上耗水型项目,提高现有工业用水重复利用率。在生活用水方面,推广节水用具等。

南阳市矿山环境地质问题及防治对策

杨进朝[1] 康润晓[2] 张超英[3] 李洪燕[1] 宋相浩[3]

(1. 河南省地质环境监测院,郑州 450016;2. 河南省地质矿产勘查开发局第一地质调查队,洛阳 471023;3. 鹤壁市地质队,鹤壁 458030)

摘 要:南阳市矿业开发引起的矿山环境地质问题种类较多,主要有矿山地质灾害、压占、破坏土地和植被、采矿区水均衡破坏、固体废弃物排放、矿山废水对环境的破坏等5种。文中分析了南阳市矿山环境变化趋势,进行了矿山地质环境的现状分区,划分出了重点保护区、重点预防区、重点防治区,提出了矿山地质环境保护与恢复治理的对策措施。

关键词:矿产开发;矿山环境问题;防治对策;保护与治理分区;南阳市

南阳市矿产资源丰富,伴随着矿业的开发,长期积累的矿山地质环境问题日趋严重,已经影响到人民的正常生产和生活。本文分析全市矿山地质环境现状,针对矿山地质环境影响严重地区实施综合治理,使其得到有效的恢复。矿山地质环境关系到矿山企业及其周边人民的健康与生命安全,关系到南阳市矿业的可持续发展。

1 矿山环境地质问题

南阳市位于河南省西南部,为省辖市,全市总面积 26 600 km²,人口 1 085 万人,交通条件十分便利。南阳市气候属亚热带大陆性季风气候,年平均气温为 14 ~ 15.8 ℃,年平均降水量 709 ~ 1 168 mm。南阳市是南水北调中线工程水源地和渠首所在地。市内河流众多,分属长江、淮河两大水系。全市主要河流有丹江、唐河、白河、淮河、湍河、刁河、灌河等。南阳市东、北、西三面环山,中南部为开阔的盆地,山区、丘陵、平原各占1/3。南阳市绝大部分地区属秦岭造山带,仅北部边缘属华北地台南缘。

南阳是中国矿产品最为密集的地区之一,已发现各类矿产 80 余种、452 处。主要有:大理石、蓝晶石、金红石、天然碱、红柱石、石油、石灰石、独玉、钼、钒、金、银、莹石、煤、铅、锌等。矿业的开发在满足经济发展的同时也产生许多矿山环境问题。文中通过对全市430 个矿山进行环境现状资料收集和主要矿山的实地调查,分析得到存在的矿山环境问题主要有矿山地质灾害(包括地面塌陷、地裂缝、崩塌、滑坡、泥石流等);压占、破坏土地和植被;水均衡破坏;固体废弃物排放;矿山废水对环境的破坏等。

基金项目:南阳市国土资源局项目《南阳市矿山环境保护与治理规划》研究成果。

作者简介:杨进朝(1970—),男,河南偃师人,硕士,工程师,从事地质灾害调查工作。

1.1 矿山地质灾害

1.1.1 地面塌陷、地裂缝

地面塌陷区主要分布在方城莹石矿区、桐柏老湾金矿、大河铜矿、银洞坡金矿、西峡蒿坪金矿、隐山蓝晶石矿、方城杨楼铅锌矿、河坎银矿、破山银矿等矿区,发生程度不同的地面塌陷,并伴生地裂缝。据调查,采空区面积达 560.2 hm², 塌陷区占地面积 320.8 hm², 塌陷毁坏耕地面积达 19.3 hm²。

1.1.2 崩塌、滑坡

因矿山开采产生的崩塌、滑坡灾害主要集中在露天采矿场和采石场,包括大理石、石灰岩采矿区,花岗岩采矿区,建筑石料矿区,金属矿区。在石灰岩、大理岩采矿区,开采边坡角度大,有的大于 70°,易引发崩塌、滑坡等灾害。崩塌、滑坡对人民生命及财产的安全造成了严重的威胁。据调查资料,矿区发生崩塌 9 处、滑坡 3 处,主要分布在淅川、南召大理石和灰岩采石场。

1.1.3 泥石流

矿区是人类活动和工程建设的集中分布区。在山丘区,矿山开采留下大量废石废渣,极易形成泥石流。泥石流沟常发生面状侵蚀,使土地瘠薄、农田被毁,破坏了两岸坡体的稳定,滑坡、崩塌发育,地质生态环境脆弱。据调查资料,矿区发生泥石流 5 处,主要分布在西峡、淅川,是由矿渣、废石(土)堆放引起的。

1.2 压占、破坏土地和植被

因矿业开发引起的土地破坏点多面广,程度各不相同。各类矿山企业都不同程度地占用、破坏土地和植被资源。占用破坏土地和植被较为严重的地区为板山坪—南河店镇铁矿区、上集—大桥石灰石、大理石采矿区、方城莹石矿区、桐柏多金属矿区等。全市露天矿开采的矿产种类主要有石灰岩、大理岩、饰面花岗岩、建筑用石料等。据调查,全市矿山企业占地 19 272.78 hm², 其中尾矿场占地 175.7 hm², 采矿场占地 954.1 hm², 固体废料场占地 142.3 hm², 塌陷区占地 320.8 hm²。中石化河南油田分公司 4 172 口井,占地 111.25 hm², 井口周围土地盐碱化,耕地被破坏。

1.3 水均衡破坏

矿山开采改变了降水、地表水与地下水自然流场及补、径、排条件,打破了水循环原有的自然平衡,造成地下水位下降,导致部分地区人畜用水困难,灌溉用水短缺。据调查,全市矿山排水影响面积达到 26.5 km²。

1.4 固体废弃物排放

矿山固体废弃物排放包括尾矿、废石(土)等。固体废弃物的堆放,容易诱发滑坡、泥石流等地质灾害,在外力的作用下可对水体、土壤、空气等环境造成污染。据调查,全市固体废弃物堆放点 327 个,金属矿山废石、废渣年产出量 453.42 万 t, 非金属矿山废石、废渣年产出量 578.31 万 t, 累计积存量 3 114.3 万 t。其中还含有铜、铅、锌、矾等有害金属离子,固体废弃物中还含有黄药、水玻璃、二氧化硫、二号油、碱、氰化物等化学物质,对环境影响很大。

1.5 矿山废水对环境的破坏

矿山废水含矿坑排水、选矿废水、堆浸废水。金属矿大多经过粉碎、选矿、堆浸等过程,产生大量的废水,一部分金属矿根本没有尾矿库,废水和废液随意排放,一部分建有尾矿库的金属矿,有的超期服役,超载运行,尾矿坝年久失修,废水、废液有可能泄漏,造成对环境的污染。据调查,全市废水年产出量616.1万t,年排放量268.1万t,主要有害物质包括铜、铅、锌、砷、铬等金属离子,废水和废液中还含有黄药、水玻璃、二氧化硫、二号油等化学物质,对环境的污染较为严重。废水的排放主要集中在老庄镇、板山坪—白土岗、二朗山—朱庄一带。

2 矿山环境现状评估分区

选取矿山环境背景(地形地貌、工程地质条件、构造条件)、矿山环境问题(地面塌陷、地裂缝、崩塌、滑坡、泥石流、土地占用与破坏、固体废弃物堆放、水环境状况、煤矸石自燃等)、人类活动程度、恢复治理程度等四大类评估因素将全市矿山环境影响评估分为严重区、较严重区和一般区,并确定各矿山环境影响评估区的区域范围。分区见表1。

表1 南阳市矿山环境影响评估分区

编号	代号	矿山环境影响评估分区
1	I-01	四里店以地面塌陷、地裂缝、占用和破坏土地、毁坏植被为主的矿山环境影响严重区
2	I-02	板山坪—白土岗以崩塌、滑坡、泥石流、占用和破坏土地、毁坏植被为主的矿山环境影响严重区
3	I-03	老庄以崩塌、地面塌陷、泥石流、占用和破坏土地、毁坏植被为主的矿山环境影响严重区
4	I-04	上集—大桥以占用和破坏土地、毁坏植被、崩塌为主的矿山环境影响严重区
5	I-05	二朗山—朱庄以占用和破坏土地、毁坏植被、地面塌陷、泥石流为主的矿山环境影响严重区
6	II-01	蛇尾以占用和破坏土地、毁坏植被、地面塌陷、崩塌为主的矿山环境影响较严重区
7	II-02	石界河以占用和破坏土地、毁坏植被、崩塌为主的矿山环境影响较严重区
8	II-03	槐树营以占用和破坏土地、毁坏植被、崩塌为主的矿山环境影响较严重区
9	II-04	马蹬以地面塌陷、地裂缝为主的矿山环境影响较严重区
10	II-05	杏山以占用和破坏土地、毁坏植被、崩塌为主的矿山环境影响较严重区
11	II-06	古庄店以占用和破坏土地、毁坏植被、崩塌为主的矿山环境影响较严重区
12	II-07	毛集以占用和破坏土地、毁坏植被、地面塌陷为主的矿山环境影响较严重区
13	III	矿山环境影响一般区

3　矿山环境变化趋势分析

纵观全市矿山环境的现状,在四里店莹石、铅锌矿区,二朗山—毛集金、铜、银、铁矿区,板山坪—南河店铅、锌、铁矿区,上集—大桥大理岩、灰岩矿区,老庄钼、大理石矿区,淅川的钒矿区,由于历史遗留矿山环境问题较多,保护与治理资金投入不足,矿山环境恢复和治理难度较大。

重点矿种如金、铅、锌、铜、钒、铁、煤、石油等的开采矿区,可能会有新的矿山开始建设,原有的矿山也可能会扩大规模,对矿山环境的压力可能加大。重点矿区如淅川的钒矿区,方城的铅锌矿区,桐柏的金、银、铜等多金属矿区、碱矿区,镇平的钼矿区,南召的大理岩、煤、铁矿区,内乡的大理石、金矿区,西峡的金红石、石墨矿区,卧龙区的蒲山石灰岩矿和独山玉矿区,尽管国土资源部门加强了监管,但是在利益的驱动下,仍然存在着无证开采、偷采、盗采、滥采矿产资源和破坏矿山环境的现象,局部矿山环境有恶化的趋势。建议当地政府和主管部门采取更加严厉的处罚措施,发动群众,加强监督和举报。

4　矿山环境保护与治理分区

根据南阳市矿山环境影响评估分区结果,结合矿山环境发展变化趋势分析,将全市矿山环境保护与治理区域划分为:矿山环境重点保护区;矿山环境重点预防区;矿山环境重点治理区;矿山环境一般治理区;矿山环境简易治理区。

矿山环境重点保护区主要部署在伏牛山世界地质公园,包括伏牛山世界地质公园保护区、西峡镇—寺湾泥盆系沉积岩地层剖面、古生界沉积岩地层剖面和化石带、鸭河口水库库区;丹江口水库库区;内乡宝天曼自然保护区、西峡寺山国家森林公园、邓州市杏山省级地质公园、河南省桐柏山省级地质公园、交通干线两侧 $1\sim2$ km 的可视范围;矿产资源限采区、禁采区等地。将矿山环境现状评估为环境影响严重区定为矿山环境重点治理区,面积 1 178.6 km²,共划分 5 个矿山环境重点治理区;将矿山环境现状评估为环境影响较严重区定为矿山环境一般治理区,面积 1 961.3 km²,共划分 7 个矿山环境一般治理区;将矿山环境影响一般区定为矿山环境简易治理区,该区面积约 2 577.8 km²。矿山环境重点预防分区见表2。

表2　南阳市矿山环境重点预防分区表

编号	分区	分区名称	所在行政区	保护与预防对象	分区等级
1	ZY1	四里店矿山环境重点预防区	方城县四里店乡、独树镇、拐河镇、杨集乡	地面塌陷、崩塌、占用和破坏土地、毁坏植被	重点预防区
2	ZY2	太山庙矿山环境重点预防区	南召城关镇、留山镇、太山庙乡、广阳镇、柳河乡、袁店乡	地面塌陷和坑突水、地裂缝	重点预防区
3	ZY3	板山坪—白土岗矿山环境重点预防区	南召板山坪乡、马市坪乡、白土岗乡、南河店镇	崩塌、滑坡、占用和破坏土地、毁坏植被	重点预防区

续表2

编号	分区	分区名称	所在行政区	保护与预防对象	分区等级
4	ZY4	老庄矿山环境重点预防区	镇平县二龙乡、老庄镇、柳泉铺乡、遮山乡	地面塌陷、崩塌、占用和破坏土地、毁坏植被	重点预防区
5	ZY5	上集—大桥矿山环境重点预防区	内乡西庙岗乡、大桥乡、淅川县上集乡	地面塌陷、崩塌、占用和破坏土地、毁坏植被	重点预防区
6	ZY6	马蹬矿山环境重点预防区	淅川马蹬镇	地面塌陷、地裂缝	重点预防区
7	ZY7	二朗山—毛集矿山环境重点预防区	桐柏县二朗山乡、大河乡、朱庄乡、毛集镇	地面塌陷、崩塌、占用和破坏土地、毁坏植被、泥石流	重点预防区

5 矿山环境恢复治理措施

根据南阳市矿山环境现状,制定如下矿山环境恢复治理措施:

(1)各级政府和矿山企业要重视矿山环境恢复治理工作,加大矿山环境治理资金的投入力度。

(2)加强地质灾害监测预警,防治地质灾害。

(3)矿山植被恢复是全市开展生态市建设的一项重要内容。制定具体的规章制度,对矿山破坏植被的行为进行监管,督促矿山企业加大植被恢复治理的力度。矿山植被恢复的基本原则是适宜性、综合性和优化性;特别是治理废弃矿山、闭坑矿山时,要因地制宜,因矿施制。矿山植被恢复应与土地复垦、水土流失治理、物种多样化和发展生态农业有机结合。

(4)露采矿山主要进行景观生态治理,以景观恢复和土地资源开发为主。

(5)全市已开展矿山环境治理工程,应总结经验,广泛宣传,吸纳社会资金介入,使之成为推进全市矿山环境治理市场化的切入点和突破口。

(6)矿山环境治理技术要求高、涉及面广、专业性强,涉及地质、土地规划、环境保护、园林设计、动植物和艺术等多个领域,矿山环境治理模式包括生态保护模式、景观再造模式、资源二次开发模式、循环经济模式。根据实际情况应寻求矿山环境治理最优化模式。

参 考 文 献

[1] 杨进朝,等. 南阳市矿山环境保护与治理规划(2008 – 2015)[R]. 南阳市国土资源局,2008.

[2] 施伟忠,方红. 湖北省矿山环境地质问题及防治对策研究[J]. 湖北地矿,2003,17(3):22-24.

[3] 吴国昌,甄习春,等. 河南省矿山环境问题研究[M]. 北京:中国大地出版社,2007.

Mine Geo-environment Problems and Countermeasures of Nanyang City

Yang Jinchao[1]　　Kang Runxiao[2]

Zhang Chaoying[3]　　Li Hongyan[1]　　Song Xianghao[3]

(1. Geological Environment Monitoring Institute of Henan Province, Zhengzhou　450016;

2. No. 1 geological Investigation Brigade, Henan Bureau of Geological Exploration and Mineral

Development, Luoyang　471023;3. Hebi geological Brigade, Hebi　458030)

Abstract: There are many kinds of mine geoenvironment problems by mineral exploitation in Nanyang City, including mine geological disaster, soil and vegetation occupied and broken, water – balance broken, solid cast-off letting and environment destroyed by waste water. Changing trend of mine environnment were analyzed. And the actuality subareas of mine geoenvironment were put up, including emphaces protection area, emphaces prevention area, emphaces prevention and recovery area. And the countermeasure for protection and recovery of mine geovironment were forward.

Key words: mineral exploitation, mine geoenvironment, prevention countermeasure, protection and recovery subarea, Nanyang City

新密市煤炭矿山环境综合研究

张 伟

（河南省地质环境监测院,郑州 450016）

摘 要:新密市素有"乌金之乡"之美称,是全国重点煤炭生产基地。近几十年来,采矿业一直是新密市支柱产业,采矿给新密市经济带来了丰硕的经济实惠,同时,不合理的开采活动引发诸多矿山环境问题,给当地人民生命财产带来极大危害和威胁,在某种程度上,限制着新密市城乡建设、道路交通等行业发展进程,制约着当地经济社会发展。通过对新密市矿山环境问题的研究,提出针对性防治对策。

关键词:新密市;煤炭矿山环境;综合研究

1 引 言

新密市位于河南省中部,煤炭业发达,煤炭资源大规模的地下采挖带来了诸多矿山环境问题,尤其是以地面塌陷、地裂缝等为主的矿山次生地质灾害频繁发生,给当地人民生命财产带来极大危害和威胁,尤其是在塌陷区,常引发矿民纠纷等社会矛盾。目前,新密市矿山环境研究和恢复治理工作存在明显不足,加强该类问题的研究工作,对改善当地人居环境,构筑当地和谐社会和促进新农村建设具有重要意义。

2 矿产资源开发利用现状

境内矿区地处华北晚古生界聚煤区,属华北型含煤沉积,含煤地层为石炭－二叠系。已进行普查或勘查的井田25处,其中大型2处,中型井田9处,小型井田14处。主要煤层有:①中石炭系本溪组,厚1~10 m,含煤1~2层;②上石炭系太原组,厚60~137 m,含煤4~7层,煤层厚度0~4.06 m;③下二叠系山西组,厚16~35 m,含煤1~2层,煤层厚度0~34.99 m;④下二叠系下石河子组,厚105~131 m,含煤2~6层,煤层厚度0~1.2 m;⑤上二叠系上石盒子组,厚0~3.65 m,含煤6~16层(见表1)。本市煤类有无烟煤、贫煤和焦煤,以贫煤为主。采煤层主要为二₁煤,其次为一₁煤、七₄煤、七₃煤层。

新密市煤炭资源调查始于1870年,大规模地质勘查在20世纪50~60年代,80年代以后煤矿勘查项目逐渐减少。全市含煤面积606 km²,主要分布于10个乡镇(平陌镇、牛店镇、超化镇、来集镇、岳村镇等),埋藏浅、易开采(开采深度一般在100~400 m范围内)。截至2000年,市境内有矿井318处,包括大型3处,中型6处,小型309处;生产矿井127处,停产矿井191处,筹建矿井7处,年生产能力1 393万t。新密市煤矿分布情况见表1及图1。

作者简介:张伟(1967—),男,西平人,高级工程师,本科,从事地质环境调查、地质灾害治理等工作。

表 1　新密煤田煤质情况

煤田名称	含煤地层	煤层名称	煤层厚度最小～最大平均(m)	层间距(m)	煤类
新密煤田	山西组	二$_1$	$\dfrac{0 \sim 37.59}{7.0}$	82	$\dfrac{PM}{WY}$
	太原组	一$_1$	$\dfrac{0 \sim 8.32}{1.1}$		WY

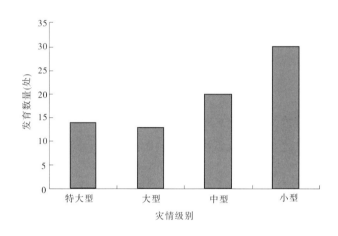

图 1　新密市煤矿地面塌陷灾情对比图

全区煤炭资源储量丰富,目前,累计查明储量 182 808.3 万 t,保有储量 150 764.6 万 t,储量 49 993 万 t,基础储量 111 755.3 万 t,资源量 39 009.3 万 t,年产量 939.4 万 t,预测远景储量 13.7 亿 t。

目前,新密市已形成国有重点煤矿为主体,国有地方煤矿为骨干,乡镇及其他性质煤矿密布的煤炭开发格局。

3　矿山环境问题及其危害

经过几十年大规模粗放式开采,新密市矿山环境问题日益突出,当地人居环境逐步恶化。根据调查和有关资料,境内主要矿山环境问题有:矿山次生地质灾害(地面塌陷、地裂缝等),煤矸石压占、破坏土地和植被,区域地下水位下降,地下水污染等。

3.1　矿山次生地质灾害

3.1.1　矿山地面塌陷、地裂缝

(1)地面塌陷。

根据调查结果(新密市地质灾害调查与区划),全市因采空(煤炭)引发地面塌陷灾害共 77 处。规模:大型 16 处,中型 29 处,小型 32 处。主要分布于新密市中部、西部及东北部一带,涉及平陌镇、牛店镇、米村镇、超化镇、来集镇、城关镇、苟堂镇、岳村镇、白寨镇和刘寨镇等 10 个乡镇。地表塌陷总面积约 43.5 km²。塌陷坑平面呈不规则圆形或椭圆形,直径一般为 500～2 000 m,个别大于 2 000 m。塌陷岩层主要为第四系、新近系、二叠系。

按照《地质灾害防治条例》灾情划分标准,在调查的77处地面塌陷中,灾情特大型14处、大型13处、中型20处、小型30处,共造成直接经济损失66 832.1万元。目前,仍存在隐患,潜在经济损失41 607.7万元,险情特大型17处、大型20处、中型24处、小型16处;稳定性评价为70处地面塌陷稳定性差,7处为稳定性较差。

(2)地裂缝。

煤矿采空塌陷常伴生有大量地裂缝,一般沿地面移动盆地的外边缘,呈弧线形,分布密集,规模小,数量多,力学性质为张性,落差较小,雨后往往被充填。

目前,市域有较大地裂缝灾害7处(见表2),分布于来集镇、平陌镇、白寨镇的煤矿采空区,均为采煤产生地面塌陷伴生地裂缝,规模为巨型1处,大型1处,中型1处,其余为小型,目前尚未稳定,仍在发展中。

表2　新密市地裂缝发育特征

位置		始发年份	受裂岩土层	长度(m)	影响宽度(m)	规模	成因	灾情	险情
来集镇	韩家门村	1995	Q亚黏土	500	8	小型	地下采煤	小型	小型
	马武寨村	2003	Q亚黏土	1 000	18	中型	地下采煤	小型	中型
	王堂村	2001	Q亚黏土	600	12	小型	地下采煤	小型	小型
	苏寨村	2005	Q亚黏土	1 500	20	大型	地下采煤	中型	大型
	黄寨村	2004	Q亚黏土	20	12	小型	地下采煤	小型	中型
平陌镇	大坡村	—	Q亚黏土	100	5	小型	地下采煤	小型	小型
白寨镇	王寨河村	2005	Q亚黏土	1 500	30	巨型	地下采煤	小型	小型

本次调查的7处地裂缝群缝位于塌陷盆地危险变形区,大致平行于采空区。走向近东西,西北,倾角87°,长20～1 500 m、宽0.3～3.5 m,由可视深度0.8～5 m的单缝组成,单缝间距0.5～10 m,总影响宽度5～30 m,危害性较大,雨后部分地段被充填,目前仍不稳定。

3.1.2　矿区煤矸石排放、占压土地

境内最大的采煤企业为郑煤集团。根据1999年统计资料,郑煤集团当年煤矸石排放量49.52万t,累计堆存量828.9万t,拥有11座矸石山,占地面积711.14万 m²(见表3)。

表3　1999年郑煤集团煤矸石排放及占地情况

指标	裴沟矿	米村矿	芦沟矿	王庄矿	大平矿	超化矿
排放量(万t)	6.42	15.52	1.07	8.03	6.42	8.56
累计堆存量(万t)	211.97	247.77	84.03	155.98	53.59	75.53~
占地面积(万 m²)	3.00	3.66	1.71	700	2.524	0.87

矿区排放的煤矸石目前主要用于垫高工业广场、筑路、复田等,虽然取得了较好的经济、社会及环境效益,但仍属简单型和粗放型,需进一步开发利用。

工作区地处丘陵区,排放的煤矸石不断增加,堆积成山。由于矸石山堆积疏松,缺乏防护措施,容易诱发滑坡灾害。

3.1.3 区域地下水为下降及地下水枯竭

新密市地下水水位在20世纪80年代以前埋深较浅,东南部的超化、灰徐沟一带曾为岩溶水自流区,地下水水头高出地面数米至数十米。超化泉、灰沟徐泉、圣水峪泉流量较大,平水期流量100~300 L/s。1983年丰水期灰徐沟泉流量曾达1 m³/s。80年代以后,随着地下水的大量开发和矿井排水,地下水水位逐年下降,过去的自流水区域,目前水位也降到地面以下数十米。

根据新密市水资源管理委员会地下水监测资料,本市主要取水层位为碳酸盐岩溶水含水层,在主要开采区平均年水位下降幅度为5 m左右,最小为2.87 m,最大为7.17 m。主要监测点历年水位下降值见表4。大部分地区水位埋深70~150 m,上部含水层被疏干,水资源频临枯竭。

表4 主要监测点历年水位下降值 （单位:m）

监测点位置	1992~1997年历年地下水水位下降幅度					
	1992年	1993年	1994年	1995年	1996年	1997年
超化楚岭	−1.41	−4.82	−7.04	−10.18	−2.48	−5.19
城关曲嘴	−8.45	1.35	4.02	−14.74	−5.64	−4.69
城关梁沟	−8.94	−10.09	3.30	−12.03	1.59	−5.23
七里岗惠沟	−3.90	−6.23	1.50	−8.90	3.27	—
来集李堂	−5.80	−1.10	−18.65	6.15	−16.55	−7.19
白寨东岗	−3.34	−2.56	−11.67	−11.53	−0.88	−5.64

3.1.4 地下水水质污染

近年来,随着新密市矿业(煤炭)的崛起,采矿过程中大量抽排地下水,加之其他用途的地下水开采,使区域地下水水位逐年大幅度降低,受地表水影响,地下水水质在不断恶化,如双洎河沿岸地区,地下水污染较为明显,根据大隗镇南湾地下水取样分析,矿化度为1.416 mg/L,锰含量为0.48 mg/L,总硬度为560.5 mg/L,而其他地区矿化度小于0.5 g/L,锰、硫酸盐和总硬度均不高。

4 防治建议

根据新密市矿山环境现状,建议采取以下防治措施:

(1)对矿山次生地质灾害(地面塌陷、地裂缝等),坚持以预防为主,避让与治理相结合的原则。建立完善的监测网络、信息系统和预警体系。

①限制开采。建议对建成区、交通沿线(郑少高速公路、S316、S321、S232、S323)一定范围内,应限制地下采煤,确保城区和交通线路安全。对大的城镇、村落,应留足安全煤柱,最大限度地减少灾害损失。

②避让措施。对于短期内仍不稳定的塌陷区内居民及永久性建筑采取避让措施,待稳定后进行环境恢复治理。

③设立危险标志。在塌陷区周围,尤其是变形明显部位,如裂缝附近,设立危险标志,确保交通和居民生产、生活安全。

④采空区勘察。对采空区进行详勘,禁止或限制在采空区内进行工程建设,并为后期治理奠定基础。

⑤坚持地质灾害危险性评估制度。在塌陷区或采空区进行工程建设,必须进行地质灾害危险性评估。

⑥环境恢复治理。对目前基本趋于稳定的塌陷区,可预先考虑环境恢复治理方案,以期获得最佳的治理效益。

(2)加强矸石综合利用,如煤矸石综合利用电厂(即循环流化床锅炉电厂)、煤矸石烧结空心砖等,减少占压土地面积。

(3)尽快开展全市大中型矿山和闭坑矿山环境详细调查与评价工作(1:5万),建立全市矿山环境数据库,并投入使用。

(4)编制全市矿山环境保护和治理规划,有针对性地开展矿山环境保护与治理工作。

(5)对大中型矿山和废弃矿山环境问题特别严重的区域及主要交通干线、河流流域自然景观区等矿山环境重点保护区,进行土地和环境恢复综合治理。

(6)提高矿山"三废"排放处置率和资源综合利用率,基本做到"三废"达标排放,排放总量有所减少。

(7)加强煤场、矸石堆放场地的管理,消除安全隐患,对堆放场地要因地制宜进行复垦、绿化和开发,提高建设用地的复垦占补率。

5 结 语

新密市煤炭资源丰富,煤炭矿业经济在全市社会经济发展中起着举足轻重的作用。粗放式开采引发的矿山环境问题,不仅影响矿山的正常生产活动,威胁着矿区周围居民的生命财产安全,制约当地经济的发展,甚至会引发严重的社会矛盾。矿山不合理开采造成境内矿山地面塌陷、地裂缝灾害频繁发生,矸石堆放严重压占土地,地下水位下降、污染等危害,矿山地质环境在逐步恶化。因此,在开发利用矿产资源的同时,应统筹考虑资源、环境及可持续发展。既要满足国民经济和社会发展对矿产的需要,保障煤炭资源的有效供给,又要转变粗放的矿产资源开发利用方式,最大限度地减少矿产资源开发过程中产生的自然环境破坏。

参 考 文 献

[1] 赵承勇,黄景春,魏玉虎,等. 新密市地质环境调查与评估报告[R]. 河南省地质环境监测院,2004.

[2] 赵承勇,张青锁,马喜,等. 河南省主要矿山地面塌陷地质环境调查与研究报告[R]. 河南省地质环境监测院,2005.

[3] 王继华,岳超俊,张伟,等. 河南省新密市区域水文地质调查报告[R]. 河南省地质环境监测院,1998.

Xinmi Urban District Fall of Ground Growth Characteristicand Origin Brief Analysis

Zhang Wei

（Geology Environmental Monitoring Institute of Henan Province, Zhengzhou   450016）

Abstract：Xinmi urban district coal resources rich, the mine is crowded. Inrecent years, along with mining industry（coal）the fast development, by fall of ground and so on the primarily mine secondary geologydisaster frequent occurrence, brought the enormous harm and the threat for the local people life and property. The fall of ground disasteralready became one of Xinmi urban district important geologydisaster types, in some kind of degree, was limiting the Xinmi urbandistrict development advancement, was restricting the Xinmi economydevelopment. Through to 19 falls of ground growth characteristic, theharm degree, the form factor and so on the analysis research, initially verifies the Xinmi urban district fall of ground originmechanism, and proposed the pointed preventing and controllingmeasure, has the vital significance to the Xinmi urban district andeven other area fall of ground preventing and controlling work.

Key words：Xinmi, coal mine environment, comprehensive study

土地复垦的覆土厚度及覆土基质确定

冯全洲[1,2]　徐恒力[1]★

（1. 中国地质大学,武汉　430074;2. 河南省地质环境监测院,郑州　450016）

摘　要:本文提出了根据植物群落地下生境的层片结构,确定不同生活型植物土地复垦的覆土厚度,根据植物地境内生态因子特征确定土地复垦的覆土基质;如此进行复垦,可保证植物物种、覆土厚度、覆土土质三者之间的协调适应,建立一个能够自我调节的生态系统。通过研究,提出了土地复垦时,乔木、灌木、草本植物的覆土厚度和覆土基质。

关键词:土地复垦;地境;根群圈;覆土厚度

土壤是植物生长的基质和养分的提供者,复平后的土地(或人造土地)无论是用做农田还是生态用地,都需要一定的土壤厚度,使根系能够正常发育,这个道理已被人们普遍接受,但覆土厚度的标准却不一致。美国、俄罗斯、澳大利亚、加拿大、波兰等国家规定覆土厚度在 1 m 以上,甚至 2 m,我国各部门和不同省区也制定了各自的标准。有关覆土厚度的规定尽管有自然地理条件的考虑,但大多是农事经验的总结,缺少严格的生态学论证和试验数据的支撑。从工程学的角度来审视,厚度增加几十厘米或减少几十厘米,工程量和费用投入不容小视。本文从植物与其地下生存环境的有机联系入手,探讨了土地复垦的覆土厚度及覆土基质选择问题。

植物地境是植物生长、繁衍所依赖的地下生存环境,是生境的重要组成部分。植物与其地境的有机联系是各种陆地生态系统构成的基础,不同生活型的植物由其生理习性和对水肥资源分享的自然分工,在长期自然演化过程中,形成不同的根系层位。根群是根系吸收水分和养分的主功能区,根群与其内部的土壤总称根群圈,同一物种的植物根群圈相连接形成特定的层片,多个物种会有多个层片,有的位于浅部,有的相对较深,各种植物据此分享不同圈层的水肥资源,避免严重的种间冲突[1,2]。因此,有可能通过研究植物地境的层片结构,来确定不同生活型植物土地复垦的覆土厚度,通过研究地境内生态因子选择土地复垦的覆土基质。

1　研究方法

1.1　研究区概况

　　研究区位于河南省巩义市大峪沟煤矿,属黄土丘陵地区,为较典型的半干旱气候类

作者简介:冯全洲(1961—),男,河南焦作人,高级工程师,在读博士,从事环境地质研究工作。

★徐恒力为通讯作者。

· 264 · 河南省地质环境监测院建院三十周年论文选编(1980—2010)

型。土地复垦的主要内容为塌陷区土地复垦和矸石山复垦。

1.2 调查方法

本次研究的重点放在不同生活型植物物种与地境层片的对应关系,以及各层片的水肥条件与植物长势的关联这两个问题上。地面以上开展植被调查,地面以下开展地境结构及地境内生态因子调查。

植被调查采用样地调查方法,野外工作共布设四个样地,1#样地位于早年煤矿石复垦林地,2#、3#、4#样地分别选在黄土丘陵的顶面、坡面、坡脚三处的农田边缘处,调查内容包括植物种类、密度、胸径、高度、间距等有关植物群落结构内容。

地境结构及地境内生态因子调查,通过样坑开挖来实现。样坑位于样地的中央,开挖深度一般保持在 1.1 ~ 1.2 m,样坑大小为 1 m × 1.8 m,呈矩形,坑壁直立的一面保持平顺,是取样、根系调查的主调查面。该面距乔木或灌木的基部保持 1 m 左右的距离,以避免对其根群损伤过大,造成植物死亡。样坑开挖整形后,在主调查剖面上按 10 cm 的间距依次完成下述工作:①土层岩性鉴定、分层;②土温测量;③取心土测定含水量;④再次修整剖面,按 10 cm × 10 cm 的网格进行根的调查统计;⑤取 1 000 g 土样,用以室内测定肥分、养分等物理化学指标。

2 调查结果

2.1 植被

研究区以旱地作物为主,调查期间正值棉花、芝麻、高粱、玉米、红薯、豆类等生长季节,农作物大部分以条播方式种植,长势良好。

田间地头常见的乔木为泡桐、构树、酸枣、柿、野桑等,常见灌木有黄荆、悬钩子、胡枝子等,草本植物主要为田间杂草如铁苋菜、田旋花、狗尾草及菊科植物。乔木、灌木和野生草本植物以混生方式分布。乔木间距不定,大多为单株,少见人工林带。在狭窄的农田边缘和梯田坡壁上,灌木和草本茂盛,呈现出一定的林冠层次。

矸石山下方的人工复垦林地,多为杨树和泡桐,林下杂草丛生,主要为飞蓬和葎草,零散的林窗有人工种植的瓜类、豆类,生长一般。

各样地植物分布情况见表 1。

2.2 根系分布

按粗根(直径 > 1 cm)、中根(直径 1 ~ 0.2 cm)和细根(直径 ≤ 0.2 cm)三级划分,得到 4 个样坑各级根系在垂向的分布数据(见表 2)。各级根系数量具有从上到下减少的规律,粗根和中根数量较少,细根数量众多;粗根和中根的最大分布深度分别为 0.8 m 和 0.9 m,细根数量从顶部到底部衰减了 5 ~ 15 倍。在植物根系中,粗根的作用一是固持,二是输送养分和水分,真正具有吸收功能的是细根的根尖和根尖上的根毛,因此细根具有特殊的研究价值。

表1 样地植物统计

样方		植物物种	高度（m）	胸径（cm）	密度（棵/m²）
1#	乔木	泡桐	11~13	75~88	0.029
		小白杨	5~6.5	13~19	0.033
	草本	飞蓬	0.8		29
		葎草	0.4		3
		瓜类、豆类			
2#	乔木	构树	2.5	19	单株
	灌木	酸枣	0.7~1.2		0.15
	草本	三俭草	0.1~0.2		0.1
		蓟	0.1~0.2		0.8
		田旋花	0.01~0.03		0.4
		葎草	0.2~0.7		0.5
		紫花地丁	0.1~0.3		0.13
		铁苋菜	0.1~0.3		0.5
		苦荬菜	0.1~0.3		1.1
		茜草	0.1~0.4		0.4
3#	乔木	构树	5~6	12	单株
		泡桐	5~8	10	0.2
	灌木	薜荔	0.5~1		1
		杠柳	1~2		3
	草本	莠草	0.1~0.30		3
		蓟	0.1~0.6		0.8
		艾属	0.08~0.2		2
		葎草	0.02~0.5		0.4
		紫花地丁	0.01~0.5		0.8
		铁苋菜	0.01~0.4		0.4
		苦荬菜	0.04~0.6		0.1
		茜草	0.05~0.3		1.8
		菟丝子	1~1.5		0.1
		蔊萝	0.03~0.6		0.3
4#	乔木	构树	1~5	2~6	0.05
		泡桐	5~12	8~10	0.01
	草本	芝麻	0.1~0.2		30
		小麦			

表2　根系统计

(单位:条)

深度(m)	1#			2#		
	粗根	中根	细根	粗根	中根	细根
0.0～0.1	0	1	222	0	7	93
0.1～0.2	1	4	100	0	7	71
0.2～0.3	0	0	65	0	2	59
0.3～0.4	1	2	67	1	1	84
0.4～0.5	0	0	107	0	3	51
0.5～0.6	1	1	115	0	1	50
0.6～0.7	0	0	88	1	1	29
0.7～0.8	1	0	103	0	0	22
0.8～0.9	0	1	55	0	0	19
0.9～1.0	0	0	50	0	0	14
1.0～1.1	0	0	28	0	0	15
深度(m)	3#			4#		
	粗根	中根	细根	粗根	中根	细根
0.0～0.1	1	6	166	0	12	586
0.1～0.2	0	2	161	0	2	446
0.2～0.3	0	1	148	1	3	274
0.3～0.4	0	1	103	0	1	258
0.4～0.5	0	0	56	0	0	244
0.5～0.6	1	0	27	0	1	205
0.6～0.7	0	0	13	0	0	148
0.7～0.8	0	0	15	0	0	109
0.8～0.9	0	0	16	0	0	81
0.9～1.0	0	0	11	0	0	105
1.0～1.1	0	0	11			

2.3　土壤及肥分

大峪沟地区黄土,在土壤学中定名为黄绵土、黑垆土,由冲洪积和风积而成。与一般残积土不同,黄土形成过程中许多层位都曾暴露过地表,经过成壤阶段,经分析,大峪沟第四纪黄土黏粒(<0.002 mm)含量在0～15%,粉粒(0.02～0.002 mm)含量45%～100%,为壤土类,具有良好的透气透水性,又有一定的保水保肥性能。各样坑土壤肥力指标特征值列于表3。

表 3　肥力统计

探坑	特征值	有机质 (%)	全氮(%)	有效磷 (mg/kg)	速效钾 (mg/kg)	阳离子交换量 (cmol/kg)	含水量 (%)
1#	最大值	2.6	0.10	12.3	169.0	89.0	17.6
	最小值	0.4	0.03	6.07	60.8	63.1	11.0
	平均值	0.7	0.04	7.39	88.7	81.7	14.5
2#	最大值	1.2	0.06	6.23	129.4	143.7	19.5
	最小值	0.3	0.02	1.69	73.0	98.7	14.2
	平均值	0.5	0.03	2.98	83.3	112.1	16.8
3#	最大值	0.8	0.04	6.23	125.7	48.11	15.0
	最小值	0.1	0.02	2.74	77.9	22.7	11.2
	平均值	0.4	0.03	4.79	101.9	31.9	13.6
4#	最大值	2.8	0.09	4.51	86.7	127.0	16.1
	最小值	0.8	0.03	1.40	60.8	90.0	9.3
	平均值	1.4	0.05	2.08	72.61	103.9	12.5

3　结果分析

3.1　地境层片结构

以两组细根频率分布曲线对本区地境结构进行分析:第一组是细根总频率—深度曲线(见图1);第二组是主调查面中轴(左右对称轴)两侧不同距离处的细根频率—深度曲线,右侧图例表示不同距离处的频率曲线类型(见图2~图5)。细根总频率—深度曲线呈波状起伏,每个波峰代表了一个生活型的根群圈范围;主调查剖面中轴不同距离的细根频率—深度曲线相互缠绕在一起,但总是规律性地环绕某些空间分布,形成特定的似环状空间区域——根群圈,不同生活型的植物根群圈沿深度呈串珠状分布,揭示了地境的层片结构;两组曲线收敛位置即为当地植物的地境底界深度。

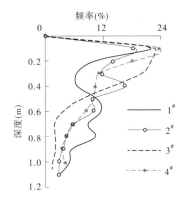

图1　细根频率分布图

由图1~图5可知,细根频率曲线收敛域1.0 m以浅,现场调查得知,粗根和中根的最大分布深度分别为0.8 m和0.9 m,说明当地植物地境的底界不超过1.0 m。

1#样坑,总频率分布图从上到下出现三个波峰(见图1);在主调查剖面中轴不同距离的细根频率—深度曲线图(见图2)中,上述的三个波峰清晰可辨,呈两两对称分布。与植物群落结构调查结果相对比(见表1),可得出如下认识:第一个波峰的峰值出现在10 cm

处,呈左右对称分布,至 30 cm 处出现极小值,则 0～30 cm 为飞蓬、荸草以及瓜类、豆类农作物等草本植物的根群圈范围;第二个波峰为 50 cm(图 2 左侧),代表了未成年乔木小白杨的根群圈位置,第三、四个波峰分别位于 60 cm(图 2 右侧)和 80 cm(图 2 左右两侧),代表了成年乔木泡桐的根群圈范围,根据曲线波形特征,40～90 cm 为乔木的根群圈范围。

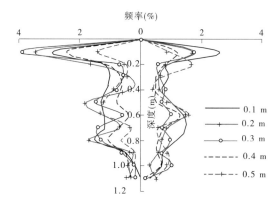

图2 1#样方细根频率分布图

2#样坑,细根总频率分布图上出现三个波峰(见图 1),在主调查剖面中轴不同距离的细根频率—深度曲线图中大体上呈现同样的规律,出现三对波峰,两两对称分布(见图 3)。结合植物群落结构调查结果(见表 1)可将本样地不同生活型植物根群圈作如下界定:0～30 cm 为三俭草、荸草、茜草、铁苋菜等草本植物的根群圈范围;第二个波峰位于 40 cm,图 3 中呈左右两侧对称分布,波形范围为 30～50 cm,对应于酸枣、悬钩子、胡枝子等灌木的根群圈范围;第三个波峰位于 60 cm,对应于乔木构树的根群位置,根据曲线波形特征,50～80 cm 为构树的根群圈范围。

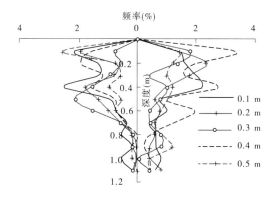

图3 2#样方细根频率分布图

3#样坑,总频率图(见图 1)上出现一个波峰,在不同平距的频率分布图上则可分出层次来(见图 4):第一层次,波峰的峰值位于 10 cm 和 20 cm 处,左右对称分布,极小值出现在 0 cm 和 30 cm 处;第二层次,主波峰的峰值出现于右侧的 30 cm 处,在 40 cm 处出现左右对称的小波峰,向下至 50 cm(右侧)和 60 cm 处(左右两侧)取得极小值,向上在 0 cm 和 20 cm 处取得极小值;第三层次,左侧 50 cm 处和右侧 70 cm、90 cm 处出现小波峰,向上极小值位于40 cm处,向下极小值位于100 cm处。这种不对称的频率分布现象可用植物根系的向性生长特性和种间竞争来解释。3#样坑位于一田埂的斜坡上,探坑走向与斜坡走向斜交,图4的左侧接近临空方向,根系向右侧发育可避免种间竞争并获取较多的水肥资源。根据植物群落结构调查结果(见表1),本样地植物根群层片分布为:0~30 cm为苫草、蓟、艾属、葎草、茜草、铁苋菜等草本植物的根群圈范围;20~60 cm为薜荔、杠柳等灌木的根群圈范围;40~100 cm为构树、泡桐等乔木的根群圈范围,因本样地缺乏成年乔木,乔木根群圈在频率图上的波峰不太明显。

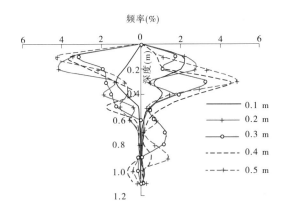

图4 3#样方细根频率分布图

4#样坑,总频率分布图有一个波峰(见图1),在不同平距频率分布图中(见图5),该波峰呈左右对称分布,在左侧50 cm处出现一个小波峰。与植物群落结构调查结果相对照(见表1),0~30 cm为草本植物芝麻、小麦等的根群圈范围;30~80 cm为乔木构树根群圈范围,因样地缺乏成年乔木,乔木根群波峰不太明显;本样地缺乏灌木,所以只有草本植物和未成年乔木的根群圈分布。另外,在图5中频率曲线分布规则、集中,说明细根数量在水平方向上变化较小;原因是该样方在野外呈现出相对独立的斑块,样坑所在地为丛状小构树和芝麻地,泡桐距样坑8 m以外,远处的植物距样坑较远,其根系分布不足以对坑内根系数量产生影响。

综上所述,本区植物地境结构为:0~30 cm为包括农作物在内的草本植物的根群圈范围,30~60 cm为灌木的根群圈范围,40~100 cm为乔木的根群圈范围。

3.2 黄土肥力

表3给出了大峪沟黄土的肥力参数。1#样坑位于工业广场煤矸石下方人工复垦土地,代表了用黄土作为覆土基质的肥力指标,2#样坑代表了黄土塬或坡顶的土壤肥力指标,3#样坑代表了大峪沟黄土坡面的土壤状况,4#样坑代表了黄土坡脚的农田肥力。与中国黄土型耕地地力等级划分指标相对照,大峪沟的黄土相当于第三类耕植土(在全国各类型耕植土类型等级中属七类土),按一年一熟或二年三熟的熟制,年产量可达到4 500~6 000 kg/hm^2。

3.3 土地复垦的覆土厚度及覆土基质确定

土地复垦是一种生态系统的重建过程,如何将植物与其地下生存环境有机结合起来,

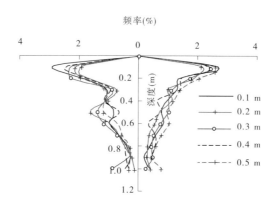

图5　4#样方细根频率分布图

建立一个能够自我调节的生态系统,其意义十分重大。

前已述及,不同的植物物种有不同的根群圈深度范围。这是由物种的生理习性、遗传特性和原生地的气候、土壤、水肥资源的状况共同决定的。从某种意义上说,某一物种根群圈的深度,是该种植物对地境垂向多样小环境长期优选的结果。不同生活型植物地下小环境的深度是不同的。因此,土地复垦时可根据不同的植物种类按地境结构来确定覆土厚度,就本地区而言,包括农作物在内的草本植物,覆土厚度可选择 30 cm;灌木包括某些多年生草本植物,覆土厚度可选择 60 cm;乔木可选覆土厚度 1.0 m。

按传统的农事经验,多年耕植土一般被称为熟土或熟化土壤。按文献资料,在我国黄土丘陵区,熟化土壤层的厚度定为 30 cm,所以土地整理时常常将原耕植土剥离保存,待土地整形后,再将其覆盖在地表。大峪沟地区的黄土经过了多次成壤过程,不应视为"生土"或母质;根据前述植物地境结构分析,耕作层以下仍有较发育的根区,说明当地底土仍是适宜灌木、乔木正常生长的良好基质;根据土壤肥力参数,即使将 1 m 以下底土作为耕植土,只要加强田间管理,年产量可达到 4 500 ~ 6 000 kg/ hm²。据此可以认为,大峪沟矿区的黄土是良好的覆土材料。

需要指出的是,上述覆土厚度标准仅仅是基于植物根群深度提出的,事实上植物根系的延展要超过此深度范围 ,按此深度设计覆土厚度是否会影响多年生植物的长期生长发育呢? 回答是否定的,这是因为植物根虽然依赖根群圈的水肥条件,但又在生长过程中通过代谢过程和生化作用改造根际土壤,促进土壤的熟化。即使下垫层为煤矸石,也会在水、热、微生物和植物根的作用下,逐渐风化成壤。大量的野外观察也证明了这一点。在土壤基质很薄的基岩分布区,乔、灌、草虽受到底部岩石的胁迫,三类根群集中在一起,有时共处于 10 cm 土层中,但仍能多年生长,只不过长势较差。要保证林地、农田的生产力经久不衰,除加强人工管理外,土层厚度按上述标准是完全可以有保证的。

4　结　论

(1)根据不同生活型植物与地境层片的对应关系,确定土地复垦的覆土厚度,根据地境内生态因子特征确定土地复垦的覆土基质,可保持植物物种、覆土厚度、覆土土质三者之间的协调适应,建立一个能够自我调节的生态系统。土地复垦设计应以地境层片结构和地境内生态因子研究为基础。

（2）地境层片结构识别可通过植物群落结构调查和相应的植物根系调查予以实现，地境内生态因子研究可通过土壤剖面调查完成。

（3）中纬度地区土地复垦的覆土厚度为：乔木 100 cm，灌木 60 cm，草本 30 cm；黄土属于良好的覆土材料。

参 考 文 献

[1] 徐恒力，孙自永，马瑞．植物地境及物种地境稳定层[J]．地球科学：中国地质大学学报，2004，29（2）：239-246.

[2] 徐恒力，汤梦玲，马瑞．黑河流域中下游地区植物物种生存域研究[J]．地球科学：中国地质大学学报，2003，28（5）：551-556.

Thickness and Material of Covering Soil on Land Restoration

Feng Quanzhou[1,2]　　Xu hengli[1]

(1. School of Environmental Studies, China University of Geosciences, Wuhan 430074;

2. Geo － environment Monitoring Institute of Henan Province,Zhengzhou　450016)

Abstract：Land restoration is a process rebuilding ecosystem, it is very important to maintain mutual adaptation between plants species and its underground habitat in the reconstruction ecosystem. This article proposed that determined the depth of soil for different life form plant based on its underground habitat synusia structure and the casing material based on ecological factors within its underground habitat. Reclamation to do so, we can make sure plant species, soil depth and soil material coordination between the adaptation, be able to set up a self－regulating ecosystems. The underground habitat synusia structure recognition completes through the plant community structure investigation and the corresponding root system investigation, the underground ecological factor characteristic through soil profile investigation determination. Through the research, proposed when land reclamation, the tree, the bush, the herb plant fill in thickness and fill in the matrix.

Key words：land restoration, plant underground habitat, circle layer of roots mass, thickness of covering soil

济源市矿山环境地质问题及防治对策

杨进朝　李　华

（河南省地质环境监测院，郑州　450016）

摘　要:济源市矿业开发引起的矿山环境地质问题种类较多,主要有矿山地质灾害,压占和破坏土地与植被,水均衡破坏,固体废弃物排放,矿山废水、废渣对环境的破坏等5种,进行了矿山地质环境的现状分区,划分出了重点保护区、重点预防区、重点防治区,提出了矿山地质环境保护与恢复治理的措施。

关键词:矿产开发;矿山环境问题;防治对策;保护与治理分区

济源市矿产资源丰富,伴随着矿业的开发,长期积累的矿山地质环境问题日趋严重,已经影响到人民的正常生产和生活。查明全市矿山地质环境现状,针对矿山地质环境影响严重地区实施综合治理,使其得到有效地恢复,关系到矿山企业及其周边人民的健康与生命安全,关系到济源市矿业的可持续发展。

1　矿山环境地质问题

济源市位于河南省西北部,是省辖市,全市总面积 1 931 km²,人口 65 万人,交通条件十分便利。济源市气候属中温带大陆性季风型气候,年平均气温为 14.4 ℃,年平均降水量 648 mm。济源市境内水系河流较多,共有大小河流 100 多条,主要为黄河水系,其中黄河境内长 58 km。济源市的北部和西部为太行山与中条山,南部和东南部为黄土丘陵。全市山地、丘陵、平原等地貌类型齐全,总的地势形态是西北高、东南低。济源市的地层属华北地层区。

济源市矿产资源丰富,矿产种类较多,主要有:煤、铁、铜、铝钒土、石英石、白云石、陶瓷黏土、磷、黄铁矿、铀、铝等。矿业的开发在满足经济发展的同时也产生许多矿山环境问题。通过对全市 71 个矿山进行环境现状资料收集和主要矿山的实地调查,存在的矿山环境问题主要有矿山地质灾害(包括地面塌陷、地裂缝、崩塌、滑坡、泥石流等);压占、破坏土地和植被;水均衡破坏;固体废弃物排放;矿山废水、废渣对环境的破坏等。

1.1　矿山地质灾害

1.1.1　地面塌陷、地裂缝

除露天采矿外,井下开采矿山均不同程度地存在地面塌陷隐患。本次调查了 25 家井下开采矿山,地面塌陷累计面积 2 083.1 hm²,塌陷比较集中,规模巨大的区域主要分布在煤矿、铁矿的开采矿区内。采煤区主要有克井采煤区、下冶采煤区、邵原采煤区和王屋采

基金项目:济源市国土资源局项目《济源市矿山环境保护与治理规划》研究成果。

作者简介:杨进朝(1970—),男,河南偃师人,硕士,工程师,从事地质灾害调查工作。

煤区,铁矿开采区主要在铁山采矿区。

本次调查塌陷 11 处,主要分布在克井采煤区和下冶采煤区,主要是由于地下采煤引发,对 2 000 余座民房造成不同程度的破坏,并对农田造成破坏,经济损失达上千万元。

在全市范围内,地裂缝的规模和数量均不大,主要为地下采矿塌陷伴生的地裂缝。本次调查地裂缝地质灾害共 29 条,多分布在煤矿区,金属矿区分布较少。地裂缝累计影响面积约 9 110 hm^2。地裂缝破坏耕地、铁路、公路、大路、乡间小道以及水利、电力设施都较为普遍。其中危害最大的是破坏居民住宅,威胁人民群众的生命财产安全。在克井采煤区、下冶采煤区、铁山河铁矿区等地多处出现地面剥裂,造成 2 000 余座民房不同程度破坏。

1.1.2 崩塌、滑坡

本次调查崩塌 6 处,这些崩塌大多与采矿有直接关系,主要分布在克井镇采石区,多为基岩崩塌,这些崩塌规模不很大,造成的损失主要是对耕地、道路的破坏,比起其他的地质灾害类型规模和损失较小。

本次调查滑坡 5 处,多为基岩滑坡。按规模分级,小型滑坡 2 处,中型滑坡 2 处,大型滑坡 1 处。基岩滑坡主要发生在石炭、二叠系地层中,滑动面为薄煤层或薄层泥页岩,滑体为厚层状坚硬的砂岩。滑体砂岩因整体下滑形成平台。若砂岩上盖有砂质泥岩,这些砂质泥岩常因挤压而破碎,后缘形成拉张裂缝。

露天开采的矿产排渣场滑坡,这类滑坡既不同于基岩滑坡,又有别于黄土滑坡,滑体和滑床均为采矿挖土、石混合排弃物。

1.1.3 泥石流

矿区是人类活动和工程建设的集中分布区。在山丘区,矿山开采留下大量废石、废渣,极易形成泥石流。泥石流沟常发生面状侵蚀,使土地瘠薄、农田被毁,破坏了两岸坡体的稳定,滑坡、崩塌发育,地质生态环境脆弱。

矿区影响较大的泥石流灾害有 2 处,主要为白虎沟泥石流、铁山河泥石流。在铁山等金属采矿区存在大量采选矿废渣,给泥石流的成灾提供了物质来源。

1.2 压占、破坏土地和植被

本次调查了 71 个企业占用破坏土地情况,矿山企业占用土地 17 978.41 hm^2,地面塌陷和地裂缝破坏 11 197.1 hm^2,其中煤矿企业占地 16 389.72 hm^2,金属矿山占地 1 352.71 hm^2,建筑材料矿山占地 235.98 hm^2。

占用破坏土地和植被较为严重的地区为克井采矿区、下冶采矿区、王屋采矿区、邵原采矿区。煤矿占用破坏土地和植被程度尤为严重,铝钒土、铁矿、铜矿、石灰岩次之。

1.3 水均衡破坏

矿山开采改变了降水、地表水与地下水自然流场及补、径、排条件,打破了水循环原有的自然平衡,造成地下水位下降,形成大面积水位降落漏斗,诱发地面塌陷、地裂缝、矿坑突水等灾害。

在全市的煤矿开采区内,均有矿坑疏干排水现象,主要分布在克井、下冶、邵原、王屋等产煤地区。在下冶矿区,因小浪底水库蓄水,地下水位升高,矿坑突水的可能性随之加大。济源市受威胁最为严重的为下伏石炭系、奥陶系的灰岩岩溶水,即底板突水,其来势猛,危害大。济源市的矿坑突水量大于100 m³/s。

1.4 固体废弃物排放

矿山固体废弃物排放包括尾矿、废石(土)、煤矸石、粉煤灰等。煤矿煤矸石年产出量32万t,历年的煤矸石堆放累计总量有824.5万t。金属矿山废石、废渣年产出量13万t。

固体废弃物的堆放,在外力的作用下可对水体、土壤、空气等环境造成污染。

1.5 矿山废水、废渣对环境的破坏

本次野外调查的废水含矿坑水、选矿废水、堆浸废水、洗煤水;废渣包括尾矿、废石(土)、煤矸石、粉煤灰。矿山企业排放废水、废渣分类见表1、表2。

表1 矿山企业废水、废液排放量 （单位:万 m³）

类型	年产出量	年排放量	年治理量	年循环利用量
矿坑水	3 886	3 853	1 134	61.85
选矿废水	61.85	43	0	18.85
合 计	3 947.85	3 896	1 134	80.7

表2 矿山企业废渣排放量 （单位:万 t）

类型	年产出量	年排放量	累计积存量	年综合利用量
尾矿	5	3	11	0.05
废石(土)	13	10	90	15.2
煤矸石	32	28	824.5	56.82
合 计	50	41	925.5	72.07

废水除危及人体健康外,它还改变了潜水的水文地质动态,污染地表水系:含矿物质的水使土壤起碱、地面沼泽化等,同时还污染了地下水系统。

废渣占用和破坏土地;破坏土壤、危害生物,造成地方病源;废石、尾砂、炉渣、烧渣及粉尘的长期堆放,在空气中进行风化分解,污染土壤和地下水。粉尘污染可引起矿山多种职业病;废石堆、煤矸石、矿层与围岩自燃时,放出 CO、SO_2、NO_2、苯并芘等有害气体,污染环境,危及安全,主要发生在克井、下冶等地;废渣、尾矿库易诱发泥石流等地质灾害[2]。

2 矿山环境现状评估分区

选取矿山环境背景(地形地貌、工程地质条件、构造条件),矿山环境问题(地面塌陷、地裂缝、崩塌、滑坡、泥石流、土地占用与破坏、固体废弃物堆放、水环境状况、煤矸石自燃等),人类活动程度,恢复治理程度等四大类评估因素将全市矿山环境影响评估分为严重区、较严重区和一般区,并确定各矿山环境影响评估区的区域范围。分区如表3所示。

表3 济源市矿山环境影响评估分区

编号	代号	矿山环境影响评估分区
1	I-01	克井采煤地面塌陷、地裂缝、煤矸石堆放、矿坑突水为主的矿山环境影响严重区
2	I-02	下冶采煤、铝地面塌陷、地裂缝、煤矸石堆放、矿坑突水、崩塌为主的矿山环境影响严重区
3	I-03	邵原采煤地面塌陷、地裂缝、煤矸石堆放、矿坑突水为主的矿山环境影响严重区
4	I-04	王屋地面塌陷、泥石流、固体废弃物堆放、地裂缝为主的矿山环境影响严重区
5	I-05	克井采石灰岩崩塌、滑坡、固体废弃物堆放为主的矿山环境影响严重区
6	II-01	五龙口采铁、石灰岩固体废弃物堆放、泥石流为主的矿山环境影响较严重区
7	II-02	思礼—承留采黏土水土流失为主的矿山环境影响较严重区
8	II-03	东逯寨—尚庄采石灰岩崩塌、滑坡、泥石流为主的矿山环境影响较严重区
9	III	矿山环境影响一般区

3 矿山环境保护与治理分区

根据济源市矿山环境影响评估分区结果,结合矿山环境发展变化趋势分析,将全市矿山环境保护与治理区域划分为:矿山环境重点保护区,矿山环境重点预防区,矿山环境重点治理区,矿山环境一般治理区,矿山环境简易治理区。

矿山环境重点保护区主要部署在豫北太行山前自然保护区,包括太行山猕猴国家级自然保护区,王屋山、九里沟国家级风景名胜区,五龙口省级风景名胜区;小浪底水库库区;侯月铁路、焦枝铁路、207国道、济邵公路、济新公路、济洛公路、邵原—大峪公路沿线等交通干线两侧300~500 m的可视范围;油坊庄—潭庄三叠—侏罗系剖面;阳台宫、邵原黄土地貌区和邵原硅化木化石区等文物、古迹旅游点及矿产资源限采区、禁采区等地[2]。重点预防分区见表4,治理分区见表5。

表4 济源市矿山环境重点预防分区

分区		分区名称	所在行政区	保护与治理对象	分区等级
区	亚区				
ZY1		克井矿山环境重点预防区	克井、五龙口、思礼	地面塌陷区、灰岩露天开采区	重点预防区
	ZY1-01	克井煤矿矿山环境重点预防亚区	克井	地面塌陷、地裂缝区、煤矸石	重点预防区
	ZY1-02	克井灰岩矿山环境重点预防亚区	克井	露天开采易诱发崩塌、滑坡	重点预防区
	ZY1-03	玉阳灰岩矿山环境重点预防亚区	承留	露天开采易诱发崩塌、滑坡	重点预防区

续表4

分区		分区名称	所在行政区	保护与治理对象	分区等级
区	亚区				
ZY2		王屋矿山环境重点预防区	王屋	易诱发滑坡、泥石流、地面塌陷、地裂缝等	重点预防区
	ZY2-01	王屋铁矿矿山环境重点预防亚区	王屋	易诱发滑坡、泥石流等	重点预防区
	ZY2-02	王屋煤矿矿山环境重点预防亚区	王屋	易诱发地面塌陷、地裂缝、废渣堆放等	重点预防区
	ZY2-03	王屋铜矿矿山环境重点预防亚区	王屋	滑坡、泥石流、废渣堆放等	重点预防区
ZY3		邵原—下冶矿山环境重点预防区	邵原、下冶	地面塌陷区、露天开采区	重点预防区
	ZY3-01	邵原煤矿矿山环境重点预防亚区	邵原	易诱发地面塌陷、地裂缝、废渣堆放等	重点预防区
	ZY3-02	下冶露天矿山环境重点预防亚区	下冶	易诱发崩塌、滑坡、泥石流、废渣堆放等	重点预防区
	ZY3-03	下冶煤矿山环境重点预防亚区	下冶	易诱发地面塌陷、地裂缝、废渣堆放等	重点预防区

表5 济源市矿山环境治理分区

分区编号	分区名称	治理面积（km²）	治理对象	治理分区
I₁	克井采煤地面塌陷、地裂缝、煤矸石堆放、矿坑突水为主的矿山环境重点治理区	55.01	地面塌陷、地裂缝,废水、废液、废渣二次开发利用和排放场地污染治理;预防矿坑突水	重点治理区
I₂	下冶采煤、铝地面塌陷、地裂缝、煤矸石堆放、矿坑突水、崩塌为主的矿山环境重点治理区	49.46	地面塌陷、地裂缝、崩塌、滑坡和泥石流治理;废水、废液、废渣二次开发利用和排放场地污染治理;露天开采场污染治理和景观破坏的恢复治理;预防矿坑突水	重点治理区
I₃	邵原采煤地面塌陷、地裂缝、煤矸石堆放、矿坑突水为主的矿山环境重点治理区	10.70	地面塌陷、地裂缝治理;煤矸石堆放场污染治理和景观破坏的恢复治理;预防矿坑突水	重点治理区
I₄	王屋地面塌陷、泥石流、固体废弃物堆放、地裂缝为主的矿山环境重点治理区	41.70	地面塌陷、泥石流、崩塌、滑坡、地裂缝,对固体废弃物堆放场进行综合治理和景观破坏的治理;预防矿坑突水;尾矿库加固治理	重点治理区

续表5

分区编号	分区名称	治理面积（km²）	治理对象	治理分区
I₅	克井采石灰岩崩塌、滑坡、固体废弃物堆放为主的矿山环境重点治理区	15.27	崩塌、滑坡、泥石流，露天开采场污染治理和景观破坏的恢复治理	重点治理区
II₁	五龙口采铁、石灰岩固体废弃物堆放、泥石流为主的矿山环境一般治理区	9.30	泥石流、崩塌、滑坡、废水、废液、废渣排放场地污染治理	一般治理区
II₂	思礼—承留采黏土水土流失为主的矿山环境一般治理区	45.28	崩塌、滑坡，露天开采场污染治理、景观破坏的恢复治理及水土流失治理	一般治理区
II₃	桃园—尚庄采石灰岩崩塌、滑坡、泥石流为主的矿山环境一般治理区	19.84	崩塌、滑坡、泥石流，露天开采场污染治理、景观破坏的恢复治理及水土流失治理	一般治理区
III	矿山环境简易治理区	1 621.98	植被和景观破坏的恢复治理；水土流失治理；粉尘污染治理；废渣排放场地污染治理；崩塌、滑坡和泥石流治理	简易治理区

4 矿山环境恢复治理措施

按照矿山环境治理分区结果，结合目前矿山环境现状，制定如下矿山环境恢复治理措施：

（1）各级政府和矿山企业要重视矿山环境恢复治理工作，加大矿山环境治理资金的投入力度。

（2）加强地质灾害监测预警，防治地质灾害。由市国土资源局依据《河南省地质环境管理条例》，督促矿山企业对矿区内各类地质灾害点布设监测点进行监测，建立地质环境监测网络，预测其发展趋势，及时预警；对危及矿区和周围地区人们生产与生活的地质灾害进行及时治理，避免或减少地质灾害可能产生的危害[1]。

（3）对采矿造成的地面塌陷、地裂缝等土地破坏情况进行定量分析和评估，为科学、合理地选择复垦方法、方案及耕地损失补偿等提供决策依据；土地复垦与生态重建要按照"宜平则平，宜深则挖，宜充则填"的原则，因地制宜部署塌陷地区土地复垦工程。

（4）加强土地复垦制度、理论方法和技术创新。逐步建立和健全科学合理、切实可行的矿业用地制度；强化政府职能，建立健全有关政策与法规体系，采取强有力的监管措施，对土地复垦进行组织、管理与协调。清晰、明确责任、权利及义务，采取有效的激励机制，宏观调控与市场化的运作方式，加大矿区土地复垦整治投资力度，增大投资比例，对复垦整治工作进行规范化管理；土地复垦及经营产业化和市场化相结合，提高投资效果。

（5）矿山植被恢复是全市开展生态市建设的一项重要内容。制定具体的规章制度，对矿山破坏植被的行为进行监管,督促矿山企业加大植被恢复治理的力度。矿山植被恢复的基本原则是适宜性、综合性和优化性;特别是治理废弃矿山、闭坑矿山时,要因地制宜,因矿施制。矿山植被恢复应与土地复垦、水土流失治理、物种多样化和发展生态农业有机结合。

(6)废弃物堆放场的治理,以资源化二次开发利用为重点,固化和绿化为辅。要坚持"因地制宜,积极利用"的指导思想,实行"谁排放谁治理,谁利用谁受益"的原则。

(7)矿井水与废污水利用以煤矿排水为重点,加强矿井水的净化处理,使之符合不同的用水标准,以实现矿井排水资源化。

(8)露天采矿山主要进行景观生态治理,以景观恢复和土地资源开发为主。

(9)全市已开展矿山环境治理工程,应总结经验,广泛宣传,吸纳社会资金介入,使之成为推进全市矿山环境治理市场化的切入点和突破口。

(10)矿山环境治理技术要求高、涉及面广、专业性强,涉及地质、土地规划、环境保护、园林设计、动植物和艺术等多个领域,矿山环境治理模式包括生态保护模式、景观再造模式、资源二次开发模式、循环经济模式。根据实际情况应寻求矿山环境治理最优化模式[2]。

参 考 文 献

[1] 施伟忠,方红. 湖北省矿山环境地质问题及防治对策研究[J]. 湖北地矿,2003,17(3):22-24.
[2] 吴国昌,甄习春,等. 河南省矿山环境问题研究[M]. 北京:中国大地出版社,2007.

Mining Geoenvironment Problem of Jiyuan CityCounter Measures

Yang Jinchao   Li Hua[1]

(Geological Environment Monitoring Institute of Henan Province, Zhengzhou   450016)

Abstract:There are many kinds of mine geoenvironment problem by mineral exploitation in Jiyuan city including mine geological disaster, soil and vegetation occupied and break, water – balance break, solid castoff letting, environment destroyed by waste water and waste residue. Putting up actuality subarea of mine geoenvironment and making off emphaces protection area, emphaces prevention area, emphaces prevention and recovery area and bringing forward the countermeasure for protection and recovery of mining geoviroment.

Key words:mineral exploitation, mining geoenvironment proble, prevention countermeasure, protection and recovery subarea

三门峡市矿山环境研究及保护治理对策

张 伟 刘 磊

（河南省地质环境监测院，郑州 450016）

摘 要：三门峡市矿产资源丰富，矿业经济在全市社会经济发展中起着举足轻重的作用。矿山开采在带来丰厚的经济效益的同时，不合理的开采常产生一系列矿山环境问题。因此，在开发利用矿产资源的同时，应统筹考虑资源、环境及可持续发展，最大限度地减少矿产资源开发过程中产生的自然环境的破坏。本文针对三门峡市矿山环境问题进行研究，并提出了相应的保护和恢复治理策略。

关键词：三门峡市；矿山环境；保护治理；对策

三门峡市矿产资源丰富，是河南省重要的黄金、煤炭、铝土矿等矿产资源产地。全市矿产资源分布地域性明显，陕县、义马、渑池等地以煤炭、铝土矿为主，灵宝市以黄金、硫铁矿为主，卢氏县以铜、锑矿为主。受历史条件限制，市域矿产资源开采引发诸多环境问题：矿山次生地质灾害和矿山开采对水域、植被、岩土、地貌及大气等自然资源的影响与破坏。矿山环境问题已经成为三门峡市经济社会发展的重要制约因素之一，威胁着矿区周围居民的生命财产安全，影响区域经济可持续发展。

1 矿产资源开发利用现状

三门峡市矿产种类繁多，矿点遍及全市。目前，全市已发现矿产资源66种，已探明储量的有50种，已开发利用的有27种。矿区数为759处，发现矿产地311处，其中大型18个，中型47个，小型93个，矿点153个。截至目前，全市有各种经济性质的矿山企业415个，其中国有及国有控股矿山47个，其他经济类型矿山368个；按矿山规模划分，全市有大型矿山4个，中型矿山13个，小型矿山398个，62 010人从事矿山生产，年产固体矿石量1 745.4万t，装饰用板材5.07万m^3，建筑用砂21.556万m^3，地热、矿泉水20.38万m^3。

2 矿山环境问题

通过对全市179个矿山环境调查，市域存在以下矿山环境问题：矿山次生地质灾害，包括地面塌陷、地裂缝、崩塌、滑坡、泥石流等；压占、破坏土地和植被；采矿区地下水均衡破坏、地表水和地下水污染；粉尘污染；固体废弃物排放；煤矸石自燃等环境问题。

2.1 矿山地质灾害及危害

2.1.1 地面塌陷、地裂缝

地面塌陷集中分布于渑池县、陕县、义马市等煤铝矿区，全市已查明地面塌陷及其隐患34处，其中渑池县17处、陕县8处、义马市6处、灵宝市2处、卢氏县1处。地面塌陷属缓变型地质灾害,主要由地下采挖(煤)引起顶板冒落而致。常造成房屋、公路及其他工程设施开裂,严重时造成房屋倒塌和人员伤亡。如渑池县果园乡杨村矿,1998 年出现地面塌陷,塌陷面积约 6 km²,造成千亩良田被毁,直接经济损失达数千万元。

全市发现地裂缝 10 处,其中灵宝市 6 处、陕县 3 处、渑池县 1 处。依成因可分为塌陷地裂缝和潜蚀作用形成的地裂缝,由潜蚀作用形成的地裂缝主要分布于河流阶地后缘和黄土塬内等地形陡变或低洼处,以陕县、灵宝等地较为集中。地裂缝属自然型地质灾害,降雨为主要诱发因素。常造成建筑物、道路、农田开裂和窑洞漏水等危害;塌陷伴生地裂缝是指因采空引发的地裂缝,常沿塌陷区边缘展布。如渑池县段村地裂缝,长约 500 m,宽1 ~ 3 m,深度大于 10 m,阻断交通 1 处,毁坏公路 5 m、耕地 200 余亩。

2.1.2　崩塌、滑坡

经统计,全市矿山开采引发的崩塌、滑坡灾害 22 处,造成直接经济损失 1 016.5 万元。此类灾害主要分布于义马、渑池、陕县、灵宝、卢氏等地,集中发育于露天采场边坡或由塌陷所引发。

2.1.3　泥石流

矿山开采留下大量废石、废渣沿山坡或沟道随意堆放,雨季极易形成泥石流。泥石流面状侵蚀或堆积,常造成土地瘠薄、农田冲毁或淤埋,水土流失,植被破坏等。全市矿山开采形成有影响的泥石流及其隐患 9 处;如小秦岭 7 条泥石流沟内废石尾矿堆积量巨大,分布着许多村庄及矿工临时居住所,目前仍存在隐患;在陕县崤山金矿区、卢氏县潘河乡八宝山铁矿区均存在矿渣随意堆放构成的泥石流隐患,险情严重。

2.2　压占、破坏土地和植被

全市各类矿山都不同程度地占用、破坏土地和植被资源。根据统计结果,全市采矿占用和破坏土地面积达 5 535.07 hm²。较严重的地区有义马、渑池、陕县、灵宝、卢氏等地,占用破坏土地量分别为 1 708.58 hm²、296.03 hm²、1 268.69 hm²、2 221.8 hm²、39.82 hm²;各类矿山中金矿、煤矿、铝钒土矿占用、破坏土地面积和植被程度相对严重,分别为 3 384.39 hm²、1 968.7 hm²、91.9 hm²。三门峡市露天开采的矿产有石灰岩、铝土矿、铜矿、煤矿(北露天矿)、重晶石等。露天矿建设及开采期间,矿区建设、岩土层剥离和矿层开挖等活动,除占压、破坏土地和植被外,还引发水土流失、地下水位下降和生态恶化等环境问题。

2.3　水均衡破坏

矿山开采,尤其在地下水侵蚀基准面以下开采,极易改变降水、地表水与地下水自然流场及补、径、排条件,使水循环原有的自然平衡遭到破坏,造成地下水位下降,形成大面积水位降落漏斗。目前,三门峡市开发利用的矿产资源主要有煤、金、铝土矿、钼矿、铁矿、铜矿等。但由于金、铝土矿、钼矿、铁矿的开采面积、深度和规模等远不及煤矿,因而对水资源和水环境的影响程度比煤矿小得多。根据现有重点煤矿统计结果,矿坑排水影响面积为 34.6 km²。矿坑排水、选矿废水等可造成大面积地表水和地下水水质污染。矿坑排水还可引发地面塌陷、地裂缝、滑坡、崩塌、矿坑突水等矿山灾害。

2.4　矿坑突水

矿坑突水是指采掘过程中,矿层周围的地下水、老窑积水突然涌入或溃入矿井,轻者增加矿井排水量,增加开采成本,重者造成淹采区或淹井事故。矿坑突水是煤矿区主要地质环境问题之一,常造成巨大的经济损失和人员伤亡。根据相关资料,三门峡市矿坑突水主要发生于义马矿区(千秋矿井、观音堂矿井),突水量 $6.5 \sim 27.6$ m³/min,目前全市尚无因矿坑突水造成重大人员伤亡和经济损失的先例。

2.5 废水、废渣排放

矿山废水、废渣的排放,常造成水资源浪费、水土和空气污染,并引发泥石流、滑坡等地质灾害。根据对现有 179 个重点矿山统计结果,全市矿山废水产出量 1 470.93 万 m³/a。排水量为 763.94 万 m³/a,占产出量的 51.93%。年排水量较大的矿山为煤矿、铝土矿、金矿、钼矿等,分别为 319.7 万 m³、224 万 m³、217 万 m³、17.8 万 m³。年循环利用量较高的有煤矿、金矿、钼矿。

废渣排放包括尾矿、废石(土)、煤矸石、粉煤灰等的排放。全市固体废渣年产出量 445.47 万 t,年排放量 251.4 万 t,累计积存量 3 954.96 万 t。其中金矿、煤矿、钼矿、水泥用灰岩、铝土矿固体废渣年产出量分别为 359.97 万 t、54.43 万 t、19.64 万 t、4.9 万 t、4.61 万 t。金矿、煤矿、钼矿、铝土矿固体废渣年排放量分别为 182.96 万 t、43.69 万 t、19.64 t、3.31 万 t。金矿、煤矿、铝土矿固体废渣年处理量较大,分别为 48.5 万 t、58.72 万 t、3.1 万 t。

2.6 煤矸石自燃

煤矸石自燃,常释放大量 CO、SO_2、NO_2、苯并芘等有害气体,严重污染矿区及周围的大气环境。煤矸石自燃存在于义马、渑池、陕县等地矿区。

3 矿山环境变化趋势分析

根据全市矿山环境有关调查资料和目前矿山环境治理现状,三门峡市灵宝、义马、渑池等地矿区由于历史遗留矿山环境问题较多,存在较严重的灾害隐患,矿山环境较差,保护与治理资金投入明显不足,矿山环境有进一步恶化的趋势。根据《三门峡市矿产资源规划(2001~2010 年)》,渑义煤铝成矿远景区、崤山金矿成矿远景区、小秦岭金矿成矿远景区、卢灵多金属成矿远景区、卢南锑及稀有元素成矿远景区等的勘察、开采,如果矿山环境保护工作得不到足够重视,矿山生态环境进一步恶化势头将难以得到遏制。

4 矿山环境问题防治措施

4.1 矿山环境预防与保护措施

(1)将矿山环境保护贯穿于矿产资源开发全过程,必须坚持"事前预防,事中治理,事后恢复"的原则,按照科学的矿山环境管理系统的要求,做好矿山环境保护与治理工作。

(2)在新建(改、扩建)矿山阶段,坚持矿产资源开发利用与矿山环境保护并重的原则,实行环境一票否决制。应当严格执行矿山环境影响评价制度,新建矿山应向主管部门提交有资质的单位编制的开采矿产资源环境影响评价报告、矿山环境保护与治理的方案及闭坑环境治理效果图。

(3)不得在自然保护区、重要风景区、地质遗迹保护区、历史文物和名胜古迹保护区、大型水利工程设施所圈定的范围等禁采区内新建(改、扩建)矿山;禁止在交通干道两侧的可视范围内露天采矿。

(4)在矿山生产阶段,要完善环境保护与治理管理制度,建立相应的考核制度,遵守和履行矿山环境保护治理责任书面承诺和保证金制度。

(5)应尽快建立闭坑矿山的矿山环境审查制度,明确矿山闭坑的环境达标技术要求。

(6)露天矿山应制定科学合理的开采方案,严格按照设计的剥采比、边坡角进行台阶式开采,限制采面、坡面高度。对露天场危险地段采取坡面喷浆处理,修建防水面,削方减载,减少振动、坡脚堆载、抗滑桩支护措施等,以防崩塌、滑坡灾害危害。

(7)限制开采砖瓦黏土,防止耕地破坏。

4.2　矿山环境恢复治理措施

(1)各级政府和矿山企业要重视矿山环境恢复治理工作,加大环境监督和矿山环境治理资金的投入力度。

(2)对采矿造成的地面塌陷、地裂缝等土地破坏情况进行定量分析和评估,为科学、合理地选择复垦方法、方案及耕地损失补偿等提供决策依据;土地复垦与生态重建要按照"宜平则平,宜深则挖,宜充则填"的原则,因地制宜部署塌陷地区土地复垦工程。

(3)加强土地复垦制度、理论方法和技术的创新。逐步建立和健全科学合理、切实可行的矿业用地制度。

(4)废弃物堆放场的治理,以资源化二次开发利用为重点,固化和绿化为辅。坚持"谁排放谁治理,谁利用谁受益"的原则。

(5)矿井水与废污水利用以煤矿排水为重点,加强矿井水的净化处理,使之符合不同的用水标准,以实现矿井排水资源化。

(6)露采矿山主要进行景观生态治理,以景观恢复和土地资源开发为主。

4.3　政策举措

(1)强化政府领导职能,推进矿山环境保护工作的开展。

(2)完善法规建设,实现依法行政。

(3)加强监督,严格执法,确保各项治理措施的有效落实。

(4)制定系统、科学的保护与治理规划,建立和健全监督监测体系。

(5)建立稳定的投入保障机制,完善奖惩措施,促进综合治理。

(6)依靠科技进步,树立典型示范工程,提高综合防治能力。

(7)加强矿山环境保护的宣传教育,培养公众的环境保护意识,调动社会各方积极性,共同参与做好矿山环境保护与治理工作。

5　结　语

三门峡市矿产资源丰富,目前全市已形成了采、选、冶及其矿产品加工的矿业产业体系。矿产资源开发过程中产生诸多矿山环境问题,给当地生态环境和经济发展带来较大危害。矿山环境与人民群众的根本利益息息相关,关系到经济发展和社会稳定,是构建和谐社会的基础。因此,全市矿业开发应遵循"保护中开发,开发中保护"的原则,将矿产资源开发对环境的负面影响降到最低,改善矿区的生态环境,促进全市资源、环境、经济和社会和谐发展。

参 考 文 献

[1] 王雪峰,赵军伟. 矿山环境问题的对策探讨[J]. 矿产保护与利用,2007(3):46-50.

Sanmenxia City Environmental Research and Protection of Mine Countermeasures

Zhang Wei   Liu Lei

(Geo – environment Monitoring Institute of Henan Province, Zhengzhou   450016)

Abstract: The Sanmenxia City, rich in mineral resources, and mining economy in the city's socio – economic development plays an important role. Mining has brought substantial economic benefits at the same time, irrational exploitation of often produce a series of mining environmental issues. Thus, in the development and utilization of mineral resources, should be considered co – ordination of resources, environment and sustainable development. To minimize the development of mineral resources generated in the process of destruction of the natural environment. In this paper, mining, Sanmenxia City, conducted in – depth study of environmental problems, and the corresponding protection and recovery and management strategies.

Key words: Sanmenxia City, mine environment, research and protection, strategy

地质灾害篇

南水北调中线总干渠Ⅱ段一期工程
地质灾害及防治对策*

张青锁　赵承勇　杨军伟

(河南省地质环境监测院,郑州　450016)

摘　要:南水北调中线总干渠Ⅱ段一期工程,起自沙河南,止于黄河南。该渠段沿线地质环境条件复杂程度为一般—复杂。地质灾害类型主要为滑坡、崩塌、泥石流、地面塌陷、地裂缝地质灾害。工程建设有引发和加剧地面塌陷灾害的可能性,有遭受地质灾害的危险性。工程建设过程中应针对不同的灾害类型采取适当的预防或治理措施。

关键词:南水北调中线一期工程;总干渠Ⅱ段;地质灾害;防治;对策

1　引　言

南水北调中线总干渠是特大型输水建筑物,本段渠为总干渠的Ⅱ渠段,起自沙河南,止于黄河南,沿途经过 11 个县(市、区)。全长 234.748 km,其中明渠长 215.366 km,建筑物累计长 19.382 km(含鲁山坡流槽长 1.505 km)。沿途穿越 131 条大小河流、11 条铁路、157 条公路和 13 条现有灌溉渠道。总干渠上建筑物共计 344 座。在禹州市梁北镇境内三峰山、新峰山一带干渠有两条选线,一条是环绕新峰山修建明渠,一条是修建隧道穿过三峰山(隧道方案渠线长 6.8 km)。渠段起止点设计水位分别为 132.37 m 和 118.0 m,总水位差 14.37 m。渠道过水断面呈梯形状,设计底宽为 13～26 m,设计水深为 7 m,堤顶宽为 5 m。土渠边坡系数为 2.0～3.5,设计纵坡为 1/23 000～1/28 000。年平均调水量 95 亿 m³。工程总量为 21 136.61 万 m³。该段渠道占地 11.72 万亩。本段渠沿线分布有滑坡、崩塌、泥石流、地面塌陷、地裂缝等地质灾害,工程建设可能引发新的地质灾害,工程本身也可能加剧地质灾害的发生,可能会遭受地质灾害的危害,工程建设过程中应针对不同的灾害类型采取适当的预防或治理措施。

2　地质环境条件

本渠段沿线属暖温带大陆性季风气候区,四季分明。多年平均气温 13.6～14.7 ℃。降水多集中在 7、8、9 三个月,占年降水量的 60%～70%。多年平均降水量 616～868 mm,年际和年内降水量不均,易出现旱涝不均现象。多年平均蒸发量为 1473.8 mm。

本渠段经过区内水系较发育,有大小河流 131 条,其中流域面积大于 1 000 km² 的河流有沙河、北汝河、颍河、双洎河 4 条,流域面积 100～1 000 km² 的河流有 6 条(贾鲁河、大

* 本文原载于 2006 年《中国地质灾害与防治学报》第 17 卷第 4 期。

郎河、净肠河、石河、兰河和索河),流域面积 20 ~ 100 km² 的河流有 24 条。除枯河属黄河水系外,其他河流均属淮河水系沙(颍)河支流。河流流量受降水控制,变化极大,大部分属季节性河流,汛期水量丰富,枯水期水量很小或断流干涸。

本渠段沿线区域地貌类型依据地貌形态和成因划分为中低山、山前倾斜平原、河流冲洪积平原。Ⅱ 渠段沿线最高点为鲁山坡山顶,高程 349.7 m,最低点为 Ⅱ 渠段通过新郑市西北的双洎河,河底高程 97.4 m。

本渠段沿线属华北地层区豫西分区渑池—确山小区、嵩箕小区及华北平原分区豫东小区。结合野外地面调查和钻孔揭露,沿线地层有太古宇太华群、下古生界寒武系、上古生界二叠系、新生界新近系、第四系。沿线地表出露的地层绝大部分为第四系松散沉积物,在鲁山坡有震旦系出露,寒武系馒头组出露于大荆山,二叠系上石盒子组出露于新峰山,新近系在交马岭、走马岭一带出露。

本渠段位于中朝准地台豫西断隆的东部。沿线构造以北西向为主。褶皱构造主要有:辛集背斜、李口集向斜、襄郏背斜、禹州—许昌复向斜、新密—新郑复向斜等。主要断裂有:鲁山—漯河大断裂、石桥营断裂、襄城—郏县大断裂、乔楼—白沙断层,汤东断裂和磁县断裂为晚第四纪活动断裂。

本渠段位于豫皖地震构造区。第四纪以来地震活动强度小,频度低。沿线历史上最大地震震级为 6 级,距工程区最近的为 1820 年许昌 6 级地震。据资料记载,Ⅱ 渠段附近历史上发生的震级≥4.75 级,对工作区具有破坏作用或有影响的地震 8 次。依据长江水利委员会编制的《南水北调中线工程沿线地震加速度图》(1:100 万),本渠段沙河南—应河南(包括鲁山县、宝丰县)地震动峰值加速度小于 0.05 g,相当于地震基本烈度小于Ⅵ;应河南—小南河南(包括宝丰县、郏县、禹州市)地震动峰值加速度为 0.05 g,相当于地震基本烈度Ⅵ;小南河南—黄河南(包括禹州市、长葛市、新郑市、中牟县、郑州市、荥阳市)地震动峰值加速度为 0.10 g,相当于地震基本烈度Ⅶ。

本渠段工程地质岩组有:坚硬岩岩组、双层土体、黏性土、砂性土土体。

本渠段按地面至渠底以下 5 m 范围内含水介质的富水性及渗透性,可划分为五个含水层组:太古界片麻岩及新元古界震旦系石英砂岩裂隙含水层组、寒武系岩溶裂隙含水层组、新近系孔隙裂隙含水层组、第四系中上更新统孔隙含水层组、第四系全新统孔隙含水层组。

渠段经过郏县后备水源地,分布在郏县西南部,为特大型水源地,目前没有开采。该水源地为浅层地下水,含水层岩性以砂砾石为主,沿汝河及其两岸呈带状分布,在渠线经过的地带含水层厚度 4 ~ 8 m,含水层底板 106 ~ 110 m,导水系数 1000 ~ 3 000 m²/d。沿渠线浅层地下水的富水性变化较大:汝河河床及其两侧单井涌水量大于 5 000 m³/d,离汝河较近的地带单井涌水量 1 000 ~ 5 000 m³/d,远离汝河地段单井涌水量小于 1 000 m³/d。

工程沿线地下水的补给来源主要为大气降水入渗、河水入渗、灌溉水入渗、地下水侧向补给等。本区地下水总体流向由西向东径流。地下水排泄方式有泉、地下径流、蒸腾、蒸发、人工开采等。沿 Ⅱ 渠段中深层地下水开采量较大的城市为郑州市,其年开采量 0.8亿 m³,枯水期漏斗中心地下水位埋深 94.25 m。

Ⅱ 段渠道自沙河南起至黄河南,途经 11 个县市区,涉及总人口 5 828 人,沿线多为农村耕地。除禹州境内煤矿区人类工程活动强烈外,其他地区人类工程活动一般。

3 地质灾害类型及特征

根据调查资料,该渠段沿线地质灾害类型主要为泥石流、地面塌陷、地裂缝、滑坡、崩塌地质灾害。

3.1 泥石流特征

该渠段沿线发现泥石流 3 处,分别为:沙河河谷型泥石流、张庄河沟谷型泥石流、鲁山坡坡面型泥石流。

(1)沙河河谷型泥石流:在渠线通过的地段,沙河河床宽约 300 m,由于人工挖沙,河床中堆积大量卵砾石,堆积区高出河床一般有 5~6 m,卵砾石砾径一般在 10~30 cm,属河谷型水石流。该泥石流沟穿越沙河渡槽。暴雨季节,河水挟带卵砾石冲刷河岸,毁坏两岸耕地及林地,规模为中型,属中易发泥石流。

(2)张庄河沟谷型泥石流:分布于鲁山坡北坡的张庄附近,张庄河河床宽约 30 m,河床中为砂砾石,卵砾石砾径一般在 5~15 cm,现今没有人工开挖活动,河床中未见明显堆积区,属沟谷型水石流。该泥石流沟穿越渠线。暴雨季节,河水挟带卵砾石冲刷河岸,对两岸耕地造成毁坏,规模为小型,属低易发泥石流。

(3)鲁山坡坡面型泥石流:鲁山坡东坡宽约 1 km、南坡宽约 1 km,在整个 2 km 的地段上有十多条小沟谷,沟谷宽一般 2~3 m,深一般在 1 m 左右,个别沟谷的深度在 3 m 左右。整个鲁山坡坡面上为山前冲洪积物,其成分以砂砾石为主,其中砾石占 70% 左右。该坡面泥石流紧靠渠线。据访问当地村民,此前曾发生过小规模的泥石流现象,冲毁乡村公路和部分耕地,该坡面泥石流规模为中型,属中易发泥石流。

3.2 崩塌、滑坡特征

该渠段沿线发现滑坡 1 处、崩塌 4 处。滑坡位于新峰三矿西,发生于 10 年前,体积约 2 400 m³,为土质滑坡,属小型,毁坏少量耕地。崩塌 4 处,均为黄土崩塌,分别位于沂河河岸(192 m³)、郑州市黄岗寺南冲沟(875 m³)、黄岗寺南冲沟(38.4 m³)、常庄东贾鲁河河岸(1 500 m³)。其中,黄岗寺南冲沟两崩塌和常庄东贾鲁河河岸崩塌紧靠渠线,沂河河岸崩塌距渠线 100 m。这些崩塌规模均为小型,危害对象为公路、村庄、公墓等。

3.3 地裂缝特征

该渠段沿线发现地裂缝 3 条。

禹州市刘峒、董村之间地裂缝为采煤引起,紧靠渠线。2000 年雨季该地因降雨曾引起地表大面积裂缝,最大裂缝长度约 80 m,宽度约 30 cm,造成大量耕地受损,部分居民房屋开裂。现今,裂缝已闭合。

荥阳茹砦地裂缝,距渠线较远,其长 300 m,宽 0.5 m,深 0.7 m,主要毁坏耕地。

须水镇须水村地裂缝,距渠线较远,小型规模,系地下人防工程引起,目前裂缝已闭合(或填埋)。

3.4 地面塌陷特征

该渠段沿线发现地面塌陷 1 处,分布于新峰山北侧,渠线正通过该塌陷范围。塌陷东西长约 4.2 km,南北宽约 1.3 km,地表变化不显著,主要危害居民房屋和耕地。目前仍处于不稳定状态。

4　地质灾害预测

4.1　泥石流地质灾害危险性预测

经过调查本渠段沿线有泥石流灾害3处,分布在鲁山坡东坡(娘娘庙(Ⅱ2+579))—沙河南(郝村(Ⅱ15+000))段。其中鲁山坡东坡为坡面型泥石流,斜坡上的坡洪积物或松散堆积物较多,暴雨时,在水和重力作用下沿斜坡或沟谷流动易形成泥石流;已有水石流主要发生在沙河、张庄北,主要为沟谷型泥石流,如遇暴雨有可能将已有水石流堆积物挟带至下游重新堆积,形成水石流,影响渠道和建筑物的安全。工程建设遭受泥(水)石流地质灾害的危险性中等。

4.2　崩塌、滑坡地质灾害危险性预测

由于深挖方和高填方段多以亚砂土、黏土、砂砾石等松散岩类为主,该松散岩层的内聚力和抗剪强度较小,考虑开挖深度(开挖最大深度38 m)和填方高度(最大填方高度24 m),特别是在降雨条件下,在这些地段进行深挖方和高填方工程时,有引发边坡崩塌、滑坡地质灾害的可能性,威胁施工人员及过往行人的安全和渠道的正常运行,其危险性中等。在三峰山一带,将来开挖隧道可能穿越二叠系砂岩,其岩石破碎。在隧道洞口处岩层临空面较陡,加之岩体破碎,有引发边坡崩塌、滑坡地质灾害的可能性,威胁施工人员及过往行人的安全和渠道的正常运行,危险性中等。

4.3　地面塌陷地质灾害危险性预测

Ⅱ渠段通过Ⅱ70+770—Ⅱ82+056段,该地段煤矿资源较丰富,区内采矿活动强烈,特别是20世纪90年代个体小煤矿的无序开采,使该地区存在较大的采空区,地面塌陷及采煤引起的地裂缝发育,工程穿过矿区段长度约3.8 km。工程建设过程中或工程完工后,由于地表荷载的增加或渠道渗水,有加剧地面塌陷危害的可能性,采空区塌陷可能造成工程的裂缝、渗漏,对工程建设的危害性大。Ⅱ渠段曹庄(Ⅱ98+200)—古城(Ⅱ101+750)段为新峰矿务局一矿采矿影响段,隧道方案将穿越新峰矿务局四矿采煤影响段,观音寺(Ⅱ121+363)—梨园(Ⅱ136+460)段为王行庄煤矿和赵家寨煤矿采矿影响段。未来煤矿的开采活动可能引起该地段发生地面塌陷,将会引起工程本身的裂缝、变形。预测工程建设本身在此两段遭受地面塌陷的危险性大。

在辛集—小店(Ⅱ14+571—Ⅱ22+368)一带,分布有寒武系下统辛集组和馒头组灰岩并富含石膏,岩溶发育,存在小溶洞。在地表建筑荷载作用下,有产生岩溶塌陷的可能性。由于一旦发生塌陷,会对Ⅱ渠段建筑物造成较大危害,工程建设遭受岩溶塌陷地质灾害的危险性中等。

4.4　地裂缝地质灾害危险性预测

采空地面塌陷产生时,一般都伴有地裂缝的产生。贺庄(Ⅱ70+770)—董村店(Ⅱ82+056)渠段为采煤塌陷区;曹庄(Ⅱ98+200)—古城(Ⅱ101+750)段为新峰矿务局一矿采矿影响段,新郑市西王行庄和赵家寨矿区位于观音寺(Ⅱ121+363)—梨园(Ⅱ136+460)未来采煤区,这些地段的采煤活动,均有引起地裂缝的可能。这些地段采煤产生的地裂缝,可能对工程本身造成毁坏。预测工程建设在这些采煤影响区内遭受地裂缝地

质灾害的危险性大。

4.5 地面不均匀沉陷地质灾害危险性预测

本渠段高填方段较多,共有 11 段,填方最大深度达 24 m,填土的密实度和不均匀性,有引发地面不均匀沉陷地质灾害的可能性,进而造成渠道的毁坏,但该灾害的发生与施工措施和填土的密实度及填土的不均匀性有关,只要施工方法正确、填土的密实度达到施工要求,即可减少此种灾害的发生。因此,预测工程建设及完工后有遭受地面不均匀沉陷的可能性,其危险性小。

4.6 地面沉降地质灾害危险性预测

Ⅱ渠段在贾寨(Ⅱ191 +000)—常庄(Ⅱ203 +770)一带,经过郑州市中深层地下水降落漏斗的边缘。考虑郑州市实行地下水计划开采,地下水降落漏斗范围将不断变小,地下水位埋藏深度变浅,引起地面沉降的可能性小。在该段工程建设遭受地面沉降的危险性小。

在郏县西部十里铺一带有郏县县城的后备水源地,受未来水源地开采的影响,有产生地下水降落漏斗的可能性。考虑该水源地为浅层地下水水源地,地下水补给多来自大气降水,补给源较丰富,加上对地下水的合理开采,该水源地地下水降落漏斗引发地面沉降的可能性小。在该段工程建设遭受地面沉降的危险性小。

5 地质灾害防治对策

地质灾害的防治原则是"预防为主,避让与治理相结合",目的是保护地质环境,避免或减少地质灾害所造成的损失。根据Ⅱ渠段沿线地质环境条件、地质灾害种类提出如下防治对策:

(1)工程建设应避开贺庄(Ⅱ70 +770)—董村店(Ⅱ82 +056)段和开挖隧道方案地段采空塌陷、地裂缝影响区,以免造成危害。

工程通过未采矿区(观音寺(Ⅱ121 +363)—梨园(Ⅱ136 +460)段和曹庄(Ⅱ98 +200)—古城(Ⅱ101 +750)段),应促使相应矿区预留足够的安全煤柱,预防地面塌陷的发生。

(2)针对泥石流,张庄河上游可设立拦石坝,鲁山坡可进行小流域的治理,沙河可进行疏通河道,保持河道顺畅,排水顺利。同时,建立监测系统,对沟谷的中上游进行定期监测。

(3)工程建设过程中,严格按照设计要求进行施工,严禁削坡过陡,并做好坡面防护,避免发生滑坡、崩塌灾害。

(4)地面不均匀沉陷灾害的发生与填土的密实度和不均匀性有关,工程建设过程中,严格按照设计要求进行施工,对填土进行碾平、夯实、监测。

(5)地面沉降的发生主要与地下水的长期过量开采有关系。因此,应严格控制渠道沿线的地下水开采,对地下水的开采进行合理规划。

新县花岗岩强风化区滑坡勘查方法研究

商真平　　姚兰兰　　王继华

（河南省地质环境监测院，郑州　450016）

摘　要：强风化的花岗岩地区，风化层厚度不均，滑坡的滑带特征变化较大且存在较多的不稳定因素。本文结合新县新集镇向阳新村滑坡的地形地貌特征、水文及工程地质条件、规模、滑动特征等，在风化花岗岩地区，通过采取钻探、探井、探槽工程及现场动力触探试验、原位剪切试验、大容积重度试验、室内试验等，结合滑坡区工程地质条件，查明了滑坡体的结构特征，并判定出滑坡滑动带呈圆弧状，为滑坡防治工程下一步建立计算模型、防治工程的设计计算提供了充实的科学依据。

关键词：风化花岗岩区；滑坡；地质灾害；勘查

　　大别山位于豫、鄂、皖三省交界处，主要为低山丘陵地貌，区内浅部地层风化强烈，显著特点为碎石土与黏性土混合，黏粒含量高，滞水时间长，在降水条件下，易发生崩塌、滑坡及泥石流等地质灾害。随着人类工程活动的不断增强及人类对原始生态环境、地质环境条件的破坏，各种地质灾害对人民群众的威胁也愈来愈大。

　　新县位于河南省东南部大别山区，据不完全统计，新县城区内及周边地带，散布着崩塌、滑坡地质灾害点上百处，直接对国家财产和人民群众安全构成威胁，一些受地质灾害威胁严重的地方，房毁屋倒，群众被迫搬迁。

1　滑坡变形发展特征

　　新县新集镇向阳新村滑坡位于新集镇向阳路南侧，主要由残坡积土层和全—强风化的中粗粒二云花岗岩体构成，滑坡体长 25.0 m，宽近 50 m，最大厚度 8.0 m，体积约 7 000 m³，为一浅层小型土质滑坡。2001 年 6 ～ 7 月，滑坡体开始出现蠕动变形现象，截至 2005 年 9 月，该滑坡体每年汛期都出现蠕动现象。

　　2002 年 6 月，蠕动变形开始加剧，在滑坡体前缘陡坎上部山坡出现大小裂缝 12 条，裂缝长、宽不等，不均匀地分布在滑坡体上；滑体前缘地面鼓胀，隆起部分高出地面 20 ～ 30 cm，滑坡体前缘东部向前推移 1 m 多，将坡下居民的石砌院墙推倒，挤压其东部房屋山墙使之歪斜，屋内地坪有鼓起变形现象；同时，前缘隆起变形使陡坎坡度加大，产生小型崩塌，将其中间平房南山墙的东部砸出一个宽 1.5 m、高近 2.0 m 的大洞，东边与中间房屋变成危房。

　　2003 年汛期，滑坡体前缘东部再次滑移，将东侧房屋外的厨房彻底冲毁，东边房屋进

作者简介：商真平（1966—），男，河南郑州人，高级工程师，主要从事水文地质、工程地质与环境地质工作。E-mail：szp66518@sina.com，电话：13849193122。

一步倾斜。

2004 年汛期,滑坡体前缘中部发生蠕滑,将其中间平房的西部又砸出一个宽 1 m、高近 2.0 m 的大洞,同时,前缘的挤压变形使傅姓住户院中地坪隆起 30 cm。滑坡体上醉汉林现象进一步加强,除后缘拉张裂缝变长加宽、落差加大外,滑体中前部裂缝增多,裂缝一般宽 10 ~ 30 cm,长 1.5 ~ 8.5 m,可视深度最大达 40 cm。滑坡体前缘隆起影响带内房屋严重开裂,房屋倾斜变形程度加剧,严重威胁住户的生命财产安全。同时,滑坡体尚威胁下游 40 余户居民房屋安全,100 余人被迫迁离。

2 滑坡区地层岩性

2.1 元古界红安岩群(Pt_1h)

(1)卡房岩组(Pt_1k)。岩性为白云钠长片麻岩、浅粒岩,夹白云钠长石英片岩、白云二长片麻岩和榴辉岩。在卡房穹窿的局部地段受混合岩化影响,形成混合片麻岩和稀疏眼球状、条带状混合岩,并以其顶部的浅粒岩与新县岩组分界。

(2)新县岩组(Pt_1x)。以白云斜长片麻岩、白云二长片麻岩为主,夹角闪钠长片麻岩、浅粒岩和石英云母片岩等。在田铺等地,以网脉状白云钠长片麻岩为主,夹大量的榴辉—榴闪岩透镜体,往北为白云二长混合片麻岩夹白云(黑云)斜长片麻岩和浅粒岩。

(3)七角山岩组(Pt_1q)。可分为两个岩性段,上段缺失。七角山岩组下段(Pt_1q^1)岩性以白云钠长石英片岩为主,夹大量(绿帘)钠长阳起片岩和少量的白云石英片岩、浅粒岩。

2.2 岩浆岩

新县在地史时期岩浆活动十分频繁。侵入岩种类比较齐全,超基性、基性、中性、酸性岩均有分布,尤以酸性岩分布最为广泛,其中新县岩体和商城岩体规模最大。各岩体形成时代分别属中条期、扬子期和燕山期。

3 滑坡勘查

在勘查工作布设前,对滑坡区及周边地质环境进行了详细的地面调查及工程地质调绘工作,结合滑坡体的形态特征,布设一条主勘探线,两条辅助勘探线,每条勘探线上布设 3 个钻孔,另设 5 条探槽,9 个探井。

(1)钻探。沿垂直和平行滑坡滑动方向布置 6 条勘探线,设勘探孔 9 个(滑坡后缘布设 3 个,中部布设 3 个,前缘坡底布设 3 个)。根据滑坡体的长、宽度,确定勘探线间距为 9 ~ 15.5 m,勘探点间距为 6 ~ 7 m,孔深应以进入新鲜基岩 3 ~ 5 m 为准,初步设计孔深 15 ~ 25 m。其中:沿滑坡滑动方向布设的 3 条勘探线应接近于滑坡滑动方向(为实测),且 3 个勘探孔应在一条直线上,顺滑坡滑动方向的 3 条断面为实测剖面。

(2)探槽。为查明滑坡体岩土分界线、滑坡体周界分布特征,以及隐伏在表层土以下的滑坡体后缘、两翼的拉张裂缝及剪裂缝,确定滑坡体各部位边界的具体位置,圈定滑坡体范围,设计布置 5 条探槽。

(3)探井。为查明滑坡体后缘及邻近地段风化岩埋深、岩石风化程度和厚度、滑坡体前缘挤压剪出面的剪出角度,并对滑坡体后缘边界进行进一步的确认,设计在滑坡体后缘外布置探井 3 个、滑坡体前沿布置探井 3 个,探井深度以挖穿全风化地层进入强风化基岩 3.0 ~ 4.0 m 为准,设计探井深 5 m。滑坡体前缘探井以查明滑坡体反翘面为准。各探井均应绘制剖面图。

4 试 验

4.1 现场原位试验

(1)动力触探试验。采用 63.5 kg 的重型动力触探测试,连续贯入,记录每贯入 10 cm 的锤击数。根据试验指标结合地区经验进行力学分层,评定土的均匀性和物理性质(状态、密实度)、土的强度、变形参数、地基承载力、单桩承载力;查明滑动面、软硬土层界面的工程地质性质。

(2)现场原位剪切试验。主要适用于滑带土中粗颗粒含量较高或均质地层的滑坡体。设计现场原位剪切试验测试 6 组,其中 2 组天然状态,4 组饱和状态。在残积土中天然状态和饱和状态剪切试验各 1 组,强风化花岗岩中饱和状态剪切试验 3 组,天然状态剪切试验 1 组。设计试验深度:残积土 0.5 m,强风化花岗岩 1.0 ~ 1.5 m。试块尺寸 50 cm × 50 cm × 20 cm,试验设备采用千斤顶、轴排、压力表及百分表等。依据现场条件,现场原位剪切试验的法向应力由堆载平台提供,水平推力的作用线通过剪切面。

(3)现场大容积重度试验。为确定残坡积土和全风化花岗岩的天然容重,设计在强风化花岗岩层及残坡积土中各进行 1 组大容积重度试验,试样尺寸为 50 cm × 50 cm × 50 cm。

4.2 室内试验

根据本工程存在的岩土工程问题,设计进行的室内试验有土的物理性质试验、土的压缩—固结试验、土的抗剪强度试验、岩石单轴抗压试验、水质腐蚀性分析试验等。

5 滑坡特征

5.1 滑坡结构特征

滑坡体主要由上部残坡积土层和下部全风化—强风化的细—粗粒二云花岗岩体构成,向下依次为中等风化、弱风化花岗岩。强风化花岗岩地层厚 3.8 ~ 8.3 m,中等风化花岗岩地层厚 2.1 ~ 8.0 m。

残坡积土层在滑坡体上分布相对较均匀,厚 1.2 ~ 0.2 m,平均厚度为 0.7 m。残坡积土层的分布厚度依地形而变,在较为平缓的台阶平地,厚度较大,在坡度较陡或台阶陡坎处,厚度较小。该层土呈灰褐色,由黏性土、花岗岩全风化土及砂粒混合组成,结构疏松到一般,表层植被发育,土层中含大量植物根系。

下部全风化—强风化的细—粗粒二云花岗岩,呈褐黄色—灰白色—淡红色分布,原岩结构已破坏。上部风化后细粒花岗岩成分要多于粗粒,呈砂土状,经长期地表水渗透,孔隙间多被黏性土充填,向下,颗粒渐变粗,颗粒间被黏性土充填,受上覆地层压密,密实度一般。该层整体上呈块状结构,厚层状产出,含较多风化黏性土,最大厚度大于 14.0 m。

滑坡体前缘受滑坡体下滑前移的挤压,在前缘平面台阶上接近滑坡陡坎前缘处剪出,剪出角度一般在 10°左右,剪出部位在地表形态上呈鼓丘状,最高处达 30 cm。

5.2 滑带特征

经勘查,滑带位于风化的花岗岩体中,由强风化—中等风化地层的软弱层构成,滑动面大体上呈弧形。受地表降水入渗及地下水径流影响,强风化花岗岩体中抗剪强度大大降低,在滑体自重作用下,滑体在该层软弱带中发生剪切蠕滑,并逐步形成滑动带。

通过钻孔勘探可知,滑带土厚度为 0.5~1.0 m,主要为黄褐色—肉红色,很湿到饱和,软塑,以黏性土为主,混杂少许花岗岩。滑动带土层与上覆、下伏的强风化花岗岩地层有明显不同,含水量大,黏性土含量高,结构松软。因此,确定该地层为滑坡体的滑动带。

6 结 语

对新县新集镇向阳新村滑坡进行勘查所布设的勘查手段及工作量,查明了滑坡边界条件、滑坡体的地层岩性组成与滑坡诱发因素间的关系、滑体形态特征及滑带土的特性、降水对滑带土含水量的影响等,通过对勘查结果及室内外试验结果进行综合分析,所获取的有关滑坡的各项参数,完全能满足滑坡下滑段主滑推力、抗滑段抗滑力的计算与分析,滑坡的稳定性评价结果与实际状况相吻合。

参 考 文 献

[1] 常士骠,张苏民,项勃,等.工程地质手册[M].3 版.北京:中国建筑工业出版社,1992.
[2] 中华人民共和国国土资源部.DZ/T 0218—2006 滑坡防治工程勘查规范[S].北京:中国标准出版社,2006.
[3] 中华人民共和国国土资源部.DZ/T 0219—2006 滑坡防治工程设计与施工技术规范[S].北京:中国标准出版社,2006.
[4] 商真平,宋云力,魏玉虎,等.新县新集镇向阳新村滑坡应急治理工程勘查报告[R].河南省地质环境监测院,2005.

长江三峡工程奉节库岸斜坡在蓄水
过程中稳定性分析

魏玉虎[1]　许　模[2]　齐光辉[1]　杨军伟[1]

(1. 河南省地质环境监测院,郑州　450016；
2. 成都理工大学环境与土木工程学院,成都　610059)

摘　要：本文在简述了长江三峡工程库区奉节段的地质和水文地质条件的基础上,对库段内将会出现的地下水渗流场变化进行了三维模拟,并对库岸斜坡在蓄水过程中稳定性的变化进行了充分而深刻的分析、论证和计算,为库区段移民迁建地质灾害防治提供了科学依据。
关键词：奉节库段；地下水渗流场；斜坡稳定

长江三峡工程正常蓄水位为 175 m[1-3],而目前奉节库区段水位变化范围为 80～110 m。随着三峡大坝蓄水的开始,水位将随之抬升,其变幅最大近百米,必然会在很大程度上改变库区斜坡地带水文地质条件,引起地下水运移环境的变化,产生与此相关的诸多环境地质问题,其中水库蓄水后的岸坡坍塌问题尤为重要。

1　研究区段的地质环境背景

奉节县位于四川盆地东部边缘、三峡工程库区中部。研究工作区为移民新迁城址白帝城—老县城—朱衣河河口沿江一带,上界为海拔 340～300 m,下界至长江最枯水位；重点研究限于李家大沟—老龙洞沟间的长江库岸岸坡地带。

研究区位于川东复杂褶皱带东段与大巴山弧形褶皱带交接部位,地形地质条件十分复杂。朱衣背斜、巴务河向斜是工程区内的主要控制性构造,受二者控制,区内地层破碎,次级褶皱发育,并伴生有断层、裂隙及层间错动带等构造形迹。本区断层总体规模较小,以中高倾角断层为主,按其走向可分为以下四组：①NEE 组：走向 61°～75°,倾向以 SE 或 NW 为主,倾角 54°～70°；②NWW 组：走向 280°～290°,倾向 NE,倾角 50°～80°；③NW 组：走向 300°～325°,倾向 NE,倾角 75°～85°；④近 SN 组：走向 340°～19°,倾向 SW 或 NW,倾角 35°～62°。在巴东组第二段黏土岩和第三段泥灰岩中主要发育四组裂隙：①NW 组：走向 300°～340°,倾向以 NE 为主,占 33.4%；②NE 组：走向 40°～80°,倾向 NW 或 SE,占 30.0%；③NEE 组：走向 0°～20°,倾向 NW,占 13.7%；④NWW 组：走向

作者简介：魏玉虎(1974—),男,2002 年 7 月毕业于成都理工大学环境与土木工程学院地质工程专业,现工作于河南省地质环境监测院,主要从事地质灾害治理和地质遗迹保护工作。E-mail: weiyuhu @ 126. com,电话：13693713457。

$275° \sim 295°$,倾向 SW,占 13.7%。在 T_2b^3 软岩层中,裂面多闭合,无冲填居多,有少量方解石或泥质充填;在 T_2b^1、T_2b^3 硬质灰岩、泥灰岩中,裂面多张开充填方解石或泥钙质物。

根据库区地壳结构、活动断裂以及地震等因素综合评判,该地区无近期活动断裂。据中国科学院地球地理研究所资料,本区历史地震震级 Ms < 3。其中以 1964 年 5 月 14 日奉节以东地震(Ms = 2.9 级)强度最大,根据地震烈度区划为Ⅵ度

研究区内主要出露地层为三叠系中统巴东组(T_2b)、下统嘉陵江组(T_1j)及第四系松散堆积层。嘉陵江组(T_1j)地层主要岩性为灰、深灰色薄层、中厚层、厚层块状致密灰岩夹角砾状灰岩、白云质灰岩及含泥灰岩。三叠系中统巴东组(T_2b)地层主要岩性为灰、灰黄色、深灰色灰岩、含泥灰岩、泥灰岩与紫红色及少量灰黄、灰绿色泥岩、粉砂质黏土岩、粉砂岩、细砂岩、钙质砂岩互层。第四系松散堆积层包括冲积层、冲洪积层、残坡积层、崩塌堆积层、滑坡堆积体、泥石流堆积层和人工堆积层。值得提出的是,"七五"、"八五"期间对三峡库区所做的地质工作已证明巴东组是易滑地层。历史上不仅发生过许多大型和巨型滑坡,而且还有众多的中、小型滑坡,同时近期也有滑坡活动。因此,巴东组地层的一些不良工程地质特性及其发育滑坡的特殊机理,是城镇迁建选址以及滑坡治理工作中必须考虑和研究的问题。

研究工作区段接近三峡峡谷区的河谷–岸坡地带,该地库岸斜坡山顶高程达 600 m 以上,一般岸坡高程在 100 ~ 300 m,河谷一、二级阶地发育,三级以上阶地零星分布不连续,由于朱衣河、梅溪河与长江共同作用的结果,本区地貌呈现为:河谷相对开阔,河曲、阶地与漫滩均十分发育,岸坡具明显层状地貌特征。

区内地下水类型主要为孔隙水、碎屑岩类孔隙–裂隙水和碳酸盐岩岩溶裂隙水,分别赋存于第四系松散堆积物的孔隙中,泥灰岩、泥质灰岩和砂岩的孔隙裂隙中和碳酸盐岩溶蚀裂隙或溶洞中。纵观本区周边条件及区内地下水漏头点的动态显示,说明地下水补给均来自大气降水,受气候环境控制,降水过程在时空上分布局部集中,导致大量的地面水流沿冲沟流走,只有少量的水流渗入补给地下水,因为库岸斜坡坡度较大,一般渗入量仅占 5% ~ 15%;区内地面大多是松散的碎石土类和风化的岩体,易于降水下渗,也利于地下水存储,同时也加速了地下水的排泄[4]。

2 库岸地下水渗流场变化

如前所述,库水位的抬升,必然会引起库岸斜坡地下水渗流场的变化,从而引发出一系列新的环境地质问题。因此,有必要模拟出三峡工程蓄水过程中奉节段边坡岩土体内部地下水位的动态变化。

在地质调查的基础上,通过详细的比较,选择具典型代表性的白杨坪沟—桂花井西沟库区段(见图 1)作为研究地段,对三峡水库蓄水条件下岸坡地下水动力场变化进行三维模型试验研究,揭示水库运行后库岸内部地下水动力场的发展动向与趋势。本次模拟主要使用 3D – Modflow 软件[5-7]。模拟结果见图 2 ~ 图 4。

通过比较不同库水位时岸坡内地下水位的分布图可以看出,近水库的岸坡内地下水位随着库水位的抬升而大幅度升高;而远离水库的岸坡(模型的后缘)内地下水位随着库水位的抬升而升高的幅度却逐渐减小,直至无甚变化。以老房子滑坡附近剖面的三个计

图1　模拟区段示意图

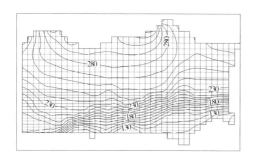

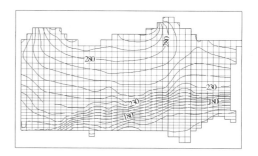

图2　库水位从 80 m 升至 110 m 时地下水位分布　图3　库水位从 110 m 升至 135 m 时地下水位分布

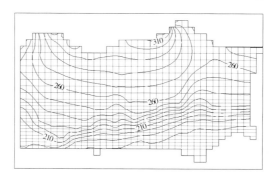

图4　库水位从 135 m 升至 175 m 时地下水流场

算单元(A、B 和 C 单元)为例,其中,A 单元位于近水库岸坡处,即模型的前缘,B 单元位于模型的中部,C 单元则处于模型的后缘。三个单元内地下水位随库水位的升高而变化的状况见表1[8]。

表1　岸坡地下水位随库水位变化比较

库水位(m)	地下水位(m)		
	A 单元	B 单元	C 单元
80	179.0	251.4	280.3
135	190.1	252.4	279.1
175	204.0	256.4	281.3

3　库岸斜坡稳定问题

　　水库库岸稳定性评价既有一般山地斜坡的共性,又有其特殊的一面。其特殊在于它的活动与水库蓄水及库水位的升降有很大的关系。水库的蓄水过程、运行过程中库水位的升降均会引起岸坡地下水位的升降,加上水对软弱面强度参数的削弱等作用,这些都会降低斜坡的稳定性。

　　许多典型的物理地质现象,如老房子滑坡、丝绸厂滑坡、大河沟变形体等,局部或全部位于三峡水库水位变动带上,库水常年渗入渗出松散坡体,不仅有水岩相互作用、动静水压力作用,同时,增强的风浪波、航行波以及冲刷等动外力作用,将引起岸坡稳定性进一步降低,致使坡体有可能以两种方式失稳:一种是前部逐渐小规模破坏,使滑体前部抗滑力降低,从而促使或诱发滑坡整体复活;另一种是在包括物理、化学、力学方面的水岩相互作用以及库水涨落渗透力学和浪蚀等综合作用下,滑体沿老滑面整体复活。无论哪种情况发生,都将直接或间接地危及沿江大道及沿江城市的安全[8]。

　　三峡工程奉节段岸坡稳定性计算共选取了 4 - 4′、6 - 6′、7 - 7′、9 - 9′、10 - 10′、11 - 11′、13 - 13′、14 - 14′等 8 条地质剖面(见图 1),包括除单一的基岩岸坡外所有的库岸边坡类型。其中 9 - 9′地质剖面为老房子滑坡,11 - 11′地质剖面为丝绸厂滑坡,4 - 4′、6 - 6′、7 - 7′、10 - 10′地质剖面代表了浅残坡积岸坡类型,13 - 13′、14 - 14′地质剖面代表了厚残坡积岸坡类型。为了详细了解库岸边坡在库水位从 80 m 涨至 175 m 这个过程中的稳定变化情况,分析计算中考虑了 90 m、100 m、110 m、120 m、135 m、145 m、156 m、165 m 等 8 种工况。限于篇幅,计算结果不再一一罗列,只对结果进行分析。

　　计算结果表明,所选的 4 - 4′剖面至 14 - 14′剖面的稳定性变化总趋势可分为三个类型(见图 5):①在库水位上涨过程中,稳定性虽有起伏变化,但幅度不大,蓄水前岸坡稳定性与蓄水后无太大差异。这类库岸以 4 - 4′剖面为代表。②随着库水位的上升,岸坡的稳定性急剧下降,在蓄水的后期岸坡的稳定性可能会略有回升,但总体呈大幅度下降趋势。这类库岸的典型代表为 6 - 6′剖面、7 - 7′剖面、9 - 9′剖面(上部坡残积物)、10 - 10′剖面和 11 - 11′剖面。③蓄水过程的前期,岸坡的稳定系数随着库水位的上升而下降,蓄水到某一高度后,岸坡的稳定系数随着库水位的上升而增大。这类库岸的典型代表为 9 - 9′剖面(老房子滑坡)、13 - 13′剖面、14 - 14′剖面。

　　在蓄水过程中将有可能失稳的岸坡为 9 - 9′剖面(老房子滑坡)、11 - 11′剖面(丝绸厂滑坡)。其他岸坡的稳定安全性虽然变化不一,但由于其稳定安全裕度均较大,故不存

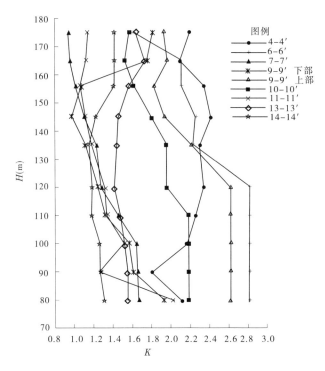

图5　奉节库岸斜坡的稳定系数与库水位关系

在整体失稳的可能性。

老房子滑坡总体地形平缓,前缘滑床反翘构成抗力体,且滑体重心较低,稳定现状较好。计算结果表明,滑体在现在库水条件下(80～110 m)的稳定安全系数为 1.253 0～1.973 2,蓄水至 145 m 时,稳定系数骤降至 0.870 2～0.994 4,此时滑体的整体稳定性已遭到破坏;随着库水位的进一步上升,滑体的稳定性逐步回升,蓄水至 165 m 时,稳定系数为 1.618 7～1.782 3。

丝绸厂滑坡总体地形平缓,前缘坡度约 23°,后缘为一地形平台,地形坡度仅 3°～5°;勘探结果显示其前缘滑床反翘,有利于滑体稳定,目前整体稳定性好。滑坡稳定性计算表明,滑体在现在库水条件下(80～110 m)的稳定安全系数为 1.431 6～2.022 3,随着库水位的上升,滑体的稳定性也逐渐降低,至 156 m 时稳定系数降至最低,为 0.984 4～1.081 0,此时已有可能遭到破坏。之后,稳定性又进一步升高。

需要说明的是,由于所假设滑面(即基覆界面)的 c、φ 值要大于所假设滑体(松散堆积物)的 c、φ 值,故岸坡即使整体是稳定的,在库水作用地带也可能会以局部失稳或剥落分离的形式破坏,从而引起岸坡上部松散堆积体的大规模失稳,危及沿江道路和沿江建筑的安全。

4　结　论

通过上述分析,可以得出以下结论:

(1)在三峡水库蓄水过程中,库水位的变动必然会改变库区斜坡内的地下水渗流场,从而在很大程度上改变库区斜坡的稳定性。因而,只有加深对库区斜坡内的地下水渗流场的研究,才能更加合理地对库区斜坡地稳定性做出分析评价。

(2)库区内斜坡自身的特征(如滑面形态)各不相同,且由于所处的高程不同,蓄水后被库水浸没的程度也不相同,因而在蓄水过程中,各斜坡稳定性最低时的库水位也不一样(如老房子滑坡在库水位为145 m时稳定性最低,而丝绸厂滑坡却在蓄水至156 m时稳定系数最小)。在评价库岸斜坡的稳定性时,只有对库水位的变动考虑得非常充分,才能得出合理的结果。

参 考 文 献

[1] 长江水利委员会.三峡工程技术研究概论[M].武汉:湖北科学技术出版社,1997.

[2] 长江水利委员会.三峡工程水文地质[M].武汉:湖北科学技术出版社,1997.

[3] 长江水利委员会.三峡工程地质研究[M].武汉:湖北科学技术出版社,1997.

[4] 曹宁,许模,胡卸文,等.奉节县新城址库岸斜坡稳定性的环境场效应及灾害风险管理[R].成都水文地质工程地质中心,2001.

[5] Chunmiao Zheng,P Patrick Wang. MT3D – A Mosular Three – Dimensional Multispecies Transport Model [D]. The Hydrogeology Group,The University of Alabama,1998.

[6] 朱冬林.李家峡水电站Ⅱ号滑坡蓄水后长期稳定性评价及治理论证[D].成都理工学院,1997.

[7] M. G. McDonald,A. W. Harbaugh. MODFLOW 三维有限差分地下水流模型[M].郭卫星,卢国平译.南京:南京大学出版社,1998.

[8] 魏玉虎.长江三峡水库奉节新城区库岸斜坡稳定性研究[D].成都理工大学,2002.

The Analysis of Slope Stanility During the Process of Storing Water in Fengjie Sector of the Three – Gorge Hydraulic Project the Yangyze River

Wei Yuhu[1]   Xu Mo[2]   Qi Guanghui[1]   Yang Junwei[1]

(1. Geological Environmental Monitoring Institute of Henan Province, Zhengzhou   450016;

2. Chengdu University of Technology,Chengdu   610059)

Abstract:On the basis of the brief exposition of the geologic and hydrogeologic situations in Fengjie sector of the Three – gorge hydraulic project, the Yangtze River, the article simulate the dynamical change of groundwater level in Fengjie sector, thoroughly and deeply analyses and demonstrates the stability of slope in the sector during the process of storing water. Scientific evidence can be provided for the treatment of geological hazard in Fengjie sector.

Key words:Fengjie sector of the Three – gorge hydraulic project, the seepage flow field of groundwater, the stability of slope

河南省地质灾害发育特征及防治对策

朱中道　甄习春

（河南省地质环境监测总站，郑州　450006）

摘　要：河南省自然地质条件复杂，生态环境脆弱，地质灾害较为发育，主要地质灾害有崩塌、滑坡、泥石流、地面塌陷、地裂缝等。地质灾害具有明显的地域性、多灾并发、灾害集中、人为活动影响程度加剧等特征，已成为制约河南省社会经济发展的重要因素。提高民众地质灾害防范意识，加强地质灾害的监测预报，实行预防为主，防治结合的方针，是目前减少灾害损失的行之有效的措施。

关键词：地质灾害；发育特征；防治对策

1　地质环境背景

河南省地处我国中部，地理坐标为北纬 31°23′ ~ 36°22′、东经 110°21′ ~ 116°39′，总面积 16.7 万 km^2，人口 9 555 万(2001 年)，位居全国第一。河南位于暖温带和北亚热带气候过渡地区，伏牛山脉和淮河干流以南属亚热带湿润、半湿润气候，以北属暖温带干旱、半干旱季风气候。全省多年平均气温在 12.8 ~ 15.5 ℃，多年平均降水量从北往南大致为 600 ~ 1 200 mm，降水多集中在 7、8、9 月三个月。境内有黄河、淮河、海河和长江四大水系，大小河流 1 500 余条。

河南省地貌显著的特点是北、西、南三面为山地、丘陵和台地，东部为辽阔的大平原，山地、丘陵面积 7.4 万 km^2，平原面积 9.3 万 km^2。其地势西高东低，从西向东呈阶梯状下降，由西部的中山、低山、丘陵和台地，逐渐下降为平原。河南省在全国地貌中的位置，正处于第二级地貌台阶向第三级地貌台阶过渡的地带，西部的太行山、崤山、熊耳山、嵩箕山、外方山、伏牛山等山地，属于全国第二级地貌台阶，东部平原和西南部的南阳盆地，属于全国第三级地貌台阶，而南部边境地带的桐柏—大别山构成第三级地貌台阶中的横向突起。

河南省在大地构造上跨华北板块和扬子板块，镇平—龟山韧性剪切带为主缝合线。华北板块由华北陆块和其南缘的北秦岭褶皱带组成，扬子板块为其北缘的南秦岭褶皱带；以栾川—固始韧性剪切带为界分为华北和秦岭两个地层区，秦岭地层区又以镇平—龟山韧性剪切带为界分为北秦岭和南秦岭两个分区。

河南省地层发育较齐全，自太古界至新生界均有出露，岩浆岩也比较发育，分布广泛。根据其岩性岩相特征，划分为五类岩土体建造类型：①松散岩类：广泛分布于平原、盆地及山间河谷地带，根据土的粒度、成分、力学特征分为砾质土、砂质土、黏性土和特殊类土；②岩浆岩类：包括各期侵入岩和喷出岩，主要分布于豫西南山区；③变质岩类：主要分布于豫西南山区;④碳酸盐岩类:分布于豫北、豫南山区;⑤碎屑岩类:主要分布于豫南山区。

根据地下水赋存条件及含水岩组特征,河南省地下水分为三种类型:①松散岩性孔隙水:主要分布在黄淮海冲积平原、山前倾斜平原和灵三、伊洛、南阳等盆地中,面积约12.0万 km^2,地下水主要赋存在第四系、新近系砂、砂砾、卵砾石层孔隙中;②碳酸盐岩类裂隙岩溶水:碳酸盐岩类含水岩组是基岩山区最有供水意义的含水岩组,岩性主要为震旦系、中上寒武系、奥陶系的灰岩、白云质灰岩、泥质灰岩,分布在太行山、嵩箕山、淅川以南山地,在山前排泄地带的有利部位往往形成大泉,如辉县百泉、安阳珍珠泉、小南海泉、鹤壁许家沟泉等,流量都曾在1 000 m^3/h 以上;③基岩裂隙水:系指变质岩和岩浆岩类裂隙含水岩组,分布在伏牛山、桐柏山、大别山区,由花岗岩、片麻岩、片岩、千枚岩、石英岩、白云岩、大理岩组成,地下水赋存在构造质碎带和风化裂隙中,其风化裂隙深度15~35 m,局部达75 m,泉点较多,泉流量一般为5.4~20 m^3/h。

2 地质灾害类型及分布

河南省主要地质灾害有崩塌、滑坡、泥石流、地裂缝、地面塌陷、地面沉降等。

2.1 崩塌

河南省崩塌(见表1)根据其岩性分为黄土崩塌和基岩崩塌两类。

表1 河南省崩塌、滑坡、泥石流分布一览表

所在山系	分布县(市)	崩塌(个)	滑坡(个)	泥石流(个)
伏牛山	卢 氏	12	571	83
	灵 宝	9	386	11
	渑 池	4	29	5
	栾 川	3	5	47
	鲁 山	5	5	47
	洛 宁		382	43
	汝 阳	4	48	24
	西 峡	9	4	23
	南 召	2	2	15 4
	汝 州	6	1	
	内 乡	9	9	15
	方 城	4	2	10
	陕 县	1	11	1
	孟 津	2	9	9
	巩 义	2	8	
	禹 州	1	2	
	三门峡	5	1	5
	登 封	2		

续表1

所在山系	分布县(市)	崩塌(个)	滑坡(个)	泥石流(个)
太行山	济　源	17	44	8
	博　爱	1	13	1
	沁　阳	1	1	2
	卫　辉	2	1	8
	浚　县	2		2
桐柏大别山	桐　柏	6	1	
	光　山	1		
	新　县	1		
	息　县	1		
	罗　山	9	6	8
	商　城	1	2	
合　计		122	1 543	371

　　河南省崩塌的分布具有以下特征:一是分布在洛阳以西的第四系黄土丘陵区;二是分布在基岩山区的脆性地层中,如伏牛山、大别山、太行山等地的基岩崩塌;三是分布在人为工程活动强烈的矿山及边坡陡峭的公路沿线。造成损失较大的崩塌见表2。

表2　河南省近期发生的崩塌及损失情况一览表

发生时间	发生位置	规　模	损失情况
1982 年 7 月	太焦线博爱段	连续 4 次	火车停运 67 h
1983 年 7 月	三门峡库区文东段	400 万 m³	减少耕地 10 万 hm²
1984 年 3 月	栾南公路桦树盘段	崩塌面 1 300 m²	阻断交通 10 天
1987 年 7 月	三门峡市会兴镇	15 万 m³	毁房 431 间,损失 60 万元
1987 年 9 月	息县蒲公山	10⁴ m³	死亡 24 人,伤 4 人
1992 年 8 月	三门峡市实验油厂	崩塌面 300 m²	损失 70 万元
1998 年 7 月	桐柏县鸿仪河	长 300 m	交通中断 20 天
1999 年 3 月	浚县龙岩采矿区		死亡 2 人,伤 3 人,损失 30 万元
1999 年 8 月	巩义市米河镇		死亡 5 人

2.2　滑坡

　　滑坡主要分为黄土滑坡和基岩滑坡两类,其中黄土滑坡占 90% 以上。河南省发生的滑坡集中分布在豫西山区,卢氏、灵宝、洛宁三县(市)滑坡多达 1 339 个,占全省滑坡总数的 85.0%。滑坡的分布与地貌关系密切,在地形陡峻的中低山区、强烈切割的斜坡地带,滑坡较为发育;滑坡的分布还与地层岩性有关,在黄土分布区,尤其是黄土覆盖丘陵区,黄土滑坡占总数的 90% 以上。造成损失较大的滑坡见表3。

表3 河南省造成较大损失的滑坡一览表

发生时间	发生位置	规 模	损失情况
1966 年 5 月	陇海铁路灵宝段	$10^4 m^3$	一列货车颠覆
1972 年 3 月	宜阳 503 厂矿区	7 万 m^3	停产
1975 年 8 月	南召县某工厂		直接损失 190 万元
1978 年	西峡县八迭河村		死亡 5 人
1984 年 9 月	陇海线陕县段		铁路线位移,损失 6 万元
1987 年 11 月	灵宝市大湖峪	40 万 m^3	损失 700 万元
1990 年 4 月	陕县宜村乡南沟村	滑坡面 2 000 m^2	死 5 人,伤 7 人
1992 年 7 月	新乡火电厂		死 9 人,伤 6 人
1996 年 8 月	禹州市三岔口		死 22 人,损失 85 万元
1997 年	栾川县白土乡	长 100 m,宽 60 m	中断交通,毁坏房屋
1998 年 7 月	栾川县门子岭	15 万 m^3	10 余户居民受威胁
1998 年 8 月	卢氏县狮子坪乡	900 万 m^3	中断交通,毁坏房屋
1998 年 8 月	新安县石寺	长 350 m	交通中断数月

2.3 泥石流

河南省泥石流的发育、分布具有明显的规律性。受地形和地质条件制约,河南泥石流多发生在中低山区及黄土丘陵地区,集中分布在伏牛山、小秦岭、太行山、豫西黄土区,这些地区的泥石流沟占河南泥石流总数的 90% 以上,崤山上,嵩山、外方山、王屋山、桐柏山、大别山等低山丘陵区只有零星分布;泥石流也多集中发生在 6 ~ 9 月,丰水年泥石流暴发频繁,具有同一地点多次发生、同一时期多次发生的特点,如栾川县大南沟,1931 ~ 1997年的 66 年中,发生泥石流 8 次,其中 1982 年、1983 年连续两年发生泥石流。

2.4 地裂缝

河南地裂缝发生历史久远,全省史志记载的地裂缝有 21 处;自 20 世纪 60 年代以来省内发生的现代地裂缝有 136 处(不包括人类活动引起的地裂缝),涉及 38 个县(市)。河南省的地裂缝主要分布在山前倾斜平原及东部平原区,且集中成带发育。

从地裂缝发生的时间上看,60 年代全省仅发生 3 条地裂缝,1970 ~ 1979 年有 24 个县(市)发生地裂缝,1981 ~ 1988 年有 12 个县(市)发生地裂缝,1991 ~ 1998 年有 5 个县(市)发生地裂缝,发生最多的是 1970 ~ 1979 年间,其次是 1981 ~ 1988 年间。

1997 年 7 月,濮阳县胡状乡发生 3 条地裂缝,造成居民房屋开裂受损,直接损失达 50 万元;1998 年 7 月,洛宁县东宋乡发生 3 条地裂缝,造成多处房屋、窑洞受损,影响居民生活。

2.5 地面塌陷

河南省地面塌陷主要为采矿产生的地面塌陷,其他地面塌陷时有发生,岩溶产生的地面塌陷极少。河南省煤矿区普遍存在地面塌陷问题,仅国有煤矿矿区地面塌陷面积已达

177.66 km²,其中焦作矿区形成较大塌陷坑 17 个,严重塌陷面积 81.7 km²,最大深度 2.5 m;平顶山矿区形成较大塌陷坑 20 多个,严重塌陷面积 80.13 km²,最大塌陷深度 4.0 m;鹤壁矿区地面塌陷 32.5 km²,最大塌陷深度 6.0 m;义马矿区地面塌陷 0.13 km²,最大塌陷深度 21.0 m;新密矿区地面塌陷 14.5 km²,最大塌陷深度 10.0 m;永城矿区地面塌陷 3.0 km²,最大塌陷深度 3.0 m。地方煤矿塌陷毁地也颇为严重,禹州白庙矿塌陷面积达 0.2 km²,最大塌深 1.9 m;梁洼矿七采区地面塌陷达 0.4 km²;龙门矿因塌陷毁坏耕地 15 亩。

1997 年 8 月,栾川钼矿区因地下采空区过大,造成山脊塌陷,塌陷面积达 3 000 m²,地表下陷最深达 27 m。

2.6 地面沉降

依据有关资料,河南省许昌市、洛阳市、开封市、濮阳市已发生地面沉降。其中许昌市区最大沉降量为 188 mm,沉降面积达 54 km²;洛阳市最大沉降量达 100 mm,沉降中心在涧西区上海市场;开封市最大沉降量达 113 mm,沉降中心位于南关一带;濮阳市近年来也发生地面沉降,平均沉降量 8 mm,最大 23 mm。

3 地质灾害的发育特征

3.1 地质灾害分布具有明显的地域特征

崩塌、泥石流主要分布在豫西、豫北基岩山区,这些地区基岩裸露,构造发育,地表长期处于上升剥蚀状态,物源丰富,遇暴雨极易发生泥石流灾害。豫西黄土丘陵地区则滑坡比较发育,黄土垂向节理较发育,沟谷纵横,加上人类活动的影响(如交通建设、农业水利建设),遇暴雨易诱发滑坡发生;豫东南、豫东北平原是地面沉降、地裂缝集中发育的地区,平原区地下水资源较丰富,地下水开发强度大,尤其是一些城市,开采区集中,形成大范围降落漏斗,导致灾害发生。

3.2 地质灾害具有一地多灾、一灾为主或多灾并发的特征

一地多灾、一灾为主或多灾并发是河南省地质灾害发育的另外一个显著特点。如豫西黄土地区是河南省地质灾害的多发区,不仅滑坡、泥石流发育,而且发育有地裂缝、塌陷等灾害。伏牛山区则以崩塌、泥石流灾害为主;豫北太行山区以地面塌陷为主,崩塌、泥石流、地裂缝也较发育;东部平原区以地裂缝、地面沉降灾害为主。

3.3 灾害发生时间比较集中,暴雨是主要诱发因素

崩塌、滑坡、泥石流等灾害主要集中发生在汛期。每年 5 ~ 9 月,是主汛期,遇特大暴雨,往往形成灾害。如 1958 年、1982 年鲁山石人山区,一次降雨量为 400 mm,引发特大泥石流。

3.4 地质灾害的发育强度地域差异较大

除人为因素外,自然生态环境的状况一定程度上决定了地质灾害的发育强度。豫南桐柏山、大别山区,植被发育,生态环境良好,地质灾害发育强度比较弱;豫西黄土地区,生态环境相对较差,水土流失严重,地质灾害较发育。

3.5 人类活动已成为引发地质灾害的重要因素

人类为了自身生存和发展的需要,不断地对大自然进行改造,如开山修路、砍伐森林、

开发矿产、抽取地下水等,特别是20世纪80年代以来,开发程度更是不断加剧,尤其是不合理的开发活动,势必对自然生态环境造成一定程度的影响,形成地质灾害的隐患。如河南省平顶山、焦作等地煤矿区的地面塌陷、城市地面沉降,交通沿线发生的崩塌、滑坡,主要与人为活动有关。根据初步统计,近年来发生的地质灾害,半数以上与人为活动有关。

4 地质灾害的防治对策

随着经济的发展,人们对工业矿物原料的需求将日益增加,开采量将与日俱增。若不采取必要的措施,任重开发、轻保护的现象延续下去,由此造成的地质灾害将愈演愈烈,各种地质灾害及其危害程度势必将日益加剧。环境保护已刻不容缓,治理整顿必须从现在做起。我们既要金山银山,也要青山绿水。

针对河南地质灾害类型多、分布广、对经济和社会影响大等特点,要做好地质灾害的防治,必须从以下几个方面做起。

4.1 加强防治地质灾害的宣传教育,提高全民防灾意识

我国和河南省有关地质灾害的防治管理办法已相继出台,要加强宣传这些政策法规,推动防灾减灾的社会化,做到深入人心,使人人都认识到防治地质灾害的重要性。要开展国情教育,更新传统观念,增强环保意识,形成良好的社会风尚,建立有效的自我约束和社会监督机制,并使之成为自觉行动,尤其是对缓变性地质灾害要有足够的认识和警惕。

4.2 实施防灾减灾的系统工程,进行综合减灾

防止和减轻地质灾害是一项系统工程,它包括调查、监测、预报、防灾、抗灾、评估、规划等多项工作,这需要政府部门和全社会的关注与支持,要充分发挥科技的先导作用和社会上多部门的协调作用来实施,进行综合防灾减灾。应加快河南省地质灾害严重县(市)的调查区划工作,查清重大地质灾害隐患,建立群测群防网络,逐步建立全省地质灾害预警系统。

4.3 建立地质灾害防灾减灾系统

地质灾害的防治是涉及多部门、多学科、面广量大的综合性工作,减轻地质灾害要从理学(自然规律)、工学(防治的工程技术)和律学(管理的政策法规)几个方面去研究实施。应充分利用GIS、GPS、RS等高新技术,建立地质灾害监测体系和灾情预报系统,并利用已有地质灾害信息网络建成多渠道、多途径的综合信息系统,定量评价地质灾害的稳定性及动态趋势预测,从已知到未知进行分析研究,从中捕捉灾情预警预报工作,做到早防早治,使地质灾害的损失减小到最低程度。

4.4 增加资金投入,实行有效治理

地质灾害治理任务重、周期长、投入大、见效慢,其中资金投入最为关键。据地质灾害经济研究结果显示,地质灾害防治工程的资金投入与产生的经济效益之比为1:20,社会效益、环境效益还不计在其中。资金筹措可通过多渠道、多方式进行,如采用在收取的矿山资源补偿税中抽取一部分作为整治费或直接收取地质灾害防治费,政府补贴一部分等办法来解决,设立地质灾害防治资金,专款用于防灾、减灾和综合治理。重大地质灾害体的治理要与国土开发整治相结合,统筹规划,综合治理。

4.5　依法管理,加强监督机制和管理力度

　　地质灾害防治和环境保护的有关政策法规均已颁布实施,各级环保部门要依法管理,严格执法,坚持"开发利用与保护环境并重"和"谁开发谁保护,谁破坏谁治理,谁利用谁补偿"的方针,实行综合治理。在注重治理的情况下,更重要的是加强防治,将各种灾害消灭在萌芽中或防患于未然,只有标本兼治,才能从根本上达到减轻灾害、改善环境、造福于人类之目的。

基于 AHP 的巩义铁生沟滑坡风险评估

岳超俊[1,2]　　陈广东[2]　　赵振杰[2]

（1.中国地质大学,北京　100083;2.河南省地质环境监测院,郑州　450016）

摘　要:铁生沟滑坡为一危害重大的大型滑坡。本文据对该滑坡的长期监测结果,依据滑坡灾害产生的各种内在因素和外部条件,采用层次分析法建立层次结构模型,计算出滑坡的危险度,提取人口、经济发展及环境指标进行易损度计算,最后综合评价该滑坡属高风险地质灾害。

关键词:铁生沟滑坡;危险度;易损度;风险评估

1　滑坡概况

河南省巩义市铁生沟滑坡位于河南省巩义市夹津口镇铁生沟村,北距巩义市约25 km。巩义至许昌公路(S237公路)近东西向穿越滑坡体(见图1)。滑坡中心点位于东经113°01′52.08″,北纬34°37′28.02″,后缘紧靠平顶山,前缘延伸至原监狱院内,呈北高南低阶梯状下落之势,坡度为15°。滑坡体平面上呈一圈椅状,南北长约340 m,东西宽约330 m,面积近 10×10^4 m²,滑坡体平均厚度约15 m,滑坡体体积约 1.02×10^6 m³,为一大型滑坡。滑坡主要威胁对象包括省道豫31、铁生沟煤矿及近4 000名煤矿职工和铁生沟村民。

2　滑坡危险性评价

2.1　建立层次结构模型

根据铁生沟滑坡的各种资料,按照滑坡灾害产生的各种内在因素和外部条件,提取了与滑坡形成有关的坡度、相对高差、人类活动、岩性和裂缝位移等10个因素作为指标层[1],与指标层的滑坡表面形态、滑坡内部特征和诱发因素建立层次结构模型,如图2所示。

2.2　构建层次分析矩阵

通过对层次结构模型提取的各个影响因素进行分析,选择任意两个评价指标进行比较,将评价指标定义为标度,其标度的意义如表1所示。

参考樊晓一,乔建平等对滑坡各因素的影响对比,确定它们的相对重要性并赋以相应的分值,得判别矩阵为:

基金项目:河南省科技招标[2006]26426号。

作者简介:岳超俊(1965—),男,高级工程师,在读博士研究生。电话:13137703301;地址:河南省郑州市郑东新区金水东路18号河南省地质环境监测院,邮编:450016。

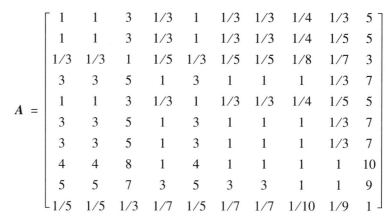

$$A = \begin{bmatrix} 1 & 1 & 3 & 1/3 & 1 & 1/3 & 1/3 & 1/4 & 1/3 & 5 \\ 1 & 1 & 3 & 1/3 & 1 & 1/3 & 1/3 & 1/4 & 1/5 & 5 \\ 1/3 & 1/3 & 1 & 1/5 & 1/3 & 1/5 & 1/5 & 1/8 & 1/7 & 3 \\ 3 & 3 & 5 & 1 & 3 & 1 & 1 & 1 & 1/3 & 7 \\ 1 & 1 & 3 & 1/3 & 1 & 1/3 & 1/3 & 1/4 & 1/5 & 5 \\ 3 & 3 & 5 & 1 & 3 & 1 & 1 & 1 & 1/3 & 7 \\ 3 & 3 & 5 & 1 & 3 & 1 & 1 & 1 & 1/3 & 7 \\ 4 & 4 & 8 & 1 & 4 & 1 & 1 & 1 & 1 & 10 \\ 5 & 5 & 7 & 3 & 5 & 3 & 3 & 1 & 1 & 9 \\ 1/5 & 1/5 & 1/3 & 1/7 & 1/5 & 1/7 & 1/7 & 1/10 & 1/9 & 1 \end{bmatrix}$$

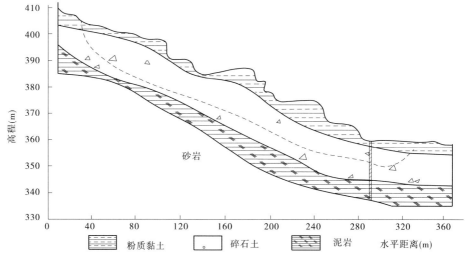

图1　滑坡剖面示意图

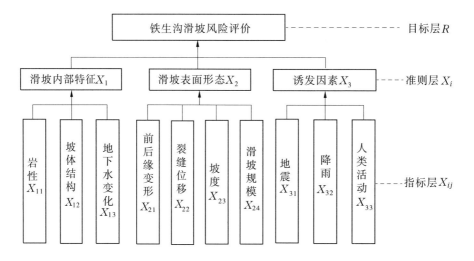

图2　铁生沟滑坡危险度评价的层次结构模型

表1 标度的意义

标度 a_{ij}	意义
1	X_{ij} 与 X_{ik} 影响相同, $i = 1,2,3$
3	X_{ij} 较 X_{ik} 影响较强, $i = 1,2,3$
5	X_{ij} 较 X_{ik} 影响强, $i = 1,2,3$
7	X_{ij} 较 X_{ik} 影响很强, $i = 1,2,3$
9	X_{ij} 较 X_{ik} 影响绝对强, $i = 1,2,3$
2,4,6,8	X_{ij} 较 X_{ik} 影响之比在上述两个相邻的等级之内, $i = 1,2,3$
1,1/3,…,1/9	X_{ij} 较 X_{ik} 影响之比与上述说明相反

2.3 矩阵计算以及一致性分析

根据矩阵计算公式,对判别矩阵进行矩阵分析,可得归一化的特征向量为:

$$\omega = (0.054\ 0.051\ 0.025\ 0.127\ 0.051\ 0.127\ 0.127\ 0.170\ 0.252\ 0.015)^T$$

可得最大特征向量:

$$\lambda_{max} = \frac{1}{n} \sum_{i=1}^{n} \frac{(A_\omega)_i}{\omega_i} = 10.4$$

对铁生沟滑坡进行一致性分析,以此来验证层次分析法对铁生沟滑坡进行灾害危险性分析的合理性:

$$I_c = (\lambda_{max} - n)/(n - 1) = (10.4 - 10)/9 = 0.044$$

$$R_c = I_c/I_n = 0.044/1.49 = 0.03 < 0.1$$

式中, R_c 为一致性比率,当 $R_c < 0.1$ 时,认为不一致程度在允许范围内; λ_{max} 为一致性矩阵的最大特征值; n 为成对比较因子的个数; I_n 为随机一致性指标,可以通过表2确定。

表2 随机一致性指标 I_n 值

n	1	2	3	4	5	6
I_n	0	0	0.58	0.9	1.12	1.24
n	7	8	9	10	11	
I_n	1.32	1.41	1.45	1.49	1.51	

2.4 铁生沟滑坡的危险度

矩阵通过了一致性检验,特征向量 ω 可作为权向量。根据野外调查和资料分析,将准则层的各个判别因子,依据成都山地所乔建平研究员提出的滑坡危险度判别指标,对铁生沟滑坡的危险度判别因子进行评判,并对判别因子的作用指数按 $0 \sim 1$ 级进行量化,具体的判别标准及作用指数如表3所示。

由此建立典型滑坡危险度的判别公式:

$$G_s = \sum_{i=1}^{n} \omega_i I_i$$

式中,G_s 为滑坡的危险度;ω_i 为判别因子的权向量;I_i 为判别因子的作用指数。

由上可得:

$$G_s = \sum_{i=1}^{n} \omega_i I_i = 0.584$$

表3 滑坡危险度判断因子及其作用指数

判断因子	特征	作用指数
前后缘形变	前缘挤压变形,出现拉张裂缝和羽状剪切裂缝;后缘裂缝已成逐渐连通趋势,但尚未形成整体破坏	0.6
裂缝位移	最初缝宽 1~2 mm,监狱一带缝长 70 余 m,至 2003 年 12 月 26 日,裂缝迅速扩张至 300 mm,长 110 余 m	0.6
地下水变化	坡体不同海拔上有多处间歇地下水出露,地下水主要受大气降水补给,另外老滑坡后缘的水田蓄水和监狱医院排导不畅的生活用水入渗也是地下水的补给源	0.4
滑坡规模	坡体平面上呈一圈椅状,南北长约 340 m,东西宽约 330 m,面积近 10×10^4 m²,滑坡体平均厚度约 15 m,滑坡体体积约 1.02×10^6 m³,为一大型滑坡	0.1
坡度	强烈变形区后缘高程 835~840 m,前缘高程 780~815 m,相对高差约 65 m。具有较优势的临空面,稳定条件较差	0.5
地层岩性	黄褐色黏土或灰褐色粉质黏土夹碎块石、滚块石组成,堆积物结构松散,透水性较强。前缘厚度较小,为 3~10 m,中后部厚度较大,为 30~40 m,属于易滑地层岩性	0.7
坡体结构	结构松散且变化较大,孔隙度大,局部甚至架空,故渗水性强,力学性质较差,这种结构也为滑坡的发生提供了基础条件	0.6
地震情况	由于该区属多组不同向构造的交会地带,因此属地震活动较强烈的地区	0.6
降雨量	多年平均降水量 1 249.39 mm,日最大降雨量 108.5 mm	0.8
人为活动	主要为修建房屋建筑、修筑公路和少量的土地开垦利用	0.2

2.5 铁生沟滑坡易损度

2.5.1 人口密度指标

根据实际资料可知滑坡影响铁生沟下方省道、4 000 余名职工与居民、铁生沟煤矿的安全。初步定义人口密度 P 为 300 人/km²。

2.5.2 经济发展指标

铁生沟滑坡一旦整体滑动,将对该范围内土地和设施造成毁灭性的破坏,直接经济损失将达 2 500 万元。交通将被阻断,滑坡的危害是十分严重的。

结合当地实际经济发展指标,包括建筑资产、交通设施和生命线工程,易损度指标将达 2 900 万元。

2.5.3 环境指标

在环境指标中暂主要考虑土地资源,可得其价值为:

$$E = \sum_{i=1}^{4} B_i \times \frac{A_i}{10\,000} = 2\,500(万元)$$

式中，E 为环境易损度指标中的土地资源价值，万元；B_i 为各类土地资源基价，元/m²；A_i 为各类土地资源的面积，m²；i 为土地类型，$i = 1,2,3,4$。

2.5.4 易损度计算

易损度（D）包括经济发展指标和环境指标，合计达 5 400 万元

参考了刘希林，莫多闻提出的关于泥石流分析的"转换赋值函数"[2]，对人口密度指标和经济发展指标进行数值转换，得到下面的函数关系式：

$$F(D) = 1/\{1 + \exp[-1.25(\lg D - 2)]\}$$
$$= 1/\{1 + \exp[-1.25(\lg 5\,400 - 2)]\} = 0.897$$
$$F(P) = 1 - \exp(-0.003\,5P) = 0.650$$

再根据易损度与财产和人口之间的关系，得：

$$V = \{[F(D) + F(P)]/2\}^{0.5} = 0.879$$

式中，V 为滑坡的易损度，0~1；$F(D)$ 为财产指标 D 的转换函数赋值，0~1；$F(P)$ 为人口指标 P 的转换函数赋值，0~1。

2.6 铁生沟滑坡风险评价

最后对滑坡进行风险评价，可得其量化指标为：

$$H_P = G_s \times V = 0.584 \times 0.879 = 0.513$$

式中，H_P 为滑坡防灾优先指数，0~1；G_s 为区域滑坡危险度，0~1；V 为滑坡的易损度，0~1。

参考滑坡级划分方法（见表4），铁生沟滑坡属于高风险。

表4　滑坡风险等级表

量化指标 H_P	风险等级
$0.00 < H_P < 0.04$	较低风险
$0.04 < H_P < 0.16$	低风险
$0.16 < H_P < 0.36$	中等风险
$0.36 < H_P < 0.64$	高风险
$0.64 < H_P < 1.00$	极高风险

7 结 论

以上结果表明，铁生沟滑坡经过长期变形破坏，已经形成了高风险状态，对滑坡附近的居民、建筑及车辆构成极大威胁，单一的底部抗滑桩难以满足滑坡整体治理的要求。从历史监测情况看，采取避让的措施应当比较符合经济安全的角度，建议长期对铁生沟滑坡进行位移变形监测，做好滑坡防灾减灾预案，从"以人为本"的角度出发，尽可能减少滑坡灾害造成的损失。

参 考 文 献

[1] 滕继东,任兴伟,刘永林.基于 AHP 法的地质灾害影响因素权重的确定[J].中国水运(理论版),2007(4).

[2] 刘希林.我国泥石流危险度评价研究[J].自然灾害学报,2002.

[3] 张业成,张梁.地质灾害灾情评估理论与实践[M].北京:地质出版社,1998.

AHP – Based Risk Assessment of Tieshenggou Landslide

Yue Chaojun[1,2]　　Chen Guangdong[2]　　Zhao Zhenjie[2]

(1. University of Geosciences, Beijing　　100083 ;

2. Geo – environmental Monitoring Institute of Henan Province, Zhengzhou　　450016)

Abstract:Tieshenggou landslide is a large scale landslide with huge potential danger. On the basis of long term observation, according to the inherent geological factors and triggering conditions, an analytical hierarchy model was established by means of AHP method, thus the danger intensity of the landslide was obtained. Vulnerability concerning the landslide was calculated by referring to the factors such as population , economic development and environment. Taking into account the above calculation results, we can get the conclusion that the risk level of the landslide is high.

Key words:tieshenggou landslide, intensity of danger, intensity of vulnerability, risk assessment

河南省汛期地质灾害预警的 BP 神经网络模型及应用

李　华[1,2]　吴俊俊[3]　李长发[4]　徐恒力[1]

（1.中国地质大学环境学院,武汉　430074;
2.河南省地质环境监测院,郑州　450016;
3.中南大学资源与安全工程学院,长沙　410083;
4.河南省地质矿产勘查开发局第一地质调查队,洛阳　471023）

摘　要:根据诱发地质灾害的内外因素建立地质灾害预警模型,评价河南省地质灾害的危险性。选取地形地貌、地质构造、岩土体类型、植被分布、水土流失、降雨和人类生产活动7个影响地质灾害的因素,建立了地质灾害预警的BP神经网络模型。根据监测数据进行训练和检验后,采用该模型对河南省汛期地质灾害进行预测,发现预测结果与实际情况基本一致。研究表明,建立的BP神经网络模型作为一种灾害预警的探索和尝试,具有一定的适用性和推广价值,可以作为地质灾害危险性评价预测方法的补充。

关键词:环境科学技术基础学科;地质灾害;人工神经网络;灾害预测;BP算法

中图分类号:X82　**文献标识码**:A　**文章编号**:1009-6094(2010)

1　引　言

　　河南省由于地貌复杂,气候条件复杂多变,构造发育、地质作用比较频繁,是全国地质灾害多发省份之一。特别是在汛期,地质灾害具有突发性和群发性的特点,主要包括崩塌、滑坡、泥石流[1]和洪水侵蚀等。地质灾害具有分布面积广、发生频率高及经济损失大等特点。影响地质灾害发生的因素很多,但降雨是最主要的诱发因素,雨季突发性地质灾害占全年地质灾害的90%。因此,开展汛期地质灾害预警研究具有重要意义。

　　地质灾害预警可分为时间预警、空间预警和强度预警[2]。地质灾害预警日益受到各国关注和重视,在研究方法上也有了很大进展,引入了遥感、地理信息系统(GIS)以及数学、力学、非线性科学等一些新的理论、技术和方法。地质灾害预警中使用较多的方法包括监测预报法、汛期气象预报法、数理统计预报法、非线性系统理论预报法和地球内外动力耦合法等[3,4]。人工神经网络是由大量的基本元件——神经元相互连接,通过模拟人的大脑神经处理信息的方式,进行信息并行处理和非线性转换的复杂神经网络系统。神经网络擅长处理知识背景不很清楚,经验不足,模糊、随机的大量信息,特别是在处理非线

作者简介:李华,硕士研究生,从事地质灾害调查、评估、监测、预报、防治及矿山地质环境治理研究工作;徐恒力,教授,博士生导师,从事地下水资源评价与系统分析、地质灾害预测与防治、地质生态学研究工作。

性问题方面有很强的自学习能力和自适应能力,在自然科学和社会科学的很多领域得到了很好的应用。

　　本研究基于人工神经网络理论,针对河南省地质灾害发生特点并采集整理降雨数据,建立了河南省主要地域汛期地质灾害预警的 BP 神经网络模型,并对模型的预测结果进行了验证。

2　BP 神经网络计算理论

2.1　人工神经网络模型

　　人工神经网络(Artificial Neural Network,ANN)根据其互联模式可以分为前向型网络、反馈型网络、自组织网络等几大类[5]。采用神经网络解决实际预测问题时一般需要 4个步骤:①根据所研究问题选取合适的网络拓扑结构;②建立训练样本集和期望输出(即输入向量和目标向量);③设置网络参数,满足一定误差要求,直至结果最终收敛;④用完成训练的神经网络进行预测。

2.2　神经网络的拓扑结构和参数选择

　　本研究采用前向网络中 BP 神经网络作为地质灾害预测的基本模型。前向网络中神经元分层排列,分别组成输入层、隐含层和输出层。每一层的神经元只接受来自前一层神经元的输入,后面的层对前面的层没有信号反馈,且同层各单元没有直接连接。在计算过程中,输入值从输入层单元向前逐层传播,经过隐含层得出输出结果。

　　隐含层的层数和神经元数目常需要通过设计者的经验和多次试验来确定。对于任何一个在闭区间内连续的函数都可以用单隐层(网络为 3 层拓扑结构)的 BP 神经网络逼近,因此隐含层的层数一般为1。隐含层神经元数目则通过多次训练来确定。

2.3　神经网络训练模式的确定

　　BP 神经网络在网络训练中采用误差方向传播训练方法(即 BP 算法)。BP 算法基于最小二乘算法,采用梯度搜索技术,使网络实际输出值与期望输出值的误差均方值最小。BP 算法的学习过程由正向传播和反向传播组成。

2.4　学习样本的归一化处理

　　选取的样本是否有代表性直接决定了神经网络学习的准确性,选取的样本越有代表性,网络的容错性越好。采用 logsig 函数作为神经元的传递函数,其输出范围是(0,1),因此在网络输入数据之前必须对样本数据进行归一化处理。

　　可以采用两种处理方法,一种处理方法的数学表达式为

$$x = \frac{X - X_{min}}{X_{max} - X_{min}} \tag{1}$$

　　另外一种是采用 MATLAB 内置的归一化函数 mapminmax( )进行处理,即

$$x = \text{mapminmax}(X, 0, 1) \tag{2}$$

式中,X 为样本原始数据;x 为归一化后的样本数据;X_{max} 和 X_{min} 分别为样本原始数据中的最大值和最小值。

　　0 与 1 是响应函数的上下极限值,不宜作为输入输出的实际值使用,可将输入输出值限定在 0.1 ~ 0.9,采用下面的数据处理公式

$$x = 0.1 + 0.8 \times \frac{X - X_{\min}}{X_{\max} - X_{\min}} \tag{3}$$

或

$$x = \mathrm{mapminmax}(X, 0.1, 0.9) \tag{4}$$

2.5 学习速率的调整

一般是针对特定问题,凭借主观经验和试验结果来调整学习速率。在神经网络模型求解的迭代过程中,若新的误差大于原来的误差,学习速率减小;如果新的误差小于原来的误差,学习速率增大,从而保证以最大学习速率来逼近网络的目标误差。

3 汛期地质灾害发生机制及评价指标体系

3.1 汛期地质灾害发生机制

研究表明,降雨下渗进入山坡时,在渗透障(多数情况下是覆盖物的基底)之上的一个饱和带内积累。孔隙水压力增大将引起有效荷载应力增大,斜坡组成物的剪切强度减小,导致发生滑坡。在降雨引起孔隙水压力增加之前,斜坡组成物的毛细孔隙中已充填了充足水分,抵消了干燥土壤的吸水性。因此,需要对地质灾害易发区进行前期降雨观测。斜坡都存在一个临界降雨量,当饱和带内滞留的降雨量超过这个临界值,就会导致地质灾害的发生,并且不同地质、地貌和水文地质的斜坡发生地质灾害的临界降雨量不同。

3.2 评价指标体系

由降雨诱发的突发性地质灾害是一个复杂的,包括各种相互作用的因素的耗散系统,具有自组织临界性。确定影响地质灾害的指标时必须考虑各种地质环境因素和诱发因素,建议根据地质灾害发生时的历史降雨量、降雨强度、降雨持续时间与地形地貌、地质构造、岩土体类型、植被、水土流失、人类生产活动等要素的关系建立耦合模型,并按照行政区划统计地质灾害的分布。

《国土资源部和中国气象局关于联合开展地质灾害气象预报预警工作协议》将地质灾害气象预报预警分为5个等级。为了更简单地表明灾害的危害程度,本研究将灾害分为4个等级,即Ⅰ级—无危险;Ⅱ级—弱危险;Ⅲ级—中等危险;Ⅳ级—强危险。

根据气象部门未来24 h的降雨预报数据,结合前期实际降雨数据和各地质灾害区的临界降雨量,分析降雨诱发地质灾害的空间范围及可能性,并依据地质灾害预警的BP神经网络模型进行分析和预测,对可能发生的危险区域进行预警。

4 地质灾害预警的BP神经网络模型的建立和应用

4.1 河南省地质灾害概况

2000~2005年,在全省范围(16.70万 km²)内有21个县(市)开展了"县(市)地质灾害调查与区划"工作,同时也开展了其他一些地质灾害调查工作。发现并记录突发性地质灾害点1 467个,其中滑坡810处,占55.2%;崩塌387处,占26.4%;泥石流270处,占18.4%。在各类地质灾害中,崩塌和滑坡以小型为主,泥石流以小型和中型为主(见图1)。尽管缺乏一些地区的地质灾害调查数据,但从全省来看,记录的这些地质灾害基本反映了河南省突发性地质灾害的分布规律。采用MAPGIS空间分析功能分析地质灾害与其影响要素的关系,并按行政区划对灾害的分布进行统计,以期为地质灾害的预警区划和预警建模奠定基础[6-9]。

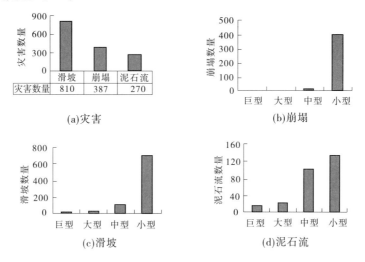

(a)灾害

(b)崩塌

(c)滑坡

(d)泥石流

图1　河南省地质灾害分布直方图

4.2　地质灾害评价指标的选取和预测模型的建立

评价指标应真实、全面地反映地质灾害的影响因素。评价指标不宜过多,过多时其权重难以确定,网络的训练效果不好;指标也不能太少,太少时可能会丢失重要影响因子,造成评价失真[10-12]。因此,要合理选择有代表性的评价指标,并要考虑其权重。本研究选取地形地貌、地质构造、岩土体类型、植被分布、水土流失、降雨和人类生产活动作为评价指标,建立了汛期地质灾害预警的BP神经网络模型(见图2)。模型输入层神经元个数即评价指标数为7。

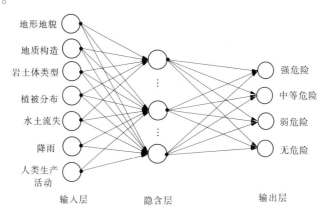

图2　地质灾害预警的BP神经网络模型

学习样本在训练前需进行归一化处理,使其各元素在[0.1,0.9]范围内,以使网络能快速收敛。输出层与灾害分级(无危险、弱危险、中等危险和强危险)对应,即输出层的神经元数目为4。地质灾害危险程度级别对应的目标样本见表1。

表1 地质灾害分级与目标样本的对应关系

地质灾害危险程度级别	对应目标样本描述
Ⅰ级	0 0 0 1
Ⅱ级	0 0 1 0
Ⅲ级	0 1 0 0
Ⅳ级	1 0 0 0

隐含层神经元数目(n_1)为

$$n_1 = \sqrt{n+m} + a \tag{5}$$

式中,m 为输出神经元数;n 为输入神经元数;a 为 $[1,10]$ 之间的常数。

试算表明,隐含层神经元数目为 15 时网络性能良好,收敛速度快,因此建立了 7-15-4 的神经网络灾害预测模型(见图2)。

根据学习样本的构成原则将原始数据进行归一化处理,得到学习样本(见表2)。网络的输出误差精度取 $\varepsilon = 0.000\ 001$,训练网络,发现其表现性能很好(见图3),绝对误差在 1×10^{-3} 以内(见图4),此时网络的输出比较精确并符合预测模型的需要。

表2 地质灾害预警的BP神经网络模型的训练样本

样本号	样本数据							目标输出(危险程度)
	地形地貌	地质构造	岩土体类型	植被分布	水土流失	降雨	人类生产活动	
1	0.325 2	0.153 7	0.783 6	0.432 1	0.214 5	0.357 5	0.915 5	0 1 0 0
2	0.297 0	0.212 4	0.832 4	0.357 8	0.256 9	0.412 1	0.775 7	0 1 0 0
3	0.353 3	0.162 6	0.697 1	0.332 1	0.265 2	0.376 6	0.832 1	0 1 0 0
4	0.212 6	0.193 2	0.445 7	0.386 4	0.221 1	0.391 7	0.723 6	0 0 1 0
5	0.128 1	0.233 2	0.572 3	0.367 7	0.225 6	0.345 2	0.554 7	0 0 0 1
6	0.634 8	0.132 3	0.673 7	0.424 4	0.350 1	0.375 5	0.932 2	1 0 0 0
7	0.691 1	0.143 2	0.576 3	0.360 9	0.290 7	0.392 2	0.911 5	1 0 0 0
8	0.100 0	0.252 5	0.665 3	0.345 6	0.276 9	0.367 7	0.622 1	0 0 0 1
9	0.860 0	0.254 6	0.617 8	0.310 3	0.330 3	0.398 3	0.897 1	1 0 0 0
10	0.212 6	0.162 2	0.661 8	0.411 3	0.287 4	0.412 3	0.775 7	0 0 1 0
11	0.100 0	0.233 2	0.575 7	0.390 7	0.267 4	0.432 9	0.664 2	0 0 0 1
12	0.212 6	0.143 5	0.497 5	0.440 7	0.201 1	0.442 0	0.745 2	0 0 1 0
⋮	⋮	⋮	⋮	⋮	⋮	⋮	⋮	⋮

　　以河南省信阳市 2004 年的地质灾害数据为研究对象,其地质灾害影响指标归一化后的输入样本见表 3。模型预测结果为(0 0.995 2 0.008 3 0),非常接近(0 1 0 0)的危险程度级别的识别指标,其绝对误差的数量级低于 0.01,可以作为模式识别预测的判别标准,基本认定 0.995 接近 1,0.008 接近于 0。预测得到的地质灾害等级为 Ⅲ 级,信阳市为中等危险区,这与地质灾害的实际危险级别相符。

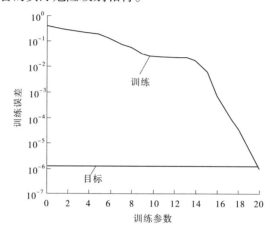

图 3　地质灾害预警的 BP 神经网络模型训练参数图

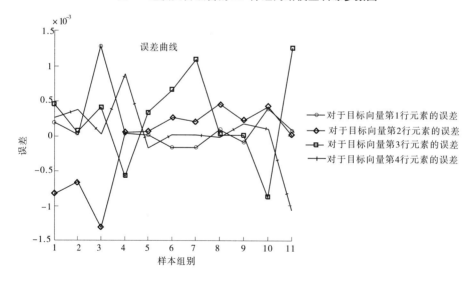

图 4　地质灾害预警的 BP 神经网络模型训练误差

表 3　2004 年信阳市地质灾害影响指标的输入样本

地市	样本数据							
	地形地貌	地质构造	岩土体类型	植被分布	水土流失	降雨	人类生产活动	实际灾害危险程度
信阳	0.221 3	0.133 7	0.503 2	0.422 1	0.234 5	0.397 5	0.747 6	中等危险

　　对汛期的地质灾害数据进行典型性参考分析,根据地质灾害预警的 BP 神经网络模

型并结合 GIS 技术,按照地质灾害危险程度级别分别标识,得出河南省汛期地质灾害气象预警区划图。

5 结 论

根据河南省汛期地质灾害数据,建立了地质灾害预警的 BP 神经网络模型,采用模式识别思想对河南省地质灾害的危险性进行了预测,并对信阳市的地质灾害进行了验证。实例验证表明,该方法具有一定的可行性。将各种数值模拟计算方法与完善的 GIS 系统、实时检测数据相结合,并采用高性能计算机群进行并行计算和处理,将是一种有益的科学尝试。

参 考 文 献

[1] Yun Xiaosu. The theory and practice of geological hazards assessment in national important engineering [M]. Beijing: Geological Publishing House, 2008: 3-4.

[2] Liu Chuanzheng. Study on the early warning methods of landslide – debris flows[J]. Hydrogeology and Engineering Geology, 2004, 31(3): 1-6.

[3] Xu Zhiwen. Proposing the frame and measures for prevention and cure system of geological disasters in Sichuan Province[J]. Geology and Prospecting, 2006, 42(4): 97-102.

[4] Chen Ping, Cong Weiqing. Construction of the geological hazard meteorogical warning system in Hunan Province supported by GIS[J]. Journal of Chengdu University of Technology, 2006, 33(5): 532-535.

[5] Ge Zhexue, Sun Zhiqiang. Neural Network Theory and MATLAB R2007 Implementation [M]. Beijing: Publishing House of Electronics Industry, 2007.

[6] Liu Chuanzheng. A new thought of surveying, monitoring and forecasting for geologic hazards in the there – gorges on Changjiang River[J]. Journal of Engineering Geology, 2001, 9(2): 121-126.

[7] Liu Chuanzheng. Study on forecasting warning engineering of geo – hazard system[J]. Hydrogeology and Engineering Geology, 2000, 27(4): 1-4.

[8] Liu Chuanzheng. Study on the early warning of the abrupt geo – hazards[J]. Hydrogeology and Engineering Geology, 2001, 28(2): 1-4.

[9] Liu Chuanzheng, Li Tiefeng. A method by to analyse four parameters for assessment and early warning on the regional geo – hazards[J]. Hydrogeology and Engineering Geology, 2004, 31(4): 1-8.

[10] Xiang Xiqiong, Huang Runqiu. Application of GIS – based artificial neural networks on assessment of geo – hazards risk[J]. The Chinese Journal of Geological Hazard and Control, 2000, 11(3): 23-28.

[11] Lü Yuanqiang. The study and estimation of fatalness of geologic hazards of Ankang – Xunyang – Shuhe Highway[D]. Xi'an: Chang'an University, 2005.

[12] Lü Yuanqiang, Lin Dujun, Luo Weiqiang. Study on artificial NN method for forecast and risk assessment of regional geologic hazard[J]. The Chinese Journal of Geological Hazard and Control, 2007, 18(1): 95-99.

BP Neural Network Model and its Application to
the Geological Hazard Warning in Henan

Li Hua[1,2]   Wu Junjun[3]   Li Changfa[4]   Xu Hengli[1]

(1. School of Environmental Studies, China University of Geosciences, Wuhan   430074

2. Geological Environment Monitoring Institute of Henan Province, Zhengzhou   450016,

3. School of Resources and Safety Engineering, Central South University, Changsha   410083;

4 No. 1 Geological Surveying Party, Henan Bureau of Geology and Mineral Exploration

and Development, Luoyang   471023)

Abstract: The given paper takes as its aim to introduce a discriminative analysis and forecast model intended to give warnings and predictions of geological hazards known as BP neural network model. The model developed by us comes from the need that the hazards of geological nature have to be evaluated and predicted through the internal and external influential factors on the hazards. And, theoretically speaking, seven main factors can be thought to account for such hazards, as the topographical and geomorphological factors, geological structure, types of rock and soil quality, vegetations, soil erosion, the local rainfall as well as the interference of the human before and during the geological events. Based on the analysis of such key factors, we have established an discriminative analysis model for prediction and evaluation of such hazards mainly caused by all the said seven or just some of these. Furthermore, BP neural network method has been adopted for the actual prediction of such hazards in flood seasons in Henan, a province, which is often hit by such disasters due to its complicated and intrigue landform types and climatic features. Large amounts of the monitoring data on such hazards collected and examined prove that the forecast and evaluation results are in close conformity with the actual situations. Thus, the results encourage us to believe that BP neural network model can be taken to serve as a powerful tool for predicting and warning such geographical disasters. In addition, the geological hazards, though their influencing factors are full of complication and uncertainty, can be well disclosed by using the non – linear information of BP neural network. And, therefore, the proposed method proves to be a reliable practical weapon in predicting and evaluating the geological hazards.

Key words: basic disciplines of environmental science and technology, geologic hazard, artificial neural network, hazard prediction, BP algorithm

CLC number: X82   **Document code**: A   **Article ID**: 1009 – 6094(2010)

河南省地质灾害管理信息系统

井书文

（河南省地质环境监测院，郑州　450016）

摘　要：针对河南省地质灾害的现状和减灾、防灾的管理需求，作者提出了建立河南省地质灾害管理信息系统的方案。本文介绍了地质灾害管理信息系统建设的必要性和能够采取的技术手段，对系统建设的主要内容和实施步骤等进行了论述。

关键词：河南省；地质灾害；信息系统；管理

1　概　况

河南独特的自然地理条件和复杂的地质环境背景，加之人类工程经济活动较强烈，以崩塌、滑坡、泥石流、地面塌陷、地裂缝及地面沉降等为主的地质灾害发育，具有分布面积广、灾害数量多、规模小、灾情重等特点，严重制约了河南省经济社会的可持续发展。

截至 2006 年底，河南省已相继开展了 52 个县（市）的地质灾害调查与区划，完成调查面积 9.33 万 km²，发现地质灾害隐患点 5 800 余处，积累了大量的基础地质灾害调查数据。但目前存在着地质灾害调查数据分散、综合利用率低等问题。随着地理信息系统理论与技术在资源环境中的应用日益成熟，政府对适时、快捷决策数据的需求日益迫切，迫切需要建立一套完善的、能反映河南实际的地质灾害管理信息系统，为全省的重大工程设施、重要交通干线、人类生活及工程活动、生态环境等地质灾害防治提供数据资料，为政府减灾、防灾、避灾工作提供决策支持信息，减少地质灾害的危害程度。

2　国内外研究现状及发展趋势

国外由于对地质灾害调查的起步较早，在地质灾害信息系统建设方面相应也比较完善，因此地质灾害管理信息系统在防灾、避灾管理工作中发挥的作用也极其显著。例如美国的滑坡灾害计划（LHP），于 1983 年就将美国最新的资料以及覆盖美国所有县郡的滑坡综合图进行了数字化处理并发行。1997～1998 年，利用全国滑坡灾害综合图与美国国家海洋和大气局（NOAA）编制的全国气候图，确定了在发生厄尔尼诺现象的丰水年里可能发生滑坡的位置。实施滑坡地质灾害计划（LHP），将大量及时、完善的地质灾害数据共享，使美国地质调查局（USGS）利用数据信息进行决策管理，以降低自然灾害的损失。

河南省 2000 年以来在重点县（市）开展了地质灾害调查与区划工作，对易发灾害的山区及矿山集中的县（市）分别进行了调查，并初步建立了分散的地质灾害数据库。对于

作者简介：井书文（1973—），男，水工工程师，从事信息系统建设及地质灾害评估、调查工作。单位：河南省地质环境监测院，地址：郑州市金水路 18 号，电话：0371—68108403。

河南省这样一个地质灾害多发省份,缺乏一个面向全省决策部门、涵盖全省范围的地质灾害空间数据库和管理信息系统。以往的工作尚不能为政府管理部门根据地质灾害数据信息进行准确的预测预报,制定防灾、避灾措施提供技术支持。

通过该项目的实施,建立地质灾害信息系统的数据与气象数据的集成,通过与城市建设及资源规划的结合、灾害点监测数据的更新、网络传送数据与查询等功能,为管理决策部门提供全面、有效的基础地质灾害信息,为防灾减灾提供科学依据。

3 作用和意义

建设与开发河南省地质灾害管理信息系统,主要目的是为管理机构进行减灾、防灾提供决策基础数据及辅助分析的服务。

基础数据库的建立,整合全省已调查的地质灾害隐患点,有利于管理层准确掌握全省地质灾害发生的区域及分布情况,对突发地质灾害及时准确地作出决策。

在地质灾害管理信息系统的建设过程中,地质灾害信息数据库是一个基础性的工作。在应急系统服务的整个过程中,这些基础信息发挥着十分重要的作用,及时收集、传递、分析、发布和共享信息,能够舒缓危机,降低地质灾害造成的损害。更重要的是,一旦出现灾难和危机,信息沟通和交换可以保证管理者做出及时和准确的决策,协调各方处理事故的行动。

4 预期目标

地质灾害管理信息系统建设的预期目标为:

(1)建立数据库服务系统,对地质灾害信息实施管理。利用该系统方便地实现地质灾害信息的录入与存储、检索与查询、修改与修订、更新、数据统计、空间分析和输出等功能。

(2)实现省、市、县三级地质灾害数据的统一管理与资源共享。

(3)建立地质灾害空间数据库系统,利用其数据优势,为河南省的地质灾害防治、重大工程建设及城市规划、生态环境保护与治理的决策提供技术支持。

5 技术手段

(1)河南省地质灾害管理信息系统的建设需建立在大量的地质灾害调查数据的基础之上,收集河南省县(市)地质灾害调查与区划、地质灾害防治规划、矿山地质环境现状调查与评估、地质灾害评估等调查研究成果资料,进行信息集成,并对遗缺数据进行野外补充调查,完善基础数据。

(2)地质灾害管理信息系统是基于 GIS 技术的应用信息系统,重点解决地质灾害数据信息处理技术和灾害区划空间分析模型两方面的问题。数据库面向用户,依据科学性、实用性、规范性和开放性的原则设计,以 MapGis、MapInfo 作为后台支持,利用计算机软件开发技术、数据库技术,开发功能强大的地质灾害空间数据库。数据库的建立分空间图形数据库与属性数据库两个方面,通过对全省的基础地理图件及收集的灾害图件进行矢量、编辑、修改,建立统一坐标投影系统的图形数据库,并将各种数据分门别类建立科学紧凑的属性数据库结构,然后在此基础上建立起空间、属性数据的一体化关系管理信息系统。

（3）管理信息系统面向地质灾害管理决策部门,建立以地质灾害及相关社会经济要素为研究对象的关系型数据库系统。对不断变化的地质灾害数据进行更新,为决策部门提供快捷、完善的决策服务。

6 系统构想

6.1 系统结构

突发地质灾害基础信息数据库与应急管理辅助决策系统为基于 GIS 技术建立的应用信息系统,主要包括基础地质灾害数据库和辅助分析决策系统两部分,具有信息采集、信息表现、信息调度、辅助分析决策等功能特性。

数据库主要内容包括本省重大地质灾害隐患点分布信息库、危害对象与危害程度库、应急避难场所库（分布、疏散路线、疏散工具和容纳能力等）、应急决策咨询专家库、应急预案库、突发地质灾害事件案例库、辅助决策知识库等应急基础数据库等。数据库面向用户,依据科学性、实用性、规范性和开放性的原则设计,以 MapGis、MapInfo 作为后台支持,利用计算机软件开发技术、数据库技术,开发功能强大的地质灾害空间数据库。

辅助分析决策系统主要包括汛期地质灾害气象预报预警、信息报告、事件处置、辅助决策、资源管理、善后评估、信息发布等子系统。

6.2 数据及数据库设计

突发地质灾害应急管理过程中主要有两种数据:属性数据和空间数据。属性数据包括大量的统计数据;空间数据主要反映地质灾害隐患点的空间坐标位置和类型、规模,使应急管理更加方便快捷和直观。

6.2.1 信息源

信息源是地质灾害基础数据库的重要组成部分。按照地质灾害应急系统的要求,以及现有设备及地质灾害基础数据的状况,信息源确定为:

（1）地理信息数据。包括山川、河流、水库、村庄等社会公共地理信息;重要地质灾害隐患点的地理位置、剖面图、平面图照片;威胁范围、人员等信息。

（2）属性信息。各地理信息相对应的属性信息。

6.2.2 数据的分层管理

本系统涉及信息量巨大,分层管理包括基础底图数据、地质资料数据、重大地质灾害隐患点数据、辅助决策需求数据。

（1）基础底图数据:基础底图数据实际上是基础地形图数据,包括行政区域、湖泊、河流、居民区等。

（2）地质资料数据:包括全省的地形、地质资料数据,为易发区的划分和管理决策提供依据。

（3）重大地质灾害隐患点数据:收集、统计全省重大地质灾害隐患点,包括类型、坐标、规模及其属性。

（4）辅助决策需求数据:应急管理需要的人员、物资、设施的数据。

6.3 工作流程

项目实施流程为：

(1)收集资料,编制河南省地质灾害管理信息系统建设研究的设计书。

(2)建立数据库建设的标准,确定、完善数据格式。借鉴国内外最新的信息管理开发系统,确立河南省的信息系统的开发平台。

(3)对已有的地质灾害调查数据,重点是县(市)地质灾害区划和矿山地质环境现状调查与评估、地质灾害评估、地质灾害监测等数据信息进行集成,对遗缺基础数据开展野外补充调查。

(4)依据地质灾害资料数据,按照数据库建设标准及数据格式,对基础图件和基础数据进行数字化和信息化。统一信息系统的建设原则、建立系统的总体结构。

(5)划分全省地质灾害易发区,编制河南省地质灾害易发区分布图、河南省地质灾害防治规划图,建立河南省地质灾害图形库。

(6)集成地质灾害基础图件、数据,完成空间图形数据与属性数据的一体化工作。

(7)测试、完善信息系统各项功能。建设河南省地质灾害数据库和地质灾害管理信息系统。

7 结 语

地质灾害管理信息系统的价值在于数据,数据库数据要保证能够及时更新,对地质灾害隐患点的变化要立即进行数据更新、第一时间补充新发现的地质灾害隐患点。

鉴于以上需求,本系统需要稳定的专业队伍进行日常维护,保障系统的长期正常稳定运行;数据库管理人员必须与专业地质人员紧密结合,及时、准确地收集地质灾害隐患点的相关数据并及时更新。

About the Management Information System of Geologic Hazards in Henan Province

Jing Shuwen

(Geo – environmental Monitoring Institute of Henan Province, Zhengzhou   450016)

Abstract: In terms of the status quo of geological Hazards in henan Province, and the requirements arising from the mitigation, prevention activities against those geologic hazards, the author puts forwards an initial plan for the establishment of the management information system of geologic hazards in Henan Province. In this paper, it is discussed in detail about the necessity of the project and some technologies available, as well as the main components of the information system and the procedure for its establishment.

Key words: Henan Province, geologic hazards, information system, management

河南省重点防治地区地质灾害调查与评价研究

黄景春　王　玲　赵振杰　莫德国

(河南省地质环境监测院,郑州　450016)

摘　要: 文章对重点防治地区内的地质灾害进行了调查与评价,针对其形成原因、分布规律、影响因素及发展趋势进行了论述。通过对资料的综合分析,选取评价因子并进行单元网格剖分,采用聚类分析和神经网络,利用定性和定量相结合的方法,进行了地质灾害危险性分区评价,针对各类地质灾害提出了具体防治措施和建议。根据河南省地质环境条件和地质灾害类型及其区域发育强度的特点,结合河南省发展战略的综合经济区划,初步分析了人类工程经济活动的合理布局,并进行了区域地质环境整治,指出了人类经济活动与地质环境保护和整治的协调对策。

关键词: 地质灾害;评价因子;聚类分析;危险性分区;灾害防治;区域整治

1　引　言

河南省是一人口大省,居全国第一位,其中农业人口占80%。由于人口基数大,人均资源少,经济技术和科技水平相对落后,在这种条件下实现经济快速发展必然对本来就十分脆弱的地质环境带来更大的破坏。在中央"中部崛起"的号召下,河南省建设事业将突飞猛进,人类工程活动会更强烈,同时将诱发和进一步加剧地质灾害的发生。地质灾害已经成为影响人民生命财产安全和阻碍河南省国民经济持续发展的重要因素。

根据《地质灾害防治条例》要求和《河南省地质灾害防治规划》(2001～2010年)的安排,河南省先后完成了近30个县(市)的地质灾害调查与区划,结合汛期地质灾害应急调查积累了大量地质灾害信息并建立了群测群防网络,安排了数十处地质灾害防治工程,并建立相应的信息系统。近年来又开展了河南省汛期地质灾害预警预报等工作。

在上述较为丰富的地质灾害调查及治理成果资料基础上,对其中重要地质灾害体进行调查,查明人类经济工程活动集中地区地质灾害现状,对其发展趋势进行评估,以合理部署地质灾害监测工作,便于各级国土资源管理部门对地质环境实施科学管理,有计划、有重点地安排地质灾害防治工程是十分必要的。为此,开展河南省重点防治地区地质灾害调查与评价工作十分必要,为河南省重要城镇、经济发达带等社会生产力发育地区开展地质灾害防治提供科学依据,以有效减少经济发展对地质环境的破坏和各类地质灾害的发生及危害,促进该地区人口、资源、环境的和谐统一与经济社会的良性持续发展。重点防治地区范围为:京广铁路以西、淮河以南地质灾害较为发育地区,面积约105 184 km²。

2　地质灾害发育特征、分布规律及危害

河南省地形地貌序列完整,地层岩性、构造形迹发育齐全,采石、采矿等人类工程、经

济活动强烈,使地质灾害呈现多样性。主要表现为崩塌、滑坡、泥石流、地面塌陷、地裂缝、不稳定斜坡地质灾害[1]。具体情况如下:崩塌592处、滑坡811处、泥石流275处、地面塌陷248处、地裂缝70处、不稳定斜坡464处,全省地质灾害情况见表1,其中重要地质灾害隐患点为:崩塌80处、滑坡293处、泥石流110处、地面塌陷143处、地裂缝43处、不稳定斜坡130处,全省重要地质灾害隐患点见表2、表3。

表1　全省地质灾害统计表　　　　　(单位:处)

灾种	不稳定斜坡	崩塌	滑坡	泥石流	地面塌陷	地面沉降	地裂缝	合计
数量	464	592	811	275	248	4	70	2 464

表2　全省重要地质灾害隐患点统计表　　　　(单位:处)

灾种	不稳定斜坡	崩塌	滑坡	泥石流	地面塌陷	地面沉降	地裂缝	合计
数量	130	80	293	110	143	4	43	803

表3　河南省重要地质灾害隐患点按等级规模划分表　　(单位:处)

规模	滑坡	崩塌	不稳定斜坡	泥石流	地面塌陷	地裂缝	地面沉降
巨型	1		1	6		4	
大型	30	1	10	20	43	12	
中型	62	8	40	59	72	20	2
小型	200	71	79	25	28	7	2
合计	293	80	130	110	143	43	4

　　地面塌陷是河南省重点防治地区主要地质灾害类型之一,主要由矿山开采引起。据调查资料,产生地面塌陷的矿山企业151个,地面塌陷248处,累计塌陷面积34 877.17 hm²,直接经济损失约3 458 280.12万元[2]。主要分布在平顶山、三门峡、洛阳、商丘、安阳、鹤壁、焦作等地。

　　地裂缝地质灾害共70条,其中重要隐患点43条,大多数为地面塌陷伴生的地裂缝。因构造引起的地裂缝大部分都被掩埋,不易调查其特征,本次重点调查人为活动引起的地裂缝。

　　崩塌、滑坡灾害多集中分布在豫西伏牛山区,其次为豫北太行山区和豫南桐柏大别山区。

　　泥石流集中分布在伏牛山、小秦岭、太行山、豫西黄土区,崤山、外方山、王屋山、桐柏山、大别山等低山丘陵区零星分布。

　　不稳定斜坡464处,其中重要隐患点130处。三门峡、洛阳、南阳、安阳分布较多,多位于河流阶地及溪沟边坡,坡体物质多由亚黏土等残坡积物构成,其次分布于公路两侧削坡段,由风化破裂程度较高的碎块石或基岩构成。

3　地质灾害危险性[4]分区评价

3.1　评价原则

　　地质灾害危险性[4]分区评价应在详细调查地质灾害现状、充分研究人类工程活动与地质灾害之间的相互影响、表现形式、形成机制和规律的基础上,突出以地质灾害的多少、发育程度、危害程度为主体,兼顾地质环境背景,结合人类工程、经济活动的强度,依据"区内相似、区际相异"的原则进行分区。在所划分的不同地质环境问题区和亚区内,地质灾害的影响程度、区域地质背景以及人类工程活动的特点应存在明显差异,具有典型的代表性。

3.2 评价方法

选取评价因子并进行单元格剖分;利用定性和定量相结合的方法,对每一单元格的每一评价因子进行评价赋值;利用积分值法,分别计算各单元格的地质灾害及恢复治理、人类活动及地质背景的得分,并计算其总得分;以各项得分为分级因素,利用聚类分析[5]及神经网络[3]方法进行定量分级,在此基础上,根据各单元格内地质环境问题的发育及危害程度对单元格的等级进行综合评定;依据各单元格的等级划分,对省内重点防治地区地质灾害问题进行综合评估分区。

3.3 评价因子的选取与赋值

3.3.1 评价因子的选取

在充分调查和研究河南省重点防治地区地质环境背景、主要地质环境问题、人口密度、降雨强度及人类工程活动特点的基础上,选取以下12个因子,其中部分因子由多个要素组成(见表4)。

表4 河南省重点防治地区地质灾害评价因子一览表

序号	类型	评价因子	组成要素
1	区域地质背景	地形地貌	①地貌类型;②冲沟切割
2		工程地质条件	①工程地质岩组;②孕育地质灾害程度
3		构造条件	①发育程度;②活动性
4	地质灾害	崩塌	①规模;②影响面积;③经济损失;④死亡人数
5		滑坡	①规模;②影响面积;③经济损失;④死亡人数
6		泥石流	①规模;②影响面积;③经济损失;④死亡人数
7		地面塌陷	①规模;②影响面积;③经济损失;④死亡人数
8		地裂缝	①规模;②影响面积;③经济损失;④死亡人数
9		地面沉降	①规模;②影响面积;③经济损失;④死亡人数
10		不稳定斜坡	①规模;②影响面积
11	人类活动	工程规模	
12	恢复治理	地质灾害恢复治理的难易程度	

3.3.2 评价因子各组成要素的量化

在所选取的12个评价因子中,部分评价因子的组成要素是定性的,为了在对评价因子进行赋值时能够尽量定量化,需根据相关标准对这些定性要素进行量化转变,特殊部位通过加减分予以调整。

3.3.3 评价因子的赋值方法

对各评价因子进行赋值时主要采用定性、定量相结合的方法:针对人类活动和地质灾害恢复治理的难易程度2个评价因子,依据相关标准进行综合分析,定性确定赋值标准;通过对上述部分评价因子的组成要素进行量化,可以对崩塌、滑坡、泥石流等10个评价因子进行定量赋值,本文主要采用聚类分析[5]及神经网络[3]两种方法,并对两种方法得出的结果进行分析比较,结合实际情况最终进行定量赋值确定。

3.3.4 评价因子的赋值

依据上述方法,对所选取的12个评价因子进行分类并加以评分赋值,具体赋值标准见表5。

表5 河南省重点防治地区地质灾害评价因子一览表

序号	类型	评价因子	评价方法	赋值			
				4	3	2	1
1	区域地质背景	地形地貌	聚类分析、神经网络	I类	II类	III类	IV类
2		工程地质条件		I类	II类	III类	IV类
3		构造条件		I类	II类	III类	IV类
4	矿山地质环境	崩塌		I类	II类	III类	IV类
5		滑坡		I类	II类	III类	IV类
6		泥石流		I类	II类	III类	IV类
7		地面塌陷		I类	II类	III类	IV类
8		地裂缝		I类	II类	III类	IV类
9		地面沉降		I类	II类	III类	IV类
10		不稳定斜坡		I类	II类	III类	IV类
11	人类活动	工程规模	定性综合分析	大	中	小	无
12	恢复治理	地质灾害恢复治理的难易程度		难	较难	易	极易

3.4 单元格的剖分

根据经纬度在1:50万图上对全省国土面积进行单元网格剖分,剖分规格为$3' \times 3'$,剖分精度大致相当于4 km×5 km,1:50万图上面积约为1 cm²,可满足评价要求。共将全省重点防治地区剖分为4 480个单元格,并对4 480个单元格按从上到下从左到右的原则顺次编号,将每一单元格生成评价小区,将网格编号设定为小区的ID号,以便根据每个单元格的评价结果生成评价结果图。

3.5 评价单元的积分计算和分级

3.5.1 评价单元的积分计算和分级

分别计算各单元格的地质灾害及恢复治理、气象、人类活动及地质背景的得分,并计算其总得分。计算方法主要采用积分值法,即

$$M = \sum_{i=1}^{n} \alpha_i$$

式中,M为某评价单元的总评分值;α_i为第i个评价因子的评分值;n为评价因子数。

根据表5中评价因子赋值分级标准,给每一个评价因子赋值,将每个单元内的评价因子赋值累计求和,得出其积分值。

3.5.2 评价单元的分级

在对单元进行具体分级时,主要遵照以下原则:

(1)贯彻以地质灾害的多少、发育程度、危害程度为主体,兼顾地质环境背景和人类工程、经济活动强度的主旨。

(2)以地质灾害及恢复治理得分、人类活动得分、地质背景得分及总得分为分级因素,利用聚类分析[5]及神经网络[3]方法进行定量分级。

(3)在定量分级的基础上,根据各单元格内地质灾害的发育程度及强度和人类工程活动强度进行综合评定。

依据上述分区原则,将评价单元积分值划分为四个等级:Ⅰ级、Ⅱ级、Ⅲ级、Ⅳ级,对应的分值分别为:4分、3分、2分、1分。Ⅰ级为危险性严重区、Ⅱ级为危险性中等区、Ⅲ级为危险性一般区、Ⅳ级为危险性微弱区。

3.6 地质灾害危险性分区评述

根据河南省重点防治地区地质环境条件和地质灾害类型及其区域发育强度的特点,结合河南省发展战略中的综合经济区划,在评价单元分级的基础上,将全省重点防治地区地质灾害危险性分为四个区:严重区、中等区、一般区、微弱区。综合评价见表6。

表6 河南省地质环境综合评价表

编 号			地质灾害易发程度	面积(km²)	地质环境问题评价
豫北山区(A)	A₁	太行评价小区	高易发	2 098	红旗渠沿线与焦作矿区一带为不良区,面积523.75 km²,其他为一般区
	A₂	太行东麓评价小区	中易发	2 949.75	安阳铁矿区与鹤壁煤矿区一带为不良区,面积824.25 km²,其他为一般区
	A₃	小浪底评价小区	中易发	3 189.25	小浪底库岸与引沁渠沿线为不良区,面积1 549.00 km²,其他为一般区
豫西黄土丘陵区(B)	B₁	三门峡评价小区	高易发	3 536	三门峡—观音堂一带为不良区,面积324.75 km²,其他为一般区
	B₂	洛阳中游评价小区	高易发	4 782.25	渑池—新安及洛宁部分地区为不良区,面积1 634.00 km²,其他为一般区
	B₃	伊洛河评价小区	中易发	2 899	巩义—上街段为不良区,面积918.50 km²,其他为一般区
豫西山区(C)	C₁	崤山—熊耳山评价小区	高易发	6 539.25	洛宁南部和栾川大部地区为不良区,面积2 585.25 km²,其他为一般区
	C₂	伏牛评价小区	高易发	7 052.25	一般区
	C₃	伏牛北麓评价小区	中易发	6 132.5	栾川与嵩县交接一带与平顶山矿区为不良区,面积1 725.50 km²,其他为一般区
	C₄	伏牛南麓评价小区	中易发	5 491.75	一般区
	C₅	嵩箕评价小区	中易发	4 499.5	登封、新密、汝州、禹州四大煤田区为不良区,面积2 760.75 km²,其他为一般区
	C₆	淅川评价小区	中易发	3 551	一般区

续表6

编　　号			地质灾害 易发程度	面积 （km²）	地质环境问题评价
豫 南 山 区 （D）	D₁	大别山 评价小区	中易发	4 014.75	东部部分地区为不良区,面积759.75 km²,其 他为一般区
	D₂	信阳商城 评价小区	中易发	3 921.25	东部为不良区,面积1 843.75 km²,其他为一般 区
	D₃	舞钢—桐柏 评价小区	中易发	6 352.75	南部桐柏山区为不良区,面积410.75 km²,其 他为一般区
（E）	E	丘陵山地与 平原过渡区	低易发	15 237	一般区
平 原 区 （F）	F₁	永城矿区 评价小区	中易发	766.75	不良区,面积766.75 km²
	F₂	豫东平原 (南阳盆地) 评价小区	不易发	84 415.25	较好区

4　地质灾害防治

4.1　防治部署

根据河南省重点防治地区地质环境条件和地质灾害类型及其区域发育强度的特点,结合河南省发展战略中的综合经济区划,地质灾害防治按豫北山区、豫西山区、豫西黄土丘陵区、豫南山区和平原区(南阳盆地)等五个区域进行部署[6]。

4.1.1　豫北山区

主要包括林州市、鹤壁市西部、新乡市西北部、焦作市北部及济源市等地,在河南省发展战略中被确定为太行山及山前平原农林区。地貌类型主要以中山、低山丘陵为主。地质灾害主要以滑坡、泥石流发育最强烈,但在济源克井镇、焦作、鹤壁等开采矿区,因开采引发的地面塌陷、裂缝等所造成的危害或潜在危害也较为严重。该区地质灾害的防治部署重点是在开展林州市、济源市、辉县市和淇县的地质灾害调查基础上,查清各种灾害隐患和危害程度,做好防灾区划。有计划地对危险区和隐患区的灾害体进行监测、勘察、治理,严格执行建设项目地质灾害危险性勘察评价制度,避免将重要设施和工矿、居住地建在受地质灾害严重威胁的地带。在矿区特别是煤矿开采区,加强监督管理,严格控制不合理的开采活动,尽可能减少采矿活动诱发的地质灾害。

4.1.2　豫西山区

主要包括崤山西南部、熊耳山、伏牛山等山区。地貌类型以深中山、浅中山为主。闻名遐迩的小秦岭金矿、栾川钼矿等均分布在该区。由于自然条件及人类采矿、开路等工程活动的影响,该区是河南省地质灾害的多发区,地质灾害类型以泥石流、滑坡为主,多伴随有崩塌等灾害,是河南省地质灾害防治部署的重点地区。这一地区,一是在做好灵宝市、卢氏县、栾川、嵩县、鲁山、西峡地质灾害调查与防治区划基础上,确定重点防治的城镇、工矿和居民点及群测群防的实施方案。二是对小秦岭矿区加强行政监督管理,规范开采活动,严格控制采矿、开路等人为活动对地质环境的破坏和诱发的地质灾害。三是做好地质灾害危险区、隐患区,尤其是受地质灾害威胁严重的小秦岭地区的地质灾害勘察工作,建立健全群专结合的监测预报系统;同时加强科普宣传,提高这些地区人们的防灾意识。四是对那些人口密度小、经济欠发达,而地质灾害又难以治理的地段,防灾工作主要采用避让。五是做好这一地区较大工程设施、工矿、居民点和矿区尾矿坝、尾矿库的选址,确保人民生命财产的安全。

4.1.3　豫西黄土丘陵区

位于京广线以西、黄河以南,崤山、熊耳山以北广大地区,经济以农林牧为主。地貌类型主要为黄土塬、黄土丘陵,还有少部分的石质山体。以崩塌、滑坡、地裂缝等灾害为主,尤其是崩塌、滑坡往往呈连片带状出现;黄河南岸潼关—三门峡水库塌岸和义马煤矿等矿区地面塌陷也比较严重。地质灾害防治部署重点主要是开展陕县、洛宁县、宜阳县、新安县、汝阳县地质灾害调查和防治区划;加强植树造林,科学合理地垦殖,做好沿黄重大环境地质调查和沿陇海铁路线地质灾害的勘察、防治和监测工作;严格控制煤矿区不合理的开采活动,着重做好义马、登封、新密、禹州等煤矿区的监督管理和地质灾害的防治工作,减少因采矿诱发的地质灾害所造成的损失。

4.1.4　豫南山区

位于河南省南部,主要分布在南阳市桐柏县、驻马店市泌阳县、确山县境内和信阳地区淮河以南,由伏牛山余脉、桐柏山和大别山地组成,地貌类型主要为低山丘陵。区内地质灾害相对较少,但受到暴雨的激发和人类经济工程活动的影响,仍有崩塌、滑坡和泥石流灾害的发生。地质灾害防治的重点,主要是京九铁路新县段的滑坡、崩塌灾害,桐柏县大河—毛集一带矿区的崩塌、滑坡、泥石流灾害和桐柏县城西小河的泥石流灾害。

4.1.5　南阳盆地

这一地区,地势低平,地质环境条件相对较好,主要为胀缩土分布地区。由于胀缩土遇水膨胀,脱水收缩,很易引起建筑物和地面工程变形。地质灾害防治工作,重点是科学部署开采井位,严格控制地下水开采量,避免发生地面沉降;着重将防灾与土地开发利用紧密结合起来,走开发性治理的道路,提高防治的经济效益。

4.2　人类工程经济活动的合理布局[7]

不同地质环境对不同工程经济活动的敏感性不同,人类工程经济活动的类型不同,与地质环境的适宜性也不一样,人类工程经济活动与地质环境之间存在一个和谐协调问题。求得社会经济与地质环境的协调发展,已成为河南省经济发展的重要基础条件。

(1)小秦岭和桐柏地区,矿产资源丰富,适宜建设中小城市和大型矿山企业,同时要加大矿山环境治理力度,加强土地复垦工作,改善矿山生态环境,减少和预防地质灾害的发生,努力发展无废渣、无污染的生态矿业。

(2)豫西黄土丘陵地区,地下水资源匮乏,地质灾害发育,仅适宜建设小城市和小企业,不宜发展耕作农业。

(3)京广经济带,人口稠密,城市密集,工农业发展较快,地下水开采程度较高。洛阳、许昌等地不同程度地出现地面沉降。因此,除郑州外,其他城市规模不宜发展过快,应加快卫星城市建设的步伐。国民经济发展规划中应对这些地区的新建基地进行地质灾害评估。

(4)平原区土地资源丰富,地下水资源较丰富,但地下水环境脆弱,适宜发展以科技为主导的大中城市、大企业,大力发展节水农业和绿色农业。

(5)黄河经济带水资源丰富,适宜发展大城市和大企业。

(6)太行山地区碳酸盐岩分布广泛,地下水环境脆弱。山前煤矿开发程度较高,矿坑排水利用率低,明泉流量衰减和干涸,适宜发展节水型企业,应加强地质环境保护,禁止在上游堆放生活垃圾和工业垃圾。

(7)在山区风景旅游区的沟谷,容易遭受洪水泥石流灾害,不宜建设餐厅、旅馆。

(8)在世界地质公园、国家地质公园、国家森林公园、旅游风景名胜区、城市饮用水源地、重要交通干道直观可视范围内严禁采矿。

4.3　区域地质环境整治

河南省重点防治地区地质环境脆弱,地质灾害问题较为严重,地质灾害的危害已被越来越多的人们所认识,但地质灾害防治与社会经济发展不相适应,加大地质环境工作已迫在眉睫。根据河南省的实际情况,近期应加强以下地质灾害调查研究:

(1)加快开展西峡、南召、固始、陕县、新安、登封等山区县的地质灾害调查,完善河南省县(市)地质灾害调查区划工作。

(2)开展专门性的矿区地质灾害调查与风险评价工作,如河南省平顶山矿区、郑州矿区、鹤壁矿区、焦作矿区、义马矿区、永城矿区、栾川钼矿区、灵宝金矿区等。

(3)地壳强烈活动带及活动断裂发育的城市,应积极开展地壳稳定性与建筑工程适宜性评价,开展地面沉降和地裂缝的调查研究。

(4)加快南水北调中线工程建设,开展南水北调工程沿线的地质灾害调查研究和防治工作,特别是渠首丹江口水库周边与穿黄工程地质灾害调查研究和治理工作。

(5)加快对小浪底库区地质灾害调查与治理工作。

(6)加强交通沿线的地质灾害调查与治理工作,如陇海、京广、京九、宁西、焦枝、焦柳等铁路及国道、高速公路沿线。

5　结　论

对河南省重点防治地区地质灾害的形成原因、分布规律、影响因素及发展趋势的论述结果属实;通过对资料的综合分析,选取评价因子并进行单元网格剖分,利用定性和定量相结合的方法,对重点防治地区地质灾害危险性划分的评价结果基本符合实际情况;划分五个区域进行地质灾害总体部署,提出的具体防治措施和建议,分析的人类工程经济活动的合理布局,进行的区域地质环境整治,指出的人类经济活动与地质环境保护和整治的协调对策还是比较切合实际,较为可信的。

参 考 文 献

[1]　黄景春,赵振杰,莫德国,等.河南省重点防治地区地质灾害调查与空间信息工程建设报告[R].河南省地质环境监测院,2005.

[2] 赵承勇,黄景春,魏玉虎,等.河南省矿山地质环境调查与评估报告[R].河南省地质环境监测院, 2003.

[3] 黄润秋,许强.工程地质广义系统科学分析原理及应用[M].北京:地质出版社,1997.

[4] 潘懋,李铁锋.灾害地质学[M].北京:北京大学出版社,2002.

[5] 胥泽银,郭科.多元统计方法及其程序设计[M].成都:四川科学技术出版社,1999.

[6] 乔国超,岳超俊.河南省地质灾害防治规划[R].河南省国土研究院,河南省地质环境监测院,2001.

[7] 赵云章,朱中道,刘玉梓,等.河南省环境地质基本问题研究[R].河南省地质矿产勘查开发局, 2001.

河南省汛期突发性地质灾害预警预报
自动化识别系统研究

霍光杰

(河南省地质环境监测院,郑州　450016)

摘　要:河南省境内地貌类型复杂,气候条件复杂多变,斜坡地质作用比较频繁,地质灾害具有发育、分布面积广、发生频率高、经济损失大等特征;通过对三门峡、洛阳、南阳、信阳等地形地貌复杂、地质灾害活动频繁地区大量灾害点的研究分析,发现大量地质灾害的发生跟地质地貌特征、地质构造、地层岩性、人类工程活动、植被、气候条件等有密切的关系,因此为地质灾害区域评价和预警区划指标的建立提供了基础和依据。本系统以 oracle 8i 为数据库平台,包括崩塌滑坡地质灾害管理信息系统和评价预警系统。管理信息系统包括基础灾害点的采集、统计、分析、查询,降雨资料的采集,预警预报模型的建设以及各种编辑功能;地质灾害评价预警系统包括灾情评价分析,人工干预,预警预报结果报表及图形的生成、输出。

基于 MapGis 的二次开发,将关系型数据库与 Gis 的空间数据库有机结合,实现了地质灾害评价结果在空间位置上的自动化识别。

以大气降雨为诱发因子,实现了降雨型突发崩塌、滑坡灾害的空间预测和汛期预警预报功能。

关键词:预警预报;地质灾害;地质灾害气象预警;预警区划;MapGis 二次开发

1　引　言

河南省境内地貌类型复杂,气候条件复杂多变,斜坡地质作用比较频繁,具有发生地质灾害的气象地质条件。河南省地质灾害具有分布面积广、发生频率高、经济损失大等特点,是全国地质灾害多发省份之一。据不完全统计,近 10 年来共发生地质灾害 412 起,其中 70% 以上发生在汛期,造成死亡 253 人,重伤 43 人,直接经济损失 23.79 亿元;仅 2003年,河南省内就发生地质灾害 161 起,直接经济损失 1.4 亿元,造成人员伤亡 22 人(死亡20 人)。各级政府每年汛期奔波于避灾抢险工作,投入了大量的人力、物力,但是汛期地质灾害具有突发性和群发性的特点,仍然时有发生、防不胜防。因此,开展汛期地质灾害气象预警研究很有必要。

2　预警区划

崩塌、滑坡、泥石流是斜坡地质作用的产物,其形成、发展受斜坡形态、斜坡体物质结构、结构面性质、植被、人类工程活动等因素制约,当斜坡体物质和能量积累到一定程度时,在降雨作用下诱发地质灾害。汛期地质灾害的形成、发展及演化规律由地质环境条件和气象因素综合决定,同时与人类工程活动密切相关。河南省地域辽阔,地质环境及气候条件复杂多样,人类工程活动对地质灾害的影响主要体现在局部斜坡地质环境条件的改变上。因此,汛期地质灾害气象预警区域划分应综合考虑地质环境条件现状和气象因素,其中,地质环境条件为控制性因素,气象条件为诱发因素。

3 预警精度划分及网格剖分

根据经纬度在1:50万图上对全省国土面积进行单元网格剖分,剖分规格为3′×3′,剖分精度大致相当于4 km×5 km,1:50万图上面积约为1 cm²,可满足预警要求。共将全省剖分为6 711个单元格,预警区域为2 816个单元格。并对全部单元格按从上到下、从左到右的原则顺次编号,将每一单元格生成预警小区,将网格编号设定为小区的ID号(见图1),以便根据每个单元格的预报结果生成预报结果图。

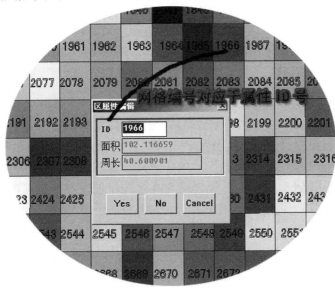

图1 网格剖分图

4 生成预警区划图

按单元网格精度,采用图斑合并方法生成预警区划图(见图2),对每一预警小区分别建立预报模型,并录入数据库,建立预警小区与单元网格的关联关系,以便计算机识读、判别各预警小区的单元网格,作出准确的判别。

5 预警建模

在预警区划的基础上,对每个预警区分别采集足够多的地质灾害点,分析地形地貌、地层岩性、地质构造等地质环境背景诱发地质灾害的控制因素。根据斜坡岩土体的含水量必须达到某一界限值才可能在一次降雨过程中产生滑坡泥石流灾害的统计认识,以及对统计的这些灾害点的研究和积累的历史经验,滑坡泥石流的发生不但与当日激发降雨量有关,且与前期过程降雨量关系密切。因此,突发降雨量是诱发地质灾害的主要诱因。将地层岩性、地质构造、地貌形态、地层突变、地震、人类工程活动、植被、气象等诸多因素

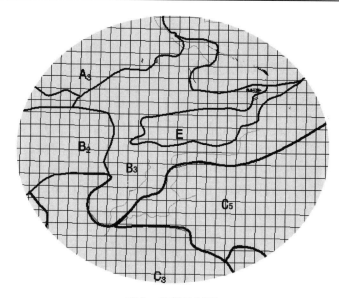

图2　预警区划图

诱发地质灾害的概率反映到降雨曲线上是我们建立预警预判模型的依据。本项研究选定
1~30日过程降雨等30个数据进行统计分析,制作崩塌滑坡泥石流与不同时段临界降雨
量关系散点图(见图3),图中横轴是时间(1~30日),纵轴是相应的过程降雨量(mm)。
规定α线和β线为两条滑坡泥石流发生的临界降雨量线,α线以下的A区为不预报区
(1、2级,可能性小、较小),α线和β线之间的B区为滑坡泥石流灾害预报区(3、4级,可
能性较大、大),β线以上的C区为滑坡泥石流灾害警报区(5级,可能性很大)。

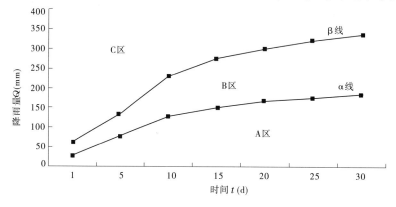

A区—不发布预报区;B区—预报发布区;C区—警报发布区;
α线—预报临界线(2、3级分界线);β线—警报临界线(4、5级分界线)

图3　预报判据模型

预报精度因素评价有如下内容:
(1)气象预报精度;
(2)雨量站点代表性选取精度;
(3)预警区的地质环境研究程度;
(4)人类工程活动强度与斜坡变形破坏模式的科学界定。

6 系统研究与分析

预警地区的滑坡泥石流灾害的发育历史与现状、地质环境条件、灾害发生的可能性以及对生命、财产、工程设施和生存环境等的危害度,诱发灾害发生的降雨量等为关系型数据库,这是我们建立预警预报模型的基础;而特定的分析方法和评价尺度对地质环境空间的预警划分为具体定位于预警单元的空间数据库。将关系型数据库与空间数据库进行关联是将预警结果精准定位于预警空间的关键,我们把 ID(网格编号)作为连接的关键字段。考虑到预警预判过程中需要大量的数据分析和备份,关系型数据库的建设我们选用 oracle 8i,空间数据库的建设以及预警预报产品的生成我们选用 MapGis 6.5。

7 预警自动化识别系统的建设

7.1 需求分析

要求根据气象局提供的降雨资料,结合地质灾害气象预警判据模型,在半个小时内对预警区地质灾害进行预警预判,自动生成预警成果图及相关报表,对预报结果可进行手工干预;能适时跟踪汛期地质灾害反馈资料,及时对系统进行维护校验。

7.2 系统功能分析

根据汛期地质灾害气象预警系统的需求情况,该系统应提供如下基本功能:基础信息的维护,降雨量及地质灾害等基础数据的采集、更新,滑坡泥石流等灾害点信息的采集、维护,预警判据(预报模型)的建立、维护,降雨量空间位置的确定,预警结果的判定,预警空间位置的识别,预报结果的生成,相关信息的查询、统计、图示及数据备份。系统功能框图如图4所示。

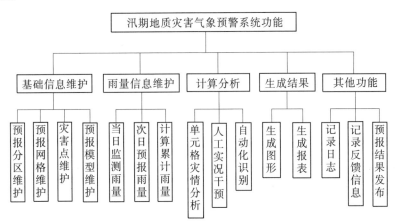

图4 系统功能框图

7.3 数据库建设

根据该系统需对大量数据进行分析、计算、存储、更新、查询的特点,要求数据库管理系统能充分满足各种信息的输入、输出、备份、恢复和存储空间的自动扩展等功能。本系统采用 oracle 8i 数据库管理系统。在仔细分析、研究该系统需求的基础上,设计如下数据流程图(见图5)及数据库框图(见图6)。

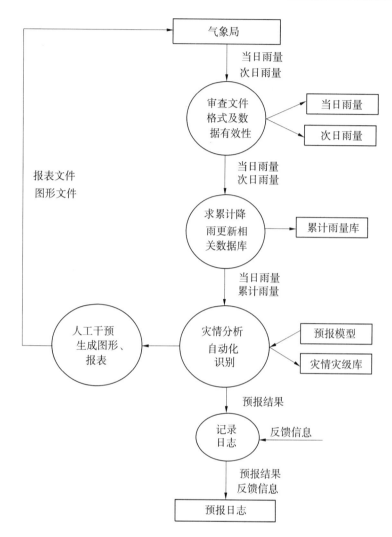

图5　数据流程图

8　系统实现

汛期地质灾害预警系统的开发是基于 MapGis 6.5 的二次开发,开发软件选用 power-builder 8.0 与 visual basic 6.0 的结合,数据库管理系统选用 oracle 8i,其主要功能界面说明如下。

8.1　预判界面

功能分析:通过将气象局发来的降雨量信息按照某种差分方法,具体拆分到相应的单元格,对每个预警单元关联相应的预报模型进行定量计算、评价,把级别相同的单元格合并为一组,图7为对应于1～30日30个过程降雨量的地质灾害预判分组结果,供用户参考、决策。

8.2　人工干预及实况图示界面

人工干预实况界面见图8,该界面主要功能为:

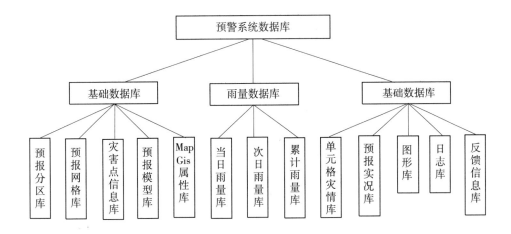

图6 数据库框图

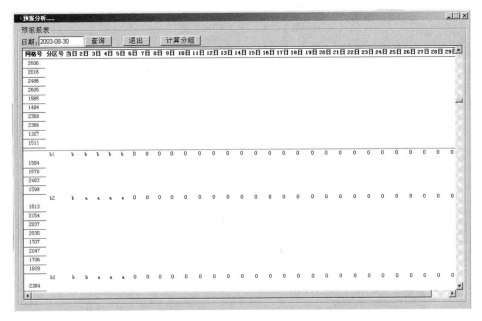

图7 预判分组结果图

(1)生成每日的预警实况曲线。

(2)对预判结果实施人工干预,支持多目标决策,左侧图为级别设定,右侧图为实况曲线干预、雨量信息干预。

(3)生成多种文件格式的预警结果。

8.3 预报结果图的生成

通过将单元格预报结果库与预报分区图属性库进行关联,采用图斑合并的方法,合并同预报级别的单元格,并着上相应级别的颜色,生成预报结果图(见图9),可直观显示预报结果,在电视台发布预报信息。

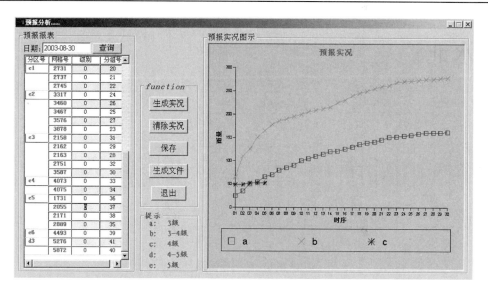

图8 人工干预实况界面

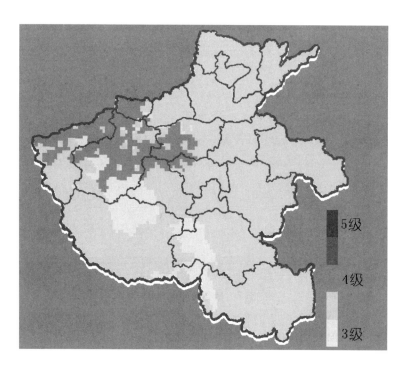

图9 预警结果图

南水北调中线穿黄工程地质灾害及防治措施

杨军伟　黄景春　魏玉虎　刘　磊

（河南省地质环境监测院，郑州　450016）

摘　要:穿黄工程是南水北调中线的咽喉工程,沿线地质环境条件复杂。现状条件下,场区黄河南岸段多发滑坡、崩塌、潜蚀塌陷、地裂缝等地质灾害;黄河河床及河漫滩段存在砂土液化问题;黄河北岸清风岭段存在黄土湿陷问题。工程建设过程中存在黄土高边坡失稳问题,可能引发崩塌、滑坡等地质灾害,砂土液化、黄土湿陷、潜蚀塌陷、不均匀沉陷及地裂缝等可能使工程遭受危害。工程建设过程中需针对不同的灾害类型采取适当的预防或治理措施。

关键词:南水北调中线;穿黄工程;地质灾害;防治;措施

1　工程概况

穿黄工程是南水北调中线一期工程的关键性工程,位于郑州黄河铁路桥上游约 29 km 处,南起河南省荥阳市王村镇王村化肥厂南 A 点（ X:3859513.34; Y:38433903.60）,从黄河南岸的荥阳市王村镇李村处过黄河,终点为黄河以北温县南张羌乡马庄东 S 点（ X:3870778.83; Y:38419017.86）,全长 19.304 km,渠宽 50～160 m。主要建筑物包括:南岸连接明渠、进口建筑物、穿黄隧洞、出口建筑物、北岸河滩明渠和北岸连接明渠[1]。预测静态总投资 31 亿元。穿黄工程平面布置图及总剖面图分别见图 1、图 2。

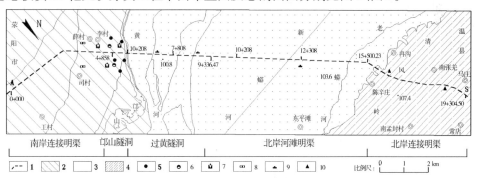

1—穿黄工程;2—黄河南上更新统黄土、黄土状粉土分布区;3—黄河河床、河漫滩全新统粉土、粉细砂分布区;
4—黄河北上更新统黄土状粉土分布区;5—滑坡;6—崩塌;7—潜蚀塌陷;
8—地裂缝;9—砂土液化;10—黄土湿陷

图1　穿黄工程平面布置图

基金项目:南水北调中线工程总干渠河南段地质灾害危险性评估和压覆矿产资源储量核查评估（南综 2004-2）。

作者简介:杨军伟（1972—）,男,工程师,从事水文地质、工程地质和环境地质研究工作。

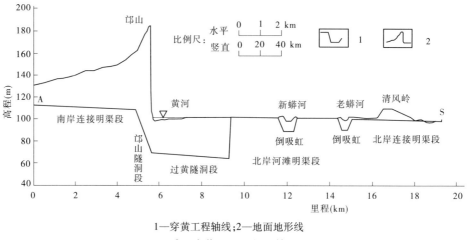

1—穿黄工程轴线;2—地面地形线

图 2　穿黄工程总剖面简图

2　地质环境条件

　　穿黄工程段地处大陆性半干旱季风气候区,多年平均降雨量 604.3 mm,最大月降雨量 328.0 mm。场区主要河流有黄河及其支流新、老蟒河。穿黄河段属游荡性河道,河流侧向侵蚀强烈。场区南部为邙山黄土丘陵台地,中部为黄河河床及黄河滩地,北部为清风岭黄土岗地。近场区断裂规模较小,第四纪以来活动性较弱,不存在发生强震的构造条件。场区地震基本烈度为Ⅶ度。

　　场区广泛分布第四系洪积层,下伏基岩为新近系黏土岩、泥质粉砂岩等。根据浅部岩土体的工程地质特征,分为中更新统坡洪积层、上更新统冲洪积层、全新统冲积层 3 个工程地质单元。中更新统坡洪积层呈硬可塑状态,具中等偏低压缩性,抗剪强度较高。上更新统冲洪积层粉土、黄土状土、黄土具弱湿陷性或不具湿陷性,状态随深度增加由坚硬渐变为可塑或软塑 – 流塑状,具低 – 中等压缩性。黄土崩解速度较快,且极易引起流动变形。全新统冲积层具中等压缩性,各层砂有不同程度的软化现象[1]。北岸滩地地下水位埋深 0 ~ 10.5 m;清风岭岗地一带地下水位埋深 16.5 ~ 23 m;南岸邙山一带地下水位随地形变化,埋深 22 ~ 25 m。

3　地质灾害及工程地质问题

3.1　黄河南岸段(A ~ 5 + 708)滑坡、崩塌、潜蚀塌陷、地裂缝地质灾害

　　黄河南岸邙山与黄河河床地形相对高差 40 ~ 80 m,临河岸坡坡度 40° ~ 50°,基本反映为黄土岸坡的临界坡度(见图 2)。临河岸坡顶部及坡面张裂隙发育,坡脚普遍见地下水呈面状渗出,且受黄河水流强烈侵蚀作用,常有崩滑重力地质现象发生[2-4]。黄河南岸穿黄工程中轴线两侧 500 m 范围内发现滑坡 7 处、崩塌 2 处、潜蚀塌陷 7 处、地裂缝 2 处(见图 1、表 1)。

3.2　黄河河床及河漫滩段(5 + 708 ~ 15 + 500.23)砂土液化问题

　　根据土层剪切波速初判及标贯试验、静力触探、动三轴试验 3 种方法复判结果[1],黄

河河床及河漫滩段(5+708~15+500.23)浅部土体在Ⅶ度地震条件下均有可能发生液化(见表2)。

表1 穿黄工程黄河南岸段地质灾害特征及成因简表

类型	数量	位置	特征	成因
滑坡	7处	均位于黄河南岸邙山北坡	滑坡体岩性均为Q₃黄土,平面形态呈圈椅状,滑坡体长度115~150 m,宽度80~320 m,滑坡规模7.6万~38.4万 m³;滑坡后壁陡立,壁高5~8 m,后缘常发育有错落平台及张裂缝,平台宽2~17 m,裂缝宽0.1~1.2 m,坡脚多见渗水现象	土质松散,土体节理裂隙发育,雨水易沿裂隙、节理面下渗,使得斜坡土体含水量增加,强度降低。坡体内部地下水动水压力较高。坡脚土体遭河水侧向冲蚀。在重力作用下斜坡易失稳下滑
崩塌	2处	滑坡后缘陡壁	高6~8 m,体积60~100 m³	与滑坡类似
潜蚀塌陷	7处	邙山顶部及临河坡面	陷坑直径1~3 m,可见深度0.5~1.5 m,已引起部分地面建筑破坏。仍具扩张趋势	地下水潜蚀作用引起的累进性破坏,造成洞室扩张、顶部变薄而产生塌陷
地裂缝	2处	荥阳市王村镇司村、薛村等地	走向NEE,长100~300 m,宽约0.5 m,可见深度0.5~1.2 m。多发于邙山与冲洪积斜地过渡地带	不同地貌单元土体物理、水理、结构特征存在显著差异,受降雨诱发

表2 黄河河床及河漫滩砂土液化程度简表

桩号	液化等级	液化深度(m)
5+708~7+808	严重	16
7+808~10+208	中等	12~16
10+208~12+308	中等-严重	12
12+308~15+500.23	正常水位下不液化	洪水水位下液化深度8

3.3 黄河北岸清风岭段(15+500.23~S)黄土湿陷问题

黄河北岸清风岭一带的黄土状粉土具非自重弱湿陷性,湿陷起始压力63 kPa,湿陷深度约8 m[1]。

4 地质灾害预测

4.1 崩塌、滑坡地质灾害预测

穿黄工程黄河南岸渠段(A~4+858)开挖边坡19.3~47.0 m,边坡岩性主要为Q₄¹粉土和Q₃黄土状粉土层,边坡下部或坡脚揭露软塑-流塑状的饱和软黄土状粉土。地下水水位普遍高出渠底板,最高高出约30 m。渠道开挖后,在地下水侧向压力作用下,易产生流土破坏,引起边坡失稳,产生崩塌、滑坡灾害的可能性较大。

邙山隧洞段(4+858~5+658)采用盾构法施工,但隧洞进口40 m需人工成洞,挖深

40~60 m。地下水位高出洞底板31 m左右。围土为软塑－可塑状的饱和黄土状粉土。因围土稳定性差,发生崩塌、滑坡的可能性较大[5],尤以进口渐变段及进口处为崩塌、滑坡隐患集中部位。

退水建筑物位于邙山隧洞右侧,其进口处为深挖方段,挖深40~60 m,边坡由 Q_3 黄土、黄土状粉土组成,地下水位高出渠底30 m以上,存在黄土高边坡失稳问题,发生崩塌滑坡的可能性较大。

邙山临河岸坡现状条件下基本处于临界稳定状态。黄土边坡的不稳定性叠加河水冲蚀坡脚和地下水潜蚀及动水压力的影响,岸坡多发崩塌、滑坡灾害。工程施工过程中的震动及坡脚开挖造成边坡失稳、滑坡复活的可能性较大[5]。

北岸河滩明渠和清风岭明渠段(9 + 336.47 ~ S)为挖填方地段,最大填方高度7.5 m,最大挖方深度达11 m,在渠道两侧形成土质高边坡,如果边坡坡度、衬砌支护措施处理不当,或渠道发生渗漏,均有发生崩塌滑坡的可能性,但其可能性较小。

4.2　砂土液化问题预测

黄河河床和滩地(5 + 708 ~ 15 + 500.23 段)分布有 Q_4 砂质粉土和粉、细砂,饱水条件下存在砂土振动液化问题,最大液化深度16 m。因场地处于地震基本烈度Ⅶ区,北岸河滩明渠段(9 + 336.47 ~ 15 + 463.97)存在遭受砂土液化危害的危险性,预测危险性为中等,需采取加固处理措施。过黄河隧洞顶板埋深23 ~ 32 m,不受砂土液化影响。

4.3　不均匀沉陷地质灾害预测

沿穿黄隧洞走向,围土组成变化较大,隧洞施工将引起周围应力状态的改变,围土力学性质的差异将造成不同地段应变量的差异,最终体现为沿洞体延伸方向不同地段产生不均匀沉陷,使隧洞遭受损害。

黄河北岸河滩明渠和清风岭明渠段为挖、填方地段,填土与场地原土层的密实性、均匀性、含水量、荷载、地下水活动状况等存在差异,加之不同填土段填土厚度的差异,如果处理不当,有引发地面不均匀沉陷的可能性,致使渠道遭受损害。

4.4　地面潜蚀塌陷地质灾害预测

穿黄工程明渠在邙山以南为深挖方段,沿渠坡地下水渗出面出露位置较高,地下水对渠坡侧蚀及潜蚀作用增强,加上渠侧围土为 Q_3 黄土及粉质壤土,易在渠侧外缘形成潜蚀洞穴并不断扩展、复合,形成地面塌陷,对渠坡造成渐进性破坏,并形成滑坡、崩塌隐患。邙山隧洞段围土由 Q_3 黄土状粉土与 Q_2 古土壤、粉质黏土组成,抗剪强度低,加之地下水的作用存在隧洞稳定问题。特别是 Q_3 黄土中,现状条件下已发现潜蚀洞穴,随着隧道工程的实施,洞壁所受的应力较大,洞顶会产生平行于洞轴线的拉张裂隙,在地下水的作用下,易发生片帮、冒顶,地表表现为地面塌陷。

4.5　地裂缝地质灾害预测

邙山南部地裂缝多发于邙山与冲洪积斜地交接部位,具群发性,主要因汛期大量降雨发生。处于该部位的南岸连接明渠可能遭受地裂缝危害,可使渠基、渠坡等受损。穿黄工程高边坡明渠的开挖和隧洞施工将叠加新的人工微地貌单元,从而产生土体局部应力改变,加重其荷重分布的不均匀性,导致土体拉张变形。另外,渠道建设将改变小区域地下水径流特征,以及渠道产生的渗漏问题,均可加剧地裂缝发生的可能性,对渠道地基产生不利影响。

4.6 黄土湿陷问题预测

黄河北岸清风岭明渠段分布有非自重弱湿陷性黄土状粉质壤土,经试验测定,在 50 kPa、100 kPa、200 kPa、400 kPa 压力下,湿陷系数分别为 0.005、0.011、0.020、0.026,湿陷起始压力为 63 kPa[1]。可见其湿陷系数较小,对渠道影响较小。对挖方段,可不考虑黄土湿陷问题。对填方段,尤其是填方大于 3 m 的渠段,存在出现黄土湿陷危害的可能性,宜采取处理措施。

5 地质灾害防治措施

5.1 黄土高边坡整治措施

根据以往对黄土边坡整治的研究成果[6,7],结合场区附近李村提灌站及中铝公司抽水站观测、治理黄河南岸黄土高边坡的成功经验[1],建议对渠坡及邙山临河边坡,采用阶梯式开挖整治,单级边坡选用较大坡度,单坡之间设置马道有利于施工开挖和边坡的运行安全。单级坡度宜选 1:0.5～1:0.6,坡高 7～10 m,马道宽 3～7 m。单级边坡坡脚 1/3 部分作块石护坡,马道设排水沟。整体坡高大于 40 m 时,在坡高的 0.45～0.5 部位设置一级 12～15 m 的宽马道。整体坡度以不大于 1:2.5 为宜。过水断面和水位以上 5 m 需采取全面护坡和防渗处理。黄土高边坡整治示意见图 3。

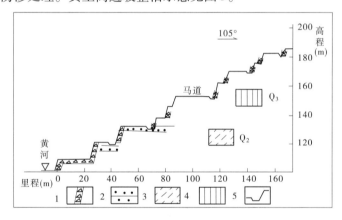

1—块石护坡;2—古土壤;3—粉土;4—黄土;5—排水沟

图 3 穿黄工程黄河南岸黄土高边坡整治示意图

对南岸明渠段边坡等永久性边坡,地下水水位较高段,为保证运行期长期稳定,宜在坡面后部一定距离内采取设置防渗墙或防渗帷幕等永久措施,阻止地下水向坡面的运移,降低或消除地下水侧向水压对坡体稳定性的不利影响。并对坡脚或坡腰部软塑、流塑状的黄土状粉土采取预注浆等加固措施,提高边坡整体稳定性。对施工期的临时边坡,亦应采取预排水措施或临时支护加固措施,并加强斜坡变形监测,防止出现突发崩滑灾害。

5.2 砂土液化防治措施

鉴于北岸河滩渠段地基土存在砂土振动液化问题,根据线路具体工程地质条件,可采取挤密砂桩法[8,9]进行渠基加固处理。该方法可有效消除砂土液化问题,并显著提高地基承载力。

5.3　地面塌陷和不均匀沉陷防治措施

对邙山隧洞段和过黄河隧洞段,建议合理选择施工机具、施工工序,适当加大建筑结构强度。建议洞室掘进时,先拱后墙,分步开挖,及时支护,衬砌后应作回填灌浆。对过黄河隧洞围土工程地质特性突变部位,应作专门处理。15 + 463.9 ~ S 段填方部位,应严格按照施工规范对填土分层夯实、碾平。

5.4　地裂缝防治措施

鉴于场区地裂缝的发生具有群发性特征,除对渠基采取加固措施外,应在施工期及运行过程中加强对工程周围地面变形的巡查、监测,并建立针对突发性地裂缝的应急预案。

5.5　黄土湿陷防治措施

北岸清风岭明渠段分布有非自重弱湿陷性黄土状粉土,对填方高度大于 3 m 的渠段地基宜用强夯法进行处理[10]。

6　结语与建议

本文论述了穿黄工程场区现状条件下存在的地质灾害及工程地质问题,对工程实施可能遭受的地质灾害危害进行了预测,并提出了相应的防治建议。在工程设计及施工过程中,宜充分考虑穿黄工程的重要性,对可能遭受地质灾害危害的地段采取科学合理、切实可行的防治和施工方案,确保工程的长治久安。因作者水平有限,文中可能存在诸多不当之处,望各位同仁批评指正。

参 考 文 献

[1] 石伯勋,蔡耀军.南水北调中线一期穿黄工程工程地质报告[R].长江水利委员会、黄河水利委员会穿黄工程联合项目组,2004.

[2] 陈东亮,应敬浩,阴国胜.南水北调中线穿黄工程区黄土滑坡成因机制分析[J].华北水利水电学院学报,2002,12(4).

[3] 李广诚,严福章.南水北调工程概况及其主要工程地质问题[J].工程地质学报,2004,12(4).

[4] 李广诚,司富安.南水北调工程地质分析研究论文集[M].北京:中国水利水电出版社,2001.

[5] 董秀竹,阮文军.南水北调中线穿黄工程南岸竖井开挖对邙山边坡稳定性的影响分析[J].岩土工程界,2005,5(5).

[6] 黄振鹤,张华.高边坡设计与加固的思考[J].岩土工程界,2004,8(8).

[7] 文宝萍,李媛,王兴林,等.黄土地区典型滑坡预测预报及减灾对策研究[M].北京:地质出版社,1997.

[8] 杨德生,叶真华.振动挤密砂桩消除砂土液化和提高单桩承载力[J].勘察科学技术,2003,8(4).

[9] 张柏山,邵萍萍,孙钧.砂土液化的防范措施[J].岩土工程地质界,2001,6(6).

[10] 杜文斌.黄土湿陷性评价及防范措施[J].岩土工程界,2002,12(12).

The Geological Hazards along the Project of Crossing the Yellow River of the Middle Route of the Project "South – North Water Diversion" and Prevention Measures

Yang Junwei   Huang Jingchun   Wei Yuhu   Liu Lei

(Geological environmental monitoring institute of Henan Province, Zhengzhou   450016)

Abstract:The project of"Crossing the Yellow River",which is surrounded by complicated geo – environmental conditions ,plays a decisive role in the national key project"South – North Water Diversion". In the past, many incidences of geological hazards such as landslide, collapse, cave – in caused by sub – erosion and land fissures occurred along the southern bank of Yellow River. Presently , the main geo – environmental problems include the liquefaction of sand bed on the river bed and washland, and collapsing loess near Qingfengling section on the southern bank. During construction, the unstable high loess slopes might produce geological hazards like collapses, landslides. Liquefaction, loess collapses, cave – in caused by sub – erosion, uneven subsidence, and land fissures might threaten the project. Proper measures should be taken to cope with different geological hazards during construction.

Key words: the middle route of the project "South – North Water Diversion" ,the project of crossing the Yellow River,geological hazards,prevention,measures

西气东输工程(河南段)地质灾害分布特征及防治措施

宋云力

(河南省地质环境监测院,郑州　450016)

摘　要:西气东输工程是国家重要建设项目,西起新疆东至上海,全长4 000 km,其中河南境内管线长度约310 km。河南段管道沿线地质灾害类型主要有崩塌、地面塌陷、地裂缝、沙埋与风蚀、河岸崩塌及黄土湿陷。其分布特征是,崩塌主要发生在嵩箕山前倾斜岗地地带黄土状土组成的冲沟陡壁上;地面塌陷分布于西北部沁阳窑头至前步窑一带石炭系、二叠系的铁矿、铝土矿和黏土矿采矿区,并伴生地裂缝;平原区的地裂缝,主要分布在荥阳北、东古黄河冲积平原,太康及淮阳早期及近期黄河冲积平原;沙埋与风蚀主要分布于嵩箕山前倾斜岗地的东缘岗间洼地和古黄河冲积平原的东部条形岗地地带;河岸崩塌仅出现在黄河南岸;黄土湿陷主要分布于嵩箕山前倾斜岗地。主要防治措施有清除松动危岩体、绕避采空区和塌陷坑、灌浆加固处理地面塌陷区的地裂缝、对黄河南岸护坡加固、植树造林固定沙丘等。

关键词:西气东输;地质灾害;防治措施;河南省

1　工程概况

西气东输工程是国家重点建设工程,也是西部大开发的标志性工程之一。输气管线西起新疆轮南,东至上海西郊,途经新疆、甘肃、宁夏、陕西、山西、河南、安徽、江苏、上海等9个省(市、区),全长约4 000 km。设计输气管道钢材钢级为X70,管道内径1.1 m左右,输气规模为120亿 m^3/a,输气压力为10 MPa,管线埋置深度2.0 m左右。

该工程河南段起始于沁阳市北部的斑鸠岭,途径沁阳市西万、博爱县东界沟、温县赵堡、荥阳市二十里铺、郑州市刘胡垌、新郑市薛店、尉氏县大马、鄢陵县栗园、扶沟县大李庄、西华县西华营、淮阳县王店、郸城县石槽,终止于郸城县黄老家,全长约310 km,设置四个分输站(博爱分输站、郑州分输压气站、薛店分输站和淮阳分输清管站)。

2　环境地质条件

管线区地形总形态是自西北向东南逐渐降低,即由西北部的太行山区,向东南依次为黄河冲积平原、嵩箕山前冲洪积倾斜岗地、黄河冲积平原,逐渐过渡到沙颍河冲积平原。地面高程由850 m降至36 m。

输气管线从西北部的太行山拱断束开始,经过华北凹陷(济源—开封凹陷)—嵩箕台

作者简介:宋云力(1962—),男,高级工程师,1984年毕业于长春地质学院,现从事水工环地质管理与研究工作。

隆——华北凹陷(通许凸起、周口凹陷)。各构造单元岩土体特征:太行山拱断束区,以微风化——中等风化的寒武、奥陶系碳酸盐岩(裂隙岩溶比较发育)硬质岩石(灰岩)和中等风化——强风化的石炭系、二叠系、三叠系碎屑岩软质岩石(砂页岩)为主。华北凹陷,主要沉积物为第四系全新统的粉土和粉细砂层。嵩箕台隆,除个别地段砂页岩出露外,浅部岩性主要为第四系上更新统黄土状粉土。

管线区西北部的太行山南段,受断裂影响,山脊狭窄,山坡陡峻,峡谷众多,地面高程850～300 m,相对高差100～150 m,地形和地质构造复杂,岩性岩相变化大,破坏地质环境的人类工程活动强烈,属于地质环境条件复杂类型;管线区中部的黄河南岸——尉氏南曹地段,地形较高,高程150～200 m,黄土类土覆盖厚度较大,垂直节理发育,并具有轻微湿陷性,植被较少,水土流失较强烈,沟壑众多且切割较深并形成陡峻边坡,易产生崩塌灾害;冲积平原区,包括沁河冲积平原、黄河冲积平原、沙颍河冲积平原,地形平坦,地面高程120～36 m,地质灾害不发育,破坏地质环境的人类工程活动一般,属地质环境条件简单类型。此外,输气管线工程穿越沁河、黄河及贾鲁河地段,地形地貌条件复杂,岩土工程性质较差,应属于地质环境条件复杂类型。

3 地质灾害类型及分布特征

西气东输工程河南段地质灾害类型主要有崩塌、地面塌陷、地裂缝、沙埋与风蚀、河岸崩塌、黄土湿陷等6种。

3.1 崩塌

山区未发现自然崩塌,仅见有露天采矿(石)坑(场)的边坡崩塌,规模较小。

黄土崩塌发生在嵩箕山前倾斜岗地地带由第四系上更新统黄土状粉土和中更新统粉质黏土组成的冲沟陡壁上,由于侵蚀切割深度相对较小,所以崩塌规模一般较小(小于1 000 m³)。

3.2 地面塌陷

分布于管线西北段沁阳市窑头至前步窑一带石炭系、二叠系的铁矿、铝土矿和黏土矿采矿区,并伴生地裂缝。由于矿产开采多沿沟谷或山坡顺层面开采,因而大的塌陷并非呈盆形,而是沿山坡呈阶梯状的塌落。小的采空塌陷形态不一,有槽形的,也有漏斗形的。多数塌陷坑,由于停采时间不长,一般尚未稳定,仍处在继续活动中。在前步窑村南见有两个较大的塌陷坑,一个东西长110 m,南北宽约90 m,塌陷深度3～5 m,中间为一近南北向自然沟;另一塌陷坑,呈阶梯状下陷,北缘为塌陷形成的石灰岩陡坎,高8～10 m,塌陷范围东西和南北向各为200～300 m。二级陡坎高约8 m,处于大塌陷坑的内侧,宽80 m,长100～150 m,分布在山坡上,与沟底的相对高差约100 m。

3.3 地裂缝

山区地裂缝主要分布在采空区的周围,多为山体整体下沉形成的拉张裂缝,次为围绕塌陷中心形成的环状裂缝。其特征见表1。

表1　西气东输工程河南段采空区地面塌陷引起的地裂缝统计

序号	分布位置	距管线的距离(km)	方向(°)	规模	危害
1	窑头村南(K2+800)	0.2	125	宽5~15 cm,深0.6 m,地裂缝长度大于60 m	
2	窑头村南(K2+800)	0.25	25	并排三条地裂缝,裂缝宽5~10 cm,深0.5~0.6 m,影响带宽度约60 m,主裂缝长度大于80 m	房屋墙体开裂,裂缝宽6~20 cm,落差1~2 cm
3	前步窑村北(K4+050)	0.25	110	裂缝宽60 cm,可见深度1.5 m,裂缝两盘高差25 cm,可见长度大于50 m	
4	前步窑西北(K4+300)	0	300	有大致平行裂缝四条,主裂缝宽30~50 cm,深2.1~2.5 m,裂缝两盘高差15 cm,长度大于100 m。其他裂缝宽5~15 cm,深1.3 m左右。影响带宽度50~60 m	黄沙岭收费站房屋后墙开裂,缝宽大于20 cm
5	前步窑西北(K4+330)	0.05	100	两条,主裂缝可见长度110 m,宽30~40 cm,深1.3 m,两盘高差20~30 cm,两条裂缝相距15 m	
6	前步窑附近(K4+400)	0.08	30	共三条,主裂缝长70 m,缝宽50 cm,深2.0 m,两盘高差10~20 cm,影响带宽3.5 m	
7	前步窑村南(K4+750)	0.2	25	一组三条,主裂缝长80 m,宽4.5 m,深5~7 m;其他两条缝宽50 cm,深1.2 m,影响带宽约11 m	

　　平原区的地裂缝,主要分布在荥阳北、东古黄河冲积平原,太康及淮阳早期及近期黄河冲积平原。平原区的地裂缝多出现在长期干旱突降暴雨后,且多出现在村镇内,村外消失,平面分布单个裂缝多呈锯齿状,排列方式有雁行式、放射状和互相穿插等。垂向特征上宽下窄,呈"V"字形,深数厘米至数米。1981年6月21日,在荥阳市东二十里铺茹砦村(距管线0.2 km)发生了一条走向北东东的地裂缝,长300 m,宽0.5 m,深0.70 m。与此同时,在荥阳市城关乡大王村(距管线7.5 km)发生两条地裂缝:一条长420 m,宽0.5 m,深1.20 m;另一条长300 m,宽2 m,深8 m,走向亦为北东东,与上述二十里铺茹砦村地裂缝断续长12 000 m。同年7月27日,大王村又发生两条地裂缝,一条长30 m,宽0.5 m,深1.5 m;另一条长60 m,宽0.3 m,深0.4 m。1983年在荥阳北王村乡薛村、司村(距管线1.8 km)发生的地裂缝长2 000 m,在长1 500~2 000 m、宽1 500 m的范围内,产生深0.4~4.0 m的塌陷坑45处,房屋开裂破坏288间,为较严重的地质灾害。

3.4 沙埋与风蚀

沙埋与风蚀主要分布于嵩箕山前倾斜岗地的东缘岗间洼地和古黄河冲积平原的东部条形岗地地带,沙地呈片状分布。沙丘呈零星分布,目前部分沙丘被改造成耕地,部分沙丘为灌木和乔木林所固定,故原有沙丘、沙地已得到不同程度的控制。

3.5 河岸崩塌

河岸崩塌仅出现在黄河南岸,即冲刷岸,地形陡峭,坡度大于55°,高度大于50 m,坡面上陡下缓。岩性为黄土状粉土和黄土状黏质粉土,节理裂隙发育。在水流的作用下,经常造成岸边崩塌。当河床摆动时,河水对漫滩进行侵蚀,也产生小规模的崩塌。崩塌体长度由数十米至数百米,崩塌体积可超过1万 m³。崩塌后造成堵塞河道、破坏农田,对工程建设也极为不利。

3.6 黄土湿陷

黄土湿陷主要分布于嵩箕山前倾斜岗地。晚更新世早期(Q_{3-1}^{al})的黄土状粉土,平均厚度为5.50 m,平均湿陷系数$\delta_s = 0.046$,平均湿陷量18~20 cm,为Ⅰ级(轻微)非自重湿陷性黄土,是管线区主要的湿陷性黄土。中更新统为黄土状粉质黏土或黏质粉土,一般不具湿陷性,局部具弱湿陷性。古黄河冲积平原晚更新世晚期(Q_{3-2}^{al})黄土状粉土,局部地带也具湿陷性。

4 地质灾害防治措施

4.1 崩塌的防治措施

根据崩塌的形成条件,管线区自然条件下基本不具备发生崩塌的可能。但在采矿区,有可能发生小型崩塌,应注意清除松动岩体,做到防患于未然。

4.2 采空区地面塌陷的防治措施

针对不同的情况,采取不同的防治措施。如管线恰穿过一个较大的塌陷坑,该塌陷坑呈阶梯状向山坡倾斜方向塌落,且正在活动中,建议向西绕避;对线路穿过的小型塌陷坑,可采取先充填碎石,然后再注浆加固的处理措施;管线在露天开采的矿坑边缘通过的地段,应对危害管线的矿坑边坡削坡减荷,并用砂浆块石砌制,以防边坡冲刷,确保边坡的稳定性,达到保护管线安全的目的;管线从采空区巷道上部穿过的地段,巷道尚未塌陷,可在巷道内采用块石混凝土柱进行支撑和基础梁跨越双保险的处理措施,以防塌落,确保管线安全;对管线穿过采空区地裂缝的地段,可采用灌浆加固处理。

4.3 地裂缝的防治措施

荥阳北、东部地裂缝:鉴于过去的地裂缝已经充填,无法进行直接处理,只有在管道施工中,根据不同情况进行不同处理。输气管线基槽开挖后,要进行验槽,发现异常的地质情况,要用洛阳铲进行勘探,发现不良地质现象及时采取有效的处理措施,防患于未然;当基槽下无不良地质现象时,要对基槽地基土适当进行超挖,再用"二八"灰土回填夯实,确保地基的稳定;管道铺设后用素土或"二八"灰土回填夯实,管道经过的地面要略高于附近地面,防止地表水渗入、潜蚀,影响管线的稳定和安全。

太康、淮阳一带的地裂缝多为黏性土干缩形成的地裂缝,如裂缝深度小于2 m,可无需处理。若裂缝深度大于2 m,要查明原因,必要时,进行灌浆加固处理。此外,管线建成后,在管线两侧 50 m 范围内不宜建高重的建筑物或构筑物,以及深基坑开挖,以免影响管道的安全。

4.4　黄河河岸崩塌的防治措施

在黄河南岸边坡顶面,种植草皮,防止冲刷、侵蚀;对黄河南岸边坡上部削坡减荷,坡脚处采用块石混凝土衬砌,并堆积块石,防止河水冲刷,保护河岸,防止崩塌。

4.5　黄土湿陷的防治措施

管线沟槽开挖后,要认真进行验槽,发现异常地质情况,首先进行钎探或洛阳铲勘探,查明情况后,妥善处理;在铺设管道前对沟槽底部进行夯实,使土层密实,尽量消除或减小黄土湿陷量;管道铺设后,用素土或"二八"灰土进行回填夯实,防止降雨或地表水入渗诱发黄土湿陷;输气管线建成后,要经常检查管线埋设质量,如发现管线附近有湿陷、塌落现象,要立即回填夯实或进行灌浆处理。管道通过冲沟地段,对冲沟沟壁要进行抗冲刷加固,导流排水,种草护坡等。

4.6　沙埋与风蚀的防治措施

沙埋与风蚀灾害防治,主要是建立防风固沙林,不仅保护管线免遭危害,而且可改善轻度沙化的不良环境,造福子孙后代。对管线区段要保持和进一步提高沙丘、沙地的植被覆盖率,对较严重的沙化地带要退耕还林,对建设管线破坏的耕地、林地及草地要及时恢复,防止植被破坏,加剧风沙飞扬和水土流失。

5　结　语

通过对西气东输工程(河南段)沿线地质灾害情况的调查,基本查明了工作区的地质灾害现状、危害程度、发育特征和分布规律,针对不同的灾种提出了相应的防治措施,为制定西气东输工程(河南段)地质灾害防治方案提供了基础资料。

The Distribution Features and Prevention Measures
for the Geo – Hazards along the Project of
"West – to – East Transmission（Henan Section）"

Song Yunli

（Geo – environmental Monitoring Institute of Henan Province, Zhengzhou　450016）

Abstract：The project of "West – to – East Transmission" is one amongst national key projects. Starting from Xinjiang Autonomous Region and ending at Shanghai City, its total length reaches 4,000 km. The length of the project within Henan Province totals at 310 km. The major types of geo – hazards along the trunk pipelines in Henan Province are collapses, land fissures, sand inundation, wind erosion ,collapses of river banks, and collapses of loess . Collapses mainly occur along the cliffs of gullies, which are composed mainly of loess—like soil and situated in the inclined terraces before Mount Song & Ji. Accompanied by land fissures, subsidence mainly occurs in the mining areas in the northern – eastern parts of Henan Province, such as the iron , aluminium and clay mining areas(formed in Cretaceous and Permian systems) between Yaotou and Qianbuyao Villages, Qinyang County. In plain areas, land fissures mainly occur in the pale – alluvial plain of Yellow River, and in the ancient – modern alluvial plains situated in Taikang County and Huaiyang County. Sand inundation and wind erosion mainly occur in low – lying areas that are situated in the eastern side of the slant terrace in front of Mount Song & Ji, and in the low hills that are located to the east of pale – alluvial plain of Yellow River. Collapses of river banks appear along the Yellow River only. Subsidence due to collapsible loess mainly occurs in the inclined areas of low hills in front of Mount Song & Ji. The major prevention measures should include: the removal of dangerous rock masses, dodge from worked – out areas and sink holes, consolidation of land fissures in subsidence areas by means of grouting(injection), consolidation and maintenance of the south bank of Yellow River, planting trees in order to fix sand dunes , etc.

Key words: West – to – East Transmission, geo – hazards, prevention measures, Henan Province

河南省地质灾害与地质环境关系研究

戚　赏

（河南省地质环境监测院，郑州　450016）

摘　要：截至2008年底，河南省共确定地质灾害5 927处，共造成468人死亡，直接经济损失459 965.7万元，地质灾害造成的经济损失巨大。本文在河南省山地丘陵区66个县(市)地质灾害调查基础上，重点分析了地质灾害与地质环境因子(地形地貌、岩土体类型、地质构造、降水)及人类工程活动之间的关系，为研究河南省地质灾害分布发育特征，开展地质灾害易发性分区、地质灾害防治区划及地质灾害群测群防体系建设奠定了基础。

关键词：河南省；地质灾害；地质环境因子；分布发育特征；人类工程活动

1　地质灾害类型及分布

截至2008年底，河南省共确定地质灾害5 927处，种类有滑坡、崩塌、泥石流、地面塌陷、地裂缝、不稳定斜坡6种。其中以滑坡、崩塌数量最多，分别占地质灾害点总数的30.7%和28.4%。

河南省地质灾害分布最明显的特征是地域性强，不同的地质灾害种类，其分布有不同的特点，滑坡、崩塌、泥石流多见于山地丘陵区，地面塌陷、地裂缝则于采矿区较为集中。另外，地质灾害在布局上一灾为主，多灾并发又是河南省地质灾害分布的另一特征。

2　地质灾害与地质环境因子关系研究

2.1　地质灾害与地形地貌

微地貌对地质灾害的形成具有重要影响，我们对地质灾害与坡度、坡形、坡向相关关系进行了统计(见表1)。

表1　地质灾害与微地貌特征关系

地质灾害类型	坡度(°)			坡向(°)		坡形		
	≤30	30~45	≥45	90~270	270~360 或 0~90	凸形	凹形	其他
滑坡	580	1 032	209	1 085	736	1 465	61	234
崩塌		13	1 668	1 153	528	620		1 061
泥石流		210	207					

从表1可知，河南省滑坡灾害多发生在坡度中等(30°~45°)、坡向倾向于阳坡(90°~

270°),而坡形以凸形坡为主;崩塌灾害多发育于大于45°的高陡坡、坡向以阳坡为主,对坡形而言,凹形坡一般不易发育崩塌,坡形以直形为主,其次为凸形。

2.2 地质灾害与岩土体类型

从岩性上看,结构松散、抗剪强度和抗风化能力差、在水作用下容易发生变化的黏土、黄土及其他松散坡积覆盖物,是河南省地质灾害发育的主要母体。而硬度差、力学强度相对较弱的层状泥灰岩、泥岩、砂岩、页岩和易风化的岩浆岩、片麻岩则属于易产生地质灾害的岩质母体。

2.3 地质灾害与地质构造

根据我们对崩塌、滑坡数据与构造关系的分析,在次级地质构造发育地段,其对突发性地质灾害,尤其是滑坡、崩塌活动有重要影响,断裂构造不仅使斜坡岩土体发育大量的裂隙,甚至使斜坡变得支离破碎,进而促进斜坡岩土体的风化和地表水的浸润破坏活动,降低斜坡的稳定性,而加剧滑坡崩塌发生的可能性(见图1)。

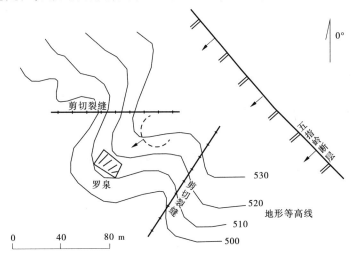

图1 河南省巩义市罗泉滑坡隐患与构造关系图 (单位:m)

2.4 地质灾害与降水

地质灾害与降水关系极为密切,河南省境内绝大多数突发性(崩塌、滑坡、泥石流)地质灾害都由降水引发。而其他地质灾害类型,如地裂缝,其变化亦有降水作用,但降水不是决定性因素,地面塌陷则与降水关联度较低。

2.4.1 崩塌、滑坡与降水

我们对各降水区间崩塌、滑坡数量进行了统计,结果见表2。

表2 各降水区间崩塌、滑坡发育数量统计

降水量（mm）	<600	600～700	700～800	800～900	900～1 000	1 000～1 100	1 100～1 200
崩塌、滑坡数量(处)	345	1 516	786	442	71	183	159

由表2可知,河南省崩塌、滑坡灾害多集中在降水量600~800 mm区,共65.7%。可见,并不是降水量越高,崩塌、滑坡发育密度就越大。这从另一角度说明,崩塌、滑坡灾害是一个多种因素共同作用的结果。

2.4.2 泥石流与降水

我们对各降水区间泥石流数量进行了统计,结果见表3。

表3 各降水区间泥石流发育数量统计

降水量 (mm)	<600	600~700	700~800	800~900	900~1 000	1 000~1 100	1 100~1 200
泥石流 数量(处)	42	84	149	100	22	17	3

由表3可知,河南省泥石流灾害多集中在降水量600~900 mm区,共79.9%。应当指出,700~800 mm区泥石流是以矿渣堆积型为主的,这当中人为因素诱发的泥石流灾害占居主导地位。

2.5 人类工程活动对地质灾害的影响

人类工程活动的不规范性主要表现有:开挖坡脚、破坏植被、不合理的地下开采、矿山废弃渣与尾矿随意堆放、河流的冲刷与侧蚀、河流水库水位升降、斜坡加载、爆破振动,等等,河南省大多数地质灾害与人类工程活动有关(见表4)。

表4 河南省与人类活动相关地质灾害数量统计

地质灾害类型	滑坡	崩塌	泥石流	地面塌陷	地裂缝	不稳定斜坡
总数(处)	1 821	1 681	417	897	141	970
与人类活动 有关(处)	1 035	1 009	249	894	79	565
占总数百分比 (%)	56.8	60.0	59.7	99.7	56.0	58.2

从表4中可以看出,河南省5 927处地质灾害,人类工程活动成为诱发因素之一的有3 831处,占地质灾害点总数的64.6%,人类工程活动对地质灾害的影响程度可见一斑。

3 结 语

分析研究地质灾害与地质环境因子及人类工程活动之间的关系,对科学预防地质灾害、减少地质灾害造成的人员伤亡和财产损失都具有重要意义。在地质灾害综合研究的基础上,河南省对全省山地丘陵区开展了地质灾害易发程度分区、地质灾害防治区划,并据此初步建成了地质灾害群测群防体系。随着人们对地质灾害研究的进一步深入,其成果可为省级地质灾害防治与管理部门提供决策支持,有效开展避让、救援与防治工作,最大限度地减少防治工作成本,减灾效益明显。

参 考 文 献

［1］朱中道,刘玉梓,陈光宇,等.河南省区域环境地质调查报告［R］.河南省地质环境监测院,2003.
［2］胡厚田.崩塌与落石［M］.北京:中国铁道出版社,1989.
［3］王恭先,徐峻龄,刘光代,等.滑坡学与滑坡防治技术［M］.北京:中国铁道出版社,2007.
［4］赵承勇,黄景春,魏玉虎,等.河南省矿山地质环境调查与评估报告［R］.河南省地质环境监测院,
2007.

中国南阳伏牛山世界地质公园
地质灾害评价*

田东升[1]　　张国建[2]　　杨进朝[1]　　李进莲[3]

(1.河南省地质环境监测院,郑州　450016;2.南阳市国土资源局,南阳　473000;
3.河南省地矿局第一地质勘查院,南阳　473000)

摘　要:中国南阳伏牛山世界地质公园位于豫西南山区。地貌类型以中、低山为主,地表多出露变质岩及侵入岩,岩体风化强烈,多赋存基岩裂隙水,地质构造发育,人类工程活动强烈,园区地质环境条件复杂。野外调查及评价表明,园区处于地质灾害高易发区,主要地质灾害有崩塌、滑坡和泥石流。针对地质公园这一特色旅游基地,提出地质灾害防治对策,保障当地旅游经济可持续发展。

关键词:地质灾害;易发区;世界地质公园;伏牛山;中国南阳

1　引　言

　　中国南阳伏牛山世界地质公园位于中国中央造山系秦岭造山带东部的核心地段。在宝天曼国家地质公园(国土资源部,2001)、南阳恐龙蛋化石群国家级自然保护区(国务院,2002)、宝天曼国家森林公园(林业部,1998)、世界人与自然生物圈保护区(联合国教科文组织,2002)、伏牛山国家地质公园(国土资源部,2002)和南阳独山玉国家矿山公园(国土资源部,2005)的基础上整合而成[1]。属河南省南阳市管辖,主要包括西峡、内乡中北部、南召西部等县(市)。园区面积为 1 340.9 km²,地理坐标为:东经 110°59′48″ ~ 112°36′51″、北纬 33°01′44″ ~ 33°49′16″。其中,地质旅游及生态旅游区面积 683.95 m²,地球科学考察区面积 656.98 km²,地质考察线路 208.348 km。

　　该园是一座以有"世界第九大奇迹"之称的恐龙蛋化石群、中央造山系秦岭造山带、宝天曼世界生物圈保护区为主体,以秋林飞瀑、龙潭沟、七星潭等潭瀑水体景观为典型代表,以化石群、峰林、峰丛花岗岩地貌等踪迹景观为核心,以南阳独山玉、内乡县衙、南阳府衙、南阳"四圣"等著名人文旅游景点为补充的综合型世界地质公园[1]。

　　该地质公园主要分布于南阳市域的西部及北部的伏牛山(见图1)。本次评价范围(以下简称评价区)包括内乡中北部、西峡县、南召县西部,面积约 10 000 km²。受地形地貌、地层岩性、地质构造、工程地质及人类工程活动等因素的影响,评价区共发现地质灾害

　　*本文原载于《地质灾害与环境保护》第20卷第78期。
　　作者简介:田东升(1965—),男,河南上蔡县人,高级工程师,主要从事水文地质、环境地质及地质灾害调查研究。

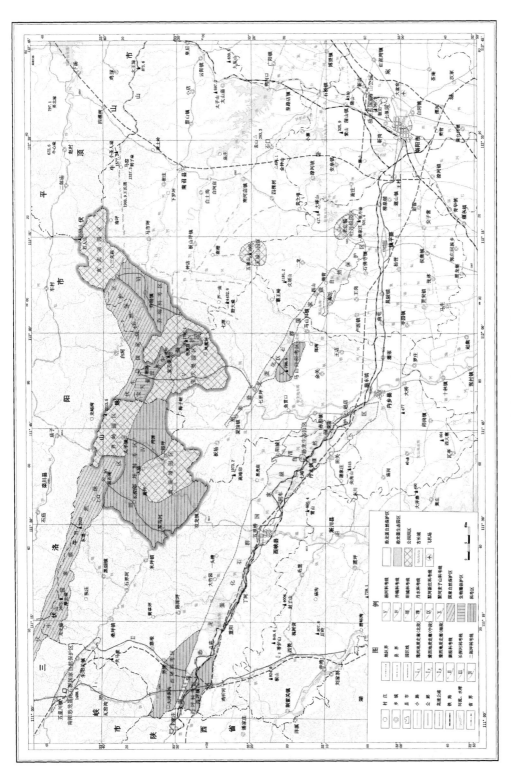

图 1 南阳伏牛山地质公园分布图

隐患点 472 处,其中崩塌 123 处、滑坡 188 处、泥石流沟 50 条[2-4]。尤其是旅游公路两侧的崩塌、滑坡,严重威胁旅游人员及管理人员的生命和财产安全。为此,在调查评价区地质灾害特征的基础上,开展地质灾害易发性评价,并对地质灾害提出防治对策,有利于地质公园旅游资源开发利用和保护,保障当地旅游经济可持续发展。

2　自然地理与地质环境概况

2.1　气象水文

南阳地处北亚热带向暖温带的过渡地区,属于典型的大陆性季风型湿润、半湿润气候。全年平均气温在 14.4 ~ 15.7 ℃,年平均降雨量为 800 ~ 1 000 m。伏牛山区年平均总云量在 5.0 ~ 6.0,日照百分率为 45% ~ 50%,日照时数全年约 2 000 h,平均风速在 2 m/s。

评价区发育的主要河流有白河、黄鸭河、鹳河、湍河、淇河等。其中,老鹳河境内流程长 109.4 km,流域面积 2 523 km^2,径流量 2.47 亿 m^3;淇河,流域面积 575 km^2,境内干流长 42.2 km,最大流量 1 300 m^3/s;白河年平均流量 11.7 ~ 19.8 m^3/s

2.2　地形地貌

公园属豫西山地,主峰犄角尖海拔 2 212.5 m,最低处马山口镇海拔 235.3 m,相对高差 1 977.2 m。伏牛山,高峰突兀,山体完整,主脉山脊狭窄高耸,为河南省的屋脊,黄河、淮河和长江三大水系的分水岭。

地貌类型的划分参照以成因为主,形态与成因相结合的原则。园区内地貌划分为 3 个类型和 5 个亚类型(见表 1)。

表 1　中国南阳伏牛山世界地质公园地貌类型划分表

类型	亚类型	海拔(m)
山地	构造侵蚀断块中山	1 800 以上
	剥蚀断块低中山	1 100 ~ 1 800
	侵蚀剥蚀断块低山	800 ~ 1 100
丘陵	剥蚀侵蚀低山丘陵	600 ~ 800
盆地	山间断块沉积盆地	600 以下

2.3　地层岩性

评价区地处秦岭造山带和华北陆块南缘[5],地层出露齐全,从太古界至新生界均有分布。

太古界为一套变质较深并受不同程度混合岩化的片岩、片麻岩、石英岩、大理岩。

下元古界出露的主要岩性为片岩、大理岩、石英岩、磁铁石英岩。

中元古界出露的主要岩性为石英片岩、安山岩、砂岩。

中—上元古出露的主要岩性为片岩、大理岩。

上元古界出露的主要岩性为石英砂岩、页岩、白云岩、片岩、大理岩、凝灰岩、石英角斑岩。

震旦系主要岩性为砾岩、白云岩、硅质岩、片岩、千枚岩。

古生界寒武系的泥岩、砂岩、白云岩、灰岩、页岩、硅质岩,奥陶系的灰岩、大理岩、砂岩、泥岩,志留系的泥岩、砂岩,泥盆系的砂岩、片岩、灰岩、角闪岩、砾岩、页岩、黏土岩,石炭系的灰岩、白云岩、页岩、泥岩。

中生界三叠系的砂岩、泥岩,侏罗系的石英砂岩、泥灰岩,白垩系的泥岩、粉砂岩、泥灰岩、砂砾岩。

新生界上第三系的泥灰岩、泥岩、砂砾岩、白云岩、粉砂岩、页岩,下第三系的砂砾岩、泥岩;第四系的黏土、粉质黏土、砂砾石。

此外,分布有大面积花岗岩。

2.4 构造

南阳市地处华北地台南缘与秦岭构造带接壤部位,公园地区属于秦岭造山带。园区经历了长期复杂发展演化及多期不同层次变质变性改造,地质构造极其复杂。

园区内主要地质构造有瓦穴子—鸭河口—邢集断裂带、朱阳关—夏馆断裂带、商丹断裂、木家垭断裂。这些断裂带总体走向北西西,波及数千米,均为长期多次活动、性质多变,以韧性剪切为主,叠加有脆性破裂的复合断裂带。断裂通过的地方多形成深切河谷、断裂崖。它们的形成和发展,塑造了园区内地貌,造成断裂带波及地层破碎,为地质灾害的发生提供了基础。

2.5 地下水类型及补、径、排条件

地下水主要类型有基岩裂隙水、碳酸盐类裂隙岩溶水、碎屑岩类孔隙裂隙水和松散岩类孔隙水。其中基岩裂隙水占园区面积的85%左右,碳酸盐类裂隙岩溶水分布在西峡西北及东北部,而碎屑岩类孔隙裂隙水主要分布在西峡境内,松散岩类孔隙水分布于内乡北侧,面积很小。除分布于内乡河流两侧约5 m外,其余地下水位均埋藏较大,大于10 m。地下水补给主要来自大气降水,径流强烈,山区多以泉的形式出露,盆地以开采为主。

2.6 工程地质岩组

根据岩土体特性,园区内岩土体类型划分为8个工程地质岩组:坚硬块状侵入岩岩组、坚硬块状混合岩、片麻岩变质岩组、较坚硬薄层状石英片岩变质岩组、较坚硬块状细碧岩变质岩组、坚硬厚层状中等岩化大理岩白云岩碳酸盐岩组、半坚硬厚层状砂岩碎屑岩组、层状结构土体。其中力学强度较高的岩组,易形成陡削的山坡临空面,存在崩塌隐患;而山体表面风化物质及沟床堆积物为滑坡、泥石流提供了物源。

2.7 主要工程经济活动

2.7.1 矿业开发

园区内矿产资源较为丰富[6]。经过地质普查勘探有较高储量的有:石墨、红柱石、金红石、黄金、大理石、矽线石、橄榄石、铁、锰、铜、铅、锌、云母、水泥灰岩、花岗岩、黑绿玉、白绿玉、宝玉石等。矿产开采严重破坏周围的地质环境,造成水土流失、植被破坏,出现滑坡、崩塌、泥石流、地面塌陷等灾害,对园区内旅游业有较大影响。

2.7.2 交通工程

近年来,评价区内交通工程建设取得快速发展。国道209线、国道311线、国道312线、豫48线、豫51线等构成园区内交通框架。这些交通工程一方面为园区内交通提供了

方便;另一方面,在修建过程中,破坏了岩体原有的相对平衡稳定状态,出现边坡失稳,形成了滑坡、崩塌隐患,部分地段还相当严重,威胁公路、车辆、行人及附近居民生命财产安全。

2.7.3 旅游业建设

伏牛山世界地质公园主要景观有老界岭、五道碴、龙潭沟、老君洞、蝙蝠洞、荷花洞、恐龙蛋博物馆等。开发旅游的过程中,修建道路、宾馆、索道、滑道等设施,周围地质环境会遭受不同程度的破坏,特别是崩塌、滑坡隐患尤为严重。汛期(6~9月)旅游,危害很大。

2.7.4 城乡居民建设

在中、低山丘陵区,因受地形条件制约,建设用地短缺,常靠开挖山体坡脚获取更多建设用地,易导致坡体失稳,产生崩塌、滑坡灾害,影响景区居民安全。

3 地质灾害类型及发育特征

3.1 地质灾害类型及分布特征

评价区主要地质灾害类型有崩塌、滑坡、泥石流,这三类灾害占灾害总数的75%,在评价区内分布较为广泛;在园区内主要分布于恐龙化石群保护区、国家自然保护区及二郎坪、太平镇、宝天曼园区(见图2)。

3.2 地质灾害发育特征

3.2.1 崩塌

崩塌主要分布于中山区、公路两侧、居民区附近、矿山采场等人类工程活动相对强烈地段,以土质崩塌为主。土质崩塌体岩性构成主要为亚黏土、砂砾石层及残坡积碎石土等,坡体结构松散,孔隙、裂隙发育。岩质崩塌构成岩性包括碳酸岩类、变质岩类及碎屑岩类,岩体裂隙、节理发育,风化强烈。主要诱因为大气降雨及人类工程活动。

3.2.2 滑坡

3.2.2.1 主要特征

滑坡主要分布于中低山丘陵区,规模相差悬殊,大者可达70万 m^3,小者仅为0.018万 m^3,平面形态以圈椅形、舌形、矩形为主,剖面形态多为直线及台阶形。滑坡后缘一般形成高陡的下跌坎及弧形裂缝。滑坡体上房屋开裂变形,树木歪斜,滑动前缘有泉水溢出。土质滑坡体中碎石含量不等,以粉质及砂质黏土为主。岩质滑坡岩性多为碎裂状风化基岩,滑坡体上以张裂缝发育为主,常出现于滑体顶部接近基岩出露部位。滑床多由强弱基岩风化层接触面构成。主要致灾因素为每年6~9月降雨及人类工程活动。

3.2.2.2 典型实例:西峡县军马河乡白果村土质滑坡

1. 滑坡地质环境条件

白果村滑坡位于西峡县军马河乡北部,距乡政府所在地10 km,地处中山区,海拔700~1 000 m,坐标:东经111°29′59.5″,北纬33°34′26.6″。冲沟发育,植被较好。滑坡体主要由第四系残坡积物及风化岩体组成,滑面为土体与石英片岩接触面,滑床为下古生界二郎坪群小寨组黑云石英片岩。

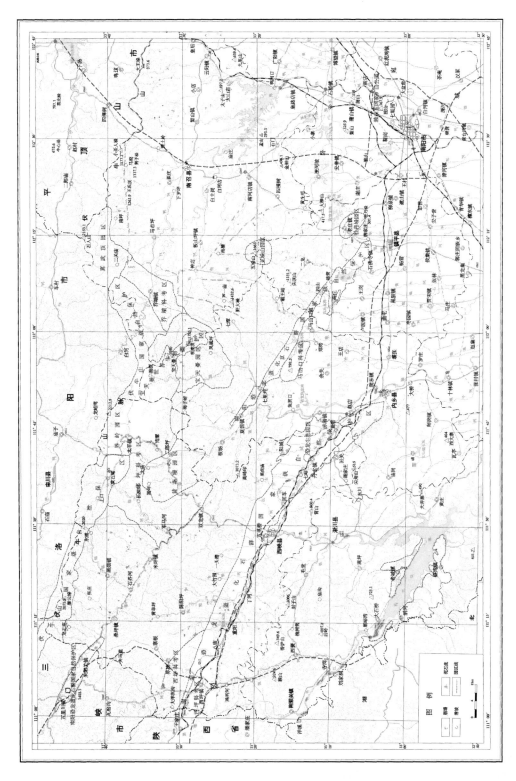

图 2 崩塌、滑坡、泥石流地质灾害分布图

2. 滑坡特征

该滑坡最早发生于2003年5月,滑坡分为东西两个滑坡体,同处于同一面山坡,滑向不同;西滑坡体长500 m,宽250 m,东滑坡体长447 m,宽385 m,厚度0.5~9 m,纵横向变化较大,山体坡度35°~40°,坡向90°;滑坡平面形态呈半圆形、舌形,剖面形态呈凸形、阶梯形,由于其平面及剖面图形均不规则,综合计算方量分别约为50万 m³、68.8万 m³(见图3),滑坡为中型滑坡;该滑坡仍处于不断发展之中,滑坡后缘拉张裂缝断续长约300 m,且呈逐渐加宽态势,位于滑坡体前缘的居民房屋已呈现墙体变形、室内地面高低错位,目前已造成14间房屋全毁,400间房屋半毁,威胁村民134户、490人,房屋670间。

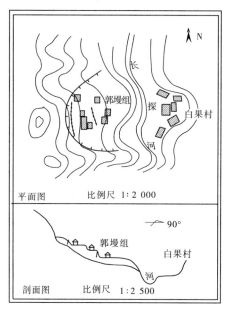

图3 白果树村滑坡平面、剖面图

3. 滑坡形成原因

滑坡的形成因素较为复杂,可分为自然因素和人为因素。自然因素包括地形地貌、岩性、地质构造、气象因素,人为因素为人类工程活动。其主要致灾因素为降雨及人类工程活动。

滑坡的形成在于斜坡变形破坏过程中岩土体失稳导致整体下滑,故斜坡地质地貌特征构成滑坡的内在物质条件。该区滑坡所处均为中山区,地形起伏较大,沟谷发育,山体坡度在30°~85°,坡体临空条件好,随着雨水下渗及沿裂缝灌入,易在强、弱风化层过渡带产生局部贯通面,导致斜坡岩土体失稳并滑动。

该滑坡的主要诱发因素为大气降雨,区内每年汛期(7~9月)降雨量大,如2003年9月连降暴雨,10天累计降雨364.5 mm,由于坡积物结构松散,孔隙发育及基岩节理、裂隙发育,强烈风化后结构变得破碎、松散,雨水极易渗入坡体,并沿强、弱风化层界面贯通。加之汛期降雨较集中,饱水后的坡体不但抗拉、抗剪强度降低,并且充水后的张裂隙(或陡倾节理),会使斜坡受到一个指向临空面的裂隙静水压力,产生蠕动变形并产生拉张裂缝;坡体还受到与渗流方向一致,指向临空面的动水压力。

人类工程活动也是形成滑坡的重要条件,由于滑坡所处山坡被改造为梯田,改变了地表水的径流途径,加之山前掘坡建房问题,自然斜坡遭到严重破坏,随着应力在斜坡前缘不断集中,变形日渐加剧。

3.2.3 泥石流

3.2.3.1 主要特征

泥石流主要分布于评价区北部中山区,平面形态呈喇叭形、长条形,剖面形态呈阶梯形等。以冲为主,淤积次之,沟口扇形地多数完整性较差。泥石流规模0.5万~50万 m³,碎石成分复杂。中低山区山高坡陡,高差悬殊,切割强烈,沟谷两侧坡度多在30°以上,山坡上多为几米厚的坡积物、沟内崩积物及矿渣堆放等,受山区降雨集中影响,沟谷内易形成泥石流。具群发特点。

3.2.3.2 典型实例:西峡县米坪镇子母沟泥石流

子母沟位于米坪镇政府北,2005年7月17日发生泥石流,毁坏房屋约650间、公路20 km、桥涵12座、耕地1 480亩,电力通信设施全毁,死3人,失踪2人,经济损失达2 000余万元。

1. 泥石流发生的自然背景

(1)气象、水文:该泥石流沟处于亚热带到暖温带的过渡地带,多年平均降雨量为925 mm,最大降雨量1 755 mm(1964年),最小降雨量348.5 mm(1978年);子母沟为鹳河上游支流之一,河沟径流量年际、年均及水位变幅较大,具有暴涨暴落、流量及水位变幅大的特征。

(2)地形、地貌:子母沟位于伏牛山深山区,沟口地面高程360 m,而子母沟脑界岭处海拔为1 598 m,相对高差达1 238 m,流域面积62 km²,纵坡降为68.8‰。关山村以上为上游,由两条支沟组成,沟谷呈"V"形,河床宽10~20 m,纵坡降为203‰,河床残留巨大漂石,直径达5 m以上;大庄村至子母村为中下游,呈宽缓的"U"形谷,为泥石流流通及堆积区,砌石河道约宽20 m;沟口巨石直径达1.5 m,沟口扇形地扇长480 m,扇宽282 m,扩散角40°(见图4)。

(3)地层岩性:流域内自分水岭至沟口依次为加里东期二长花岗岩、燕山期花岗岩、加里东期斜长花岗岩、燕山期花岗闪长岩、二郎坪群的黑云石英片岩、石英角斑岩、细碧岩、秦岭岩群的大理岩。

(4)构造:区域位于米坪向斜(P₁)与河前庄背斜(P₃)的翼部,区内控制性构造为朱阳关—夏馆—大河断裂。该断裂把米坪向斜(P₁)与河前庄背斜(P₃)切割得支离破碎,沿断裂带形成规模巨大的挤压片理化带和构造角砾岩带。

据2001年版中国地震动参数区划图,该泥石流沟处于小于Ⅵ度区。

2. 泥石流成因

自然因素包括:①地质构造环境为泥石流提供了大量物源;②高差悬殊的地形为泥石流提供了巨大的能量;③降雨为泥石流提供了动力条件。

人为因素包括:陡坡耕作,森林植被破坏,淤地坝坝体质量差。

3. 泥石流易发程度评价

参照《县市地质灾害调查与区划实施细则》,该泥石流沟评定分值为121分,判定子母沟泥石流为形成阶段、沟谷型、危害极严重、高易发性的高容重稀性水石流。

图4　子母沟泥石流平面图

4　地质灾害易发性评价

采用定性划分方法和信息系统空间分析方法相结合,划分评价区地质灾害易发性。

4.1　易发区划分原则

4.1.1　"以人为本"的原则

对人民生命财产安全已造成危害的地质灾害点或具有潜在危害的地质灾害隐患点参与评价;对于目前不具危险性的地质灾害点,只作分区参考。

4.1.2　"区内相似、区际相异"的原则

在综合考虑评价单元内地质灾害的地质结构条件、自然动力因素和人类工程活动因素的基础上,根据地质灾害的发育程度将全区定性地划分为高易发区、中易发区、低易发区。基本条件相似的单元划分为一个区,而将差异明显的单元划分为不同的区。

4.1.3　"定性与定量相结合"的原则

定性分析确定各网格的赋值、定量分析确定各地质灾害点的强度,二者结合确定易发区。

4.2　单元网格划分

单元网格划分采用1:100 000比例尺地形图作为基础图件。在图上取边长2.0 cm,实际面积2 km×2 km的正方形网格,将评价区划运用栅格数据处理方法,进行网格剖分。共剖分2 515个单元,总面积10 060 km^2。

4.2.1 定性方法

根据评价区内主要地质灾害类型,结合地质环境条件,给出评价区地质灾害易发区主要特征[7](见表2)。采用上述网格剖分,对每一个单元进行赋值、叠加(见图4)。

表2 地质灾害易发区主要特征简表

灾种	易发区			
	高易发区 $G = 4$	中易发区 $G = 3$	低易发区 $G = 2$	不易发区 $G = 1$
滑坡、崩塌	构造抬升剧烈,岩体破碎或软硬相间;人类活动对自然环境影响强烈。暴雨型滑坡。规模大,高速远程	红层丘陵区、坡积层、构造抬升区,暴雨久雨。中小型滑坡,中速,滑程远	岗地和河谷平原,崩塌规模小。河流侧向侵蚀较强烈,人类活动对自然环境影响一般	缺少滑坡形成的地貌临空条件,基本上无自然滑坡,局部溜滑
泥石流	地形陡峭,水土流失严重,形成坡面泥石流;数量多,10条沟/20 km以上,活动强,超高频,每年暴发可达10次以上。沟口堆积扇发育明显完整、规模大。排泄区建筑物密集	坡面和沟谷泥石流、6~10条沟/20 km;强烈活动;分布广,活动强,淹没农田,堵塞河流等。沟口堆积扇发育且具一定规模。排泄区建筑物多	坡面、沟谷泥石流均有分布,3~5条沟/20 km;中等活动。沟口有堆积扇,但规模小,排泄区基本通畅	以沟谷泥石流为主,物源少,排导区通畅;1~2条沟/20 km,多年活动一次。沟口堆积扇不明显,排泄区通畅

4.2.2 地质灾害综合危险性指数法

4.2.2.1 计算公式

$$Z = Z_q \cdot r_1 + Z_x \cdot r_2$$

式中,Z为地质灾害综合危险性指数;Z_q为潜在地质灾害强度指数;r_1为潜在地质灾害强度权值;Z_x为现状地质灾害强度指数;r_2为现状地质灾害强度权值。

地质灾害强度的权值如表3所示。

表3 地质灾害强度的权值

地质灾害强度	潜在地质灾害强度	现状地质灾害强度
权值	0.6	0.4

4.2.2.2 潜在地质灾害强度指数计算

潜在地质灾害强度指数(Z_q)按以下公式计算:

$$Z_q = \sum T_i \cdot A_i = D \cdot A_D + X \cdot A_X + Q \cdot A_Q + R \cdot A_R$$

式中,T_i分别为控制评价单元地质灾害形成的地质条件(D)、地形地貌条件(X)、气候植被条件(Q)、人为条件(R)充分程度的表度分值,各评价指标的选取与评判标准依据具体情况确定(见表4);A_i分别为各形成条件的权值,根据实际情况分配如下(见表4)。

表4　潜在地质灾害形成条件的评判标准和权值

形成条件	地质条件 (D)	地形地貌条件 (X)	气候植被条件 (Q)	人为条件 (R)
极有利于形成地质灾害	1	1	1	1
有利于形成地质灾害	0.6	0.6	0.6	0.6
较利于形成地质灾害	0.3	0.3	0.3	0.3
基本无地质灾害形成条件	0.1	0.1	0.1	0.1
权值	0.2	0.3	0.2	0.3

4.2.2.3　现状地质灾害强度指数计算

现状地质灾害强度指数(Z_x)可以用灾害点密度、灾害面积密度以及灾害体积密度来求得。崩塌、滑坡、泥石流强度指数:

$$R = a + b + c$$

式中,a为归一化处理后的灾害个数密度系数;b为归一化处理后的灾害面积密度系数;c为归一化处理后的灾害体积密度系数。

结合现状地质灾害调查结果,对评价区内不同地质灾害类型进行归一化处理,分别计算崩塌、滑坡、泥石流灾害所在网格的强度指数。

4.2.2.4　地质灾害综合危险性指数

根据各单元的地质、地形地貌、气候以及人类工程活动等条件(上述判别方法),利用MapGis空间分析功能,求取评价单元的潜在地质灾害强度指数与现状地质灾害强度指数,分级赋值进行换算叠加,获得评价单元的地质灾害综合危险性指数。

4.2.2.5　地质灾害易发区划分

依据地质灾害综合危险性指数,划定地质灾害易发区。地质灾害综合危险性指数≥0.35,为地质灾害高易发区;地质灾害综合危险性指数0.25～0.35,为地质灾害中易发区;地质灾害综合危险性指数0.15～0.25,为地质灾害低易发区;地质灾害综合危险性指数<0.15,为地质灾害非易发区。

通过对各地质灾害点的定性和定量分析与计算,评价区地质灾害综合危险性指数均大于0.35,为地质灾害高易发区。

4.3　易发区划分结果评价

根据分析方法,评价区处于地质灾害高易发区。主要地质灾害为崩塌、滑坡、泥石流。地貌以中山、低山丘陵为主,海拔在600～2 000 m,相对高差在1 000 m以上。

在中山区,山体多由燕山期花岗岩组成,两侧为古老的变质岩层,局部地方有灰岩出露。大部分山坡上部为直线形,下部为凸形。北部山坡陡峭,坡度多在40°以上,有的超过80°,多是花岗岩风化后侵蚀形成的陡坡,也有断层崖。南部山坡较和缓,坡度25°～40°,岭脊形态多呈锯齿状,山峰峻峭尖耸,多呈"V"字形峡谷和深谷。低山丘陵区,山体坡度较大,冲沟发育,很多沟谷狭窄。组成岩性除部分古老变质岩外,花岗岩大面积出露,山体主要由花岗岩构成,山间盆地多为第三纪红色砂砾岩层。在60°以上的山坡、谷坡和道路边坡,汛期和大雪融化后易形成崩塌、滑坡、泥石流等地质灾害。

5 地质灾害防治对策[8]

地质灾害防治是关系到地质公园内居民生命财产安全的大事,也是促进当地经济又好又快发展的重要保障。地质灾害防治工作,特别是汛期地质灾害防治是一项艰巨的任务,做好地质灾害防治工作尤为重要。

5.1 加强地质灾害科普宣传,提高景区人员防灾减灾意识

地质公园是科普教育基地,同时也是一个旅游景区,在人们观赏地质公园的同时,要加强开展地质灾害防治知识的宣传,增强公众的地质灾害防治意识和自救互救能力。充分依靠和发挥专业人员的作用,走群测群防、群专结合的道路,提高景区人员防灾减灾意识。

5.2 编制地质公园地质灾害防治规划

地质灾害防治规划是指导地质灾害防治的宏观文件,也是地质灾害防治工作的依据。地质公园建设项目要符合地质公园地质灾害防治规划,更好地发挥地质公园服务社会的目的。

5.3 健全地质灾害监测预警体系

地质灾害防治是一项系统工程,是关系全局整体利益的大事,要建立从公园管理部门及公园所在县级人民政府到乡、村组人的监测监督管理体系,及时签订"防灾明白卡"和"防灾避险明白卡",明确监测监督人员的目和任务。汛期应加强地质灾害险情的巡回检查,发现险情及时处理和报告。建立地质灾害气象预警预报系统,使地质灾害防治工作科学化、规范化。

5.4 严格执行建设用地地质灾害危险性评估工作制度

开展建设用地地质灾害危险性评估工作是预防地质灾害发生的有效手段,在地质公园内建设项目时要严格按照《地质灾害防治条例》的规定,在项目的可行性研究阶段认真开展地质灾害危险性评估,并将评估结果作为可行性研究报告的重要组成部分,使该制度更好地为地质公园发展服务。

5.5 采取综合防治措施,提高防治效果

在地质灾害防治中坚持"预防为主,避让与治理相结合"和"全面规划,突出重点"的原则。采取综合防治措施,才能提高防治效果。对出现地质灾害前兆,可能造成人员伤亡或重大财产损失的区域和地段,公园管理部门及公园所在县级人民政府应及时划定为危险区,设立警示标志,并采取有效的防治措施。

6 结 语

中国南阳伏牛山世界地质公园位于豫西南地质灾害高易发区,主要地质灾害有崩塌、滑坡和泥石流。作为地质旅游和科普基地,应加强园区内地质灾害防治,实施群测群防,确保旅游人员和当地人民群众的生命财产安全,保障当地经济可持续发展。

参 考 文 献

[1] 张天义,等.中国南阳伏牛山世界地质公园申报综合考察报告[R].北京:国土资源部,2005.

［2］黄景春,等.河南省西峡县地质灾害调查与区划［R］.郑州:河南省地质环境监测院,2006.

［3］岳超俊,等.河南省内乡县地质灾害调查与区划［R］.郑州:河南省地质环境监测院,2003.

［4］梁慧娟,等.河南省南召县地质灾害调查与区划［R］.郑州:河南省地质环境监测院,2006.

［5］河南省地质矿产局.河南省区域地质志［M］.北京:地质出版社,1989.

［6］杨进朝,等.南阳市矿山地质环境保护与治理规划(2008~2015)［R］.南阳:南阳市人民政府,2008.

［7］国土资源部.县(市)地质灾害调查与区划实施细则［R］.北京:国土资源部,2006.

［8］张国建,等.南阳市地质灾害防治规划(2004~2015)［R］.南阳:南阳市人民政府,2003.

Geological Hazard Evaluation of Mt. Funiushan World Geopark, Nanyang City P. R. C

Tian Dongsheng[1]　　Zhang Guojian[2]　　Yang Jinchao[1]　　Li Jinlian[3]

(1. Geological Environment Monitoring Institute of Henan Province, Zhengzhou　450016;

2. the Bureau of Land and Resources Nanyang, Nanyang　473000;

3. the No. 1 Geological Exploration Institute of Henan Province, Nanyang　473000)

Abstract: Mt. Funiushan World Geopark, Nanyang City P. R. C lies in a mountainous area southwest of Henan Province. The styles of physiognomy are mainly small mountains and hills. The earth's surface mainly shows metamorphite and imtruded rock. Rock bodies are airslaked strongly and keep fissure water in fissures. There are many geological structures and various human operations. There are complicated geology entironment conditions in this geopark. This geopark is located in the area with a high rate of geological hazards. Through field investigation and estimation, the main geological hazards are dilapidation, landslip and swelling soil. In view of its characteristic of tourism, prevention countermeasures of geological hazards are put forward for ensuring the sustainable development of its tourism economy.

Key words: geological hazard, the area with a high rate of geological hazards, Funiushan World Geopark, Nanyang City P. R. C

河南省桐柏县地质灾害发育特征及防治对策*

张青锁 田东升

（河南省地质环境监测总站，郑州 450006）

摘 要：本文着重论述了桐柏县崩塌、滑坡、泥石流、地面塌陷、膨胀土等主要地质灾害发育现状；分析它们发生和发展的地质环境背景，包括自然地理、地质地貌、构造、水文地质、工程地质条件，并对人类工程活动引起的崩塌、滑坡、泥石流、地面塌陷发展趋势等问题进行了预测。在此基础上，提出了对主要地质灾害采取的防治对策和建议。

关键词：桐柏县；地质灾害；发育特征；防治；对策

中图分类号：P642.2 **文献标识码**：A **文章编号**：1003 - 8035(2005)04 - 0142 - 03

1 引 言

桐柏县位于河南省南部，桐柏山腹地，南阳盆地东缘，是淮河发源地，现属南阳市管辖，东与确山县、信阳市毗邻，南与湖北省交界，西与唐河县相连，北与唐河县、泌阳县接壤。总面积 1 941 km²，人口 42 万人。宁西铁路、312 国道穿越桐柏南部，省道连通南北，县境内各乡（镇）之间公路畅通，交通较为便利。桐柏县地下矿产资源目前已发现有金、银、铜、铁、石油、天然碱、萤石、大理石、花岗石等 56 种，已开发或部分开发利用的有 23 种，为桐柏县创造了良好的经济效益。随着经济的发展，频繁的人类工程经济活动引发了多种地质灾害，造成巨大的经济损失，严重制约了该县经济的持续发展。

2 地质环境条件

（1）桐柏县属亚热带向暖温带过渡地区气候。年平均气温 14.9 ℃。年平均降水量 1 173.4 mm，年最大降水量 1 542.9 mm，年最小降水量 628.9 mm，6 ~ 9 月降水量占全年降水量的 40% 以上，年平均降水量南部高于北部。

（2）境内地表水以县城西淮源镇固庙村的西岭和西北大河镇土门村的新坡岭一线为分水岭，东属淮河流域淮河水系，西属长江流域三家河水系。流域面积在 100 km² 以上的河流有 9 条。

（3）境内地形总体上中部高，东部和西部低，西南高，东北低。地貌类型：西南部为构造剥蚀低山，北部为剥蚀丘陵，东部有堆积剥蚀岗地，东南部和西北部为河谷平原。

（4）桐柏县境内地层横跨华北地层区北秦岭分区信阳小区和扬子地层区南秦岭分区西大小区。区内出露华北地层区的地层有：元古界石槽沟组、长城系、毛集群、青白口系，古生界二郎坪群、歪头山组、二叠系—中生界三叠系蔡家凹组，新生界古近系、新近系及第

四系;出露扬子地层区的地层有:太古宇桐柏岩群、元古界红安岩群、古生界周进沟组、泥盆系南湾组。局部地区分布有规模不同的岩浆岩体,岩性为闪长岩、辉长岩、辉橄岩、角闪岩、花岗岩等。

(5)境内大地构造位于秦岭东西向复杂构造带的东端南支、桐柏—商城大断裂的北西端。构造的延展方向,多为北西290°至南东110°。区内经历了多次构造运动,致使断裂挤压破碎带十分发育,规模大,连续性强,延伸远,呈北西—南东向展布。断裂构造的形成与区内的褶皱作用关系十分密切。断裂挤压带一般分布于褶皱的轴部或近轴部地带,断裂走向与褶皱的轴向一致。区内的内生矿床、矿点多沿断裂带分布。

(6)根据河南省地震局资料记载,1962年3月10日,桐柏县城附近发生2.3级地震;1966年1月9日,桐柏县发生2.3级地震。依据《中国地震动参数区划图》(GB 18306—2001),桐柏县地震动峰值加速度为0.05 g,相当于地震基本烈度Ⅵ度。

(7)桐柏县地下水分为基岩裂隙水、碎屑岩类孔隙裂隙水、碳酸盐岩类裂隙岩溶水、松散岩类孔隙水。地下水富水性差异较大,泉流量0.1~0.5 L/s。

(8)区内工程地质条件比较复杂。岩土体类型、结构和性质在水平和垂向上变化较大。基岩山区,岩石致密坚硬,抗压、抗剪强度高,局部有泥岩、页岩夹层,影响了岩体的强度和稳定性;松散层覆盖区分布有亚黏土,具有弱胀缩性。

(9)桐柏县内主要人类工程活动有兴建水利工程、矿山开采活动、交通工程、城乡建设、农业耕作等。

3　主要地质灾害类型

在复杂的生产活动中,由于人们对自我致灾的行为认识不足,加之受到生产技术水平等因素的影响,已引起一些自然型地质灾害的变化和产生了新的人工引发型地质灾害。区内已发生的主要地质灾害有:

(1)崩塌、滑坡。是区内的主要灾害之一。主要分布在丘陵区和淮河沿岸。崩塌多发育在居民住宅前后、河流陡岸和公路较陡边坡地带。据调查统计,区内发现崩塌、滑坡19处,其中基岩崩塌4处,土质滑坡、崩塌15处,一般都属小型滑坡或崩塌。如大河铜矿采矿产生的尾矿库,占地260多亩,总积存量达150万t,1998年5月由于特大暴雨,尾矿库相继发生滑坡,堵塞道路几百米;回龙崩塌毁房1间、田地50亩;叶庄崩塌阻塞公路50 m。

(2)泥石流。亦是区内的主要灾害之一。据调查统计,区内泥石流沟有8条,其中2条为中型泥石流,其余均属小型泥石流。主要分布于桐柏山区,地形起伏大,降水量较大,水系发育。人类工程活动较强烈,植被覆盖率较高。1989年县城西小河洪水引发泥石流,冲毁312国道3 km,死亡16人,毁坏房屋3 621间,造成23家工业企业停产,直接经济损失3 180万元;1991年西小河再次引发泥石流,造成交通、通信中断,倒塌房屋2 316间,伤9人,15家工业企业停产,直接经济损失1 947万元。2003年8月凤杨沟发生泥石流,部分农田被毁,约10亩;仓房沟发生泥石流,2001年8月毁地12亩,2002年8月毁地8亩;曹河沟发生泥石流,1975年7月毁地100亩、道路2 km,1986年7月毁地60亩、道路1.5 km,1989年6月毁地70亩、道路1.5 km;1965年7月金沟发生泥石流,死亡1人,农田被毁 30 亩;1989 年 7 月金沟再次发生泥石流,农田被毁 70 亩;2003 年 7 月大磨沟发生泥石流,农田被毁 10 亩;1989 年 7 月黑沟发生泥石流,农田被毁 40 亩。

(3)地面塌陷。近几年来,随着采矿业的急剧发展,矿产开采量成倍增长,也出现了忽视安全生产,不重视地质条件和有关生产规程的现象,致使一些矿井、矿坑在开挖过程中或采后发生顶板塌落,一部分反应到地表,引起地面塌陷。据调查统计,区内已发现 4 处地面塌陷,均为采矿引发。分布于北部丘陵区,地层岩性主要为变粒岩、细碧岩、硅质板岩、石英片岩等,浅部风化强烈。塌陷面积 314 ~ 48 300 m²,均属小型塌陷,造成农田、山坡植被毁坏。如下刘山岩地面塌陷位于大河镇下刘山岩村北,共 16 个塌陷坑,为大河铜矿长期开采的结果。塌陷区总长 480 m,宽 10 ~ 15 m。地面塌陷初见于 1997 年,高发于 2001 年。地面塌陷对塌陷区及附近下刘山岩村约 80 人的生命财产、20 余亩坡耕地、桐—安公路的安全构成威胁,特别是刘山岩河横穿塌陷区,塌陷一旦扩展到该地段,刘山岩河河水将顺塌陷坑直接灌入生产巷道,对矿山井下 120 余人及 8 000 余万元的固定资产构成严重威胁。

(4)膨胀土胀缩。区内东部的吴城盆地和西部的平氏盆地地表泛布第四系中、上更新统黄棕色粉质黏土,泥质结构,天然条件下,密实,硬—坚硬,刀切面光滑,裂隙发育。遇水膨胀,黏性增大;失水收缩,干硬。根据其物理力学参数,该膨胀土具有弱膨胀性。区内膨胀土分布面积 275.38 km²。由于膨胀土胀缩容易引起地基不稳,往往造成低层砖石结构的建筑物成群开裂、损坏。如平氏镇新庄房屋裂缝最大宽度 10 cm,一般 0.5 ~ 2 cm。膨胀土胀缩共造成全县 6 193 户居民房屋不同程度受损,直接经济损失 619.30 万元。

4 地质灾害发育规律

桐柏县是地质灾害多发区,其类型多,规模小,但危害较大。区内地质灾害的形成、发生、发展是在地形地貌、地层岩性、地质构造、新构造运动与地震、降水、地下水、岩土体工程特征、地表植被、人类工程活动等诸多因素的综合作用下产生的。

4.1 区内地质灾害的发育在时空分布上有一定规律性

区内地质灾害的发育在空间上的分布具有不均匀性。低山区、丘陵区及淮河沿岸是地质灾害多发地。泥石流多分布在西南部桐柏山区,有 8 处;滑坡、崩塌、地面塌陷多分布于北部丘陵区,有 17 处;淮河沿岸主要为河流塌岸,有 4 处。

区内地质灾害的发生在时间上的分布具有相对集中性。降雨是诱发灾害发生的主要因素之一,雨期是地质灾害的多发期。区内地质灾害发生在 6 ~ 9 月的有 23 处。

区内地质灾害的发生具有一地多发性。如曹河沟 1975 ~ 1989 年 3 次发生泥石流,金沟 1965 ~ 1989 年 2 次发生泥石流。

区内地质灾害的发育还具有一时多发性。如 1989 年 7 月全县有 3 条泥石流沟发生泥石流;2003 年 8 月下旬到 9 月,全县发生滑坡、崩塌 12 处。

4.2 区内地质灾害不同灾种的发育亦具有一定的规律性

(1)崩塌:土质崩塌组成物质为粉质黏土及碎石土,主要分布于丘陵区公路边表层风化严重的基岩区及平原区河流岸边松散土层区;岩质崩塌组成物质为片麻岩、片岩及花岗岩,主要分布于丘陵区公路边表层风化严重的基岩区。多发于每年汛期,规模均为小型,一般在几百立方米至几千立方米之间,水平位移较小。

(2)滑坡:均为土质滑坡,滑坡体组成物质为黏土,主要分布于北部丘陵区。地面坡度多在60°~80°,发生时间集中在每年汛期,灾害规模小,一般在几百立方米至几万立方米之间,水平位移较小。

(3)泥石流:为县境内的主要地质灾害类型。多为小型泥石流,多发育于南部低山区。泥石流沟多呈"V"形,其形成区及流通区区分不明显,堆积区不显著。松散物质来源主要为沟内堆积的大小不等的卵砾石及沿沟小型崩塌、滑坡产生的物质。发生时间集中在每年的6、7、8月,危害较大。

(4)地面塌陷:分布于北部丘陵区,是人类工程活动诱发的主要地质灾害。其塌陷地层为基岩,塌陷坑形状有圆形、椭圆形及不规则状。规模小,主要危害山体和农田。

(5)膨胀土:分布在西北部岗地及东南部平原地带,是一种变化缓慢的地质灾害。主要威胁居民房屋,膨胀土的胀缩性受降雨及地下水位的影响较大。

5　主要地质灾害发展趋势的预测及防治对策和建议

5.1　主要地质灾害发展趋势的预测

目前,桐柏县已发生的地质灾害类型多,形成机理复杂,所造成的人员伤亡、房屋修建、道路开裂、公路、铁路被毁等诸方面损失已十分严重,然而,令人担忧的不仅是已经出现的这些灾害,更重要的是,这些灾害不断蔓延发展的势头。崩塌、滑坡、泥石流、地面塌陷灾害随着人类工程活动的加剧,有愈来愈严重的趋势。

根据调查资料,目前区内存在7处有较大危害的不稳定斜坡,这些斜坡将来可能会发生崩塌或滑坡。崩塌、滑坡地质灾害近几年来在区内时有发生,除少数是由自然因素所造成的外,多数是自然因素和人为因素共同作用产生的现今地面变形,随着不良人为活动的发生,此种灾害将会不断发生。

泥石流灾害主要分布在桐柏山区和北部丘陵区。西南部桐柏山区地形起伏大,降水量较大,沟谷发育,山体岩石风化较严重,沟坡较陡,易发生崩塌或滑坡,形成松散物堆积体,遇暴雨易发生泥石流;北部丘陵区铜矿、金矿、银矿等资源丰富,采矿活动强烈,采矿废渣、废石沿沟谷堆放,局部沟道被渣石全部占有,随着采矿活动的继续,矿渣排放量不断增加。桐柏是豫南地区暴雨多发中心之一,一旦遇到强暴雨天气,该地区必将暴发泥石流灾害。据调查资料统计,本区存在泥石流沟8处,具中等易发程度的有2处,低易发6处。由此可见,区内有再次发生泥石流灾害的隐患。

桐柏县矿产资源丰富,矿产资源的不科学开采可带来采空塌陷等严重的人为地质灾害。在大河铜矿、银洞坡金矿、老湾金矿、坡山银矿、河坎银矿、毛集铁矿、宝石崖铁矿等地区,由于矿产开发,引起矿山地质环境的变化,尤其是矿渣堆积、尾矿以及地下开采形成的采空区,引发了滑坡、崩塌、泥石流、地面塌陷、地裂缝等多种地质灾害,不仅造成耕地减少,水系破坏,而且影响到道路畅通,经济损失也呈增加的势头。

5.2　对策和建议

(1)建立健全全县地质灾害群测群防网络,编制全县地质灾害的防治规划。

(2)在深入调查研究的基础上,科学地规划工农业生产发展方向和布局,依照地质环境条件,合理地进行各项经济活动,通过建立和实施有关法规等手段,有效地制止破坏地质环境的行为,在综合考虑经济效益、社会效益、环境效益的基础上,合理开发利用矿产资源。

(3)对已经发生和可能发生的地质灾害,采取"预防为主,避让与治理相结合和全面规划、突出重点"的原则,根据实际情况,实施必要的控制、避灾或治理措施,将损失减小到最低程度。

(4)桐柏县是地质灾害多发区,其类型多,规模小,但危害较大。应进一步查明区内各类地质灾害的形成背景、分布规模、危害方式、成因机制、引发条件等,从而有针对性地开展防治工作,不断提高对地质灾害的防治水平,有效地减少地质灾害所造成的损失,达到防灾、减灾的目的。

(5)对区内重大地质灾害隐患点进行勘察。区内已经存在的重大地质灾害隐患点,应据其发展现状和危害程度,有针对性地进行勘察,查明其形成条件、稳定特征、危害程度等,为重大地质灾害隐患点的有效防治提供可靠依据。

(6)增加地质灾害防治科研经费,提高防治水平。地质灾害防治主要以科技为先导,防治与区内产业经济发展相适应。开展地质灾害研究工作,分析其形成条件,认识和掌握其发展规律和未来趋势,不断增加科技投入,加强地质灾害防治技术研究,充分采用"3S"等各种新技术、新方法,提高地质灾害管理水平和治理水平。

(7)进一步加强地质生态环境保护、地质灾害防治宣传,提高全社会保护地质环境和防灾、减灾意识。通过多种形式让群众了解保护生态环境、防治地质灾害的重要性,宣传人口、资源、环境可持续发展战略,引导人们自觉地加入到保护生态环境、积极防治地质灾害的行列中去,有效地防范人为地质灾害的发生。

(8)充分发挥政府国土资源主管部门的监督作用和市场机制,多渠道投资于地质灾害防治工作,为本县经济可持续发展提供可靠的环境保障。

总之,对策及建议贯彻应采取以预防为主、控制发展、重点防治的原则,即根据引起地质灾害发生和发展的各种人为因素,首先限制和改善自身活动,对目前尚无法抵御的自然因素,则避害趋利。

参考文献

[1] 张青锁,田东升,方林,等.河南省桐柏县地质灾害调查与区划报告[R].郑州:河南省地质环境监测总站,2004.

Geological Hazards and Control in Tongbai County

Zhang Qingsuo   Tian Dongsheng

(General station of Geo – Environment Monitoring of Henan Province,Zhengzhou   450016)

Abstract:This paper mainly discusses of major geological hazards such as falls, landslides, debris flow, ground subsidences, hazards from expansive soil ect. in Tongbai County. It also analyses the geological environmental condition including geography , physiognomy, geological structure, hydrogeology , engineering geological condition in which the geological hazards occur and develope. The development trend of falls, landslides, debris flow, ground subsidences caused by the human engneering activity is predicted. It also suggests the countermeasures of geological hazards control.

Key words：geological hazards, development features, control, countermeasure, Tongbai County

河南省矿山地面塌陷特征

常　珂[1]　齐登红[2]

（1. 中国地质大学，武汉　430074；2. 河南省地质环境监测院，郑州　450016）

摘　要：矿产资源是国民经济、社会发展和人民生活的重要物质基础。由于矿产资源的一些不合理开发，诱发了一系列严重的矿山环境问题。河南省矿山开采不同程度地存在地面塌陷隐患，其中国营大、中型企业塌陷规模巨大，造成了很大的经济损失。通过对矿山环境的综合治理，可有效增加土地使用面积、减少水土流失、提高森林覆盖率，节约水资源，基本消除矿山开采引发的地质灾害隐患，改善矿区生态环境，促进河南省矿业经济可持续发展。

关键词：地质；灾害

1　矿山地面塌陷

1.1　地面塌陷现状

随着我国经济的发展，作为能源支柱的煤炭资源被越来越多地开采出来，于是在采矿影响下形成了各种开采沉陷危险，主要表现为开采沉陷面积逐年增加，地面下沉速度加快。据不完全统计，全国国有煤矿截至 1996 年底，累计沉陷总面积约为 8×10^8 hm^2，仍以平均每开采万吨煤沉陷土地 0.28 hm^2 的速率递增，其中塌陷土地一半以上集中在平原地区，尤其是华东、华北等产煤地区，这些矿大都处于人口稠密、经济发达的城市及其附近。因此，采煤和保护环境、保护建筑物的矛盾越来越突出。

至 2002 年，河南省共有矿山企业 8 194 个，除露天采矿以外，井下开采矿山 2 249 个，不同程度地存在地面塌陷隐患。矿山开采塌陷地 473 处，塌陷面积累计 43 987.9 hm^2。经济损失 39 500.87 万元。塌陷比较集中，规模巨大的主要为国营大、中型企业，其中有鹤煤集团、焦煤集团、平煤集团、郑煤集团、永煤集团及义马煤矿区、济源煤矿区，全省煤矿塌陷基本情况见表 1。全省国营煤矿塌陷基本情况见表 2。

对各矿区形成的地质灾害规模进行划分，各矿区灾害评估的经济标准是根据当地的经济现状和各矿区已补偿情况统计的，其主要矿区地质灾害现状见表 3 ~ 表 8。

初步调查金属矿山开采引起的地面塌陷地 49 处，塌陷面积累计 560.1 hm^2，经济损失 486.04 万元，见表 9，国营企业开采引起的地面塌陷地 15 处，塌陷面积累计 506.8 hm^2，经济损失 342.34 万元，见表 10。地面塌陷比较集中，规模小，塌陷方式主要为冒落式塌陷，主要分布在安阳铁矿、栾川康山金矿、红庄金矿、三道庄钼矿、南泥湖钼矿、文峪金矿、灵宝

作者简介：常珂，女，中国地质大学（武汉）在读工程硕士，长期从事水工环研究工作。

小秦岭金矿等矿区。

表1　全省煤矿塌陷基本情况

企业规模	企业个数	采矿场占地面积（hm²）	矸石		塌陷	
			矸石堆数	占地面积（hm²）	塌陷个数	塌陷面积（hm²）
大	23	585.8	30	448.95	24	26 681.3
中	31	1 397.39	51	225.72	32	12 435.95
小	1 449	2 646.51	1 585	324.96	417	4 870.65
合计	1 503	4 629.7	1 666	999.63	473	43 987.9

表2　全省国营煤矿塌陷基本情况

企业规模	企业个数	采矿场占地面积（hm²）	矸石		塌陷	
			矸石堆数	占地面积（hm²）	塌陷个数	塌陷面积（hm²）
大	23	585.82	30	448.95	21	26 681.3
中	32	1 399.39	51	225.72	32	12 435.95
小	54	873.47	61	57.26	26	3 830.11
合计	109	2 858.68	142	731.93	79	42 947.36

表3　平煤集团塌陷特征表

矿区名称	采空区面积（km²）	塌陷面积（km²）	塌陷面积与采空区面积之比	塌陷区下沉值（m）	威胁户数（人数）	受灾情况（万元）
一矿	13.20	20.2	1.53	14.708	920(3 924)	1 515
二矿	3.54	5.95	1.68	10.045	332(1 489)	959
三矿	2.37	3.18	1.34	3.6		
四矿	8.59	11.66	1.36	12.321	685(3 062)	988
五矿	8.75	12.69	1.45	8.626	643(2 886)	1 693
六矿	9.51	14.89	1.57	6.087	549(2 473)	1 404
七矿	6.12	9.18	1.50	6.179	54(230)	1 067
八矿	12.50	21.46	1.72	5.201	910(3 991)	3 204
九矿	1.49	2.56	1.72	2.912	368(1 527)	180
十矿	9.83	14.48	1.47	8.378	898(3 582)	1 866
十一矿	3.95	5.66	1.43	7.686	524(2 359)	1 106

续表3

矿区名称	采空区面积（km²）	塌陷面积（km²）	塌陷面积与采空区面积之比	塌陷区下沉值（m）	威胁户数（人数）	受灾情况（万元）
十二矿	4.98	8.30	1.67	3.368	1 204(5 354)	2 082
十三矿	2.67	4.65	1.74	3.44	841(3 785)	841
高庄煤矿	2.84	4.77	1.68	8.268	418(1 878)	1 170
大庄煤矿	8.15	10.67	1.31	5.116	882(4 082)	1 498
朝川煤田	3.70	4.89	1.32	4.966	788(3 564)	1 456
合计	102.19	115.19			10 016(44 186)	21 029

表4　郑煤集团塌陷特征表

矿区名称	采空区面积（km²）	塌陷面积（km²）	塌陷面积与采空区面积之比	塌陷区下沉值（mm）	塌陷规模	威胁户数
裴沟矿	4.34	7.95	1.83	8 193	大型	2 226
半村矿	5.93	9.93	1.67	7 055	大型	1 877
芦沟矿	1.79	3.20	1.79	11 400	大型	1 733
王庄矿	3.90	6.71	1.72	10 400	大型	1 921
大平矿	2.17	3.92	1.81	6 900	大型	1 324
超化矿	1.45	2.46	1.70	2 800	大型	2 286
告成矿	0.83	1.27	1.53	1 953	大型	741
王沟矿	1.63	2.23	1.37	5 640	大型	605
合计	22.04	37.67				12 713

表5　焦作煤业集团塌陷特征表

矿区名称	采空区面积（km²）	塌陷面积（km²）	塌陷面积与采空区面积之比	塌陷区下沉值（m）	塌陷规模
韩王矿	3.0	3.2	1.07	1.5	大型
冯营矿	1.5	1.5	1.00	5.0	大型
演马矿	2.6	3.5	1.35	5.0	大型
中马村矿	1.0	1.8	1.80	7.0	大型
九里山矿	2.0	2.6	1.30	1.0	大型
合计	10.1	12.6			

表6　永煤集团塌陷特征表

矿区名称	采空区面积（km²）	塌陷面积（km²）	塌陷面积与采空区面积之比	塌陷区下沉值（m）	塌陷规模	经济损失（万元）
新庄煤矿	5.48	5.82	1.06	2.0	大型	1 048
车集煤矿	0.37	1.42	3.84	2.5	大型	160
陈四楼煤矿	3.74	5.60	1.50	3.4	大型	5 000
城郊煤矿	0.18	0.20	1.11	2.0	大型	80
合计	9.77	13.04				6 288

表7　义煤集团塌陷特征表

矿区名称	采空区面积（km²）	塌陷面积（km²）	塌陷面积与采空区面积之比	塌陷区下沉值（m）	塌陷规模	威胁户数（户）（经济损失（万元））
千秋矿	12.00	16.60	1.38	15.00	大型	262(1 000)
跃进矿	6.00	9.00	1.50	6.00	大型	300(600)
常村矿	7.15	9.36	1.31	4.50	大型	(7 800)
杨村矿	3.70	5.70	1.54	5.00	大型	(1 200)
曹窑矿	0.99	1.31	1.32	2.35	大型	(621)
合计	29.84	41.97				562(11 221)

表8　鹤煤集团塌陷特征表

矿区名称	采空区面积（km²）	塌陷面积（km²）	塌陷面积与采空区面积之比	塌陷区下沉值（m）	塌陷规模	威胁资产（万元）
第二煤矿	5.14	6.70	1.30	3.1	大型	1 598.6
第三煤矿	4.96	5.33	1.07	5.5	大型	1 000
第四煤矿	8.42	11.08	1.32	7.5	大型	3 868
第五煤矿	2.81	3.20	1.14	4.0	大型	3 000
第九煤矿	2.68	6.70	2.50	6.5	大型	3 500
第十煤矿	0.15	0.00	0.00	0.0		
第八煤矿	2.99	3.62	1.21	5.0	大型	1 500
第六煤矿	4.00	4.67	1.17	4.0	大型	3 000
合计	31.15	41.30				17 466.6

表9 全省金属矿区地面塌陷基本情况

企业规模	企业个数	采矿场占地面积（hm²）	塌陷		
			塌陷个数	塌陷面积（hm²）	经济损失（万元）
大	9	78.6	4	108.2	100.04
中	15	141.8	6	336.2	40.0
小	604	511.7	39	115.7	346
合计	628	732.1	49	560.1	486.04

表10 全省国营金属矿区地面塌陷基本情况

企业规模	企业个数	采矿场占地面积（hm²）	塌陷		
			塌陷个数	塌陷面积（hm²）	经济损失（万元）
大	9	78.6	4	108.21	100.04
中	12	28.5	1	335.6	40
小	39	311.3	10	62.99	202.3
合计	60	418.4	15	506.8	342.34

1.2 地面塌陷产生的机理

地下采矿时,特别是采煤,回采过程中巷道及采空区的围岩支护是临时性的,不能制止上覆岩体的变形发展,使得松动带的半径和塌陷拱的高度发展很大,并在采空区上覆岩体中形成明显的三带,即:冒落带、裂缝带和弯曲带。它们都属于底下采掘所引起的上部覆岩的松动范围,称其为采动区。当地下矿层被采出以后,采空区在自重及其上覆岩层的压力下,产生向下弯曲和移动。当顶板岩层的拉张应力超过该层岩层的抗拉强度时,直接顶板首先发生断裂和破碎并相继冒落,接着上覆岩层相继向下弯曲、移动,进而发生断裂和断层。随着采矿工作面向前掘进,采动影响的岩层范围不断扩大。当矿层开采的范围进一步扩大到某种程度时,在地表就会形成一个比采空区大得多的盆地,从而危及地表建筑物和农田。

由于上覆岩层的采动,地面变形产生地面下沉盆地或开采塌陷盆地,它的范围总是大于采空区的范围,按地面变形破坏程度不同,可划分为边界区、危险区与断裂区。

1.3 地面塌陷影响因素

1.3.1 矿产埋藏条件

矿产埋深愈大(即开采深度愈大),变形扩展到地表所需的时间愈长,地表变形值愈小,变形比较平缓均匀,但地表移动盆地的范围加大;矿层厚度愈大,开采空间愈大,会使地表变形值增大;矿层倾角大时,水平移动值增大,地表出现地裂缝的可能性增大,盆地和采空区的位置更不相对应。松散覆盖层越厚，地表变形值越小，但地表移动盆地范围加大，如永煤集团矿区。松散覆盖层主要为黏性土时，则地表出现地裂缝的可能性增大。若松散覆盖层主要为粉土，则出现中小型地面塌陷陷坑的可能性增大。

1.3.2 地质构造条件

矿层倾角平缓时，盆地位于采空区正上方，形状基本上对称于采空区；矿层倾角较大时，盆地在沿矿层走向方向仍对称于采空区，而沿倾角方向，随着倾角的增大，盆地中心愈向倾斜的方向偏移。岩层节理裂隙发育，会促使变形加快，增大变形范围，扩大地表裂缝区。断层会破坏地表移动的正常规律，改变移动盆地的大小位置，断层带上的地表变形更加剧烈。

1.3.3 岩性条件

上覆岩层均为坚硬、中硬、软弱岩石层或其互层时，开采后容易冒落，顶板随采随冒，不形成悬顶，能被冒落岩块支撑，并继续发生弯曲下沉与变形而直达地表，地表产生非连续变形。河南省大多数煤矿区都有此现象，尤以郑煤集团、平煤集团、鹤煤集团和义煤集团矿区为突出。如覆岩中大部分为极坚硬岩石，顶板大面积暴露，矿柱支撑强度不够，当采空区达到一定面积之后，其上方的厚层状坚硬覆岩发生直达地表的一次性突然冒落（即切冒形变形），地表则产生突然塌陷的非连续变形。如栾川南泥湖钼矿区和三道庄钼矿区，其上覆岩层极坚硬，采后顶板长期缓慢下沉，甚至不移动，当采空区面积越采越大时，便发生大面积突发性冒落，从而引发塌陷地震。如覆岩中均为极软弱岩层或第四纪土层，顶板即使是小面积暴露，也会在局部地方沿直线向上发生冒落，并可直达地表，这时地表出现漏斗型塌陷坑。如覆岩中仅在一定位置上存在厚层状极坚硬岩层，顶板局部或大面积暴露后发生冒落，但冒落发展到该极坚硬岩层时便形成悬顶，不再发展到地表，这时地表产生缓慢的连续性变形，特别是在太原组下部煤层开采时，由于坚硬砂岩或石灰岩层形成悬顶，采空区地表变化不明显。如覆岩中均为厚层状极坚硬岩层，顶板局部或大面积暴露发生冒落后产生弯曲变形，地表只发生缓慢的连续性变形。厚的、塑性大的软弱岩层，覆盖于硬岩层上时，后者产生破坏，会被前者缓冲或掩盖，软岩层像缓冲垫一样，使地表变形平缓，如永煤集团矿区。反之，上覆软弱层较薄，则地表变形会快，并出现裂缝，如鹤煤集团九矿、四矿等岩层软硬相间，且倾角较大时，在接触处常出现离层现象。地表第四纪堆积物愈厚，则地表变形愈大，但变形平缓均匀。

1.3.4 采矿方法和顶板管理方法

采矿方法和顶板管理方法是影响围岩应力变化，岩层移动，覆岩破坏的主要因素。目前在煤矿中应用较为普遍的方法有长壁垮落法、长壁充填法和煤柱支撑法等。其他矿种如金矿、铝矾土矿，也大都采用这些方法。垮落法是目前采用最普遍，使覆岩破坏最严重的一种顶板管理方法。采用垮落法管理顶板进行长壁工作面开采时，顶板岩层一般都要发生冒落和开裂性破坏，并在岩层内部形成"三带"。当深厚比较大时，能促使上覆岩层迅速而平稳地移动，地表下沉量达到最大，因而下沉系数也较大。

用充填法采煤，对覆岩的破坏较小，一般只引起开裂性破坏而无冒落性破坏，能够减小地表移动量，并使地表移动和变形更为均匀。煤柱支撑法管理顶板，一般是在顶底板岩层较坚硬的情况下采用。从影响覆岩的破坏来看，煤柱支撑法管理顶板有两种情况：一种是保留的煤柱面积较大,煤柱能够支撑住覆岩的全部重量,使其不发生破坏,如条带法、房柱法等;另一种是保留的煤柱面积较小,煤柱支撑不住顶板,如刀柱法等,当采空区扩大到一定范围后,刀柱被压垮,覆岩发生冒落和开裂性破坏。在煤柱未能支撑住顶板的情况下,覆岩破坏情况和最大高度几乎与垮落法管理顶板的效果一样,地表下沉量明显增加。地表变形的范围与宽度有密切的关系。在煤层埋深不变的情况下,开采宽度越大,形成的地表影响越大。

1.4 开采塌陷的模式及危害

根据调查,开采塌陷的形态特征表现为多样性和不重复性。平面形态表现为长条形、椭圆形、近圆形、串珠形、环状线形和不规则形,剖面形态表现为移动盆地形、圆柱形、圆锥形。开采塌陷的形态虽然多种多样,危害也不尽相同,但根据各矿区地质环境背景条件,开采塌陷可以归纳为三种模式:即冒落式开采塌陷、塌陷式开采塌陷和地堑式开采塌陷。开采塌陷主要为冒落式开采塌陷。

1.4.1 塌陷式开采塌陷形成模式及危害

塌陷式开采塌陷主要分布于焦作、郑州、新密、宜洛、平顶山东郊煤矿区,大多数位于丘陵向平原过渡地带,永城煤矿区位于豫东平原,地势相对平坦,且煤系地层上覆厚层的第四系沉积物。松散层厚一般 40~100 m,岩性以亚黏土、黏土、淤泥质为主,可塑。煤层采空后,煤层上覆岩层发生塌陷,松散层发生塑性变形,波及地表之后,多在采空区上方形成一个比采空区面积大得多的塌陷盆地(移动盆地)。当采空区布置许多平行回采工作面时,其地表形成波浪式连续塌陷盆地,如永煤集团陈四楼矿,连续分布多个移动盆地。

塌陷式开采塌陷的特殊危害是地面形成槽形移动盆地,改变了地表水、地下水的流向,在塌陷区内长年或季节性积水,使土地完全不能耕种。如永煤陈四楼矿地区常年积水,积水面积达 500 hm^2,严重影响生态环境。

1.4.2 地堑式开采塌陷形成模式及危害

地堑式开采塌陷主要分布于中低山丘陵区,地层以石炭系、二叠系为主,上覆松散层较薄,岩性以砂岩、泥质软硬互层为主。河南省主要为:安阳、鹤壁、三门峡、郑州的荥巩登封、平顶山韩梁等煤矿区。

由于受地形、地貌的影响,塌陷后形成局部漏斗式的塌陷坑和锯齿状地裂缝,有些形成陡坎地形,通常不积水,如登封水峪塌陷区,塌陷形成 1~3 m 高陡坎。塌陷坑往往规模不大,但密集分布,呈鸡窝状,有时被地裂缝贯通。即使地下大面积开采形成移动盆地涉及地表,由于地形、微地貌单元的分割,地表变形特征也不同于平原区塌陷盆地,局部地形较平坦地段塌陷坑明显,塌陷加剧地表起伏,垂直变形表现显著,形成规模较大的切割多个微地貌单元的地裂缝,并易引起山体开裂,坡体滑坡、崩塌,塌陷区范围内所有部位变形破坏性都较大。如安阳、鹤壁、三门峡、平顶山西部、郑州荥巩、登封煤矿区都呈现这种特征。

地堑式开采塌陷广泛分布,其特点是存在一系列平行或弧状落差裂缝,在丘陵山区,最大危害是形成崩塌、滑坡或山体滑移,威胁生命财产安全。

1.4.3 冒落式开采塌陷形成模式及危害

据调查,河南省重点矿区冒落式开采塌陷主要分布于义马矿区侏罗系煤系地层中和大多数金属矿区,如灵宝、嵩县金矿区,栾川钼矿区。根据顶板岩石物理力学性质分析,冒落式塌陷分布于顶板为坚硬岩石的采空区,当采空区顶板岩层达到极限单向抗压强度时,顶板岩层发生断裂,顶板或覆岩产生冒落。

冒落塌陷的特殊危害主要是顶板突然冒落,并伴随塌陷地震,且震级与回采率、煤柱大小,采空区面积大小有关。其突发性往往造成巨大的人员伤亡和财产损失。

地面塌陷比较集中,方式主要为冒落式塌陷,主要分布在安阳铁矿、栾川康山金矿、红庄金矿、三道庄钼矿、南泥湖钼矿、文峪金矿、灵宝小秦岭金矿等矿区。

2 矿山环境治理

2.1 法规和制度建设

通过实施《河南省矿山环境管理办法》,使矿山环境管理有法可依,明确矿山环境管理职责,改变目前矿山环境管理的混乱局面。《河南省矿山环境管理办法》作为河南省矿山环境保护与治理工作的基本管理制度,应明确规定政府和国土资源管理部门对矿山环境保护和治理工作的领导责任;明确矿山企业必须履行矿山环境保护和治理的法律义务及社会责任,要求矿山企业必须设立履行矿山环境保护和治理的组织机构,保证资金足额及时投入,使矿山环境保护与治理成效达到规定要求;明确单位和个人保护矿山环境的义务,并有权对破坏矿山环境的单位和个人进行检举、控告。

依据国家环保总局、国土资源部和卫生部下发的《矿山生态环境保护与污染防治技术政策》的要求,河南省必须调整优化矿山开采规模和结构;建立生态矿业和生态矿业工业园示范区;树立矿山环境保护与治理示范工程;逐步关闭矿山环境重点保护区内的矿山,禁止出现新的采矿活动,使矿山生态环境状况得到明显改善,保证全省矿产资源开发与环境保护协调发展,最大限度地减少或避免因矿产开发引发的环境问题,逐步治理历史遗留的矿山环境问题,保护和改善矿山环境,促进社会经济可持续发展。

2.2 矿山环境恢复治理指标

目前河南省矿山环境问题主要是地面塌陷、地裂缝占用和破坏土地。河南省矿山破坏和占用的土地 46 187 hm²,已经恢复治理 9 725 hm²,占21%。河南省历史遗留矿山土地破坏恢复治理率低于20%,大致在15%。国家要求到2010年底,全国历史遗留矿山土地复垦率达到20%以上;到2015年底,全国历史遗留矿山土地复垦率达到45%以上。因此,考虑到河南省的现状,到2010年底,河南省历史遗留矿山土地复垦率需达到30%以上;到2015年底,河南省历史遗留矿山土地复垦率达到45%以上比较合理。河南省新建矿山应符合国家要求,做到边开采边复垦,复垦率达到75%。对关闭的露天开采矿山,进行复绿、造林、山体景观修复,使矿区水土流失得到基本控制;建立3个矿山生态环境综合整治示范园区和1个矿山公园。

对矿山地质灾害,坚持以预防为主、避让与治理相结合的原则。建立完善监测网络、信息系统和预警体系。灾害隐患区得到基本治理,滑坡、崩塌、泥石流的治理率达到20%以上,矿山地质灾害发生率逐步下降,地质灾害损失量有所减少。完成全省尾矿库隐患情况的调查,重视尾矿库的维护、加固和隐情处理,突发性矿山地质灾害隐患点应得到及时处理。

实施矿山环境恢复治理示范工程。对部署的 31 个矿山环境重点治理工程区,在区内选择不同类型、不同地区的大中型矿山,针对矿产资源开发利用所造成的环境破坏,实施矿山环境恢复治理示范工程 250 个,每年安排 50 个。

总之,对矿山环境的综合治理,可有效增加土地使用面积、减少水土流失、提高森林覆盖率,节约水资源,基本消除矿山开采引发的地质灾害隐患;将部分矿区改变为矿山公园、游乐场所、科普园地等,可改善矿区生态环境,提高矿区和当地群众的生活质量,保障人民群众生命财产安全和社会稳定,促进河南省矿业经济可持续发展,并带动其他产业发展,有巨大的经济效益和社会效益。矿山环境保护与恢复治理工作是一项公益性基础事业,功在当代,利在千秋。

Ground Mine Collapse in Henan Province

Chang Ke[1]   Qi Denghong[2]

(1. Chinese University of Geosciences, Wuhan   430074;

2. Geo-environmental Monitoring Institute of Henan Province, Zhengzhou   450016)

Abstract: The mineral resources in the national economy, social development and people's lives an important material foundation. Mineral resources as a result of unreasonable development, induced by a series of serious environmental problems of mining. Mining in our province the existence of different degrees of ground subsidence problems, which the state – owned large and medium – sized large – scale collapse, resulting in great economic losses. Through the comprehensive management of mine environment, which can effectively increase the area of land use, and reduce soil erosion and improve forest cover, conservation of water resources, and basic elimination of mining – induced risks of geological disasters and improve the ecological environment and promote sustainable economic mining province.

Key words: geological, disaster

基于 Web 的地质灾害预警信息发布与反馈系统研究

霍光杰

（河南省地质环境监测院，郑州　450016）

摘　要： 对河南省地质灾害预警预报系统，县(市)地质灾害调查与区划成果资料进行分析研究，以商城县地质灾害预警结果为实例，将预警网格作为关联字段，对地质灾害预警结果库、地质灾害基础数据库进行关联处理，建立带有空间预警网格及地质灾害基础信息的地质灾害数据库；按照省国土资源厅统一制定的地质灾害上报表格，以河南省地质环境信息网为系统平台，采用 ASP 动态网页设计语言，设计预警结果区地质灾害信息查询以及地质灾害反馈等页面，从而建立基于 Web 的地质灾害预警信息发布与反馈系统。

关键词： 地质灾害；预报预警；信息发布

1　概　述

我国地质及地质灾害专家对地质灾害发生的机理、规律、特征、诱因以及预警预测方法等做了大量深入的实验和研究，取得了丰硕的研究成果，在指导地方工程建设、经济发展、减灾防灾避灾等各项事业上发挥了较大作用。尤其是近几年发展起来的"汛期地质灾害气象预报预警"，以刘传正博士为代表的一大批优秀地质灾害专家相继提出了不同的理论方法[1]，并进行了深入的研究和探索，在河南、福建、四川、浙江、湖南等省份进行了实践和应用，取得了良好的经济效益和社会效益。河南省于 2004 年 6 月正式开通汛期地质灾害预警预报工作，该预警是在刘传正博士提出的"基于临界降雨量判据图的预警方法"（称之为"$\alpha \sim \beta$"理论方法）的基础上，结合河南省地质灾害发育发生特点，进行了大量创新性改进和研究，提出的一套适合本省预报预警的新的机制[2]，预警结果主要通过电视节目播报、电话传真发布、河南省地质环境信息网发布。通过几年的运行，取得了较好的减灾防灾效益。但是，该预警结果仅描述了某区域某个时间段可能发生地质灾害，并未对区域内的地质灾害点及隐患点分布、地质灾害发育特征等相关信息进行反映。因此，有必要针对目前的预警结果发布形式进行改进，提出一套新的预警信息发布、查询与反馈模式。

2　河南省地质灾害点及隐患点的分布

河南省地质灾害较为发育，分布广泛，时空分布与地形地貌、地质构造、岩土结构、气

作者简介： 霍光杰(1978—)，男，主要从事地质灾害预报预警、地质灾害防治、地质环境调查及相关信息系统设计和研发工作。E-mail:hgj3972128@126.com。

候等有着密切的关系。通过对县(市)地质灾害调查与区划、地质灾害评估、矿山地质环境现状调查与评价等成果资料的综合分析研究,进行信息筛选、挖掘,编制统一数据结构,从而建立河南省地质灾害数据库。根据经纬度坐标,采用 MapGis 二次开发技术,将地质灾害点和隐患点生成到河南省地势图上[2],可以更加清晰地反映地质灾害的分布规律以及与地势的关系。

3 地质灾害预警结果与地质灾害点的关联

将地质灾害预警结果与地质灾害点及隐患点进行关联,可以清晰地反映出预警结果区地质灾害点及隐患点的发育、分布规律,对于预警区相关防灾部门和群众了解本辖区地质灾害点及隐患点相关信息,有的放矢地开展避灾防灾工作,具有重要意义。根据地质灾害点经纬度以及预警网格经纬度范围将灾害点及隐患点具体定位到相应的预警空间单元网格里,从而建立预警关联模型(见图1)[3],将每日预警结果单元网格与该预警关联模型进行关联处理,即可自动生成带灾害点信息的预警结果图。

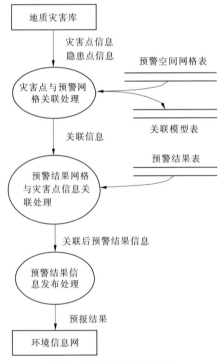

图 1 关联处理数据流程

3.1 预警关联表的建立

(1)建立地质灾害数据表[3],其数据表包含字段及说明如下:

字段编号	C_number	C_type	C_yesno	C_position	C_star_jd	C_star_wd
字段类型	字符型	字符型	字符型	字符型	字符型	字符型
字段长度	5	6	6	100	7	6
字段注释	灾害点编号	灾害类型	是否隐患点	灾害点位置	经度	纬度
字段编号	C_object	C_people	C_property	C_level	C_jc_person	C_telephone
字段类型	字符型	整型	数字	字符型	字符型	字符型
字段长度	50	7	单精度	8	8	30
字段注释	威胁对象	威胁人口	威胁财产	危害程度	监测人员	联系电话

(2)建立预警空间单元网格表,其数据表包含字段及说明如下:

字段编号	C_order	C_number	C_star_jd	C_end_jd	C_star_wd	C_end_wd
字段类型	整型	整型	字符型	字符型	字符型	字符型
字段长度	6	6	7	7	6	6
字段注释	网格序号	网格编号	最小经度	最大经度	最小纬度	最大纬度

(3)建立计算机处理过程,根据经纬度将灾害点及隐患点定位到相应的预警网格里,生成预警关联表,其数据表包含字段及说明如下:

字段编号	C_grid_number	C_dz_number
字段类型	字符型	字符型
字段长度	6	5
字段注释	网格编号	灾害点编号

3.2　预警结果图的生成

计算机处理过程将预警结果空间单元网格库、预警关联模型、地质灾害库三者进行关联处理,即可生成带有地质灾害点及隐患点分布的预警结果图。

4　地质灾害点及隐患点的查询

地质灾害预报预警不仅要预测哪些地区有可能发生多大等级的地质灾害类型,而且更重要的是要能反映预警结果区地质灾害的发育、发生情况,以及存在哪些地质灾害隐患点,以及地质灾害隐患点对人民群众生命财产安全的威胁情况。通过对这些信息的实时查询,防灾部门才能快速地更加清楚地了解预警区的地质灾害易发情况和险情等级,以及有可能发生的地质灾害点信息,比如:地质灾害点位置、受威胁对象、危害情况、监测责任人、联系方式等,为及时巡查、防灾避灾工作争取更多的时间。因此,对预警结果区地质灾害点和隐患点的实时信息查询,对防灾部门和人民群众防灾避灾工作具有重要的指导意义。查询页面的设计可采用动态网页设计语言 ASP、JSP、C#等,通过将预警结果库、关联模型、地质灾害库三者进行关联处理(关联处理模型见图1),可实现对预警结果区的相关地质灾害信息的查询、统计等,对预警结果区的地质灾害隐患点信息的查询结果见图2。

序号	编号	灾害点位置	类型	威胁对象	威胁人口	威胁财产万元	稳定性	危害程度	监测责任人	电话
20	1089	三里坪乡迎山庙村八斗冲组	滑坡	居民	5	3	不稳定	一般	曹瑞东	
21	1050	长竹园乡两河口村河东组	滑坡	居民	10	50	不稳定	较大	陈继华	
22	1127	达权店乡英冀村朱岭组	滑坡	居民	5	1.6	不稳定	一般	姜思志	
23	1143	双椿铺镇梅山村千岭组	滑坡	居民	2	0.9	不稳定	一般	洪志枝	
24	1085	汪桥镇东庙村	滑坡	河堤	500	135	不稳定	重大	徐继成	
25	1089	三里坪乡迎山庙村八斗冲组	滑坡	居民	4	18	不稳定	一般	徐龙发	

图2 预警结果区地质灾害隐患点信息部分查询结果

5 地质灾害反馈信息的上报

及时将地质灾害预警结果区和非预警结果区的地质灾害发生情况上报到相关部门和预警预报中心,对预报员及时掌握地质灾害发生情况,以及报中和漏报情况,不断修改完善预报预警模型,改进预报预警方法,提高预报准确率具有重要意义。对已发生的地质灾害点的反馈信息可包含:发生时间(越具体越好)、灾害类型、灾害特征、灾情、诱发因素、地质环境条件、目前稳定性、上报部门、上报人员等。

6 结 论

(1)对县(市)地质灾害调查与区划成果资料进行综合研究,采用 MapGis 组件开发技术、数据库技术,将地质灾害预警空间数据库与地质灾害点信息关系数据库进行关联处理,建立预警关联模型,将关联模型与预警结果库进行关联处理,从而生成含有地质灾害隐患点等预警目标信息的预警结果图。

(2)利用 Internet 信息更新快,预留时间长,便于远程查询、统计等特点,建立信息发布平台,实现预警结果的实时发布、地质灾害点及隐患点的实时查询,以及地质灾害信息的实时反馈。

(3)新的预警结果图含有更加明确的地质灾害隐患信息,防灾部门可通过网页查询页面,掌握更加详细的地质灾害隐患信息,并通过电话传达到相关的地质灾害点监测责任人和受威胁的居民,为汛期地质灾害巡查、减灾防灾避灾工作争取更多的时间和主动性。

参 考 文 献

[1] 刘传正. 区域滑坡泥石流灾害预警理论与方法研究[J]. 水文地质工程地质,2004,31(3):1-6.
[2] 冯全洲,霍光杰,万林,等.河南省汛期地质灾害气象预警系统开发研制报告[R].河南省地质环境监测院,2005.
[3] 陆丽娜. 软件工程[M].北京:经济科学出版社,2000.

Web – Based Information Publishing and Feedback
System Research of Geological Hazards Alert and Forecast

Huo Guangjie

(Geological Environment Monitoring Institute of Henan Province , Zhengzhou　450016)

Abstract：Analyzing and studying Geo – hazards alert and forecast system of Henan Province and geological hazards survey and regionalization materials of County or City, Taking geological hazards alert and forecast results of Shang Cheng County for example, taking alert grid for relationship key – word, relating and processing the database of geological hazards alert results and base database of geological hazards, and founding a new database which consists of space alert grid and geological hazards base information, according to uniform geological hazards table of Department of Land and Resources of Henan Province, taking geological environment information network of Henan Province for publishing platform, taking designing language of asp active network page, designing these pages which consist of alert result area geological hazards information querying and geological hazards information feedback and so on, and founding the Web – base information publishing and feedback system of geological hazards alert and forecast.

Key words：Geo – hazards, alert and forecast, information publishing

地质灾害前兆监测与临灾过程的模拟和控制*

李满洲

（河南省地质环境监测院，郑州　450016）

摘　要：地质灾害的发生有其特定的地质、工程地质条件和特定的控制与影响因素，其形成和发生有一个从孕育、发展到发生的变化过程。在这一变化过程的不同阶段都有其对应的各种临灾前兆，倘若能够瞄准、抓住这些关键的前兆因素进行实时的监测，并在正确构建地质灾害概念模型和数学模型的基础上，通过数值模拟与分析研究，一则可以对灾害发生与否进行超前的预测和预警，以便及时组织抢险和避让；二则可以指导成灾过程的控制工作，正确开展和实时调整防治工程的部署，从而避免或减轻地质灾害造成的人员伤亡和财产损失。

关键词：地质灾害；致灾因素；前兆监测；临灾过程模拟和控制；应急抢险和避让

随着河南省首例巩义铁生沟滑坡专业监测工作的初步实施，如何科学地开展地质灾害监测，尤其是临灾前兆因素监测与临灾过程的模拟和控制问题也随即摆在了我们面前。为此，笔者就该问题同大家一起谈点认识和建议。

1　临灾前兆因素与实时监测的原理

各类地质灾害的发生有其特定的地质、工程地质条件和特定的控制与影响因素，其形成有一个从孕育、发展到发生的变化过程。在这一变化过程的不同阶段都有其对应的各种临灾前兆。纵观地质灾害发生的过程，其主要的临灾前兆伴随因素可有地质灾害体应力场变化、应变场变化的特征以及温度场变化和孔隙水压力场变化的特征等。

1.1　应力场的变化特征和监测

应力特征是反映地质灾害体是否发生破坏的重要指标。地质灾害体中任意一点的应力状态和大小会随着致灾作用的推进不断地发生着变化，而应力的变化规律和变化幅度又决定着地质灾害体是否会发生变形和破裂。当灾害体岩土中的应力条件发生较大变化时，往往预示着岩土体可能要发生位移和破坏，构成地质灾害是否发生的前兆因素。因此，对地质灾害体不同深度岩土体中应力状态的实时监测，可以获得地质灾害体发生破坏、进而致灾的前兆信息，具备良好的预警功效。

1.2　应变场的变化特征和监测

应变特征是用来度量岩土体变形程度的量，其值的大小反映了岩体破坏的可能性、程度和变形的强弱。通常在人工破坏作用、卸荷作用、水力作用及其构造应力等作用下，各类原、次生裂隙将沿着岩土体中的结构面产生位移和变形，因此这就可以通过埋设在岩土

＊本文原载于2008年卷《河南地质调查通报》下卷。

作者简介：李满洲（1961—），男，工学硕士，教授级高工，主要从事区域地质环境演化与地质灾害研究工作。

体中不同深度的应变传感器对其变化进行实时的监测。当发现岩土体中的应变状况发生较大改变时,往往昭示着岩土体可能要发生位移和破坏,从而达到前兆实时监测和分析预测致灾发生状况的目的。

1.3　孔隙水压力场的变化特征和监测

许多地质灾害的发生都与水的参与和强烈作用密不可分。孔隙中水压力的增加,通常使得岩土体中颗粒之间、裂隙之间有效应力发生降低,非有效应力得以增加,从而造成岩土体中各种结构面进一步开裂、扩张和相互的沟通与摩阻力的减弱,进而导致滑移和破坏。这种孔隙水压力的变化特征是帮助判断致灾状况的前兆信息。因此,通过在岩土体不同深度预埋专门的水压监测器件,就可以实时地跟踪监测和掌握地质灾害体发生与否的可能性的大小。据此,进行临灾超前的预测预警和控制。

1.4　温度场的变化特征和监测

突然水的参与作用常常是诱发地质灾害的一种重要因素。由于不同季节地表水、大气降水和埋藏于地表下不同深度的岩土体往往具有不同的温度,它们随着季节和埋深的改变分别呈有规律的变化。当地表水或大气降水(主要指强降雨)通过不同途径进入灾害体时,其岩土体的温度将会呈现某种规律的异常,故据此,可以通过对岩土体温度变化规律的实时监测,及时了解和掌握致灾前期演变的状况,进而实现前兆监测及预测预警的目的。

之外,尚可以通过对岩土体饱和度或湿容重的实时监测进行临灾预测预警和控制。

上述临灾前兆因素中,最直接、最敏感和最有效的当属应力场变化与应变场变化两个因素。而孔隙水压力场变化、温度场变化及其岩土体饱和度或湿容重变化等因素对于配合上述两因素进行临灾分析和预测常常具有十分重要的作用。

2　前兆监测预警系统布设的原则及组成

由于地质灾害临灾前兆过程往往很短,这就给临灾预测预警及其避灾工作带来很大的困难。因此,也就要求监测系统必须具备很强的实时性、动态性监测功能。同时,还要求所布设的监测设备及其监测系统具有足够的灵敏性和精确度。

2.1　前兆监测预警系统的布设原则

2.1.1　监测部位的确定原则

监测部位的确定应遵循以下的原则:

(1)监测部位与地质灾害之间必须具有内在联系,该部位的某种因素变化必须能够反映地质灾害前兆变化的状况;

(2)监测部位的某种临灾前兆因素变化对地质灾害的响应须具有足够的敏感性和速度;

(3)监测部位的选择应结合可能的致灾类型和条件等因素,尽量靠近灾害体和变形破坏边界地带进行布设;

(4)监测部位的布设,应尽量利用已有的现场条件进行,以减少钻凿施工等费用;

(5)监测部位在整个监测过程中,应能够保存完好,避免因人类活动而损坏;

(6)条件允许时,监测器具的布设,应考虑避开化学腐蚀的环境,以避免对监测仪器设备的腐蚀和毁坏。

2.1.2 监测系统的设计原则

监测部位确定之后，重点就是监测系统(网络)的设计和布置了。监测系统的设计和布置一般应考虑以下原则：

(1)以最少的监测布设量，达到最大限度准确、快速反映临灾前兆的目的；

(2)监测部位的布设，应考虑到上下、内外系列的布设，以抢抓时间，提高超前的可预报性。

2.2 前兆监测预警系统的组成

地质灾害前兆实时监测预警系统一般应由地面中心站、原位致灾前兆信息采集与传输子系统、信息分析与处理子系统以及致灾危险性预报预警子系统等组成。条件允许时，该系统最好具有远程可视化监测与监控的功能。上述系统中，致灾因素和致灾信息原位监测与采集技术是其关键性的技术。要从具体的前兆因素类型出发，有针对性地选择监测采集设备，有关应力、应变、水压、温度等信息采集传感器配置应适当，确保敏感地、精确地和实时地采集捕捉到微细的前兆致灾信息。同时，还应具备较强的防震、抗干扰特性和能力。

3 数学模型的建立与临灾过程的模拟

地质灾害前兆实时监测的目的主要是为临灾过程模拟预报和防灾过程控制服务的。而这些又有赖于正确的地质灾害概念模型及建立在此基础上的数学模型的构建工作。

3.1 临灾地质概念模型的建立

该模型是建立在现场调查、勘察、监测以及对地质灾害致灾机理研究基础上的概念模型，它是通过对致灾现象综合分析研究后，获得的对地质灾害成因机理认识的表述。致灾概念模型必须具有坚实的现场观察研究基础和一定的试验测试依据，在一定的阶段里，它代表了人们对灾害发生规律的理解水平。其基本的分析研究方法主要为"地质理论分析"的方法。运用该方法分析研究灾害地质、工程地质条件、地质灾害类型与空间分布状况等，对地质灾害的成因机理、主要致灾作用因素以及发展演化趋势作出客观的分析与评价。地质理论分析的方法由理论地质学(如地层学、构造地质学、岩石学、矿物学及其地貌第四纪地质学等)、应用地质学(如土体力学、岩体力学、工程地质学和水文地质学等)和生态环境科学三大方面所组成。地质理论分析的核心内容是地质灾害的成因机理分析与变形破坏机制研究。主要包括如下两方面的内容：

(1)区域地质环境演化过程的分析。区域地质环境演化背景，特别是区域地壳构造活动乃至岩溶发育演化特征等，对地质灾害的成因机理分析和变形破坏机制研究具有重要的作用。如果地质灾害所处的地区大背景不清楚，就灾害体论灾害体，往往会导致考虑问题的视野狭窄、不开阔，不能从整体上、区域上把握地质灾害发生的本质，甚至产生瞎子摸象、错误的局限性认识的后果。

(2)地质、工程地质综合的分析。在区域地质环境演化分析研究的基础上，逐渐缩小靶区，针对具体潜在的地质灾害，运用地质、工程地质综合分析的方法，对地质灾害形成机理与变形破坏机制开展综合分析研究。具体有：

①分析地质灾害的类型及致灾作用的强度;

②描述地质灾害的发育特征及其空间分布的状况;

③提取地质灾害形成与演化的主要致灾因素,对其致灾机理与变形破坏机制进行研究;

④预测地质灾害发展演变的趋势;

⑤构造合乎实际的地质灾害概念模型,分析其运动学与动力学特征,为地质灾害预警预报和过程控制及其防治工程部署奠定基础。

3.2　临灾过程的模拟

通过地质灾害机理分析和地质灾害概念模型的建立,结合地质灾害形成的运动学与动力学特征,采用一定的数学理论和方法对其概念模型进行数学的描述,从而构建致灾数学模拟的模型,以把地质理论定性分析结果具体化、定量化,为临灾过程控制及其相似地质灾害预警预报提供定量计算基础。利用该模型一方面可以模拟地质灾害内部结构和不同边界条件下致灾的全过程,进一步验证地质灾害概念模型的正确性和合理性,从理论上、整体上和内部作用过程上获得对地质灾害演化机理更加深入的认识;另一方面可以使临灾预报工作实现定量的计算与评价,通过对数学模型时间上的延拓,获得对地质灾害演化趋势的认识,从而达到临灾预报预警的目的。以上的过程统称为"临灾过程的模拟"。

目前,国际上常用的临灾过程模拟的手段有相似材料物理力学模拟和数值模拟两种。前者是采用与地质灾害原型介质符合一定相似比例的材料——相似材料,塑造出与地质灾害原型相似、满足相似理论的模型,然后模拟地质灾害原型的实际致灾边界条件,再现灾害地质体的临灾演化过程,进而指导开展临灾预报预警工作;后者是指通过建立的致灾数学模型,采用数值分析的方法,求解灾害地质体如应力、应变(位移)及其破裂致灾随时间的变化过程,从而实现对灾害体变形破坏乃至全过程变化状态的描述,达到临灾预报预警及其临灾过程控制的目的。相对而言,数值模拟具有使用方便、模型相似性高、动态实时操作性强、费用低廉等特点而备受青睐。

建立在地质灾害前兆实时监测基础上的灾害变形破坏及致灾过程的模拟,事实上是一个全过程动态数值模拟的问题。而地质灾害从变形演化发展到破坏和致灾是一个复杂的动态力学过程,是一个从量变的积累到质变的过程。量变的积累是一种小变形的过程,而质变发生后的破坏和致灾则是一种大变形的过程,这两个过程目前还不能用统一的数学模型来表达。通常,对于小变形的描述一般可采用基于弹塑性和黏弹塑性的理论,使用有限元等数值分析的方法来求解。对于大变形的描述目前尚无妥善的方法,20世纪80年代国际上发展起来的不连续变形模型的离散元法(DEM,DDA)初步被证明是解决这类问题较为有效的方法。而把这两种方法结合起来运用,将是当前实现地质灾害全过程模拟的基本途径和方向。

3.3　数学模型建立应注意的问题

上述数值模拟不是单纯的数值计算问题,它是以原型灾害地质、工程地质条件及概念模型研究等工作为基础,通过这些工作抽象出合理的数学模型(计算模型),才能用于具体的分析与计算。因此,正确理解原型研究的结果,从而抽象出合理、正确的数学模型是数值模拟关键环节的工作。

数学模型建立的一般原则是以概念模型所确定的主导因素为指导,通过原型调研,对其模型进行合理的抽象、简化和高度的概括,突出与概念模型相关的控制性致灾因素,使之既能够代表灾害地质、工程地质体的客观实际,同时又具有数学分析的可能性以及计算机硬件设备保障的可能性。只有这样,所建立的数学模型,其计算预测结果才能符合或接近客观实际,才能收到较好的临灾预报预警的效果。建模和模拟分析时,应遵循以下的原则:

(1)明确反映地质灾害形成的机理与变形破坏的机制;

(2)计算方法、计算步骤应尽可能简化,抓住主要致灾因素,提高其适用性;

(3)灵敏度高、动态实时性强、易于校验;

(4)不刻意追求新颖和复杂化。

4 临灾过程控制与应急抢险预案

4.1 前兆因素监测与过程控制

"控制"一词源自维纳的控制论(Cybernetics)。按照维纳的定义,控制是指在获取、加工和使用信息的基础上,控制主体使被控客体进行合乎目的的行为。这里,行为、目的和信息是控制论中三个重要的概念。对于地质灾害而言,如果我们把可能发生地质灾害的地质体及其外在作用作为被控系统,则控制的目的主要表现在两个方面:一方面,当被控系统已处于所期望的(安全)状态时,就力图使该系统保持这种稳定状态运行下去;另一方面,当被控系统处于非期望状态、即可招致失稳(致灾)时,则实时引导该系统从现有状态向稳定的期望状态发展。换言之,过程控制的目的,就是使被监测的地质灾害体及其外在作用的演化行为时刻朝着有利于地质灾害体的稳定方向发展。

信息在过程控制中的作用十分重要,是控制行为达到期望目的的重要依据。它包括两方面的内容:一方面是过程控制所必需的致灾前兆实时监测信息,如应力状态信息、应变变形信息、水压变化信息、温度变化信息等;另一方面是过程控制的调控信息,亦即系统偏离目标的信息。上述两类信息以原位地质灾害前兆实时监测信息最为重要,它是系统调控的第一手基础性信息。

4.2 临灾过程模拟和控制与实时调整防灾策略

当临灾过程模拟和控制结果发现被控系统已经偏离了目标(期望)状态,有可能导致灾害时,就必须根据预测(调控)信息,实时地开展或调整相应的应急防治策略和措施,调整应急防治工作的布局,以便使得被控系统及时转向期望的状态,达到防患于未然的目的。这是地质灾害前兆实时监测及其过程控制工作的一项极其重要的任务。

4.3 临灾过程模拟和控制与应急预案

地质灾害前兆实时监测与预警,其性质属临灾,即短时预报和预警工作。其目的除为上述临灾过程防灾控制服务外,再就是为临灾现场紧急避让、应急抢险提供决策依据。

当临灾过程模拟即预测预报结果发现过程控制出现严重偏差或失控,地质灾害不可避免时,就必须要采取紧急的避让、抢险措施,以期把灾害损失降至最低的程度。因此,根据临灾过程模拟和控制结果,及时启动地质灾害应急抢险预案,做到未雨绸缪、有备无患是十分必要的。特别是针对河南省为数不少的、严重危险的地质灾害,在目前财力不济的情况下,大力推行临灾实时监测、预报预警和紧急避让抢险工作极其重要,这是今后相当长时期内必须扎实开展的一项有效的、基础性的防灾工作。

从国内外地质灾害防治实践来看,应急抢险预案应紧密结合以往地区地质灾害防治经验及其临灾前兆实时监测与模拟预测控制的可能结果,本着实时性、针对性、有效性的原则进行编制。同时,应急抢险预案还要不断地根据临灾过程模拟与控制的实际结果及其已有抢险工作的经验教训及时地修正和完善原拟预案的不足,不断增强其可操作性和预见性,避免盲目行动,使得抢险工作反应更加迅速和真正富有救灾的实效。

5 结论与建议

地质灾害的发生有其特定的地质、工程地质条件和特定的控制与影响因素,其形成有一个从孕育、发展到发生的变化过程。在这一变化过程的不同阶段都有其对应的各种临灾前兆,倘若能够瞄准、抓住这些关键的前兆因素进行实时的监测,并在正确构建地质灾害概念模型和数学模型的基础上,通过数值模拟与分析研究,可以实现对灾害发生与否的超前预测和预警,帮助人们及时组织抢险和避让;同时能够科学指导成灾过程的控制,正确开展或调整防治工程的部署。因此,建议在总结吸取巩义铁生沟滑坡监测经验的基础上,对全省地质灾害防治规划确立的重大的、极其危险的潜灾体,尽快启动实时监测,特别是前兆监测及其临灾过程模拟预测研究的工作,从而防患于未然,有效避免或减轻地质灾害造成的人员伤亡和财产损失。

参 考 文 献

[1] 马仲蕃. 线性整数规划的数学基础[M]. 北京:科学出版社,1998.
[2] 李攀峰,张倬元. 某水电工程地应力场数值模拟[J]. 地质灾害与环境保护,2001(2).
[3] 蔡美峰. 地应力场三维有限元模拟和研究[J]. 中国矿业,1997(1).

遥感技术在地质灾害危险性区划中的应用
（以中原城市群为例）

岳超俊[1,2]　赵振杰[2]　霍光杰[2]

（1. 中国地质大学,北京　100083;2. 河南省地质环境监测院,郑州　450016）

摘　要: 利用遥感技术提取地质灾害发生的地质背景,不仅可以提取进行地质灾害定性评价的地质条件,而且可以对大多数地质条件进行量化,以便于进行地质灾害的定量化评价。本研究结合数字高程模型和 ETM + 遥感图像,进行地形地貌、土地利用类型、植被覆盖度等地质条件的提取,在中原城市群地质灾害风险区划中得到成功的应用。

关键词: 遥感技术;地质灾害;中原城市群

1　引　言

　　现代遥感技术所提供的遥感图像视野广阔、影像逼真、信息丰富,将其应用于地质灾害调查工作中,可以从宏观上对区域性地质灾害进行全面直观的动态综合解译,形成对区域性地质灾害分布、规模的定量认识,能加速调查进度,节省地面测绘工作量,提高测绘精度。遥感具有大面积同步观测、时效性强、综合性高、可比性大等特点,并且还能节省大量的人力物力。其中,综合处理之后的多源多时相数据,不但能覆盖较大的研究区域,而且其高分辨率特性还能满足对单个灾害体的调查,同时还能进行不同时相数据之间的对比,完成动态监测,是一种有效的区域地质灾害调查方法[1,2]。

　　遥感图像包含了丰富的地质、地理信息,通过对多波段的遥感图像进行综合分析、对比及解译,同时结合数字图像处理技术,对遥感图像进行融合、增强、变换等处理,能有效地获取和识别地质灾害发生的环境信息,弥补大范围地质灾害评价资料难收集的问题。

2　ETM + 遥感影像

　　Landsat 7 卫星于 1999 年发射,装备有 Enhanced Thematic Mapper Plus(ETM +)设备,ETM + 被动感应地表反射的太阳辐射和散发的热辐射,有 8 个波段的感应器,覆盖了从红外到可见光的不同波长范围,ETM + 具体参数见表 1。

　　根据中原城市群的范围(东经 111°08′ ~ 115°15′,北纬 33°08′ ~ 35°50′),确定共采用陆地卫星 ETM + 数据 8 景,见表 2、图 1。

基金项目: 河南省科技招标[2006]264 号。

作者简介: 岳超俊(1965—),男,高级工程师,在读博士研究生。联系电话:13137703301,地址:河南省郑州市郑东新区金水东路 18 号河南省地质环境监测院,邮编:450016。

表1 ETM+参数及各波段用途

图像类型	波段	波长范围(μm)	分辨率(m)	光谱信息识别特征及实用范围
ETM+	1	0.450~0.515	30	可见光蓝绿波段,用于水体穿透、土壤植被分辨
	2	0.525~0.605	30	可见光绿色波段,用于植被分辨
	3	0.630~0.690	30	可见光红色波段,处于叶绿素吸收区域,用于观测道路、裸露土壤、植被种类效果很好
	4	0.775~0.900	30	近红外波段,用于估算生物数量。尽管这个波段可以从植被中区分出水体,分辨潮湿土壤,但是对于道路辨认效果不太理想
	5	1.55~1.75	30	中红外波段,这被认为是所有波段中最佳的一个,用于分辨道路、裸露土壤、水,它还能在不同植被之间有好的对比度,并且有较好的穿透大气、云雾的能力
	6	10.40~12.50	60	热红外波段,感应发出热辐射的目标
	7	2.09~2.35	30	中红外波段,对于岩石、矿物的分辨很有用,也可用于辨识植被覆盖和湿润土壤
	Pan	0.52~0.90	15	全色波段,得到的是黑白图像,用于增强分辨率,提高分辨能力

表2 ETM+卫星数据一览表

序号	轨道号	数据类型	时间(年-月-日)	波段	数据质量
1	123-035	ETM	2000-05-16	B1-B8	合格
2	123-036	ETM	2000-08-20	B1-B8	合格
3	123-037	ETM	2002-07-09	B1-B8	合格
4	124-035	ETM	2000-05-07	B1-B8	合格
5	124-036	ETM	2001-05-10	B1-B8	合格
6	124-037	ETM	2002-06-14	B1-B8	合格
7	125-036	ETM	2002-04-02	B1-B8	合格
8	125-037	ETM	2000-06-15	B1-B8	合格

3 数字高程模型 DEM 的生成

数字高程模型(Digital Elevation Model,缩写 DEM)是根据在某一投影平面(如高斯投影平面)上规则格网点的平面坐标(X,Y)及高程(Z)的数据集,进行模拟的一个曲面。DEM 以微缩的形式再现了地表起伏变化特征,具有形象、直观、精确的特点。DEM 的格

图1 城市群遥感影像图(543 波段合成)

网间隔应与其高程精度相适配,并形成有规则的格网系列[3]。

生成 DEM 的方法有多种。从数据源及采集方式讲有:

(1)直接从地面测量。如用 GPS、全站仪,野外测量等。

(2)根据航空或航天影像,通过摄影测量途径获取。例如,立体坐标仪观测及空三加密法、解析测图仪采集法、数字摄影测量自动化方法等。

(3)从现有地形图上采集,例如格网读点法、数字化仪手扶跟踪及扫描仪半自动采集法等。

城市群是一个大范围的区域,采用地面测量很难覆盖到整个区域,因此本次研究采用第二种方法,根据航空数据(SRTM 数据)得到 DEM 图(见图2)。本文得到的 DEM 主要用于城市群危险性区划基础指标信息的提取,如坡度、坡向和等高线的提取。

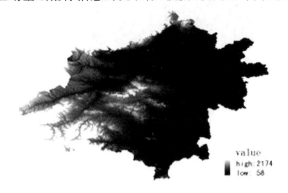

value
high: 2174
low: 58

图2 城市群 DEM 图

4 遥感解译

利用遥感技术提取地质灾害发生的地质背景,不仅可以提取进行地质灾害定性评价的地质条件,而且可以对大多数地质条件进行量化,以便于进行地质灾害的定量化评价。本次研究结合数字高程模型和 ETM + 遥感图像,进行地形地貌、土地利用类型、植被覆盖度等地质条件的提取。

4.1　地形地貌

对于崩塌、滑坡、泥石流等重力直接或间接作用下发生的地质灾害,地形地貌是影响它们发育的一个非常重要的因素。虽然地貌单元的划分在遥感图像上可以非常容易地实现,但是在地质灾害的评价模型中不好量化,大多评价模型以地形坡度和坡向来表征地形地貌,坡度是地形地貌的一个重要描述参数之一(坡度是重力地质灾害形成的一个重要条件),而坡向可以结合岩体的结构面产状来划分坡体结构。

选取地形坡度和坡向来代替地形地貌作为重要的评价因子。根据前文得到的数字高程模型(DEM),利用 GIS 软件得到地形坡度和等高线图,如图3、图4所示。

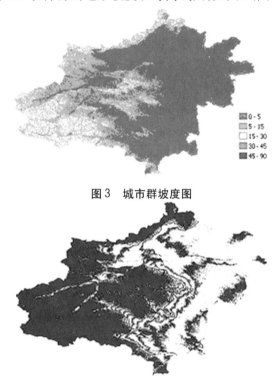

図3　城市群坡度图

図4　城市群等高线图

4.2　等高线

利用 DEM 在 GIS 中提取出城市群的等高线图,如图4所示。

4.3　植被覆盖度

植被的覆盖情况与地质灾害的发生关系密切。在植被遥感中, NDVI(Normalization Difference Vegetation Index)的应用最为广泛。NDVI 是植被生长状态及植被覆盖度的最佳指示因子。许多研究表明,NDVI 与绿色生物量、植被覆盖度、光合作用等植被参数有关,NDVI 的时间变化曲线可反映季节和人为活动的变化。因此,NDVI 被认为是监测地区或全球植被或生态环境变化的有效指标。NDVI 经比值处理,可以部分消除与太阳高度角,卫星观测,地形,云/阴影和大气条件有关的辐照度条件变化等的影响。

该指数对土壤背景的变化较敏感,在很大程度上可消除地形和群落结构阴影的影响,并削弱大气的干扰,因而大大扩展对植被覆盖度的监测灵敏度,常用来反映植被状况、植被覆盖率、生物量等信息,是反映生态环境的重要指标,故常被用来研究区域与全球的植被状态。对于陆地表面主要覆盖层而言,云、水、雪等覆盖层在可见光波段的反射作用比近红外波段高,因而其 NDVI 值为负值;岩石、裸土在两波段有相似的反射作用,因而其 NDVI 值近于 0;而在有植被覆盖的情况下,NDVI 为正值,且随植被覆盖度的增大而增大。

利用 ETM + 数据,进行归一化差值计算,求取植被指数 NDVI,计算公式为

$$NDVI = \frac{DN_{NIR} - DN_R}{DN_{NIR} + DN_R}$$

式中,DN_{NIR} 为近红外波段地表反射率;DN_R 为可见光红外波段地表反射率。

根据植被指数换算植被覆盖度,计算结果见图 5。

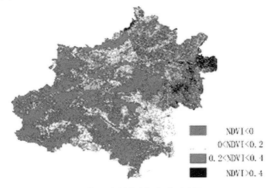

图 5　植被覆盖度分布图

5　结　论

本文综合运用遥感图像,对中原城市群范围的地形地貌、植被等自然环境因素进行了初步分析。结果表明,采用新一代高清晰遥感图像可以准确实时刻画地表环境特征,为区域性地质灾害危险性区划提供了详实的数据基础。

大量遥感信息的有效利用是解决遥感技术与地理信息系统相结合的关键。地理信息系统中存储的信息只是现实世界的一个静态模型,需要定时、及时的更新。遥感作为一种获取和更新空间数据的强有力手段,能及时地提供准确的、综合的和大范围内进行动态监测的各种资源与环境数据,因此遥感信息就成为地理信息系统十分重要的信息源。两者的有效结合,将为地质灾害监测、评价和防治工作提供强有力的技术支撑。

参 考 文 献

[1] 钟颐,余德清.遥感在地质灾害调查中的应用及前景探讨[J].中国地质灾害与防治学报,2004,15(1):134-136.

[2] V. Singhroy. Sar integrated techniques for geo - hazard assessment[J]. Advances in Space Research, 1995,15(11):67-78.

[3] 宋杨.利用多时相遥感影像与 DEM 数据的滑坡灾害调查——以新滩地区为例[J].安徽师范大学学报(自然科学版), 2006,29(3).

Application of RS in Risk Zoning of Geological Hazards
（take the Case study in Zhongyuan City Group as an Example ）

Yue Chaojun[1,2]　　Zhao Zhenjie[2]　　Huo Guangjie[2]

（1. China University of Geosciences, Beijing　　100083 ;

2. Geo-environmental Monitoring Institute of Henan Province, Zhengzhou　　450016）

Abstract: By means of remote sensing technology, one not only can retrieve geological conditions of geological hazards qualitatively, but also quantify those geological conditions for the purpose of quantitative evaluation of geological hazards. By coupling of DEM model and RS images, the information on the geomorphology, land utilization types and vegetation coverage are retrieved and contribute successfully to the project of risk zoning of geological hazards in Zhongyuan City Group.

Key words: RS, geological hazards, Zhongyuan City Group

郑州市汛期地质灾害气象预警初步研究

李 华 李俊英

（河南省地质环境监测院，郑州 450016）

摘 要：借鉴国内外汛期地质灾害预警预报经验，提出了郑州市汛期地质灾害气象预警建设和研究思路。经过近两年的工作，初步取得了阶段性的成果：①对全市地质灾害易发区进行了地质灾害气象预警区划，将全市的地质灾害易发区划分为 6 个预警区，编制了《1:15 万郑州市汛期地质灾害气象预警区划图》；②建立了各预警区地质灾害气象预警判据；③开发出了地质灾害气象预警图文传输软件系统；④建立了能识别图层信息、降雨过程，进而对预警级别作出自动化判定的预警值班软件；⑤建立了汛期地质灾害预警系统的组织结构及管理体系；⑥配置了汛期地质灾害预警系统的硬件设施，并进行了两年的运行。

关键词：汛期地质灾害；预警；区域划分；自动化识别

1 引 言

郑州市境内地质地貌及气候条件复杂多变，斜坡地质作用发生频率高、经济损失大，仅 2003 年就发生各类地质灾害 75 起，其中 90% 都发生在汛期，造成人员死亡 19 人，各项经济损失达 3 184.7 万元。各级政府每年汛期常奔波于避灾抢险工作，投入了大量的人力物力；汛期地质灾害仍然时有发生、防不胜防。因此，针对本地区实际，预报汛期地质灾害发生的时间和空间，科学地指导当地政府及人民群众进行汛期地质灾害防治，避免或减轻地质灾害造成的损失，已是当务之急。

开展郑州市汛期地质灾害气象预警研究具有如下几个方面的意义：

（1）为各级行政主管部门开展汛期地质灾害防治工作提供科学依据；

（2）为国土整治与重大工程规划、建设和安全运营等提供科学的、及时的信息服务；

（3）提高郑州市地质环境与气象因素共同作用机制研究的科研水平；

（4）提高公众防灾意识。

2 国内外研究水平

"地质灾害预警"一词在 20 世纪 90 年代才出现，但泥石流等单灾种的预警研究则早就开始了。铁路运行中关于泥石流暴发的警报出现于 20 世纪 60 年代，70 年代形成了比较科学的泥石流预警系统，90 年代开始局部地区的滑坡泥石流群测群防预警工作。

1985 年，美国地质调查局（USGS）和美国气象服务中心（NMS）联合在旧金山湾地区建立了泥石流预警系统，主要是根据降雨强度、岩土体渗透能力、含水量和气象变化作出综合判断，预警结果由气象服务中心播报。

中国香港地区采用雷达图像解译小范围地质构造，从而确定滑坡发生的潜在区域。

这项工作自 1984 年开始,1999 年改进自动雨量计组成监测网络,由 86 个自动雨量计将资料定时传给管理部门,若预测 24 h 内降雨量达到 175 mm 或 60 min 内市区内雨量超过 70 mm,即认为达到滑坡预报阈值,即由政府发出警报。

地质灾害预警是世界性难题,对于汛期群发型突发性地质灾害的预警,国内已有中国地质环境监测院的国家级预报;截至 2006 年,全国已有包括河南省在内的一半以上的省份开展了省级地质灾害气象预报工作,许多地质灾害严重和有条件的地市亦已开展地市级预报。

3 研究思路

3.1 总体技术思路

汛期地质灾害气象预警横跨地质灾害学、气象学、预测学等多种学科,牵涉国土资源、气象、广播电视等多个部门,是一项系统工程,本次工作按系统理论方法组建"郑州市汛期地质灾害气象预警系统",靠该系统的运行来实现预警目的(见图 1)。

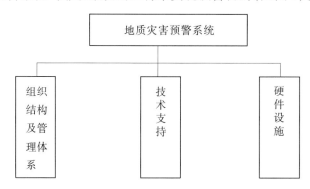

图 1　郑州市汛期地质灾害预警系统组成框图

3.2 预警系统研究任务

本课题的目的是开发研制郑州市汛期地质灾害气象预警系统,确保系统正常试运行,随着工作的深入,逐步完善郑州市汛期地质灾害气象预警系统,提高预警水平和质量、拓展预报范围,探索数学建模预测的可能性及实现途径,进而构建既可进行短期预报、又能实现中长期及短时预报的全天候预警系统。

3.2.1 技术任务

包括预警区域划分、预警等级划分、预警发布标准、数据库建设、预警判据建立、预警信息传输技术等内容,为汛期地质灾害气象预警提供技术保证。

3.2.2 管理体系

建立汛期地质灾害气象预警人员组织及管理体系,从机构、人员、制度方面为地质灾害气象预警工作提供保证。

3.2.3 硬件设施

配置预警工作技术研究、数据处理、资料传输、预警产品制作发布、预警信息反馈所必需的硬件设施,包括互联网建设、添置大型服务器、会商设备等。

3.3 预警参数

预警对象:本次工作预警对象为降雨诱发的区域群发型突发性地质灾害,根据全市地质灾害发育情况及危害程度,确定为崩塌、滑坡、泥石流。

预警类型:突发性地质灾害气象预警可分为时间预警和空间预警两种类型。本次工作的预警类型主要为空间预警。

预警地域:主要为郑州市西部山地丘陵区及黄土地区,预警区面积 4 035 km²,占郑州市总面积的54.2%。

预警时段:采用 24 h 短期预警。预警时段是当日 20 时至次日 20 时。

预警等级:根据国土资发[2003]229 号文,预报等级统一划分为 5 级:一级为可能性很小,二级为可能性较小,三级为可能性较大,四级为可能性大,五级为可能性很大。其中三级在预报中为注意级,四级在预报中为预警级,五级在预报中为警报级。

4 地质灾害预警区域划分

4.1 理论依据

崩塌、滑坡、泥石流是斜坡地质作用的产物,其形成、发展受斜坡形态、斜坡体物质结构、结构面性质、植被、人类工程活动等因素制约,当斜坡体物质和能量积累到一定程度时,在降雨作用下诱发地质灾害。汛期地质灾害的形成、发展及演化规律由地质环境条件和气象因素综合决定,同时与人类工程活动密切相关。郑州市地质环境及气候条件复杂多样,人类工程活动对地质灾害的影响主要体现在局部斜坡地质环境条件的改变上。因此,汛期地质灾害气象预警区域划分应综合考虑地质环境条件现状和气象因素,其中,地质环境条件为控制性因素,气象条件为诱发因素。

4.2 预警目标区划分原则及结果

4.2.1 划分原则

(1)形成突发性地质灾害的斜坡地质环境背景。包括地形地貌、地质构造、岩土体特征。

(2)地质灾害发育现状。

(3)人类工程活动对地质环境干预的方式及强度。

(4)气象因素。

4.2.2 划分结果

为综合考虑预警目标区对降雨的敏感程度,根据地形地貌组合特征、地质灾害特征、人类工程活动、多年汛期平均降雨量及多年暴雨中心分布情况进行划分。共划分出 6 个预警区(见表1)。

表1 汛期地质灾害预警区域划分表

编号	区名	面积(km²)
A	嵩山预警区	1 124.8
B	箕山预警区	595.1
C	嵩北黄土丘陵预警区	634.6
D	嵩箕向斜预警区	944.1
E	邙岭预警区	227.9
F	丘间斜地预警区	508.5

5　汛期地质灾害预警判据研究

5.1　判据确定原则与资料依据

根据有限的资料积累和历史经验,突发性地质灾害不但与当日激发降雨量有关,且与前期过程降雨量关系密切,本次工作选定 1～30 日 30 个过程降雨量数据进行统计分析,以期建立一个地区诱发突发性地质灾害事件的两种临界雨量判据:当日激发雨量判据和前期过程降雨量判据。

资料依据主要有以下几个方面:

(1)河南省地质环境监测总站已开展的郑州市地质灾害调查资料;

(2)郑州市近年来开展的汛期地质灾害应急调查资料;

(3)郑州市气象台提供的相关气象站点多年逐日降雨量资料;

(4)省级预警判据研究资料。

5.2　不同降雨过程代表数据

郑州市气象局系统对日降雨量 Q 的预报和统计是按每日 20 时到次日 20 时计算的,比如,8 月 3 日降雨量是指 8 月 2 日 20 时到 8 月 3 日 20 时产生的降雨量,预警判据亦采用同步记时方式,若地质灾害发生在当日 12 时以后,基本可对应于 1 日(当日)过程降雨量 t_1;若灾害事件发生在 20 时以后的夜间,则对应于当日和前一日(2 日)过程降雨量 t_2 更符合实际。因此,本次工作选定的数据代表性时段为日(24 h),代表性数据记做:

$$1 \text{ 日过程降雨量 } Q_1 = Q(t_1), 0 \leq t_1 \leq 1$$
$$2 \text{ 日过程降雨量 } Q_2 = Q(t_2), 1 \leq t_2 \leq 2$$
$$\vdots$$
$$30 \text{ 日过程降雨量 } Q_{30} = Q(t_{30}), 29 \leq t_{30} \leq 30$$

5.3　临界和过程降雨量预警判据图的建立

首先建立降雨诱发的地质灾害空间数据库及历史降雨量数据库,然后,根据各预警区地质灾害的空间与时间分布特征,对同期降雨特征值进行相关查询,反演出历史地质灾害发生的降雨量临界值及前期连续降雨过程临界值初级数据;进而进行统计分析,得出各对应临界过程降雨量的统计值并形成散点图;再按该临界值在本预警区多年出现的频率进行适当调整,以此作为地质灾害气象预警判据基本数据,最后绘制出预警判据图(见图 2)。

图中横坐标为时间 $t(1 \text{ d} \leq t \leq 30 \text{ d})$,纵坐标为过程降雨量 $Q(\text{mm})$,得出 Q_α、Q_β 两条地质灾害事件发生的临界降雨量曲线。当实况过程降雨量曲线 $Q(t)$ 位于判据图的不同位置时,将给出不同的预警结果:

$Q(t) < Q_\alpha$ 时,过程降雨量曲线位于 A 区,预警级别为一、二级;

$Q_\alpha \leq Q(t) < Q_\beta$ 时,过程降雨量曲线位于 B 区,预警级别为三、四级;

$Q(t) \geq Q_\beta$ 时,过程降雨量曲线位于 C 区,预警级别为五级。

6　预警自动化识别

6.1　需求分析

由气象台提供降雨资料,按地质灾害气象预警判据,在半个小时内对汛期地质灾害进

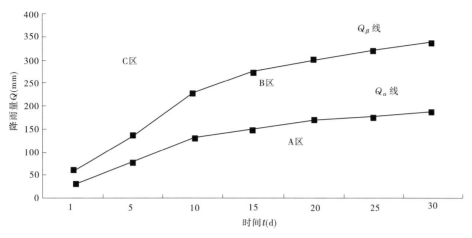

图 2   预警判据模式图

行预警,自动生成预报预警图及相关报表,并可进行手动干预;能适时跟踪汛期地质灾害反馈资料,及时对系统进行维护校验。

6.2   系统功能分析

根据汛期地质灾害气象预警系统的需求情况,该系统应提供如下基本功能:基础信息的维护,数据输入(降雨量及地质灾害等基础数据的采集、更新),降雨量空间位置的确定,预警结果的判定,预警空间位置的识别,预报结果的生成,相关信息的查询、统计、图示,数据备份等。系统功能模块如图 3 所示。

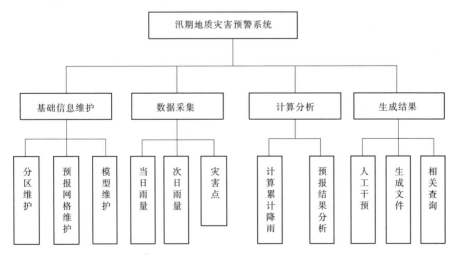

图 3   郑州市汛期地质灾害气象预警系统功能模块图

6.3   预警精度及网格剖分

根据经纬度在 1:15 万图上对全市国土面积进行单元网格剖分,剖分规格为 $1' \times 1'$,剖分精度大致相当于 1.6 km×1.8 km,共将全市剖分为 2 870 个单元格,预警区域为 1 515 个单元格,生成预警网格剖分图,并对全部单元格按从上到下、从左到右的原则顺次编号,将每一单元格生成预警小区,将网格编号设定为小区的 ID 号,以便根据每个单元格的预报结果生成预警平面图。

6.4 生成预警区划图

将预警区划结果按单元网格精度生成预警区划图,并录入数据库,以便计算机识读各预警小区的空间位置、形状,作出准确的判别。

6.5 预报结果图的生成

通过预报结果库与预报分区图属性库的关联,生成预报结果图。

6.6 传输方式

河南省地质环境监测总站与郑州市气象台端的数据传输采用50 M的宽带网,气象台通过登录到总站指定的FTP站点进行收发文件。

7 结论与建议

7.1 结论

(1)按系统理论方法建立了"郑州市汛期地质灾害气象预警系统",该系统由组织结构及管理体系、技术支持、硬件设施等3个层面组成。

(2)将全市突发性地质灾害易发区划分为6个预警区。

(3)根据郑州市实际情况,结合当前地质灾害预警理论和实践,建立了各预警区预警判据。

(4)建立了能识别图层信息、降雨过程,进而对预警级别作出自动化判定的预警值班软件。

(5)建立了预警系统组织结构及管理体系,从人员、机构、制度方面,为预警工作提供保证。

(6)配置了预警工作所必需的硬件设施。

7.2 建议

地质灾害气象预警是一项全新的开创性、探索性、政策性很强的工作,涉及面广,影响很大。郑州市刚刚起步,在科学技术依据、信息储备以及其他基础条件方面存在严重不足,需在机构设置、技术装备、管理体制和运行机制等方面统筹考虑,使预警事业快速、健康的发展。

(1)郑州市地质灾害资料积累较少,直接影响预警精度,建议尽快完成全市地质灾害易发区的地质灾害调查与区划,并优化预报系统,提高预警概率。

(2)市内缺乏地质灾害单体的监测数据,建议开展典型地区的地质灾害监测预警试验区建设。

(3)地质灾害预警理论研究严重滞后,郑州市尚未开展在降雨作用下不稳定斜坡变形机理及泥石流方面的研究工作,建议开展该项工作。

参 考 文 献

[1] 刘传正.区域滑坡泥石流灾害预警理论与方法研究[J].水文地质工程地质,2004,31(3):1-6.

[2] 刘传正.区域地质灾害评价预警的递进分析理论与方法[J].水文地质工程地质,2004,31(4):1-8.

陇海铁路(郑州—三门峡段) 地质灾害易发性评价

宋云力[1] 甄习春[1] 梁世云[2] 郑 拓[1]

(1.河南省地质环境监测院,郑州 450016;2.河南省国土资源厅,郑州 450003)

摘 要:陇海铁路是我国东西重要铁路干线。郑州—三门峡段地处低山丘陵区,地形地貌复杂,地质灾害频繁发生,严重威胁铁路运行安全。为了做好地质灾害防治,减少灾害损失,保障铁路大动脉的安全运行,在对铁路沿线地质灾害实地调查的基础上,查明地质灾害类型及特征,划分地质灾害发育程度,有重点地开展地质灾害防治,是非常必要的。调查结果表明,沿线主要地质灾害类型为崩塌、滑坡,共查明地质灾害132处,其中崩塌56处,滑坡8处,不稳定斜坡(潜在崩塌、滑坡)68处。采用定性分析和定量分析相结合的方法,对陇海铁路(郑州—三门峡段)地质灾害易发性进行了评价,将全段划分为地质灾害高易发段、地质灾害中易发段、地质灾害低易发段和地质灾害不易发段四种类型,并针对崩塌、滑坡灾害提出了工程防治、生物防治、监测等防治措施与建议,为地质灾害防治提供了依据。

关键词:陇海铁路;地质灾害;定性分析;定量分析;地质灾害易发性

陇海铁路郑州—三门峡段位于河南省西部,主要地貌类型为低山丘陵,为地质灾害多发区,汛期遇强降雨天气,常引发地质灾害,严重威胁铁路行车安全。如1966年5月,陇海铁路三门峡高柏段因暴雨产生滑坡,导致一列货车颠覆。再如2003年10月11日,因连续降雨,陇海铁路渑池县吴庄段发生山体滑坡,造成西宁开往郑州的2010次客车机车及5节车厢脱轨,导致陇海铁路交通中断13 h,直接经济损失达数千万元。因此,在对铁路沿线地质灾害调查研究的基础上,进行地质灾害易发性评价,对于灾害防治,减少灾害损失,保证国家铁路大动脉安全运行,具有重要意义。

1 地质环境概况

陇海铁路郑州—三门峡段全长352 km,沿线地形地貌较复杂,构造发育,岩土体风化程度较高,地跨平原、丘陵、山区三种地貌类型,其中平原占18%,黄土塬、黄土丘陵占75%,低山区占7%。尤其是黄土丘陵区,冲沟发育,多呈"V"字形,切割深度20～50 m,常形成陡峻的边坡。

该区段第四系土层广泛分布,占线路区长度的80%。基岩地层主要由中元古界,古生界寒武系中、下统及二叠系,中生界三叠系组成。中元古界为辉石安山岩、安山岩夹砂质页岩、页岩、泥灰岩等,寒武系中、下统为砾状白云岩、白云质灰岩,二叠系以长石石英砂

作者简介:宋云力(1962—),男,汉族,高级工程师,1984年毕业于长春地质学院水工系,工学学士。现从事水工环地质管理与研究工作。

岩及砂质页岩为主,三叠系为长石石英砂岩、粉砂岩。新近系为砂质页岩、黏土岩和砂砾岩、砂岩等,第四系主要为粉质黏土、黄土状粉土、砂砾石层等,且土层往往具大孔隙,垂直节理发育,其厚度于台塬区可达 100～200 m。区域构造位于中朝准地台华熊台缘凹陷,近东西向及北东向构造较为发育。

线路区多年平均降雨量 600 mm 左右,多集中于 6、7、8、9 月,汛期降雨量占全年降雨量的 50% 以上,1 h 最大降雨量 93.2 mm,日最大降雨量 110.2 mm,一次性连续降雨量可达 194.9 mm。地下水类型可分为松散岩类孔隙水和基岩裂隙水两类。黄土塬及河流阶地松散岩类孔隙水,富水性较好,沿坡脚有溢出现象,成为斜坡失稳的因素之一。基岩裂隙水,富水性较差,一般无供水意义。

人类工程活动主要是铁路工程开挖、排水及沿线公路建设等。

2 地质灾害类型及发育特征

根据对铁路两侧 30 m 范围内的地质灾害调查,地质灾害主要类型是崩塌、滑坡。

2.1 崩塌

崩塌主要集中分布于沿线黄土丘陵、黄土塬区,特别是铁路挖方段。如上街—巩义、阳店—三门峡等区段是崩塌集中分布区。崩塌规模均属小型,全部为土质崩塌。

黄土塬、黄土丘陵区,出露地层为第四系全新统及更新统,组成岩性主要为黄土状粉质黏土及黏土,多具竖状节理,裂隙发育。铁路两侧冲沟较发育,人工切坡地段较多,切割强烈,土体风化程度高,路基两侧坡高 10～45 m 不等,坡度过陡,坡脚易遭侵蚀和冲刷,崩塌体多沿裂隙、节理等结构面产生倾倒,具有规模小、突发性、随机性等特点。

崩塌形成的内因是铁路所处黄土丘陵区的地形和岩层因素,外部因素是人为切坡及降雨的影响。

2.2 滑坡

滑坡主要集中分布于张茅以西、义马—铁门段。规模均属小型,除 3 处为岩质滑坡外,其余均为土质滑坡。滑坡体体积 90～23 400 m³ 不等,滑坡体组成地层主要为第四系粉质黏土、粉土及残坡积碎石土。滑坡平面形态以圈椅形、舌形、矩形为主,剖面形态多为直线及台阶形。

沿线坡体陡峭(坡度 25°～50°),高差悬殊,冲沟发育,土体结构松散,孔隙、裂隙发育,易使雨水渗入坡体,降低坡体抗剪强度,下伏基岩节理、裂隙等结构面往往构成滑动面。另外,沿线人工开挖、地下水活动等因素也在滑坡形成中起着重要作用,降雨是滑坡发生的主要诱发因素。

3 地质灾害易发性评价

3.1 评价原则

3.1.1 重点考虑灾害对铁路的危害程度

凡对陇海铁路已造成危害的或具有潜在危害的地质灾害点及地质灾害隐患点均参与评价,对于目前尚不具危险性的地质灾害点只作分区参考。

3.1.2　"区内相似,区际相异"的原则

在综合考虑评价单元内的地质环境条件、自然动力因素及人类工程活动因素的基础上,根据地质灾害的发育程度将沿线地质灾害划分为高易发段、中易发段、低易发段和不易发段。基本条件相似的路段划分为一个区,而将差异明显的路段划分为不同的区。

3.1.3　"定性与定量相结合"的原则

在定性的基础上利用信息系统空间分析方法进行定量分区。

3.2　评价方法

采用定性划分和信息系统空间分析方法,划分出地质灾害高易发段、中易发段、低易发段与不易发段。

3.2.1　单元信息的提取及数字化

将评价区进行网格剖分,对地质灾害图件进行单元要素叠加,并将崩塌、滑坡灾害分别划分为:

A 级——地质灾害高易发段,取值为 4;

B 级——地质灾害中易发段,取值为 3;

C 级——地质灾害低易发段,取值为 2;

D 级——地质灾害不易发段,取值为 1 。

根据上述标准,对调查区所属单元进行地质灾害信息提取和数字化。

3.2.2　综合评价

将滑坡、崩塌数字化结果进行叠加分析。单元信息叠加结果(G)满足如下公式:

$$G = G_滑 \cup G_崩$$

式中,G 为单元信息叠加结果;$G_滑$ 为滑坡灾害数值;$G_崩$ 为崩塌灾害数值。

将上述综合信息叠加结果按 1、2、3、4、5 数字表示,并在计算机上自动生成等值线,可定量化地综合反映区内地质灾害发育现状。其中,≥3.5 的路段定为地质灾害高易发段,2.5～3.5 的路段为地质灾害中易发段,1.5～2.5 的路段为地质灾害低易发段,≤1.5 的路段为地质灾害不易发段。

3.3　评价结果

根据分析计算结果,全段划分为豫灵西—五原、三门峡—张茅、义马—铁门、巩义—汜水东 4 个高易发段,五原—三门峡、张茅—义马、偃师—巩义 3 个中易发段,铁门—磁涧 1 个低易发段和磁涧—偃师、汜水东—郑州 2 个不易发段。

3.3.1　地质灾害高易发段

分别位于豫灵西—五原(K935 + 500—K840 + 740)、三门峡—张茅(K813 + 630—K799 + 444)、义马—铁门(K746 + 376—K733 + 918)、巩义—汜水东(K639 + 090—K609 + 630)等 4 个区段,总长 150 km。沿线为黄土丘陵地貌,冲沟发育,多为挖方或填方边坡,挖方高度一般 8～30 m,填方高度一般为 5～26 m,坡度 50°～80°。铁路两侧植被较差,路堑及路基边坡受雨水或振动诱发,易失稳造成崩塌、滑坡灾害,危及铁路。

3.3.2　地质灾害中易发段

分别位于五原—三门峡(K840 + 700—K813 + 630)、张茅—义马(K799 + 444—K746 + 376)、偃师—巩义(K658 + 763—K639 + 090)路段,总长 73 km。沿途地貌分别为黄土

丘陵、低山丘陵及河流阶地。基岩地层构造发育,加上工程施工爆破及自然风化,岩层破碎严重。第四系土层结构松散,孔隙、裂隙发育,遇雨水或振动易发生崩塌、滑坡。

3.3.3　地质灾害低易发段

该段位于铁门—磁涧(K733 + 918—K707 + 097),长 27 km,沿途为黄河三级阶地,主要出露粉土及粉质黏土等,土质结构松散,孔隙、裂隙发育,局部地段有三叠系砂泥岩出露。局部存在挖方或填方段。

3.3.4　地质灾害不易发段

位于磁涧—偃师(K707 + 097—K658 + 763)、汜水东—郑州(K609 + 630—K586 + 824),路段总长 71 km,沿途为伊洛河一、二级阶地及黄河二级阶地,地势较为平坦,铁路挖、填方路段较少,地质灾害不发育。

4　地质灾害防治措施

4.1　工程措施

4.1.1　滑坡

防治滑坡的工程措施包括抗滑、减荷、支挡、表里排水、土质改良等。

抗滑、支挡可采用挡土墙、抗滑桩和锚杆(索)工程。挡土墙的优点是结构比较简单,可就地取材,能够较快地起到稳定滑坡的作用,在修筑挡土墙时,要注意排水,挡土墙的基础一定要砌置于最低滑动面之下。抗滑桩一般设置在滑坡的前缘附近,应将桩身全长的 1/3 ~ 1/4 埋置于滑动面以下完整基岩或稳定土层中,并灌浆使桩和周围岩土体构成整体,最好设置在前缘厚度较大的部位。锚杆(索)是一种有效的防止岩质滑坡的方法,锚杆(索)的方向和设置深度应视滑坡的结构特点而定,利用锚杆或锚索上所施加的预应力,提高滑动面上的正应力,进而提高滑面上的抗滑力,有时可用锚杆挡墙代替庞大的混凝土挡墙。

减荷措施是将较陡的边坡减缓或将滑坡体后缘的岩土体削去一部分,尤其对推落式滑坡效果更好。

表里排水包括排除地表水和地下水,排水的主要目的是防止水进入滑坡体,提高其抗滑力,同时排除地下水亦可减少滑动力,消除渗透变形作用。

土质改良的目的在于通过改善土体性质来提高岩土体的抗滑能力。常用方法有电渗排水法和焙烧法。焙烧法可用来改善黄土和一般黏土的性质,原理是通过焙烧将滑体特别是滑带土变得像硅一样坚硬,从而大大提高其抗剪强度。一般是对坡脚处的土体进行焙烧,使之成为坚固的天然挡土墙。对岩质斜坡可采用固结灌浆等措施加固。

4.1.2　崩塌

防治崩塌的工程措施有:遮挡、拦截、支撑、镶补勾缝、挂网抹灰、打锚杆(撑)等。

遮挡是治理较大范围内崩塌的有效方法,通过修筑明硐和御塌棚使铁路沿线设施不受崩塌下来岩土体的危害;拦截主要是治理崩塌,用护墙、护沟等工程限制崩塌物的堆积范围;支撑主要用来防治陡峭斜坡顶部的危岩体,制止其崩落;镶补勾缝、挂网抹灰、打锚杆(撑)等方法多用于斜坡变形体的局部加固,不让危岩体崩塌下来。

4.2 生物措施

在崩塌、滑坡体及不稳定斜坡表面种植草被和树木,防止雨水下渗造成侵蚀,有利于固坡和防止崩塌、滑坡的发生。

4.3 监测措施

在有效的工程措施实施之前,对地质灾害体的监测显得十分必要。地质灾害监测工作应贯彻于地质灾害防治的全部过程中。不稳定斜坡体的监测内容主要有坡体裂缝扩展情况及新生裂缝分布情况,坡体剥、坠落,坡脚渗冒混水等现象。监测时间可根据具体情况一日至数日一次不等,汛期应加密观测,并及时整理、分析监测成果,遇有异常情况及时向有关部门报告。

Assessment of the Susceptibility of Geological Hazards along the Longhai Railway (Zhengzhou – Sanmenxia Temple)

Song Yunli[1]   Zhen Xichun[1]   Liang Shiyun[2]   Zheng Tuo[1]

(1. Geo-Environmental Monitoring Institute of Henan Province, Zhengzhou   450016;

2. The Department of Land and Resource of Henan Province, Zhengzhou   450003)

Abstract: Longhai Railway Line is one of the strategic railway artery lines of China . In the section between Zhengzhou and Sanmenxia which is located in hilly areas, due to the complex topography patterns there, geological hazards occur frequently, threatening the operation of the railway gravely. In order to undertake the prevention and treatment of geological hazards reasonably, diminish the loss caused by geological hazards, for the purpose of ensuring the smooth operation of the railway artery line, it is very necessary to carry out on – the – spot investigations of the geological hazards along the railway line, and find out the types and characteristics of geological hazards, and divide into zones of the susceptibility of geological hazards, with the focal points of prevention work standing out. According to investigation results, the main types of geological hazards are collapses and landslides. Of the 132 geological hazard sites along the section, the number of unsteady slopes (potential collapses and landslides) amounts to 68, in addition to the 58 collapses and 8 landslides. In the light of geological hazards pattern along the railway, by means of the qualitative and quantitative analysis methods, and with an eye for the prevention and treatment of geological hazards, the author makes an assessment of the geological hazards there, then divides the section into four parts which are characterized by high, medium, low, and none susceptibility of geological hazards respectively. In line with the mentioned types of geological hazards above, some measures and suggestions, such as engineering measures, biotic measures, monitoring measures etc. , are put forward, for the purpose of facilitating the prevention and treatment of geological hazards.

Key words: Longhai Railway, geological hazards, qualitative analysis, quantitative analysis, the susceptibility of geological hazards

陇海铁路(潼关—关帝庙段)地质灾害调查研究

杨军伟　杨巧玉　赵振杰

(河南省地质环境监测总站,郑州　450006)

摘要:文章分析了陇海铁路(潼关—关帝庙段)地质灾害发生和发展的地质环境背景;对铁路沿线地质灾害易发程度进行了划分。通过实例分析研究了地质灾害成因机制。在此基础上,为地质灾害防治工作提出了防治对策和防治建议。

关键词:陇海铁路;地质灾害;调查研究

陇海铁路关帝庙—潼关段(K583 + 000—K935 + 500),全长 352.5 km,处于属河南省地质灾害高易发区的豫西山区及黄土丘陵区。区内地貌类型主要为黄土塬、黄土丘陵,局部为石质山体。海拔多在 250 ~ 800 m。"V"字形冲沟发育,切割深度 20 ~ 50 m,常形成陡峻的边坡。该区黄土覆盖厚度大,具湿陷性,且垂直节理裂隙发育,植被稀少,流水侵蚀十分强烈,水土流失严重。汛期遇强降雨天气,常造成多种地质灾害发生,其中滑坡、崩塌最多,泥石流和地裂缝也时有发生,严重威胁铁路行车安全。如 1966 年 5 月,陇海铁路高柏附近因暴雨产生滑坡,1.0×10^4 m³ 黄土下滑,将一列货车颠覆;2003 年 10 月 11 日,因连续降雨,陇海铁路铁门站西吴庄段发生山体滑坡,造成西宁开往郑州的 2010 次旅客列车的机车及 5 节车厢脱轨,致使陇海铁路交通中断 13 h,直接经济损失达数千万元。

1 线路区地质环境条件

线路区属暖温带半湿润、半干旱大陆性季风气候区,年均气温 14 ℃,年均降雨量 600 mm。降雨多集中于每年的 6 ~ 9 月。线路区属黄河流域,自潼关东至渑池依次穿越向北注入黄河的羽状水系。渑池以东,铁路穿行于涧河和伊洛河阶地。

铁路自西向东依次穿越三门峡—灵宝黄土塬区、渑池—王屋山低山丘陵区、洛河河谷平原区和伊河—洛河下游黄土丘陵区。区内地形起伏较大,存在黄土台塬、黄土丘陵、河谷阶地、冲积平原及盆地等多种地貌单元。

线路区位于华北地层区,自元古界以上地层多有出露。第四系土层分布最为广泛,约占线路区 80% 以上。出露地层主要有:①中元古界长城系马家河组、蓟县系白草坪组,分布于张茅—硖石之间;②古生界寒武系中下统的砂岩、砾状白云岩等和二叠系的长石石英砂岩及砂质页岩,自硖石以东沿涧河谷地两侧出露;③中生界三叠系的长石石英砂岩、粉砂岩,出露于义马东部涧河谷地北侧;④新生界新近系洛阳组砂质页岩、砂砾岩等,分布于观音堂一带;⑤第四系中更新统风积—洪积层,分布于黄土覆盖区,上更新统冲洪积层,分

作者简介:杨军伟(1972—),男,高级工程师,主要从事水文地质、工程地质和环境地质研究工作。E-mail:iamyangjunwei@ Tom. com,电话:0371 - 68108405。

布于黄河及塬间河流二级阶地;⑥全新统冲积层,沿宏农涧河、涧河及伊洛河河谷分布。

线路区总体上位于中朝准地台华熊台缘凹陷,近东西向及北东向构造较为发育。主要断裂包括朱阳—温塘大断裂、三门峡—义马断裂等。灵宝—三门峡一带由于华山北麓断裂与温塘断裂的强烈活动,地震活动频繁,为河南主要发震带。建于洛阳龙门深大断裂带的地震观测站,自1972年以来观测到微震65次以上。

线路区主要包括以下三类工程地质岩组:①黄土区单一土体,位于黄土塬及黄土丘陵区,垂直节理较为发育,易在雨水冲蚀作用下崩落;具湿陷性,影响路基和边坡稳定性。②冲积平原区双层土体,位于洛阳盆地区一、二级阶地。③碎裂状基岩岩组,位于张茅至英豪基岩裸露区,岩层破碎程度较高,直接影响到岩质边坡稳定性。

2 地质灾害易发区段划分

陇海铁路地质灾害易发区段见表1。

表1 陇海铁路地质灾害易发区段表

等级	名称	里程	路段长(km)	占全程(%)
高易发段	豫灵西—五原崩塌、滑坡高易发段	K935+500—K840+740	94.760	26.9
	三门峡—张茅崩塌、滑坡高易发段	K813+630—K799+444	14.186	4.0
	义马—铁门崩塌、滑坡高易发段	K746+376—K733+918	12.458	3.5
	巩义—汜水东崩塌、滑坡、地裂缝高易发段	K639+090—K609+630	29.460	8.4
中易发段	五原—三门峡崩塌、滑坡中易发段	K840+700—K813+630	27.110	7.7
	张茅—义马崩塌、滑坡中易发段	K799+444—K746+376	53.068	15.1
	偃师—巩义崩塌、滑坡中易发段	K658+763—K639+090	19.673	5.6
低易发段	铁门—磁涧崩塌、滑坡低易发段	K733+918—K707+097	26.820	7.6
非易发段	磁涧—偃师非易发段	K707+097—K658+763	48.334	13.7
	汜水东—关帝庙非易发段	K609+630—K586+824	26.630	7.5

2.1 地质灾害高易发段

豫灵西—五原崩塌、滑坡高易发段,铁路挖方或填方路段占60%以上,路堑边坡高度10~20 m,局部达到30余m,坡度60°~80°,挖方边坡坡脚距道轨4~10 m;路基边坡高度8~15 m,坡度60°~70°。边坡物质构成主要为Q_3粉土,生物孔隙、潜蚀洞穴发育,遇降雨或列车行驶振动诱发易失稳变形。其中K935+500—K935+200、K919+700—K918+650、K915+000—K914+000、K913+150—K911+800、K900+400—K882+380崩塌、滑坡隐患集中。K589—k860段存在路基沉降问题。

三门峡—张茅崩塌、滑坡高易发段,地貌为黄土台塬,多挖方或填方路段。主要出露粉土及粉质黏土等,土层孔隙、裂隙发育,路堑及路基边坡受降雨或振动诱发,易失稳造成崩塌、滑坡灾害。K813+630—K811+440、K802+270—K799+444段崩塌、滑坡隐患较多。

义马—铁门崩塌、滑坡高易发段,处于丘陵区。出露粉土及粉质黏土及三叠系砂岩等,多路堑或路基边坡,边坡高10~20 m,坡度50°~80°,受雨水或振动诱发,易失稳造成崩塌、滑坡灾害。K746+376—K740+300段、K735+658—K733+918段崩塌、滑坡隐患较多。

巩义—汜水东崩塌、滑坡、地裂缝高易发段,处于黄河二级阶地。两侧主要出露粉土及粉质黏土,结构松散,挖方或填方形成多处路堑或路基边坡,边坡高10~20 m,坡度50°~80°,距路基5~10 m,受降雨或振动影响易失稳产生崩塌、滑坡灾害。巴沟等处还曾出现南北向黄土湿陷性地裂缝。K636+660—K620+350、K614+680—K610+315段崩塌、滑坡发育,危险性较大。K630+100—K629+060段湿陷性地裂缝较为发育。

2.2　地质灾害中易发段

五原—三门峡崩塌、滑坡中易发段,地貌为黄土塬,主要出露粉土及粉质黏土等,结构松散,孔隙、裂隙发育,部分路段存在路堑或路基边坡,灾害类型主要为崩塌、滑坡。

张茅—义马崩塌、滑坡中易发段,属低山丘陵区,沿途以元古界以上基岩出露为主,岩性为安山岩及碎屑岩类,岩层极为破碎。路基边坡存在多处隐患。

偃师—巩义崩塌、滑坡中易发段,为黄河二级阶地,主要出露粉土及粉质黏土,结构松散。K658+000—K643+200段多人工路堑或路基边坡,边坡高度10~40 m,坡度60°~80°,遇降雨及振动易失稳变形,发生崩塌、滑坡灾害,危及铁路行车安全。

2.3　地质灾害低易发段

铁门—磁涧崩塌、滑坡低易发段为黄河三级阶地,主要出露粉土及粉质黏土等,土质结构松散,孔隙、裂隙发育。局部地段有三叠系砂泥岩出露。在挖方、填方段,局部存在崩塌、滑坡隐患。

2.4　地质灾害非易发段

磁涧—偃师崩塌、滑坡非易发段为伊洛河一、二级阶地及黄河二级阶地;汜水东—关帝庙非易发段为黄河二级阶地。两段地势均较为平坦,地质灾害一般不易发生。

3　地质灾害成因机制及实例分析

综观线路区地质环境条件,其地质灾害成因主要包括以下几方面:线路区处于低山、丘陵区,地形起伏较大,铁路修建需大量切削坡体或堆填沟谷,致使大量坡体增加临空面或形成人造斜坡;区内地表多黄土或节理裂隙发育、破碎程度较高的岩体,工程地质特性较差,人为扰动后,斜坡体易失稳;区内降雨较集中,汛期暴雨久雨现象较多,地表岩土体利于降水入渗,使含水量增加而增加自重和减小崩滑面摩擦阻力;人工切削或堆填边坡坡度较大,且坡顶或坡脚距路轨距离太近,边坡缺乏支护措施,局部边坡加固措施欠合理或施工质量较差;列车行驶产生剧烈震动等。下面以2003年10月11日发生的陇海铁路铁门站西吴庄段山体滑坡为例,具体分析灾害成因机制。

3.1　滑坡环境条件

该滑坡位于渑池县洪阳乡吴庄村东陇海铁路北侧,K735+200处。地处涧河中游丘陵岗地区。出露地层上部为第四系棕红色砂质黏土,厚度变化较大;下部为上三叠统谭庄组灰绿色泥岩、泥质砂岩,出露厚度5~6 m,产状为170°∠24°,风化程度较高。

3.2　滑坡体特征

　　该滑坡为土质滑坡,位于一斜坡上,坡顶标高 352 m,坡脚(铁路路基)标高 334 m。滑坡变形体宽约 40 m,长约 12 m,平均厚度 10 m 左右,总体积约 5 000 m³。滑动方向为 142°。造成灾害的滑坡前缘滑塌部分体积近 200 m³。

3.3　滑坡成因机制分析

　　该滑坡位于豫西丘陵岗地区,修建铁路切坡形成高约 20 m 的高陡斜坡,坡度 65°~ 70°,坡向 140°左右。因过往列车震动影响,加之长期降雨作用,斜坡稳定性不断降低。

　　滑坡区出露基岩地层为上三叠统砂岩、泥岩,层理发育,抗风化能力较弱,表层呈泥化状态,且其产状与坡向近于一致,形成顺层坡。上覆第四系砂质黏土结构松散,稳定性差,由于前期的连续降雨,土体含水量增加(呈饱和状,近于流塑态),重力增加,强度降低,极易发生蠕动变形。

　　据访问,1992 年曾对该边坡进行简易喷浆处理。但因对该处滑坡认识不足,忽视了斜坡排水问题。连续降雨使下渗雨水不断在斜坡中下部聚集,迫使坡体发生蠕动变形,当蠕动变形积累到一定程度时,其前缘即发生滑塌,淤埋路轨而致灾。

　　综合分析该滑坡形成的诸因素,降雨为主要诱因。豫西地区自 2003 年 8 月下旬至 10 月中旬,降雨连绵不断,极有利于大气降雨向地下渗透与补给。根据区域汛期降雨量与滑坡发生概率关系的研究,该滑坡的发生与前期的连续降雨过程密切相关。

3.4　滑坡稳定性评价

　　经调查分析,该滑坡为一以降雨为主要诱因的土质滑坡。灾害发生后,抢修部门在组织抢险的同时,对滑坡后缘裂缝进行了简易观测。据 2003 年 10 月 11 日 16:00 ~ 18:00 时的观测结果,就在对滑坡上部进行削方减载的过程中,后缘主裂缝最大扩展速率仍达 9 mm/h。考虑到滑坡体两侧坡体喷浆坡面出现数处膨胀现象,故判定该滑坡仍处于不稳定状态。后据铁路部门反映,2004 年 5 月 21 日 21 时,该滑坡西端又发生局部滑动,滑体主要由砂泥岩组成,滑动体积 3 000 m³ 左右,因发现及抢险及时,幸未造成严重事故。

4　地质灾害防治建议

　　根据线路区的地质环境条件和地质灾害现状划分出以下几个地质灾害重点防治段:豫灵西—五原段(K935 + 500—K840 + 740)、三门峡—张茅段(K813 + 630—K799 + 444)、张茅—观音堂段(K799 + 444—K779 + 388)、义马—铁门段(K746 + 376—K733 + 918)、巩义—汜水东段(K639 + 090—K609 + 630)。

　　对高陡挖方段可采用削放坡、坡改梯、挡墙、抗滑桩和锚杆(索)等工程手段进行灾害防治,同时注意地表排水及坡面防护。对高填方段应对坡脚进行支护,切实维护好坡顶、坡面、坡脚的排水设施,重点防止沟谷内水流冲刷坡脚。特别是对落水洞、动物洞穴等应给予足够重视,防止水流沿洞穴对斜坡内部进行冲刷,应加强巡查,及时治理,以防止其扩展蔓延危及路基安全。注意土、岩体接触带削方减载,并做好基岩破碎带护坡工作,并密切注意原有石砌护坡的变形情况。注意线路区道路工程对斜坡的破坏作用,培育植被,并协同做好沿线天然排水渠系的保护工作,加强对顺层坡地段的变形监测。

　　因铁路交通的特殊性,线路两侧一旦发生地质灾害,将对行车造成极大威胁,可能会造成较大经济损失和人员伤亡,因此建议铁路部门对地质灾害重点防治段进行及早防治和监测。尤其在汛期,应制定防治责任制,将具体路段防治监测责任落实到具体单位和具体人员,对危险地段进行 24 h 不间断巡视和监测,以便及时发现险情、及时报警、及时防治,从而防止灾害事故发生。

　　另外,潼关—灵宝段南部为小秦岭金矿区,经多年开采,沟谷内堆存大量废矿石及尾矿,沟谷坡降普遍较大,且该区为河南省境内暴雨区之一,形成泥石流潜在隐患,尤其是豫灵西部南北向河道内修筑的尾矿库距铁路最近处仅 80 m,该类尾矿库坝体的稳定性对铁路安全至关重要。观音堂及义马一带为集中采煤区,义马千秋镇苏礼召村北距铁路不到 200 m 范围内分布有近十处塌陷坑,北露天矿采坑北缘距铁路最近处仅 50 m,对此类泥石流、地面塌陷、滑坡隐患是否会对铁路路基造成影响,应及早进行勘察评价,并对其进行监测、防治。在黄土分布区内,铁路填方段所预设的泄洪涵洞阻塞现象较多,汛期遇较大降雨可能因泄水不畅而使路基遭浸泡,又因黄土多具湿陷性,而使路基下沉或诱发崩塌、滑坡等灾害,危害行车安全,亦应及早进行疏浚治理。

Investigation and Studay of Geo-hazards along Longhai Railway
(Tongguan—Guandimiao Temple)

Yang Junwei　Yang Qiaoyu　Zhao Zhenjie

(Geological Environmental Monitoring Institute of Henan Province,
Zhengzhou　450006)

Abstract: The paper analyzes the geological environment of geo-hazards occuring and developing along the Longhai Railway (Tongguan—Guandimiao temple); Divides the area liable to forming geo-hazards along the railway. An example of a study of geo-hazards genetic mechanism. On this basis, some suggestions and countermeasures for preventing geo-hazards are put forward.

Key words: Longhai Railway, geological hazards, Investigation and Studay

郑州市城市建设发展与地质灾害防治探讨

姚兰兰[1]　许卫国[2]　刘　磊[1]　甄　娜[1]

（1. 河南省地质环境监测院，郑州　450016；
2. 河南省地矿局第一地质勘查院，南阳　473000）

摘　要：郑州市地处中原腹地，是我国中部地区重要的大型商贸中心城市。受地形地貌、地质环境条件影响，城市发展中可能遭到崩塌、滑坡、地面沉降和地面不均匀沉陷等地质灾害的危害。本文在充分阐述郑州市地质环境条件的基础上，对地质灾害的发育特点与分布特征进行了论述。同时，针对郑州市城市建设快速发展的东部和北部地带，从城市建设与地质灾害防治、土地资源合理利用与科学避让和治理地质灾害，建设和谐城市、安全城市等方面提出了一定的见解。

关键词：郑州市区；地质灾害现状；防治建议

中图分类号：P58　　**文献标识码**：B

1　郑州市区自然地理与地质环境条件

1.1　自然地理概况

郑州市地处中原腹地，"雄峙中枢，控御险要"，是全国重要的交通、通信枢纽，是新亚欧大陆桥上的重要城市，是国家开放和历史文化名城，是河南省政治、经济、文化、交通的中心。市区下辖金水区、二七区、中原区、管城回族区、惠济区、郑州高新技术产业开发区、郑州经济技术开发区、郑东新区、上街区，地理坐标：东经 113°14′ ~ 113°40′，北纬 34°32′ ~ 34°57′，上街区位于郑州市区西 38 km 处，属郑州市区飞地，其地理坐标：东经 113°14′45″ ~ 113°19′05″，北纬 34°35′ ~ 34°40′，区面积 64.7 km²，郑州市区总面积 1 058.5 km²，人口 309.32 万人。见图 1。

郑州市属北温带大陆性气候，年平均气温 14.4 ℃，最高气温 43 ℃，最低气温 -17.9 ℃。多年平均降水量为 639.37 mm（1957 ~ 2005 年）。降水多集中在 7 ~ 9 月，降水量 353.9 mm，占全年降水量的 55%；多年平均蒸发量为 1 853.2 mm；多年平均相对湿度 66%。

境内河流分属于黄河和淮河两大水系。黄河从市区北部边界由西向东穿过，过境长度约 40 km。淮河水系有贾鲁河、索须河、金水河、熊耳河、七里河、潮河和渭河等，均汇入贾鲁河。

1.2　地质环境条件

1.2.1　地形地貌

郑州市区地貌受新构造运动影响较大，大致以老鸦陈断裂为界分为两部分，该断裂以东长期下沉接受沉积，以西前期下沉，后期回返上升并遭受侵蚀切割，特别是受尖岗断裂、

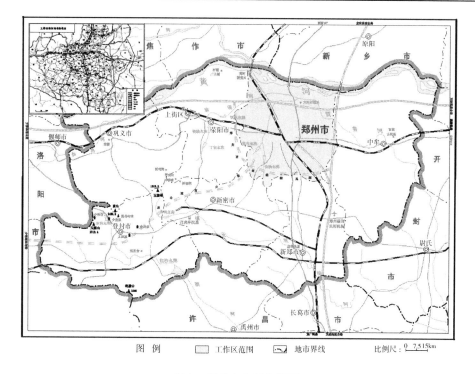

图例　□ 工作区范围　□ 地市界线　　比例尺 0　7.515km

图1　郑州市交通位置图

老鸦陈断裂和古荥断裂的控制,形成邙山和三李比较高的丘陵、黄土台塬地貌,使邙山成为黄河的南岸屏障。在京广铁路以西地区形成南北高的黄土台塬及中间较低的塬前冲洪积岗地,京广铁路以东地区为黄河冲洪积平原。

1.2.2　地层岩性

郑州市地层属华北地层区华北平原分区开封小区。区内大部为第四系所覆盖,约占市区总面积的99%。调查区西南三李一带零星分布有寒武系上统、石炭系中上统、二叠系上统及第三系。主要岩性见图2。

1.2.3　地质构造

郑州市区位于华北凹陷(一级构造单元)中的开封凹陷(二级构造单元)的西南部,与西部的嵩山隆起相接。市区内构造展布受控于区域大地构造活动,以北西向和近东西向断裂为主,区内共有14条断裂带。见图2。

1.2.4　新构造运动与地震

郑州市区内新构造运动主要表现形式为升降运动和断裂活动。

1.2.4.1　升降运动

西部长期下沉回返上升:京广铁路以西地区,受老鸦陈断裂控制,构成东西两部分的自然分界线。

该区在第四纪以前表现为大幅度下沉,而沉积了较厚的新近系,厚500~700 m;进入下更新世,郭小寨以南受断裂活动的影响,急剧上升,郭小寨南缺失下更新统沉积,而以北地区则缓慢上升,沉积了下更新统、中更新统、上更新统,厚度较薄,仅80 m左右,到上更新世晚期继续上升,于古荥—须水一带沉积了较薄的全新统下段。全新世时期,西部一直

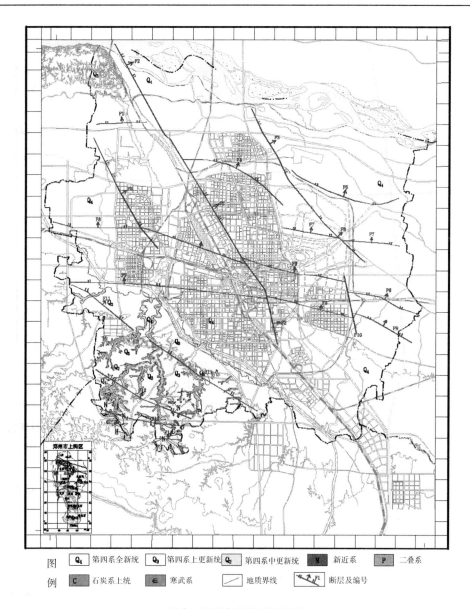

图例
Q_4 第四系全新统　Q_3 第四系上更新统　Q_2 第四系中更新统　N 新近系　P 二叠系
C 石炭系上统　∈ 寒武系　╱ 地质界线　P1 断层及编号

图2　郑州市区地质构造图

上升,接受剥蚀,形成大量冲沟,改造成现在的地貌形态。

　　东部长期下沉:京广铁路以东地区,新生界逐渐增厚,地层齐全,总厚可达千余米,第四系沉积厚度比西部厚200 m左右。全新世以来继续下沉,加上黄河带来大量泥沙的沉淀,使黄河河床高出堤外地面2~5 m,形成闻名遐迩的地上悬河。

1.2.4.2　活动断裂与地震

　　工作区内断裂构造以北西向断层为主,均发生在第四纪以前,形成一系列的正断层。早期有历史记载的4级以上地震仅有3次。近期发生过2次地震,一次是1968年的4级地震,一次是1974年的3.3级地震。这些地震都与老鸦陈断层有关。其他2级左右地震有4次,均发生在侯寨一带,与北西向断层有关。

1.2.5　工程地质条件

区内岩土体可分为6个工程地质岩组:

(1)厚层坚硬白云岩岩组(∈):零星分布于市区西南部三里西沟。岩性主要为多层白云岩组。工程地质特性为岩体完整、致密、坚硬,抗压强度高,抗风化能力较强,岩溶发育。

(2)中厚层具泥化夹层的泥灰岩岩组(C+P):零星分布于市区西南的奶奶垌沟。岩性以砂质泥岩、砂岩、燧石灰岩、铝土质泥岩为主,岩体一般较坚硬、致密完整,抗压强度高,抗风化能力强,但具软弱夹层,在遭到水体浸泡时易软化。

(3)中厚层软弱泥灰岩岩组(N):零星分布于神富嘴—曹洼以南。岩性为砂岩、砂砾岩、泥灰岩。工程地质特性为岩质软弱,抗压强度低,易风化。

(4)黏土、中细砂双层土体(Q₂):在邙山、下田、三李一带的深沟中出露,岩性由中、细砂、粉土构成,其工程性质为质地疏松,含粉土质成分较高,具有可塑性。

(5)粉质黏土、中粗砂含砾多层土体(Q₃):分布于市区西北部邙山提灌站、西南部马寨—大田垌一带。岩性以中细砂、粉质黏土、黏土为主,其特征南、北两地略有不同:北部邙山一带,该层颜色较浅,中夹数层颜色较深的黄土,上下层为过渡关系,无明显的层序,厚度比南部大;西南部马寨—大田垌一带该层颜色较深,夹2~4层古土壤层,古土壤层和黄土界限清晰、厚度较薄。其工程地质特征为:土体质地疏松,直立性好,垂直节理发育,具大孔隙和湿陷性,湿陷量15~30 cm,属中等-强湿陷性黄土。

(6)细砂、粉土多层土体(Q₄):分布于市区的大部分地区。岩性主要为细砂、中砂、粉质黏土,在东部该层含有淤泥质夹层,自西向东岩土颗粒由细变粗。该层土质松散,粒间联系极弱,孔隙比较大,联通性好,力学强度低,透水性好。

1.2.6　水文地质条件

郑州市区地下水划分为三种类型:松散岩类孔隙水、碎屑岩类孔隙裂隙水、碳酸盐岩类裂隙岩溶水。

1.2.6.1　松散岩类孔隙水

浅层含水层组:含水层厚度一般小于25 m,可沿京广铁路分为东西两部分:以东含水层为全新统、上更新统各类砂层,以西主要为第四系含姜石富孔洞的黄土状粉土、粉质黏土。含水层富水性由西向东逐渐增大,单井涌水量西南小于100 m³/d,东北部最大达5 000 m³/d以上。水化学类型以 HCO₃-Ca·Mg 型水为主。目前,全区平均水位埋深为15.74 m,降落漏斗沿西北—东南向展布,分布于沟赵—石佛—京广、建设路交叉口—大岗刘乡卧龙岗—须水连线区内,形成不闭合漏斗。漏斗中心位于建设路国棉五厂,水位标高1.6 m(埋深78.29 m)。漏斗区浅层地下水由周边向漏斗中心汇流,径流方向发生局部改变。浅层地下水排泄方式主要以开采、径流为主。

中深层含水层组:郑州市区中深层有第四系中、下更新统、新近系上部三个含水岩层。水位埋深10~90 m,全区平均水位埋深为15.74 m。含水层岩性为中砂、中细砂、中粗砂,局部为粗砂砾石层,厚度一般为50~100 m。富水性差异较大,由西南向东北递增,单井涌水量500~3 000 m³/d。水化学类型以 HCO₃-Ca 型水为主,水质优良。该含水层组是郑州市区主要供水层,已形成以城区为中心的区域性降落漏斗。漏斗区分布范围:北起郑上路、南止贾寨—小址刘;东起东开发区、经开第八大街,西至郑荥边界。排泄以开采、径流为主,排泄方向为由非降落漏斗区向降落漏斗区。

1.2.6.2 碎屑岩类孔隙裂隙水

分布于西南黄土塬区,含水岩层为三叠系、二叠系、石炭系的砂岩、砂质页岩等,裂隙、孔隙不发育,补给条件差,富水性差。单井涌水量一般小于 100 m³/d。

1.2.6.3 碳酸盐岩类裂隙岩溶水

分布于市区西南三李一带,含水岩层为寒武系、奥陶系、石炭系灰岩、白云岩及白云质灰岩等,裂隙岩溶发育不均,富水性差异较大,单井涌水量一般小于 500 m³/d。水化学类型为 $HCO_3 - Ca$ 型,矿化度小于 0.5 g/L。20 世纪 80 年代初,出露泉水水温 26 ~ 38 ℃。

2 已发生地质灾害的类型与分布及灾情评价

据调查,自 20 世纪 80 年代至今,郑州市区已发生地质灾害共 72 处,主要以崩塌、滑坡、地面塌陷、地裂缝、泥石流灾害为主,受灾对象为居民、房屋、道路、农田和矿山。崩塌、滑坡主要分布在黄土丘陵区,地面塌陷主要分布在南部矿区及上街区黄土湿陷区,地裂缝主要为地面塌陷形成的伴生性地裂缝,构造地裂缝分布于郑州市高新技术开发区,河流塌岸主要分布于城市北部黄河堤岸、常庄水库、尖岗水库、西流湖岸边等。

2.1 崩塌灾害

郑州市区崩塌灾害较发育,已发生 53 处,均为土质崩塌。其主要分布于惠济区、中原区、二七区、上街区、高新技术产业开发区、金水区 6 个区,具发生频率高、危害性较大等特点,崩塌规模以小型为主。已发生的崩塌中,有 51 处小型,2 处中型,倒塌毁坏房屋 247间,死亡 2 人,伤 1 人,直接经济损失 366.1 万元。

2.2 滑坡灾害

郑州市区滑坡灾害已发生 10 处,规模为小型,均为土质滑坡。主要分布于惠济区、二七区,造成 1 人受伤,倒塌房屋 3 间、毁坏房屋 7 间,直接经济损失 58.6 万元。

2.3 地面塌陷灾害

市区已发生地面塌陷 7 处。二七区侯寨乡、马寨镇煤矿开采活动集中而强烈,引发了地面塌陷 6 处,并形成伴生地裂缝 3 条;另外 1 处位于上街区峡窝镇,属黄土湿陷引发的塌陷。塌陷规模以小型为主,仅 1 处为中型,造成直接经济损失 279.1 万元。

2.4 地裂缝灾害

郑州市区因地质构造形成地裂缝 1 条,位于高新技术开发区沟赵乡任寨村。裂缝长160 m,宽 0.015 ~ 2 m,最深 3 m,造成直接经济损失 2.5 万元。

2.5 泥石流灾害

郑州市区发生过泥石流灾害 1 处,分布于上街区峡窝镇中原铝厂上街分厂。泥石流堆积区是中原铝厂上街分厂的尾矿堆积库。该泥石流沟于 1989 年 4 月在暴雨、大雨的作用下,发生了泥石流灾害,死亡 1 人、毁坏农田 100 亩、冲毁地方铁路 1 km,造成直接经济损失 550 万元。

通过现状调查访问及有关资料查阅,郑州市区因地质灾害而造成 3 人死亡、2 人受伤,毁坏 1 183 间居民房、1 座桥梁、公路及地方铁路近 2 km。依据郑州市经济标准评价,共造成直接经济损失 1 256.3 万元。

3　地质灾害隐患点分布与发育特征

郑州市区独特的地质环境条件及人类工程活动现状,一定程度上决定了区内地质灾害发育类型及特征,区内地质灾害隐患点类型主要有崩塌、滑坡、地面塌陷、泥石流、地裂缝等。

郑州市区各类地质灾害隐患点 95 处,其中崩塌 74 处、滑坡 12 处、地面塌陷 7 处、地裂缝 1 处、泥石流 1 处,主要分布于城市周边的黄土低山丘陵、黄土台塬区一带。行政区域上涉及惠济区、中原区、二七区、上街区、管城回族区、高新技术产业开发区和金水区 7个区。这些灾害隐患点具有突发性强、危害性大等特点。

3.1　地质灾害隐患点的分布及特征

3.1.1　崩塌

主要分布于惠济区古荥镇的张定邦、黄河桥、岭军峪等村和黄河游览区;中原区航海西路街道办事处冯湾村;二七区侯寨乡八卦庙、烤鱼沟、樱桃沟,齐礼阎乡的贾寨、马寨镇张河、申河村等;高新技术开发区沟赵乡;金水区花园口乡;上街区峡窝镇的魏岗、冯沟、杨家沟一带等。具发生频度高、危害性较大等特点。

崩塌发育特征主要与地形、地貌、地质条件、植被、气象及人类工程活动等因素有关。

根据调查结果,郑州市区内发现崩塌 74 处,均为土质崩塌。其规模 4 处中型、70 处小型。崩塌体岩性构成主要为上更新统(Q_3)和全新统(Q_4)粉土、粉质黏土。坡体结构松散,垂直节理、生物孔隙、植物根系裂隙均较发育。区内上更新统(Q_3)黄土节理发育,主要为共轭节理和斜节理。境内黄土丘陵区崩塌,基本上与黄土节理及开挖窑洞、削坡过度有密切关系。

空间分布上,区内崩塌90%以上发生于窑洞口或建房切坡处,卸荷节理、裂隙发育,节理、裂隙面开启度0.5~5 cm,延续深度0.4~1.5 m,局部大于1.5 m。多呈垂直或陡倾切割坡体。崩塌体周围常常植被稀疏,单个树木生长旺盛,根系发达,对坡体"根劈"效应显著,根系裂隙发育。雨水常沿节理、裂隙下灌,并在动、静水压力共同作用下,加剧崩塌产生。区内崩塌主要分布于黄土塬、丘陵区,该地区窑洞分布密度较大,窑洞洞口往往是崩塌易于产生的部位。区内崩塌10%发生于河、库岸,系坡脚长期被水浸泡所致。

3.1.2　滑坡

郑州市区内共有 12 处滑坡隐患点,主要分布于惠济区古荥镇黄河桥村、二七区侯寨乡、上街区峡窝镇等,均属土质滑坡。物质构成为第四系上更新统粉土、粉质黏土(夹古土壤)。滑坡平面形态以矩形为主,剖面形态多为直线及台阶形。滑坡规模级别均属小型滑坡。

3.1.3　地面塌陷

区内共发现 7 处地面塌陷,为采矿和潜蚀诱发。分布于二七区侯寨乡和马寨镇、上街区峡窝镇,其中侯寨乡 3 处、马寨镇 3 处、峡窝镇 1 处。6 处塌陷区位于地下煤矿采空区,地层岩性主要为上更新统的粉质土、粉质黏土,浅部风化强烈。1 处为黄土塬长期受地下水潜蚀而引发地面塌陷。拟塌陷区面积 $0.007\sim2$ km^2,规模级别1处大型、1处中型、5处小型,威胁村民的房屋、农田耕地等。

3.1.4 地裂缝

区内地裂缝不甚发育,其主要出现于地面塌陷区,伴生性的裂缝有3条。因构造形成地裂缝1处,位于高新技术开发区任寨村。地表为全新统(Q_4)粉土,受地质构造的影响,在大雨侵蚀作用下形成地裂缝。地裂缝的规模为小型。

3.1.5 泥石流

区内有泥石流灾害隐患1处,分布于上街区峡窝镇石嘴村东中原铝厂上街分厂。该泥石流隐患点,按泥石流规模分级标准划分属大型。该尾矿堆积库区在泥石流沟的流通区和物流区之间,从1958年建厂以来,一直堆放废渣,库容容积约为1 000 m×400 m×50 m。在暴雨、大雨的作用下,有诱发泥石流灾害的隐患。

3.2 地质灾害隐患点稳定性评价

3.2.1 崩塌

根据崩塌稳定性判别要求,现状条件下,郑州市区内74处崩塌隐患点的稳定性现状为:稳定性差的有59处,占总数的79.7%,稳定性较差的有15处,占总数的20.3%,稳定性好的无。

3.2.2 滑坡

根据滑坡稳定性判别表,现状条件下,郑州市区12处滑坡隐患点稳定性现状为:稳定性差的有11处,占总数的91.6%,稳定性较差的1处,占总数的8.4%,稳定性好的无。

3.2.3 地面塌陷

根据塌陷稳定性判别表,现状条件下,郑州市区7处塌陷隐患点,稳定性均为差。

3.2.4 地裂缝

市区内1处地裂缝隐患点,处于不稳定状态。

3.2.5 泥石流

1处泥石流隐患点,处于不稳定状态。

3.3 地质灾害隐患点风险评估

郑州市区地质灾害隐患点共95处,依据灾害点危险程度、受灾对象风险度、灾后损失预测及灾害损失评价标准等,对区内各类地质灾害隐患点进行地质灾害经济损失风险预测评估及危害程度等级划分。评估结果为:地质灾害隐患共威胁6 123人,潜在经济损失6 789.75万元。

就灾害险情级别而言:特大型1处、大型14处、中型35处、小型45处。就灾害类型而言:崩塌隐患点共74处,其中危害级别大型13处、中型31处、小型30处,受威胁3 244人、358间房、1 576孔窑,潜在经济损失3 919.45万元;滑坡隐患点12处,危害级别中型3处、小型9处,受威胁138人、358间房、1 576孔窑,潜在经济损失194.6万元;地面塌陷共7处,其中,1处大型、1处中型、5处小型,受威胁768人、1 080间房、114.4亩地,潜在经济损失976.7万元;特大型泥石流沟1处,受威胁2 300人、2 200间房、100亩地,潜在经济损失1 610万元。地裂缝隐患点1处,小型,潜在经济损失4万元。

4 城市建设对地质环境条件影响及引发的地质灾害分析

结合郑州市区境内地质灾害现状，城市建设对地质环境条件影响及引发的地质灾害主要表现在以下几方面。

4.1 建房、修路引发地质灾害

在郑州市区北部、南部、西北部的黄土丘陵地区，如惠济区古荥镇、二七区侯寨乡、上街区峡窝镇一带，依坡建房、挖窑洞，由于当地建设用地较为短缺，居民建房过程中为拓宽宅地，常切坡形成高陡边坡，斜坡隐患较大。另外，修筑公路也存在同样的问题。这些人类工程活动由于削坡过度，破坏坡体原有力学平衡，土体产生卸荷节理、裂隙，或使节理、裂隙面开启程度变大，使土体自稳能力降低而导致坡体存在崩塌、滑坡等隐患。

4.2 矿山开发引发地质灾害

郑州市区内矿藏资源较单一，境内采矿活动主要集中于市区南部侯寨乡、马寨镇，主要为煤矿、水泥灰岩、石灰岩等开采。煤矿区有龙岗煤矿、李宅煤矿、振兴煤矿、和协煤矿、三李煤矿、晋荣煤矿等，对地质环境条件的影响及引发的地质灾害问题如下。

4.2.1 尾矿堆放

调查发现，矿区内存在大小不一的尾矿库，矿渣堆放不当，不但对周围环境造成污染，而且汛期存在泥石流隐患。

4.2.2 采空区

区内地下采矿主要集中于二七区侯寨乡上李河村、三李煤矿、曹庙村和马寨镇阎家嘴田河村、申河村一带，形成了一定范围的采空区。侯寨乡上李河村阎家嘴曾于 2002 年产生冒顶塌陷。目前，在侯寨乡上李河村、三李煤矿、曹庙村和马寨镇阎家嘴田河村、申河村一带存在较为严重的塌陷隐患。

4.2.3 采矿形成斜坡隐患

郑州市区过去开采水泥灰岩、石灰石矿、黏土矿等活动较为强烈，大多属露天开采。露天采矿形成多处高陡采矿边坡，由于爆破、振动等因素，坡体裂隙扰动程度较深，坡体裂隙、节理面开启度增大，在降雨、人类工程活动等诱发因素作用下易失稳，发生崩塌、滑坡，对矿山安全造成一定的威胁。

4.3 地下水超强开采引发地质灾害

由于郑州市多年来地下水超强开采，现金水区局部范围已有地面不均匀沉降现象。在金水区东明路省直干休所院内，于 2004 年始至 2006 年 8 月，2 年时间累计沉降量约 150 mm，沉降面积约 30 m^2；郑州市纬五路胸科医院，地面沉降始发于 2005 年 8 月，至 2006 年 8 月，1 年时间内，累计沉降量达 90 mm，沉降面积约 20 m^2。

4.4 兴建水利引发地质灾害

水利工程在不同程度上对周围的自然地质环境造成了改变，在水位高低交替、洪水流量增大时，引发了库岸、河岸坍塌、滑坡等现象。

5 城市建设与地质灾害防治关系探讨

目前，郑东新区已初成规模，城市的脚步正向东和向北快速发展。郑州市东部为黄河冲积平原,一马平川,主要由砂性土、粉土构成;向北由平原逐步过渡到黄土丘陵岗地。东部平原区受人类工程活动的影响,地表高大建(构)筑物林立,中深层地下水开采强烈,地面沉降灾害(目前未开展系统的监测,根据已有调查资料分析)已出现,而且有加剧的趋势;北部黄土丘陵边坡陡峻,垂直节理发育,土体结构疏松,水土流失严重,存在较大的崩塌地质灾害隐患。因此,如何处理好城市建设规划与防治地质灾害、合理开发利用有限的土地资源与科学避让地质灾害、城市建设如何适应地质环境的极限承受能力等关系,是一个城市是否安全、和谐、合理发展的关键问题。笔者认为,要处理好上述三种关系,处理好地质环境条件与城市建设间的协调关系,科学合理地进行城市建设,应从以下几个方面加以重视和规划。

(1)结合郑州市已开展过的《郑州市区地质灾害调查与区划报告》、《郑州市地质灾害防治规划》等工作,明确圈定城市规划建设范围内的地质灾害易发区,针对易发程度高、危害性大的地质灾害隐患点,及时开展隐患点风险评估,做到建设与避让、损失与防治的合理规划,做到宜建则建、不易建则避。

(2)市区东部的发展应充分考虑地表水、未来水源(如南水北调)的合理开发利用,减小对中深层地下水的开采强度。同时,根据含水层结构组成条件,充分借鉴西部地下水"冬灌夏采"的经验,科学计算、合理回灌、采灌结合,减小地下水位的下降,以达到地下水的合理开发利用,缓解和避免地面沉降地质灾害的发生。

(3)城市建设应充分考虑冲洪积平原的工程地质条件和水文地质条件,单体建(构)筑物地基位置的选择应尽量在同一个微地貌单元,基础应坐落在相对稳定、持力性相对较好的地层上,以避免不均匀地面沉陷地质灾害的发生。

(4)合理规划建(构)筑物的高度、密度及绿地面积,达到城市建设与自然环境保护的协调性。

(5)已查明的地质灾害易发区应尽量避开群居性工程建设,以环境美化建设为主。

(6)山前地下水径流强烈地段,一般水位埋深不是很大,一定要做好地下水水位监测,同时,根据建(构)筑物的特点,做好基础设计,避免地下水径流潜蚀区形成地下洞穴造成的破坏。

(7)不可避让的地质灾害易发区,首先做好地质灾害详勘工作,依据拟建工程的重要性,本着"以人为本"的原则,做好防治工程设计,切实做好防治工程,务必做到"先治理、再建设",同时,做好长期监测工作。

City Development VS. Mitigation of Geo – hazards in Urban Areas of Zhengzhou City

Yao Lanlan[1] Xu Weiguo[2] Liu Lei[1] Zhen Na[1]

(1. Geo – environmental Monitoring Institute of Henan Province, Zhengzhou 450016;
2. The No. 1 Geological Exploration Institute of Henan Province, Nanyang 473000)

Abstracts: Zhengzhou City, which is located in inland areas of China, is one of the important trading and commercial center in central China. Affected by topographic and geological factors, Zhengzhou City is prone to be subjected to geo – hazards, such as collapses, landslides, subsidence etc. In this paper, on the basis of geo – environmental conditions, the features and distribution pattern of geo – hazards were discussed. By focusing on the eastern and northern parts of Zhengzhou City, which constitute the fastest growing area of Zhengzhou City, some suggestions concerning geo – hazard mitigation in the perspective of city development, the application of a-voidance and prevention measures, and the building up of harmonious and comfortable city, were put forward.

Key words: urban areas of Zhengzhou City, the present condition of geo – hazard, suggestions of geo – hazard mitigation

郑州市突发性地质灾害分布特征与形成条件

李 华

（河南省地质环境监测院，郑州 450016）

摘 要：21 世纪初期我国地震活动趋势仍处于活跃期，极易诱发各类地质灾害。本文在郑州市地质灾害调查的基础上，结合其地质环境背景及人类工程活动，综合分析了突发性地质灾害的分布特征与形成条件，为郑州市地质灾害防治及规划提供了依据。

关键词：突发性地质灾害；分布特征；形成条件

郑州市位于河南省中部，地理坐标：东径 112°40′ ~ 114°12′，北纬 34°16′ ~ 34°58′，面积 7 446.2 km²，总的地势为西高东低，呈阶梯状下降。境内 90% 以上属淮河流域，其余为黄河流域。郑州市位于暖温带半湿润季风气候区，多年平均气温 14.3 ℃，极端最高气温 43.0 ℃，极端最低气温 -17.9 ℃。多年平均降水量为 638.6 mm，年内季节分配失调，降雨多集中在 7、8、9 月三个月，约占全年降雨量的 60% ~ 70%。

1 地质灾害分布特征

郑州市突发性地质灾害系指崩塌、滑坡、泥石流，其发生时间集中、危害性大。

1.1 崩塌发育的分布特征

郑州市崩塌发育分布规律十分明显。具体分布于以下 3 个地带：①西部、西南部基岩山区主干断裂和紧密褶皱带附近的脆性地层或软硬相间的复杂岩系地区。如嵩山南麓、北麓及箕山北麓地区，崩塌灾害频繁严重。②中部、中西部人类采石、采矿强烈活动地区和公路、铁路、库渠等骨干工程地带。如 1999 年 8 月，巩义市米河镇魏寨村采石场崩塌。1999 年 7 月 5 日，登封第二水泥厂崩塌。1961 年 3 月 6 日，新密市大槐刘嘴"五八"渠崖头崩塌等。③北部、中东部黄土丘陵、斜地地区。如 1992 年邙山区黄河桥村崩塌，2003 年 10 月荥阳乔楼镇聂楼村崩塌等。在调查发现的 26 处崩塌中，绝大部分布于上述三个地带。

1.2 滑坡的分布特征

区内滑坡的分布规律亦很明显，主要分布在下述 2 个地区：一是西部、西南部中低山区地形陡峻、风化强烈的斜坡地带；二是北部、中东部黄土丘陵和黄土覆盖丘陵地区。前者岩质滑坡、土质滑坡兼有，如登封少林寺塔林滑坡，唐庄乡花峪村滑坡，巩义夹津口镇铁生沟滑坡、涉村镇罗泉村滑坡、浅井村滑坡等；后者主要为土质滑坡，如邙山区古荥镇黄河桥村滑坡、二七区侯寨乡西胡垌滑坡、新郑千户寨乡风后岭村滑坡、新密白寨镇杨树岗村滑坡等。

1.3 泥石流发育的分布特征

泥石流发育除时间上集中于每年的 6 ~ 9 月降雨季节，尤其是年内第一次连续降雨过程中的暴雨阶段外,空间上分布特征亦很突出。

1.3.1　西部、西南部中低山区发育较频

调查结果表明,区内有近半泥石流发生于西部、西南部中低山区,如登封城关镇玄天庙村泥石流、玉皇沟村泥石流、大仙沟村泥石流、清泥宫泥石流、贺瑶村泥石流等。

1.3.2　北部、中东部黄土丘陵和黄土覆盖丘陵地区亦有分布

该地区泥石流泥质成分较多,一般多呈泥流形式出现,如荥阳崔庙镇卢庄泥石流、贾峪镇石碑沟泥石流,新郑大槐树村泥石流、郭老庄村泥石流等。

1.3.3　大、中型矿山尾矿库区存在隐患

主要是由铝土矿、煤矿开采形成的尾矿弃料存放不当而造成的,如上街铝厂尾矿库泥石流。此类泥石流,目前区内发生不多,但存在潜在隐患,亦应引起重视。

2　形成条件与诱发因素分析

2.1　崩塌形成条件与诱发因素

2.1.1　形成条件

2.1.1.1　地形地貌

从区内26处崩塌发育分布的地貌部位来看,崩塌形成的地貌条件归纳起来有三:一是较陡的地形坡度,且坡面形态凸凹不平;二是较高的坡体,位能差较大;三是具有一定的临空抛出空间。调查区西部、西南部基岩山区,侵蚀切割强烈,坡陡谷深,相对高差达数百米;北部、中东部黄土丘陵、斜地地区,沟壑密布,切深壁陡,呈近直立状,相对高差达数十米至百余米。它们均为崩塌的形成提供了有利的地貌条件。

2.1.1.2　地层岩性与岩体结构

分析区内崩塌产生的岩性、结构条件发现,地层岩性与岩体结构状况对崩塌形成、分布具有十分明显的控制作用。

(1)西部、西南部基岩山区,块状、厚层状坚硬花岗岩、石英砂岩、碳酸盐岩等脆性岩体(层),常形成陡峻的边坡,且构造节理和卸荷裂隙发育,是形成崩塌的“优势”地层岩性,极易产生崩塌。

(2)软、硬岩性相间地层,如石炭、二叠系等中厚层砂岩与页岩、泥岩互层,是造成本区软基座型崩塌的主要原因。

(3)北部、中东部黄土丘陵、斜地地区,黄土、黄土状土垂直节理发育,常呈数米、数十米高的直立边坡,且具大孔隙及湿陷性等特性,亦易造成崩塌。

2.1.1.3　地质构造

从地质构造角度分析,区内崩塌大都发生在与区域性骨干断裂带走向平行的陡峭斜坡带、几组断裂交会的峡谷处,以及与斜坡走向平行的紧密褶皱轴的两翼地带。

这些地带构造作用使得岩层强烈变形,岩体的完整性、稳定性遭到严重破坏,整体刚度降低,各种断裂面、节理面、裂隙面发育,造成岩层破碎,使其解体卸荷形成崩塌,如登封唐庄乡塔水磨村崩塌、大金店顾家河村崩塌,巩义大峪沟镇钟岭村崩塌、西村镇坞罗村不稳定斜坡体等。

2.1.2 诱发因素

2.1.2.1 气象因素

气象因素主要表现在气温和降雨作用两个方面。前者促进崩塌的孕育,后者激发崩塌的产生。

调查区地处季风气候区,气温随季节及昼夜变化幅度较大,导致区内岩石物理风化速度加剧,促进了崩塌的孕育形成。

大气降雨的激发作用表现在,降雨将岩体裂隙充盈,产生静、动水压,并使裂隙中充填物软化或淘空,以致崩塌体与母体之间抗拉强度及抗剪强度发生降低,从而诱发崩塌。对于黄土类崩塌,降水还同时增加了土体自重,且形成的沟谷径流,又常使坡脚蚀空软化,导致崩塌。

调查结果表明,区内崩塌的产生大多出现在雨季,尤其是暴雨季节,其根源也就在此。

2.1.2.2 人类活动因素

区内人类活动主要为采石、采矿、修路架桥、挖渠建库等。这些活动从不同途径使得自然坡度变陡、坡体临空面增大,加之活动过程中,经常使用爆破作业方式,导致边坡岩土体中各种结构面的力学强度发生降低,甚至改变整个边坡的稳定性,从而诱发崩塌。

2.2 滑坡形成条件与诱发因素

2.2.1 形成条件

2.2.1.1 地形地貌

滑坡形成的地形地貌条件主要有地形坡度、坡面形态、临空面、斜坡结构类型及其组合状况等,它们构成区内滑坡形成的基础条件之一。调查区西部、西南部山区地带,构造运动强烈,沟谷侵蚀切割深度大,地形陡峻,是滑坡孕育、产生的有利地貌部位;北部黄土丘陵地区,沟壑发育,谷深坡陡,坡脚临空宽旷,特别是在久雨或暴雨季节,坡脚被水浸润或淘蚀,更易于滑坡的发生和发展。

2.2.1.2 地层岩性

地层岩性是滑坡形成的物质基础。区内地层岩性出露齐全,且岩性组合复杂。不同的地层岩性及不同的岩性组合关系,对滑坡的孕育、发生、发展影响各不相同,产生滑坡的形式、规模、频率亦不相同。

西部、西南部山区岩质滑坡,多发生在软硬岩性互层组合环境下,如第三系砂砾岩与泥岩互层部位,石炭系、二叠系砂岩、泥岩、页岩互层部位,石炭系石灰岩、页岩、泥岩与煤系地层互层部位以及登封群片岩、片麻岩等变质程度较深的部位。这些部位一个显著的特点是,在降水和其他外营力作用下,软质岩遇水软化,导致强度降低,演变成为滑动带,而硬质岩则成为滑动体,从而发生滑移。

北部、中东部黄土丘陵和黄土覆盖丘陵地区,岩性因素造成滑坡主要有下述两种情况:一是北部黄土丘陵区,黄土分布厚度大,具有质地均一,大孔隙和湿陷性等特性。同时,垂直节理发育,沟壑密集,切割强烈,久雨或暴雨季节滑坡发生频繁,且规模一般较大。二是中东部部分黄土覆盖丘陵区,其覆盖层厚度几米至几十米不等,与下伏地层存在一个天然倾斜的接触面,上下两部分岩性截然不同,上部黄土、黄土状土结构疏松,易接纳大气降水及地表水的补给。下伏地层结构致密,致使地下水在该界面上部富集,造成接触面

(带)的浸润软化。同时,黄土浸水增荷,从而导致滑坡的发生。

2.2.1.3 地质构造

地质构造对区内滑坡形成具有重要作用,突出表现在以下两个方面:①构造升、降运动,加剧了地形起伏,侵蚀切割能力增强,地形高差发展悬殊,位能差加大。如西部、西南部山区及黄土丘陵地区的构造上升运动,便为这些地区滑坡的形成提供了有利的条件。②构造褶皱、断裂运动,造成岩体整体性破坏,产生断层面、裂隙面、节理面及不整合面等多种软弱结构面,这些软弱结构面充当滑动面(带),从而造成滑坡的发生。西部、西南部基岩山区部分岩质滑坡,即是这种构造作用形成的。

2.2.2 诱发因素

2.2.2.1 气象因素

大气降水是区内滑坡发生的主要诱发因素。对于不同岩性的滑坡体,其诱发机制不同。

1. 岩质滑坡

(1)降水通过对软弱夹层的浸水软化作用,造成抗剪强度降低,形成滑动面,从而造成滑坡的发生。

(2)降水进入滑动带后,由于水体静、动水压作用,使带(界)面上、下两侧岩体之间有效法向应力及摩擦力降低,从而诱发滑坡。

2. 土质滑坡

土质滑坡主要针对区内黄土、黄土状土而言。降水作用一则使滑体自重大幅增加;二则使滑动带土受到浸润而抗剪强度迅速下降,从而产生滑坡。

之外,在调查区西南部山前深变质岩地带,岩体表部风化作用强烈,呈豆腐渣状,厚达10余 m,其下为相对致密坚硬的新鲜岩体。该地带在降水影响下,风化带饱水增重,且下渗水于新鲜岩体接触面处形成富集,造成滑移界面,亦可诱发滑坡。

2.2.2.2 人类工程活动

人类工程活动诱发区内滑坡,主要表现在三个方面:

(1)坡脚开挖。公路、铁路、水利工程建设,常常形成人工开挖边坡,使斜坡外形和应力状态发生不良改变,造成岩土体临空面增大,斜坡支撑力减小,岩土内聚力降低,抗滑力减弱,边坡失稳,诱发滑坡。

(2)矿山开采。区内矿山众多,尤以煤矿开采最盛。遂造成大量采空区塌陷,使得临近山体斜坡变形,坡度变陡,临空面变大,进而导致边坡失稳,诱发滑坡。

(3)陡坡耕植。主要指调查区北部黄土丘陵地区。陡坡耕植及人为对地表植被的破坏,造成土质疏松,降水作用增强,从而诱发滑坡。

2.3 泥石流形成条件与诱发因素

泥石流形成与发生有三个必备条件,即地形地貌条件、物源条件和水源条件。

2.3.1 地形地貌条件

地形地貌条件是泥石流发育分布及演化的首要基础条件,它主要具有两方面的作用。

2.3.1.1 提供位能

调查区位于我国第二级台阶地貌与第三级台阶地貌的交接过渡地带,中西部山区丘陵长期处于抬升状态,山高坡陡,高差悬殊,切割强烈,相对高差达300~800 m,且东与长期下降平原毗连。这种高差悬殊的沟床地势条件为泥石流的发生提供了充足的位能,赋予了泥石流足够的侵蚀、搬运能量。

2.3.1.2 提供足够数量的水、土、石储存空间

地形地貌形态决定着沟床比降、流域形态、流域面积及其流域内山坡坡度和植被覆盖状况。而上述各参量又控制着泥石流发生、发展所需水体、土石体储存空间的大小。区内流域形态多呈不规则的长条形、葫芦瓢形,沟床比降100‰~400‰,山坡坡度25°~45°,植被发育一般,尤其在陡峭坡上方,植被覆盖度更低,这些为泥石流的形成提供了有利的地形地貌条件。

2.3.2 物源条件

泥石流形成所需的物源条件,其影响因素众多,有自然的,亦有人为的。自然的影响因素主要包括地层岩性、地质构造、高层次地质灾害发育程度等,它们以不同的方式提供着松散固体物。

2.3.2.1 地层岩性因素

地层岩性决定其抗风化能力,亦即决定着提供松散碎屑物的多寡,决定着泥石流的形成规模及性质。区内西部、西南部基岩山区,太古界、元古界变质岩等,变质程度较深,岩性软弱,风化层较厚,是该区泥石流形成的重要物源之一;古生界及中生界岩性坚硬,但构造作用强烈,节理裂隙发育,岩石较为破碎,形成大量以碎、块石为主的泥石流物源,并以水石流的形式出现;嵩山期、王屋山期岩浆岩出露区,尤其是中、粗粒花岗岩,岩石坚硬,构造节理裂隙发育,沿节理裂隙易崩解成为巨大石块,是该地区水石流的重要物源。

北部、中东部黄土丘陵和黄土覆盖丘陵地区,黄土、黄土状土结构疏松,垂直节理发育,雨季崩塌、滑坡易发,并形成泥流。

2.3.2.2 地质构造因素

构造因素成为物源条件主要表现在构造运动造成岩层变形、破坏,并导致影响带内节理裂隙发育方面。其作用是将岩层(体)切割成为大小不等,形状不同的块体,从而为泥石流的形成提供松散固体物质。区内泥石流的各类物质来源过程中,大多存在构造作用因素。

2.3.2.3 高层次地质灾害发育因素

这里主要指同泥石流产生相关的崩塌、滑坡灾害。事实上,各种泥石流的物质来源,多数依靠流域区内崩塌、滑坡提供,它们与泥石流之间具有内在成生联系。调查区内发生的各类泥石流,其物质来源大多如此。

之外,泥石流的物源条件亦有人类活动因素。据调查,主要表现在以下两个方面:

(1)毁林垦荒,陡坡耕种,水土流失加剧,导致泥石流的发生。

(2)矿山尾矿不当堆放,遭遇久雨、暴雨发生人为泥(渣)石流,如上街铝厂尾矿库泥(渣)石流。

2.3.3 水源条件

水不仅是泥石流的组成部分,更主要的是松散固体物质的搬运介质。在物源、地形有利条件下,它是泥石流的激发因素。

调查区地处季风气候区,降雨集中,降雨强度大。西部、西南部山区及北部、中东部丘陵地区,多年平均降雨量600～700 mm,最大可达千余毫米。一日最大降雨量在数十毫米至上百毫米,最大可达数百毫米。这种降雨特点,有利于区内泥石流的形成。

3　结　语

对已掌握的地质灾害资料,结合地质环境特征及其他因素综合分析可以发现地质灾害的形成、发生、发展是有显著特征和一定规律的。近年来郑州市突发性地质灾害发生的次数明显增多,如2003年汛期就发生地质灾害36起,死亡12人,其原因是多方面的。地质作用的周期性变化和气候条件的变化固然重要,但是人类违背自然规律追求经济发展对地质环境的破坏,也加剧了地质灾害的发生与发展。地质灾害已成为制约郑州市经济和社会可持续发展的重要因素之一,科学地保护地质环境、防治地质灾害已成为刻不容缓的任务。

参 考 文 献

[1] 河南省区测队.河南省区域地质志(1∶20万)[M].北京:地质出版社,1992.

[2] 潘懋,李铁峰.灾害地质学[M].北京:北京大学出版社,2002.

[3] 李烈荣,姜建军,等.中国地质灾害与防治[M].北京:地质出版社,2003.

[4] 国家地震局.GB 18306—2001 中国地震动参数区划图[S].北京:地震出版社,2001.

郑州市市区地质灾害现状浅析

商真平　姚兰兰

（河南省地质环境监测院,郑州　450016）

摘　要:郑州市市区境内地质灾害发育类型主要有崩塌、滑坡、地面塌陷、地裂缝、地面不均匀沉降、不稳定斜坡等。已发生的灾害点有53处,各类地质灾害隐患点65处,其中崩塌24处,滑坡2处、地面塌陷6处,地裂缝3处,地面不均匀沉降2处,不稳定斜坡28处。

关键词:郑州市市区;地质灾害现状;防治建议

1　郑州市市区自然地理与地质环境

1.1　地质灾害调查区自然地理概况

郑州市市区下辖金水区、二七区、中原区、管城回族区、惠济区、上街区(上街区不在本次工作区范围内)、郑州高新技术产业开发区、郑州经济技术产业开发区、郑东新区。地理坐标:北纬34°32′~34°57′,东经113°26′~113°40′。工作区面积983.25 km²,人口290.33万人。其中:

金水区总面积242.2 km²,城区面积58 km²,总人口101万人,非农业人口68.39万人,辖13个街道办事处3个镇,171个社区居民委员会,71个行政村。

中原区总面积97.1 km²,城区面积24.37 km²,耕地面积25.73 km²,总人口55.77万人,其中乡村人口10.17万人,城镇人口45.6万人。辖10个街道办事处1镇,70个社区居民委员会,46个行政村,243个村民小组。

二七区总面积156.2 km²,城区面积29.5 km²,总人口62.2万人,其中非农业人口41.35万人,辖10个街道办事处2乡1镇,82个社区居民委员会,204个自然村。

管城回族区总面积163.2 km²,城区面积18 km²,总人口3.34万人,辖9个街道办事处,64个社区居民委员会,2乡,1镇,41个行政村。

惠济区总面积232.75 km²,城区面积139.66 km²,耕地面积139.66 km²,总人口17.6万人,其中农业人口13万人。辖6个街道办事处,2个镇,4个社区居民委员会,54个行政村。

郑州高新技术产业开发区,总体规划面积67.7 km²,共辖2个街道办事处。

郑东新区累计征用土地27.71 km²,辖明湖街道办事处。

郑州市市区地貌受新构造运动影响较大,大致以老鸦陈断裂为界,该断裂以东长期下沉接受沉积,以西前期下沉,后期回返上升遭受侵蚀切割,特别是受尖岗断裂、老鸦陈断裂

作者简介:商真平(1966—),男,河南郑州人,高级工程师,主要从事地质灾害防治工程研究。

和古荥断裂的控制,形成邙山和三李比较高的地形,使邙山成为黄河的南岸屏障。在京广铁路以西地区形成南北高的黄土台塬及中间较低的塬前冲洪积岗地,京广铁路以东地区为黄河冲、洪积平原。

郑州市属北温带大陆性气侯,年平均气温14.4 ℃,最高气温43 ℃,最低气温 - 17.9 ℃。多年平均降水量为639.37 mm(1957 ~ 2005 年)。降水多集中在7 ~ 9 月,降水量353.9 mm,占全年降水量的55%。多年平均蒸发量为1 853.2 mm;多年平均相对湿度66%。

境内河流分属于黄河和淮河两大水系。

黄河从工作区北部边界由西向东流经长度约40 km,在本区成为驰名中外的"地上悬河",淮河水系有贾鲁河、索须河、金水河、熊耳河、七里河、潮河和渭河等,均汇入贾鲁河。

1.2 地质环境

郑州市地层属华北地层区华北平原分区开封小区。区内大部为第四系覆盖,约占工作区总面积的99%。

郑州市区位于华北坳陷(一级构造单元)中的开封坳陷(二级构造单元)的西南部,与西部的嵩山隆起相接。坳陷的形成及其中的构造展布受控于区域大地构造活动。工作区内构造展布受控于区域大地构造活动,以北西向和近东西向断裂为主,区内共有14 条断裂带。

区内岩土体划分有6 个工程地质岩组:厚层坚硬白云岩岩组(ϵ),中厚层具泥化夹层的泥灰岩岩组(C + P),中厚层软弱泥灰岩岩组(N),黏土、中细砂双层土体(Q_2),粉质黏土、中粗砂含砾多层土体(Q_3),细砂、粉土多层土体(Q_4)。

郑州市市区地下水划分为三种类型:松散岩类孔隙水、碎屑岩类孔隙裂隙水、碳酸盐岩类裂隙岩溶水。

郑州市作为河南省的省会城市,是河南省政治、经济、文化、交通的中心,特别是近些年来,随着经济社会的高度发展,郑州市无论是在城市规模、人口密度、工程建设等方面都有了快速的发展。城市经济的快速发展,使原有的地质环境条件发生了改变,对地质环境的破坏作用也在不断地增强,同时,也在遭受着由于人类工程活动引发的各类地质灾害带来的破坏和损失。

郑州市市区地质灾害主要以崩塌、滑坡、地面塌陷、地裂缝、不稳定斜坡、不均匀沉降灾害为主,受灾对象为居民、房屋、道路、农田和矿山。崩塌、滑坡、不稳定斜坡主要分布在黄土丘陵区,地面塌陷、地裂缝主要分布在南部矿区及市区20 世纪80 年代前的防空工程建设区,河流塌岸主要分布黄河堤岸、常庄水库、尖岗水库、西流湖岸边。

2 已发生地质灾害的类型与分布

郑州市市区境内地质灾害发育类型主要有崩塌、滑坡、地面塌陷、地裂缝、地面不均匀沉降、不稳定斜坡等。已发生的灾害点有53 处,其中崩塌26 处,占已发生地质灾害总数的49%;滑坡10 处,占已发生地质灾害总数的18.9%;地面塌陷9 处,占已发生地质灾害总数的17%;地裂缝6 处,占已发生地质灾害总数的11.3%;地面不均匀沉降2 处,占已发生地质灾害总数的3.8%。

2.1 已发生的地质灾害类型与分布

2.1.1 崩塌灾害

郑州市崩塌灾害较发育,已发生26处。其主要分布于惠济区、中原区、二七区、高新技术产业开发区、金水区5个区,具发生频度高,危害性较大等特点。均为土质崩塌,规模25处小型,1处中型;造成直接经济损失65.53万元。灾情级别均为小型。

2.1.2 滑坡灾害

滑坡灾害已发生10处,规模为小型,均为土质滑坡。主要分布于惠济区、二七区,造成直接经济损失47.4万元。灾情级别为小型。

2.1.3 地面塌陷灾害

区内地下采矿活动集中而强烈,以二七区侯寨乡、马寨镇等煤矿开采区最为发育,中原区因地下挖空,也发生过地面塌陷。已发生9处,规模:7处小型,2处中型;造成直接经济损失234.8万元;灾情级别:8处为小型,1处为中型。

2.1.4 地裂缝灾害

区内由于地下采矿活动强烈而集中以及地质构造复杂,因此由采空区引发地裂缝及地质构造地裂缝。已发生地裂缝灾害6处,5处位于二七区,属于采空诱发;1处位于高新技术产业开发区,属于地质构造诱发。造成直接经济损失5.9万元;规模为小型;灾情级别为小型。

2.1.5 地面不均匀沉降

区内由于地下水超采严重,已在局部地区诱发地面不均匀沉降。因为监测资料有限,这次调查,发现金水区有2处,规模为小型,灾情级别也为小型。

2.2 已发生的地质灾害危害程度评价

依据《县(市)地质灾害调查与区划基本要求》实施细则中地质灾害灾情与险情分级标准表,将郑州市市区地质灾害危害程度进行划分,郑州市区53处已发生地质灾害点,规模中型3处,小型50处。其中崩塌灾害26处,规模25处小型,1处中型,灾情级别均为小型,造成直接经济损失65.53万元;滑坡10处,规模为小型,灾情级别为小型,造成直接经济损失47.4万元。地面塌陷9处。规模7处小型,2处中型,灾情级别:8处为小型,1处为中型,造成直接经济损失234.8万元。地裂缝灾害6处,规模为小型,灾情级别为小型,造成直接经济损失5.9万元。地面不均匀沉降,金水区有2处,规模为小型,灾情也为小型,经济损失暂且没有计算。

共造成直接经济损失353.63万元,造成1人受伤。

3 地质灾害隐患点分布与发育特征

郑州市市区各类地质灾害隐患点65处,其中崩塌24处,滑坡2处,地面塌陷6处,地裂缝3处,地面不均匀沉降2处,不稳定斜坡28处。主要分布于黄土低山丘陵、黄土台塬区一带。行政区域上涉及惠济区、中原区、二七区、管城回族区、高新技术产业开发区和金水区6个区。这些灾害隐患点具有突发性强,危害性大等特点。因此,有必要查明郑州市区地质灾害发育特征,以便采取更加有效的防治措施,确保当地人民生命财产安全。

3.1　灾害隐患点的分布情况及发育特征

3.1.1　崩塌

其分布于惠济区、中原区、二七区、高新技术产业开发区和金水区5个区,具发生频度高、危害性较大等特点。现将区内崩塌发育状况详述如下:

崩塌发育特征主要与地形、地貌、地质条件、植被、气象及人类工程活动等因素有关。

根据调查结果,区内发现崩塌24处,均为土质崩塌。崩塌体积75～187 500 m³,其规模2处属中型,22处属小型。崩塌体岩性构成主要为上更新统(Q₃)和全新统(Q₄)粉土、粉质黏土。坡体结构松散,垂直节理、生物孔隙、植物根系裂隙均较发育。区内上更新统(Q₃)黄土节理发育,主要为共轭节理和斜节理。经调查分析,境内黄土丘陵区崩塌较发育,基本上与黄土节理及开挖窑洞、削坡过度有密切关系。

空间分布上,区内崩塌70%以上发生于窑洞口或建房切坡处,卸荷节理、裂隙发育,节理、裂隙面开启度0.5～5 cm,延续深度0.4～1.5 m,局部大于1.5 m。多呈垂直或陡倾切割坡体。崩塌体周围常常植被稀疏,单个树木生长旺盛,根系发达,对坡体"根劈"效应显著,根系裂隙发育。雨水常沿节理、裂隙下灌,并在动、静水压力共同作用下,加剧崩塌产生。区内崩塌主要分布于黄土塬、丘陵区,该地区窑洞分布密度较大,窑洞洞口往往是崩塌易于产生的部位。区内崩塌30%发生于河、库岸,系坡脚长期被水浸泡所致。

3.1.2　滑坡

区内2处滑坡隐患点,均分布于惠济区古荥镇黄河桥村,属土质滑坡。物质构成为第四系上更新统粉土、粉质黏土(夹古土壤)。滑坡平面形态以矩形为主,剖面形态多为直线及台阶形。滑坡规模级别均属小型滑坡。

3.1.3　地面塌陷

区内共发现6处地面塌陷,为采矿和潜蚀诱发。分布于二七区侯寨乡和马寨镇,其中侯寨乡3处、马寨镇3处。5处塌陷位于地下煤矿采空区,地层岩性主要为上更新统的粉质土、粉质黏土,浅部风化强烈。塌陷面积70～160 552 m²,地面塌陷规模1处属中型、5处小型,造成农田、山坡植被毁坏。

3.1.4　地裂缝

区内地裂缝不甚发育,其主要出现于地面塌陷区,为伴随性地裂缝。本次调查地裂缝3处,高新技术产业开发区1处,地表为全新统(Q₄)粉土,受地质构造的影响,在大雨浸泡作用下形成了地裂缝;二七区2处,为地下采空,因地面塌陷而伴随裂缝的产生。3处地裂缝的规模均属小型。

3.1.5　地面不均匀沉降

由于地面沉降发生范围大且不易察觉。郑州市市区随着地下水资源的大量开发利用,在局部范围发生地面不均匀沉降。金水区东明路省直干休所院内,经度113°41′35.5″,纬度34°46′6.1″,变形时间始于2004年,沉降面积约30 m²,累计沉降量150 mm。郑州市纬五路胸科医院经度113°41′35.5″,纬度34°46′6.1″,变形时间始于2005年8月,沉降面积约20 m²,累计沉降量90 mm。

3.1.6　不稳定斜坡

本区不稳定斜坡隐患点28处,均处在低山丘陵区,地形呈陡坡及陡崖,表层岩体风化呈碎裂状,风化层较厚,存在弱滑动带,判定 28 处斜坡均为可能失稳的斜坡。

3.2 地质灾害隐患点稳定性评价

3.2.1 崩塌

根据崩塌稳定性判别要求,通过调查,现状条件下,郑州市市区内 24 处崩塌隐患点。稳定性现状:稳定性差的占总数的 54.17%,稳定性较差的占总数的 45.83%,稳定性好的无。

3.2.2 滑坡

根据滑坡稳定性判别表,通过调查,现状条件下,郑州市市区滑坡稳定性现状:稳定性差无,稳定性较差的占总数的 100%,稳定性好的无。

3.2.3 地面塌陷

根据塌陷稳定性判别表,通过调查,现状条件下,郑州市市区 6 处塌陷隐患点稳定性现状:稳定性差的占总数的 50%,稳定性较差的占总数的 50%,稳定性好的无。

3.2.4 不稳定斜坡

不稳定斜坡体的危险性评价与预测是根据不稳定斜坡的稳定性,综合考虑不稳定斜坡可能发生崩塌、滑坡等地质灾害的危险性及可能影响范围、可能造成的危害程度,对不稳定斜坡潜在危险性进行预测。

本次调查不稳定斜坡隐患点 28 处,均处在低山丘陵区,地形呈陡坡及陡崖,表层岩体风化呈碎裂状,风化层较厚,存在弱滑动带,判定 28 处斜坡均为可能失稳的斜坡,斜坡稳定性为差。

另外,市区内 3 处地裂缝、2 处地面沉降也都处于不稳定状态下。

综上所述,郑州市市区已调查的 65 处地质灾害隐患点按其种类分,崩塌 24 处,稳定性差的 13 处,稳定性较差 11 处;滑坡 2 处,均稳定性较差;不稳定斜坡 28 处,稳定性差 28 处;地面塌陷 6 处,稳定性差的 3 处,稳定性较差的 3 处;地裂缝 3 处,稳定性差 3 处;地面不均匀沉降 2 处,均为稳定性差。

郑州市境内 65 处地质灾害隐患点,按其存在的危险程度分:重要地质灾害隐患点 23 处,一般地质灾害隐患点 42 处。对其进行稳定状态、潜在危害程度分析,结果如下:重要地质灾害隐患点,稳定性差的 20 处,稳定性较差 3 处;中型险情 14 处,小型险情 9 处。一般地质隐患点 42 处,稳定性差的 31 处,稳定性较差的 11 处;中型险情 6 处,小型险情 36 处。

3.3 地质灾害隐患点潜在危害程度评价结果

根据地质灾害隐患点经济损失预测和险情级别统计结果,对境内调查的 65 处地质灾害隐患点潜在危害程度进行评价。市区内 65 处地质灾害隐患点,预测潜在经济损失 1 392.59 万元,潜在危害级别:中型 20 处、小型 45 处。其中,崩塌隐患点 24 处,潜在经济损失 324.2 万元,潜在危害级别:中型 5 处、小型 19 处;滑坡隐患点 2 处,潜在经济损失 63.1 万元,潜在危害级别:小型 2 处;地面塌陷隐患点 6 处,潜在经济损失 128.7 万元,潜在危害级别:中型 1 处、小型 5 处;地裂缝隐患点 3 处,潜在经济损失预测 1.2 万元,潜在危害级别:小型 3 处;不稳定斜坡隐患点 28 处,潜在经济损失 875.82 万元,潜在危害级别:中型 13 处、小型 15 处。

4　郑州市市区主要地质环境问题

结合郑州市市区境内地质灾害现状,工作区内由于人类工程活动而引发的地质环境方面的问题主要如下。

4.1　建房、修路引发的地质环境问题

在工作区的北、南部黄土丘陵地区,如惠济区古荥镇、二七区侯寨乡一带,依坡建房、挖窑洞,由于当地建设用地较为短缺,居民建房过程中为拓宽宅地,常切坡形成高陡边坡,斜坡隐患较大。另外,修筑公路也存在同样的问题。这些活动由于削坡过度,破坏坡体原有力学平衡,土体产生卸荷节理、裂隙,或使节理、裂隙面开启程度变大,使土体自稳能力降低而致坡体存在崩塌、滑坡等隐患。

4.2　矿山地质环境问题

工作区内矿藏资源较单一,境内采矿活动主要集中于市区南部三李一代,主要开采煤矿、石灰石、矿泉水等,采矿存在矿渣堆放、边坡稳定性、采空区塌陷、地裂缝等矿山地质环境问题;市区内由于地下水的过量超采也引起地面不均匀沉降危害。

目前,郑州市市区内主要是煤矿开采,另有水泥灰岩、石灰岩、黏土矿等开采。采矿活动集中在二七区侯寨乡和马寨镇。较大的矿区有龙岗煤矿、李宅煤矿、振兴煤矿、李园河煤矿、三李煤矿等,区内主要矿山地质环境问题如下。

4.2.1　矿渣堆放

野外调查发现,矿区内存在程度不一的矿渣堆放。矿渣堆放不当,不但对周围环境造成污染,而且汛期存在泥石流隐患。

4.2.2　采空区

区内地下采矿主要集中于二七区侯寨乡上李河、三李、曹庙和马寨镇阎家嘴田河村、阎家嘴自然村、申河村一带,形成一定范围的采空区。侯寨乡上李河村曾于2002年产生冒顶塌陷。目前,在侯寨乡上李河村、三李煤矿、曹庙村和马寨镇阎家嘴田河村、阎家嘴自然村、申河村一带存在较为严重的塌陷隐患。

4.2.3　采矿形成斜坡隐患

郑州市市区开采水泥灰岩、石灰石矿等活动较为强烈,大多属露天开采,露天采矿形成多处高陡采矿边坡,由于爆破、振动等因素,坡体裂隙扰动程度较深,坡体裂隙、节理面开启度增大,已构成较大隐患。在降雨、人为活动诱发等因素作用下易失稳发生崩塌、滑坡,对矿山安全造成一定的威胁。建议有关部门加强防治。

4.2.4　地下水超强开采

郑州市多年来地下水超强开采,现在金水区已引起地面不均匀沉降。

4.3　兴建水利

郑州市市区现有人工蓄水水库:尖岗水库、常庄水库、西流湖水库,以及引黄灌溉工程:邙山提灌站、花园口提灌站。这些水利工程对周围的自然地质环境存在不同程度的改变,在水位高低交替、洪水流量增大时,引发了库岸、河岸坍塌、滑坡等现象。

4.3.1　水库

郑州市现有大型水库4座、小型水库1座。其中尖岗水库、常庄水库、西流湖水库存

在着不同程度的塌岸现象。

4.3.2 黄河

黄河除为郑州市市区供水提供保障之外,其诱发的诸多环境地质问题也同郑州市的生存和发展密切相关。黄河以泥沙多而闻名,大量泥沙淤积河道是构成河患的一个重要自然因素。由于泥沙淤积黄河下游河道,河道平均每年抬高 3～5 cm,近期淤积速度有所加快。黄河自西流入工作区后即成为地上悬河,在工作区内的黄河南岸存在着较为严重的塌岸现象,这对其周围的居民和环境存在着一定的威胁隐患。

5 地质灾害防治建议

5.1 地质灾害防治目标

根据郑州市市区地质灾害隐患点的特征,本区地质灾害防治的总体目标为:到 2015 年,在地质灾害调查与区划基础上,不断完善地质灾害防治管理体制,依法行政,强化地质灾害防治的监督管理,严格控制人为诱发的地质灾害。在基本掌握地质灾害分布情况与危害程度的基础上,建立并完善地质灾害监测预报,群测群防,群专结合的防灾体系。对地质灾害发生严重的区域和重要经济区、旅游景点、建设用地、新建矿山进行地质灾害危险性评估,并提出相应的防治对策,使危害严重的地质灾害隐患点尽可能及早得到治理。

5.1.1 近期目标(2007～2010 年)

2010 年以前,建立全面的、系统的地质灾害信息系统,针对 19 处重要地质灾害隐患点进行防治:对惠济区古荥镇的岭军峪村、张定邦村、黄河桥村,二七区马寨镇的申河村、阎家嘴村、张河村,侯寨乡的三李村、袁河村、上李河村、大路西、全垌村、石匠庄等丘陵区有村民居住的地方,在已建立群测群防网络基础上,尽快展开搬迁、避让和防治工作:能搬迁避让的,尽量搬迁避让;暂时无法搬迁避让的,应采取护坡、削坡防治工作。对京广铁路黄河桥村—贾垌段、107 国道十八里河段、西南绕城高速公路段应采取护坡、生物工程治理等措施。到 2010 年,达到全市地质灾害造成的经济损失、人员伤亡比"十五"期间至少降低 20% 的目标。

2007～2010 年,需防治的地质灾害点 19 处,涉及人员 318 人,受威胁财产达 573.47 万元。

5.1.2 远期防治目标(2011～2015 年)

2011～2015 年,继续建立和完善地质灾害群测群防网络,该期需防治的地质灾害点共 46 处,包括上李河村赵家嘴、三李、申富嘴、曹庙、阎家嘴田河村、阎家嘴自然村等处的地面塌陷,上李河村赵家嘴、申富嘴、沟赵乡宫寨村等处的地裂缝,对这些地质灾害隐患点实施工程治理。在 2012 年前完成对黄河大观引黄干渠沿线不稳定斜坡、黄河桥邙岭大道、齐礼阎乡贾寨村、侯寨樱桃沟旅游区、侯寨乡全垌、郑州市水利花园等地的不稳定斜坡地质灾害隐患点的监测工作。2014 前完成上李河村赵家嘴、三李、申富嘴、曹庙、阎家嘴田河村、阎家嘴自然村等处的地面塌陷地质灾害隐患点所威胁住户的搬迁任务。争取到 2015 年,达到全市地质灾害造成的经济损失、人员伤亡比"十五"期间至少降低 30% 的目标。

2011～2015 年,需防治的地质灾害点 46 处,涉及人员 172 人,受威胁财产达 819.15

万元。

5.2 地质灾害防治建议

(1)按照《地质灾害防治条例》中第七条规定的防治原则和防治责任,郑州市国土资源局宜将郑州市市区地质灾害防治工作落实到具体部门、单位或个人。

(2)在地质灾害易发区进行工程建设活动,应当在可行性研究阶段进行地质灾害危险性评估。以防工程选址不当或工程活动诱发地质灾害。如郑州市新农村的建设,侯寨乡、马寨镇矿山开采,黄河大观、黄河游览区旅游景点建设等,宜将地质灾害防治工作放到重要位置。

(3)从郑州市经济社会实际状况出发,本着突出重点、统筹兼顾的原则,对危害后果严重的地质灾害体要集中人、财、物力进行勘察治理。如二七区侯寨乡、马寨镇的矿区及惠济区古岭峪、张定邦村、黄河桥村等地,要进行综合治理。对大部分地质灾害体进行监测、预报,并根据研究成果,分轻重缓急,逐步实施搬迁避让或工程治理,以避免或减轻地质灾害造成人员伤亡和经济损失。

(4)对市区内地下水超采区,进行地面沉降监测,如金水区省直干休所、胸科医院等地区。

(5)根据灾害点威胁程度和稳定性,对郑州市市区境内危害后果严重的重要地质灾害隐患点尽快进行勘察、治理。

(6)普及宣传《地质灾害防治条例》,并以此为依据,加大防治力度,提高地质灾害防治效益。

参 考 文 献

[1] 姚兰兰,商真平,等. 郑州市地质灾害调查与区划报告[R]. 河南省地质环境监测院,2007.
[2] 《工程地质手册》编写委员会. 工程地质手册[M]. 3 版. 北京:中国建筑工业出版社,1992.
[3] 韩晓雷. 工程地质学原理[M]. 北京:机械工业出版社,2003.

鹤壁市地质灾害现状及防治研究

杨进朝[1]　马　喜[1]　白雪梅[2]

(1. 河南省地质环境监测院,郑州　450016;
2. 河南省地质矿产勘查开发局第一地质调查队,洛阳　471023)

摘　要:鹤壁市地质环境条件复杂,构造发育,人类活动对地质环境的影响日益加大,导致多种地质灾害频繁发生,主要的地质灾害有崩塌、滑坡、地面塌陷、泥石流、地裂缝,这些地质灾害给鹤壁市带来了较大的人员伤亡和巨大的经济损失,并进一步威胁大量群众的生命和财产安全。本文根据鹤壁市地质灾害现状,进行了地质灾害易发程度分区和防治分区,并提出了相应的防治对策。

关键词:地质灾害;防治研究;鹤壁市

1　引　言

鹤壁市地处河南省北部,面积 2 182 km²,辖 3 区(山城区、鹤山区、淇滨区)、2 县(淇县、浚县),人口 143 万人。低山、丘陵约占 23%,平原约占 77%,是河南省重要的煤炭基地之一。鹤壁市是河南省地质灾害易发区之一。西部基岩山区崩塌、滑坡、泥石流发育,采煤区地面塌陷、地裂缝发育。据 2006 年统计,采煤地面塌陷地质灾害已形成 5 个大的采煤沉陷区,涉及行政村 60 余个,累计毁坏耕地约 16 612 亩,铁路 11.45 km,公路 28.01 km、自来水、排水管道及供电、供热、通信线路等约 47.5 km。受灾居民 29 973 户(城镇居民 21 483 户),受灾人口 104 053 人(城镇人口 71 391 人),受损住宅建筑面积 335.09 万 m²,其中,受损严重的建筑面积 158.59 万 m²。自然引发的崩塌、滑坡、泥石流地质灾害也是时常发生,崩塌、滑坡、泥石流灾害已造成人员伤亡 21 人,毁坏公路 2.696 km,毁坏渠道 1.31 km[1]。地质灾害已经成为影响本地区社会稳定和经济持续发展的重要制约因素之一。

2　主要地质灾害类型、分布及发育特征

鹤壁市地质灾害发育类型主要有崩塌、滑坡、地面塌陷、泥石流、地裂缝等五种。受地质环境和人类工程活动影响,地质灾害分布地域性明显:山城区、鹤山区、淇滨区由于大规模开采煤炭资源,地面塌陷、地裂缝地质灾害发育;基岩山区由于人工采石、公路建设等,泥石流、崩塌、滑坡较为发育。

2.1　崩塌

按物质组成划分,本区崩塌分为土质崩塌和岩质崩塌两类。

作者简介:杨进朝(1970—),男,河南偃师人,工程师,硕士,从事地质灾害调查与防治工作,E-mail:yjch625@sina.com。

土质崩塌:主要分布于西部山前黄土丘陵地区。成因以自然降雨型为主,次为人工挖掘动力型及河流沟谷侧蚀型,多发生在边坡坡度大于50°的地方,其中,黄土丘陵地区崩塌发生频率高、规模大、危害性强。如1996年,鹤山区鹤壁集乡后蜀村发生黄土崩塌,造成2人死亡、5间房屋被毁。山城区石林乡郑沟村1998年8月发生黄土崩塌,毁坏房屋5间。黄土覆盖丘陵及河谷地带崩塌,雨季发生频率较高,规模较小,是鹤壁市土质崩塌地质灾害的主要特征,但由于发生的突然性,其危害性相对较大。

岩质崩塌:主要分布于西部基岩山区和丘陵地区,基岩大多为寒武系和奥陶系灰岩及元古界的石英砂岩,由于地质构造发育,基岩山区多陡峭,坡度多在70°以上,且基岩裂隙发育、多呈块状。在自然降雨、风化剥蚀及人工挖掘、爆破等外部因素作用下,其发生频率高,危害较严重。如:清朝中叶,河口村对面的盘龙寺因后部基岩崩塌,整个寺庙30余间房屋全部被滚石掩埋,寺内20多名和尚无一生还。姬家山乡高洞沟村自1963年至今,由于村后灰岩山体崩塌,累计造成15户150余间房屋被毁。夺丰水库北岸黄洞—庙口的公路,灰岩陡峭直立,多次发生岩石崩塌,阻塞交通。淇县马坡北山也是多次发生基岩崩塌(滚石),已造成2户10余间房屋被毁。1988年姬家山乡蒋家顶隧洞因洞体充水造成隧洞垮塌,毁坏隧洞100余m,直接经济损失20余万元。此外,浚县善化山、象山等采石场自采石以来,多次发生崩塌。

2.2 滑坡

本区滑坡主要为土质滑坡,滑坡物质组成多为黏土和风化坡积碎石土,主要分布在丘陵地带以及基岩山丘黄土覆盖和风化坡积物地带。如1996年上峪乡安乐洞淇河南岸发生的砾石黏土滑坡,造成下部渠道500m被毁坏、渠道桥弓变形,直接经济损失40万元;山城区卜家沟西口约100m路段两侧,坡度较陡,新近系上覆黏土,逢雨季经常发生滑坡现象,阻塞该村通往外界的主要通道。

2.3 泥石流

本区泥石流沟主要分布于西部基岩山区及出山口地带,如淇县桥盟乡北四井泥石流、淇滨区大河涧乡河口村泥石流、上峪乡王家窑北里沟泥石流、庙口乡蔡沟泥石流、桥盟乡朝阳寺沟泥石流等。这些泥石流沟规模大小不等,其中较大的有河口村东沟泥石流、西沟泥石流、朝阳寺沟泥石流等。均造成较大的危害。如1982年7月,河口村西沟发生泥石流,造成400亩耕地、2座桥梁、100m道路被毁坏,直接经济损失800万元;1963年和2000年,朝阳寺沟两次暴发泥石流,被毁耕地累计1000余亩。

另外,采矿活动中废渣的不当堆放也为泥石流的形成提供了物源,如:北阳乡山头村北窑沟和庙口乡东场村柳树沟上游由于采石活动的废石堆放,形成泥石流隐患,对下游北窑村和东场村居民的生命财产安全构成威胁。

2.4 地面塌陷

本区地面塌陷分为两种类型:一是采煤引起的地面塌陷,二是采砂引起的地面塌陷。

采煤地面塌陷主要分布于鹤壁老区的山城区和鹤山区。目前,共有王间寨—赵荒、大湖—肥泉等14个大的塌陷区,形成大的塌陷坑17个,塌陷坑一般深3~5m,面积0.02~0.03km²,造成大量房屋开裂、农田被毁、交通设施被破坏等。如:鹤山区鹤壁集乡东头村苹果园地面塌陷(二矿采煤),开始于20世纪70年代,塌陷最大深度约3m,分布面积

0.03 km²,影响耕地115亩,目前基本处于稳定状态;山城区鹿楼乡故县村采煤塌陷开始于1996年,目前塌陷面积约0.06 km²,塌陷深度3 m,毁坏耕地120余亩,塌陷坑仍处于发展之中;山城区鹿楼乡马庄—前罗村地面塌陷(五矿采煤),开始于1985年,目前塌陷坑长200 m、宽120 m,面积0.024 km²,塌陷深度达4 m,毁坏耕地130余亩,阻塞该处公路交通数天。另外,还有鹿楼乡小湖村地面塌陷、鹤壁集乡古楼村地面塌陷(一矿)、鹤壁集乡南街村地面塌陷(二矿)等十多个大的塌陷坑等。此外,鹤壁原有小煤矿222个,已经废弃的或正在开采的小煤矿也是产生塌陷的重要原因之一,如鹤山区鹤壁集乡张六沟村,处于老东方红煤矿的采空区内,塌陷使该村40余户居民房屋不同程度毁坏。

在淇县北阳乡、铁西区等地,20世纪90年代采砂活动剧烈,造成不同程度的地面塌陷现象,如:铁西区小马庄村,在0.375 km²的土地上有大小塌陷坑30余个,直径2~20 m,深度10~20 m,造成该处180余亩耕地无法正常耕作。此外,还有北阳乡的北阳村、上庄村、南山门口村等,有大小塌陷坑123个,影响600余亩耕地无法正常耕种[1]。

2.5 地裂缝

本区地裂缝分采矿塌陷式地裂缝及膨胀土式地裂缝。

采矿塌陷式地裂缝主要系采煤塌陷所致,常与采空塌陷相伴而生。在明显采煤塌陷坑周围,不同程度地存在着地裂缝,其分布及危害亦与采空塌陷大致相同。如鹤壁集乡西街村南地裂缝(二矿采煤),近平行排列10余条,长50~100 m,宽0.2~1.0 m,裂缝间距10~15 m,影响耕地近20余亩。此外,还有鹤壁集乡豆马壮东南地裂缝、姬家山张沟西北地裂缝、庞村镇下庞村西北黑山头地裂缝等。

膨胀土遇雨水膨胀变形也可引起地表裂缝,进而引起居民房屋裂缝或者地表裂缝。如浚县屯子镇的原厚、徐化庄、大屯、余营、西阳涧一带分布膨胀土,雨水入渗导致地基土膨胀变形,居民房屋墙体裂缝现象普遍,裂缝宽度一般在1~2 cm,个别裂缝宽度达5 cm,影响居民的正常居住生活。淇河宾馆停车场2001年出现地裂缝,裂缝长15~30 m,宽0.2~0.5 cm,分布在南北长130 m,东西宽30 m的范围内,影响了停车场的正常使用。

3 地质灾害易发区分区和防治分区

3.1 地质灾害易发区分区

根据地质灾害调查与区划成果资料,结合全市地质、地貌特征、现有灾害点分布密度、地质环境条件差异性等条件,将全市划分为3个地质灾害高易发区,2个地质灾害中等易发区,1个地质灾害低易发区。地质灾害易发区分区见表1。

3.2 地质灾害防治分区

根据全市地质灾害形成的地质环境条件、地质灾害的分布和易发程度,结合当地经济与社会发展规划等因素进行综合分析,并结合全市国民经济和社会发展规划,将全市划分为3个地质灾害重点防治区、2个地质灾害次重点防治区、1个地质灾害一般防治区。地质灾害防治规划分区见表2。

表 1　鹤壁市地质灾害易发区分区

| 易发分区 | | 行政区划 | 面积(km²) | 地质环境背景 | 地质灾害类型 | 威胁对象 |
名称	代号					
鹤壁矿区地面塌陷地质灾害高易发区	A₄	山城区、鹤山区、淇滨区	142	本区属于鹤壁市煤矿采空区,地表多为上新近系和第四系,海拔多在 150~200 m	地面塌陷、地裂缝	居民点、耕地、工程设施
淇县西部山区及淇河两岸崩塌、滑坡、泥石流地质灾害高易发亚区	A₃	淇县西部山区、大河涧和上峪淇河两岸	315	地貌类型为低山区和丘陵区,地形复杂,沟谷深切,山坡坡度一般大于30°,相对高差一般在300 m左右	崩塌、滑坡、泥石流	居民点、耕地、工程设施
北阳地面塌陷高易发亚区	A₄	淇县北阳乡	54.44	本区属采砂采空区,地表多为第四系,海拔多在 100~150 m	地面塌陷	耕地
淇滨、山城、鹤山西部基岩山区及山前丘陵崩塌、滑坡、泥石流地质灾害中等易发区	B₃	山城区、鹤山区、淇滨区、淇县	241	基岩山区及山前丘陵地带,为构造抬升区,地层岩性主要为寒武、奥陶系灰岩,海拔200~500 m	崩塌、滑坡、泥石流	居民点、耕地、公路
东部浚县采石崩塌中等易发区	B₁	浚县	16.42	本区为浚县的象山等3处采石场,岩性为寒武系灰岩	基岩崩塌	采矿设施及人员
山前倾斜平原及东部冲积平原地质灾害低易发区	C	浚县、山城区、淇滨区、淇县	1 413.14	分布于石林乡以东地带和京广铁路以东的广大平原地区	膨胀土引起的地裂缝、沟谷边缘的小型崩塌	居民点、耕地、公路等

表2 鹤壁市地质灾害防治规划分区

防治规划分区		行政区划	面积（km²）	地质环境背景	威胁对象	地质灾害基本防治措施
名称	代号					
淇河两岸以崩塌、滑坡为主的重点防治区	I₁	淇滨区、淇县	41.26	基岩山区及山前丘陵地带，为构造抬升区，地层岩性主要为寒武、奥陶系灰岩，海拔150~500 m	居民点、耕地、公路、旅游设施等	地面塌陷：裂缝填埋、土地复耕、危险居民搬迁
鹤壁矿区以地面塌陷为主的重点防治区	I₂	山城区、鹤山区、淇滨区	142	本区属于鹤壁市煤矿采空区，地表多为上新近系和第四系，海拔多在150~200 m	居民点、耕地、工程设施	崩塌：防护、清理危岩、危险时段避让
淇县北阳—庙口段以泥石流为主的重点防治区	I₃	淇县	70.69	西侧为基岩低山，东部为倾斜平原，地形标高100~300 m。岩性基岩山区为寒武、奥陶系灰岩及元古界的石英砂岩，倾斜平原为近、现代的冲洪积松散堆积物	居民点、耕地、公路、南水北调干渠、107国道、京广铁路等	滑坡：排水、裂缝填埋、监测、治理
淇县—山城—鹤山西部基岩及浅山丘陵以崩塌、滑坡、泥石流为主的次重点防治区	II₁	山城区、鹤山区、淇滨区、淇县	396.50	西部基岩山区及浅山丘陵区。地形标高一般在200~700 m。地层主要为寒武、奥陶系灰岩和局部的新近系黏土岩	居民点、耕地、公路、旅游线路等	泥石流：控制物源、护岸、危险住户搬迁、流域治理
浚县采石场以崩塌为主的次重点防治区	II₂	浚县	16.42	为浚县的象山等3处采石场，岩性为寒武系灰岩	采矿设施及采矿人员	膨胀岩土：处理地基时挖方换土
山城区以东岗丘平原和东部平原一般防治区	III₁	淇县、浚县、山城	1 495.59	山城区以东岗丘平原及淇县、浚县的冲积平原，地形平坦	居民	

4 地质灾害的防治对策

结合鹤壁市的实际,地质灾害问题的防治应遵循自然规律,以规范人类行为为主,坚持"预防为主,防治结合,全面规划,综合治理"的原则,因地制宜地采取有效的防治措施。

(1)突出"以人为本"的原则,以突发性致灾地质灾害为重点,建立群策群防的地质灾害监测预警系统。

(2)建立规范的建设用地地质灾害危险性评估制度。在新的工程建设选址时,必须对工作区进行建设用地地质灾害危险性评估。

(3)各级政府要加大地质灾害防治工作的宣传力度,并对相关人员进行专业技术培训。

(4)对于受到地质灾害严重威胁并且治理难度大、治理费用高昂的地区,采取搬迁避让措施。

(5)建议在滑坡的防治中推行"滑坡监测为首、排水预防为主、工程结构治理为辅、实现预测预警与科学决策"[2]的新技术路线。

(6)对受到地面塌陷和地裂缝影响的建筑物进行加固,对重要建筑群、道路及不适合搬迁的居民点、城镇、工业区预留安全煤柱,划定禁采边界。

(7)对已形成的沉陷区、裂缝综合治理,因地制宜开展土地复垦工作。如充填覆土复耕,挖深垫浅,改造为鱼塘,发展水产业或修建休闲游乐场所等[3]。

5 结　语

鹤壁市的地质灾害问题,制约了鹤壁经济和社会的可持续发展,危害着人民群众生命财产的安全。建议各级政府部门重视地质灾害问题的危害,加强对地质环境的合理利用和保护,针对目前比较突出的地质灾害问题,采用多种措施分步骤、分阶段、有重点地改善地质环境。

参 考 文 献

[1] 马喜,田东升,赵承勇,等.鹤壁市地质灾害防治规划[R].河南省地质环境监测院,2006.
[2] 李世海,李晓,魏作安,等.滑坡灾害防治的新技术路线及分析[J].中国地质灾害与防治学报,2006,17(4):1-4.
[3] 吴国昌,甄习春,等.河南省矿山环境问题研究[M].北京:中国大地出版社,2007.

Geological Hazard Present Situation of Hebi City and Prevention Research

Yang Jinchao[1]　　Ma Xi[1]　　Bai Xuemei[2]

(1. Geological Environment Monitoring Institute of Henan Province, Zhengzhou　450016;

2. No. 1 Geological Investigation Brigade, Henan Bureau of

Geological Exploration and Mineral Development, Luoyang　471023)

Abstract:There are complicated geology entirnment conditions in Hebi, and there are many geological structures, and there are more and more influence on geological environment from various human operations. All these result in many kinds of geological hazards often occuring, main geological hazard issues are dilapidation, landslip, land subsidence, swelling soil, geofracture. These hazards brought more personnel casualty and great economic loss. And they are threatening security of mass and property. Base on geological hazard present situation, degree subarea of geological hazard degree of a easily happening and prevention subarea are put up, and prevention countermeasures are put forward.

Key words:geolocial hazard, prevention research, Hebi City

河南淅川地质灾害发育规律及其与断裂构造关系探讨

杨军伟　黄景春　魏玉虎　刘　磊

（河南省地质环境监测院，郑州 450016）

摘　要：文章着重论述了淅川县崩塌、滑坡、不稳定斜坡、泥石流、地面塌陷等主要地质灾害发育现状及其发生和发展的地质环境背景，在此基础上，对地质灾害的发育分布规律进行了综合分析，并从地质构造角度，探讨了断裂、褶皱、断陷盆地对地质灾害发育分布的影响和控制作用。

关键词：淅川县；地质灾害；发育规律；构造；关系

1　引　言

淅川县位于河南省西南，豫、鄂、陕三省结合部。县境东北两面与河南省邓州、内乡、西峡相接，西与陕西省商南相连，南与湖北省郧县、光化、均县毗邻。地理坐标：东经 110°58′~111°05′，北纬 32°55′~33°23′。总面积 2 798.4 km²。辖 12 镇 4 乡 517 个行政村，总人口 71.87 万人。国道 G209 从县境西部穿过，和省道 S335、S332 构成境内主要交通框架，乡镇之间公路畅通，交通较为便利。

县境地处秦岭支脉伏牛山南麓山区，总体地势由西北向东南倾斜，西北部为低山区，中部为丘陵区，东南部为岗地及冲积平原区（见图 1）。境内海拔 120~1 086 m。

县境属北亚热带季风型大陆性气候，多年平均气温为 15.8 ℃，极端最高气温 42.6 ℃，最低气温 -13.2 ℃；年平均降雨量 797.8 mm，最大年降雨量 1 423.7 mm，最小年降雨量 391.1 mm，6~9 月降雨量占年均降雨量的 59.8%。降雨特征主要表现为西北多、东南少，山区多、丘陵和平原区少。境内主要河流有丹江、鹳河、淇河、刁河，属长江流域汉水水系。境内最大的地表水体为丹江水库，现水域面积 365.6 km²，库容 81 亿 m³。

县境内前人曾做过大量基础性地质工作，地质调查成果主要有：原河南省地质局 1965 年完成的《1：20 万内乡幅地质图及说明书》及 1976 年完成的《1：5 万河南省西峡、淅川、内乡一带区域地质调查报告》，对县境内地层、地质构造做了详细论述；原河南省地矿厅第二水文地质工程地质队 1994 年完成的《1：20 万内乡幅区域水文地质普查报告》，对县境内区域水文地质和工程地质条件进行了详细阐述；河南省地质调查院 2000 年编制的《1：50 万河南省地质图及说明书》，对淅川县境内的地层及时代进行了重新对比划分，对

基金项目：中国地质调查局地质调查资金项目（1212010540712）。

作者简介：杨军伟（1972—），男，工程师，从事水文地质、工程地质和环境地质研究工作。

地质构造进行了概述。本文基于前人的大量基础性工作,通过实地调查研究,分析了淅川县地质灾害发育分布的基本规律,并初步探讨了构造对地质灾害的影响与控制作用。

2　地质环境条件

淅川县地质构造复杂,地形起伏较大,属地质灾害易发区。近年来,县境多发地质灾害,对人民生命财产造成了较大损害。

根据河南省地层综合区划,淅川县属扬子地层区南秦岭分区淅川小区[1]。境内地层发育较齐全,从古元古界到新生界地层大部都有出露。县境北部分布有多期次、不同规模的岩浆岩体。按境内岩土体成因及工程地质特征分为侵入岩组、变质岩组、碳酸盐岩组、碎屑岩组、松散土体五个工程地质岩组(见图1)。其中变质岩组及碎屑岩组分布区地质灾害多发。

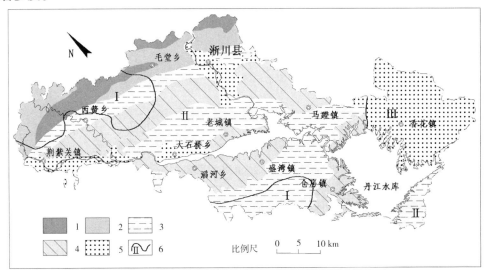

1—块状坚硬花岗闪长岩、花岗岩侵入岩组;2—片状、块状坚硬片麻岩、片岩变质岩组;

3—中厚层坚硬灰岩、白云岩碳酸盐岩组;4—中细粒层状较坚硬粉砂岩、泥岩、黏土岩碎屑岩组;

5—亚黏土、亚砂土、砂、砂砾石多层土体;6—地貌分区:Ⅰ—低山区,Ⅱ—丘陵区,Ⅲ—岗地及冲积平原区

图1　淅川县地貌及工程地质岩组分区图

淅川县地处扬子板块的北部边缘,华北板块与扬子板块碰撞接触带南侧。受板块运动的作用,境内经历了多次构造运动,形成了复杂的地质构造。区内构造线方向大体呈北西—南东向展布。由于长期受到近南北向水平应力的挤压,境内褶皱大部倒转,断裂力学性质复杂,挤压破碎带十分发育,规模大,连续性强,延伸远[1,2]。境内北部还伴随有多期次岩浆岩侵入,而使构造显得破碎和复杂化。

县境内主要断裂构造:①新屋场—田关断裂带(F_1),呈北西向展布于新屋场、小陡岭、碾盘沟、中蒲堂至肖山一带。断裂带由十余条斜列、平行断续分布的长度2~14 km不等的压性或压扭性断层组成,波及宽度0.5~1.5 km。沿断层面发育宽数米至数十米的碎裂和糜棱岩,两侧岩石破碎[2]。②淅川—黄风垭断裂带(F_2),展布于石门、前湾、石槽沟、孤山一带。由一系列平行断续分布的长度4.5~50 km不等的压性、压扭性或张性断层组成,波及宽度1~2.5 km。沿断层面发育宽数米至百余米的碎裂和糜棱岩,次级断裂发育,断层两侧岩石破碎[2]。③荆紫关—寺湾—老城—香花断裂带(F₃),由多条小断层组成,沿丹江断续展布于荆紫关、寺湾、老城至香花北部,走向北西[3]。主要褶皱构造:①荆紫关—师岗复向斜(P₁),位于荆紫关、上集至内乡师岗一带,南翼次级褶曲发育,北翼地层产状普遍倒转[3]。②大龙山—四峰山复背斜(P₂),位于丹江以南大龙山一带,由一系列次级褶曲组成[3]。另外,沿丹江及丹江库区,为中新生代构造运动形成的长条形断陷盆地,主要包括丹江盆地和李官桥盆地[3](见图2)。

新构造运动在县境内主要表现为以地壳垂直运动为主的差异升降:西北部山区持续抬升,遭受侵蚀、剥蚀,冲沟深切,沟坡陡立,多呈"V"形谷;东南部相对稳定,接受新生代河流相、湖沼相及山麓洪积的陆源碎屑沉积[3]。淅川县为地震多发区,根据《中国地震动参数区划图》(GB 18306—2001),淅川县属地震基本烈度Ⅴ–Ⅵ度区。

3 地质灾害现状

根据2005年开展的淅川县地质灾害调查与区划成果,目前县境内存在地质灾害及隐患点200处,包括崩塌91处、滑坡55处、泥石流沟4条、不稳定斜坡47处、地面塌陷3处。并已造成12人伤亡,直接经济损失911.3万元,现威胁人口6 811人,威胁资产16 032万元[4]。崩塌、滑坡、不稳定斜坡是县境内主要的地质灾害及隐患类型。

(1)崩塌:调查发现崩塌灾害及隐患共计91处,其中土质崩塌37处,基岩崩塌54处,规模除1处为中型外其他均为小型。分布遍及11个乡镇,丹江以北、鹳河以西发育较密集。区内崩塌主要发生于民居周围、交通线侧壁、矿山采场等人为切坡形成的陡崖处。目前,崩塌灾害已造成直接经济损失166.6万元,仍对950人、10 652万元财产构成威胁。

(2)滑坡:境内共调查滑坡55处,其中岩质滑坡13处,土质滑坡42处。13处为中型滑坡,42处为小型。主要分布于低山丘陵区的乡镇。土质滑坡岩性主要为第四系残坡积碎石土。岩质滑坡岩性主要为黏土岩、泥岩、粉砂岩、片麻岩、片岩类等。滑坡平面形态以圈椅形、舌形、矩形为主,剖面形态多为直线及台阶形。滑坡灾害现已造成直接经济损失284.7万元,仍对2 168人、1 987.2万元财产构成威胁。

(3)不稳定斜坡:调查发现47处,分布于低山丘陵区的大部分乡镇。区内不稳定斜坡以土质为主,次为岩质。形成条件与滑坡类似。区内不稳定斜坡坡面或坡顶均发生过或目前仍存在拉张裂缝等变形迹象,其发展为滑坡的可能性较大。现威胁2 773人、2 147.2万元财产安全。

(4)泥石流:共调查泥石流沟4条,分布于盛湾镇阴坡沟、寺湾镇葛藤沟、西簧乡樟花沟、荆紫关镇吴家沟。4处泥石流主要为河谷型水石流,规模为小型,低易发。泥石流灾害现已造成直接经济损失244万元,仍对815人、850万元财产构成威胁。

(5)地面塌陷:调查发现3处,均为小型采空塌陷。集中分布于马蹬镇关防村、云岭村、葛家沟村带状区域。现已造成直接经济损失216万元,仍对105人、396万元财产构成威胁。

4 地质灾害发育分布规律

经过野外实地调查及对调查成果的整体分析研究,发现淅川县地质灾害发育分布具有以下特点。

4.1 地质灾害的分布受地形地貌控制

淅川县总体地势由西北向东南倾斜,地貌类型由低山、丘陵逐步过渡到岗地及冲积平原。调查发现的 200 处地质灾害及隐患点,其分布具有明显的地域性特点,主要表现为分布密度大小与地形变化趋势相匹配,由西北向东南逐渐减小。西北部的低山丘陵区,包括荆紫关镇、西簧乡、寺湾乡,445 km²(占全县总面积的 15.9%)的范围内分布有地质灾害及隐患点 90 处,其中包括滑坡 21 处、崩塌 46 处、不稳定斜坡 21 处、泥石流 2 处。中部丘陵区,包括 10 个乡镇,面积 1 562 km²(占全县总面积的 55.8%),分布地质灾害隐患点 110 处,包括崩塌 45 处、滑坡 34 处、泥石流 2 处、不稳定斜坡 26 处、地面塌陷 3 处。东南部岗地及冲积平原区仅存在膨胀土危害和局部河流塌岸现象。

4.2 地质灾害的分布受地层岩性及其工程地质特征影响

地层岩性是地质灾害产生的物质基础[5]。从地质灾害点的分布情况来看,地层岩性、产状及工程地质特征控制着地质灾害的分布:在古元古界片麻岩等变质岩类分布区,上古生界和中生界及新生界泥岩、粉砂岩、黏土岩等碎屑岩类分布区,地质灾害点分布密度较大,为地质灾害多发区。

地层岩性及工程地质特征对地质灾害的影响主要表现在两个方面:一为上述岩类工程地质特性较差,岩体力学特性不均一,呈薄层状或互层状,层间多存在软弱夹层,节理、裂隙发育,在降雨及其他不利因素综合作用下,易沿层面发生崩塌、滑坡等地质灾害;二为这些岩体的抗风化、抗融冻等自然营力特性较差,坡面、坡脚、山洼较易形成厚度较大的残坡积层,因土体、岩体存在的透水性差异等因素,易沿风化层与新鲜基岩接触面发生崩塌、滑坡等地质灾害。

5 降雨、工程活动对地质灾害发育程度的影响

5.1 地质灾害发生频率随年降雨量、汛期降雨量大小相应变化

降雨是诱发地质灾害的主要因素之一。通过调查各灾害点的发生发展历史,结合淅川县气象资料,可看出地质灾害发生频率有随年降雨量、汛期降雨量大小变化呈相应的高低变化的趋势。淅川县现有的气象资料表明,在 1958 年、1964 年、1979 年、1981 年、1996 年、2000 年、2003 年等年份,年降雨量均在 900 mm 以上,尤其汛期降雨量偏大,地质灾害在这些年份呈高发状态。如 2003 年,年总降雨量 950 mm,其中汛期降雨量 680 mm,发生明显变形或造成损失的地质灾害及隐患点就有 30 余处。另外,通过统计,在调查的灾害点中,绝大多数发生在汛期 6 ~ 9 月,特别是在暴雨、久雨的气象条件下,灾害更呈集中暴发的态势。

5.2 区域人类工程活动强度决定地质灾害的发育程度

通过调查和分析地质灾害隐患点的成因,发现其均和人类工程活动密切相关,许多灾害点的诱发因素主要为不合理的工程活动,并且明显呈现出人类工程活动强度大的区域,地质灾害发生频率较高,反之则较小的特点。境内人类工程活动主要表现为公路修筑、民居建设、采矿活动、陡坡耕作等。地质灾害隐患点中崩塌、滑坡、不稳定斜坡点,主要分布在公路侧壁、村庄民房周围、矿山采场等,均和人为切削坡脚、削坡过陡而破坏坡体的自然

平衡状态以及植被破坏、采矿废料乱堆乱放等有关。如 G209 国道西簧段,公路沿淇河岸边通过切削陡坡坡脚修筑路基,切削坡面坡度多大于 70°,切削高度 10~40 m,且因岩体较为破碎,共造成崩滑隐患点 17 处,每年雨季均会发生规模不等的崩滑灾害。调查的 4 处泥石流隐患均和采矿废料沿沟谷乱堆放及陡坡开荒耕种、植被破坏有极大关系。调查的 3 处地面塌陷隐患全部因地下开采石煤矿所致。近年来,随着社会经济发展,交通工程、矿山开发工程、水利工程大量上马,人为地质灾害的发生频率呈逐年增加的趋势。

6 地质灾害分布与地质构造的关系

地质灾害的形成与地质构造之间存在密切的关系,在板块接触带等构造复杂区域,构造对地质灾害的控制作用尤其明显[5-7]。通过对淅川县地质灾害发育分布情况与境内地质构造特性及展布位置进行对比分析,得出两者之间有如下关系(见图 2)。

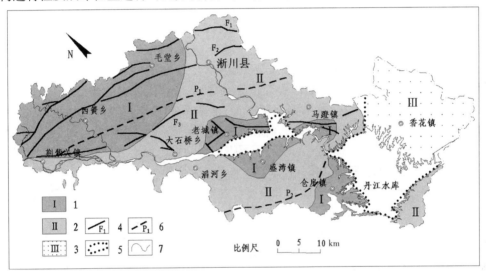

1—地质灾害高易发区;2—地质灾害中易发区;3—地质灾害低易发区;
4—断裂构造及编号;5—断陷盆地;6—褶皱构造及编号;7—发育程度分区线
图 2 淅川县主要地质构造及地质灾害发育程度分区图

6.1 断裂密集或交叉区域,地质灾害多发

在淅川县西北,包括荆紫关、西簧、寺湾、毛堂等乡镇,断裂分布较为密集,地质灾害呈整体多发状态。尤其在荆紫关北部大扒—菩萨堂—石门—双河村 12 km² 的块状区域,三条断裂带汇集于此,区内次级小断层众多,交叉发育,属性主要为压性、压扭性和张性,呈北西、北东向展布,多具有长期和多次活动特征。受断裂作用的影响,该区的地貌特征表现为山高谷深、沟壁陡立,地形变化悬殊。区内岩体破碎松散,岩层凌乱,断层碎裂岩、角砾岩十分发育,坡面上可见厚度较大且夹杂大小不等砾石的残坡积碎石土。这些特征决定该区坡体、岩体的稳定性较差,崩滑等地质灾害易发,调查该区集中分布崩塌、滑坡灾害及不稳定斜坡共 18 处。

另在西簧乡黑马庄—柳林—桃花带状区域,新屋场—田关断裂带的多条小断层平行通过,崩滑等地质灾害隐患亦呈集中分布状态。在寺湾和大石桥交界的陈家山—石燕岭块状区域,荆紫关—寺湾—老城—香花断裂带的数条断层在此交叉分布,地质灾害发育亦较集中。

6.2　地质灾害沿断裂带走向呈条带状分布

分析淅川县地质灾害的分布和三条主断裂带走向的关系,可看出地质灾害及隐患点基本沿断裂带走向呈条带状排列分布,特别在丹江库区上游北侧反映较为明显,反映了断裂构造对地质灾害的控制作用。断裂带内众多断层及次生小断层、褶皱等构造波及了两侧1~2 km的区域,不仅在断层带上对岩体造成破坏,改变了岩体产状、工程地质特征,还控制了区域内的小地形,使地形较周边起伏变大,坡度变陡。这些特征使崩塌、滑坡等地质灾害较周边易发。在G209国道西簧段,公路呈南北向沿淇河河谷切坡修筑,和新屋场—田关断裂带、淅川—黄风垭断裂带交叉路段,路侧切坡揭露多处断裂破碎带,破碎带宽度十余米到百余米不等,断裂带内主要为角砾岩夹杂碎石土,极松散。断裂破碎带岩体极差的工程地质特性决定了坡体的不稳定性,即造成了崩塌、滑坡等地质灾害及隐患。

6.3　荆紫关—师岗复向斜陡倾岩层大面积分布导致地质灾害多发

因长期构造作用,县境褶皱构造内岩层大多呈陡倾状态,垂直层面的张节理十分发育。荆紫关—师岗复向斜核部及两翼,岩层倾角一般为30°~80°。尤其在西段及北翼,岩层倾角普遍大于45°。陡倾岩层的大面积分布,在地形起伏较大的低山丘陵区,因有临空面的存在,特别因人为切削坡脚形成陡立面,而极易形成崩塌或顺层滑坡[8,9]。经调查,荆紫关—师岗复向斜分布区域内的崩滑灾害及不稳定斜坡共计50余处,或是岩体直接沿层面发生崩滑,或是岩体表面的残坡积层沿接触面发生崩滑或累进式的缓慢变形。

6.4　断陷盆地周边地质灾害多发

县境断陷盆地主要包括丹江盆地和李官桥盆地,形成于中生代的燕山运动,接受了晚白垩系及古近系地层的沉积,受北西和北东向应力的共同作用,断陷盆地下降,两侧丘陵山区抬升,盆地周边地层向盆地中央倾斜。在丹江盆地两侧,晚白垩系高沟组和马家村组地层(岩性为粉砂岩、泥岩等)产状北侧一般为220°∠23°、南侧为50°∠18°,李官桥盆地西侧古近系地层(岩性为黏土岩、泥岩、泥灰岩等)总体产状为70°∠20°。盆地边缘为丘陵沟谷地形,地形坡度在15°~30°,在面向盆地中央的坡面形成层状碎屑岩类的顺层坡,在其他不利因素的共同作用下,极易发生顺层崩滑等地质灾害[10]。从实际调查结果看,两盆地周边的老城镇块状区和滔河、盛湾北部、寺湾东南部白垩系地层分布区及仓房镇古近系地层分布区,崩塌、滑坡灾害点及不稳定斜坡分布密度较大。

7　结　语

地质灾害是地形地貌、地层岩性、地质构造、人类工程活动及气象条件等因素共同作用的结果。本文通过对淅川县地质灾害调查结果的整理分析,得出了淅川县地质灾害发育分布的一些基本规律,并从地质灾害与地质构造关系方面进行了初步探讨,分析了断裂、褶皱、断陷盆地等构造对地质灾害发育分布的影响及控制作用。因作者水平有限,文中有不当之处,请各位同行批评指正。

参　考　文　献

[1] 王志宏,关保德,王忠实,等. 阶段性板块运动与板内增生[M]. 北京:中国环境科学出版社,2000.

[2] 马冠卿,金守文,许炳华,等.1:5万河南省西峡、淅川、内乡一带区域地质调查报告[R]. 河南省地质
　　局区域地质测量队,1976.

[3] 梁坤祥,王现国,等.1:20万内乡幅区域水文地质普查报告[R]. 河南省地质矿产厅第二水文地质
　　工程地质队,1994.

[4] 杨军伟,刘磊,刘占时,等. 河南省淅川县地质灾害调查与区划报告[R]. 郑州:河南省地质环境监
　　测院,2005.

[5] 潘懋,李铁锋. 灾害地质学[M]. 北京:北京大学出版社,2002.

[6] 殷跃平,李媛. 区域地质灾害趋势预测理论与方法[J]. 工程地质学报,1996(4).

[7] 钟立勋. 中国重大地质灾害实例分析[J]. 中国地质灾害与防治学报,1999(3).

[8] 刘护军. 秦岭的隆升及其环境灾害效应[J]. 西北地质,2005(1).

[9] 张永双,曲永心,吴树仁,等.秦岭造山带工程地质研究导论[J]. 工程地质学报,2004(z1).

[10] 藤志宏,王晓红. 秦岭造山带新生代构造隆升与区域环境效应研究[J]. 陕西地质,1996(2).

Study on Distribution Features of Geological Hazards in Xichuan Country, Henan and their Relation to Fault Structures in the Region

Yang Junwei   Huang Jingchun   Wei Yuhu   Liu Lei

(Geological Environmental Monitoring Institute of Henan Province, Zhengzhou   450016)

Abstract: Based the data of major geological hazards such as rockfall, landslides, unstable slope, debris flow and ground subsidence in Xichuan Country, and the geological environment surrounding them, the paper does research on the distribution features of geological hazards, especially on the relation between geological hazards and geological structures, such as faults, folds and faulted basin.

Key words: Xichuan Country, geological hazards, distribution features, geological structure, relation

河南省荥阳市地质灾害影响因素浅析

徐振英

(河南省地质环境监测院,郑州 450016)

摘 要:河南省荥阳市地质灾害较发育,本文在对荥阳市地质灾害发育、分布特征调查的基础上,进一步对其地质灾害的影响因素进行分析,得出较长时间的降雨和境内矿产开发是荥阳市地质灾害的主要诱发因素,从而为荥阳市地质灾害防治与规划提供了科学依据和参考。

关键词:荥阳市;地质灾害;影响因素

1 引 言

荥阳市位于河南省中部,黄河南岸,面积为 955 km²。地理坐标:东经 113°09′ ~ 113°31′,北纬 34°36′ ~ 34°59′。北与温县、武陟隔黄河相望,西接巩义,南毗新密,东邻郑州,距省会郑州市仅 27 km。310 国道、连霍高速公路、陇海铁路、郑州西南绕城高速、郑西客运专线横贯全境,南水北调、西气东输在荥阳交会。

荥阳市南、西、北三面为低山丘陵环绕,中、东部为一开阔冲积平原,处于豫西黄土丘陵向豫东平原过渡地带。区内地层从中元古界至新生界发育较全,断裂构造发育。于是,这种特殊的地貌部位,复杂的地质环境背景,加之降水时段集中,以采矿为主的人类工程—经济活动较强烈,地质灾害时有发生并在一定程度上制约了社会经济的发展,并对部分居民、住房及交通存在潜在威胁。因此,有必要对荥阳市地质灾害现状进行调查,充分认识区域地质灾害发育分布特征,研究地质灾害影响因素,把握地质灾害的特征与规律,为地质灾害防治规划提供科学依据,确保人民生命和财产安全。

2 荥阳市地质灾害特征

2.1 地质灾害发育特征

荥阳市地质灾害按灾种划分有崩塌、滑坡、地面塌陷(及伴生地裂缝群)3 类,其中崩塌灾害占绝对优势,尤以土质崩塌居多。荥阳市共有地质灾害点 194 处,其中崩塌灾害点为 167 处,占地质灾害总数的 86%,地面塌陷、滑坡灾害点分别为 19 处和 8 处,分别占地质灾害总数的 9.8% 和 4.2% 。地质灾害规模以小型为主,次为中型。

崩塌多发生在黄土分布区,为荥阳市主要地质灾害类型。一般发生于坡度大于 60° 的黄土陡坡处,主要为坠落、倾倒式崩塌,其特点是突发性强、破坏速度快,易造成交通中断、摧毁房屋及较大的人员伤亡。区域崩塌发育具有以岩(土)体裂缝为依托,坡体变形为条件,各种裂缝渐次由隐到显,由里到外,发育时间集中,大多出现在雨季或雨后的特征。

滑坡,主要为滑移式滑坡,滑体以松散土体为主,基岩滑坡较少。斜坡体发生蠕变蠕滑一般持续时间较长,坡体变形征兆明显,具有可预报性。荥阳市雨量较充沛,岩土体吸收充足,雨水渗入到斜坡由缓变陡地带,内外应力失去平衡,岩土体产生局部位移,当蠕变加剧裂缝宽度由量的积累发展到质的飞跃时即发生滑坡。

地面塌陷数量较多,是区内重要的地质灾害类型之一。多数地面塌陷均为矿山过度开采形成的大面积采空区,在持续强降雨因素诱发下形成的。其影响范围广,造成损失大。

2.2 地质灾害分布特征

区域地质灾害在空间、时间分布方面表现出一定的规律。地质灾害呈散状遍布荥阳市 10 个乡(镇),各乡镇地质灾害分布不均。区域中北及西部黄土丘陵区的广武镇、高村乡、王村镇、汜水镇、高山镇,中部低山黄土丘陵区城关乡及乔楼镇的南部区域,南部中低山及山间凹地区的环翠峪风景区、刘河镇、崔庙镇、贾峪镇等为地质灾害易发区,区域中东部平原地带的乡(镇)地质灾害相对较少。

在地质灾害易发区的北、西及南部,依据不同灾种发育程度可划分出广武—汜水—高山镇崩塌、滑坡区,刘河—崔庙—贾峪镇地面塌陷区,环翠峪风景区及崔庙、贾峪镇南部崩塌滑坡泥石流易发区,地质灾害分布较为集中。在高程上,地质灾害分布具有相对集中特性,其主要分布在海拔 150 ~ 700 m 的范围,这一范围正是人类活动频繁的区域。

在时间分布特征方面,区内所发生的地质灾害多集中在每年的 6 ~ 8 月,其降水占全年降雨量的 55% ~ 60%。

3 地质灾害的影响因素分析

区域内地质背景复杂、地貌多样、新构造运动发育、地质灾害频发。地质灾害的发育与分布受地层岩性、地质构造、地形地貌、新构造运动、降雨、人类活动等因素的影响。

3.1 地质背景

区域地层为地质灾害的发育提供了物质基础。崩塌、滑坡主要发育在北、西部黄土丘陵、岗地区的第四系黄土类地层中,此区冲沟密布,黄土分布厚度大且垂直节理发育,具有质地均一、结构松散、大孔隙、抗剪强度和抗风化能力较低及湿陷性等特性,易造成崩塌、滑坡。而在南部中低山区地形陡峻、风化强烈的斜坡地带,由软弱塑性岩体组成斜坡,由于土石体的抗剪强度低,很容易变形和发生崩塌、滑坡、泥石流。

另外,在区域断裂带、构造转折部位以及岩层倾向较大变化处,岩石破碎,成土条件好,加上第四纪松散堆积物,从而为地质灾害的发育提供了物质基础。同时,在断裂带附近多新构造运动,新构造运动加剧了区域岩石的风化速度。

3.2 地形坡度

对区内的滑坡、崩塌等地质灾害点分布区域地形坡度进行统计表明:滑坡多发生在坡度 30° ~ 50° 范围内,崩塌多发生在 60° ~ 90° 陡峭斜坡上。野外调查所见滑坡发育地形多为民居周围和地形陡峻、风化强烈的斜坡地带,而崩塌则多发生在公路两侧以及居民地房屋后陡斜坡处。

3.3 降雨

荥阳市崩塌、滑坡等地质灾害多是暴雨,特别是长时间降雨引起的,其发生的时间比较集中,多分布在6~8月的雨季。据统计,荥阳市已发生的194处地质灾害中,有183处(94.3%)灾害点是在降雨过程中或者降雨后发生的,而其中尤以持续降雨最易诱发地质灾害,说明地质灾害发生时间与月平均降雨量表现出较强的相关性(见图1),这符合地质灾害发生的一般规律。

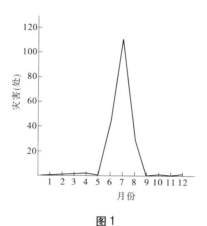

图1

3.4 人类活动

荥阳市人类活动对地质灾害的影响主要表现在对矿产资源的过度开采形成采空区,山区修路、采矿和建房等人工开挖破坏斜坡稳定性。地质灾害集中在海拔170~700 m的范围内以及地面塌陷均为开矿活动引起的,这些特征正是人类活动与地质灾害相关性的反映。

4 结 论

荥阳市地质灾害以崩塌为主、地面塌陷次之,灾害以中小型规模为主,灾害多集中在人口密集区,灾害造成的危害及其潜在威胁很大。地质灾害的主控因素是地层、岩性、构造、地形坡度,其诱发因素主要是降雨及人类活动,而尤以持久降雨和矿产开发为区域地质灾害的主要诱发因素。

信阳市地质灾害问题及防治对策

杨进朝[1]　冯胜斌[2]　张青锁[1]

(1.河南省地质环境监测院,郑州　450016;
2.中石油长庆油田分公司勘探开发研究院,西安　710021)

摘　要:信阳市地质环境条件复杂,构造发育,多种地质灾害频繁发生,主要的地质灾害问题有崩塌、滑坡、泥石流、地面塌陷、地裂缝、膨胀土,这些地质灾害问题制约了该市地方经济和社会的可持续发展,城市发展也为此付出了较大的代价。这些地质灾害问题均可通过有效的防治措施避免、减轻或得以治理,从而恢复其良好的地质环境。

关键词:地质灾害;防治对策;信阳市

1　引　言

信阳市位于河南省南部,辖2区8县,国土面积18 915 km²,全市人口783.74万人,是中国著名的历史古城、文化名城和茶都,有着丰富的矿产资源和旅游资源。信阳处于亚热带向暖温带过渡区,季节气候明显,又兼有山地气候特点。光照充足,雨量丰沛,气候温暖湿润。地貌类型以山地丘陵为主,地质构造条件复杂,近东西向、北西向和北东向断裂构造发育,是河南省地质灾害易发区之一。同时,人类工程活动对地质环境的影响较为强烈,主要表现为矿产开采、修筑道路、水利工程建设、城乡建设、旅游开发等。特别是近年来人类经济工程活动强度加大,崩塌、滑坡、泥石流、地面塌陷、地裂缝等地质灾害时有发生,且局部地段灾情严重,给国民经济建设及社会安定造成了一定的危害和影响。

据截至2006年底的调查资料,辖区范围内共发现地质灾害点及隐患点共计479处,其中崩塌99处、滑坡344处、泥石流18处、地面塌陷12处、地裂缝6处、膨胀土分布区1 070.6 km²。据不完全统计,20世纪中期以来,全市共发生较大规模的突发性地质灾害200余起,造成直接经济损失近8 355.67万元,伤亡46人。目前尚存在重大地质灾害隐患点132处[1]。地质灾害已经成为影响信阳市社会稳定和经济发展的重要制约因素之一。

2　主要地质灾害及其危害

2.1　崩塌

崩塌是本区主要地质灾害之一,目前共发现崩塌灾害点99处,中型6处、小型93处。

基金项目:信阳市国土资源局《信阳市地质灾害防治规划(2007—2020年)》项目。

作者简介:杨进朝(1970—),男,河南洛阳人,工程师,硕士,从事地质灾害调查与防治工作。

按物质构成可分为岩质崩塌和土质崩塌两类。

岩质崩塌主要分布于光山、罗山、新县、商城等地基岩山区,由于地形陡峭,沟谷纵横,地质构造复杂,岩体风化强烈,节理裂隙发育,人类工程活动较强烈,崩塌灾害较为发育。该类崩塌灾害一般发育于自然沟谷侧壁、矿区采场边缘、居民房前屋后及交通线路两侧。成因类型主要为自然降雨型和风化剥蚀卸荷型,次为人工挖掘型或爆破型。土质崩塌主要分布于浉河区、平桥区、罗山、光山等地,集中发育于河流沿岸和山地丘陵区的厚层黏性土覆盖区,尤其道路两侧和居民房前屋后切坡处是土质崩塌产生的主要场所,其成因类型以自然降雨型、人为挖掘动力型为主,次为河流沟谷侧蚀型。一般规模较小,突发性强,破坏性较大,易造成人员伤亡和财产损失。如1970年7月,商城县长竹园乡百战坪村崩塌,导致2人死亡,直接经济损失0.45万元[2]。

2.2 滑坡

滑坡主要分布于辖区内南部山区。目前共发现滑坡灾害及隐患点344处,按规模分为巨型1处、大型1处、中型9处、小型333处。规模一般为数千至数万立方米不等。按物质组成可以分为岩质滑坡和土质滑坡两类。

(1)岩质滑坡:主要分布于南部基岩山区,光山、新县、商城等地较集中。多发育于矿区采场高陡边坡、公路沿线两侧边坡及居民房前屋后切坡处等场所。如2003年7月商城县长竹园乡汪冲村朝阳小区发生岩质滑坡,导致3人死亡,直接经济损失1.6万元[2]。

(2)土质滑坡:土质滑坡主要分布于罗山、光山、新县、商城等低山丘陵区,成分多为碎石土,一般发生于松散坡积层与基岩接触带。如1992年9月新县沙窝镇杨畈村发生滑坡,造成2人死亡,11人受伤,毁坏1间房屋[3]。

2.3 泥石流

泥石流主要分布于中低山区,此类灾害共发现18处,大型3处,中型1处,小型14处。以罗山、新县、商城、光山等地较为集中,具有突发性强、破坏性大之特点。常造成较大人员伤亡和巨大的经济损失,危害程度一般为重大级、特大级。区内泥石流沟一般沟谷深切,沟床纵坡比降大,固体物源主要为自然堆积和采矿弃体等。大的降雨和人为活动为主要引发因素。如光山县马畈镇1975年以来发生的泥石流,毁坏房屋844间,吞没良田8 589亩,冲毁桥梁4座,伤亡人数16人,损失牲畜213头,直接经济损失达2 360万元[4]。

2.4 地面塌陷

本区地面塌陷类型主要为采空塌陷。

采空塌陷主要因地下采矿引起顶板冒落而致。此类灾害共发现12处,中型4处,小型8处。主要分布于平桥区、罗山、光山等地下采矿活动集中地区。规模一般较小,危害范围小,常造成塌陷区内房屋、公路及其他工程设施开裂、破坏土地资源,严重时造成房屋倒塌和人员伤亡。如平桥区的邢集镇高堰村晏庄地面塌陷,造成70间房屋不同程度的裂缝,部分住户搬迁,塌陷坑目前尚未稳定,现威胁人口67人[5]。

2.5 地裂缝

信阳市的地裂缝依成因可分为构造地裂缝、地面塌陷伴生地裂缝、膨胀土胀缩作用形成的地裂缝。

1974年7~10月,在息县、潢川、光山、商城、固始、淮滨向东一直到安徽省部分地区发生大面积地裂缝。形成潢川—固始地裂缝带,南北宽70 km,东西长200 km,面积达14 000 km²,引起7 000余间房屋裂缝。1975年和1976年,潢川、固始等县地裂缝继续活动并有发展。在1987年以后,潢川、固始一带地裂缝又有活动,使已经弥合的原地裂缝引起的房屋裂缝和砖柱扭动又开始裂开并加剧发展。该地裂缝带位于山前倾斜平原区,与山体上升形成的一种掀斜构造活动有关。此地裂缝为构造地裂缝[1]。

地面塌陷伴生地裂缝主要分布在平桥区、罗山、光山等地下采矿活动集中地区,与地面塌陷伴生,规模一般不大。

目前共发现由膨胀土胀缩作用形成的地裂缝6处,规模均为小型。地裂缝主要对耕地、民房及其他基础设施造成危害。裂缝一般长10~100 m,宽0.05~0.2 m,深0.5~2.0 m。

2.6 膨胀土

膨胀土主要分布在罗山县、光山县和固始县的中北部,面积1 070.6 km²,膨胀土的主要矿物成分为蒙脱石、伊利石、高岭石等,这几种矿物亲水性强,遇到降雨或地下水具有膨胀性,失水时具有收缩性。因此,降雨、地下水位变化是膨胀土胀缩的重要因素。膨胀土胀缩共造成60 628户居民房屋不同程度受损,直接经济损失4 082.5万元。

3 地质灾害问题的防治对策

结合信阳市的实际,地质灾害问题的防治应遵循自然规律,以规范人类行为为主,坚持以"预防为主,防治结合,全面规划,综合治理"为原则,因地制宜地采取有效的防治措施。

3.1 预防措施

(1)针对信阳市地质灾害的特点,按照省国土资源厅的部署,加快全市的地质灾害调查与区划工作和地质灾害监测预警系统的建设。对调查发现的每一灾害隐患点,地方政府应指派当地人员按照相关要求实施监测。突出"以人为本"的原则,以突发性致灾地质灾害为重点,建立群策群防的地质灾害监测预警系统。2010年以前,完成地质灾害严重的新县、商城、罗山、光山、固始、平桥区、浉河区等地群测群防网络建设,建立比较完善的汛期地质灾害专门气象预警、预报系统,结合气象因素在全市范围内对地质灾害可能发生的区域、类型、危害等级等进行适时预报,及时为政府和公众提供该类信息服务。

编制年度防灾预案,做好临灾预报,增强应急反应能力。一旦遭遇险情,及时组织对危险区内的居民进行疏散、撤离,确保人民生命财产安全。

(2)建立规范的建设用地地质灾害危险性评估制度。在新的工程建设选址时,必须对工作区进行建设用地地质灾害危险性评估。工程建设尽可能避开、远离地质灾害易发区或危险区地段。对于受到地质灾害威胁的村庄、居民区、建筑物,尽快制订防治方案,并付诸实施。

(3)各级政府要加大地质灾害防治工作的宣传力度,并对相关人员进行专业技术培训。采取多种形式,扎实细致地做好宣传教育工作,让广大干部群众掌握有关地质灾害防治的基本知识和基本技能,增强防灾减灾意识,提高抗灾能力。建议国土资源部门在重要地质灾害隐患点附近设置警示牌,提示附近居民和过往行人车辆注意避让。

(4)对于受到地质灾害严重威胁并且治理难度大、治理费用高昂的地区,采取搬迁避让措施,包括新县沙石镇沙石初中、商城县吴河乡陈洼村吴小塆、新县千斤乡东湾村、新县沙石镇汪冲村、罗山县周党镇雷畈村。

3.2 治理措施

对滑坡、崩塌、水土流失等地质灾害的治理措施主要是生物措施和工程措施。生物措施是植树造林,提高森林覆盖率,固土防滑,抑制滑坡的发生和发展,防止水土流失。对威胁城镇和重大工程措施的地质灾害,应及时采取排水、拦挡、锚固等工程措施进行治理,防止灾害发生酿成重大灾害事故[6]。

滑坡是信阳市的主要地质灾害类型,占全部地质点和地质灾害隐患点的72%,建议在滑坡的防治中推行"滑坡监测为首、排水预防为主、工程结构治理为辅、实现预测预警与科学决策"的新技术路线。滑坡监测是地质灾害预测预报的必要手段,是提高排水工程可靠度以及工程治理方案设计的重要参考依据,是实施科学决策的组成部分;排水工程不仅是滑坡预防的主要措施,也应当是工程治理的主要手段。它以低成本换取山体中大范围强度提高,与高投入获得局部强度提高的工程结构治理相比更值得广泛采用。排水治理工程的可靠度完全可以通过实施监测地下水位等加以控制。科学决策要基于科学的监测数据和可靠的分析方法,而不能仅依赖于专家的经验[7]。

对于严重威胁人民生命财产安全或重要交通干线,尚处于不稳定状态的重大地质灾害隐患点应于近期安排首先治理,包括新县新集镇滑坡群、新县泗店乡京九采石厂滑坡。

4 结 语

信阳市的地质灾害问题,制约了信阳经济和社会的可持续发展,危害着人民群众生命财产的安全。但这些地质灾害问题均可通过有效的防治措施,避免、减少或得以治理。建议各级政府部门重视地质灾害问题的危害,加强对地质环境的合理利用和保护,针对目前比较突出的地质灾害问题,采用多种措施分步骤、分阶段、有重点地改善地质环境。

参 考 文 献

[1] 张青锁,杨进朝,赵新,等.信阳市地质灾害防治规划[R].信阳市国土资源局,河南省地质环境监测院,2007.

[2] 戚赏,郭功哲,豆敬峰,等.河南省商城县地质灾害调查与区划报告[R].河南省地质环境监测院,2005.

[3] 梁会娟,杨勇,贾秀阁,等.河南省新县地质灾害调查与区划报告[R].河南省地质环境监测院,2005.

[4] 田东升,张青锁,陈广东,等.河南省光山县地质灾害调查与区划报告[R].河南省地质环境监测院,2003.

[5] 郭功哲,豆敬峰,陈明宇,等.河南省信阳市平桥区地质灾害调查与区划报告[R].河南省地质环境监测院,2006.

[6] 罗树文,张林生.湛江市区环境地质问题及其防治对策[J].地质灾害与环境保护,2006,17(3):10-13.

［7］ 李世海,李晓,魏作安,等.滑坡灾害防治的新技术路线及分析[J].中国地质灾害与防治学报,2006,17(4):1-4.

Geological Hazard Issue of Xinyang City and Prevention Countermeasures

Yang Jinchao[1]   Feng Shengbin[2]   Zhang qingsuo[1]

(1. Geological Environment Monitoring Institute of Henan Province,
Zhengzhou   450016;2. Research Institute of Exploration and Development of
Changqing Oilfield Company,PetroChina,Xi'an   710021)

Abstract:There are complicated geology entironment conditions in Xinyang, and there are many structures. Many kinds of geological hazards Often occur, main geological hazard issues are dilapidation, landslip, land subsidence, geofracture , swelling soil. These issues heavily restrain the sustainable development of the city and bring great economic loss. However, these issues can be alleviated or avoided by means of effective prevention measures and by resuming a good geology environment.

Key words:geolocial hazard , prevention countermeasures, Xinyang City

沁阳市地质灾害发育特征及防治对策

井书文 李洪燕

(河南省地质环境监测院,郑州 450016)

摘 要:文章着重论述了沁阳市崩塌、滑坡、泥石流、地面塌陷等主要地质灾害发育现状;分析了它们发生和发展的地质环境背景,包括自然地理、地形地貌、地质构造、水文地质、工程地质条件;并研究了地质灾害发生的一些基本规律,从而为地质灾害防治工作提出了防治对策和防治建议。

关键词:沁阳市;地质灾害;发育特征;防治对策

1 引 言

沁阳市位于河南省西北隅太行山南麓,焦作市西南部,面积623.5 km²,包括4个办事处、6镇3乡,共329个行政村。沁阳市东与博爱毗邻,西同济源市接壤,南与温县、孟州相连,北部与山西省晋城市交界。沁河横贯市境,将全境分为南北两部。市区东距焦作市36 km,西距济源市30 km,南距洛阳市90 km,东南距省会郑州128 km,北越太行山79 km至山西晋城市。焦枝铁路、焦克公路、洛常公路、郑常公路、济温公路贯穿全境。

2 地质环境条件

沁阳市属暖温带大陆性季风气候区,四季分明。多年平均气温14.3 ℃,最高42.1℃,最低 – 18.6 ℃,多年平均降水量560.7 mm,年最高降水量853.5 mm(2003年),年最低降水量296.1 mm(1997年),降水时间、空间分布不均,由北向南,山区大于平原,夏季降水最多,平均降水301.1 mm,约占全年的52.2%,冬季降水最少,平均降水147.3 mm,约占全年的4.9%。

境内河流均属黄河水系,主要为沁河、丹河,以及仙神河、云阳河、逍遥石河等季节性河流。沁河是境内最大的河流,为黄河的主要支流之一,源于山西省沁源县霍山,经沁阳、博爱、温县至武陟流入黄河,境内河长35 km,流域面积313 km²。人工渠有广济渠、永利渠、广惠渠、丹西干渠、友爱河、丰收渠等。

沁阳市位于太行山南麓,地貌类型主要为山地、丘陵和平原,以山地和平原为主,其中山地面积158.2 km²,丘陵面积54.8 km²,平原面积410.5 km²。地形趋于北西高南东低。北部太行山地面高程200～1 000 m,地形陡峭,山峰连绵,高山峡谷,怪石嶙峋;南部平原地面高程120～150 m,地势平坦。

作者简介:井书文(1973—),男,工程师,从事地质灾害评估、调查及信息系统建设工作。联系单位:河南省地质环境监测院;联系地址:郑州市金水路18号;联系电话:0371 – 68108403。

沁阳市所处大地构造位置为华北地台、山西地台背斜太行山复背斜的东南翼。构造方向为东西向,向东逐渐转为北东向,岩层成单斜构造,无岩浆岩,褶皱不发育,局部构造形态以断裂为主。断裂构造发育,分为两组,以东西向断层为主,次为南北向断层。内区主要断裂有盘古寺断层、行口断层、常平断层、甘泉断层、煤窑庄断层及簸箕掌断层等,这些东西向断层均为高角度正断层,断层走向为70°~80°,倾角50°~70°。在主要断层的附近常发育一些小规模的扭性断裂,断裂方向为南北向,由于构造的活动,将区内含煤地层切割成东西向的长条断块,形成地堑式构造,使地形北高南低。

据地震资料记载,区内曾发生过地震6次,最大的一次发生在1587年,震中在修武县,震级为6级。根据《中国地震动参数区划图》(GB 18306—2001),调查区基本地震烈度为Ⅵ度。

根据地下水水力特征、补径排条件及含水介质性质,可将本区地下水划分为松散岩类孔隙水、碎屑岩类裂隙水、碳酸盐岩类裂隙岩溶水和基岩裂隙水。

区内工程地质条件主要受岩性、地貌、地质构造等因素控制。根据其岩性、成因划分为岩体和土体两类共3个岩组:中厚层状稀裂状中等岩溶化硬白云岩组,中厚层具泥化夹层较软粉砂岩组,砂性、黏性多层土体。

沁阳市主要人类工程活动有矿山开采活动、交通工程、建筑工程、水利工程、旅游区建设、农业耕作等。

3 地质灾害现状

沁阳市地质环境条件较复杂,以固体矿产开采的人类工程活动强烈,形成的以崩塌(潜在崩塌)、地面塌陷、地裂缝、泥石流、滑坡(潜在滑坡)为主的地质灾害较发育。据前人对本区的研究和2006年开展的地质灾害调查,目前市境内共存在地质灾害及隐患点43处,包括崩塌(潜在崩塌)25处、地面塌陷10处、地裂缝3处、泥石流3处、滑坡(潜在滑坡)2处。主要分布在常平乡、西万镇、西向镇、紫陵镇4个山区乡镇,以常平乡最为严重,有19处。除此之外,平原区沁河沿岸各乡镇均存在不同程度的河流塌岸现象。因灾损毁房屋、窑洞共计1 226间、耕地4 656亩、道路1 000 m,造成直接经济损失3 359.575万元;地质灾害隐患威胁居民530人、房屋540间、耕地3 150亩、水库3座,预测经济损失3 801.4万元。

3.1 崩塌(潜在崩塌)

崩塌是本市最主要的地质灾害灾种,调查共发现崩塌16处,加上潜在崩塌,共计25处,分布在常平、王曲、王召、西向、紫陵、山王庄6个乡镇。其中山体崩塌7处,分别位于常平乡、山王庄镇、紫陵镇;河流塌岸9处,主要位于沿沁河两岸乡镇及山王庄镇的前陈庄丹河段。因崩塌损毁道路1 000 m、耕地2 470亩,直接经济损失1 711.175万元。威胁142人的安全,预测经济损失2 425.3万元。

3.2 滑坡(潜在滑坡)

区内已发生中型滑坡1处、潜在滑坡1处。已发生滑坡位于常平乡簸箕掌村,发生时间在1945年7月,因连续月余降雨而滑动,滑动后填平北面山沟,现已基本稳定。潜在滑坡1处,系黏土矿开采的矿渣堆放所致,预测经济损失12万元。

3.3 泥石流

区内共确定沟谷型泥石流3处,分别位于紫陵镇仙神河、西向镇逍遥石河和山王庄丹河,3处泥石流隐患均属低易发型泥石流沟,沟谷上游形成区山势险峻,坡积物及碎石较多,汇水面积比较大,暴雨期可能形成沟谷型泥石流。直接经济损失1 112万元,泥石流隐患威胁196人,预测经济损失955万元。

3.4 地面塌陷

调查共发现地面塌陷及隐患共10处,分布在常平和西万2个乡镇。塌陷区的分布与采矿活动有密切关系,造成地面塌陷的采矿活动,以历史开采煤矿和现代开采黏土矿两类为主,塌陷区多呈点状或小片状分布。造成了地面裂缝或大量房屋及其他地面构筑物裂缝,部分地区甚至因房屋倒塌而被迫搬迁。直接经济损失276.4万元,仍对190人,229.1万元财产构成威胁。

3.5 地裂缝

区内地裂缝的产生均与人类采矿活动有关,调查共确定3条地裂缝,均发育在常平乡,系采矿形成,规模均为小型,直接经济损失180万元,仍对180万元财产构成威胁。

4 地质灾害发育分布规律

4.1 自然地理因素与地质灾害

地形地貌是沁阳市滑坡、崩塌、泥石流的主控因素,同时也是该区地面塌陷、地裂缝表现形态的约束因素。调查区山地及丘陵面积占全市面积的34.2%,是地质灾害最为集中的区域。就区内地形地貌特征而言,自然或人为形成的自由临空面是产生崩塌及滑坡的有利地形,条形或马蹄形半封闭沟谷是泥石流产生的良好条件,复杂的地貌条件控制了地裂缝及地面塌陷的形状;而在平原区,地质灾害类型以河流塌岸为主,因地形高度变化较小,其形态多受河道主流带走向控制。

气象水文是自然因素中对区内地质灾害的发育影响最突出的因素。受季风的影响,区内降水的季节分配极不均匀,7~9月降水量占全年的55.1%,冬季(12月~翌年2月)仅占4.6%;从空间上看,降水量自北向南由山地、丘陵至平原区渐减。降雨的时间和空间分布不均及强度的不同直接控制了地质灾害发生的时、空分布,并影响地质灾害发生的规模和范围。此外,地表水系的发育,对沟谷、坡体的切割、浸润及冲刷活动,与气象因素一起,成为滑坡、泥石流、崩塌等地质灾害发生的重要诱发因素之一,如逍遥石河流域,雨季常造成洪水泛滥,并在沟侧形成多处小型滑坡及崩塌,从而在河道形成堆积物,造成泥石流隐患。

4.2 地质环境与地质灾害

沁阳市地层相对简单,岩性以灰岩为主,在北部低山区,山势陡峻,孤峰突兀,河谷深切,部分灰岩、砂岩在风化作用下,沿裂隙产生分解,形成危岩体,如在神农山等地均形成了崩塌灾害。

调查区内新构造运动活跃,具体表现为北部山区的剥蚀上升及南部平原区的下陷沉积。北部山区的强烈抬升加上风化剥蚀作用,为地质灾害的形成创造了必要条件,比较明显的表现如:北部沿河地带强烈抬升形成陡坡,山势陡峻,岩石风化崩落在河道成为松散堆积物,汛期就极易形成泥石流。

区内南部沁河主要岩性为中细砂、亚砂土、亚黏土互层。粒间连接极弱,孔隙比大,透水性强,力学强度较低。在汛期洪水来临时,经常形成河流塌岸。

4.3 人类工程活动与地质灾害

沁阳市地质灾害的发生,如崩塌、地面塌陷、地裂缝等,多与采矿、交通建设等人类工程活动有关,因此地质灾害地域分布上与采矿区、交通线路的分布是一致的。区内矿产资源开发历史悠久,也是沁阳市对地质环境破坏最为强烈的人类工程活动,其形成的主要灾害有崩塌、地面塌陷、地裂缝,统计发现,区内因固体矿产开发引起的地质灾害达 17 处;边坡开挖、景区开发是区内诱发崩塌、滑坡灾害的主要人为因素,边坡开挖破坏了岩体原有稳定性,开挖后的废弃土、石堆于坡侧,还形成了人为滑坡及崩塌隐患。

5 地质灾害防治对策和建议

5.1 地质灾害防治目标

沁阳市地质灾害防治总体目标为:在地质灾害调查与区划的基础上,由沁阳市政府负责,结合市国土资源局等相关职能局委,建立相对完善的地质灾害防治监督管理体系,健全地质灾害监督管理机构,控制人为诱发地质灾害,分阶段有步骤地完成对地质灾害隐患点的防治工作,将地质灾害损失减少到最低程度。

5.2 地质灾害防治对策和建议

(1)建设地质灾害管理机构。建立由市政府直接领导的地质灾害防治领导小组。由各相关部门和乡镇、村各级领导参加。实行行政首长负责制,层层签订责任书,建立高效灵敏负责的组织体系,使地质灾害信息的传递畅通无阻,从而达到有效的防灾减灾的效果。

(2)建设地质灾害监测网络。在建立完善的管理机构的基础上,选取威胁到人民生命财产且具有重大危险性的地质灾害点作为监测点。针对不同隐患点,要依据地质环境条件,采用合适的监测方法按时监测。监测责任要落实到具体单位和个人,要对参加群测群防的监测人员进行有关知识专门培训,以便使监测资料更有效、准确。

(3)确立地质灾害防治方案。由于沁阳市地质构造复杂,地形地貌多样,区内地质灾害隐患类型多、数量较大,逐个治理是人力物力所不允许的,但对一些危害严重的重大地质灾害隐患点,应尽早进行监测、勘察、治理。在制定治理方案时必须遵循经济原则,要建立在充分勘察论证的基础上,治理方法应有主有辅,综合治理。

(4)对地质灾害严重的地区,重点对神农山景区崩塌及潜在崩塌、簸箕掌地面塌陷、仙神河泥石流等严重威胁当地人民群众生命财产安全的重要地质灾害隐患点,进行勘察治理或采取避让措施。

(5)普及地质灾害知识宣传,加强群众的防灾意识,提高地质灾害防治效益。

The Development Characteristics of Geological Hazards in Qinyang City, and Its Control Countermeasuers

Jing Shuwen   Li Hongyan

(Geo – environmental Monitoring Institute of Henan Province, Zhengzhou   450016)

Abstract：This paper mainly discussed the status quo of development geo – hazards in Qinyang City, such as collapse, landslide, debris flow, ground subsidence, etc, and still analyzed the geological environment, including geography, physiognomy, geological structure, hydrogeology and engineering geological conditions under which the geological hazards could occur and develop, and studied some basic laws about the forming of geological hazards. Based on the researches, in order to prevent and control the development of those geological hazards, some suggestions and countermeasures have been put forward.

Key words：Qinyang City, geological hazards, development characteristics, control countermeasures

河南泌阳县陡岸村泥石流特征及防治

莫德国[1,2]　刘　磊[2]　魏玉虎[2]

（1. 中国地质大学（武汉）环境学院，武汉　430074；
2. 河南省地质环境监测院，郑州　450016）

摘　要：河南泌阳县陡岸村泥石流沟分别于 1975 年 8 月 7 日和 2002 年 6 月 22 日发生两次较为严重的泥石流灾害，严重地威胁到了当地居民的安全。针对陡岸村泥石流具有危险度高、流量大、流速小的特点，结合受灾对象所处的位置，提出了拦渣工程、导流防护工程和漫水路工程相结合的综合治理措施。

关键词：泥石流；特征；综合治理措施

陡岸村泥石流沟位于河南省泌阳县贾楼乡北东约 9 km 处。该泥石流沟分别于 1975 年 8 月 7 日和 2002 年 6 月 22 日发生两次较为严重的泥石流灾害，由于当地政府防灾措施得当，两次灾害均没有造成人员伤亡，但 2002 年发生的灾害冲毁耕地 66 亩，损坏房屋 11 间，冲走大小牲畜百余头（只），冲毁沟内道路 2 000 m 左右、堰坝 200 余 m。目前，北湾、康庄、董庄、石头庄和贾庄等 5 个临沟背山而居的自然村内的 130 余户、500 多群众的生命财产安全均面临着泥石流灾害的严重威胁，对其进行勘察并治理具有重大的意义。

1　流域的基本特征

陡岸泥石流沟整个流域面积为 10.65 km²，流域内最高海拔 980.5 m，最低为 135 m，相对高差为 844.5 m，流域沟谷两侧山坡坡度多数为 25°~35°。流域内植被覆盖较好，覆盖率大于 80%。

流域内冲沟较发育，共发育大小冲沟 33 条，其中 29 条冲沟的长度小于 1 km，4 条冲沟的长度大于 1 km。和家沟长度最大，长度达 3 km，汇水面积 2.5 km² 左右，沟内岩石破碎，沟底堆积有大量的砾石，粒径多在 30~100 cm。

沟谷形态在大龙潭村的上游以 V 形为主，下游则主要为 U 形谷，由于人类活动的影响，沟谷的自然形态被改变，多处地段由于农田开垦挤占河道，致使河道变窄；在康庄、董庄、申林等村庄附近，河道内种植了大量的树木，形成河道堵塞区段。

通过地形图上量测和部分断面实测，4 - 4′断面以上主沟的纵比降为 148.8‰，3 - 3′断面以上主沟的纵比降为 79.7‰，2 - 2′断面以上主沟的纵比降为 48.7‰，1 - 1′断面以上

作者简介：莫德国（1976—），男，在读硕士，助理工程师，2007 年 7 月就读于中国地质大学（武汉）环境学院地质工程专业，现工作于河南省地质环境监测院，主要从事地质灾害治理和矿山地质环境保护工作。通讯地址：河南省郑州市金水东路 18 号 301 室河南省地质环境监测院，邮编450016；联系电话：13949058495；E-mail：ml87951@163.com。

整个主沟的纵比降为43.2‰。见图1。

2　泥石流特征

2.1　暴雨激发类泥石流

泌阳县属北温带大陆性气候,四季分明,气候湿润。根据县气象局降水资料统计,泥石流沟所在区域多年平均降水量932.9 mm。年最大降水量为1 451.1 mm(1975年),最小降水量为536.1 mm(1966年),日最大降水量1 059.5 mm(1975年8月7日林庄雨量站),时最大降水量189.5 mm(1975年8月7日老君雨量站),10 min最大降水量45.2 mm(1975年8月7日林庄雨量站)。降雨强度是激发泥石流形成的主要因素之一。

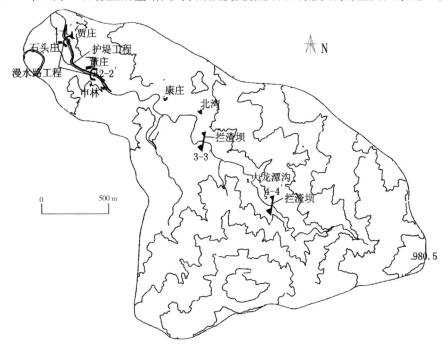

图1　陡岸村泥石流沟流域及治理工程平面布置图

2.2　易发程度等级为易发

根据陡岸流域内反映泥石流活动条件的各种因素,选择地质灾害发育程度、植被发育程度等15项指标进行数量化处理(见表1),并逐一进行评分。数量化评分的依据采用《泥石流灾害防治工程勘察规范》(DZ/T 0220—2006)中提供的"泥石流沟易发程度数量化评分表"。评价得分处于87~115分值段,易发程度等级划分为易发。

2.3　高危险度

泥石流危险度的计算公式为:

$$R_d = 0.235\ 3\ GL_1 + 0.235\ 3GL_2 + 0.117\ 6GS_1 + 0.088\ 2GS_2 + 0.073\ 5GS_3$$
$$+ 0.102\ 9GS_6 + 0.014\ 7GS_7 + 0.058\ 8GS_9 + 0.044\ 1GS_{10} + 0.029\ 4GS_{14}$$

式中,L_1为一次泥石流(可能)最大冲出量,m^3;L_2为泥石流发生频率(%);S_1为流域面积,km^2;S_2为主沟长度,km;S_3为流域最大相对高差,m;S_6为流域切割密度,km/km^2;S_7

为主沟变曲系数;S_9 为泥沙补给段长度,km;S_{10} 为 24 h 最大降雨量,mm;S_{14} 为流域内人口密度,人/ km^2。

表1 陡岸泥石流易发程度数量化评分表

序号	影响因素	特征	量级划分	得分	综合评价得分
1	崩塌、滑坡及水土流失(自然的和人为的)严重程度	受白云山背斜和白云山断层影响,岩层扭曲,岩石较为破碎,小型岩块崩落发育。沟内冲沟共发育33条	中等	16	94
2	泥砂沿程补给长度比(%)	72	严重	16	
3	沟口泥石流堆积活动程度	沟口泥石流堆积使河道抬升 2 m	严重	14	
4	河沟纵坡降	整个主沟的平均纵坡降为43.2‰	一般	1	
5	区域构造影响程度	整个流域位于地震基本烈度Ⅴ度区,地震动峰值加速度 <0.05g	中等	7	
6	流域植被覆盖率(%)	>80	一般	1	
7	河沟近期一次变幅	1~2 m	中等	6	
8	岩性影响	主要为结构较为碎裂的混合岩	轻微	4	
9	沿沟松散物储量(10^{4}m^3/km^2)	2~3	轻微	4	
10	沟岸山坡坡度(°)	一般为 25~35	中等—严重	5	
11	产沙区沟槽横截面	V 形谷、U 形谷	严重	5	
12	产沙区松散物平均厚度(m)	1~3	一般	3	
13	流域面积(km^2)	10.65	中等	4	
14	流域相对高差(m)	844.5	严重	4	
15	河沟堵塞程度	多处地段由于农田开垦和种植林木挤占和堵塞河道	严重	4	

计算出陡岸泥石流的危险度 R_d = 0.065 49,处于 0.6~0.85 分值段,为高度危险。

2.4 泥石流固体物质来源复杂多样

2.4.1 重力侵蚀作用

受白云山背斜和白云山断层的影响,区内小型褶曲数量众多、岩层扭曲、破碎,岩石多被切割成块状,在汛期极易以崩落的形式落入沟底。

区内岩石虽然坚硬却破碎,但由于风化作用较为强烈,山坡上积存有一定厚度的残坡积层,由于地形较陡,在被水充分浸润条件下,常以小型滑坡或小型坡面泥石流的形式滑入沟底。

2.4.2 河沟沟槽纵向切蚀和横向切蚀

河床内存留有大量的卵、砾石,粒径一般在1~2 m,最大的大于3 m,这些大颗粒物质一般年份的降雨难以启动,但当大暴雨发生时,大流量的洪水对河沟沟槽的强烈纵向切蚀作用将启动这部分物质,形成泥石流70%以上的物源。

汛期洪水强大的冲击力将强烈淘蚀并挟带走河流凹岸或河床上方的中更新统松散堆积物和残坡积物。流域内现在仍保留有多处洪水横向切蚀的痕迹,规模较大的有5处,目前均表现为不稳定斜坡,长度40~71 m,高度10~17 m,坡度近直立。

2.4.3 支沟堆积物

在流域数十条支沟中,有12条支沟的汇水面积较大,汛期洪水将挟带其沟底的卵、砾石汇流于主沟,同时对主沟的水源和物源进行补充。

2.5 流量大、流速小

泥石流流量采用雨洪法进行计算,清水流量计算公式采用《河南省中小流域设计暴雨洪水图集》中提供的推理公式,流速采用稀性泥石流流速计算公式,计算结果见表2。

表2 陡岸泥石流设计流速、流量计算表

断面	设计频率	洪峰流量 (m^3/s)	泥石流流量 (m^3/s)	泥石流流速 (m/s)
1－1′	0.33	519.2	1 788.7	2.49
	3.3	311.3	1 072.5	
2－2′	0.33	528.7	1 821.5	2.66
	3.3	318.2	1 096.3	
3－3′	0.33	321.6	1 108.0	3.39
	3.3	206.0	709.7	
4－4′	0.33	149.1	514.7	2.35
	3.3	97.7	336.6	

3 泥石流防治工程

根据陡岸泥石流的特征及受灾对象,确定主要采取工程措施对该泥石流沟流域进行治理,治理的重点放在受灾对象比较集中的泥石流堆积区,治理的原则是坚持拦、导、防、避相结合。治理措施主要为拦渣工程、导流防护工程和漫水路工程相结合。

3.1 拦渣工程

流域内北湾村以上的流通区和堆积区内,泥石流的受灾对象主要为少量的农田,该区域是修建拦渣工程的良好场所。

在4－4′断面处设置浆砌片石拦石坝,将直径大于500 mm的泥石流固体物质拦截。该拦石坝由浆砌片石坝体、格栅排水涵洞、格栅溢洪道组成,坝顶设计标高295 m,坝体高度 8 m 左右,设计库容 2 万余 m³。

在中游地段 3 - 3′断面处设置浆砌片石拦石坝,主要将直径大于 50 mm 的泥石流固体物质拦截。该拦石坝由浆砌片石坝体、格栅排水涵洞、格栅溢洪道组成。坝顶设计标高 228 m,坝体高度 10 m 左右,设计库容 4 万余 m³。

3.2 导流防护工程

采用重力式护堤工程,主要布置在康庄以南 100 m 处河床东岸及泥石流沟下游贾庄、石头庄、董庄和申林地段,总长度 2 566 m,设计高度 2.5 ~ 4.0 m,墙顶高度 0.3 ~ 0.4 m,墙底宽 1.5 ~ 2.2 m;墙身采用浆砌片石,片石抗压强度不宜小于 30 MPa,砂浆为 M7.5,考虑到该河段为堆积区,护堤埋深取 0.5 m,在局部受冲刷强烈的地段设置石笼,以减缓泥石流对墙身和墙角的冲击,总砌方量 10 600 m³。

3.3 漫水路工程

布置在乡镇道路与董庄(2 - 2′断面处)、贾庄与石头庄(1 - 1′断面处)之间,便于人员在遇到险情时能够及时避防。该项工程均包括漫水路管涵段和非管涵段。漫水路管涵段中间为直径 400 ~ 500 mm 的排水涵管,涵管中心间距为 1 m,上部为 40 ~ 50 cm 厚的现浇混凝土,长度 30 m 左右,宽 4 m;非管涵段长 105 m 左右,宽 4 m。

4 结 语

(1)陡岸泥石流流域范围内岩层破碎、地形陡峻、冲沟切割和堵塞均严重、降水充沛且雨量不均,为泥石流的形成提供了有利的条件。

(2)陡岸泥石流属暴雨激发型泥石流,具有危险度高、流量大、流速小的特点。

(3)针对泥石流的特征及受灾对象的位置,提出拦渣工程、导流防护工程和漫水路工程相结合的综合治理方案。

(4)该工程自 2006 年 12 月开始实施,至 2007 年 5 月竣工。施工过程严格按照设计和规范要求进行。经过近 3 年的运行,该工程减灾效果明显,发挥了显著的经济效益和社会效益,保障了当地居民生命财产的安全。

参 考 文 献

[1] 刘传正. 地质灾害勘察指南[M]. 北京:地质出版社,2000.

[2] 陈光曦. 泥石流防治[M]. 北京:中国铁道出版社,1983.

The Feature and Harnesing of Douan Gully Debris Flow, Biyang County, Henan Province

Mo Deguo[1,2]   Liu Lei[2]   Wei Yuhu[2]

(1. China University of Geosciences Environment Institute, Wuhan   430074;

2. Geological Environmental Monitoring Institute of Henan Province, Zhengzhou   450016)

Abstract:The Douan gully debris flow, Biyang County, Henan Province occuring on August 7,1975 and June 22,2002 cause huge damage and serious threaten the safety of local population. Based on the feature of debris flows such as high risk level, big flow quantity and low flow late and the position of the threatening object, comprehensive improvement measure which includes retaining dam, protecting embankment and submersible bridge is suggested.

Key words：debris flow, feature, comprehensive improvement measure

河南省偃师市地质灾害发育特征及防治对策

杨进朝[1]　张青锁[1]　许申巧[2]

（1. 河南省地质环境监测院，郑州　450016；
2. 河南省偃师市煤炭工业局，偃师　471900）

摘　要：偃师市是河南省经济最发达的县市之一，复杂的地质条件决定了境内地质灾害的多发性和严重性。通过调查，主要的地质灾害类型是崩塌、滑坡、地面塌陷、泥石流。这些地质灾害主要分布在偃师市南部山区和北部丘陵区，规模以小型灾害为主，个别达到中型，甚至大型规模，主要危害房屋、耕地、水渠、道路等。本文经过评价，划分了地质灾害易发区；针对不同的灾害点提出了避让、工程、生物、监测等防治对策；并提出了地质灾害的防治管理建议，为政府制定地质灾害防治规划提供了科学的依据。

关键词：河南省偃师市；地质灾害类型；发育特征；分布规律；地质灾害易发区；防治对策

中图分类号：P694　　**文献标识码**：A

1　引　言

偃师市位于河南省中西部，面积 947.6 km²。全市辖城关、首阳山、岳滩、顾县、翟镇、佃庄、李村、庞村、寇店、高龙、缑氏、府店、诸葛等 13 个镇和邙岭、山化、大口等 3 个乡。2005 年全市总人口 83 万人。偃师市综合经济实力居全省前列。在第五届全国县域经济基本竞争力评价中，再次跻身全国百强县（市）行列，位居第 73 位。

复杂的地质条件决定了偃师市地质灾害的多发性和严重性，加之近年来大规模的采矿、修路、建房等一系列的人类工程活动，加剧了地质灾害的发生，严重制约了偃师市国民经济的发展，并威胁着人民的生命和财产安全。因此，有必要查明地质灾害的发育特征，分析其形成条件，并提出相应的防治建议，为政府制定地质灾害防治规划提供科学的依据。

2　地质环境条件

偃师市地处暖温带地区，属暖温带大陆性季风气候。多年平均降水量在 524.1 mm，降水多集中在 7、8、9 三个月。境内河流属黄河水系，黄河沿邙岭北麓流过，伊、洛河在境内流程最长，还有马涧河、刘涧河、沙河等季节性河流。全市共有水库 13 座。

境内地势总体上呈南北高，中间低，北部是黄土台塬，中部是河谷阶地，中南部是洪积倾斜平原，南部是中低山区。中低山分布于工作区南部万安山一线，为东西向展布。由太

作者简介：杨进朝（1970—），男，河南洛阳人，工程师，硕士，从事水文地质及环境地质研究工作。

古宇、元古界变质岩、岩浆岩及古生界碳酸盐岩组成。由于强烈的侵蚀切割,山内沟谷发育,多呈"V"形,山体支离破碎,易发生崩塌滑坡。黄土台塬分布于偃师市区以北邙山东段和顾县镇一带。洪积倾斜平原呈带状分布于工作区的府店—寇店一线。在黄土台塬和洪积倾斜平原区,居民房后切坡现象普遍,崩塌滑坡多发。二级阶地在高龙北洛河、伊河一带较为典型,一级阶地分布于洛河、伊河两岸。由于河水位较低,河流塌岸现象较少发生。

境内断裂构造以近东西向较为发育,多为小断裂,规模较大的有偃师断裂。第四纪以来表现为北升南降,有温泉分布,强震发生,活动性明显。

3 地质灾害发育特征及形成条件

3.1 主要地质灾害类型

3.1.1 崩塌、滑坡发育特征

根据调查,偃师市发生崩塌58处,多为土质崩塌,有少量的岩质崩塌。主要分布在诸葛镇、李村镇、寇店镇、府店镇、山化乡、邙岭乡、顾县镇、城关镇。崩塌体积在200～64 000 m³,均属小型崩塌。崩塌体组成物质多为 Q_4 粉质黏土、黄土,少量为寒武纪的碳酸盐。其平面形态为矩形或不规则形,剖面形态为直线形。崩塌灾害点大多位于村民的房前和房后,发生时间多集中在7、8月。

根据调查,偃师市发生滑坡16处,多为土质滑坡,部分为土和碎石组成的混合物。分布于诸葛镇、李村镇、寇店镇、大口乡、府店镇、邙岭乡。滑坡发生的地方地形起伏,降水量较大,人类工程活动较强烈。滑坡体组成物质多为粉质黏土、黄土及残坡积物,规模1 250～248 160 m³,除李村乡的东宋滑坡和府店镇史家窑的葡萄峪滑坡达到中型规模外,其余均属小型滑坡。这些滑坡平面形态不一,有半圆形、不规则形,剖面多呈凸形或凹形,滑体结构零乱,物质组成多为粉质黏土、黄土、松散碎石土。滑面呈线形,埋深1～5 m。这些滑坡主要位于山谷的边坡沿线。滑坡的发生主要与降雨有关,发生时间多为6～8月。

3.1.2 地面塌陷发育特征

根据调查,偃师市发现8处地面塌陷,分布位于诸葛镇、大口乡、缑氏镇、府店镇、邙岭乡,6处为采矿引发,1处为地下土洞塌陷引发,1处为湿陷性黄土引发。均位于丘陵区,地层岩性为粉质黏土、黄土。塌陷面积0.003～10 km²,小型塌陷3处,中型塌陷2处,大型2处,巨型1处。主要造成耕地和道路损坏、房屋开裂、水渠毁坏、机井报废。地面塌陷平面形态不一,有圆形、长条形。

采矿所造成的6处地面塌陷,全部为采煤所致。煤层相对比较连续,厚度大,所以形成的采空区面积比较大。加上近年来煤炭价格上涨,部分煤矿开采违反国家规定,偷采保安矿柱,加之人为采矿时爆破震动,局部失稳,废弃后出现坑道顶板冒落,导致地表出现塌陷坑,危及地表房屋、耕地、水渠、道路。

3.1.3 泥石流发育特征

根据调查,偃师市发现泥石流沟1条,位于李村镇的东宋村。泥石流分布区地形起伏大,植被覆盖度低,水土流失严重,人类工程活动较强烈。泥石流松散物贮量1.8×10⁴

m^3/km^2,属小型泥石流。该泥石流位于区域构造抬升区,区域岩性以风化和节理发育的硬岩为主。沟口泥石流堆积活动不明显,流域植被覆盖率很低。泥石流沟流域面积 1 km^2。物质成分多为卵砾石,分选性差,散布在沟谷内的流通区及堆积区。泥石流的平面形态呈喇叭形、长条形,剖面形态多呈阶梯状,沟谷形态多呈 U 形,个别地段呈 V 形。主沟纵坡在 111‰。流域相对高差 200 m,沟岸边坡坡度 60°~80°。河沟堵塞程度中等,致灾因素主要为暴雨。特殊的水动力条件使得多数泥石流沟以洪冲为主,淤积次之。沟口扇形地完整性较差。泥石流发生时间一般集中在 6、7、8 月三个月。危害对象主要为居民、农田、道路。

3.2 地质灾害发育分布规律

3.2.1 地质条件与地质灾害

地质条件是地质灾害发育的基础。境内南部中低山区,基岩主要为变质岩和较脆的碳酸岩,经过多期地质构造运动,区内岩石节理裂隙、风化裂隙发育,加之区内山前基岩上多覆盖第四系黄土和残坡积物,这又构成了滑坡、泥石流发生的物质基础。北部是黄土塬,黄土中垂直节理和虫孔发育,部分黄土具有湿陷性,这是黄土丘陵区发生崩塌、滑坡的重要原因。据统计,境内 83 处已发生的地质灾害和潜在地质灾害全部发育于基岩山区、黄土丘陵区。

3.2.2 降雨与地质灾害

地质灾害与降雨的时空分布密切相关。强降雨是灾害发生的必要条件。气象资料表明,区内降雨量在时空、强度分布上极不均匀。山区不论是降雨量还是降雨强度均比平原区大,而且降雨量具有年际变化大,年内集中等特点。通过对比分析表明,降雨强度越大地质灾害越易发生。据统计,直接受降雨影响的地质灾害点共有 75 处,占总数的 90.4%。灾害发生时间与降雨集中时间相对应。对典型灾害发生的具体分析进一步表明,强降雨量与灾害发生的相关关系,是基于前期降雨、暴雨对灾害发生的共同贡献而体现出来的,尤其是暴雨,地质灾害发生率高。崩塌、滑坡、泥石流同时发生,地面塌陷、地裂缝加剧。

3.2.3 人类工程活动与地质灾害

人类工程活动与地质环境有着相互依存和相互作用的关系,尤其是人类工程活动的盲目性和不科学性,对地质环境造成的破坏作用,也是引发或加剧地质灾害的重要原因。人类工程经济活动的频度高、强度大,由工程活动造成的地质灾害也就愈加突出。人类活动类型的多样性和地质环境的复杂性决定了引发的地质灾害类型多,境内人类工程活动主要有削坡建房、采矿、公路建设等,引发或加剧的灾害类型主要是滑坡、泥石流、崩塌及地面塌陷。据统计,人类活动为直接诱发原因或起促进作用的地质灾害点共有 75 处,占总数的 90.4%。从统计结果可以看出偃师地质灾害与人类活动关系密切。

4 地质灾害评价

根据分区原则,采用 GIS 空间分析法,对偃师市进行了地质灾害易发区划分。共分为 3 个区,6 个亚区(见表 1)。

表1　地质灾害易发区分区表

区	等级	亚区	代号	面积（km²）	占全市总面积（%）
地质灾害高易发区	A	山化－邙岭滑坡、崩塌高易发区	A_{1-1}	117.6	12.4
		顾县滑坡、崩塌高易发区	A_{1-2}	14.5	1.5
		杨沟－古楼沟滑坡、崩塌高易发区	A_{1-3}	122.4	12.9
		潘家门－唐窑滑坡、崩塌高易发区	A_{1-4}	109.2	11.5
地质灾害中易发区	B	中村－刑寨滑坡、崩塌中易发区	B	73.8	7.8
地质灾害低易发区	C	佃庄－岳滩地质灾害低易发区	C	510.1	53.8
合计				947.6	100

5　防治对策

5.1　防治目标

　　根据地质灾害易发区划分结果,结合偃师市经济发展规划,确定偃师市地质灾害防治目的是:到2015年建立起相对完善的地质灾害防治体系,健全地质灾害监督机构,严格控制人为诱发的地质灾害。在基本掌握全市地质灾害分布状况与危害程度的基础上,建立并完善地质灾害监测预报、群测群防、群专结合的防灾体系,使地质灾害防治由被动应急变主动防治,有计划地全面开展地质灾害防治工作,以减少地质灾害的损失。

5.1.1　近期目标

　　在2007~2008年,建立全市地质灾害防治机构,确定防治规划,完成地质灾害监测重点区段的划分、监测点布设和地质灾害监测信息系统建设。

5.1.2　中期目标

　　2008~2010年,进一步完善市、乡、村三级地质灾害监测网络,同时使用"3S"技术,提高地质灾害预警工作,建立起相对完善的地质灾害防治法规,对重要地质灾害隐患点开展勘察、治理,进一步降低地质灾害造成的损失。

5.1.3　远期目标

　　2011~2015年,实现地质灾害管理法制化、规范化、科学化,进一步加强地质灾害预警工作,达到监测信息数据实时采集、传递、分析处理及预报,及时为各级政府提供科学的决策依据,将地质灾害造成的损失降低到最低点。

5.2　地质灾害防治对策

5.2.1　避让措施

　　首先要正确识别或查明灾害体及其发生的背景,采取适当的避让措施。对受地质灾害严重威胁的村庄,如葡萄峪村、北窑村,应采取避让等措施,立即制定撤离、搬迁计划并实施。

5.2.2　生物措施

　　生物措施是减轻本市地质灾害长期有效的重要措施之一。泥石流沟两侧要植树造林或种草以改变流域生态环境,起抑制雨水的面蚀作用,减轻泥石流的危害。特别是李村镇、寇店镇、府店镇等泥石流多发地区,应加大绿化力度。

5.2.3 工程措施

对危害严重的滑坡体、崩塌体,如李村镇东宋村,府店镇柏峪村南地,山化乡石家庄村、王窑村、寺沟村,诸葛镇下徐马村等,可采用抗滑桩、锚固、修排水沟等工程措施治理;对危害严重的泥石流沟,可采用修建谷坊坝、排导槽等工程措施治理;对塌陷、裂缝,可用回填的方法治理。

5.2.4 监测预警措施

对稳定性差、危害较大的地质灾害隐患点除设置地质灾害警示牌或划出警戒线外,还必须布置监测工作。对目前危险性较大的北窑崩塌、申阳塌陷、双塔塌陷、石家庄崩塌等必须进行预警工作。特别是在汛期,要根据监测结果和降雨情况及时做出预警预报。

5.3 地质灾害防治管理建议

(1)充分利用经济、行政、法律和技术等管理手段,最大限度地减轻灾害损失,促进社会经济的可持续发展。加强矿业管理,严格按有关规范、规程采矿,合理堆放弃渣及尾矿。

(2)实施地质灾害分级管理,调动全社会力量,实现减灾工作社会化。地质灾害监测应严格按建立的监测网络进行。如有行政变动,应立即更换负责人,并定期培训工作人员,监督检查工作成果。

(3)建立地质灾害普查、勘察和防治信息数据库。

(4)要大力宣传、普及地质灾害防治知识,提高全民的防灾、减灾意识和技能,实行群测、群防、群治。

参 考 文 献

[1] 张青锁,杨进朝,张福然,等.河南省偃师市地质灾害调查与区划报告[R].河南省地质环境监测院,2007.

[2] 王现国,等.1:20万区域水文地质普查报告(洛阳幅、临汝幅)[R].河南省地质矿产局水文地质二队,1985.

[3] 朱中道,等.河南省区域环境地质调查报告(1:50万)[R].河南省地质环境监测总站,2004.

Growth Characters and Control Measures of Geological Hazard in Yanshi, Henan Province

Yang Jinchao[1]   Zhang Qingsuo[1]   Xu Shenqiao[2]

(1. Geological Environment Monitoring Institute of Henan Province, Zhengzhou   450016;

2. Yanshi Bureau of Coal Industry, Yanshi   471900)

Abstract:Yanshi is one of the most developed counties in economy in Henan Province. Complicated geological conditions lead to geological hazards taking place excessively and severely. Investigation indicates that main styles of geological hazard include falling, landslide, ground subsiding and debris flow. The geological hazards mainly distribute south mountainous area and north hill area of Yanshi county. Their scale is mainly in miniature, some arrive at medium – sized scale, individual is great. These mainly imperil building, plantation, aqueducts, road etc. After estimation geological hazard susceptibility zonations are regionalized. Control countermeasures including evading, engineering, biology and monitoring are brought forward. That will provide scientic basis for government constituting layout of geological hazards controlling.

Key words：Yanshi county of Henan Province, style of geological hazard, growth character, distributing rule, geological hazard susceptibility zonation, control measure

灵宝市阳店镇庙头村滑坡结构特征分析

商真平　姚兰兰　郭玉娟　王　萍

（河南省地质环境监测院,郑州　450016）

摘　要:阳店镇滑坡主要由第四系上、中更新统黄土和古土壤构成,为一大型中厚层土质滑坡。本文通过地形测绘、地面调查、工程地质调绘、钻探、槽探、井探、圆锥、动力触探试验及室内土工试验等多种方法,查明了滑坡体工程地质条件及滑坡体结构特征,对滑坡体的形成机制进行了明确的阐述分析。

关键词:庙头村滑坡;地质灾害点;结构特征;勘察分析

1　滑坡区概况

灵宝市位于河南省西部边陲,地处豫、陕、晋三省交界处,隶属于三门峡市。灵宝市西与陕西潼关、洛南县毗邻;南依小秦岭、崤山,与卢氏县接壤;东与陕县、洛宁县为邻;北临黄河,与山西省芮城、平陆隔黄河相望。

灵宝市阳店镇庙头村滑坡位于灵宝市阳店镇东南约 10 km 处的庙头村境内。该滑坡体自 20 世纪 90 年代中期开始滑动变形以来,每年汛期均有不同程度的变形发生。滑坡变形给在滑坡体上居住的村民的房屋造成了不同程度的破坏,尤其是 2003 年 8 月,滑坡体开始出现蠕动变形,并造成部分居民房屋开裂下沉、倾斜,形成危房。目前滑坡体变形破坏仍在逐年加剧,滑坡仍处于不稳定状态,严重威胁到居住于滑坡体上的庙头村居民 31 户、140 人的生命财产安全。

2　勘察方法及完成工作

本次勘察工作采用了资料收集、地形测绘、地面调查、工程地质调绘、钻探、槽探、井探、圆锥动力触探试验及室内土工试验等多种方法。

2.1　资料收集

收集已有的气象、水文、区域地质、构造、水文地质、工程地质、环境地质、地震、植被、人为改造活动、滑坡历史及造成的损失程度等相关资料。

2.2　工程地质测绘

为查明滑坡场地的地质构造、滑坡边界及滑坡的危害程度,在收集该地段已有地质资料的基础上,采用仪器法配合经纬仪实测方法,对该场地进行了 1:1 000 比例尺的工程地质测绘,测绘面积约 0.7 km×0.9 km。

2.3　地形测绘

本次应急勘察对滑坡区进行了 1:1 000 地形测量,测绘面积约 0.5 km×0.7 km。

2.4　探槽

本次勘察共布置探槽 4 条,均布置于地表形态呈现突变的边界地带、沟槽地段及地表异常地段,勘探总长度 144.80 m。

2.5　井探

为准确地查明滑坡区滑动面(带)的结构、特征及采取不扰动土样,本次勘察共布置探井 13 眼,其中 9 个探井勘探点布置于坡体前缘和后缘地带,各探井勘探点均为技术孔(取土孔);其余探井布设于滑坡体两翼,用以查明滑坡边界条件。

2.6　钻探

为查明滑坡区滑坡体厚度和滑动面(带)位置,并采取不扰动土,提供滑坡区土体的物理力学指标,在滑坡区布置钻孔勘探点。本次勘察共布设钻孔 14 眼,孔深 11.0～35.0 m,总进尺 270.10 m。

2.7　室内试验

本次勘察工作完成的室内试验主要有土的物理性质试验、土的压缩－固结试验、土的抗剪强度试验、湿陷性试验、易溶盐含量分析等。

3　滑坡区岩土工程地质特征

通过勘察,查明滑坡区岩土体工程地层岩性如下:

(1)黄土(Q_3^{2eol}):黄褐色－黄色,含钙质结核,具大孔结构及虫孔,土质较松散,稍湿－湿;层厚 1.50～5.10 m。主要分布于工作区北部及工作区东部坡体地表。

(2)古土壤(Q_3^{1el}):褐色－红褐色,可见白色条纹及黑色斑点,土质较松散,稍湿－湿,硬塑。一般层厚 0.50～1.70 m,本层勘探最大厚度为 3.30 m。

(3)黄土(Q_2^{eol}):黄褐色－黄色,稍湿－湿,富含钙核及蜗牛化石,土质较致密,局部浸水饱和,可塑－硬塑。一般层厚 0.90～3.80 m,钻孔勘探点最大厚度为 5.14 m。

(4)古土壤(Q_2^{el}):红褐色,可见白色条纹及黑色斑点,含钙核及蜗牛化石,土质较致密,稍湿－湿,硬塑。层厚 0.50～1.50 m。

(5)黄土(Q_2^{eol}):黄褐色－黄色,含钙核及蜗牛化石,土质较致密,稍湿－湿,局部浸水饱和;可塑－硬塑。一般厚度为 2.90～3.60 m,探井勘探点最大揭露厚度 4.55 m。

(6)全风化粉砂质黏土岩(K):褐黄色－灰黄色,由粉砂质黏土岩风化而成,原岩结构已完全破坏,呈土状,湿,可塑－硬塑,含铁质条纹。层厚 3.2～6.8 m。该层构成了滑坡体的滑床。

(7)强风化粉砂质黏土岩(K):黄色－灰白色,上部岩石因受风化影响,原岩结构破坏较严重,岩芯多呈碎块状,该层揭露最大厚度 2.0 m。

4　滑坡体基本特征

4.1　滑坡性质及规模

依据勘察结果判定,滑坡体主要由第四系上更新统、中更新统黄土和古土壤构成,滑坡体前缘高程 703 m,后缘高程 778 m,宽 643 m,长 412 m,最大厚度约 15 m,体积 150 万 m³ 左右,主滑方向 220°,为一大型中厚层土质滑坡体。根据滑坡的发展趋势、特征、稳定程度、破坏影响程度,将该滑坡体以中东部近南北向浅蚀沟为界分为东西两部分,西部定为滑坡Ⅰ区(老滑坡区),东部定为滑坡Ⅱ区(蠕动变形区),其规模根据表1分属大型和中型滑坡,见表2,依据危害等级划分表3,其危害等级为三级。

表1 滑坡规模级别划分标准

级 别	滑坡体积(万 m³)	级 别	滑体厚度(m)
巨 型	>1 000	浅层滑坡	<10
大 型	100 ~ 1 000	中层滑坡	10 ~ 25
中 型	10 ~ 100	深层滑坡	>25
小 型	<10		

表2 滑坡性质、规模一览表

滑坡分区	滑坡规模				稳定程度	发生年代	滑坡体积(万 m³)	
	厚度(m)	划分	宽度(m)	长度(m)				
Ⅰ区	16.7	中层滑坡	306.0	403.0	不活动滑坡	老滑坡	133.8	大型滑坡
Ⅱ区	7.0 ~ 9.0	浅层滑坡	106.0	224.0	活动滑坡	新滑坡	21.4	中型滑坡

表3 危害等级划分标准一览表

危害等级		一级	二级	三级
危害对象	城镇	威胁人数 >100 人,直接经济损失 >500 万元	威胁人数 10 ~ 100 人,直接经济损失 100 万 ~ 500 万元	威胁人数 <10 人,直接经济损失 <100 万元
	交通干线	一、二级铁路,高速公路及省级以上公路	三级铁路,县级公路	铁路支线,乡村公路
	大江大河	大型以上水库,重大水利水电工程	中型水库,省级重要水利水电工程	小型水库,县级水利水电工程

4.2 滑坡体结构特征

依据勘察结果,将该滑坡体以中东部近南北向浅蚀沟为界分为东西两部分。西部定为Ⅰ区,东部定为Ⅱ区。

根据钻探所获取的资料,Ⅰ区、Ⅱ区坡体均主要由第四系上更新统、中更新统浅黄色 – 褐黄色黄土和褐红色古土壤构成,除滑动面和蠕动面附近的土体外,其黄土的基本特征仍很明显。总体上Ⅰ区滑坡区滑坡体和Ⅱ区蠕动变形区坡体土后缘、中部较厚,前缘较薄,后缘滑床由下伏黄土构成;中部和前缘滑床由白垩系(K)全风化的粉砂质黏土岩构成。

Ⅰ区滑坡区滑动面角度,后缘为12.6°~22.3°,中部起伏变化较大,为6.6°~14.8°,前缘为2.8°~11.4°,滑动面呈折线状;Ⅱ区蠕动变形区蠕动面后缘为17.3°~21.3°,中部为7.9~12.8°,前缘为6.7°,蠕动面呈折线状。

4.3 滑动带特征

经勘察,Ⅰ区滑坡体的滑动带在滑坡后缘位于第四系上、中更新统浅黄色黄土和褐红色古土壤中,厚度0.3~1.0 m,湿-饱和,呈软塑-可塑状态,在雨季地表水下渗呈饱和状态后强度较低,滑带土与上覆滑体土(黄土)和下伏滑床土(黄土)有明显不同,其含水量较大,无上覆和下伏黄土的结构特征,具明显的揉搓现象;滑坡中部和滑坡前缘的滑动带位于第四系中更新统黄土(Q_2^{eol})底部的白垩系(K)全风化粉砂质黏土岩中,厚度0.20~0.35 m,呈灰色,局部为灰黄色,湿-饱和,可塑状态,强度低,滑带土与下伏滑床岩土(全风化粉砂质黏土岩)有明显不同,其滑带土具有小倾角滑动摩擦镜面,岩芯破碎,呈薄片状,而其下伏全风化粉砂质黏土岩滑床岩、土岩芯较完整,呈柱状。

Ⅱ区蠕动变形区蠕动带(面)在坡体后缘位于第四系上更新统、中更新统浅黄色黄土和褐红色古土壤中,厚度0.3~0.5 m,饱和,呈软塑-可塑状态,在雨季地表水下渗呈饱和状态后强度降低,蠕动带(面)与上覆蠕动体(黄土)和下伏土体(黄土)有一定差别,其含水量较大,虽可见上覆和下伏黄土的结构特征,但具有轻微的揉搓现象,蠕动摩擦镜面呈闭合状,岩芯稍经晾晒,闭合的蠕动摩擦镜面开裂呈现;蠕动坡体中部和蠕动坡体前缘的蠕动带(面)位于第四系中更新统黄土(Q_2^{eol})底部的白垩系(K)全风化粉砂质黏土岩中,厚度0.5~1.0 m,呈灰色,湿-饱和,可塑状态,强度低,蠕动带土体(全风化粉砂质泥岩)与下伏岩土体(全风化粉砂质黏土岩)没有明显差别,仅蠕动带土体岩芯较破碎,呈薄片状和短柱状,而蠕动带下伏全风化粉砂质黏土岩岩芯较完整,呈柱状。

5 滑坡体形成机制分析

根据工程地质测绘、钻探、井探、槽探及室内土工试验,综合分析滑坡体变形机制如下:

Ⅰ区滑坡的形成原因主要是滑坡前缘河流的侧向侵蚀作用,将处于山麓地带的黄土斜坡坡脚稳定性破坏,在连续暴雨的条件下使坡体土饱和,导致坡体上上更新统、中更新统黄土沿白垩系全风化粉砂质泥岩表层大面积滑动,形成了现在滑坡体由第四系上更新统、中更新统黄土和古土壤构成的滑坡。

Ⅱ区蠕动变形的产生原因主要有以下三个方面:

(1)滑坡体西部蠕动变形时对东部坡体土的牵引作用、西部滑坡形成后使东部坡体失去了原有的侧向支撑,致使东部坡体土中形成剪切面及抗滑力减小,导致东部坡体土稳定性降低。

(2)东部坡体土前缘在暴雨季节受河水对坡脚的侧向侵蚀作用,致使坡脚稳定性降低,从而使坡体发生变形和位移。

(3)由于人类生产和生活活动所致。庙头村的主要经济作物是苹果,由于近几年随着农业经济的发展,当地居民在居住区黄土坡体上大量挖掘地窖(储藏窖),有部分地窖位于黄土陡坎坎下;加之现已废弃居住的窑洞,在雨季对地表水没有采取有效的疏导,致使大量地表水灌入并渗入坡体土中,促使坡体土重度增大和抗剪强度急剧降低,致使坡体土原有的平衡被破坏而产生蠕动变形,造成近几年在滑坡体东部居住的庙头村居民房屋陆续出现开裂和下沉变形,严重地影响当地居民的生命财产安全。

Structural Features of Miaotou Landslide in Yangdian Town , Lingbao City

Shang Zhenping   Yao Lanlan   Guo Yujuan   Wang Ping

(Geo – environmental Monitoring Institute of Henan Province , Zhengzhou   450016)

Abstract: Miaotou landslide, composed of loess of Quaternary and Mid – Pleistocene , and paleosol , is a large scale landslide of middle – thick layers of soil. By application of various investigation methods, such as land mapping, field investigation , engineering geologic investigation, drilling, trenching , bore – hole sounding, cone penetration method and geotechnical tests, etc. , the engineering properties of the landslide is revealed, some discussion was carried out on the mechanism of the landslide。

Key words: Miaotou landslide , geo – hazard site , structural features , investigation analysis

巩义铁生沟滑坡变形特征研究及稳定性分析

岳超俊[1,2]　莫德国[2]　刘　磊[2]

(1. 中国地质大学(北京)工程技术学院,北京　100083;
2. 河南省地质环境监测院,郑州　450016)

摘　要:巩义市铁生沟滑坡为一大型土质滑坡,滑坡体沿纵剖面方向存在着具有不同变形特征区段的差异性。本文根据滑坡监测数据,分析了滑坡变形特征,重点考虑区段差异性,并对滑坡进行了稳定性分析;提出了有关的滑坡监测和防治建议。

关键词:滑坡;变形机制;极限平衡法;稳定性分析

1　引　言

　　分析滑坡稳定性的目的是为了给后续的监测、防治工作提供坚实的依据。目前,稳定性分析方法有有限元、离散元等数值方法,也有极限平衡等非数值方法。各种方法有各自的优缺点,因而对指导监测、防治工作存在着各自的不足之处。本文考虑到每一个单体滑坡受不同的基础因素的影响,因而沿自身主剖面的纵向存在着差异性。利用初始监测资料,进行动态变形特征的分析,得出变形机制与变形趋势,可弥补单一运用某种稳定性分析方法的局限性;再利用极限平衡法计算滑坡的安全系数,用遗传算法搜索滑裂面[1],使滑坡分析结果更科学、更符合实际,为后续的监测和防治工作起到较好的指导作用。

2　滑坡概况

2.1　滑坡地质特征

　　铁生沟滑坡位于河南省巩义市夹津口镇铁生沟村。滑坡区地处嵩山西北侧山前丘陵区,地势北高南低,地面标高 365~410 m,滑坡区地面坡度约 14°,剥蚀丘陵地貌,冲沟发育。该滑坡体岩性以上述坡积物为主,可分为两个岩性段。上部岩性段由粉土和粉质黏土组成,厚度一般小于 10 m;下部为碎块石夹黏土。滑坡体中下部以碎块石为主,向上过渡为碎块石与黏土互层,见图1。

2.2　滑坡变形概况

　　滑坡自 1992 年以来,就处于缓慢变形中。自 2003 年 10 月以后,该滑坡体滑动变形速度加快。滑坡体后缘分布三条拉张裂缝,其中主裂缝走向93°左右,缝宽 0.4~0.6 m,长度大于 150 m,缝两侧垂直位移 1.6~1.9 m。滑坡体前缘出现多处鼓丘和裂缝:豫 31

基金项目:河南省科技招标[2006]264 号。

作者简介:岳超俊,男,高级工程师,在读博士研究生。联系电话:13810011328。地址:河南省郑州市郑东新区金水东路 18 号河南省地质环境监测院,邮编:450016。

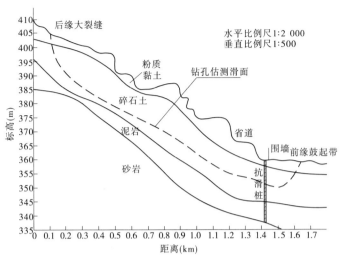

图 1　滑坡剖面示意图

公路60 m长度范围内出现严重变形隆起达70 cm,隆起带宽度2~4 m,且有数条宽度5 cm以上的裂缝;监狱北侧挡土墙出现多处裂缝和变形;监狱巡逻道地面鼓丘高达50 cm;监狱围墙多处出现5 cm以上的裂缝,最大位移量近15 cm,围墙沉降缝两侧相对位移量近15 cm;监狱围墙内多处出现高度大于50 cm的鼓丘,地面裂缝宽度12~15 cm,等等。

　　滑坡持续变形,产生较大危害,影响该区域的生产、交通以及百姓安全、生活,因此对该滑坡进行了监测(2005~2006年)。内容包括:深部位移监测、地表绝对位移监测、地表相对位移监测。

3　滑坡变形特征分析

3.1　地表变形

　　综合各监测点的相对位移量,以滑坡体后缘的主裂缝扩张最为明显。以2005年8月监测值为起点,自滑坡体后缘北部至西部Ⅰ、Ⅱ、Ⅲ、Ⅳ、Ⅴ、Ⅵ各监测点总位移量依次为:80 mm、360 mm、210 mm、100 mm、90 mm、240 mm,而位于滑坡体中下部的Ⅵ、Ⅶ、Ⅷ、Ⅸ各点的位移量分别为90 mm、50 mm、50 mm,分布于监狱外墙和东部武警院内墙体上的监测点测得的位移量均小于10 mm。值得注意的是,滑体中部纵向地表裂缝两侧发生明显位错,如滑坡体中下部纵向裂缝两侧的相对位移达80 mm。

　　根据全站仪绝对位移监测资料分析,滑坡体多数监测点的位移量较小(小于3 cm),说明其运动方式以下沉作用为主;水平位移方向以南西向为主,说明滑坡前缘抗滑桩的阻滞作用使滑坡的运动方向发生偏转,即从南东向向南西偏转。同期降雨监测资料的对比,说明降雨因素的影响存在滞后现象(3个月左右)。

3.2　深部变形

　　因滑坡处于加速变形阶段,深部监测实施之后,各监测孔因深部变形过大,先后失去监测功能。根据已有监测资料,滑坡后缘监测孔滑带最大相对位移为42.36 mm,滑速突变部位埋深12 m;滑坡前缘监测孔内滑带最大相对位移仅11.78 mm,滑速突变部位埋深17 m。两者相差近4倍,说明沿该滑坡滑动方向,滑体位移量呈逐渐减小的趋势。图2~

图 5 为各监测孔的相对位移曲线。

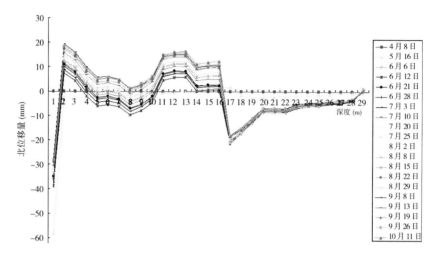

图 2　1 号孔位移曲线图

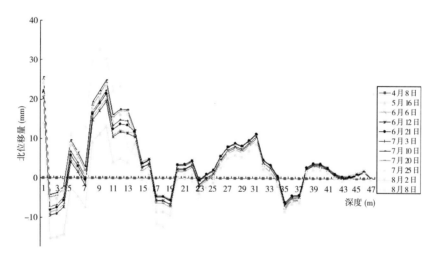

图 3　2 号孔位移曲线图

根据各监测孔相对位移变化曲线,分析可得以下特征:

(1)约 380 m 高程以上的监测结果(3 号、4 号孔)表明滑坡体与下伏稳定基层分界清楚。监测孔位移突变分别在 15 m 和 13 m 处。界面上下岩土体位移速率相差 10 倍以上。可得滑带土深度、范围。

(2)1 号孔在 16 m 深处分为上下两段,上部各点位移方向向北,且不同深度各点的月平均位移量相近,为 1.47 ~ 1.68 mm,表明该深度以上坡体总体呈向北等速倾斜;该深度以下岩土体的位移方向与上部相反,月平均位移量为 0.09 ~ 0.36 mm,其位移速率随深度递减。

(3)2 号井深度—位移曲线较为复杂,总体位移方向以向北为主,但垂向上间断性地出现局部层位位移方向相反的情况。表明滑坡体分别在 2 m、4 m、10 m、16 m 处有解体趋

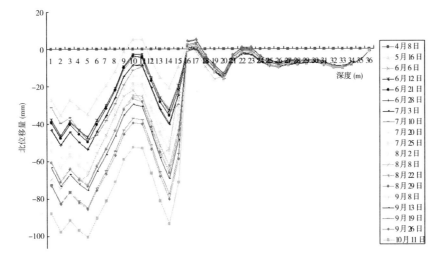

图4 3号孔位移曲线图

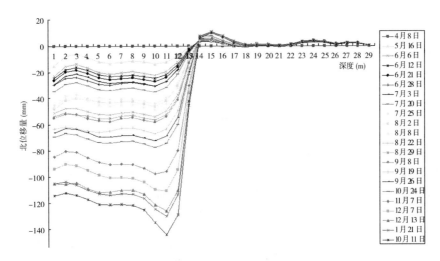

图5 4号孔位移曲线图

势,其中在深度16 m位置出现的上下岩土体位移方向相反的转折点具有分界意义。因为该深度以上的岩土体月平均位移速率局部可达到6.57 mm,故可将该深度确定为滑带土深度位置。

3.3 滑坡变形机理

由于前缘抗滑桩的阻挡作用,剪切滑动受到限制,但上部持续滑动产生强大的推挤力,这样桩体对滑体前缘阻滞力的垂直向分力使滑体产生垂直向上的运动,形成公路北侧的路面隆起。同时,因该滑坡体主要为坡积碎石土,在含水条件下随其重度增加其流变性也增加。其流变性特征使滑体穿越抗滑桩继续向前运动,直至受到监狱院内稳定土体的再次阻滞作用,形成剪出带进而形成垂直向上的运动,这样产生了原监狱花园一带的地面隆起。滑体上部以碎石土为主,其深部位移量远高于滑坡前缘,说明其变形方式以平行位移为主,作用力来源于滑坡体自重应力。

4 滑坡稳定性分析

4.1 极限平衡法[2,3]

在边坡稳定分析中,极限分析法和有限元法各有其特点,目前在工程实践中基本上都是采用极限平衡法。极限平衡法的一般步骤是先假定破坏使岩土体内某已确定的滑裂面滑动,根据滑裂土体的静力平衡条件和摩尔－库仑破坏准则可以计算安全系数的大小。因为该滑坡滑面位置经长期监测已基本确定,故直接采用极限平衡法进行计算。滑坡计算剖面如图 1 所示。

4.1.1 一般条分法

一般条分法就是忽略条块间力影响的一种简化方法,它只满足滑动土体整体力矩平衡条件,而不满足条块的静力平衡条件。计算公式为

$$K = \frac{\sum [c_i^l l_i + (W_i \cos\alpha_i - u_i l_i)\tan\varphi_i]}{\sum W_i \sin\alpha_i} \tag{1}$$

4.1.2 简化毕肖普法

简化毕肖普法的特点是假设条块间的作用力只有法向力没有切向力,满足整体力矩平衡条件,但不满足条块力矩平衡条件。计算公式为

$$K = \frac{\sum \dfrac{1}{m_{ai}}[c_i^l b_i + (W_i - u_i b_i)\tan\varphi_i^l]}{\sum W_i \sin\alpha_i + \sum Q_i \dfrac{e_i}{R}} \tag{2}$$

4.2 计算模型

根据勘探、监测资料,滑坡体滑面总体为前缓(略反翘)后陡,本文计算过程中均加以考虑。合理地选取滑面的物理力学参数是计算成果可靠性的基础,综合现有的现场资料利用工程类比法获得滑坡计算参数,如表 1 所示。

表 1 滑体稳定性计算参数取值表

状态	粉土容重 (kN/m³)	碎石土容重 (kN/m³)	滑带土抗剪强度指标
天然	19.6	22.0	$C = 0.012$ MPa,$\varphi = 8.4°$
饱和	21.4	22.5	$C = 0.010$ MPa,$\varphi = 7.6°$

4.3 计算荷载和工况

计算荷载有:滑坡体自重、地下水作用力和地震力(滑坡区处于Ⅶ度区,水平地震系数取 0.1)。

工况组合:采用 3 种工况对滑坡体稳定性进行计算,即天然状态、饱和状态和饱和 + 地震状态。

4.4 计算结果分析

滑坡体的计算结果见表 2。由计算结果可知:在天然状态下,滑坡体稳定系数为

1.12,处于基本稳定状态;在汛期雨季时,其稳定性为 1.0,处于临界破坏状态;在最不利组合下,滑坡稳定性为 0.95,处于破坏状态。

表 2　滑体稳定性计算结果

工况	毕肖普法	一般条分法
天然状态	1.120 8	1.122 2
饱和状态	1.017 0	1.000 3
饱和＋地震	0.956 9	0.942 4

5　滑坡监测及勘察建议

5.1　原有防治工程存在的问题

在勘察基础上,1993 年原监狱方在监狱北墙外侧组织施工并排 8 根混凝土浇注抗滑桩,单桩截面 4 m×2 m。但 1994 年该滑坡治理工程完成后,不到 10 年时间滑坡又恢复活动。经分析,抗滑工程未能充分发挥抗滑作用的原因主要有:

在前期勘察工作中未对滑坡体的分块、分级、分层结构特征、变形特征、稳定程度、发展趋势予以特别注意。对滑坡体中应力分布特征及其演变趋势研究不够。

抗滑工程部署位置不当。该抗滑工程位于滑坡前缘剪出端附近,未能充分削减滑坡的下滑力,也未利用滑体自身的能量损失。

抗滑桩配置不当。鉴于该滑坡为一大型土质滑坡,抗滑桩应布置两排以上,且抗滑桩的分布应采取梅花桩的形式。

5.2　监测建议

由于该滑坡变形加剧及变形量过大,设于滑坡体上的 4 个深部监测孔在半年左右的时间内先后失效,说明深部位移监测不能够实时掌握滑坡变形情况,应加大地表位移监测力度,进一步研究采用与滑坡变形有关的物理量监测,诸如应力、应变监测法,深部横向推力监测法。在充分查明该滑坡分块、分级、分层的基础上合理安排监测工作。

5.3　勘察建议

鉴于滑坡近前缘部位深部监测的"异常"现象,初步认为该处地下可能存在自然或人工形成的空穴,导致该滑坡体在滑向和垂向上产生变形差异,这种差异对于下一步的监测工作和防治工程方案的确定都是至关重要的。所以,在勘察工作中应配合使用钻探和物探手段全面查清该滑坡各块段的结构和性质差异。

参 考 文 献

[1] 胡辉,姚磊华,董梅. Application of Accelerating Genetic Algorithm Combined with Golden Section in Slope Stability Analysis[J]. 2008 国际岩石力学与工程青年学者论坛,2008.

[2] 陈祖煜. 土坡稳定分析通用条分法及其改进[J]. 岩土工程学报,1983,5(4):11-27.

[3] 陈仲颐,周景星,王洪瑾. 土力学[M]. 北京:清华大学出版社.1994.

Research on the Deformation Features of Tieshenggou Landslide (Gongyi County, Henan Province) and its Stability Analysis

Yue Chaojun[1,2]　　Mo Deguo　Liu Lei

(1. China University of Geosciences, Beijing　100083;

2. Geological Environment Monitoring Institute of Henan Province, Zhengzhou　450016)

Abstract: As a large scale soil landslide, Tieshenggou landslide exhibits obvious differences along its longitudinal profile. In this paper, based on the monitoring data concerning the landslide, its deformation features was discussed in this paper, with focusing on the differences between its constituting sections, and its stability analysis was carried out; some suggestions concerning the monitoring and control of the landslide were put forward in the end.

Key words: landslide, deformation mechanics, limit equilibrium method, stability analysis

卢氏县"2007.7.30"特大暴雨引发地质灾害分析

甄习春

(河南省地质环境监测院,郑州　450016)

摘　要:本文从地质地貌条件、气象因素、人类工程活动等方面,对卢氏县"2007.7.30"特大暴雨引发的地质灾害成因进行了初步分析。结果表明,地质地貌条件是崩塌、滑坡、泥石流发生的内在原因,强降雨是激发因素,人类工程活动则加剧了地质灾害的发生。在进行工程建设、农业活动、新农村建设时应加强崩塌、滑坡、泥石流灾害防治工作,为山区群众普及地质灾害防治知识,提高整体防灾意识。

关键词:暴雨;地质灾害;卢氏县

1　自然与地质环境概况

卢氏县位于河南省西部,国土面积 4 004 km²,总人口 37.3 万人。主要地貌有中山、低山、丘陵和河谷盆地四种类型。山地面积占 48.6%,丘陵面积占 47.4%,河谷平原面积占 4%。卢氏县跨亚热带、暖温带两个气候带,均具有大陆性季风气候的共同特点。年平均气温 12.6 ℃,年均降水量为 630 mm。境内河流分别属黄河、长江两大流域,主要河流有洛河、老灌河、淇河。

根据卢氏县岩土分布特征,可划分为基岩工程地质区和黄土工程地质区。基岩工程地质区主要分布在卢氏县北部和南部。北部以喷出岩、花岗岩为主,碳酸盐岩、变质岩次之;南部以变质岩为主,花岗岩次之,碎屑岩、碳酸盐岩零星出露。黄土工程地质区分布在卢氏县中部盆地,为黄土低山丘陵地形,地表岩性为中上更新统黄土,具有湿陷性,多滑坡、崩塌。

近年来,随着经济建设的不断发展,采矿、兴修水利、修桥筑路、工民建筑及毁林垦荒等人类工程活动比较强烈,对地质环境造成一定影响。如开山修路和切坡建房引发崩塌、滑坡灾害较多,常常给当地居民的生命财产、公路的交通运输工程设施的安全造成了一定的危害。

2　特大暴雨灾害情况

2007 年 7 月 29 日至 30 日,卢氏县先后两次遭受有气象资料以来最大瞬间雨量的特大暴雨袭击,强降雨造成大范围山洪暴发,全县基础设施和农业、工矿企业等遭受严重损失。据地方政府提供的资料,全县受灾人口达 4.5 万户,17.7 万人,已造成 75 人死亡,14 人失踪;倒塌民房 9 000 余户、1.146 9 万间,冲毁耕地 4.677 4 万亩;损毁公路 1 160 km,冲垮桥涵 151 座,209 国道、3 条省道和通往 12 个乡(镇)的交通全部中断;电力、通信、学校、旅游景区、矿山等也都遭受了比较严重的损失。暴雨灾害造成直接经济损失约14.1亿元。

3　次生地质灾害情况

卢氏县南部山区是河南省滑坡、泥石流灾害高易发区之一,本次特大暴雨不仅造成特大山洪灾害,而且引发了较为严重的群发性崩塌、滑坡、泥石流等次生地质灾害,造成了严重人员伤亡和财产损失。

据有关部门初步调查统计,全县共发生崩塌、滑坡、泥石流300多处,除4处泥石流为中型灾害外,其他为小型崩塌、滑坡、泥石流灾害。崩塌、滑坡、泥石流共造成35人伤亡,其中,31人死亡,1人失踪,3人受伤(见表1)。泥石流还冲毁公路10余km,桥涵20多座,耕地300多亩,房屋数十间,以及部分电力、通信等设施,经济损失超过100万元。

表1　主要地质灾害一览表

序号	位置	灾害类型	灾情	伤亡人数
1	汤河镇小沟河柴家沟	泥石流	中型	死亡9人
2	汤河镇小沟河桦树沟	泥石流	中型	死亡5人
3	文峪乡大石河干沟口	泥石流	中型	死亡6人
4	朱阳关镇衙役沟	泥石流	中型	死亡1人,失踪1人,经济损失100万多元
5	汤河镇小沟河铁路沟	泥石流	小型	死亡1人,伤1人
6	汤河镇小沟河仓房沟	泥石流	小型	死亡2人
7	官坡镇丰庄村丰园组	泥石流	小型	死亡2人,伤1人
8	磨口乡龙驹村	泥石流	小型	死亡1人,伤1人
9	文峪乡大石河煤沟口	泥石流	小型	死亡1人
10	汤河镇小沟河铁路沟	滑坡	小型	死亡1人
11	横涧乡马庄河村前组	滑坡	小型	死亡1人
12	横涧乡马庄河村后组	滑坡	小型	死亡1人

4　地质灾害成因分析

4.1　地貌、地质条件

从地域分布分析,地质灾害严重的汤河镇、朱阳关镇、官坡镇、五里川镇、磨沟口乡、瓦窑乡、横涧乡、文峪乡等乡镇主要分布在卢氏中低山区,海拔一般在800~1800 m,相对高差200~500 m,地形切割强烈,山高谷深,分水岭狭窄,沟谷密布,以"V"形沟谷为主,侵蚀作用强烈。特别是公路沿线、河沟两侧,多形成陡坎、高边坡等,是崩塌、滑坡的多发地段。

从岩土体组成分析,土质崩塌和岩质崩塌均有,滑坡以土质滑坡居多,岩质滑坡较少。

滑坡形态有舌形、圈椅形、喇叭形。滑带一般为岩层中的软弱面,滑体厚度一般在1~10 m。

从地层岩性分析,第四系松散堆积物容易形成崩塌、滑坡。大部分滑坡的滑坡体物质组成为风化残坡积物及碎块石(破裂状风化基岩)。土体岩性一般为黏土、粉质黏土夹碎块石、砂土夹碎石,一般结构松散,呈疏松状态,在受到内外地质营力的作用下,极易产生崩塌、滑坡、泥石流。

基岩(如砂页岩、砂砾岩、泥灰岩)的强烈风化砂、风化泥,其土体结构松散、黏结性差,孔隙度较大,厚度一般在0.5~10 m,遇强降雨容易失稳。灰岩、砂岩、页岩和泥岩互层易形成岩质滑坡。

由于断裂、裂隙发育,岩石风化、侵蚀,在山体表层形成松散物质,构成泥石流物源。

从水文及水文地质条件分析,连续不断的大暴雨对斜坡土体冲刷泡涨,将土体软化,地下水在坡脚流出,在短期内大大降低了土体的强度,增大了土体中的孔隙水压力,使土体失稳。

4.2 气象条件分析

卢氏县7月多年平均降雨量为138.7 mm,2008年7月降雨量达361 mm,是多年平均值的2.6倍,接有资料以来最大降雨量(最大为1958年368.8 mm),初步水文分析,这次暴雨的24 h降雨量为百年一遇,并有以下特点:

(1)7月29日和30日,先后两次遭受有气象资料记录以来最大瞬间雨量的特大暴雨袭击,具有暴雨叠加效应。

(2)降雨强度历史罕见。日降雨量、小时降雨量均为有气象记录以来最大。最大降雨量高达241 mm。

第一次暴雨过程,已使表层岩土体饱水,斜坡处于不稳定状态。第二次暴雨再进一步加剧岩土体失稳,激发了大量崩塌、滑坡、泥石流的发生。

4.3 人类工程活动

人类砍伐、开挖,开荒种地,修建公路形成大量不稳定边坡,切坡建房等工程活动,破坏了斜坡的原始状态,造成斜坡不稳。

人类采矿将大量碎石直接堆放于沟中,或在沟谷两侧堆石覆土造地等,既侵占河道,又为泥石流的形成提供了丰富物源。

据初步分析,与人类工程活动有关的崩塌、滑坡、泥石流灾害占50%以上。

5 结论与建议

5.1 主要认识

(1)本次地质灾害主要是百年不遇的特大暴雨造成的,属特大自然灾害。

(2)地貌、地质条件是崩塌、滑坡、泥石流等灾害发生的内在因素,强降雨是激发因素。

(3)人类工程活动则加剧了地质灾害的发生。

(4)山丘地区群众缺乏地质灾害知识,防灾避灾意识淡薄,也是造成灾情严重的原因。

5.2 建议

公路建设侵占泄洪河道、房屋选址不当、陡坡开荒、开矿弃渣和村镇建设缺乏科学规划等不合理工程活动不仅会引发地质灾害,同时也会遭受地质灾害的危害,应该从灾害中汲取经验和教训。现提出以下建议:

(1)对崩塌、滑坡、泥石流等突发地质灾害隐患开展详细调查,加强群测群防,做好监测预警和避让工作,避免发生新的人员伤亡。

(2)在进行工农业建设、工程活动、新农村建设等时应加强崩塌、滑坡、泥石流灾害防治工作。将新建房屋与新农村规划、小城镇建设和搬迁扶贫结合起来。

(3)加强地质灾害防治知识宣传,提高防灾意识。

参 考 文 献

[1] 薛泉,等. 卢氏县地质灾害调查与区划报告[R].郑州:河南省地质环境监测院,河南省地质科学研究所,2002.

植被护坡在地质灾害治理中应用前景初探

李 华

（河南省地质环境监测院，郑州 450016）

摘 要：本文介绍了国内外植被护坡的发展历史，探讨植被护坡的机理，并将传统护坡与植被护坡的优缺点进行了比较，展望了植被护坡的发展趋势。将植被护坡与工程技术相结合，应用于河南省地质灾害治理中，将为建设生态河南作出贡献。

关键词：植被护坡；地质灾害治理；生态河南

河南省地处中原，位于我国第二与第三地势阶梯过渡地带，山区丘陵面积 7.4 万 km²，平原和盆地面积 9.3 万 m²，分别占全省面积的 44.3% 和 55.7%。境内有太行山、伏牛山、桐柏山、大别山四大山脉和海河、黄河、淮河、长江四大水系，地形地质条件复杂多样，断裂构造发育，生态地质环境脆弱，且降水时空分布极不均匀，变率较大。各类边坡在重力地质作用下，极易诱发崩塌、滑坡、泥石流等突发性地质灾害，对人民生命财产构成严重威胁，也造成局部小气候的恶化及生物链的破坏等生态灾害。

1 植被护坡的定义

植被护坡形成一门学科，是近十几年的事，直至今日连一个很贴切的术语都还没有形成，英文有 Biotechnique，Soil bioengineering，Vegetation 或 Revegetation 等，国内也有植被护坡、植物固坡、坡面生态工程、边坡绿化等，在国际上专门以植被护坡为主题的首次国际会议于 1994 年 9 月在牛津举行。国外一般把植被护坡定义为："用活的植物，单独用植物或者植物与土木工程和非生命的植物材料相结合，以减轻坡面的不稳定性和侵蚀"。

2 传统边坡工程的不足

目前省内最为关心的是植被护坡的稳定，土木工程师把边坡当成没有生命的有失稳倾向的土体。为定量分析边坡的稳定问题，在分析边坡的安全状况后，如发现安全系数过低，往往采取石料或混凝土砌筑挡土墙和护面，或采用喷锚支护等土木工程措施。这样做在减轻边坡带来的严重水土流失和滑坡、泥石流等灾害的同时，也破坏了多样性自然生态的和谐，使工程所到之处，绿色清溪不复存在，带来视觉污染、生态失衡等环境问题。且任何土木工程均有使用年限，随着时间的推移，岩石的风化，混凝土的老化，钢筋的腐蚀、强度降低，导致后期管护费用提高，效果会越来越差，一旦超期服役，将会产生严重后果。随着人们环境意识的不断增强，传统的"灰色"护坡技术受到越来越多的指责。

作者简介：李华，高级工程师，从事环境地质、矿山地质等工作。联系地址：河南省郑州市中原区伏牛路 222 号，邮编：450006。联系电话：13007529297，15981866936。

3　植被护坡的发展历史

我国有记载的植被护坡应用出现在 1591 年(明代),通过栽植柳树来加固与保护河岸。同样在日本,1633 年,德川五代将军纲吉采用铺种草皮、栽植树苗的方法治理山坡。20 世纪以来,植被护坡作为一项工程技术逐渐被人们重视起来,在护坡理论及技术应用两方面做了大量的研究和尝试。欧美国家常用的护坡方法有活枝捆垛、活枝扦插、树枝压条、枝条篱墙及液压喷播等;日本于 20 世纪 70 年代随着高速公路的大规模建设,植被护坡技术得到了长足的发展,1973 年开发出纤维土绿化工法,标志着岩体绿化工程的开始,这也是日本最早开发的厚层基材喷射工法;1983 年,日本又在纤维土绿化工法的基础上开发出高次团粒 SF 绿化工法;1987 年 6 月,日本从法国引进连续纤维加筋土工法,并以此为基础开发出连续纤维绿化工法(TG 绿化工法)。以上三种工法均属厚层基材喷射工法,由于该类工法需要消耗大量的天然有机质材料,而这些资源都是有限的,因此在 20 世纪 90 年代日本又着手研究下水道污泥、废纸浆、废木材、木屑、畜粪等废弃物回收形成的富含有机质的喷射基材,并取得一定进展。国内植被护坡技术应用起步较晚,20 世纪 90 年代以前多用撒草种、穴播或沟播、铺草皮、片石骨架植草、空心六棱砖植草等;1989 年,我国从香港地区引进第 1 台喷播机,此后,液压喷播技术得到广泛应用,并与土木工程相结合开发出了三维植被网、土工格栅、土工网、土工格室等产品,陆续应用于铁路、公路、水利等工程的边坡。

4　植被护坡的特点

4.1　护坡功能

植被护坡主要依靠坡面植物的地下根系及地上茎叶,其作用可概括为根系的力学效应和茎叶的水文效应。

植被根系的力学效应可分为草本类根系和木本类根系:

草本类根系起到加筋作用。由于草本植物根系在土中分布的密度自地表向下逐渐减小,在根系盘结范围内,边坡土体可看做由土和根系组成的根–土复合材料,根系如同纤维的作用,因此可按加筋土的原理分析边坡土体的应力状态,即把土中的草根视为三维加筋,提高边坡土体的抗剪力。

木本类根系的垂直主根可起到锚固作用、水平侧根系可到支撑作用。木本植物的垂直主根可扎入土体的深层,通过主根和侧根与周边土体的摩擦作用把根系与周边土体联系起来,可以把根系简化为主根为轴向、侧根为分支的全长粘接型锚杆,来分析其对土体的力学作用,其锚固力的大小可通过计算各侧根与周边土体的摩擦力以及主根与周边土体的摩擦力的累加而获得。Endo 和 Tsuruta(1969)在野外进行了大体积带有桤木树根的土体直剪实验,Ziemer(1981)在野外原地进行了大体积带有松木树根的土体直剪实验,他们的实验证明:单位体积土体中每增加 1 kg 树根,土体抗剪强度平均增加 3.5 kPa。Nilaweera(1994)通过大量野外原地实验,测定了 6 种热带硬木根的抗拉强度以及树根随深度的分布。

茎叶的水文效应主要体现在:降雨截留、消弱溅蚀和抑制地表径流。

4.2 改善环境

边坡植物的生长不仅有利于促进生物链的完整,使被破坏的环境得到自然恢复,而且可促进有机污染物的降解、净化大气、调解小气候,并可降低噪声和粉尘污染。边坡植物的组合配置,还可起到一定的景观效果。

5 植被护坡的发展趋势

由于坡面植物在发挥其有利功能的同时,也会产生负面效应,如提高土层渗透能力,增大孔隙水压力;高大的树身在风力作用下增大边坡不稳定性;受植物根系深度的局限性,只能对边坡浅层起到一定稳定性等。因此,植被护坡的发展,首先趋势是与工程防护有机结合,建立既稳固又有生态效应的防护结构体系。其中对于坡体表面局部失稳、易坍塌、风化和被雨水冲刷的边坡,一般可采用三维土工网垫、土工格栅、土工网、土工格室和浆砌片石形成框格等工程措施和植被防护相结合;对于深层失稳,容易产生滑坡的边坡,则采用锚杆或锚索等加固边坡的工程措施与植被护坡相结合;对于劣质土及岩质边坡,可采用植生袋或厚层基材喷射植被护坡等措施。

其次,人们对植被护坡已不满足于单一品种的植草绿化,而是趋向于综合绿化效果,因此植被护坡的景观设计将同样成为以后发展的重点。在景观设计中,植被种类的选择,考虑当地植物类型、环境,即原生物种,使边坡植被的"小环境"与当地植被的"大环境"相协调,产生总体的景观效果,最终目标是边坡物种本土化,恢复原有生态系统,这样才能使之保持强大生命力。

6 结 语

边坡防护基本沿着这样一条发展轨迹,即:从只注重边坡防护、排除植物、修筑与植物不兼容的防护构筑物,到利用植物、与防护构筑物配合,既绿化边坡,又防护边坡,再到采取工程手段护坡的同时,合理利用本土物种,最终恢复原有生态系统。可以说,植被护坡技术是随着人们环保意识的增强,逐步发展形成的。植被护坡技术若能在河南省地质灾害防治中得到广泛应用,必将为创建生态河南做出贡献。

参 考 文 献

[1] 杨京平,卢剑波.生态恢复工程技术[M].北京:化学工业出版社,2002.
[2] 周德培,张俊云.植被护坡工程技术[M].北京:人民交通出版社,2002.
[3] 许文年,王铁桥,叶建军.岩石边坡护坡绿化技术应用研究[J].水利水电技术,2002,33(7):35-37.

The Vegetation Slope Protection in the Geological Disaster Governs the Application Prospect Initially to Search

Li Hua

(Geological Environmental Monitoring Institute of Henan Province, Zhengzhou 450016)

Abstract: This article introduced the domestic and foreign vegetation slope protection development history, discussion vegetation slope protection mechanism, and has carried on the traditional slope protection and the vegetation slope protection's good and bad points the comparison, has forecast the vegetation slope protection trend of development, proposed unifies the vegetation slope, protection and the engineering technology, applies governs in our province geology disaster, will make the contribution for construction ecology Henan.

Key words: vegetation slope protection, the geological disaster governs, ecology Henan

河南省泌阳县泥石流地质灾害的发育特征及防治对策

马　喜

（河南省地质环境监测院，郑州　450016）

1　引　言

泌阳县位于河南省中南部，南阳盆地东缘，淮河流域上游，行政隶属于驻马店市管辖。东与确山接壤，西与社旗、唐河相连，南与桐柏搭界，北与方城、舞钢、遂平毗邻。南驻（南阳—驻马店）、确内（确山—内乡）、许泌（许昌—泌阳）等公路干线穿越本区。地理坐标为：东经 113°05′22″~113°47′52″，北纬 32°34′13″~33°09′50″。全县辖 24 个乡镇，404 个行政村，3 810 个自然村，总人口 97 万余人，总面积 2 790 km²。

该县地质灾害类型主要为：崩塌、滑坡、泥石流、地面塌陷。其中，以泥石流地质灾害的危害最为严重，本本仅讨论该区泥石流地质灾害的发育特征及防范措施。

本县泥石流地质灾害在历史上多次发生，给该县人民造成严重的生命财产损失。

2　区域自然地理与地质环境

2.1　地形地貌

泌阳县位于河南省中南部，桐柏山余脉在县境内呈"S"形走向，形成南阳盆地东缘的隆起地带和长江、淮河两大水系的分水岭。总体趋势呈北部、中部和东南部高，东北、西南两边低平的趋势。位于泌阳县中东部的白云山海拔 983 m，为全县最高峰，其次是横亘在北部与舞钢市交界的诸山峰，海拔均在 700 m 以上。最低的沙河店镇梨树湾海拔为 83 m，区内地形相对高差在 900 m 以上。

泌阳县地貌类型复杂，可划分为中低山区、丘陵岗地区、平原区三类。

2.1.1　中低山区

主要分布在县境北部、中部和东南部，山势走向大致呈"S"形，面积 1 159 km²，占总面积的 41.6%。高程在 300~983 m，相对高差 680 m，属岩浆岩、变质岩基岩山区，多属浅切割类型，坡缓、谷宽、沟浅，坡度 40°~50°。

2.1.2　丘陵岗地区

分布于本县北部、中部近平原地带，高程 150~300 m，面积为 1 151 km²，占总面积的 41.3%。相对高差 150 m 左右，多为基岩残岗、冲洪积垄岗，属浅切割类型，地势相对平缓，坡度在 10°~25°。

2.1.3　平原区

主要分布于县境东北部、西部、西南部、沙河、泌阳河两岸，高程在 80~150 m，地势平缓,面积 480 km², 占总面积的 17.1%。

2.2 气象与水文特征

2.2.1 气象

泌阳县属北温带大陆性气候,四季分明,气候湿润,受季风环流影响,冬季多偏北风,夏季多偏南风,冬季寒冷少雨雪,夏季炎热多雨。灾害天气如干旱、涝灾、冰雹时有发生。

根据泌阳县气象局资料记载,多年平均气温 14.6 ℃。1 月气温最低,平均 0.9 ℃,极端最低气温 −17.6 ℃;7 月温度最高,平均 27.5 ℃,极端最高气温 40.4 ℃。年平均无霜期 219 天。

泌阳县多年平均降水量 932.9 mm。年最大降水量为 1 451.1 mm(1975 年),最小降水量为 536.1 mm (1966 年),日最大降水量 336.8 mm(1975 年 8 月 7 日),时最大降水量116.4 mm (1977 年 7 月 24 日零时 46 分至 1 时 46 分),10 min 最大降水量 32.5 mm(1977年 7 月 24 日零时 50 分至 1 时)。最长连续降水日数 15 天(1963 年 7 月 28 日至 8 月 11日),过程雨量为 361.9 mm。

收集泌阳县气象局多年降水量资料进行整理,从中可以看出:

泌阳县年降水量主要集中在 6、7、8 三个月,三个月平均降水总量达到 494.9 mm,占全年降水总量的 53.1%。

泌阳县降水量年际变化明显,最多与最少相差 1 340 mm 左右,降水量最多达 1 451.1mm(1975 年),最少是 506.4 mm(1966 年),年降水量随年际变化明显。

境内年平均降水量具有随地势增高而增多的特点,海拔每上升百米降水量增加 1~5mm。全县降水地理分布为东多西少和东南多、西北少。南部山区平均降水量多于北部山区,东部平原丘陵区多于西部平原丘陵区

2.2.2 水文

本区分属长江、淮河两大流域,境内有大小河流 153 条,大部分为季节性河流,常年性河流较大的有泌阳河、汝河、马谷田河等。

泌阳河为境内最大河流,属长江流域。发源于白云山东麓,经宋家场水库向西出境,境内河道长 74.3 km,流域面积 1 338 km²,有 18 条支流汇入,最大流量为 4 550 m³/s(1975 年 8 月),最小为 0.14 m³/s(1929 年)。

汝河为本区第二大河,属淮河水系,发源于黄山口乡东北大寨子东麓,经板桥水库向东北出境,境内河道长 68 km,流域面积 1 110 km²,河道宽 150~250 m,最大流量为13 000 m³/s(1975 年 8 月 7 日),支流有曹庄河、桃花店河、老河等 8 条。

3 泥石流的发育特征及防治措施

3.1 泥石流的发育特征

3.1.1 发育特征

根据现有资料,泌阳县现有泥石流沟 19 条,其中 17 条为中型规模,2 条为小型,其主要特征见表 1。

表1 泥石流主要特征一览表

泥石流沟位置	流域面积（km²）	松散物质储量（万 m³）	纵坡降（‰）	沟谷形态	危害对象	致灾因素	灾害规模	发生时间（年-月）
沙河店赵窑村	4	2	115	U形	170人，房屋180间，耕地200亩	暴雨	小型	1998-08
沙河店赵窑村	2.5	2.5	102	V形	80人，房屋100间，林地20亩	暴雨	中型	2002-06
沙河店赵窑村	3.5	5.25	196	V形	219人，房屋300间，耕地300亩	暴雨	中型	1998
板桥镇白果树村	6	12	141	U形	126人，房屋180间，耕地200亩	暴雨	中型	2002-06
板桥镇程楼村	4	8	148	V形	40人，房屋60间，耕地50亩	暴雨	中型	2002-06
板桥镇口门村	4.2	12.6	154	V形	60人，房屋120间，耕地100亩	暴雨	中型	1998-08
板桥镇刘沟村	4.5	9	35	U形	300人，房屋500间	暴雨	中型	
下碑寺石灰窑村东沟	5	7.5	140	V形	110人，房屋165间，耕地200亩	暴雨	中型	1975-08
下碑寺石灰窑村西沟	4.2	4.2	141	U形	300人，房屋450间，耕地100亩	暴雨	中型	1975-08
象河乡陈平村	4	8	170	V形	550人，房屋600间，耕地100亩	暴雨	中型	2002-06
象河乡上曹村	4	4	202	U形	130人，房屋200间，耕地100亩	暴雨	中型	1975-08
黄山口乡安庄村	2.5	6.25	218	V形	70人，房屋90间，耕地20亩	暴雨	中型	1975-08
贾楼乡陡岸村	9	14.5	253	V形	1 493人，房屋1 855间，耕地400亩	暴雨	中型	2002-06
付庄乡竹林村	5.5	8.25	196	V形	72人，房屋84间，耕地100亩	暴雨	中型	2002-06

续表1

泥石流沟位置	流域面积（km³）	松散物质储量（万 m³）	纵坡降（‰）	沟谷形态	危害对象	致灾因素	灾害规模	发生时间（年-月）
付庄乡南和庄村和邵沟	4	6	213	U 形	234 人, 房屋 400 间, 耕地 100 亩	暴雨	中型	2002-06
付庄乡南和庄村南何沟	2	2	280	V 形	88 人, 房屋 105 间, 林地 50 亩	暴雨	小型	2002-06
铜山乡闵庄村	8	12	85	U 形	耕地 1 600 亩	暴雨	中型	2002-06
铜山乡肖庄村	9	13.5	171	U 形	600 人, 房屋 900 间, 耕地 300 亩	暴雨	中型	2002-06
铜山乡柳河村	8	1.5	222	V 形	590 人, 房屋 455 间, 耕地 200 亩	暴雨	中型	2002-06

　　松散物堆积量多在 2 万 ~8 万 m³,个别泥石流沟的松散物堆积量达 14.5 万 m³;物质成分多为砂砾石,砾石分选性一般较差;泥石流沟谷形态多为 V 形谷,其次为 U 形谷,沟谷纵坡降多在 100‰ ~200‰,少量沟谷纵坡降大于 200‰;泥石流发生时间一般集中在 6、7、8 月三个月。危害对象主要为住户及耕地,危害级别大。

3.1.2　实例分析:白果树、陡岸泥石流

3.1.2.1　白果树泥石流沟

　　白果树泥石流沟位于板桥镇白果树村白云山区,地貌类型为低山丘陵区。该泥石流沟属淮河流域,为暴雨型泥石流沟,沟谷呈"V"形,纵坡降 141‰。泥石流物质来源主要来自沟底再搬运,沟底松散层厚度在 2 m 左右,沟口扇形地较完整,沟口巨石直径在 1 ~1.5 m,森林覆盖率 10%,其余多为灌木丛。沟谷上游有断层通过,沟谷两侧山体岩性主要为元古界石英岩、石英砂岩、片岩等。

　　2002 年 6 月 22 日本地普降暴雨,该沟暴发泥石流,位于沟口西侧的瓦房庄和下游沟东侧的阎庄被毁坏房屋 6 间、大牲畜 5 头、耕地 200 余亩。现该沟沟口堵塞严重,河道已与瓦房庄村地面淤平,一旦再遇暴雨,河道向西改道,将对瓦房庄村 126 人的生命安全构成极大隐患。

3.1.2.2　陡岸泥石流沟

　　陡岸泥石流沟位于贾楼乡东陡岸村东大龙潭沟内,四周为低山地貌,地层岩性为燕山期花岗岩。

　　该泥石流沟位于白云山西坡,地势陡峻,沟谷呈"V"形,坡积物及碎石较多,物质来源丰富,汇水面积大。该沟已多次发生泥石流。

　　该泥石流沟沟口位于康沟村,沟口宽 24 m,两边山坡坡度为 40°左右,纵坡降 253‰。

沟口外扇形地较完整,扇长 170 m,宽 52 m,全沟现已淤高 1 m。

沟中现有居民 371 户,1 493 人,房屋 1 855 间,历年来沟中发生泥石流已毁坏房屋 133 间。尤以 2002 年 6 月 22 日暴雨引发的泥石流最为严重,冲走牛 3 头、羊 70 只,冲毁耕地 600 亩。

该泥石流沟以前从贾庄村西通过,现已改道从贾庄村中冲出一条河道,河道中砾石淤积 2 ~ 3 m 厚,如再遇暴雨,将直接危及贾庄村等下游村庄的安全。

3.2 泥石流的防治措施

针对泌阳县泥石流的发育特征及可能的危害形式,提出一些相应的防治措施。

(1)在泥石流沟的上游设立拦石坝,这个拦石坝的位置应选择在出山口下游形成自然护堤或者有人工护堤的地方,且拦石坝以上位置也应设置护堤,谨防河流改道。

(2)疏通河道,特别是出山口漫滩位置,保持河道顺畅,排水顺利,定期对河道堵塞地段进行清理。

(3)对一些地质条件比较理想的沟谷,可以考虑建设中小型水库。

(4)对沟谷上游的人类工程活动,特别是可能形成物源的采矿、采石行业进行限制。

(5)对河谷型泥石流应考虑修筑必要的护提,加固河岸边坡。

(6)建立专业的泥石流监测系统,对沟谷的中上游进行定期监测。

4 结 语

泌阳县泥石流地质灾害发育强烈,在历史上对当地居民造成了较大的经济损失,泌阳县泥石流地质灾害的有效治理,会使受到泥石流威胁的当地居民免除经济财产的威胁,带来较大的经济和社会效益。

西峡县地质灾害发育特征及防治对策

杨军伟　　杨巧玉

（河南省地质环境监测总站，郑州　450006）

摘　要：文章着重论述了西峡县崩塌、滑坡、泥石流、地面塌陷等主要地质灾害发育现状；分析了它们发生和发展的地质环境背景，包括自然地理、地形地貌、地质构造、水文地质、工程地质条件；并研究了地质灾害发生的一些基本规律。在此基础上，为地质灾害防治工作提出了防治对策和防治建议。

关键词：西峡县；地质灾害；发育特征；防治；对策

1　引　言

西峡县位于河南省西南边陲，豫、鄂、陕交界地区，南与淅川县相接，东与内乡县相连，北与嵩县、栾川县毗邻，西与卢氏县及陕西的商南县接壤，现属南阳市管辖。县域总面积 3 454.7 km²，为河南省第二地域大县，辖 16 个乡镇，297 个行政村，人口 42.9 万人。国道 G209、G312、G311 和宁西铁路及省道豫 331、51 贯穿全境，交通便利。

2　地质环境条件

（1）西峡县属北亚热带季风型大陆性气候，多年平均气温为 15.1 ℃，极端最高气温 42 ℃，最低气温 −14.2 ℃；多年平均降雨量 820.91 mm，最大年降雨量 1 755 mm，最小年降雨量 348.5 mm，6 ~ 9 月四个月降雨量占年均降雨量的 62%。降雨特征主要表现为西北多、东南少，山区多、丘陵和盆地区少。

（2）境内地表水均属长江流域汉水水系，主要河流有老鹳河、淇河、湍河、峡河、双龙河、丹水河等，均属山区型河流，河槽深，坡降大，洪枯流量变化悬殊。总体流向自西北流向东南。境内流域面积最大的河流为老鹳河，属丹江支流。县境内最大的地表水体为重阳水库。

（3）西峡县地处秦岭支脉伏牛山南麓山区，老界岭、青铜山、牛心垛三道主要山脉与鹳、淇、丹三条河流由西北交错向东南延伸，总体地势由西北向东南倾斜。地貌依次分为深山区、中山区、低山区、山口盆地和丘陵区。境内海拔在 181 ~ 2 212.5 m。

（4）西峡县属扬子地层区南秦岭分区西峡小区，处于华北板块（南部）和扬子板块（北部）交接部位。境内华北板块（南部）出露的前侏罗纪地层主要包括：古元古界 − 秦岭岩

作者简介：杨军伟(1972—)，男，河南郑州人，高级工程师，主要从事水文地质、工程地质和环境地质研究工作。
联系电话：0371 − 68108405，E-mail：iamyangjunwei@ Tom.com。

群石槽沟岩组、雁岭沟岩组,中元古界长城系－峡河岩群寨根岩组和界牌岩组,中元古界蓟县系洛峪群,毛集群,丹凤岩群,震旦系－下古生界二郎坪群火神庙组、大庙组、二进沟组,上古生界－小寨组、抱树坪组,中生界三叠系五里川组。境内扬子板块(北部)出露的前侏罗纪地层主要包括:古元古界陡岭岩群瓦屋场岩组和大沟岩组,中－新元古界龟山岩组,震旦系－下古生界周进沟组,泥盆系南湾组。后三叠系地层主要包括白垩系上统高沟组、马家村组、寺沟组。县境北部、中西部、南部分布有大范围的岩浆岩体,主要包括:古元古代花岗斑岩,中元古代蓟县纪超基性岩体、片麻状花岗闪长岩—二长花岗岩带,新元古代闪长岩、二长花岗岩,晚古生代二长花岗岩,早古生代二长花岗岩、斜长花岗岩,早白垩世晚期二长花岗岩等。

(5)县境内地质构造在元古界以前为地槽型沉积,晋宁运动前为褶皱运动,加里东、华力西两期构造运动依次由北向南褶皱回返,结束地槽发育史成为褶皱系。其后为强烈的继承性断裂活动,深大断裂发育,呈北西或北西西向。褶皱表现为复式背斜、向斜、侧转背向斜。主要褶皱构造有米坪向斜、捷道沟－马山口复背斜、河前庄背斜、西峡－内乡向斜。主要断裂构造有邵家庄－小寨断裂带、朱阳关－大河断裂带、寨根韧性断裂带、西官庄－镇平韧性断裂带、丁河－内乡韧性剪切带、木家垭－固庙韧性剪切带。

(6)根据以往境内地震资料记载,1968 年发生一次 2.5 级地震,1970 年发生一次 2.1 级地震,1972 年发生一次 2.3 级地震;地震多发于西坪—夏管一带附近,说明该区断裂仍处于活动期。参考《中国地震动参数区划图》(GB 18306—2001),西峡县地震动峰值加速度≤0.05 g,相当于地震基本烈度≤Ⅵ度。

(7)西峡县地下水分为基岩裂隙水、碎屑岩类孔隙裂隙水、碳酸盐岩类裂隙岩溶水、松散岩类孔隙水。地下水富水性差异较大,泉流量 0.01 ~ 10 L/s。

(8)区内工程地质条件较复杂。岩土体类型、结构和性质在水平和垂向上变化较大。主要包括五个工程地质岩组:侵入岩组,属坚硬、半坚硬岩类;变质岩组,属坚硬岩类;碳酸盐岩组,属坚硬岩类;碎屑岩组,属坚硬、半坚硬岩类;松散土体,结构松散,属松软岩类。

(9)西峡县内主要人类工程活动有兴建水利工程、矿山开采活动、交通工程、城乡建设、旅游景点开发、农业耕作等。

3 地质灾害现状

西峡县地质构造复杂、地形起伏大、岩性多变、地层工程地质特性较差,属地质灾害多发区。近年来,县境内多发地质灾害,对人民生命财产造成了较大损害。据前人对本区的研究及 2005 年开展的地质灾害调查与区划成果,目前县境内存在地质灾害及隐患点 285 处,其中崩塌 90 处、滑坡 132 处、不稳定斜坡 32 处、泥石流沟 26 条、地面塌陷 5 处,并已造成 29 人伤亡,直接经济损失 36 121 万元,现威胁人口 11 750 人,预测经济损失 48 505 万元。崩塌、滑坡、泥石流是县境内主要的地质灾害及隐患类型。

(1)崩塌:调查发现崩塌灾害及隐患共计 90 处,其中土质崩塌 78 处,基岩崩塌 12 处,规模除 1 处为大型外,其他均为小型。分布遍及中低山区的 11 个乡镇。区内崩塌主要发生于交通线侧壁、民居周围、矿山采场等人为切坡形成的陡崖处,尤以公路沿线切坡段最为发育。目前,崩塌灾害已造成直接经济损失 149.5 万元,仍对 491 人、8 341.4 万元财产构成威胁。

(2)滑坡:境内共调查滑坡 132 处,其中岩质滑坡 20 处,土质滑坡 112 处。滑坡规模相差悬殊,大型 1 处、中型 5 处、小型 126 处。主要分布处于中低山丘陵区的 13 个乡镇。土质滑坡岩性主要为第四系残坡积碎石土或基岩强风化层,多沿基岩顶面滑动。岩质滑坡岩性主要为绢云片岩、板岩、大理岩、花岗岩等,多沿节理裂隙或层面滑动。滑坡平面形态以圈椅形、舌形、矩形为主,剖面形态多为直线形及台阶形。滑坡灾害现已造成直接经济损失 454 万元,仍对 3 720 人、5 478 万元财产构成威胁。

(3)不稳定斜坡:调查发现 32 处,分布于中低山丘陵区的大部分乡镇。区内不稳定斜坡以土质为主,次为岩质。形成条件与滑坡类似。区内不稳定斜坡坡面或坡顶均发生过或目前仍存在拉张裂缝等变形迹象,其发展趋势为滑坡的可能性较大。现威胁 1 135 人,预测经济损失 1 002.55 万元。

(4)泥石流:境内共查明泥石流沟 26 条,以河沟型泥石流为主。县境北部老鹳河北岸最为发育。尤以米坪镇、桑坪镇、太平镇、二郎坪镇、军马河乡、石界河乡等乡镇受灾最为严重。规模为中 – 大型,低 – 中等易发。泥石流灾害现已造成直接经济损失 35 470.4 万元,仍对 6 191 人、33 286 万元财产构成威胁。

(5)地面塌陷:调查发现 5 处,均为小型采空塌陷。分布于双龙镇河南村王庄组、双龙镇 311 国道线路边、米坪镇高庄村、二郎坪镇蒿坪村、五里桥乡 311 国道线路边。现已造成直接经济损失 47.5 万元,仍对 213 人构成威胁,预测经济损失 397.5 万元。

4 地质灾害发育特征

西峡县是地质灾害多发区,其类型多,危害较大。区内地质灾害的形成、发生、发展是在地形地貌、地层岩性、地质构造、新构造运动与地震、降水、地下水、岩土体工程特征、地表植被、人类工程活动等诸多因素的综合作用影响下产生的。

4.1 断裂构造对地质灾害的分布及发育程度的控制作用较明显

地质灾害的形成与地质构造之间存在密切的关系,在板块接触带等构造复杂区域,构造对地质灾害的控制作用尤其明显。分析西峡县地质灾害的分布与六条主断裂带走向的关系,可看出地质灾害多沿断裂带走向呈条带状排列分布,特别在北部山区反映较为明显,反映了断裂构造对地质灾害的控制作用。断裂带内众多断层及次生小断层、褶皱等构造波及了两侧 1~2 km 的区域,不仅在断层带上对岩体造成破坏,改变了岩体产状、工程地质特征,还控制了区域内的小地形,使地形较周边起伏变大,坡度变陡。这些特征使崩塌、滑坡等地质灾害较周边易发。

断裂密集或交叉区域,地质灾害多发。在西峡县北部,包括桑坪镇—太平镇一带,断裂分布较为密集,地质灾害呈整体多发状态。区内次级小断层众多,交叉发育,多具有长期和多次活动特征。受断裂作用的影响,该区的地貌特征表现为山高谷深、沟壁陡立,地形变化悬殊。区内岩体破碎松散,岩层凌乱,断层碎裂岩、角砾岩十分发育,坡面上可见厚度较大且夹杂大小不等砾石的残坡积碎石土,这些特征决定了该区坡体、岩体的稳定性较差,崩滑等地质灾害易发。

4.2 地质灾害的发育在时空分布上有一定的规律性

（1）地质灾害空间分布的不均匀性。北部中低山区和老鹳河及其支流长探河、蛇尾河沿岸是地质灾害多发地，滑坡、崩塌、泥石流等地质灾害发育点数占全县总量的70%左右，地质灾害发育密度是其他地区的5~6倍。

（2）地质灾害时间分布的相对集中性。降雨是诱发灾害的主要因素之一，雨季是地质灾害的多发期。区内绝大部分地质灾害发生时间段在6~9月。

（3）地质灾害一地多发性。境内地质灾害尤其是泥石流，大部分有多次发生的历史，其发生规模大小不等。如石界河乡大坪村古石沟、米坪镇子母沟、军马河乡长探河等泥石流沟，据调查访问，均有2~4次发生泥石流的历史。

（4）地质灾害一时多发性。如2000年8月中旬，全县发生滑坡、崩塌、泥石流等12处；2005年7月下旬，全县发生滑坡、崩塌、泥石流等23处。

5 地质灾害防治对策和建议

西峡县地质灾害类型多，形成机理复杂，所造成的人员伤亡及经济损失十分严重，现仍存在大量对人员、各类财产构成较大威胁的地质灾害隐患点，且随着社会经济的发展，矿业开发、公路铁路建设等人类工程活动强度仍在不断加大，地质灾害的发生有愈加严重的趋势。地质灾害已成为影响西峡县经济社会稳定、可持续发展的重要因素，其防治工作已成为各级政府、国土资源局及有关部门必须立即开展的重要工作之一。结合国内外地质灾害防治工作的相关经验，提出防治对策及建议如下：

（1）加强领导，把地质灾害防治纳入国民经济和社会发展规划。

各级政府的重视是实现地质灾害防治目标的关键。为有效开展社会化防灾、减灾工作，各级政府要切实加强领导，把地质灾害防治纳入到当地国民经济和社会发展规划，把经济建设和社会发展同地质灾害防治工作的总体部署结合起来，真正把地质灾害防治当做"事关当地社会稳定和经济发展"的一件大事。坚持政府负总责，确保目标到位、责任到位、管理到位。既要有宏观目标，重点任务，也要有资金、物资保证。

（2）搞好群测群防，加强隐患点监测。

建立和完善地质灾害群测群防体系，把地质灾害的日常监测和防治任务落实到具体单位、具体责任人。认真落实险情巡查、监测、灾情速报、汛期值班等制度，确保一旦出现险情，果断采取避让措施。

（3）建立稳定的投入保障体系。

资金投入主要有政府投入、企业投入和个人投入。对于因自然作用形成的地质灾害的防治、监测等，除积极争取国家投入外，地方政府每年度应安排一定的防治资金。同时，积极推行矿山生态环境恢复保证金制度。鼓励和提倡社会各界人士、境外人士、各类团体、国际组织积极参与到地质灾害防治与地质环境开发保护工作中来。

加强地质灾害防治，根据"谁引发，谁治理"的原则，按统一规划，将投入责任落实到有关单位、企业等部门，同时与同区内交通、水利、生态环境建设以及农村脱贫工作相结合，融地质灾害防治于相关工作中，不断扩大地质灾害防治资金的筹措途径。

（4）依靠科技进步与创新，逐步提高地质灾害防治能力及信息化水平。

地质灾害防治工作水平与地质灾害防治的科学研究、防治技术密切相关,必须充分依靠现代科学技术方法和手段,大力促进科技进步。要围绕地质灾害防治中出现的关键技术问题和难点,利用科研单位与高等院校的技术优势,及时组织"产学研"联合攻关,力争有所突破。政府大力鼓励和支持各类科研、开发机构及个人从事地质灾害的科学技术研究,并对卓有成效者给予奖励。要积极做好新技术、新方法、新理论的推广应用工作,建立地质灾害防治专家咨询和技术支撑、交流系统,不断提高地质灾害监测、信息处理、预测预报的自动化、现代化水平及地质灾害综合防治能力。

(5)完善各项制度,做好贯彻落实。

①认真贯彻执行建设项目地质灾害危险性评估制度。在地质灾害易发区内进行工程建设,或编制城市总体规划、村庄和集镇规划,必须进行地质灾害危险性评估工作。

②坚持实行汛期地质灾害防灾应急预案制度。国土资源部门要会同建设、水利、交通等部门拟定境内的突发性地质灾害应急预案,报本级人民政府批准公布。建立健全以主管县长为指挥长,有关部门负责人参加的突发性地质灾害应急指挥系统,明确职责,分工协作,落实各项措施,增强应急反应能力。同时,还要依据《地质灾害防治条例》的要求,拟定年度地质灾害防治方案。

③积极开展地质灾害预警预报工作。做好汛期地质灾害的预警预报工作,是防止或减轻地质灾害危害的有效措施之一。国土资源主管部门应加强同各级气象部门的合作,积极开展各种形式的地质灾害预警预报工作,要通过电视、电话、传真、短信等形式,及时把预警预报信息发送到基层防治责任单位和有关人员,以便迅速采取防灾措施。对地质灾害危险区(段),应在边界设置明显警示标志。在地质灾害危险区内,禁止爆破、卸坡、进行工程建设以及从事其他可能引发地质灾害的活动。

④加强部门合作,共同防治地质灾害。地质灾害防治工作是一项社会系统工程,需要有关部门的共同努力才能做好。国土资源主管部门要切实做好地质灾害防治的组织、协调、指导和监督工作,交通、水利、建设、旅游、教育及安全管理部门要按照各自的职责,采取相应措施做好交通沿线、河流沿岸、城镇区、旅游区、学校、矿区等地的地质灾害防治工作。

(6)加强科普宣传教育,增强公众防灾减灾意识。通过报纸、电视、电台、互联网等媒体,在全县范围内加强对有关群众进行地质灾害预防知识的宣传、教育,增强社会公众对地质灾害的防范意识,通过组织演练等方式增强地质灾害的防治意识和自救、互救能力。

Study on Features and Countermeasures of Geo – hazards in Xixia Country

Yang Junwei　Yang Qiaoyu

(Geological Environmental Monitoring Master Station of Henan Province,Zhengzhou　450006)

Abstract:This paper mainly discusses the dominant geo – hazards such as rockfall, landslides, debris – flow, sinkholes etc.. in Xixia Country. It also analyses the geological environment, including geography , physiognomy, geological structure , hydrogeology , engineering geological conditions under which the geo – hazards occur and develop. Based on the general rule governing the development of those geo – hazards, some suggestions and countermeasures are put forward.

Key words:Xixia Country,geological hazards,features of development,control,countermeasure

综合篇

饱和黏性土地基振击锤击碎石桩加固处理效果的应用对比*

——以焦作万方艾依斯电厂大型冷却塔地基处理工程为例

李满洲

（河南省地质环境监测院，郑州　450016）

摘　要：针对饱和黏性土地基，采用振击、锤击两种技术方法和沉管管径及其相应的施工工艺，分别对焦作万方艾依斯电厂大型冷却塔环基和淋水地基进行了加固处理。处理效果，采用复合地基载荷试验、桩间土静力触探、桩体动力触探、桩间土标贯等手段开展了检测与对比研究。结果表明，在相同布桩方案和用料条件下，ϕ550 mm 沉管振动碎石桩较 ϕ377 mm 沉管锤击碎石桩加固效果好。同天然地基土相比，两者处理后的复合地基承载力和变形模量提高幅度分别为 94.0%、52.9% 和 65.0%、21.5%。究其原因主要是前者有利于排水固结作用的发挥和桩间土的挤密，同时，置换因素亦发挥较大作用；而后者虽然成桩密度较大，但该致密桩体不利于超孔隙水压力的快速消散与桩间土排水固结作用的发挥，且所成桩径较小，桩体置换作用和径向挤密作用均不及前者。

关键词：振击；锤击；碎石桩；不同沉管管径；加固效果；对比分析；饱和黏性土地基

1 引　言

运用碎石桩技术加固软弱地基土，具有投资省、材料来源广、设备简单、施工快捷、方法灵活多样且易于掌握等优点，已得到岩土工程界的广泛应用。但由于该技术在方法和工艺上的灵活多样性因素，同一地基上，采用不同的方法和沉管管径及其施工工艺，其处理效果则不相同。尤其是对于饱和黏性土地基，这种差异有时会十分显著。笔者以河南省焦作万方艾依斯电厂大型冷却塔地基处理工程为例，针对饱和黏性土地基，就振击、锤击两种碎石桩施工方法和沉管管径及施工工艺的应用效果开展了对比研究，并对引起不同效果的若干影响因素进行了初步分析，以供读者在实际工作中参考。

2　地基处理工程概况

河南省焦作万方艾依斯电厂首期 2 座自然通风式双曲面冷却塔，塔高 90.0 m，零米直径 80 m，淋水散热面积 3 500 m²，系大型冷却塔。其中，双曲面塔体部分采用环行钢筋混凝土基础，塔心淋水部分采用钢筋混凝土整板基础，二者彼此相互独立。

2.1　场地工程地质特征

场地位于焦作市东 12 km、山门河洪积扇前缘地带，地下水位埋深 0.8 ~ 1.2 m。4.6 ~

＊本文原载于 2007 年《水文地质工程地质》第 2 期。

作者简介：李满洲（1961—），男，工学硕士，教授级高工，主要从事区域地质环境演化与地质灾害研究。

5.8 m 以上段为第四系全新统粉质黏土、夹薄层淤泥质黏土,呈可塑 – 软塑状、局部软塑 – 流塑状。承载力 f_k = 100 kPa,土的工程地质条件较差,属中软场地土。

该层下部为第四系上更新统粉土,可塑状,f_k = 190 kPa,土的工程地质条件较好。场地各层地基土物理力学特征如表1所示。

表1 各层地基土物理力学特征

层序	底板埋深 (m)	岩土 名称	饱和度 S_v (%)	变形模量 E_0 (MPa)	凝聚力 C (kPa)	内摩擦角 (°)	标贯击数 $N_{63.5}$ (击)	锥尖阻力 q_c (MPa)	侧摩阻力 f_s (kPa)	承载力 f_k (MPa)
①	4.6~5.8	粉质黏土	100	7.9	21	12.5	5	0.82	29.2	100
②	8.3~8.8	粉土	94	9.1	25	15.0	9	2.05	78.9	190

注:资料来源于河南省焦作万方艾依斯电厂施工图设计阶段工程地质勘测报告。

2.2 地基处理方案及施工概况

地基加固处理对象为层序①粉质黏土。处理方案设计采用等边三角形布桩,边长0.866 m,行距1.0 m。设计桩长6.0 m,桩端进入层序②≥0.5 m。碎石材料采用商品灰岩,砾径 ϕ2~4 cm,每米投料量0.25 m³,每桩用料1.5 m³,采用排孔间隔跳打法。要求处理后的复合地基强度 $f_{sp,k}$≥150 kPa,变形模量 $E_{0,sp}$ 有明显提高。

由于工期紧迫,按环基、塔心淋水区不同基础地带分别投入振击、锤击式沉管桩机12台(套)。其中,环基地带采用锤击式设备,沉管管径为 ϕ 377 mm,共施工桩体6 000条;塔心淋水地区采用振击式设备,沉管管径为 ϕ550 mm,共施工桩体5 800条[1]。

3 加固处理效果检测与对比

3.1 复合地基强度

复合地基强度检测采用静载荷试验的方法,振击、锤击式两种方法和沉管管径及施工工艺各检测2组。检测结果[2]分别如表2和图1所示。

表2 复合地基载荷试验结果对比

方式与 管径 (mm)	处理 地段	单塔 承载力 $f_{k塔}$ (kPa)	单塔变形 模量 $E_{0塔}$ (MPa)	管均 承载力 $f_{k管}$ (kPa)	管均变形 模量 $E_{0管}$ (MPa)	原土 承载力 f_k (kPa)	原土变 形模量 E_0 (MPa)	承载力 提幅 $f_{k管}$ (%)	变形模 量提幅 $E_{0管}$ (%)
锤击 ϕ377	1#环基	171	9.50	165	9.60	100	7.9	65.0	21.5
	2#环基	159	9.70						
振击 ϕ550	1#塔心	199	16.51	194	12.08	100	7.9	94.0	52.9
	2#塔心	189	14.04						

从图1、表2可以看出,振击式加固效果明显好于锤击式。同天然地基土相比,承载

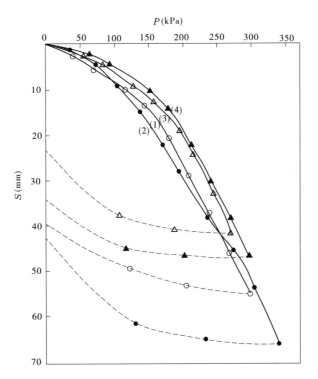

（1）、（2）—环基锤击式 φ377 mm 沉管处理结果

（3）、（4）—塔心振击式 φ550 mm 沉管处理结果

图1 复合地基载荷试验 P—S 曲线图

力和变形模量前者分别提高94%、52.9%；后者分别提高65%、21.5%。

3.2 桩间土强度

桩间土强度提高幅度大小是衡量地基处理效果好坏的重要标志。该工程共采用2组载荷试验、48孔静力触探和48孔标贯进行了检测。检测结果[2]分别如图2和表3～表5所示。

表3 桩间土载荷试验结果对比

方式管径（mm）	处理地段	单塔承载力 $f_{k塔}$（kPa）	单塔变形模量 $E_{0塔}$（MPa）	管均承载力 $f_{k管}$（kPa）	管均变形模量 $E_{0管}$（MPa）	原土承载力 $f_{k原}$（kPa）	原土变形模量 $E_{0原}$（MPa）	承载力提幅 $f_{k管}$（%）	变形模量提幅 $E_{0管}$（%）
锤击 φ377	1# 环基	120	8.0	120	8.1	100	7.9	20.0	2.5
	2# 环基	120	8.2						
振击 φ550	1# 塔心	160	8.8	160	8.6	100	7.9	60.0	8.9
	2# 塔心	160	8.4						

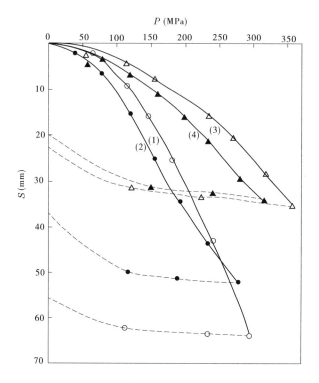

(1)、(2)—环基锤击式 ϕ377 mm 沉管处理结果

(3)、(4)—塔心振击式 ϕ550 mm 沉管处理结果

图2　桩间土载荷试验 P—S 曲线图

表4　桩间土静探检测结果对比

方式与管径（mm）	处理地段	塔均锥尖阻力 $q_{C塔}$（MPa）	塔均侧摩阻力 $f_{s塔}$（kPa）	管均锥尖阻力 $q_{C管}$（MPa）	管均侧摩阻力 $f_{s管}$（kPa）	原土锥尖阻力 $q_{C原}$（MPa）	原土侧摩阻力 $f_{s原}$（kPa）	锥尖阻力提幅 $q_{C管}$（%）	侧摩阻力提幅 $f_{s管}$（%）
锤击 ϕ377	1# 环基	1.06	39.50	1.14	37.29	0.82	29.20	39.0	27.7
	2# 环基	1.22	35.08						
振击 ϕ550	1# 塔心	1.36	36.66	1.35	34.87	0.82	29.20	64.6	19.4
	2# 塔心	1.33	33.08						

　　从桩间土各种检测结果可以看出,沉管管径为 ϕ550 mm 的振击式加固提高幅度十分显著,同天然地基土相比,承载力和变形模量分别提高 60%、8.9%;而沉管管径为 ϕ377 mm 的锤击式加固提高幅度相对较小,承载力和变形模量分别提高 20%、2.5%,只有前者的1/3。这说明对于桩间土而言,相同的用料情况下,振击式大直径沉管碎石桩较锤击式小直径沉管碎石桩具有更好的加固处理效果。与同种方法和管径的复合地基载荷试验结果相比可以看出,振击式大直径沉管碎石桩复合地基强度的提高,很大程度上是桩间土提

高的结果;而锤击式小直径沉管碎石桩复合地基强度的提高,则更多的是由于桩体强度提高的结果。

表5　桩间土标贯检测结果对比表

方式与管径 （mm）	处理 地段	塔均击数 $N_{塔}$ （击）	管均击数 $N_{管}$ （击）	原土击数 $N_{原}$ （击）	击数提幅 $N_{管}$ （%）
锤击 $\phi377$	1#环基	6.8	7.2	5.0	44.0
	2#环基	7.6			
振击 $\phi550$	1#塔心	8.1	8.1	5.0	62.0
	2#塔心	8.0			

3.3　桩体强度

桩体强度及成桩质量检测采用 $N_{63.5}$ 重型动力触探的方法。振击、锤击式桩体各检测60条,检测结果[2]经数理统计后如图3所示。

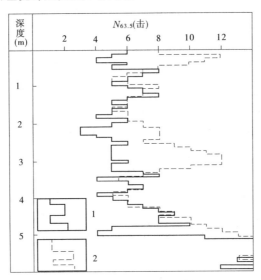

1—塔心振击式 $\phi550$ mm 桩体;
2—环基锤击式 $\phi377$ mm 桩体
图3　桩体重力触探检测结果统计图

由图3可看出,锤击式桩体较为致密,动探击数多在6~9击范围内变化。相比之下,振击式桩体密度较低,动探击数一般为4~6击,锤击式桩体强度明显高于振击式桩。对此,由现场开挖情况得到证明。从基础开挖揭露的情况看,锤击式小直径碎石桩体同振击式大直径桩相比,确实具有较高的密实度。由于重锤的瞬时强力冲击作用,锤击式桩体材料出现"二次粉碎"现象、甚至部分呈粉末状充填于较大碎石的孔隙中,从而形成了相对致密、且不易透水的桩体。这种情况在振击式大直径碎石桩体中没有看到。

4 影响加固处理效果的因素分析

碎石桩加固作用除加筋、垫层外主要是排水固结、挤密和置换作用。上述两种施工方法和沉管管径加固处理效果之所以不同,笔者认为其根源就是二者成桩方法和工艺各异,造成桩体密度和桩体径向挤扩程度不一,进而导致对地基土的排水固结、挤密和置换作用的不等而引起的。

4.1 桩体密度对地基土排水固结作用的影响

地基土尤其是饱和黏性土加固处理问题说到底就是能否快速排水,从而固结的问题。处理过程中超孔隙水压的产生是影响地基土排水固结的症结所在,而碎石桩是解决超孔隙水压消散问题的最好出路[3]。它能起到排水砂井的作用,大大缩短孔隙水的水平渗透途径,加速饱和黏性土地基的排水固结进程。由于处理方法和工艺的不同,较小管径的锤击式施工设备,由于重锤的瞬时强力冲击作用极大,致使桩体灰岩碎石出现"二次粉碎"、甚至部分呈粉末状充填于其他碎石的孔隙中,使得桩体密实度增大。同较大管径的振击式碎石桩相比,桩体动探平均击数提高 2~3 击。然而,这种桩径较细、相对密实的桩体不利于施工过程中引起的超孔隙水压的消散,进而造成对桩间土的排水固结作用的不利影响,导致较小管径的锤击式碎石桩对桩间土的加固处理效果不及较大管径的振击式碎石桩。二者相比,桩间土强度提高幅度前者只有后者的 1/3 左右。

一般认为,既然是地基处理就不应过高地强调桩体的强度、过分地追求桩土应力比,要十分注重桩间土强度的提高,这是衡量地基处理是否成功的重要标志。桩间土强度的提高可减弱砂石垫层的流动补偿作用,使桩间土的潜力得以发挥,桩土的共同作用得到有效协调。并通过碎石桩体的侧向鼓胀变形来使桩、土竖向变形与径向变形协调一致[4],进而达到复合地基桩、土共同作用的目的。因此,从这种意义上讲,这种较为密实的桩体同大直径较为疏松的振动沉管桩相比,对于桩、土共同作用又是相对不利的。

4.2 桩体径向挤扩程度对地基土挤密作用的影响

同等填料量下,由于锤击式小直径沉管桩所成桩体密度较大,故而所成桩径不及振击式大直径沉管桩,其径向挤扩作用也就较弱。因此,这种较弱的径向挤扩作用,势必导致对桩间土的挤密作用较小。而且,桩间土挤密效果的好坏受桩体排水降压作用的制约,同较大管径的振击式碎石桩相比,较小管径的锤击式桩体则不利于对地基土挤密作用的发挥。

4.3 桩体径向挤扩程度对地基土置换作用的影响

由于锤击式小直径沉管桩所成桩体密度较大,故而所成桩径不及振击式大直径沉管桩,因此,其面积置换率相对较低,置换作用也就较弱。鉴于此,地基处理规范[5]提出"对于饱和黏性土地基宜选用较大直径"是正确的。

5 结 论

同一饱和黏性土地基,采用不同的方法、沉管管径及其施工工艺,其处理效果则不相同。在同样的布桩方案和用料条件下,ϕ550 mm 沉管振动碎石桩较 ϕ377 mm 沉管锤击碎石桩加固效果好。同原天然地基土相比,二者处理后的复合地基承载力和变形模量提高幅度分别为 94.0%、52.9% 和 65.0%、21.5%。究其原因主要是前者有利于排水固结作用的发挥和桩间土的挤密,同时,置换因素亦发挥较大作用。而后者虽然成桩密度较大,但该致密桩体不利于超孔隙水压力的快速消散与桩间土排水固结作用的发挥。且所成桩径较小,桩体置换作用和径向挤密作用均不及前者。

参 考 文 献

[1] 李满洲,朱继勇,杨印来,等. 河南省焦作万方艾依斯电厂大型冷却塔地基处理工程技术报告[R].
新乡:河南省地勘局第一水文地质工程地质队,2002.

[2] 闫治斌,郑志伟,袁祥宁,等. 河南省焦作万方艾依斯电厂冷却塔地基处理工程检测报告[R].
郑州:河南省煤田岩土工程勘察院,2002.

[3] 叶书麟,韩杰,叶观宝. 地基处理与托换技术[M]. 2 版. 北京:中国建筑工业出版社,1994:78-80,
106.

[4] 刘杰,张可能. 碎石桩复合地基桩土应力比及承载力计算[J]. 工程勘察,2002,30(6):9-11.

[5] 中国建筑科学研究院. 建筑地基处理技术规范[S]. 北京:中国建筑工业出版社,2002.

河南省栾川县罗村斑岩体的
基本特征与成矿关系

赵承勇　　刘占辰

（河南省地质环境监测院，郑州　450016）

摘　要：罗村斑岩体呈岩株产出，由外环带、中环带、中心三部分组成，不同地段岩性有所差异。通过对大量钻探资料的研究，认为该区矿床成因是与罗村燕山期斑岩体密切相关的高－中低温热液型钼、铜、铅、铁多金属矿床有关。

关键词：罗村；钼矿；斑岩—角砾岩体；燕山期；高温；分带

罗村含钼矿斑岩体大地构造位置处于华北地块南缘与秦岭造山带相接的地带，黑沟—栾川断裂带与马超营断裂带之间的洛南—栾川台缘褶皱带的东缘太华群隆起区。目前发现的矿床类型为斑岩—角砾岩型和脉型，其中钼矿为斑岩—角砾岩型，铜、银等矿产为脉型。铜、银矿脉围绕斑岩—角砾岩体大致呈 NWW 向展布（见图1）。

1　岩体的基本特征

1.1　岩体岩石学特征

罗村斑岩体呈岩株产出，由外环带、中环带、中心三部分组成，不同地段岩性有所差异。

外环带为闪长岩（类）岩石组成，表现为在较短距离内由一种岩性向另一种类似岩性过渡，岩性组合为闪长岩—正长闪长岩—石英二长岩—花岗闪长岩—二长花岗岩等岩石，内含少量角砾，角砾多为外围岩石，如混合岩、富铁钠闪花岗岩、辉绿岩等，胶结物为闪长岩（类）自身。

中环带为侵入角砾岩，岩石呈灰—浅肉红色，角砾含量 10% ~ 90% 不等，一般约为 30%。角砾成分有混合岩、黄铁绢云岩、石英团块、闪长岩、细粒（黑云）（斑状）钾长花岗岩等。角砾大小不等，一般为 10 ~ 30 cm。角砾有棱角状、半棱角状、半浑圆状、浑圆状，角砾与胶结物之间界线有的清楚，有的不清楚。胶结物除为花岗质外，还有黄铁矿、暗色矿物（绿泥石、绢云母）、石英、方解石、萤石、镜铁矿、蛋白石等。蚀变以钾化、硅化、绢云母化、黄铁矿化为主，次有钠长石化、绿泥石化、绿帘石化、黑云母化、白云母化等。一般情况下，胶结物自上而下依次为花岗质、黄铁矿、暗色矿物（绿泥石、绢云母）、石英、方解石、萤石、蛋白石等。角砾位移：由角砾岩中心向两侧从明显位移角砾岩向无位移角砾岩、网脉无确切边界角砾岩过渡，自上而下从明显位移角砾岩向无位移角砾岩、网脉无确切边界角砾岩过渡；角砾形态：自上而下由浑圆状向半浑圆状、半棱角状、棱角状过渡；角砾成分：

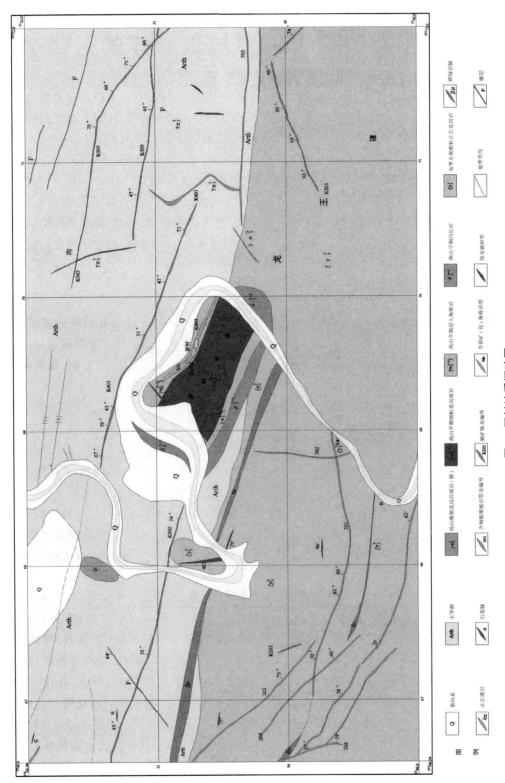

图 1 罗村地质概略图

自上而下由围岩角砾向岩体自身角砾过渡。蚀变以钾化、硅化、绢云母化、黄铁矿化为主，次有钠长石化、绿泥石化、绿帘石化、黑云母化、白云母化等。该岩体是由黏性较大，含挥发分多的岩浆在接近地表时快速上侵以潜爆发方式形成的，属潜爆发侵入型，岩石定位较浅，自碎、冲碎、震碎及蚀变作用比较发育。

中心部分为(黑云)(斑状)钾长花岗岩，呈浅灰—浅肉红色，中-细粒花岗结构，似斑状结构，斑状结构，块状构造。主要矿物为钾长石50%～60%，石英27%～28%，斜长石5%～10%；次要矿物为黑云母<5%，白云石4%，镜铁矿3%，绢(白)云母1%～2%，绿泥石2%，方解石1%，高岭石少量；微量矿物为角闪石、锆石、磷灰石、绿帘石、黄铁矿、榍石、白钛矿、黄铜矿、磁铁矿等。具细-中粒花岗结构，中粒占60%，细粒占40%。钾长石呈板状，粒度(2.5×1.0)mm～(0.5×0.3)mm，具卡斯巴双晶，含少量不规则钠长石条纹，属于条纹长石(正长条纹长石)，斜长石呈不规则板状或粒状，有轻微绢云母化，可见聚片双晶，属于钠更—更长石。石英呈它形粒状，粒度1.2～0.3 mm，分布在长石粒间，有交代钾长石和斜长石现象。黑云母呈细小片状集合体，分布不均匀，大部分被绿泥石或白云母交代，析出金属矿物，钾长石也有部分绢云母化。

1.2 岩体化学特征

从岩石化学特征表(见表1)和数值特征表(见表2)看，(黑云)(斑状)钾长花岗岩主要造岩成分特征如下：$45>Q>15$，$Na_2O+K_2O>8$，$a/c>7$，属富钾钠而贫钙镁的硅酸盐过饱和的过碱性岩石；二长岩主要造岩成分特征如下：$6>Q>-6$，$Na_2O+K_2O\geq8$，$a/c>2.5$，属硅酸岩过饱和的弱过碱性岩石(见图2)。

表1 岩石化学特征表

岩性	样号	SiO₂	Al₂O₃	Fe₂O₃	FeO	CaO	MgO	MnO	TiO₂	P₂O₅	K₂O	Na₂O
斑状钾长	Y1	66.38	15.02	2.29	1.90	1.65	0.91	—	0.40	0.185	5.33	4.16
花岗岩	Y2	67.78	14.32	2.45	0.90	1.98	0.97	0.03	0.25	0.12	5.04	4.00
二长岩	Y3	55.83	16.72	4.61	3.50	5.75	2.53	0.145	0.80	—	3.64	4.63
	Y4	57.64	15.74	4.70	3.15	4.42	2.54	0.09	0.60	0.448	4.36	3.60

表2 岩石(扎氏)数值特征表

| (扎氏)数值特征 | | | | | | | | | |
a	c	b	s	f'	m'	c'	n	Q	a/c
16.82	1.56	5.63	75.98	65.1	27.71	7.23	54.00	16.8	10.8
16.0	1.50	5.54	76.99	53.8	30.00	16.20	54.66	20.38	10.7
15.80	3.46	15.59	65.14	48.4	28	23.6	65.8	-4.76	4.56
14.76	3.44	13.77	68.03	52.6	32.1	15.3	55.2	3.10	4.29

2　罗村岩体形态、产状与矿体、矿石特征

2.1　罗村岩体形态和产状

　　罗村岩体东端倾伏西端仰起,岩体西部、北部与太古宇太华杂岩接触,北部与熊耳群火山岩接触,东部和南部与加里东富铁钠闪花岗岩岩体接触。岩体东南部边界与围岩接触产状为南南西向,倾角为35°~50°;西南部边界与围岩接触产状为北北东,超伏于龙王幢岩体与太华群变质岩之上;东北部边界与围岩接触产状为南南西向,倾角较陡。整体向南南西侧伏。

　　地表矿化有明显的由高温－中低温的水平分带现象:内带为含钼矿化的罗村斑岩体;中带

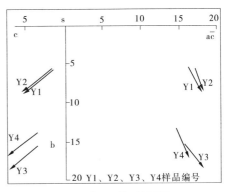

图2　岩石(扎氏)图解

为25条具铜银矿化、走向为北西—北西西的糜棱岩带组成的糜棱岩带群,糜棱岩带群环绕罗村斑岩体产出,总体呈一条宽800~2 000 m,长6~7 km的矿(化)集中区;外带为四条规模悬殊,走向主要为北西,少量为近南北的含铁糜棱岩带。其中含钼斑岩体与含铜糜棱岩带群和区域构造线方向基本一致。

2.2　钼矿体特征

　　钼矿体由32个钻孔控制,产状169°∠29°,控制长度950 m,斜深498 m,矿体为隐伏矿体,矿体埋深为24~515 m,沿罗村岩体(黑云)(斑状)钾长花岗岩(内带)与闪长岩(类)(外带)接触带产生环带状侵入角砾岩,钼矿体主要赋存于侵入角砾岩的中部,即(黑云)(斑状)钾长花岗岩与闪长岩内外接触带,呈枝杈状矿体赋存于[(黑云)(斑状)钾长花岗岩与闪长岩内外接触带]两侧的(黑云)(斑状)钾长花岗岩角砾岩及闪长岩角砾岩中,似层状矿体成叠瓦状排列,矿体形态呈"非"字形,花岗质角砾岩与闪长质角砾岩均有较好的含矿性,内带(黑云)(斑状)钾长花岗岩与外带闪长岩(类)基本不含矿。矿化以黄铁矿、辉钼矿为主,少见有镜铁矿、黄铜矿,偶见闪锌矿、方铅矿;蚀变以钾化、绢云母化为主,次有硅化、钠长石化、绿泥石化、绿帘石化、黑云母化、白云母化等。矿体在横剖面上呈似层状缓倾斜向四周分支尖灭,呈"非"字形,矿体形态、厚度、品位在横剖面上差别明显,夹石和低品位矿主要分布在主矿体边部。夹石一般为角砾岩自身,少部分为细粒(黑云)(斑状)钾长花岗岩和花岗闪长岩岩石,矿体与夹石界限不清;在纵剖面上矿体形态、厚度、品位相对连续。

2.3　矿石矿物成分

　　原生矿物主要有黄铁矿、辉钼矿,次要有镜铁矿、黄铜矿,偶见闪锌矿、方铅矿,磁铁矿;脉石矿物主要有钾长石、石英、黑云母,方解石、蛋白石等。

2.4　主要矿物特征

　　辉钼矿为铅灰色,含量<5%,呈鳞片状、叶片状、弯曲叶片状,片径多为1.9~0.01 mm,有的辉钼矿沿黄铁矿裂隙交代充填,表明结晶略晚于黄铁矿;有的辉钼矿呈稀疏浸染

状分布;有的呈集合体构成0.5~5 mm的辉钼矿细脉;有的呈辉钼矿—石英细脉或辉钼矿—黄铁矿或黄铜矿—石英细脉。从手标本上看矿化细脉互相穿插成交错脉状,少数在方解石、石英细脉中,硅化石英中辉钼矿极少,辉钼矿尤其好和绿泥石、黑云母在一起,也分布在钾长石粒间。

黄铁矿为浅黄色,含量<3%,多呈半自形—它形粒状,极少数呈自形立方体,粒度0.005~1.3 mm,有些颗粒呈骸晶状,构成骸晶结构。黄铁矿有被辉钼矿交代穿插现象,有被黄铜矿、磁铁矿交代现象,也有与辉钼矿、石英等一起构成细脉,部分则呈浸染状分布,有的黄铁矿被交代只保留部分残余和立方体晶形。

黄铜矿铜黄色,含量<1%,呈它形粒状,粒度0.002~0.32 mm,有交代黄铁矿现象,还有沿黄铁矿裂隙充填现象。

磁铁矿(微量),呈它形粒状,有交代黄铁矿现象。

脉石矿物钾长石60%~68%、斜长石3%~10%、石英5%~18%、绢云母2%~4%等。

2.5 岩体中钼矿石的结构构造

2.5.1 钼矿石结构

钼矿石主要为鳞片状、片状、架状、束状、放射状结构,还有包含结构(黑云母或白云母和钾长石包裹辉钼矿)、交代结构(黄铁矿有被辉钼矿交代穿插现象,黄铜矿、磁铁矿有交代黄铁矿现象)、骸晶结构(黄铁矿有些颗粒被溶蚀呈晶骸状)、自形晶—它形晶结构(黄铁矿呈自形立方体或它形粒状)、残余结构(黄铁矿被交代只保留部分残余和立方体晶形)。

2.5.2 钼矿石构造

钼矿石主要为细脉状构造、细脉—浸染状构造、交错脉状构造,还常见有浸染状构造(辉钼矿呈星霰状均匀或不均匀分布于矿石中)、细脉浸染状构造(辉钼矿或辉钼矿与脉石矿物构成的细脉脉壁外侧有时有少数辉钼矿呈零星散布,构成细脉浸染状构造)。

2.5.3 钼矿石类型

钼矿石主要为(黑云)(斑状)钾长花岗岩型原生硫化物矿石(见图3)。

辉钼矿(Mo)粗晶片状集合体呈束状、放射状。辉钼矿在矿石中呈细脉浸染状分布。
粗晶叶片状辉钼矿(Mo)与绢云母(Ser)、铁白云石(Dol)一起沿正长岩充填成不规则脉状
图3 K浸染状钼矿石手标本及岩矿鉴定(正交偏光37×、反光65×)照片

3 罗村岩体与成矿关系

3.1 成矿控制因素

3.1.1 构造控矿

矿床在成因上受构造、岩体的明显控制,而区内一系列北西—北西西走向的构造形迹(断裂、片理化糜棱岩带、变质岩带、岩浆岩带)严格受区域构造控制,其中以含铜银片理化糜棱岩带最为发育,在29条(见图1)规模大、延伸深,其结构面力学性质经历了压—压扭—张—压扭转变过程的片理化糜棱岩带内,形成了较好的矿液通道和容矿空间,是区内主要的铜、铁含矿构造。

3.1.2 岩体控矿

燕山中期侵入的、分带明显的小岩株(外环带为闪长岩类岩石组成,中心部分为(黑云)(斑状)钾长花岗岩,中环带为由闪长岩类或(黑云)(斑状)钾长花岗岩组成的角砾岩)与新南钼矿床关系十分密切,它既是成矿母岩,也是成矿围岩,主矿体呈叠瓦状分布于岩株内侧伏端附近角砾岩带中,受其影响,区内由钼、铜、铅、铁共同构成由高温-中低温的一个较为完整的成矿系列。

3.1.3 蚀变与矿化关系密切

钾化与钼矿化关系十分密切,钾化强的地段往往形成高品位钼矿段。

3.1.4 与岩体酸碱度有关

岩石由(黑云)(斑状)钾长花岗岩向正长岩(石英含量明显减少)明显过渡的地段往往形成高品位钼矿段(见图2)。

3.1.5 晶洞、溶蚀孔与钼矿关系密切

晶洞、溶蚀孔发育地段,钼往往呈稠密浸染状分布其中,成为高品位钼矿段。

3.2 矿床成因

以罗村岩体为中心的蚀变带呈钾化、绢云化、硅化—绢云化、硅化、绿帘石化—硅化、绿泥石化、泥化的分带现象。与之对应的矿化呈现由高-中低温的水平分带现象:内带为具有钼铜矿化的新南斑岩—角砾岩体;中带为具铜银矿化的一系列北西—北西西走向的糜棱岩带;外带为具铅(银)矿化的硅化蚀变破碎带和含铁糜棱岩带。这表明在岩浆脉动侵位形成斑岩—角砾岩体的同时,岩浆分异形成的含矿热液在角砾带岩中形成高温斑岩钼床,沿着岩体附近的构造裂隙充填形成脉状铜矿床、沿着岩体较远的构造裂隙充填形成脉状铅锌矿床、沿着岩体更远的构造裂隙充填形成脉状铁矿床。因而,斑岩型钼矿,糜棱岩型铜、铁矿床,蚀变破碎带型铅锌矿床等为同一成矿系统在不同构造部位形成不同矿床类型的多金属矿床。它具有同时、同源的特点。再根据矿床矿物共生组合、化探异常元素组合的分析,以及对矿体赋存状态、围岩蚀变等规律的研究,认为本区矿床成因为与燕山期岩浆活动密切相关的高-中低温热液型钼、铜、铅、铁多金属矿床。

Relation between the Basic Characteristics of Porphyries and Ore – forming at Luocun, Luanchuan County, Henan

Zhao Chengyong　　Liu Zhanchen

(Geo-environmental Monitoring Institute of Henan Province, zhengzhou 450016)

Abstract: Rock body, formed like stock, is composed by three parts, namely, outer rings, intermedium rings and central part. Each of the three parts has different lithological character. Based on the study to large amount of drilling data, it is concluded that this is a hypothermal-mesothermal and epithermal polymetallic deposit related to Luocun porphyries of Yanshanian stage.

Key words: Luocun, molybdenum ore, porphyry-breccia rock, Yanshanian stage, high temperature, zonage

豫西嵩县上庄坪铅锌银矿床地球化学特征及地质意义 *

杨进朝[1]　冯胜斌[2]　彭　翼[3]　燕长海[3]　曾宪友[3]　王建明[3]　胡绍斌[4]

(1. 河南省地质环境监测院,郑州　450016;
2. 中石油长庆油田分公司勘探开发研究院,西安　710021;
3. 河南省地质调查院,郑州　450007;4. 云南省地质调查院,昆明　653100)

摘要:上庄坪铅锌银矿床是新一轮国土资源大调查中在北秦岭二郎坪群发现的硫化物矿床。笔者通过对矿床矿石、容矿围岩、重晶石岩的微量、稀土元素地球化学特征分析和地质特征研究,探讨成矿构造环境、成矿物质来源及矿床成因问题。研究表明,矿石和容矿围岩稀土元素球粒陨石标准化组成模式均为右倾型,矿石与围岩在 Cu - Pb - Zn 判别图解中投点区域一致,矿石 Zn/(Zn + Pb) 与冲绳海槽和上向黑矿矿石特征相似、与 TAG 和 EPR13°N 区硫化物存在差异,矿石具较高 As、Sb 和 Pb 与低 Cu、Cd 和 Se 元素特征,认为该矿床成矿元素来源于壳幔混合,但以壳源为主的围岩变(石英)角斑岩和变细碧岩。矿石稀土元素、微量元素地球化学特征、矿床地质特征及与热水沉积重晶石岩和硅质岩的紧密共生关系说明,上庄坪矿床是弧后盆地构造环境海底热液喷流成岩成矿作用的产物。重晶石岩、硅质岩、矿床纵向和横向分带是寻找和勘探该类矿床的重要标志和依据。

关键词:上庄坪铅锌银矿床;地球化学;热液喷流沉积;二郎坪群;豫西

上庄坪铅锌银矿床位于北秦岭造山带下古生界二郎坪群火山 - 沉积建造组合中,是新一轮国土资源大调查中发现的硫化物矿床,矿体以铅、锌为主,并伴生有铜、金、银等多种元素,其中 Pb、Zn 平均品位均为 6.35% 、Ag 平均品位达 93.00 g/t,试算铅锌金属量为 0.26 Mt,银金属量为 473 t,是一中型的铅锌银矿床[1]。笔者对上庄坪矿床围岩、矿石、重晶石岩系统采样进行稀土、微量元素地球化学特征分析,探讨成矿构造环境、成矿物质来源以及矿床成因问题,为该矿床进一步勘探开发及该区寻找该类矿床提供基础地质资料。

1　矿区地质概况

矿区大地构造位置处于华北板块之南的北秦岭造山带,在地层空间构造格架位置上分布于南阳盆地以西的以陆家曼—四棵树为轴线的背斜构造北翼[2],赋矿地层是下古生界二郎坪群火神庙组(见图1)。二郎坪群是由两个火山岩和碎屑岩 - 碳酸岩盐组成的火

基金项目:中国地调局国土资源大调查项目(199910200227)和中国地调局地质调查项目(200310200001 - 6)研究成果。
作者简介:杨进朝(1970—),男,硕士,工程师,从事地质调查工作;E-mail:yjch625@sina.com。

山 – 沉积旋回,是北秦岭造山带重要构造 – 地层单元。该套地层在南阳盆地以西自下而上划分为二进沟组、大庙组、火神庙组(称西二郎坪群);以东自下而上划分为刘山岩组、张家大庄组和大栗树组(称东二郎坪群)[3,4]。矿区出露地层主要为火神庙组、上古生界小寨组和中元古界宽坪群。宽坪群岩性为绢云石英片岩,仅在北部少量出露。火神庙组岩石组合主要为厚层块状变细碧岩、变石英角斑岩、变角斑岩为主,夹多层变基性凝灰岩、层状低品位黄铁矿化层、重晶石矿化层及硅质岩层组成。小寨组为一套变质碎屑岩。矿区伴随主背斜构造的次级褶皱、挤压片理和平行于背斜轴向的断裂构造极发育。区内岩浆活动强烈,矿区的北西有燕山期老君山中细粒(似斑状)花岗岩,西南有加里东期以闪长岩为主的板山坪杂岩带。

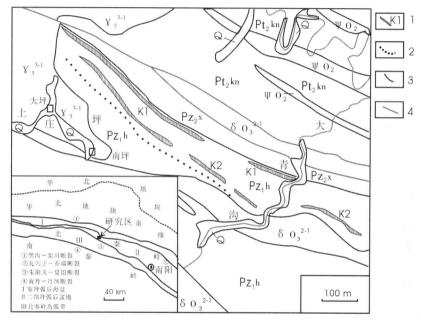

Q—第四系;Pz₂x—小寨组;Pz₁h—火神庙组;Pt₂kn—宽坪群;γ₅³⁻¹—燕山期花岗岩;δO₃²⁻¹—加里东期闪长岩;ψO₂—晋宁期角闪岩;1—重晶石矿化层;2—黄铁矿化层;3—地质界限;4—断裂

图 1 嵩县上庄坪铅锌银矿床地质略图及大地构造位置

2 矿床地质特征

在上庄坪—黄柏沟—大青沟一带东西长 11 km、南北宽 1.2 km 的火神庙组变细碧 – 石英角斑岩系内,在平行产出的 2 个重晶石岩层(K1、K2)中,经初步揭露已发现 K1、K2、K7、K8、K9 共 5 个 Pb、Zn、Ag 多金属矿体。它们大致平行产出,与地层产状一致并与围岩过渡或整合接触(见图 1)。如图 2 所示,矿带上部主体为变细碧岩,下部为变基性凝灰岩和变石英角斑岩,且矿体中发育与其成层状产出的重晶石岩和硅质岩。

矿石主要金属矿物为黄铁矿、磁黄铁矿、黄铜矿、闪锌矿、方铅矿、磁铁矿等,脉石矿物为重晶石、石英、绿泥石、绢云母等,部分地段已达重晶石矿。矿石主要呈半自形—它形粒状结构、包含结构、似斑状结构、填隙结构和浊乳状文象等结构,块状、似层状、条带状构造

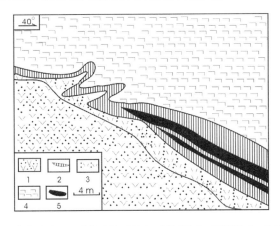

1—石英角斑岩;2—矿化重晶石岩;3—凝灰岩;4—细碧岩;5—硅质岩

图2 嵩县上庄坪铅锌银矿床地质剖面图

以及细脉状、浸染状和网状等构造(见图3)。条带主要由黄铜矿、闪锌矿和少量黄铁矿与重晶石岩相间构成(见图3(a)),显示出层控矿床特征。成矿作用显示以同生为主,热液改造总体较弱,围岩蚀变范围小,具较弱的绿泥石化、绢云母化、硅化、高岭土化等蚀变或无蚀变。

(a) 层状、条带状矿石   (b) 浸染状矿石

图3 嵩县上庄坪矿床矿石结构构造

3 分析方法

将测定的样品用刚玉研磨碎样机粉碎、研磨至200目以下粉末。稀土元素分析方法用电感耦合等离子体发射光谱法,La、Pr、Sm、Gd检测限为 0.02×10^{-6},Ce、Dy、Ho、Er、Lu、Tm检测限为 0.01×10^{-6},Nd、Tb检测限为 0.05×10^{-6},Eu检测限为 0.006×10^{-6},Yb检测限为 0.003×10^{-6}。微量元素As、Sb、Se、Hg采用原子荧光法,检测限为 0.02×10^{-6} (Hg为 0.001×10^{-6});Ba、V、Nb和Sr采用电感耦合等离子体发射光谱法,检测限分别为 5×10^{-6}、2×10^{-6}、1×10^{-6} 和 0.5×10^{-6};其他为原子吸收光谱法,检测限为 1×10^{-6},分析工作由国土资源部中南矿产资源检测中心完成。

4 分析结果及讨论

4.1 稀土元素地球化学特征

从表1可知,上庄坪矿床为块状矿石—层状矿石—纹层状矿石,均具有稀土总量低,轻稀土富集,重稀土亏损,$\delta(Eu)=1.10\sim3.06$(均值为1.92)为明显的正异常,$\delta(Ce)=0.51\sim1.0$(均值为0.74)为负异常。该矿床中重晶石岩与矿体关系非常密切,重晶石岩多为多金属矿化,或与黄铁矿、闪锌矿和黄铜矿紧密共生,或与矿石互层产出,或成为矿体的边缘相,且其具有低的稀土含量、明显的Eu正异常、轻稀土富集、重稀土亏损、Ce负异常特征,这与矿石特征非常相似。热水沉积岩是热水沉积型和热水沉积-改造型矿床的重要标志[5]。而已有研究对重晶石岩及与矿体互层产出的硅质岩通过常量、微量和稀土元素的综合分析,表明二者是典型的热水沉积岩[6,7]。另外,矿石和重晶石岩均与大西洋TAG(Trav-Atlantic-Geotravers)区典型的热液沉积物的球粒陨石标准化的稀土元素配分模式相似(见图4)。前人对典型热液区热液沉积物的分析表明,海底高温热流体普遍具有稀土总量低、轻稀土富集(La-Gd)、重稀土亏损、显著的Eu正异常特征(以此代表纯热液端元组分组成)[8-12];而海水的稀土元素特征以LREE亏损、HREE富集和显著的Ce负异常为标志。故海底热液沉积物作为热液流体和海水混合产物,会兼有二者一些特征。该矿床中矿石和重晶石岩既有Eu的正异常,又有Ce的负异常,这揭示其是高温热液流体和海水混合沉淀的产物。综合分析说明,上庄坪铅锌银矿床是海底热液喷流沉积成岩成矿作用形成的。

分析对比矿石与容矿围岩的稀土元素特征(见表1、图4),其均具有轻稀土富集、重稀土亏损特征,可见成矿物源与围岩存在一定联系,但矿石具明显的Eu正异常、围岩(成矿源岩)显弱的Eu负异常,而朱华平等[13]在研究陕西榨山地区热液沉积矿床时亦发现从成矿源岩(围岩)—矿石出现Eu负异常—Eu正异常的变化,这可能正是高温热液流体的作用。

表1　上庄坪矿床矿石及相关岩石稀土元素含量(10^{-6})及特征参数

样品号	矿(岩)石类型	La	Ce	Pr	Nd	Sm	Eu	Gd	Tb	Dy	Ho
SZP-001	石英角斑岩	11.00	22.80	2.66	13.00	3.90	1.06	2.75	0.48	3.34	0.66
SZP-002	重晶石	7.15	9.51	1.04	3.68	0.61	1.05	0.90	0.19	0.99	0.10
SZP-006	纹层状矿石	8.03	7.26	1.16	2.10	0.29	0.35	0.42	0.07	0.42	0.08
SZP-007	层状矿石	6.02	12.40	1.42	5.70	1.48	0.50	1.23	0.22	1.28	0.20
SZP-008	块状矿石	3.25	3.98	0.43	0.65	0.21	0.16	0.43	0.07	0.45	0.07
SZP-010	细碧岩	24.80	40.00	3.99	19.30	4.59	1.25	4.83	0.62	5.06	1.01
SZP-011	角斑岩	22.90	39.50	3.40	14.30	3.38	1.02	3.36	0.54	3.86	0.81
SZP-013	层状黄铁矿	13.30	21.30	0.42	1.32	0.37	0.17	0.29	0.09	0.55	0.06

续表1

样品号	矿(岩)石类型	Er	Tm	Yb	Lu	Y	$\sum$REE	LREE/HREE	δ(Eu)	δ(Ce)
SZP-001	石英角斑岩	2.16	0.34	2.18	0.30	16.30	66.63	4.46	0.94	1.00
SZP-002	重晶石	0.24	0.03	0.13	0.04	3.25	25.66	8.80	4.33	0.76
SZP-006	纹层状矿石	0.15	0.02	0.09	0.01	1.09	20.46	15.17	3.06	0.51
SZP-007	层状矿石	0.54	0.07	0.40	0.07	4.62	31.52	6.87	1.10	1.00
SZP-008	块状矿石	0.20	0.03	0.04	0.02	0.90	9.98	6.66	1.59	0.71
SZP-010	细碧岩	3.17	0.45	3.16	0.42	26.00	112.65	5.02	0.81	0.89
SZP-011	角斑岩	2.64	0.32	2.27	0.33	22.60	98.63	5.98	0.91	0.97
SZP-013	层状黄铁矿	0.10	0.01	0.04	0.01	0.65	38.04	31.93	1.53	1.15

注:数据由国土资源部中南矿产资源检测中心测试;特征参数采用球粒陨石标准化[14]。

4.2 微量元素地球化学特征

涂光炽等[15]研究认为,As、Sb、Ba、Ag 和 Hg 等这些标型元素的较高含量(高于地壳克拉克值)可作为判别热水沉积成因的标志。由表2分析,该矿床中矿石、重晶石岩 As、Sb、Ba、Zn、Pb、Cu、Ag、Hg 等微量元素的含量均高出相应元素地壳克拉克值几个数量级,此特征亦揭示该矿床具有热水沉积成因特征。而 Ba 的富集是现代洋底热液沉积物重要特征之一[16]。且在大量喷流成因的块状硫化物矿床中已发现,含钡($BaSO_4$)矿物构成的地质体出现在硫化物矿层的边部或中上部,构成矿床的一部分,上庄坪矿床特征与此非常相似。

表2 上庄坪矿床矿(岩)石及典型海底热液硫化物微量元素组分(10^{-6})

样品号	岩(矿)石名称	Cu	Zn	Pb	Zn/(Zn+Pb)	Sb	As	Se	Cd	Ag	Au	Hg	Ba
SZP-001	石英角斑岩	81	167	180	0.48	0.46	9.16	9.82	0.16	0.52	0.01	0.008 4	416
SZP-002	重晶石	4 570	9 430	3 270	0.74	21.00	8.34	0.30	67.00	35.70	0.49	1.240 0	55.34
SZP-006	纹层状矿石	2 940	22 500	14 300	0.61	63.20	45.20	1.49	145.00	92.20	1.04	0.220 0	666
SZP-007	层状矿石	42 800	259 800	27 200	0.91	47.60	3.62	0.45	1 460.00	68.80	1.47	1.470 0	216
SZP-008	块状矿石	1 820	12 900	4 000	0.76	16.90	2.70	0.37	83.00	7.37	0.15	0.240 0	1 190
SZP-010	细碧岩	142	365	147	0.71	0.72	5.39	0.22	0.27	1.03	0.00	0.016 0	2620
SZP-011	角斑岩	5 870	650	107	0.86	0.84	11.90	0.27	1.01	13.00	0.25	0.002 8	686
SZP-013	层状黄铁矿	86	282	16	0.95	0.22	1.87	14.20	0.46	0.26	0.00	0.011 0	852
冲绳	硫化物	38 400	216 700	70 600	0.75	4 455.3	5 602.0	0.90	1 127.20	397.70	3.40		
呷村	硫化物	23 400	13 500	6 900	0.66	16 387.0	1 773.0	89.30	913.40	237.20	1.00		
黑矿	硫化物	39 600	182 500	67 000	0.73	225.30	1 135.20	211.10	845.50	81.40	2.40		
TAG	硫化物	62 100	117 000	500	1.00	20.00	78.00	47.00	410.00	80.00	2.20		
EPR13°N	硫化物	78 300	81 700	500	0.99	8.00	154.00	163.00	960.00	49.00	0.26		
地壳丰度		63	94	12		0.60	2.20			0.08		0.08	390

注:冲绳、呷村、黑矿据参考文献[17];TAG 据参考文献[18];EPR13°N 据参考文献[19];地壳丰度据黎彤等(1982),转引自参考文献[20];其他为本文,测试单位:国土资源部中南矿产资源检测中心。

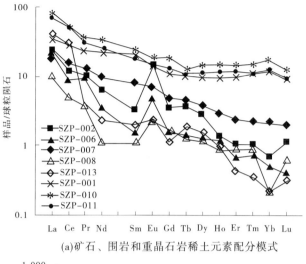

(a)矿石、围岩和重晶石岩稀土元素配分模式

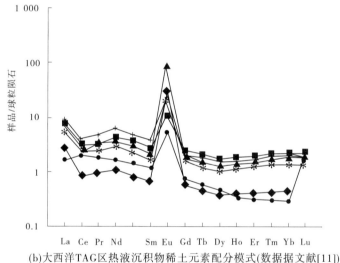

(b)大西洋TAG区热液沉积物稀土元素配分模式(数据据文献[11])

图4　嵩县上庄坪矿床矿石、围岩、重晶石岩及典型热液沉积物

稀土球粒陨石标准化图解(标准化数据据文献[14])

据 Lydon[21]研究,世界范围 VMS(Volcanic – associated Massive Sulfide Deposit)型矿床的金属总量呈双峰分布,峰值对应的 Zn/(Zn + Pb)分别为 0.7 ~ 0.8 和大于 0.9,前者反映热水从长英质岩系和沉积岩萃取金属组分;后者揭示镁铁质岩系提供金属组分。从表2可知,上庄坪矿床的 Zn/(Zn + Pb)变化范围为 0.61 ~ 0.95,平均值为 0.81,与冲绳海槽、上向黑矿(弧后盆地构造环境)的特征非常相似,与 TAG 和 EPR13°N 区(洋中脊构造环境)硫化物存在差异,这可能暗示其成矿源岩不同。对研究区火山岩岩浆来源的研究结果表明,东二郎坪群火山岩遭受地壳混染的程度轻,以 MORB 型为主,而西二郎坪群火山岩则以岛弧钙碱性火山岩为主[22]。同时,矿石与围岩成矿关系 Cu – Pb – Zn 判别图解(图略)反映,上庄坪矿床容矿围岩变细碧岩、变(石英)角斑岩中 Cu、Pb、Zn 的投点分布区域与矿石相应元素投点区域一致,意味着容矿围岩和成矿金属元素之间存在着内在联系,即这些变(石英)角斑岩和变细碧岩可能是成矿物源源岩。由于该矿床的容矿围岩是

地幔岩浆与地壳混合作用形成,故其 Zn/(Zn + Pb)与典型 VMS 型矿床的金属总量双峰式分布存在差异,其成矿金属组分主要来源于长英质岩系,但基性岩对成矿亦有一定的贡献。

微量元素中的次要元素(As、Sb、Se、Cd、Ag、Au)因不形成主要矿石矿物相,故比主要成矿元素能更好地揭示矿质来源。由图 5 分析,上庄坪矿床具有高 As、Sb 和 Pb 特征,低 Cu、Cd 和 Se 特征;与冲绳、呷村和黑矿相比,显示 As、Sb 和 Ag 相对低的特征;与 TAG 区硫化物相比,明显地低 Cu、Se 和 Cd 特征。对洋脊环境和岛弧环境硫化物矿床的对比研究表明,洋脊环境的硫化物矿床比岛弧环境的硫化物矿床普遍高 Cu、Fe 和 Se,低 Pb、As 和 Sb,且岛弧环境硫化物矿床 As、Sb、Ag 的富集程度与岛弧张裂程度成反比,且通常海底热水成矿作用过程基本相似、热水系统热历史基本一致,故形成不同成矿元素组合的影响因素只能是提供成矿金属组分的源岩性质的差异[17],因此,VMS 型矿床成矿元素组合具有指示形成环境和物源源岩的意义。对主成矿元素作三角图解(见图 6),投点多落于弧后盆地构造环境,少数落于岛弧环境。而已有研究说明,二郎坪弧后盆地在东西向上存在差异,形成西二郎坪群的南阳盆地西弧后盆地规模小,且演化不成熟[22]。综合分析,上庄坪矿床既不同于岛弧环境硫化物矿床,又与洋脊环境的 VMS 型矿床有明显的区别,其应是弧后盆地构造环境的产物,其成矿物质主要来源于壳源。

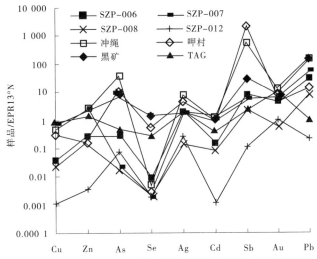

图 5　上庄坪及典型 VMS 型矿床矿(岩)石微量元素配分形式(EPR13°N 标准化[19])

4.3　成矿构造环境及矿床成因分析

大量调查说明,热液活动区主要分布在地质构造不稳定的区域,通常是洋中脊,弧后盆地和板内热点等地[18];而矿床类型对于区域构造环境有明显的选择性,VMS 型铜锌矿床倾向产于弧后盆地或水下裂谷盆地[23]。已有研究通过对二郎坪群火山岩构造环境判别和区域构造背景分析认为,在早古生代,秦岭洋壳向北部的华北板块之下俯冲,在华北板块南缘产生拉张、裂解的动力机制,形成东西向展布的二郎坪弧后盆地[24]。而前已述及,上庄坪矿石和围岩微量元素特征亦揭示上庄坪矿床形成于弧后盆地构造环境,这印证了二郎坪群火山 - 沉积组合是弧后盆地构造环境的产物,且已测得上庄坪铅锌银矿床矿

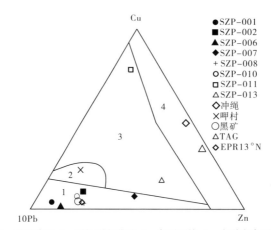

1—弧后盆地;2—弧间裂谷盆地;3—岛弧环境;4—大洋中脊环境

图6 上庄坪矿床 Cu – Pb – Zn 构造环境判别图解(底图数据据文献[17])

石铅同位素与围岩一致,模式年龄为 508~574 Ma,反映成矿与成岩作用是同期的[25]。

一般海底热液喷流成矿成岩作用会形成由容矿岩系组合、硫化物矿体和喷流(喷气)化学沉积岩组成时空相依,密不可分的"三位一体"沉积建造组合,且 VMS 型矿床具有垂直分带和水平分带等典型特征[17]。上庄坪矿床地质特征表明,该矿床具有典型的由变细碧 –(石英)角斑岩、硫化物矿体和热水沉积岩(重晶石岩、硅质岩)组成的"三位一体"沉积建造组合;其矿体赋存于变细碧岩与变石英角斑岩界面,铅锌银多金属矿呈纹层状、条带状与热水沉积重晶石岩及硅质岩共生,具有块状硫化物矿床的一般特征;不同中段坑道矿体特征显示,深部坑道中重晶石矿化增强,且矿石为块状构造,而浅部坑道中重晶石与层状、纹层状矿石互层;另外,金属组分亦显示纵向、横向明显分带特征[26]。

综上所述,二郎坪群弧后盆地构造环境具备形成海底热液喷流的条件,且矿床地质特征和地球化学特征一致揭示其具有典型热液沉积矿床特征。因此,上庄坪矿床是在酸性火山岩喷发末期,基性火山岩喷溢之前,由于深部的岩浆持续活动,提供了热源,上升的岩浆热液从下伏基岩中萃取金属组分,产生丰富的 Ba、Cu、Pb、Zn 等成矿元素,海水提供了大量的 SO_4^{2-},二者在对流混合过程中产生了适合沉淀的物理化学条件,在有利的海底洼地沉积环境中,Ba^{2+} 与 SO_4^{2-} 相互结合形成重晶石矿,其他组分亦相互作用发生同生沉积作用,最终形成以 Pb、Zn 为主的多组分热液沉积物。另外,区域地球物理特征揭示,研究区是壳幔异常变化的地带,且在区域上对个别异常的解剖已发现大规模的 Ag – Pb – Zn 矿化[27]。据此分析,上庄坪矿床深部和外围具有较好的找矿前景。

5 结 论

通过对上庄坪矿床矿石、容矿围岩和重晶石岩稀土元素、微量元素地球化学特征分析及结合矿床地质特征研究可以得出以下几点结论。

(1)矿床矿石、重晶石岩和围岩微量元素特征印证了二郎坪群变细碧 – 石英角斑岩、硫化物矿体和热水沉积岩(重晶石岩、硅质岩)"三位一体"沉积建造组合形成于弧后盆地构造环境。

（2）矿石、重晶石岩的微量元素、稀土元素地球化学特征与矿床地质特征一致揭示上庄坪矿床是海底热液喷流沉积成岩成矿作用的产物；成矿物质来源于以壳源为主的壳幔混合源产生的变石英角斑岩和变细碧岩容矿围岩；成矿热液流体为萃取成矿源岩金属组分的海底岩浆高温热液流体和海水对流混合流体，其在海底有利沉积环境同生沉积形成以 Pb、Zn 为主的多组分热液沉积物。

（3）热水沉积重晶石岩和硅质岩与矿体紧密共生，其是该类矿床成矿和找矿标志；上庄坪矿床具有典型的"三位一体"沉积建造组合特征，且矿体在纵向和横向上具有明显的矿石结构构造和金属组分分带特征，可据此对深部和外围矿床勘探进行预测和指导。*

参 考 文 献

［1］王建明. 二郎坪地体火山成因块状硫化物矿体的成矿规律和找矿预测［J］. 地质调查与研究,2006, 29(3):193-202.

［2］符光宏,鲍永超,郭文秀,等. 河南省秦岭－大别山带地质构造与成矿规律［M］. 河南:科学技术出版社,1994:1-300.

［3］河南省地质矿产局. 河南省区域地质志［M］. 北京:地质出版社,1989:1-265.

［4］河南省地质矿产厅. 河南省岩石地层［M］. 武汉:中国地质大学出版社,1997:1-189.

［5］孙省利,曾允孚. 西成矿化集中区热水沉积岩物质来源的同位素示踪及其意义［J］. 沉积学报, 2002,20(1):41-46.

［6］冯胜斌,邢矿,周洪瑞,等. 北秦岭二郎坪群重晶石岩热水沉积地球化学证据及其成矿意义［J］. 世界地质,2007,26(2):199-207.

［7］燕长海,彭翼,刘国印,等. 东秦岭二郎坪群热水沉积硅质岩的地球化学特征［J］. 地质通报,2007, 26(5):560-566.

［8］Michard A,Albared F,Michard G,et al. Rare – earth elements and uranium in high – temprature solutions from East Pacific Rise hydrothermal vent field(13°N)［J］. Nature,1983,303:795-797.

［9］Michard A ,Albared F. The REE content of some hydrothermal fluids［J］. Chemical Geology,1986,55:51-60.

［10］Michard A. Rare earth elements systematics in hydrothermal fluids［J］. Geochim Cosmochim. Acta, 1989,53:745-750.

［11］Mills R A,Elderfeild H. Rare earth element geochemistry of hydrothermal deposits from the active TAG Mound,26°N Mid-Atalantic Ridge［J］. Geochim. Cosmochim. Acta,1995,59:3511-3524.

［12］Barrett T J,Jarvis I,Jarvis K E. Rare earth element geochemistry of massive sulfide – sulfates and gossans on the Southern Explorer Ridge［J］. Geology,1990,18:583-586.

［13］朱华平,张德全,刘平,等. 陕西榨山地区穆家庄铜矿稀土元素地球化学特征［J］. 中国地质,2004, 31(1):85-90.

［14］Haskin L A,Haskin M A,Frey F A,et al. Relative and absolute terrestrial abundances of the rare earths ［M］∥ Ahrens L H (ed) ,Origin and Distribution of the Elements. vol. 1. Oxford:Pergramon,1968:889-911.

［15］涂光炽. 热水沉积矿床［J］. 四川地质科技情报,1987,5(1):1-5.

［16］Rona P A. Criteria for recognition of hydrothermal mineral deposits in ocean crust［J］. Economic Geolo-

* 致谢:审稿专家对本文提出重要的修改意见,编辑对论文的详细指导使笔者受益匪浅,在此一并表示衷心感谢!

gy,1978,73(2):135-160.

[17] 侯增谦,韩法,夏林圻,等. 现代与古代海底热水成矿作用[M]. 北京:地质出版社,2003:15-230.

[18] Hannington M D. The geochemistry of gold in modern sea – floor hydrothermal field,north fiji back – arc basin,Southwest Pacific[J]. Econ,Geol, 1989,88:2237-2249.

[19] Fouquet Y, Stackelberg U,Charlou J L,et al. Metallogenesis in back – arc environments:the low basin example [J]. Econ,Geol, 1993,88:2154-2181.

[20] 戚长谋,邹祖荣,李鹤年. 地球化学通论[M]. 北京:地质出版社,1987:12-16.

[21] Lydon J W. Volcanogenic massive sulfide deposits part I:a descriptive model[J]. Geoscince Canada, 1984,11:195-202.

[22] 冯胜斌,周洪瑞,燕长海,等. 东秦岭(河南段)二郎坪铜多金属成矿环境及成矿效应[J]. 矿产与地质,2006,20(6):598-607.

[23] 陈衍景. 造山型矿床、成矿模型及找矿潜力[J]. 中国地质,2006,33(6):1181-1196.

[24] 张国伟,张本仁,袁学诚,等. 秦岭造山带与大陆动力学[M]. 北京:科学出版社,2001:706-714.

[25] 宋峰,刘铁,王铭生,等. 东秦岭二郎坪蛇绿岩中的火山成因硫化物矿床[J]. 中国区域地质,1992,18(1):80-85.

[26] 陈建立. 河南上庄坪铜铅锌矿床地质特征及成因探讨[J]. 地质找矿论丛,2005,20(1):26-30.

[27] 燕长海,宋峰,刘国印,等. 河南马超营 – 独树一带铅锌成矿地质条件及找矿前景[J]. 中国地质,2002,30(3):305-310.

Geochemistry Characters of the Shangzhuangping Pb-Zn-Ag Deposit in Songxian County, Western Henan Pronvince and its Geological Significance

Yang Jinchao[1]　　Feng Shengbin[2]　　Peng Yi[3]　　Yan Changhai[3]　　Zeng Xianyou[3]

Wang Jianming[3]　　Hu Shaobin[4]

(1. Geological Environmental Monitoring Institute of Henan Province, Zhengzhou　450016;

2. Research Institute of Exploration and Development of Changqing Oilfield Company PetroChina,Xi'an　710021;

3. Henan Institute of Geological Survey,Zhengzhou　450007;

4. Yunnan Institute of Geological Survey,Kunming　653100)

Abstract:The Shangzhuangping Pb-Zn-Ag deposit is one of sulfid deposit in Erlangping Group of northern Qinling Mountains,which was found in the new round of land and resources survey. Formed tectonic setting,the material source and genesis of the deposit are discussed by studying trace elements and REE geochemistry of ore, host rock and barite rock and geological characteristics of deposit. The results show that chondrite – normalized REE patterns for ores and host rock are right – inclined;casting points district of ores and host rock is consistent in Cu-Pb-Zn distinguishing diagram;Zn(Zn + Pb) for ores of the Shangzhuangping deposit is similar to ones of the Okinawa trough and Shangxiang Kuroko – type deposit,and is dissimilar to ones in TAG and EPR13°N region;ores display higher As, Sb, Pb and lower Cu, Cd, Se elements,which indicate that the material source of the deposit were derived from the metamorphic keratophyre and spilite which were generated by the crust rocks and continental lithosphere mantle,but mainly crustal rocks. Based on the research such aspects as geochemical characters of ores,geological characters of deposit and the paragenetic relationship among hydrothermal sedimentogenic baritic rocks,cherts and orebody,which manifest that the Shangzhuangping Pb-Zn-Ag deposit were formed by the submarine hydrothermal exhalative lithogenesis and mineralization in back – arc basin environment. Barite rock, cherts and deposit – zoning in longitudinal and traverse orientation are important criteria in searching and explorating the Pb-Zn-Ag deposit.

Key words: Shangzhuangping Pb-Zn-Ag deposit, geochemistry, hydrothermal exhalative sediment, Erlangping Group, western Henan Province

河南省卢氏县葫芦山铅锌矿床成因浅析

赵承勇　　刘占辰

(河南省地质环境监测院,郑州　450016)

摘　要:本文通过对葫芦山矿区成矿环境、矿床成矿条件、母岩、围岩、矿石的矿物成分、结构构造等的研究,认为铅矿是燕山期岩浆活动的产物(中低温热液充填—交代铅、锌、银矿床)。

关键词:葫芦山;铅锌矿;岩体;燕山期;充填—交代;脉状

1　矿床地质概况

河南省卢氏县葫芦山铅锌矿区位于华北地台南缘(北秦岭褶皱带东段北宽坪—南召小区西段(II_{11})—大夫岭前加里东褶皱带上)。在区域上以黑沟—栾川断裂为界,北为华北地台区的豫西分区,南为秦岭地槽区的北秦岭分区。

1.1　地层

矿区出露地层简单,主要为中元古界宽坪群四岔口组($\mathrm{Pt}_2\mathrm{s}$)和广东坪组($\mathrm{Pt}_2\mathrm{g}$)。四岔口组下段($\mathrm{Pt}_2\mathrm{s}^1$)出露面积广泛,为矿区内主要地层,四岔口组上段($\mathrm{Pt}_2\mathrm{s}^2$)与下段($\mathrm{Pt}_2\mathrm{s}^1$)之间以大理岩条带为界限。四岔口组上段($\mathrm{Pt}_2\mathrm{s}^2$)呈北西西向带状产出,成条状分布于大理岩中间,南北以大理岩条带为分界线。也是一套由陆源碎屑沉积杂砂岩副变质而成的,但碳酸盐成分增多,主要岩性是由石英白云石大理岩、黑云石英片岩、二云钙质片岩组成。四岔口组下段($\mathrm{Pt}_2\mathrm{s}^1$)在矿区内广泛分布,为该矿区的主要岩性段,它是一套由陆源碎屑沉积杂砂岩副变质而成,主要岩性是由石英片岩、黑云斜长石英片岩、二云石英片岩夹含石榴石黑云石英片岩和弱黄铁矿化黑云石英片岩组成。

大理岩呈带状断续分布,透镜状和扁豆状产出,成雁群式排列出现,形成大小不一、厚度变化较大,沿走向不连续地分布,呈群体产出的岩性组合带特征。

广东坪组下段($\mathrm{Pt}_2\mathrm{g}^1$)呈北西西向带状产出,出露面积约 1.23 km^2。北部与四岔沟组下段呈断层接触,南部(东、西段)地层界线分别与四岔沟组下段、广东坪组上段整合接触,主要岩性为斜长角闪片岩,下部夹钙质阳起绿泥片岩。广东坪组上段($\mathrm{Pt}_2\mathrm{g}^2$)呈北西向带状产出,出露面积约 0.2 km^2。南、北地层界线分别与四岔沟组下段、广东坪组下段整合接触,主要岩性是由黑云石英片岩夹石榴石二云石英片岩、薄层斜长角闪片岩,上部夹不连续的白云石大理岩组成。

第四系(Q)主要为现代河床及河漫滩冲积砂砾石层和黄土层,沿河流及沟谷分布。厚度一般为 0.3~20 m。

1.2 矿区构造

矿区位于华北地台与秦岭地槽衔接地带。在秦岭地槽栾川－黑沟断裂以南地区,瓦穴了—乔端断裂(区内为仓房—史家村断裂)为南界。矿区构造以褶皱为主,断裂次之。褶皱有大夫岭前加里东褶皱带中的后店—寇家沟向斜和小红椿沟—大夫岭背斜。断裂有小红椿沟—大夫岭断裂(F1)、F2 和 F3 三条断裂。

1.2.1 后店—寇家沟向斜

后店—寇家沟向斜构造线走向为北东东向和北西西向,出露长度大于 20 km。向东被加里东中期的熊耳岭石英二长岩体吞噬。向斜的核部是由中元古界宽坪群四岔口组(Pt_2s)上段的石英白云石大理岩、黑云石英片岩、二云钙质片岩组成,向斜轴线总体走向 260°~290°。两翼是由中元古界宽坪群四岔口组(Pt_2s)下段的石英片岩、黑云斜长石英片岩、二云石英片岩夹含石榴石黑云石英片岩和弱黄铁矿化黑云石英片岩组成。向斜两翼产状较复杂,地层大体延展方向为 280°~290°,北翼总体南倾,倾向多为 165°~210°,倾角较陡,多为 70°~85°;南翼总体北倾,倾向多为 345°~15°,倾角较陡,多为 70°~88°。该向斜的东部,组成向斜两翼的硅质大理岩叠置层,整体是沿加里东中期的熊耳岭石英二长岩体边界转为北西向,由 352°~320°,倾向北东,倾角 36°~76°,形成北西向二次叠加背斜构造。

1.2.2 小红椿沟—大夫岭背斜

小红椿沟—大夫岭背斜位于矿区的中南部,小红椿沟—大夫岭一带,矿区内出露长度约 10 km,向西延出矿区,向东到大夫岭,背斜轴线总体走向 270°~290°。背斜核部主体岩性是由中元古界宽坪群广东坪组的上段和下段岩性组成,其主要岩性为斜长角闪片岩、黑云石英片岩夹石榴石二云石英片岩,上部夹不连续的白云石大理岩。两翼是由中元古界宽坪群四岔口组(Pt_2s)下段的石英片岩、黑云斜长石英片岩、二云石英片岩夹含石榴石黑云石英片岩和弱黄铁矿化黑云石英片岩组成。背斜两翼产状较复杂。南翼层理延展方向 280°~290°,倾向 180°~190°,倾角 40°~80°,北翼被大夫岭断裂所截,具叠加褶皱特征。

该区构造具有长期活动发展演化历史,是一构造变形的综合地质体,它包括不同时期、不同规模、不同性质、不同级别构造带,为矿区成矿起到了控矿、导矿和容矿作用。

1.3 岩浆岩

矿区内岩体出露面积约 1.29 km²。该岩体为一椭圆形复式岩基,呈北西向延伸,北侧受栾川—黑沟断裂控制,南侧与宽坪群呈侵入接触。边界形状和产状十分复杂,常呈不规则状、手指状、"非"字状分支侵入围岩。岩体中有大量围岩捕房体,包括黑云大理岩、石英岩、黑云石英片岩、斜长角闪岩等。该区内岩浆活动具有明显的多期次和多旋回等特征,特别是加里东中期熊耳岭石英二长岩体的岩浆活动,它不仅控制了本期变质岩相带的分布范围,而且与区内矿产在成矿时间和空间上有着密切的关系。该岩体同化混染作用较强,为多期次多旋回多阶段侵入的复式岩体,它分为三个阶段,从早期到晚期,(σ_3^{2-1})加里东中期第一阶段形成岩性为闪长岩;→(ηo_3^{2-2})第二阶段形成岩性为石英二长岩;→($\eta\gamma_3^{2-3}$)第三阶段形成岩性为二长花岗岩侵入,该岩体三个阶段所形成的岩体之间有着清晰的侵入关系。铅锌矿主要赋集于岩体与岩层结合部位的次级断裂构造带内。

岩浆岩的主要岩性特征如下。

1.3.1 二长花岗岩

风化岩石呈灰褐色和褐色,新鲜呈灰白色、浅红色,具有半自形粒状结构、块状构造。主要矿物成分:正长石占10% ~20%、微斜长石占15% ~25%、斜长石占20% ~40%、石英占10% ~16%、次要矿物有:黑云母占1% ~3%。角闪石占1% ~2%等;副矿物有磷灰石、榍石、磁铁矿和钛铁矿等。

1.3.2 石英二长岩

石英二长岩呈浅灰至灰白色,浅红色,具有花岗结构、块状构造,主要矿物成分:正长石占5% ~15%、微斜斜长石占25% ~30%、斜长石占30% ~40%、石英占10% ~20%;次要矿物有角闪石占1% ~2%,黑云母占1% ~3%,副矿物有磁铁矿、磷灰石、锆石等。

1.3.3 闪长岩

闪长岩呈灰—青灰色,具有半自形粒状结构、块状构造。主要矿物成分:斜长石含量占55%,多呈不规则粒状,少数为自形板柱状;普通角闪石含量占30%,有少部分已次闪石化;微斜长石含量占5%,呈细粒—半自形板柱状;黑云母占5%。副矿物有磷灰石、榍石、磁铁矿和钛铁矿等。

2 矿体矿石的基本特征

矿区内通过1:10 000的地质测量和物化探等工作,在该区共发现以铅、锌为主的,伴生有银的蚀变破碎带29条。含铅锌蚀变破碎带常赋存于深大断裂旁侧的次级断裂构造带和隐伏岩体边界附近,矿体形态、产状、规模均严格受构造破碎带控制,绝大部分铅、锌矿体呈脉状产出。矿脉普遍具有分支、复合、膨胀、收缩、尖灭再现等特征。

2.1 矿石类型

矿石类型有黄铁矿 - 硫化物矿石(原生矿石)、混合矿石、氧化矿石三种。

2.2 矿石矿物组成

矿石主要是以硫化物为主的两种矿物组合方式组成,一种是方铅矿 - 黄铁矿 - 闪锌矿;另一种为黄铜矿—黄铁矿—方铅矿—闪锌矿。

主要有用矿物为方铅矿、闪锌矿、辉银矿和黄铁矿。方铅矿呈铅灰色和蓝灰色、具金属光泽,它形粒状,自形成度较低,粒径一般为 0.1 ~2 m,含量一般为 0.7% ~2.82%;闪锌矿呈蓝灰色、具金属光泽,不等粒状,粒径一般为 0.1 ~11 mm,含量为 0.7% ~3.06%;辉银矿呈它形粒状,粒度一般为 0.005 ~0.3 mm,均包裹在方铅矿中;黄铁矿呈浅黄铜色、表面常有斑状的褐色硝色,金属光泽,多为自形半自形粒状结构,粒径一般为 0.005 ~3 mm,含量一般为1% ~2%。矿石化学特征如表1所示。

表1 铅锌矿石化学特征一览表

分析结果表(%)[银(1×10^{-6})]								
Pb	Zn	Cu	Ag	FeO	Fe$_2$O$_3$	SiO$_2$	CaO	S
1.1	0.3	0.01	13	1.28	1.01	69.16	1.33	0.39
1.35	0.67	0.11	15	1.93	2.34	71.52	2.75	0.43

2.3 结构构造

2.3.1 矿石结构

矿石多为自形半自形粒状结构、粒状变晶结构、交代结构,有少量残余结构、镶嵌结构。镜下鉴定:金属矿物为方铅矿、闪锌矿、黄铁矿、辉银矿(微量)等。闪锌矿呈黑色、它形粒状、粒度为 3.6 ~ 0.01 mm,被方铅矿交代并包裹,被包裹的闪锌矿残余多呈多种粒状、岛屿状。闪锌矿与固熔体分离的黄铜矿物成乳浊状结构。方铅矿呈它形粒状,粒度为 0.005 ~ 2.4 mm,交代闪锌矿和黄铁矿。黄铁矿呈半自形 - 它形粒状,个别呈半自形立方体。辉银矿呈它形粒状,粒度为 0.02 ~ 2.1 mm,与方铅矿、黄铜矿呈连晶产出,这三种矿物为同时结晶产物。闪锌矿、黄铁矿多呈不规则状切穿矿石,为低温热液阶段产物。

2.3.2 矿石构造

矿石主要为角砾状构造、脉状和网脉状构造等。镜下鉴定:由于矿化发生在构造碎裂带中,所以金属矿物铅、锌、黄铁矿等多沿裂隙充填构成网脉状和细脉状构造。另一种由于脉石受张性断裂作用力而破碎,金属矿物闪锌矿、方铅矿、黄铜矿等以胶结物的形式将脉石角砾碎块胶结在一起,构成角砾状构造。表生期部分金属硫化物氧化后,如褐铁矿、白铅矿沿裂隙充填在脉石角砾之间。

3 矿床成因

矿区位于华北地台与秦岭地槽衔接地带。在秦岭地槽栾川—黑沟断裂以南地区,瓦穴了—乔端断裂(区内为仓房—史家村断裂)以北地区,该区经历了长期多次的构造运动,并伴(矿区内、外)有大规模岩浆侵入和火山爆发,为含矿热液的运移和赋集提供了通道与空间。

3.1 控矿因素

3.1.1 地层控矿因素

矿区内主要为中元古界宽坪群四岔口组(Pt_2s)和广东坪组(Pt_2g)。四岔口组下段(Pt_2s^1)出露面积广泛,为矿区内主要地层,其主要岩性为一套由陆源碎屑沉积杂砂岩副变质而成。它是由石英片岩、黑云斜长石英片岩、二云石英片岩夹含石榴石黑云石英片岩和弱黄铁矿化黑云石英片岩组成。四岔口组上段(Pt_2s^2)也是一套由陆源碎屑沉积杂砂岩副变质而成。但碳酸盐成分增多,主要岩性是由石英白云石大理岩、黑云石英片岩、二云钙质片岩组成。该套地层是典型的在中温中压状态下区域变质作用的产物,属浅—中等变质程度。特别是该套地层中具有较高的铅、锌、银等克拉克元素丰度值,其值是地表克拉克值的2.7 ~ 6.6倍;该套地层中的碳酸盐、硅化和黄铁矿化也是其他地层的3 ~ 9.6倍;该组地层中夹有多层黄铁矿化的黑云母石英片岩层,黄铁矿化地层中含银铅锌较高,经含矿热液叠加运移赋集后的铅锌含量会更高,因此该黄铁矿化层可视为铅锌矿的初始矿源层。后期经历了长期多次的构造运动,并伴(矿区内、外)有大规模岩浆侵入和火山爆发,经热液叠加改造,在该层位形成了一系列铅锌矿化石英脉及铅锌矿床。

3.1.2 岩浆岩的控矿因素

矿区内岩浆岩出露较单一,加里东中期熊耳岭石英二长岩体出露于矿区的东北角,向外延出矿区,该区内岩体与区域成矿作用使地层中有用元素(铅、锌、银等)局部克拉克元素丰度值增高,特别是近矿区范围内有燕山早期—燕山晚期的朱家沟岩体和一些燕山晚期小的花岗斑岩体,朱家沟正长斑岩体为多阶段侵入的复式岩体,是该区域内主要成矿母岩。含铅、锌(银)蚀变破碎带主要分布在加里东中期熊耳岭石英二长岩岩体与中元古界宽坪群四岔口组(Pt_2s)地层内外接触带附近小而浅的紧闭型构造带上。燕山期岩浆活动具多期次重复叠加侵入,该次岩浆活动,不仅为该区域铅、锌多金属矿床的生成提供有利的物化环境,并促使地层中部分成矿元素的活化迁移,而且为矿区铅锌矿体的形成,提供了充足的热能和矿物质来源。

3.1.3　构造的控矿作用

矿区位于华北地台与秦岭地槽衔接地带。在秦岭地槽栾川—黑沟断裂以南地区,瓦穴了—乔端断裂(区内为仓房—史家村断裂)为南界。

矿区内矿床形成主要与区域性深大断裂有关,一系列北东、北西、东西走向的构造形迹(断裂、蚀变破碎带)严格受区域构造控制;NW 向的小红椿沟—大夫岭断裂带及隐伏深大断裂,为矿区矿床形成提供了较好的矿液通道及容矿场所。该区断裂构造自身含矿性较差,但却严格控制着区内铅锌矿床(点)及燕山晚期下铺隐伏花岗岩体的分布,并具有长期多期次活动特点。其次是褶皱构造对矿床形成也有一定影响,例如:后店—寇家沟倒转向斜的核部附近分布着多条铅锌矿化带,这就说明后店—寇家沟倒转向斜对铅锌矿化带的形成和分布有着明显的控制作用。

该区含铅锌蚀变破碎带常赋存于深大断裂旁侧的次级断裂构造带内、褶皱构造的核部和隐伏岩体的边界附近。矿体形态、产状、规模均严格受构造破碎带控制,绝大部分铅、锌矿体呈脉状产出,矿脉普遍具有分支、复合、膨胀、收缩、尖灭再现等特征。

3.2　近矿围岩蚀变特征

围岩蚀变具有线性热液蚀变特征,主要有碳酸盐化、硅化、绢英岩化、绿泥石化、黄铁矿化。其中碳酸盐化、硅化、绢英岩化和绿泥石化与铅锌矿化关系较密切;其次黄铁矿和黄铜矿化与铅锌矿化有关。

3.3　矿床成因

矿区内地层主要为含铅锌较高的宽坪群四岔口组,该组地层是铅锌矿的主要初始矿源层。位于矿区中东部的 NW 向小红椿沟—大夫岭断裂带和后店—寇家沟叠加向斜为该区内主要控矿构造,由 NW 向小红椿沟—大夫岭断裂带和后店—寇家沟叠加向斜派生的近 EW、NW 及 NE 断裂和小断层为区内的导矿和容矿构造。位于东北部加里东期的熊耳岭石英二长岩体的生成,促进了原岩成矿物质组分的活化与转移,沿构造带形成初步富集。

通过对矿区内地层、岩浆、构造、矿体形态、矿物共生组合,含矿建造及矿化现象和物化探异常元素组合特征的分析研究,认为本区矿床成因与矿区外围燕山期的朱家沟岩体和一些燕山晚期小花岗斑岩体的岩浆活动密切相关,是严格受构造控制的中低温热液充填—交代脉状铅、锌、银矿床。

Preliminary Study on Genesis of the Lead – Zinc Ore Deposit at Hulushan, Lushi County, Henan

Zhao Chengyong   Liu Zhanchen

(Gological Enviromental Monitoring Institute of Henan Province, Zhengzhou   450016)

Abstract: The ore – forming context, ore – forming condtions, mother rock, wallrock, mineral composition and structures of ores at Hulushan deposit are studied in this thesis. It is concluded that lead – zinc ore is the results of magmatic activities of Yanshanian stage.

Key words: Hulushan, lead – zinc ore, rock body, Yanshanian stage, filling – metasomatism, vein-like

MASW 技术在土质边坡动力特性中的应用

董　珂

（河南省地质环境监测院，郑州　450016）

摘　要：本文将 MASW 勘探应用于寨头隧道土质边坡的工程实际中，由瑞利面波的实验数据，分析层状瑞利波的频散曲线，并利用基阶和高阶模态的瑞利波频散曲线反演层状介质参数。根据得到的动力学参数分析土质边坡动力特性。

关键词：多道瞬态瑞利波；土动力特性；剪切波速

1　引　言

近年来，工程建设、道路交通等活动产生的多种动态振源，引起了人类活动区振动的增加，这些振源都具有很浅或接近于地表的特点，这种情况下的大多数能量转换成面波，沿着低速的表层传播。通常地表地震勘探中，2/3 以上的地震能量会传入瑞利波中（Richart 等，1970），且对土的条件反应很灵敏。若垂直速度假设为一变量，每个面波频率分量在特定的频率分量上就有一个不同的传播速度，这就产生了频散特征，面波的频散特征可测定水平成层介质浅层土体的剪切参数，推断近地表弹性、评价地表稳定性（Nazarian 等，1983）。

2　MASW 对岩土体进行分析的原理

在地表瞬态脉冲激励下，瑞利波到达时，土体出现很大的竖向位移，P 波和 S 波产生的位移与此相比可以忽略。且瑞利波能量最强，约占总传播能量的 67%，因此，只要将传感器放在离震源适当距离的位置处，在地表检测的基本上是瑞利波信号。

近年来兴起的多道瞬态瑞利波勘探方法（Multi – channel Analysis of Surface Waves，简称 MASW），具有分辨率高、应用范围广、受场地影响小、检测设备简单、检测速度快、损伤小等优点，受到了岩土工程勘察界的普遍重视。利用该方法分析层状介质情形下瑞利波传播速度 V_R 与岩土体物理力学性质的密切相关性，及 V_R 与频率 f 的相关性（即瑞利波的频散性），从而研究土质边坡的动力特性。

3　工程应用实例

3.1　工程概况

某合同段的寨头隧道位于陡倾斜坡上，坡度 40° ~ 50°。坡体覆盖层为残坡积碎石土层，结构稍密至中密，厚度较大，且有滑动迹象，尤其在 K74 + 500 ~ K74 + 560 段，隧道开挖后覆盖层不稳定。经综合整治变更设计后,对寨头隧道进口段 K74 + 420 ~ K74 + 560 m 进行了地表注浆处理。

本文采用 MASW 勘探方法,对灌浆后的土质边坡进行检测,并在此检测的基础上对土质边坡的动力特性进行分析。

3.2 现场测试和数据处理

采用 MASW 检测土质边坡,现场探测 2 条测线共获得 32 个波形记录文件(A 线 11 个,D 线 21 个),原始波形记录以图 1 为例。

用冲击震源激发后,在不同距离的多个通道上记录面波,整个面波数据处理在四个区别不同数据域的处理页面上逐步进行,处理后得到地层模型构成综合成果图,如图 2 所示。成果图中反演得出的剪切波层速度和层厚度是检波器排列下的地层综合信息反映。

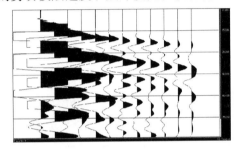

图 1 原始波形记录图

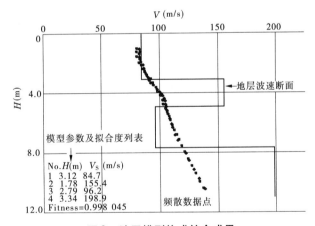

图 2 地层模型构成综合成果

3.3 成果和分析

分析每次激发所取得的波形记录,提取频散曲线并反演转换成速度—深度(V_S—H)曲线,根据 V_S—H 曲线特征得出灌浆后土质边坡动力参数。2 条测线上提取 32 个 V_S—H 曲线,根据这些曲线读出土层深度和各层剪切波波速。在 A、D 勘探线上分别选取 A - 12 和 D - 12 为例,其 V_S—H 曲线如图 3 所示,由曲线读出的土动力参数如表 1 所示。

按照完整的 32 个 V_S—H 曲线读出的土层分层界面深度 H 及剪切波波速 V_S 数据,以剪切波波速 V_S 大小和分层厚度为划分根据,绘制出整个测线范围内岩土分层界面的 A、D 剖面波速层解释成果图,如图 4 所示。

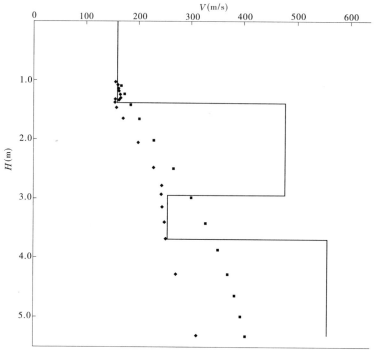

面波检测A-12号排列成果图

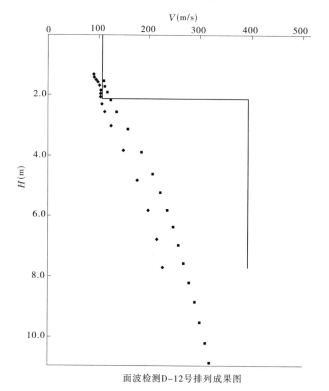

面波检测D-12号排列成果图

图3 A、D 线面波检测成果图

表1   土层分层界面深度 H 及剪切波波速 V_s

编号	A－12				D－12	
层数	1	2	3	4	1	2
$H(m)$	1.30	1.55	0.77	1.59	4.14	5.6
$V_s(m/s)$	159.8	480.2	255.0	505.3	213.0	793

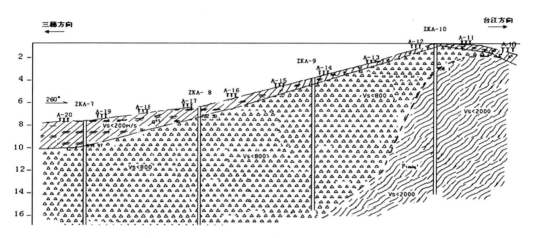

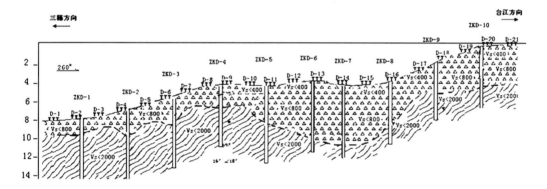

图4   瞬态瑞利面波 A、D 剖面波速层解释成果图

由图4可知,该土质边坡划分四层:表层土(弃方土)、灌浆碎石土、强风化板岩和中风化板岩,根据各层剪切波波速大小分布情况,近似取得:表层土 V_s 为 200 m/s、灌浆碎石土 V_s 为 300 m/s、强风化板岩 V_s 为 500 m/s 和中风化板岩 V_s 为 800 m/s。

已测土质边坡质量密度 $\rho = 1.9$ g/cm^3,动泊松比 $\mu = 0.25$,配合近似取得的剪切波波速 V_s,计算出土质边坡各层的动力参数——动弹性模量(E_d)和动剪切模量(G_d)。

表层土　　　　　$V_s = 200$ m/s; $E_d = 7.6$ MPa; $G_d = 19.0$ MPa

灌浆碎石土　　　$V_s = 300$ m/s; $E_d = 17.1$ MPa; $G_d = 42.8$ MPa

强风化板岩　　　$V_s = 500$ m/s; $E_d = 47.5$ MPa; $G_d = 118.8$ MPa

中风化板岩　　　$V_s = 800$ m/s; $E_d = 121.6$ MPa; $G_d = 304.0$ MPa

4 小 结

本文对多道瞬态瑞利面波勘探方法(MASW)在土质边坡检测中的应用作了一些研究,并结合寨头隧道工程实例对其进行了探讨,从提取瑞利面波信号,到后期分析数据并反演频散曲线,最后计算出土质边坡的动力参数——动弹性模量和动剪切模量。

MASW 勘探方法采集过程中尤其注意二次震源干扰,受其干扰后采集的资料会影响对动力学性质的评价工作。总之 MASW 勘探方法为认识基阶面波的特征和分布创造了便捷的途径,但其诸多特征与地层介质参数之间准确的定性关系,还需要一定的时间去认识分析。

通过研究,我们发现 MASW 勘探方法既能准确反映地下不同层界面精确的厚度和波速,又可计算出各土层界面动力学参数的特性,加之其设备轻便、现场测试简单、成本低工效高、能实时快速处理资料的优点,作者充分相信,在不久的将来,MASW 勘探方法在分析边坡动力特性的研究中作用越来越大。

参 考 文 献

[1] D. Jongmans,等.研究面波的重要意义及其在土动力特性评价中的应用[J].国外地质勘探技术,1994(4):11-12.

[2] 王权民,等.厦门砂土的动力特性研究[J].岩土力学,2005,26(10):1630-1632.

[3] 王超凡,等.多波勘探技术在地下隐蔽物探测中的应用[J].岩土工程技术,2001(2):119-121.

[4] 王海东,等.场地图动剪切模量的试验对比研究[J].湖南大学学报(自然科学版),2005,32(6):37.

[5] 王绍博,等.土动力参数对土层动力反应的影响[J].地震工程与工程振动,2001,21(3):106-108.

河南平原第四纪沉积物宏观特征分析

郭自训

（河南省地质环境监测院，郑州 450016）

摘　要：受古气候和构造活动的影响，第四纪时期，河南平原形成了复杂的沉积物质和不同的沉积成因类型。本文阐述了第四纪沉积物的形成规律、发育特征、不同的沉积物质，都是在特定的沉积环境、一定的气候条件下所形成的。

关键词：河南平原；第四纪沉积物颜色特征；沉积物特征；沉积韵律与旋回特征

受构造活动和古气候的影响，河南平原第四纪沉积物的颜色、岩性、结构和外表形态等宏观标志和微观特征十分复杂，这些标志和特征在沉积物中留下特殊而清晰的痕迹。其中明显的标志和特征主要有沉积物的颜色、淤泥质层、黄土状土、风化壳、混粒结构、淋溶淀积层、古土壤和钙、铁、锰质结核、韵律和旋回等。研究这些标志和特征诸方面的规律性，是第四纪地层划分和时代确定的基本依据之一。

1　颜色特征

颜色是沉积物的物质成分、气候变化、沉积环境及其后天次生作用综合反应的结果，是沉积物最直观、最明显的宏观标志之一。可分为与层理一致而且稳定的基色（原生色）和呈斑点状、团块状、网纹状、条带状并且常沿裂隙分布、比较紊乱的次生色。河南平原是一个沉积物连续堆积地区，因此早期堆积物暴露于地表遭受再风化的情况很少，除了发生强烈淋溶淀积作用的地层段为风化次生色以外，其余堆积物的颜色大部分保持原生的基色。

河南平原沉积物颜色的成因很复杂，与沉积环境、古气候条件及物质成分，主要是杂色物质有关。灰色、灰黑色取决于有机质的含量；黄色、红色、棕色与含高价氧化铁有关，是氧化环境中的产物；绿色、蓝色则是还原环境下含低价氧化铁造成。含有机质多的地层呈灰色、灰黑色，为淤泥质亚砂土或亚黏土，其间可夹薄层的泥炭层。孢粉资料证明，这种沉积属温暖气候条件下的沼泽相沉积，所含生物遗体（软体动物、植物碎片）也较多。本区含有机质多的淤泥质分布于全新世、更新世的间冰期及间冰阶。色段的划分与元素的地球化学分带存在着某种内在联系，物质来源区、风化壳发育阶段、沉积环境及古气候因素是主要的控制因素。

河南平原沉积物的颜色尽管复杂，但有一定的规律可寻。总的来说，在垂直方向上随着深度的增加，颜色由浅变深；在水平方向上，从山区到平原，颜色由深到浅。平原区内隆起区比坳陷区色深。就基色而言，在垂向上可以从色序段的差异上找出它们的规律性，并

作者简介：郭自训（1956—），男，工程师，长期从事水工环地质工作。手机：13523560501。

且这种色序段在区域上具有可比性。从上到下可将其基本色序分为五段,分别是:Ⅰ段为灰色色序段;Ⅱ段为黄色色序段;Ⅲ段为棕色色序段;Ⅳ段为杂色色序段;Ⅴ段为棕红显紫色色序段。

2 物质特征

2.1 淤泥质层

河南平原沉积物分布有多层淤泥质层,其岩性多以淤泥质亚黏土、淤泥质亚砂土为主,有时为黏土及泥质粉砂,层中多见炭化的植物碎屑和动物化石,富含有机质,颜色呈灰、深灰、灰黑色,湿时具塑性,干时为块状构造。代表着积水时间较长的牛轭湖、沼泽洼地、浅湖相沉积。

2.2 黄土状土

在广大平原地区,普遍可见黄土状土堆积,包括粉土质土、轻亚砂类土。它与典型黄土的各项特征不完全相同,但又具有典型黄土的一些基本特征,如以灰黄、浅黄色为主,粉土质含量高,具大孔隙,比重轻,块状构造,富含分散钙质,普遍见钙质结核,垂直节理发育等。

2.3 混粒结构

混粒结构系指“混粒砂”和“混粒土”。前者系砂层中含有大量黏粒者;后者系在黏土中含有大量砂粒者。这种混粒结构堆积物的特征是粒级粗细悬殊而混杂,粗粒为细、中、粗砂,有的可见小砾石,颗粒磨圆度甚差,有时可见到呈棱角状、半棱角状的角砾碎块与之混杂。细粒为黏土,缺少粉土级含量。块状构造,断面粗糙,基本不含钙质和生物化石,锈染普遍,分散钙质少。其中最明显的一个标志就是砂粒中的长石成分含量较高,风化严重,呈白色(高岭土化)斑点,手搓即成粉末。该种堆积物反映形成时的动力条件不稳定,接近于混浊的暴流或泥流型沉积,或后期经强烈风化作用等。

2.4 紫色层及泥灰岩

紫色层系指棕红显紫、紫红色为主的黏性土层。分布稳定、厚层状,是以湖相或河湖相为主的堆积物。泥灰岩为呈灰白色或粉红色致密块状的湖相堆积物。

2.5 风化壳及古土壤

风化壳多为深红色土,黏性强,底部含有老地层碎块,上部含大量铁锰浸染,层位不稳定,厚度较薄且分布不均一,一般多见于老地层的上部。

古土壤团粒结构较明显,可见较多的根系、根孔、虫孔、植物碎屑、动植物化石等生物遗迹,含较多的有机质,随色序段的不同而异。由下到上,颜色由深红、棕红到灰褐色。

风化壳、古土壤代表一定时期的沉积间断或指示沉积环境的改变,是河南平原地层划分的一个重要标志。

2.6 钙质结核及铁锰结核

钙质、铁锰质结核常聚集为豆状、同心圆状,有时可见单独的锰质结核。这些核有的是在水盆地中沉积生成的,但大量的铁锰结核与次生的风化作用有关,是在既定条件下次生而成的。它们的出现、含量、存在形式等特征可作为划分河南平原地层的标志之一。它们形成代表了当时的气候环境和水介质条件。如铁锰质结核的出现,说明当时的水介质条件属酸性,气候比较湿热;大量分散钙质及其结核的出现,说明当时的水交替强烈,水介质条件具弱碱性,气候比较温暖干旱。因此,当钙核或钙质大量存在时,很少见到铁锰结核的出现。相反,大量铁锰结核出现时,分散钙和钙核的含量很少。

2.7 淋溶淀积层

淋溶淀积层包括地表水及潜水在强烈的垂直交替情况下形成大量盐类的淋溶以及在下部某一合适深度重新沉淀,并聚集成盐类富集的地段。这种淋溶淀积层厚度可达数米至十余米,上部大量碳酸盐被淋溶,土层进一步黏化,形成褐色或棕色的亚黏土淋溶层。下部为灰色、灰绿色碳酸钙富集的淀积层,钙质呈结核,甚至成为钙化层。另外,淋溶淀积层也包括了古土壤层的一部分。保存一部分含有机质、有大量虫孔、根孔及团粒结构的土壤层。钙质结核大部分与淋溶淀积层有关,也有一些是零星分布的。

淋溶淀积层的出现,标明地层在沉积过程中曾一度有过沉积间断。其地层中出现的多少和厚薄与新构造运动,特别是以垂直为主的大面积升降运动有着较为密切的关系。也反映了一定的生成条件,其分布具有一定的规律性,主要出现在第Ⅲ、Ⅳ地层段中。

淋溶淀积层的形成不仅代表了一定的气候条件,而且也反映了新构造运动的影响,加之分布比较稳定,在区域上具有可比性。因此,它是河南平原地层划分中的一个重要的宏观标志。

3 沉积韵律与沉积旋回特征

沉积韵律与沉积旋回,反映了沉积物由粗到细或由细到粗有规律的交替变化。它的形成取决于地质构造垂直升降活动、水流强度大小与作用时间长短及古地理环境。

3.1 沉积韵律特征

沉积韵律特征系指堆积物自上而下或自下而上粒度粗细周期性的变化。在一个地层段中,粒度上由细变粗或由粗变细呈连续的变化,中间没有明显的界线,各种特征除粒度变化明显外,其他均无明显大的变化。这种沉积形式可以是单层之间的变化,也可以是几个岩性层组合到一起的变化。不同的韵律(呈层序列)代表不同的成因类型。河南平原第四纪堆积物中常见的韵律形式主要有以下几种。

(1)以河道带相堆积为主的韵律。呈带状厚砂层、亚砂土、亚黏土的二元结构;

(2)以泛流相沉积为主的韵律。呈薄砂层、较厚层亚砂土、亚黏土互层的多元结构;

(3)牛轭湖相沉积韵律。由薄砂层、淤泥层构成;

(4)河口三角洲相沉积韵律。由厚大砂层、亚砂土、亚黏土层构成;

(5)湖相沉积韵律。由单层细粒的黏土或大厚层黏土夹薄层砂构成。

3.2 沉积旋回特征

沉积旋回特征系指在同一沉降作用下具有的阶段性,它是内、外地质营力综合作用的结果。沉积物的粒度粗细变化、厚度大小,反映了沉降速率、搬运介质的动力状况,及包括气候因素在内的相应地质历史时期的周期性变化。

第四纪地层的对比中常采用沉积旋回分析的方法,因为它延伸较远,沉积物综合特征可在旋回层中得到很好反映。而且还可以排除单一岩性层中许多偶然的现象。故利用旋回层特征开展对河南平原第四纪地层对比、时代划定以及含水岩组的划分有着重要的作用。

综合上述宏观标志特征,河南平原第四纪大致可分为以下几个地层段:

(1)灰色色序地层段:淤泥质层1~2层,粉土质结构,古土壤呈灰黑色、虫孔、植物根系保留完整,以上细下粗的二元结构为主。

(2)黄色色序地层段:以黄土状亚砂土为主,粉土质结构,一般见1~2层古土壤,呈灰黑、褐棕色,钙膜及钙质网文发育,多见分散钙出现,并有小型钙核,以多层结构为主。

(3)棕色色序地层段:平原为黄土状亚砂土;山前为黄土状亚黏土,粉土质结构,见有1~2层棕红色古土壤,钙质薄膜及钙质淀积层膜发育,较大钙和铁锰结核普遍发育,以多层结构为主。

(4)杂色色序地层段:混粒结构、较致密块状结构,钙质胶结硬黏土,多见淋溶淀积层,风化层山前清楚,有较大钙核,多层结构(以厚层黏性土夹薄层砂为主)。

(5)棕红显紫色色序地层段:致密块状结构,单层紫色层和灰白、粉红、泥灰岩,风化层平原较清楚,较大钙块,少量铁核、锰染。

4　结　论

河南平原第四纪地层十分发育,分布广泛,成因类型多样,宏观标志特征明显。分布有多层淤泥质层,普遍可见黄土状土堆积,钙质结核及铁锰结核发育,局部地段见"混粒砂"和"混粒土",发育有多层古土壤、风化壳及淋溶淀积层;沉积物颜色丰富,大致分为5个色序段;沉积韵律与沉积旋回明显。总体上可划分为5个地层段。沉积物宏观特征在地层划分、时代划定中起到了重要的作用。

参 考 文 献

[1] 李满洲,林学钰,李玉信,等.河南平原第四纪地质演化与地下水系统研究报告[R].2008.

Macro – features of Quaternary Sediments in Plain Areas of Henan

Guo Zixun

(Geo – environmental Monitoring Institute of Henan Province, Zhengzhou　450016)

Abstract: Under the influence of paleoclimate and tectonic movements, various types of Quaternary sediments formed in the plain areas of Henan Province during the Quaternary period. The general distribution pattern and characteristics Quaternary sediments are discussed in this paper, showing that those sedimentary features are subjected to specific physical environment and climatic conditions.

Key words: plain areas of Henan Province, color features of Quaternary sediments, sedimentary features, sedimentary rhythm and sedimentary cycle

河南洛宁神灵寨地质公园地质遗迹评价

郭自训　杨新梅

（河南省地质环境监测院，郑州　450016）

摘　要：本文阐明了洛宁神灵寨地质遗迹的分布规律、基本特征以及地质遗迹的形成条件和形成过程，对不同类型地质遗迹进行了论述。神灵寨地质公园花岗岩地貌地质遗迹在我省乃至全国具有典型的对比意义，莲花顶中山湿地北方罕见，是科学研究、科普教育的天然大课堂，具有很高的科学研究价值，有着不可估量的社会经济价值。

关键词：地质遗迹基本特征；类型；形成条件；形成过程

1　引　言

神灵寨地质公园于 2005 年 1 月 27 日被批准为省级地质公园，公园位于洛阳市西南 90 km 的洛宁县境内，在县城东南 26 km 处的熊耳山北东麓，洛宁县城至神灵寨地质公园有二级公路相连，交通相当便利。

公园地处中低山区，地势东南高西北低，地面高程一般在 800 m 以上，最大相对高差 1 500 m 左右。东南部中山区，山体海拔千米以上，特征是峰高坡陡、沟深岭峭、植被茂密，其占整个园区的 70% 左右；西北部低山区，一般坡度较缓，约为 15°～35°，山岭起伏，沟梁相间。

园区气候为暖温带大陆性季风气候，四季分明，春季温暖雨水少，夏季炎热干旱，秋季多连绵阴雨，冬季寒冷干燥。

洛宁神灵寨省级地质公园位于洛宁县城东南熊耳山北东麓，地理坐标：东经 111°41′06″～111°47′36″，北纬 34°12′56″～34°18′26″，南北长约 10 km，东西长 4.4～8 km，面积 60.57 km²。地质公园由四大景区组成，分别为神灵寨景区、白马涧景区、莲花顶景区、大木场景区。根据地质遗迹点在公园的空间分布、遗迹点的相对集中程度、结合公园景区各功能的差异，划分了三个地质遗迹保护区，分别为蒿坪—紫荆坪地质遗迹保护区、白马涧地质遗迹保护区、莲花顶地质遗迹保护区。根据《地质遗迹保护管理规定》保护程度的划分准则，对保护区内地质遗迹按保护程度划分，实施一、二、三级保护，实施了地质公园地质遗迹保护工程建设。

2　区域地质背景条件

2.1　地层

神灵寨地质公园属华北地层区豫西分区，公园内出露地层有：①太古宇太华群，分布于公园北侧和南侧，出露面积小，约 2 km²，是区内最古老的结晶基地，由各类片麻岩组成,构成熊耳山变质核杂岩的一部分。主要岩性为黑云母斜长片麻岩、角闪斜长片麻岩、斜长角闪岩、变粒岩、浅粒岩。②新生界,古近系地层零星分布于公园西北侧,主要岩性为灰黄色复成分砾岩,含砾岩屑砂岩。粉砂质岩屑砂岩不等厚互层,第四系地层在公园西北侧有零星出露。主要岩性为一套亚砂土夹砾石层及现代河床冲积砂砾石。

2.2 构造

地质公园大地构造位置处于华北陆块南缘,南邻秦岭造山带东部,属中生代熊耳山变质核杂岩(构造)的一部分。

2.2.1 熊耳山拆离断层

熊耳山拆离断层位于园区北西部,在熊耳山与洛宁盆地交界处的兴华—西山底—陈吴一带,区内出露长度数千米,断层破碎带宽度数米至数十米,平面上呈曲线状,该断层走向北东东,倾向北北西,倾角$10° \sim 40°$。该断层为一典型的低角度拆离断层。

2.2.2 脆性断裂

根据断裂走向,园区内主要为北东向和北西向两组断裂:①北东向断裂位于区内中西部,是区内发育较强的一组断裂,该类断裂切截了早白垩世的花岗岩基,断裂多成组出现,延伸稳定走向多集中于$30° \sim 45°$,断面平直,倾向北西,倾角$50° \sim 60°$;②北西向断裂位于区内北部,断裂走向$295° \sim 305°$,倾向$25° \sim 35°$,倾角$65° \sim 70°$。该组断裂被北东向断裂切穿。说明该组断裂早于北东向断裂

2.3 侵入岩

区内岩浆侵入活动强烈。大规模的岩浆侵入活动集中于新太古代和早白垩世,次为古元古代,中元古代及中侏罗世较弱。

2.3.1 新太古代侵入岩

由于新太古代侵入岩经历了漫长的变质变形历史,大多以具侵入岩外貌特征的片麻岩出现,这里暂将这类片麻岩作地层处理,仅对那些块状－弱片麻状且保留侵入岩结构特征的岩类作一简要介绍。

(1)变辉长岩:分布于园区的南部,多呈小岩体形式赋存于片麻岩系中,面积$0.02 \sim 0.4 \text{ km}^2$。主要矿物为斜长石及角闪石,少量钾长石、石英及黑云母。

(2)变闪长岩:零星分布于园区南侧,多呈小岩体产出,岩石为纤状粒状变晶结构,定向－片麻状构造。主要矿物为斜长石及角闪石。

(3)变花岗岩类:分布于园区南部,主要岩石类型有变二长花岗岩,面积一般均较小。岩石呈灰白色,风化后为浅黄白色,主要矿物钾长石呈它形结构—半自形板柱状,以条纹长石、微斜长石为主,少量正长石;斜长石呈它形粒状—半自形板柱状,石英呈它形粒状,分布均匀。

2.3.2 古元古代侵入岩

古元古代侵入岩分布于园区西北周边,多呈小岩体产出,主要为辉长石。岩石呈灰－灰黑色。主要矿物斜长石呈半自形板柱状—它形粒状,纳黝帘石化及绢云母化较强,钠长石双晶发育;角闪石呈柱状—不规则柱粒状,次闪石化强烈;辉石强烈退变,多被次闪石、黑云母、绿帘石、磁铁矿取代,集合体呈假象产出。

2.3.3 中侏罗世侵入岩

中侏罗世侵入岩分布于园区东南部边界,主要有万村序列侵入及较多酸性岩脉产出。根据岩石类型归并为两个单元。第一单元为斑状中粒石英二长岩单元,第二单元为中斑状中粒二长花岗岩单元。

2.3.4 早白垩世侵入岩

2.3.4.1 蒿平序列

蒿坪序列侵入岩在园区内占主导地位,分布广泛。根据岩石类型、矿物组合及结构构造,蒿坪序列可归并为四个单元:第一单元为中斑状中粒角闪石英二长花岗岩单元,第二单元为中斑状中粒黑云母角闪二长花岗岩单元,第三单元为多斑大斑中粒含黑云母二长花岗岩单元,第四单元为含斑细粒二长花岗岩单元。

2.3.4.2 花山序列

花山序列侵入岩在园区占次要地位,仅分布于园区北部,根据岩石类型及结构构造,花山序列可归并为三个单元。第一单元为含斑中粒二长花岗岩单元,第二单元为斑状中粒二长花岗岩单元,第三单元为多斑状中粒二长花岗岩单元。

3 地质遗迹形成条件和过程

3.1 地质遗迹形成条件

园区内花岗岩峰丛高峻挺拔,石瀑优美壮观,奇石,象形石惟妙惟肖。此外,还有北方罕见的中山湿地和多姿多彩的流水地貌景观。这些奇特的地貌景观,是在内外地质应力长期综合作用下塑造而成的天然地质遗迹。其形成条件有三个:一是岩性控制条件;二是构造控制条件;三是风化剥蚀作用。

3.1.1 岩性控制条件

花岗岩是风景名胜区最具魅力的造景母体之一。如黄山之秀、华山之险、泰山之雄、崂峄山之奇,都是花岗岩石在物理风化作用下的杰作。同样,洛宁花岗岩历经沧桑巨变,造就了独具特色的地貌景观。这里的花岗岩是在早白垩世侵入就位的,主要岩性为大斑(或中斑)状中粒黑云母二长花岗岩。岩体中常见二长花岗岩脉穿插,它们多呈北东向或北西向,少数近南北向,多受控于当时的应力场。花岗岩体以球状风化为基本特征,这就为各种奇特的地质遗迹的形成奠定了良好的物质基础。

3.1.2 构造控制条件

3.1.2.1 断裂的控制作用

洛宁花岗岩体既受先期断裂控制侵入就位,又受后期断裂改造。花岗岩体形成后,受熊耳山拆离断层影响,在断裂东南侧,由于整体抬升,洛宁花岗岩体连同遭受变质变形的古老基底结晶岩系一起被抽拉到地表,成为变质核杂岩;而在断裂西北侧,由于整体下降,则形成洛宁盆地,沉积形成了古近系和第四系。此外,由于受区域张扭应力场作用的影响,在岩体中产生一系列北东向和北西向张扭性断裂,从而形成熊耳山山体与沟谷的基本布局。正是由于这些断裂的作用,使园区花岗岩体产生了多组节理,为外生作用提供了条件,为洛宁花岗岩地貌地质遗迹的形成奠定了基础。

3.1.2.2 节理的控制作用

花岗岩中发育多组节理,对某些象形石的规模、雏形具有直接的控制作用。节理分为两大类:一是构造节理;二是原生节理。这两种节理对奇石和石瀑的形成有着不同的控制作用。

(1)构造节理的控制作用。构造节理是在构造应力场作用下形成的节理。这种节理分为两类:一是扭性节理;二是张性节理。前者在花岗岩区普遍发育,多呈"X"形节理,每组扭性节理均有切割深、延伸远、疏密相间的规律;后者多沿"X"形节理追踪发育,具有切割浅、延伸短、呈锯齿状的特征。构造节理的发育,在水平方向上主要控制某些奇石的长、宽尺寸,节理间距越大,奇石越大、越宽;反之,就越短、越窄,奇石的规模就越小。如将军峰、擎天柱等奇石都是在构造节理裂隙分割的基础上经风化剥蚀而成形的。因此,奇石的形成与构造节理的分割有着直接的控制关系。

(2)原生节理的控制作用。原生节理是指花岗岩在侵入冷凝过程中形成的三组相互垂直的节理。其中层节理面倾角一般 $0° \sim 30°$;横节理、纵节理相互垂直,而且均与层节理呈正交关系。原生节理的控制作用主要表现在两方面:一是主要控制奇石的特征部位,如将军峰中将军的头部与身子的界线等均受原生节理的控制。蟹王窥瀑中蟹王与底座的界线也是沿原生节理风化而成的;二是构成石瀑的瀑面,流水沿节理面进行面状侵蚀,并形成许多近似平行的细小冲沟,流水携带的有机质在沟内沉淀形成颜色较深的条纹,远看如同飞流直下的瀑布。

3.1.3 风化剥蚀作用

在广泛出露的花岗岩区,石瀑、奇石、峰丛等地质遗迹的形成除受断裂、节理裂隙控制外,还有外力的物理风化、化学风化、生物风化作用和剥蚀风化作用。外力风化对这些地质遗迹起着雕塑凿刻作用,是不可缺少的条件。

3.2 地质遗迹的形成过程

地质遗迹是在洛宁花岗岩体形成后,在内外地质营力长期综合作用下形成的。其形成过程可分为:洛宁花岗岩体的侵入形成阶段;洛宁花岗岩体的抬升及断裂、构造节理发育的破碎阶段;洛宁花岗岩体的裸露风化剥蚀阶段。

3.2.1 洛宁花岗岩体的侵入形成阶段

印支期,随着东秦岭古海的消失,古华北陆块与扬子陆块发生对接,形成统一的克拉通陆块。在陆-陆碰撞造山运动结束之后,燕山期仍发生继承性的强烈陆内造山运动,这一时期华北陆块向南仰冲于扬子陆块之上,从而出现一系列往南推覆的推覆体。由于构造推覆,东秦岭地壳发生叠置、堆垛、缩短、增厚并导致深部地壳重熔,在北秦岭出现大量的燕山期花岗岩体。这一过程在早白垩世末期结束。洛宁花岗岩体就是在这样的背景下侵入就位的。

3.2.2 洛宁花岗岩体的抬升及断裂、构造节理发育的破碎阶段

自晚白垩世开始,东秦岭进入后造山演化阶段,地壳由前期的收缩逐渐转为伸展,山体向北的重力扩展形成了向北推覆的推覆构造带,由于造山带的伸展塌陷出现拆离伸展

断层及变质核杂岩。熊耳山变质核杂岩便是其中之一。洛宁花岗岩体就是在这期间同古老变质岩系一起被抽拉至地表的。与此同时,受区域张扭应力场作用影响,岩体内产生了北东向和北西向的张扭性断裂,以及呈"X"形相交的构造节理,加之花岗岩体内形成的三组相互垂直的原生节理,将洛宁花岗岩体分割成大小不等的花岗岩块。燕山运动后的新生代时期,在喜马拉雅运动影响下,秦岭造山带不断隆升,使原本出露地表的洛宁花岗岩体,接受新生代的长期风化剥蚀。

3.2.3 洛宁花岗岩体的裸露风化剥蚀阶段

广泛出露的洛宁花岗岩体,主要为大斑(或中斑)状中粒黑云母二长花岗岩,似斑状结构,块状构造,坚硬而不透水。在阳光、空气和水的综合作用下,岩石表面易风化矿物,如云母首先被风化剥蚀掉,不易风化的矿物,如长石石英等突出岩面。随着风化作用的继续,突出岩面的矿物松动剥落,成为砂粒,被流水搬走。这样,风化作用促使岩面层层剥落,新鲜的岩面不断暴露,导致风化作用持续不断地向岩体深部发展。

由于断裂、构造节理和裂隙、原生节理把岩体分割成众多长方体或近似正方体岩块。而风化作用往往集中在断裂面或节理面交会的棱角部位,这里的面积较大,风化作用的强度和深度相对也大,岩块内部未受风化的部分便呈现球状,因此称做球状风化。随着球状风化的不断进行,球状岩块逐渐变小、变少,又被风化泥沙所包围,在遭受水流强烈侵蚀过程中,风化碎屑被冲刷搬走,把大的球形岩块留在原地,立在山顶或山坡上。风化作用沿断裂和构造节理进行尤其强烈。断裂部位被侵蚀成峡谷或悬谷;沿构造节理风化,使岩体裂隙越来越宽,直至被分割成的长方体或正方体岩块失稳,未被完全风化成球形就倒塌下去。崩塌岩块或沿节理面下滑,停留在斜坡上,或滚到峡谷中,形成各种崩塌地质遗迹;而众多相对稳定的岩体立在原地,形成各种逼真的奇石和陡峻的峰丛地貌。此外,流水沿节理面长期的面状侵蚀,形成洛宁独特的花岗岩石瀑。

通过大自然千百万年的鬼斧神工的雕凿,最终形成了洛宁神灵寨各种独特秀美的花岗岩地貌地质遗迹景观。

4 地质遗迹分布与基本特征

4.1 地质遗迹分布

地质遗迹是地质历史时期在内、外动力地质作用下形成且不可再生的地质自然遗产和地质自然资源,它包括地质构造、古生物化石、地貌、洞穴、水体等,它们具有特殊的自然属性。洛宁神灵寨花岗岩地貌地质遗迹位于华北陆块南缘,南邻东秦岭造山带,属中生代熊耳山变质核杂岩(构造)的一部分。园区内地质遗迹呈广泛而有规律的分布,空间分布相对集中,但主要分布于园区内的中北部。

4.2 地质遗迹基本特征

园区内地质遗迹主要以石瀑为主,类型多样、内容丰富、分布广泛且又相对集中,遗迹类型有石瀑、奇石、峰丛、湿地、流水地貌、崩塌等类型(见表1)。

表 1　地质遗迹类型表

序号	遗迹类型	遗迹实例
1	石瀑(SP)	中华石瀑、恐龙石瀑、帘瀑
2	峰丛(FC)	五女峰、神灵寨峰、将军峰
3	奇石(QS)	蟹王窥瀑、宝椅擎天、神龟望月
4	湿地(S)	莲花顶湿地
5	流水地貌(HL)	壶穴、岩槛
6	崩塌(BT)	天生桥
7	陡崖(DY)	岩石陡壁

4.2.1　石瀑

4.2.1.1　分布特征

被称为石瀑的地质遗迹景观一般有两个特点:物质组成是"石",外表形态如"瀑"。结合本区情况,初步给出石瀑的定义为:在内、外地质营力长期作用下,形成的一种由岩石组成的、外形酷似瀑布的天然地质景观。

在园区的地质遗迹保护区内,石瀑是园区地质遗迹点的数量之首,其发现石瀑38处,主要分布于保护区的中北部约 18.8 km^2 的区域内,有以下特征:

(1)区内石瀑分布相对集中,石瀑的分布多呈条带状分布,主要沿寨沟、白马涧等沟谷两侧分布,充分说明石瀑的分布受控于花岗岩内断裂和节理的控制。

(2)石瀑多成群发育,表现为最少两个石瀑集中发育在一定的范围内,许多石瀑发育为集中程度很高,形成规模庞大、欣赏价值较高的石瀑群,比较典型的有中华石瀑、恐龙石瀑等。

4.2.1.2　类型

目前尚无查到有关石瀑的分类标准,主要结合区内石瀑的特点进行分类。

按石瀑发育的集中程度,可分为单体石瀑和石瀑群;按成因类型划分,区内的石瀑可以分为原生节理型石瀑和剥落穹隆性石瀑,原生节理型石瀑的形成主要受控于花岗岩的原生节理,剥落穹隆性石瀑的形成主要与花岗岩表层的席片状剥落有关。

石瀑的欣赏价值主要取决于石瀑的造型、瀑面纹沟清晰度、瀑面植物散乱状况及与周围环境的协调性,区内的石瀑可以分为欣赏价值高、一般和低三种类型,其中欣赏价值高的石瀑13处,占34%;欣赏价值一般的石瀑15处,占40%;欣赏价值低的石瀑10处,占26%。

4.2.2　峰丛

保护区内花岗岩峰丛的总体特点有两个:一是山势陡峻,彰显粗旷之风。其险、其陡堪比华山和黄山,正所谓"中尖突出,高摩层汗",凛凛然大将之风;二是造型奇特,尽展妩媚之秀。如骆驼峰整个山体从远处观望,如一匹俯身畅饮神灵碧水的骆驼;五女峰中的五个山峰高低不等,错落有致,形态各异,犹如五位仙女下凡,在落日余晖的映衬下,秀丽挺拔,如梦如幻。

4.2.3 奇石

园区内发现花岗岩奇石 13 处,其中石柱 4 处,象形石 9 处。石柱大多居于山峰顶部,高度 20～50 m 不等,在蓝天白云、青山绿水的映衬下,大有擎天之势。

象形石或如威武神勇的将军、或如栩栩如生的小恐龙、或如神龟望月、或如巨蟹窥潭,其奇、其形、其情、其趣,令人赞叹不已。

4.2.4 湿地

调查发现湿地有两处,一处位于莲花顶,一处位于白马涧,现分别予以论述。

4.2.4.1 莲花顶中山湿地

莲花顶中山湿地位于莲花顶顶部,四周为相对较高的花岗岩山峰,湿地总体呈"S"形,长约 425 m,宽 30 m 左右,面积 12 750 m^2。湿地内植被类型多样,有蕨类植物、裸子植物、被子植物等共 110 科 435 属。乔木有栎、楸、松、柏等;灌木有白蜡条、黄栌、杞柳等;藤类植物有葛条等;草木植物有营草、茅草、莎草、蕨类、鸡眼草等。

4.2.4.2 白马涧坝前湿地

由于人工修建漫水坝的影响,在坝前泥沙得以堆积,再加上常年不断的流水浸润,形成了长 30～32 m,宽 26～28 m,外形近梯形的一片湿地,湿地内草木丰茂,种类繁多。

4.2.5 流水地貌景观

流水的侵蚀作用在花岗岩基岩河床形成一系列的微地貌,保护区内比较典型的有岩槛和壶穴,岩坎处多形成瀑布,如银涟瀑、姊妹瀑等;壶穴形状各异、多形成水潭,在白马涧局部地段,壶穴集中发育,外形有的似马蹄,有的像石锅。规模大小不一,一般直径 0.5～1 m,深 0.3～1.2 m,大的直径 >2 m,深 >10 m 以上。

4.2.6 崩塌遗迹

崩塌遗迹也可以形成具有一定观赏价值的地质景观,如崩塌堆积形成的"天生桥"和"仙桃石"两种类型。如被称为玄武门的"天生桥",由 3 块巨大的崩塌岩块叠置组成,内部空间高 2 m 左右,可容人自由穿梭其间;又如"仙桃石",其前身是一长 26 m、宽 22 m 巨型崩塌岩块。

5 地质遗迹评价

5.1 自然属性评价

5.1.1 典型性

神灵寨地质公园地质遗迹众多,遗迹类型多样,内容丰富多彩,系统完整性好,尤其是园区内的石瀑、中山湿地等地质遗迹在省内乃至全国具有典型的对比意义。

5.1.2 稀有性

公园有以下几个特点:①与汝阳、嵩县一带的太山庙岩体及栾川一带的合峪岩体相比,园区内花岗岩峰丛、石瀑等地貌景观非常独特,是华北地块南缘最具科研和欣赏价值的花岗岩地貌景观;②白马涧壶穴的发育规模和密集程度在豫西是独一无二的;③莲花顶发育的中山湿地北方罕见。

5.1.3 自然性

公园位于熊耳山中、低区,人烟稀少,工矿企业少,地质遗迹都保持着原始的自然状态,几乎没有受到人类任何破坏活动的影响。

5.1.4 系统性和完整性

公园内花岗岩地貌地质遗迹主要有花岗岩峰丛、石瀑、湿地、陡崖等,各类地质遗迹的形成过程和表观现象保持的都很系统、很完整。

5.1.5 优美性

公园内花岗岩峰丛高峻挺拔,石瀑优美壮观,奇石、象形石惟妙惟肖,陡崖雄伟险峻,而且还有北方罕见的中山湿地和多姿多彩的流水地貌景观,具有很高的美学价值和观赏性。

5.2 经济和社会价值评价

5.2.1 经济价值评价

对地质遗迹保护是保护自然资源的重要内容之一,保护区内的石瀑、峰丛等花岗岩地貌地质遗迹是珍贵的且不可再生的自然遗产,是一种比能源和矿产等更为珍贵和重要的自然资源,是开展地学科学旅游和生态旅游的良好资源,对其进行有效的保护具有巨大的潜在经济效益。

5.2.2 社会价值评价

(1)科普知识宣传教育的重要资源。保护区内的地质遗迹类型多样、优美壮观,不仅是良好的旅游资源,更是科学知识宣传的重要资源,对其进行有效的保护和开发,将会极大地提高公众的知识文化水平和科学素养,并有力地促进社会文明与进步。

(2)促进生态环境保护。随着地质遗迹保护工作的深入开展,将使广大干部和公众认识到地质遗迹资源的珍贵性和不可再生性,从而提高他们保护自然资源和生态环境的自觉性,更加激发他们建设美好家园的主动性,推动精神文明的建设。

地质遗迹保护工作在保护地质遗迹的同时,将大大限制人为对自然生态环境的破坏和污染,并促进公园及周边生态环境的良性发展,在防治水土流失、涵养水源、调节气候、改善空气质量等方面也将发挥重要作用,这使地质遗迹的潜在生态保护价值得以彰显。

5.3 科学价值

园区内花岗岩体在长期的内外地质营力的综合作用下,形成石瀑、峰丛等种类繁多、雄伟秀丽的花岗岩地貌景观,尤其是花岗岩石瀑,在国内具有典型的对比性,具有较高的科学价值。

花岗岩石瀑在河南省西峡伏牛山国家地质公园也有少量发育,与其相比,神灵寨地质公园的石瀑有以下几个特点:①数量多,且分布集中,便于进行科学研究和考察。②类型多样,按石瀑发育的集中程度,可分为单体石瀑和石瀑群;按成因类型划分,可以分为原生节理型石瀑和剥落穹隆性石瀑;按规模分,可以分为特大型石瀑、大型石瀑、中型石瀑和小型石瀑。③多数石瀑规模宏大,瀑面外形奇特,欣赏价值较高。④其形成与花岗岩的岩性、节理的发育程度、流水的面状侵蚀及生物的风化作用息息相关,成因上独特,具有较高的科研价值。

6 结 语

洛宁神灵寨地质公园地质遗迹发育,遗迹类型多样,内容丰富,分布集中,成因类型独特,是我省花岗岩地貌地质遗迹的典范,在全国也具有典型的对比意义。地质遗迹有典型性、稀有性、自然属性、系统性、完整性、可保护属性等特征,具有很高的科学研究价值。地质公园以优美的地质遗迹景观为主题,结合良好的自然生态景观、多文化的人文景观一起组成立体多层次旅游环境,是观光旅游、休闲度假的理想场所。

分形理论在土体粒度成分特征评价中的应用

魏玉虎[1]　胡卸文[2]　齐光辉[1]　杨军伟[1]

(1.河南省地质环境监测院,郑州　450016　2.西南交通大学,成都　610031)

摘　要:由于土体粒度成分的复杂性,目前对土的粒度成分分析缺乏合适的定量描述参数,分形理论为该问题提供了新的途径。实例计算表明,分维作为描述土体粒度成分特征的参数,较好地反映了各种粒径大小在土体中的组成特点,可将其作为土体工程分类的一个综合性定量指标。

关键词:土体粒度成分;分形理论;分维

1　引　言

在目前对土的粒度成分分析中,常根据颗粒组成,并配以不均匀系数 C_u、曲率系数 C_e 表征级配关系后,对土进行划分。但在这种以块石、角砾、砂、粉粒及黏粒含量的多少对土作出定名后,把对土的工程地质研究重点主要放在了它的物理力学性质上,这时粒度成分也仅作为对物理性质的影响因素,只从定性上进行分析。当然这与土体粒度成分的复杂性,缺乏合适的描述参数有关;另一方面,以往对粒度成分研究均以静止或孤立的观点单纯考虑它对土物理性质的影响[1-3],实质上粒度成分是特定地质环境作用下的产物,它反映了土的本质特征及这种土体的演化发展特征。因此,应从系统论这一角度讨论各种土为什么会具有这样或那样的粒度成分特点。

非线性科学中的分形理论对上述问题的解决提供了新的途径,笔者以奉节库岸各典型土的粒度成分特征为例对该方法的应用作了探讨,计算结果表明,该方法操作极为方便,且结果令人满意。

2　分形与分形理论

分形理论[4](即分形几何学)是由法国数学家曼德布罗特(B. B. Mandelbrot)于 20 世纪 70 年代末 80 年代初创立的,该理论的主要内容是研究一些具有自相似性的不规则曲线和位线(线性分形),具有自反演性的不规则图形,具有自平方性的分形变换以及具有自仿射的分形集等,目前应用较多的是线性分形,即具有自相似性的分形。

所谓自相似性[5,6]是指局部是整体成比例缩小的性质,定量描述这种自相似性的参

作者简介:魏玉虎(1974—),男,2002 年 7 月毕业于成都理工大学环境与土木工程学院地质工程专业,现工作于河南省地质环境监测院,主要从事地质灾害治理和地质遗迹保护工作。联系方式:13693713457,电子信箱:weiyuhu@126.com。

数是分维(有人也称之为分数维)。在经典几何学中,点是零维的,直线是一维的,平面是二维的,各种类型的曲线也是一维的,这种只取整数值的维数是拓扑学意义下的维数,它反映了确定一个点的空间位置所需的独立坐标数目或独立方向数目。分形理论认为维数的变化是连续的,不必是整数而可以是分数,这是认识自然界本质属性的一次质的飞跃,也为表征自然界普遍存在的不规则性、复杂性提供了科学方法。

分维有许多不同的定义,但通常人们所谈到的分维是立足于自相似性的,可用下式表示:

$$D = \lim_{\varepsilon \to 0} \frac{\ln N}{\ln \varepsilon} \qquad (1)$$

或

$$N(\varepsilon) \propto \varepsilon^{-D}$$

式中,ε 为标度;$N(\varepsilon)$ 为在该标度所得的量度值;D 为研究对象的分维。

式(1)亦提供了测定分维的方法,即只要测出一系列的 ε 与 $N(\varepsilon)$ 相应的值,在双对数坐标下,$N(\varepsilon)$—ε 直线部分的斜率就是所研究对象的分维。

3 土体粒度成分的分维

对于土的颗粒组成而言,设颗粒的直径为 r,直径大于 r 的颗粒数目为 $N(r)$,若

$$N(\geqslant r) = \int_r^\infty P(r')\mathrm{d}r' \propto r^{-D} \qquad (2)$$

则 D 就是上面所述的分维,式中 $P(r')$ 为粒径 r 的分布密度函数,r' 为粒径自变量。事实上,当式(2)成立时,必须存在 $N(r) \propto N(\lambda r)$,$\lambda > 0$,故 $N(=r)$ 与 $N(\geqslant r)$ 是成比例的,因而式(2)中的 D 与式(1)中的 D 是一致的。

我们不直接来考察直径大于 r 的颗粒数目,而是用相应的质量关系来讨论颗粒分布之分维。

设 $M(r)$ 为直径小于 r 的颗粒总质量,M 为整个分析土样的总质量,如果

$$\frac{M(r)}{M} \propto r^b \qquad (3)$$

则 $\mathrm{d}M \propto r^{b-1}\mathrm{d}r$。

对式(2)求导得 $\mathrm{d}N \propto r^{-D-1}\mathrm{d}r$。

由于粒径的增加与质量的增加是相对应的,则有

$$\mathrm{d}M \propto r^{-3}\mathrm{d}N$$

也即

$$r^{b-1}\mathrm{d}r \propto r^{-3} \times r^{-D-1}\mathrm{d}r$$

故分维

$$D = 3 - b \qquad (4)$$

这表明幂律质量分布等价于分形分布。

从上述推导可见,只要在双对数坐标下 $[(M(r)/M)] \sim r$ 存在直线段,就表明土的粒度分布具有分形结构。而实际上 $M(r)/M$ 就是粒径小于 r 的颗粒的累积百分含量,这样,我们只要在 $M(r)/M$ 与 r 的双对数坐标系中求得直线段的斜率 b 值,即可按式(4)得出粒度成分的分维值[1]。

4 实 例

以奉节新城区库岸典型 20 组土体为例,探讨分形理论在此类问题中的有效性。

根据上述理论,对库岸典型 20 组土体的粒度成分进行了分析计算,采用最小二乘法求得它们的分维值,同时也得出了对应的相关关系数值。从总体上看,相关系数平均值可达 0.996,个别可达 0.999 8,这种强相关说明库岸各土体粒度成分的分形结构是客观存在的,计算结果如表 1 所示。

表 1　奉节新城区库岸土体物理性质一览

试样编号	土样名称	含水率(%)	湿密度(g/cm³)	干密度(g/cm³)	颗粒密度(g/cm³)	孔隙比	孔隙度(%)	饱和度(%)	不同粒径(mm)颗粒组成(%)								分维 D
									>80	80~60	60~20	20~5	5~2	2~0.05	0.05~0.005	<0.005	
1	块碎石土	8.4	2.36	2.18	2.70	0.24	19.2	94.5	21.0	23.0	16.0	20.0	8.0	10.0	1.5	0.5	2.492
2	块碎石土	8.9	2.39	2.19	2.71	0.24	19.2	100	23.3	19.7	16.8	22.0	8.0	8.0	1.5	0.5	2.493
3	块碎石土	11.6	2.44	2.19	2.71	0.24	19.2	100	29.5	18.3	14.2	22.0	6.0	8.0	1.8	0.2	2.428
4	块碎石土	10.1	2.36	2.14	2.70	0.26	20.7	100	22.0	12.8	18.2	24.0	12.0	9.0	2.0	1.0	2.550
5	块碎石土	9.3	2.35	2.15	2.70	0.26	20.4	96.6	20.3	16.7	20.1	20.0	7.5	12.5	2.0	1.0	2.554
6	块碎石土	7.4	2.35	2.19	2.70	0.23	18.9	86.9	16.2	14.0	17.8	41.0	5.5	8.0	1.0	0.5	2.458
7	碎石土	11.0	2.27	2.05	2.69	0.31	23.8	95.5	8.0	16.0	12.3	35.0	8.0	5.0	8.0	8.0	2.768
8	碎石土	7.3	2.27	2.11	2.70	0.27	21.6	79.4		11.5		31.5	7.0	26.0	3.5	3.5	2.700
9	碎石土	7.0	2.27	2.11	2.70	0.27	21.8	67.5	5.2	14.8	15.8	33.0	4.0	6.0	17.0	4.0	2.762
10	碎石土	10.1	2.12	1.93	2.71	0.40	28.8	68.4	10.0	13.8	14.2	31.0	4.0	10.0	9.0	7.0	2.755
11	碎石土	12.0	2.19	1.96	2.71	0.38	27.8	85.6	3.8	14.2	13.0	29.0	4.0	13.0	16.0	7.0	2.760
12	碎石土	9.8	2.20	2.00	2.70	0.35	25.8	75.6	12.8	14.0	15.2	31.0	4.0	10.0	8.0	5.0	2.725
13	含砾粉质黏土	11.3	1.99	1.79	2.72	0.52	34.2	59.1						13.0	54.0	33.0	2.829
14	含砾粉质黏土	17.8	2.01	1.71	2.71	0.59	37.3	78.1			15.5	11.0	0.5	8.0	41.0	24.0	2.876
15	含砾粉质黏土	12.4	1.99	1.77	2.72	0.54	34.9	62.5				4.0	22.0	4.0	26.0	21.0	23.0	2.845
16	含砾粉质黏土	25.5	1.90	1.51	2.72	0.80	44.5	86.7			16.0	19.0	0	11.0	24.0	30.0	2.887
17	粉质黏土	16.2	2.21	1.90	2.72	0.43	30.1	100						17.0	53.0	30.0	2.823
18	粉质黏土	15.1	2.06	1.79	2.72	0.52	34.2	79.0						18.0	50.0	32.0	2.823
19	粉质黏土	15.9	2.00	1.73	2.72	0.58	36.4	75.1						15.0	43.0	42.0	2.844
20	粉质黏土	14.5	2.11	1.84	2.72	0.48	32.4	82.9						27.0	27.0	46.0	2.875

注:测试数据由西南交通大学土木工程学院胡卸文教授提供。

显然,$\lg \dfrac{M(r)}{M} \sim \lg r$ 关系曲线的陡缓反映了各土样(体)粒度组成的差异,即粒度 r 越粗,其对应斜率越大,相应的分维值 D 越小;而粒度越细,则对应的斜率越小,相应的分维值越大。再结合表 4-1 所示资料,表明不同类型土体的分维值差异是不明显的,其中块碎石土的分维为 2.428 ~ 2.554,平均值为 2.496;碎石土分维为 2.700 ~ 2.768,平均值为 2.745;粉质黏土的分维为 2.823 ~ 2.887,平均值为 2.850。上述数据表明,在总共所划分的三大类土体中,以块碎石土的分维最小,粉质黏土分维最大,从块碎石土→碎石土→粉质黏土,其分维值显示出由小到大的变化趋势。

分维的这种变化趋势显示出它作为对土体分类的一个定量参数指标是完全可以实现的,对上述各类土体分维值的变化范围进行综合整理,并结合现场各土体粒度成分特点,可以得出三种典型土体粒度成分的分维界限值。

(1)块碎石土:$2.300 \leqslant D < 2.600$;

(2)碎石土:$2.600 \leqslant D < 2.820$;

(3)粉质黏土:$2.820 \leqslant D < 2.900$。

以往对土体常用不均匀系数和曲率系数共同反映其级配关系,并作为进一步划分土类的依据。而作为反映粒度成分的分维也必然可以表示出土体的级配关系,据研究,由分维作为土体分选性等级划分的标准如表2所示。

表2　用分维划分土体分选性等级(据刘松玉)

分维 D	<1.55	1.55~1.65	1.65~1.80	1.80~2.00	2.00~2.69	>2.69
分选性等级	极好	好	较好	中等	较差	差

显然分维越大,其分选性就越差,而分选性差常预示着级配良好。从表1所列的各土样分维值,可见块碎石土分选性较差,相应级配为不良级配,而碎石土和粉质黏土的分选性均为差,相应则均以良好级配为特征,这与通过不均匀系数和曲率系数判别所得结果是完全一致的。

5　结　语

分维作为描述土体粒度成分特征的参数,由于包含了各种粒径大小在土体中的组成特点,因此比 $d60$、$d70$ 等单因素指标的物理意义更为明确,更能反映土体粒度成分的特点。再则由于分维值仅是在粒度分析结果的基础上,通过简便的回归分析便可获得,故其操作是极为方便的;更由于分维能全面反映土体的分选性、级配状况和粗细程度,故将其作为土体工程分类的一个综合性定量指标,在一定程度上揭示了土体力学性质差异的本质,同时也为用分维与相应的力学性质进行相关研究提供了确切依据。

参 考 文 献

[1] 曹宁,许模,胡卸文,等.奉节县新城址库岸斜坡稳定性的环境场效应及灾害风险管理[R].成都水文地质工程地质中心,2001.

[2] 魏玉虎.长江三峡水库奉节新城区库岸斜坡稳定性研究[D].成都理工大学,2002.

[3] 长江水利委员会三峡勘测研究院.长江三峡工程库区奉节县新城区护岸工程工程地质勘察报告[R].1999.

[4] 肯尼斯法尔科内.分形几何——数学基础及其应用[M].曾文曲,刘世耀,译.沈阳:东北工学院出版社,1991.

[5] 齐东旭.分形及其计算机生成[M].北京:科学出版社,1994.

[6] 黄润秋,许强.工程地质广义系统科学分析原理及应用[M].北京:地质出版社,1997.

Application of Fractal Theory into Evaluation of Feature of Soil Granularity

Wei Yuhu[1]   Hu Xiewen[2]   Qi Guanghui[1]   Yang Junwei[1]

(1. Geological Environmental Monitoring Institute of Henan Province, Zhengzhou   450016)

2. Southwest Jiaotong University, Chengdu   610031)

Abstract: Because of the complexity of soil granularity, quantitative parameter is scarce. Fractal theory is a new method for the problem which be illustrated by a case study. The results demonstrate that fractional dimension can exactly reflect the structural characteristic of various granularities in soil as a parameter. It is feasible to use fractional dimension as a all – around parameter for sort of soil.

Key word: soil granularity, fractal theory, fractional dimension

提高 MAPGIS 绘图速度的若干方法讨论

徐振英

（河南省地质环境监测院,郑州　450016）

摘　要:MAPGIS 已经被广泛用于地质灾害调查与评价、环境评价、矿山治理、地下水监测、地形测量等地质领域。地质灾害县(市)区划项目的图件编制及其信息系统建设更是得益于 MAPGIS 的支持。本文从 MAPGIS 绘图的实际出发,从基础准备工作到具体操作步骤等环节进行了分析,找出了 MAPGIS 绘图中因使用不当而存在的主要问题,并介绍了提高 MAPGIS 绘图速度的方法。

关键词:MAPGIS;绘图;速度;方法;讨论;编辑;数据

地质图形由于其专业特性,和其他领域如建筑领域图形有很大不同,地质体多为不规则形体,界线多由圆滑曲线构成,常需用大面积色块、图案及花纹来表示不同性质的地质体。如不同的岩体,地貌单元,地质构造,水化学类型、易发分区、防治规划分区等。利用 MAPGIS 绘制复杂地质图件时,速度慢主要是由以下几个原因造成:①数据量大,像 A0 幅丘陵地区地形图,按 50 m 间距绘制等高线,山区数据量更大。用计算机绘制这种图件时,数据装入、数据储存、图形重新生成等过程速度很慢。②重复编辑,如对图例、责任栏、比例尺、等高线、交通工程(铁路、公路)、居民地、高程点、勘探工程线、勘探范围、水化学符号、钻孔位置等常用部分和固定不变部分的重复编辑。③MAPGIS 点、线、区的编辑中实际操作不当所致。

针对以上原因,通过查阅 MAPGIS 参考手册和总结计算机制图工作的经验,得出了一套利用 MAPGIS 可以较快地绘制地质图件的方法。下面分别介绍这些方法,以供同行参考。

(1)底图要正确和规范。底图正确和规范可以大大减少图形编辑工作量和重复修改工作量,提高工作效率。如在图形录入前,就应确定好字体类型,字体大小,工程符号大小,线型,颜色,线宽等。

(2)如果用扫描仪录入图形,尤其要保持底图正确和规范。扫描的光栅文件在编辑系统中打开时,有时会提示内存不足或者不能正确显示的情形,MAPGIS 并不是支持所有的光栅文件格式,它仅支持黑白二值、灰度和彩色(RGB 模式)三种格式的 TIF 光栅文件(∗.TIF),而且还要求其为非压缩(LZW 不选中)格式。一般说来,出现"在编辑系统中打开光栅文件时提示内存不足或者不能正确显示"这种情况,是文件格式不对。解决方法是在 PHOTOSHOP 中打开此光栅文件,然后重新另存设定其图像模式即可。这样可以缩短实际编辑图形工作时间,提高工作效率。

(3)地形图的绘制。在绘制地质图件时,地形图多为基本构件,但地形图数据量往往较大,一般占整幅图数据量的绝大部分,是影响地质图形装入、储存和生成速度的主要因素。为此,可以将地形图中的等高线进行分区划分,由多人同时进行编辑,将不同区的等高线放在相同的图层上而以不同的文件名存储,最后只需对同一图层上的不同文件名的等高线进行合并编辑,并将其他图层上的形体冻结,可以提高生成速度。

(4)多建块多使用块。将地质图件中常用的固定不变的成分如图例、责任栏、比例尺、交通工程(铁路、公路)、居民地、高程点、勘探工程线、勘探范围、水化学类型符号、钻孔、探井、不同类型的矿床和矿点、地质年代符号等建成块,并将它们各自独立命名分别存入某个文件目录中,构成图件块。在绘制地质图时,通过块操作,直接使用这些成分。这样做有以下作用:①简化了操作,大大减少了重复编辑的次数,加快了编辑速度;②统一了符号,提高了图形的美观程度;③如果某类符号出错,只需改变图件块中对应的文件,不必在图形中一一修改每个符号,提高了编辑修改速度。

(5)对图形进行分层。每一层上放置某一类地质形体,如等高线、等深线、地物、地层、构造、岩性、水系、化学类型、勘探工程等,分别存在不同的图层上,并使这些图层上的点型、线型、区和所在图层一致。这样做有以下作用:①通过改变某一图层上的点、线、区就可以改变所有成果图上地质体的点型、线型和区,加快了编辑修改速度,减少了遗漏。②通过将暂时不需要编辑的形体所在的图层关闭起来,在重新生成图形时,这些形体将不再重新生成,提高图形重新生成速度;另一方面,由于图形编辑区图形较简单,利于编辑。③在用某一图层上的形体作临时文件时,可将其他的图层全部关闭,单独将其提出,便于使用。

(6)使用地质灾害专用图案库,来完成大面积色块填充和岩性花纹的填充。图案填充的速度主要取决于确定边界的速度。MAPGIS 提供了两种确定填充边界的方法:①拓扑方式。选择该方式造区,不用搜索边界,但需要预先构筑封闭边界;另外,在构筑封闭边界时,尽量使用折线而非光滑曲线。②图形造区内点填充方式。该方式不需要预先构筑边界但需要在可见区内沿箭头提示方向搜索边界,不得把方向弄错。

地质图形中填充边界多为不规则边界,当图幅较大且内容较复杂时,常因边界不闭合或交叉、重复部位较多,局部搜索区域范围大大增加,这时用点填充方式来确定边界搜索速度很慢,编辑地质图形效率很低,不实用;而采用拓扑方式就能弥补点填充方式的不足,并且速度快。MAPGIS 在用点方式搜索边界时,因其只搜索可见区域,在解决图面内容简单、较规则的接近正方形、四边形、矩形等区编辑时,较方便快捷。

(7)线编辑应注意以下几点:①折线、流线、光滑线的选择要正确。②在 MAPGIS 编辑地形图中的等高线文件时,要时常点击保存。如果一条线画得过长,超过 MAPGIS 允许范围再保存时,等高线文件会自动丢失,无法将文件保存下来,严重影响编辑速度。另外,等高线过长,绘图仪也无法识别打印出来,易丢失文件。③MAPGIS 6.5 和 6.6 中,一些线会出现毛刺现象(如 10 号线公路),可以在修改线型中选择把圆角改为尖角或截角。④可使用阵列复制方便快捷地生成整齐规范的图例框等。⑤输入、修改线型时应当注意对应线型有无辅助线型,若无却输入编号,会在编辑和打印时出现莫名其妙的错误。

(8)区编辑应注意以下几点:①区颜色编号应准确,若编辑时使用了系统库内没有的色系编号,在打印出错时可能才能发现;②不要的区删除后,切记删除弧段,否则文件打印定位可能不对、文件内存也会让人感觉莫名其妙的变大;③在编辑图元参数时,点、线、区图元都有透明选项,它主要在印刷制作分色输出时起作用。一般不要使用,否则两个以上叠加区在打印出版时会转色。

(9)点编辑应注意:①输入点可以插入图片,但插入后路径不可改变;②阵列复制点可以生成规范、整齐的一系列点;③定位点对于区划项目的灾害点输入很重要。此种方法是输入 GPS 的坐标值,先把图件的左下角整体移动为坐标值对应的数据,输入后再用定位点修改。

(10)MAPGIS 中工程、文件、图层三者之间的关系:MAPGIS 工程实际是用来管理和描述点、线、区、网、图像文件的文件,它可以由一个以上的点、线、区、网、图像文件组成。

工程、文件、图层的关系是:工程包含文件(若干个点、线、区、网、图像文件),文件包含图层,图层包含图元。

(11)将 MAPGIS 图形快速转为图像的方法。在图形输出子系统中,打开工程文件,"光栅输出"菜单下即可找到生成 GIF、TIFF、JPEG 图像命令。图幅较大时,需要生成 EPS格式;若生成 JPEG 格式,在图片浏览时容易造成文件打不开。

(12)在用 MAPGIS 编辑地形图时,注意文件路径不要太深,每个文件夹名和新建的图形文件名不易取的太长;否则,存储及打开文件时容易出错,绘图仪无法识别打印。

以上情况是基于不提高硬件配置的前提下,主要从工作准备、工作策略及技巧、参数设定等方面讨论了提高 MAPGIS 绘制地质图件速度的方法。当然通过提高硬件配置方法,如提高计算机档次,加大内存等方法,也可以提高绘制图形的速度。

Discussions of some Methods Aimed to Enhance the Working Speed of MAPGIS

Xu Zhenying

(Geo – environmental Monitoring Institute of Henan Province, Zhengzhou 450016)

Abstract: As a tool, MAPGIS has been widely used in various fields, such as the investigation and evaluation of geologic hazards, environmental evaluation, treatment of mining areas, monitoring of groundwater, ground mapping, etc.. The program concerning the investigation and zonation of geologic hazards in counties (cities), especially, owns much help to the support of MAPGIS. In light of the status – quo of MAPGIS as a mapping tool, starting from the analysis of the procedure, from basic work to operation steps, the author finds out some major problems with MAPGIS because of improper use, and delivers some techniques for enhancing the speed of mapping by MAPGIS.

Key words: MAPGIS ,mapping,speed,techniques,research,edition,data

地质灾害经济评价分析

闫　平

（河南省地质环境监测院，郑州　450016）

摘　要：通过对"反增长论"、经济发展决定论和协调发展论的探讨，分析了经济发展与环境的关系。从地质灾害对我国经济发展和环境造成的严重破坏和影响出发，论述了地质灾害经济评价的重要性；按照地质灾害风险评价、预测损失评价、灾后即时损失评价和减灾效益评价四大经济评价体系，举例分析了地质灾害现象和经济评价。

关键词：经济发展；地质环境；评价体系

在我国，关于地质灾害的成因、预报、监测、防治已做了大量工作，但关于地质灾害经济的研究尚处于初级阶段。这方面主要的研究内容集中在地质灾害经济理论与方法研究、计算机技术在地质灾害经济评价中的应用研究、区域地质灾害灾情与损失评估研究、地质环境恶化及地面沉降、地面塌陷等地质灾害经济损失及减灾工程效益评估研究和地质灾害损失评价方法研究等。

地质灾害经济是地质环境经济的一部分。地质环境经济主要包括地质灾害经济、地下水资源与环境经济、地质环境保护、矿山环境管理、矿山环境恢复治理经济等几个方面。资源被人们视为社会繁荣、政治权力和国家财富的基础，然而，由于工业革命的不断深入，世界经济活动正在对包括环境资源在内的所有自然资源施加越来越大的压力。

1　社会经济发展与环境的关系

对于社会经济发展与环境的关系，目前主要有三种观点和态度。

1.1　"反增长论"或"零增长论"

这一论点以早期的罗马俱乐部为典型代表，美国麻省理工学院的梅多斯等撰写的《增长的极限》一文，文中通过对人口、农业、自然资源、工业生产和环境污染五个因素的分析，提出了"零增长"的论点。

1.2　经济发展决定论

经济发展决定论又称乐观论，卡恩的《没有极限的增长》认为：对发展中国家来说，环境质量是放在第二位的目标，当富裕时再考虑环境。

1.3　协调发展论

协调发展论认为防治环境污染和破坏，关键是经济发展和环境保护的关系，经济发展与环境保护是对立统一的关系，二者是可以协调的；经济发展带来了环境问题，却又增强了解决环境的能力；环境问题的解决，又增强了经济发展的能力。只要认真对待，采取适当的对策，二者是可以在发展中统一起来的。

2 地质灾害经济评价的重要性和必要性

研究灾害的中心内容是认识自然变异规律和灾害活动规律,在此基础上,分析灾害对人类的破坏作用以及人类对灾害的能动作用,最大限度地减少灾害所造成的损失。

2.1 灾害对经济发展带来严重影响

据统计,2005~2006年全国共发生地质灾害 120 555 次,其中:滑坡 97 890 次,崩塌 20 814 次,泥石流 983 次,地面塌陷 535 次;人员伤亡 2 450 人次,死亡 1 241 人;直接经济损失 78.93 亿元;两年全国共建设地质灾害防治项目 6 093 个,直接投入地质灾害防治资金 36.05 亿元;滑坡、泥石流治理面积达到 75 361 hm²(见 2007 年中国统计年鉴)。

2.2 经济发展也可能导致灾害更加严重

当社会经济发展违背自然规律,缺乏全社会有意识的调节,任意地滥用技术或过量地使用资源时,就会导致灾害更加严重。新中国成立以来,由于我国经济政策多次出现"过热—调整"的交替,造成了生态环境的严重破坏。1958年"大跃进"时,提出了"以钢为纲,超英赶美"等速胜冒进的战略,盲目追求经济增长高速度,使森林、矿产等资源受到了严重破坏。1979年以来,我国进入了一个经济快速增长阶段,曾出台了一些短期行为的政策,靠山吃山,靠水吃水、有水快流的做法,造成资源的严重破坏与生态平衡的失调。这类短视的经济政策,实际上是一种灾变。据调查,地质灾害 80% 是由于人类不合理的工程经济活动引起的。例如:湖南省人为因素诱发的崩塌和滑坡灾害分别占总数的 71% 和 53%,全国较大的地质灾害 85% 以上是 20 世纪 80 年代以后发生的。

3 地质灾害经济评价体系与灾情评估

地质灾害经济评价是通过分析地质灾害的一切经济现象,主要包括直接经济损失和间接经济损失评估;灾后损失评估和灾前预测损失评估;承灾区损失率和灾度评估等。地质灾害经济评价是解决减灾、防灾、救灾问题的一种方法,是一种与灾害评价有关的宏观决策分析活动。

鉴于地质灾害经济评价对象的特殊性,其评价理论不同于一般的正向评价理论。它是逆向的,采用"负负得正"的原则,并综合运用国民经济评价和企业评价,总体效益评价和边际效益评价,微观效益评价和宏观效益评价的原理,并把它们有机地结合起来。

地质灾害经济评价主要包括以下四个方面。

第一,是根据全国省、市、县等制定减灾规划的需要,进行区域地质灾害风险评价。评价内容为:地质灾害风险辨识,灾害风险度计算、灾害风险区划。

第二,对影响县城以上及重要生命线工程、文化古迹等大型地质灾害勘查、防治项目决策进行经济评价,作为地质灾害勘查或防治立项的依据。主要采取预测损失评价,计算灾害期望损失和期望减灾效益。

第三,是灾后损失评价,计算灾害直接经济损失和间接经济损失,为救灾恢复、重建等提供决策依据。

第四,减灾效益评价,包括区域防护系统减灾效益、灾害可减度和防治工程效益计算。

4　地质灾害防治效益评价

地质灾害防治效益评价包括损失目标分析和损失效益分析;减灾方案与防治工程优选;减灾途径分析等。防治地质灾害,一是通过区域防护系统减轻灾害的强度和发生频率。二是承灾区增强建筑物及其他结构自身的抗灾性能,减少灾害破坏的可能性。三是控制危险区人口和建筑物数量,以减轻灾害损失。要针对具体减灾工程或措施来进行效益评价。防治地质灾害为目的的投入,它既不是产业性投入,也不是经营性投入,它不产生资金增值,也就不能用投入与产出之比来评价其效益。它应属于社会公益性投入,其效益必然反映在社会效益和经济效益两方面。地质灾害防治投入的社会效益,主要是对人民生命安全和自然生态的保护,可用损失 - 目标分析,着力于目标分析,辅以减灾不同途径分析,对各种减灾方案进行优选。

5　地质灾害经济评价实例

河南省新县新集镇向阳新村地质灾害防治工程项目是由国家出资的公益性项目,是以保证人民生命安全及物质财富不受损害为目的,以创造社会效益、环境效益为主的非生产性建设项目,项目的投入产出与生产项目是不一致的。因此,地质灾害防治项目的经济效益评价是以"减负等于加正,负负得正"的理论为基础进行计算与评价的。地质灾害防治工程经济效益的定义是投资者投入资金,地质灾害防治企业修建防治工程,被治理的潜在地质灾害体的最大可能经济损失与投资者投入的资金之比。

评估结果表明,所有地质灾害治理工程点的经济效益都大于其他行业资金投入的平均资金利税率,所有灾害点都应该采取防治措施,这些措施所需投入的680万元是应该的、合理的。

新县是个山城,可直接利用的土地资源十分有限。通过对滑坡体的治理,使滑坡体下近2 000 m² 的滑坡影响区得以充分利用。现滑坡体下已盖起多栋楼房,安置居民近百户,经济效益非常显著。

项目社会效益评价应遵循以人为本的原则。以当地社会发展目标为依据,分析评价项目投资引发的各项社会效益与影响,以及当地社区及人民对项目的不同反映,促进项目与当地社区、人民相互适应,共同发展。河南省新县新集镇向阳新村地质灾害防治工程的社会效益评估了以下两方面:

一是采用定量分析的方法,评价地质灾害防治工程对减少人员伤亡的影响。地质灾害治理后减少的人员伤亡数就是地质灾害发生可能造成的最大死伤人数。该治理工程的防灾治灾效果明显,治理区内泥石未发生流动,滑坡体处于稳定状态,保证了治理区内几十户居民的生命财产安全,为向阳家属区提供了安全的居住场所;通过该项工程的治理,解决了更大的潜在的地质灾害隐患,社会效益十分明显。

二是采用定性分析的方法,通过实地调研、访谈及发放调查问卷表,通过对调查问卷的统计分析,评价防治工程对当地社会的影响。我们在部分灾害防治点进行了抽样问卷调查,共发放调查问卷200 份,有90.51%的人知道所居住地区有地质灾害,有92.7%的人认为地质灾害对自己的生活有影响,有41.61%的人回答"恐惧",有94.89%的人觉得有必要投入大量资金对地质灾害进行治理,74.45%的人考虑搬迁。

参 考 文 献

[1] 闫军印.区域矿产资源开发地质环境质量损益的经济评价[J].国人口资源与环境,1995(3).

[2] 张梁.地质灾害经济评估[J].中国地质矿产经济,1995(9).

[3] 王文.矿产资源开发与生态环境保护探讨[J].中国人口·资源与环境,1993(4).

[4] 中华人民共和国国家统计局.中国统计年鉴2007[M].北京:中国统计出版社,2007.

人为诱发地质灾害的管理制度建设

甄习春

（河南省地质环境监测院，郑州 450016）

摘 要：中国地质灾害防治管理和法制建设取得了明显进展，已经步入法制化、规范化轨道。但人为诱发地质灾害的管理还比较薄弱，地质灾害预防的监督机制、人为诱发地质灾害的责任认定机制亟待建立。还缺乏与《地质灾害防治条例》相配套的人为诱发地质灾害管理制度。根据我国地质灾害防治工作法制建设与防治形势要求，应加强人为诱发地质灾害活动的管理，建立地质灾害防治义务告知制度、地质灾害防治督察制度、地质灾害责任认定制度和地质灾害责任追究制度。

关键词：人为诱发；地质灾害；管理

1 我国地质灾害防治管理工作概况

我国地质和地理环境复杂，气候条件时空差异大，地质灾害种类多、分布广、活动频繁、危害重，是世界上地质灾害最为严重的国家之一，每年因崩塌、滑坡和泥石流等地质灾害造成的死亡人数占自然灾害死亡人数比例较大，造成的经济损失也达数百亿元。

自 1988 年地质矿产行政主管部门履行"对地质环境进行监测、评价和监督管理"职能以来，各级国土资源(地矿)主管部门采取了一系列措施，加强对地质灾害防治的监督管理，地质灾害防治管理和法制建设有了明显进展。

1990 年 2 月，地矿部、国家计委、国家科委联合向各省(区、市)和有关部门印发了地矿部组织编制的《全国地质灾害防治工作规划纲要》，初步规划了我国地质灾害防治工作。

从 1993 年开始，先后颁布实行了地质灾害防治工程勘查、设计、施工、监理单位资质管理办法。

1999 年，国土资源部第 4 号部长令颁布实施《地质灾害防治管理办法》，并开始实行建设用地地质灾害危险性评估制度。

国务院 2003 年颁布了《地质灾害防治条例》。国土资源部门建立了防灾预案制度、灾害速报制度、险情巡查制度、汛期值班制度。全国已有 29 个省(区、市)颁布了与地质灾害防治有关的地方性法规或规章，地质灾害防治工作进入了规范化、法制化的轨道。

但从地质灾害防治工作实践来看，在预防地质灾害，特别是人为诱发地质灾害方面还存在不少问题：一是在经济建设活动中，仍然存在忽视地质灾害的预防，导致人为活动诱发地质灾害的情况时常发生。二是落实地质灾害预防措施的监督机制没有建立。三是人

作者简介：甄习春(1963—)，男，本科学士，教高，E-mail：zhenxch696@sina.com，主要从事地质灾害、环境地质研究。

为诱发地质灾害责任界定机制没有建立。

2 人为诱发地质灾害管理制度建设的必要性

2.1 地质灾害防治形势的需要

随着我国经济社会的快速发展,人为工程活动引发的地质灾害呈不断上升趋势。特别是不合理的工程活动等人为因素诱发的地质灾害,目前占中国每年地质灾害总量的50%以上,人为诱发的地质灾害日趋严重,广大农村、城镇和重大工程仍将遭受地质灾害的严重威胁,地质灾害防治任务十分繁重。为了解决上述问题,加强人为诱发地质灾害管理制度建设势在必行。

2.2 地质灾害防治工作法制建设的需要

首先,为落实《地质灾害防治工作规划纲要》(2001～2015年)的目标任务,应加强对人为诱发地质灾害的管理。2001年国土资源部组织制定的《地质灾害防治工作规划纲要》(2001～2015年)提出,"我国地质灾害防治的总体目标是:用15年的时间,建立起相对完善的地质灾害防治法律法规体系和适应社会主义市场经济要求的地质灾害防治监督管理体系,严格控制人为诱发地质灾害的发生"。

其次,贯彻落实《地质灾害防治条例》,应配套建设相应管理制度。国务院于2003年颁布了《地质灾害防治条例》,条例是国务院的法规,对人为诱发地质灾害的监督管理作了原则上的规定。为了贯彻实施好《地质灾害防治条例》,迫切需要出台相关配套文件,细化有关规定,使条例更具操作性,切实把国土资源主管部门的地质灾害监督管理职能落到实处。

《地质灾害防治条例》第五条规定:因工程建设等人为活动引发的地质灾害的治理费用,按照谁引发、谁治理的原则由责任单位承担。但在工作实践中如何落实这一规定,没有制度方面的具体规定。

《地质灾害防治条例》第三十五条规定:因工程建设等人为活动引发的地质灾害,由责任单位承担治理责任。责任单位由地质灾害发生地的县级以上人民政府国土资源主管部门负责组织专家对地质灾害的成因进行分析论证后认定,但是责任认定的部门管理权限、人员组成、程序等没有明确。

《地质灾害防治条例》第十四条规定:因工程建设可能引发地质灾害的,建设单位应当加强地质灾害监测,在工作实践中,如何监督检查责任单位监测义务的落实,没有相关要求。

《地质灾害防治条例》第二十四条规定:对经评估认为可能引发地质灾害或者可能遭受地质灾害危害的建设工程,应当配套建设地质灾害治理工程。地质灾害治理工程的设计、施工和验收应当与主体工程的设计、施工、验收同时进行。配套的地质灾害治理工程未经验收或者经验收不合格的,主体工程不得投入生产或者使用。在实际工作中,地质灾害危险性评估环节的执行比较好,但对于工程建设过程中和建设运行以后,地质灾害防治措施的落实情况,缺乏监督检查,对建设单位是否落实了地质灾害防治措施,地质灾害防治工程的设计、施工、验收是否同时进行,如何具体落实和检查,应有相应的制度保证。

3　人为诱发地质灾害管理制度建设的内容

国务院颁布的《地质灾害防治条例》是目前我国在地质灾害防治方面的最高层次的管理法规,因此人为诱发地质灾害的管理应在《地质灾害防治条例》的框架下进行。

《地质灾害防治条例》规定了以下五项主要的法律制度,一是地质灾害调查制度,二是地质灾害预报制度,三是地质灾害易发区工程建设地质灾害危险性评估制度,四是对从事地质灾害危险性评估的单位实行资质管理制度,五是与建设工程配套实施的地质灾害治理工程的三同时制度。与人为诱发地质灾害管理直接有关的制度,主要是地质灾害易发区工程建设地质灾害危险性评估制度和与建设工程配套实施的地质灾害治理工程的三同时制度。根据《地质灾害防治条例》对相关人类诱发地质灾害活动的管理要求,应建立地质灾害防治义务告知制度、地质灾害防治督察制度、地质灾害责任认定制度和地质灾害责任追究制度。

3.1　地质灾害防治义务告知制度

地质灾害防治义务告知是指国土资源主管部门将地质灾害防治义务告知特定法人或公民的行政管理行为。

通过地质灾害调查和排查,会发现一些人为的地质灾害隐患点,如铁路、公路、水库、水电、厂矿企业、居民房屋等工程建设诱发的崩塌、滑坡、泥石流、地面塌陷等灾害隐患。《地质灾害防治条例》中明确规定,县级以上地方人民政府国土资源主管部门负责本行政区域内地质灾害防治的组织、协调、指导和监督工作。从职责上看,地质灾害点所在地的县级以上国土资源主管部门对诱发地质灾害的单位和个人的防治义务应有告知义务,通过告知既明确了地质灾害的防治责任,又督促责任人实施防治义务,避免地质灾害造成损失。

告知书的内容主要应包括:地质灾害的类型、分布位置、规模、稳定性、危害范围和危害对象、建议防治措施、限期要求及责任单位或公民姓名等。

告知方式宜采用书面形式,即发送地质灾害防治义务告知书。责任人收到告知书后应签字确认。

3.2　地质灾害防治督察制度

地质灾害防治督察是指国土资源主管部门对地质灾害防治责任单位或个人落实防治义务情况进行检查、指导、监督的行政管理行为。对人为诱发地质灾害防治的督察工作主要涉及以下两个方面。

一是经过地质灾害危险性评估,工程建设可能引发和遭受地质灾害危害的,在工程建设过程和运行以后,国土资源主管部门应对建设单位、管理单位是否按照评估意见实施地质灾害防治措施,配套的地质灾害防治工程是否同步实施,是否经过验收,是否采取地质灾害监测措施等情况进行督察。

二是对于人为诱发的地质灾害隐患点,国土资源主管部门应对责任人实施的防治义务的落实情况(监测、治理等防治措施)和地质灾害防治效果等进行例行督察。

开展督察工作时,事前可以向要督察的单位与个人发送督察通知书。事后,发送督察意见书。

督察通知书主要内容包括:督察的部门、督察人员、督察对象、督察时间、督察地点、督察内容等。

督察意见书主要内容包括:督察结果、整改意见等。

3.3 地质灾害责任认定制度

对人为诱发的地质灾害而言,无论是地质灾害防治责任确认,还是地质灾害事故责任追究,应加快建立地质灾害责任认定制度。

3.3.1 需要进行地质灾害责任认定的情形

符合下列条件之一的,可进行人为诱发地质灾害责任认定:

(1)因人为因素,可能诱发地质灾害发生,且危害较大的;

(2)因人为因素诱发地质灾害发生,且造成人员伤亡或较大经济损失的;

(3)因人为因素诱发地质灾害发生,虽没有造成人员伤亡或较大经济损失,但存在重大隐患,需进一步防治的;

(4)责任人对地质灾害责任存在争议的;

(5)法律规定需进行地质灾害责任认定的其他情形。

是否进行地质灾害责任认定,应主要考虑公共利益的需要,或是根据相关单位或公民的申请,经研究后确定。

3.3.2 责任认定组织部门及人员组成

县级以上地方人民政府国土资源主管部门负责本行政区域内地质灾害责任认定工作。小型地质灾害应由县级国土资源主管部门负责认定工作,中型地质灾害应由市级国土资源主管部门负责认定工作,大型地质灾害应由省级国土资源主管部门负责认定工作,巨型地质灾害应由国土资源部负责认定工作。地质灾害涉及的其他政府部门应参加认定工作。

应根据地质灾害的具体情况,组成相应的地质灾害调查认定领导小组,在领导小组的领导下,组成专家组开展调查认定工作。

3.3.3 认定程序

(1)组成地质灾害调查认定领导小组及专家组;

(2)专家组进行资料收集与现场调查工作;

(3)专家组讨论并形成初步意见;

(4)调查认定领导小组召开全体会议研究,形成最终结论;

(5)出具书面责任认定书。

3.3.4 责任类型

从责任人对事故所负责任大小的角度可分为主要责任、次要责任、同等责任(两个以上责任人)和无责任。

认定工作结束后,应形成书面责任认定书。

3.4 地质灾害责任追究制度

对于违反《地质灾害防治条例》的有关规定,发生人为诱发地质灾害的行为时,县级以上国土资源主管部门应对责任人依法进行责任追究和行政处罚:

(1)未依法履行地质灾害防治有关义务的;

（2）未按照规定对地质灾害易发区内的建设工程进行地质灾害危险性评估的；

（3）配套的地质灾害治理工程未经验收或者经验收不合格，主体工程即投入生产或者使用的；

（4）对工程建设等人为活动引发的地质灾害不予治理的，或者治理不符合要求的；

（5）在地质灾害危险区内爆破、削坡、进行工程建设以及从事其他可能引发地质灾害活动的；

（6）在地质灾害治理工程勘查、设计、施工以及监理活动中弄虚作假、降低工程质量的；

（7）侵占、损毁、损坏地质灾害监测设施或者地质灾害治理工程设施的。

进行行政处罚应按照《中华人民共和国行政处罚法》的有关规定执行，并出具行政处罚决定书。

4　结　语

地质灾害事关人民生命财产安全，责任重大。国土资源部门承担着地质灾害防治的组织、协调、指导和监督的重要职责，必须进一步完善与《地质灾害防治条例》相配套的规章，加强人为诱发地质灾害的管理，实现地质灾害防治法制化、规范化，减少人为诱发地质灾害的发生。

浅谈加强事业单位财务管理

张永丽

（河南省地质环境监测院,郑州　450016）

所谓事业单位,从国际的认同到国内认识均定义为:不以生产经营和创利为目的,保障社会发展和进步的社会公益性福利和服务性机构,它的重要特性之一就是不以生产经营为目的,政府投资兴办或社会投资创立的单位,它的财务特性是耗费,社会特性是以自己的技术和人力为公众服务。在我国,事业单位分为全额事业单位、差额事业单位和自收自支事业单位。它们是根据经费来源渠道的不同来划分的。全额事业单位和差额事业单位主要以公益服务为主,经费也多由财政拨款。而自收自支事业单位多以经营为主,实行企业会计管理。我们指的事业单位会计只用于全额事业单位和差额事业单位。事业单位会计是国家各级事业单位对单位预算执行情况及其结果进行全面、系统、连续的核算和监督的专业会计。

根据事业单位的本质特性可以看出,事业单位的财务管理内容应该是单一的和可操作的,即应该把属于事业单位主体营运资金和派生的非主体性收支严格区分,在运作上有所侧重,有所不同。

1　预算资金是事业单位财务管理的核心

事业单位的预算资金,是事业单位进行各项财务活动的前提和依据,是事业单位向社会提供优质服务的物质保证,也是国家为社会公益事业提供的无偿供给。主要管理内容如下。

第一,国家应当保证事业单位必要的预算开支,使事业单位的主要工作任务得到落实。而不是使事业单位放弃主要业务去搞创收,如果是这样,设立事业单位就没有任何社会意义了。

第二,事业单位的资金管理和核算的中心是国家拨入的财政资金,其管理的力度是任何时候都要加强的,要严格按照国家规定编报预算,经核实后,按进度拨款和使用,在运用中,按财政规定的项目使用,不允许超支、透支和有任何形式的浪费。特别是严格制定国家投入事业经费的专人专账重点管理和使用的制度和办法,在国家财务制度和会计核算制度的前提下,各单位应制定相应的具体的管理办法和措施,以保证国家资金的合理使用。在收入管理上,也应将财政拨入资金与事业收入、经营收入、附属单位上缴收入严格区分,在管理的力度上要有不同的层次,首先是管好用好国家资金。

第三,事业单位的国家拨入的资金应该是财政监督的重点。国家资金是纳税人无偿对社会的贡献,它使用的正确与否是社会评价财政监督和管理好坏的一个重要方面。国家的审计、财政的日常监督和检查的重点应是事业单位国家资金使用情况,以保证国家资金的合理使用和发挥作用。

第四,国家给予事业单位的预算资金必须与事业单位为社会所提供的服务相适应。给予过大,造成浪费;预算过小,事业无法开展,造成人力、物力和技术的浪费。特别是一些为社会服务的比较重要的社会公益事业,如无资金保障,工作不能正常进行,影响社会经济发展和人民生活的安定,甚至危害政权稳定。

第五,财政对事业单位的预算管理政策一定要前后一致,保持连续和稳定,不能说变就变,说改就改。

第六,财政对事业单位的预算管理应是单一的、可行的和具有非常强的操作性的。不应该是管理内容繁杂、项目不定、没有核心。特定的财务政策应是在以预算资金为核心的基础上实施重点管理,并应给事业单位在其他资金管理上以一定的自主权。

2 预算外资金是事业单位财务管理的主要组成部分

第一,明确预算外资金的性质和范围。预算外资金是一种财政性资金,不能归单位所有,不能自收、自支、自行管理,它主要是依靠政权手段或强制措施所取得的一种收费。

第二,预算外资金管理的内涵按照市场经济发展的要求和国家财政预算完整性原则,其最终目标应是将预算外资金全部纳入财政预算统一管理,保证体现政府资金收支活动的完整性,并且把纳入预算管理的事业性收费改为征税,或取消收费。

第三,事业单位预算外资金管理原则,应是统一性、完整性、效率性和公开性相结合。

第四,规范预算外资金管理的具体对策。

(1)建立规范的预算外资金立项、征收、管理和支出检查的综合管理体制。

(2)建立严格的事业预算外资金立项审批制度。

(3)建立规范的事业单位预算外资金财政专户管理体制。

(4)建立规范的预算外资金支出管理政策和具体办法。

3 事业单位的经营收支不应该是事业单位财务管理的一部分

依照事业单位的定义,事业单位性质和任务决定了事业单位财务管理的核心是国家资金。因此,一些事业单位依靠自身的人力、物力和技术力量进行经营活动和创造盈利已不是事业单位服务活动的一部分,而是经营性质,属于企业行为。因此,我认为,对事业单位的多种经营应按其经营规模与核算形式区别对待,设置不同的管理模式。

第一,经营规模较大,实行独立核算的经营形式。一些事业单位用自己的固定资产、人力、技术搞经营,而且收入较大的,可实行公司形式,由事业单位单独出资或吸收部分外来资金组成公司,单独核算,按资本大小分红。在出资时,事业单位出资的国有资产必须按规定办理投资手续,以防止国有资产流失。而且事业单位要对出资进行必要的监管,保证经营的正常进行。同时,必须要把事业单位的正常业务活动与经营活动严格区分开来,在人员的安置上不容许相互兼职,在管理上,投资的管理与事业单位内部的业务资金活动严格区分,所收股利或管理费用应按规定弥补事业经费不足,严禁中饱私囊或搞个人福利。

第二,对于一些事业单位较小的经营收入,如出租部分房屋收取的租金、转让技术和人力的收入,可以不单独核算,由事业单位财务人员代管,但必须另设账户,独立管理,收入要入账,支出要审批,不得用这些收入私设小金库、搞请客送礼和发给职工个人。

4 不适应社会主义市场经济发展需要的一些事业单位的财务管理应按改革的要求重新确定管理目标

随着社会主义市场经济的大力发展,计划经济时期的一些事业单位已不再向社会提供服务,也不能为政府的运行和经济的发展提供保障,其生存的社会经济条件已不复存在,因此,应分别情况,实施不同的管理办法。

第一,没有足够的资产、技术和人力资源维持原有人员生存的,应采取撤并、解散或移交社会保障部门进行管理的办法,实行人员再就业、停止财政拨款、财务全面清算的办法,减轻财政负担。

第二,一些事业单位的服务对象如果是纯企业方面的,如一些生产技术研究机构,则可将这些机构出租或转让给有关联的企业,其财务管理则全部移交给企业管理。

第三,原有事业单位依靠资产、技术和人力资源的开发能够在市场经济中维持生存的,其财务转入企业化管理,即依法经营,照章纳税,资产重组,单位转轨,财政管理的重点是国有资产的完整和不受损害。

5 特殊事业单位的财务管理要体现特殊性

一些为社会公众提供特殊服务的行业,如医院等单位,其收入稳定,财政给予的投资也相对小些。因此,在资金管理中,重点是收支的比较与财政补贴的使用,在收支管理中应不按普通事业单位的办法管理,而是根据行业的特殊性,分别就营业收入、捐赠收入、补贴收入与相对应的支出进行专项管理。特别是要求单位体现社会公益性,本着不以盈利为目的的宗旨,在为社会提供服务中,合理收费,不以损害公众的利益来满足单位的要求。因此,财政补贴要基本打足,管理办法要有紧有松,从而保证大众的基本利益。

6 小 结

总之,事业单位的财务管理应以收支内容为前提而不是以旧的单位性质为条件进行管理,缩小事业单位财务管理范围,限制事业单位财务收支活动,严肃财政拨款管理秩序;在此基础上简明事业单位财务管理制度,准确管理内容,强化管理措施,单一管理权限,使事业单位的财务管理向更科学、更合理的方向发展。

地质行业基层实验室的发展思考

范世梅　杨巧玉　陈州莉

（河南省地质环境监测院,郑州　450016）

随着国家经济的发展,近年地质行业发展颇受重视,地质勘察、找矿、环境资源保护等的研究项目接连不断,而为之基础研究提供数据的实验室还存在诸多问题,跟时代脱轨。本文针对基层实验室的现状提出其部分发展的浅见,旨在抛砖引玉,以引起相关部门的广泛关注。

1　基层实验室的现状

地质行业基层实验室在 20 世纪 50 年代有野外地质队时已随之建立,是个比较特殊的群体,当时受社会重视,基层建设不容忽视,人力物力投入丰厚,实验室为地质成果提供了不少宝贵数据,做了不少贡献,是地质研究发展的基石。然而现在有的已经撤销,有的勉强维持。在改革开放人才能自由流动之后,基层实验室的发展严重滞后,有着划时代的距离。一方面是分析仪器落后,现在仍在用滴定管、光度计等常规廉价分析仪器顽强地维持生产运转,另一方面是人才流动,人往高处走,有经验有能力的专业技术人员被高层实验室挖走,那里待遇优厚,设备先进,容易出研究成果,为何要停留在小作坊式的工作室应付生产呢? 这就使基层实验室的发展日益衰退,使得地质人员野外采取的样品不得不长途跋涉,不辞辛苦远送到外地专业实验室,给上级实验室造成样品积压,提供数据不及时,而基层实验室面临关门的危机。这些现状如不采取行之有效的举措来扭转,基层实验室发展的“终点”就为时不远了。

2　实验室的发展

目前,地质行业的发展正处于前所未有的好时期,这给实验室带来的机遇是不言而喻的,如何抓住机遇,加快发展是当前亟待探讨的问题。

2.1　领导的高度重视

基层地质队伍的领导应该对实验室的作用有充分的认识,不能总看成是地质的辅助和服务性工作,实际上试验测试是一项复杂的技术工作,他们提供的数据直接影响着整个地质科研质量的提高和科学研究的发展,是地质队伍的重要组成部分。与此同时,领导应该重视对实验室进行物资设备投入。如引进现代先进仪器,测试水平就能上新台阶。这样节省了外送的试验费用,也装备了自己单位,试验数据也可及时获取。

作者简介:范世梅(1958—),女,高级工程师,长期从事地下水环境测试、研究工作。通信地址:郑州市伏牛路 222 号;联系电话:13523090562,0371 - 68623864;传真:0371 - 68610110;E-mail:fanshimei2006@126.com。

由于化学测试工作毒害的特殊性,领导应关心爱护试验技术人员,利用激励机制,在评职称,津贴发放,评奖评优等方面给予实验室政策的平等,做到感情留人,事业留人,待遇引人。在关爱中更好的使用试验技术人员,使其发挥更好的作用。

2.2 完善和规范用人机制

建立充满活力的选人用人机制,以多形式吸引、培养、选拔合适人才。实验室要培养技术骨干和得力的领导带头人,通过定编定岗,公开竞争上岗等措施规范人员的进出。要建立一支高水平、高素质,职称年龄结构合理并安心基层实验室工作的技术人员队伍。这要求领导在用得上,留得住,能发展上做好文章。此外,应提供重要的教育培训机会,除质量知识培训外,还要进行专业技术的更新和补充。化学科学发展迅速,从事试验工作要有终身受教育的理念,工作到老要学到老,不断接受新技术、新知识,并用于工作中。

2.3 交流合作、资源共享

实验室技术人员一是要尽可能地参加技术交流活动,加强与专业性分析测试机构、高校以及大型实验室间的广泛合作,善于借用他们的智慧、先进技术和设备资源;加强基层实验室间的合作,共设备、试剂、业务等资源。二是结合现代信息技术,了解市场动态,获取大量相关信息和知识。

2.4 营造和谐良好的工作氛围

一个良好的工作氛围至少包括两个方面:一是实验室的环境建设。实验室是进行常量和微量测试的场所,环境建设是非常重要的,清洁优美的环境不仅给技术人员带来良好的心情,更是化学实验工作必须具备的客观条件。对测试严谨求实的科学态度和严肃认真的工作作风具有良好的促进作用。另一个重要方面是人的因素。测试工作多数不是一个人单独完成的事,所用仪器药品往往是共用的,必须有同事的友好合作,这就要上下级之间、试验人员之间团结协作,好的协作风气不仅利于队伍的凝聚力,更有助于工作的顺利开展。一个与时俱进、和谐发展的环境是基层试验人员应该创建的。

2.5 建立质量管理体系,加快实验室认可认证

基层实验室尽管有客观的局限性,但无论实验室大小,但只要想生存下去,就要力争实验室认可或计量认证。这是试验工作的资质,是实验室发展的必需。有了资质所出的试验数据法律效力才可靠。所谓认可或认证就是促使其建立严格的质量把关制度和完整的质量管理体系,有自己的质量手册和程序文件,制定质量方针和目标,并保其落实实现,实行分析测试全过程的质量保证和质量控制,对人员、设备、环境、药品等都应有严格的要求。"小作坊"也要出精工细活。没有资质就是坐等末日的到来,就是实验室的自灭。

2.6 多元化发展拓展实验室生存空间

基层实验室在提供分析数据的同时,应尽量申请一些研究课题或为社会多提供一些技术服务。在试验过程中要善于分析总结归纳有规律的信息,要有相当的技术储备,结合地质学科和化学结合部位的边沿科学做些研究探讨工作,如环境污染治理,农业地质等都和化学密切相关,试验技术可以转轨渗透,为相关工作提供技术支持和指导,为社会提供分析测试和技术咨询服务等。实现由单纯的分析测试向多元化发展的转变,做大做强,让基层实验室随时代稳步发展前进。

冷原子荧光法测定汞的质量控制

范世梅　杨巧玉　齐光辉

(河南省地质环境监测院,郑州　450016)

汞对人体有很强的毒性,在环境监测中,对汞元素的测试是不可忽略的一项。测定汞的方法有许多,但由于汞元素的化学特性,要使测定准确度高,就需要严格把握测试过程中的每一个环节。在使用原子荧光光度计测汞时,应注意以下几个问题。

1　试样的消解

对污水和含有机物的固体样品应消解氧化,在用硫酸或王水消解样品后,加入氧化剂 $KMnO_4$ 的多少、氧化时间及加热温度,应视样品有机污染的程度来定,氧化剂不足时可以补加,以氧化完全为止,但温度应控制在中温电热板以下,多余的氧化剂可用 10% 的盐酸羟胺溶液或草酸还原,使其刚好褪色为宜。

2　仪器测试过程条件的选择

2.1　方法的选择

选用冷原子荧光法测汞比氢化物 – 原子荧光法测汞要好。冷原子荧光法测汞不必点火,克服了由于电加热石英原子化器的热激发,造成基态原子减少及火焰引起的噪声。

2.2　还原剂的选择

目前冷原子荧光法测汞所用的还原剂是 $SnCl_2$ 或 KBH_4,采用 $SnCl_2$ 做还原剂时,干扰元素 As、Sb、Bi、Au、Ag 比用 KBH_4 时干扰要小,但锡元素在仪器管道的残留量较大,对测锡干扰大。因此,可用浓度较小的 KBH_4(0.005% W/V) 做还原剂,以减少干扰和锡的污染。

2.3　仪器条件的选择

实验表明负高压和灯电流增大,荧光强度增强。对于测定微量的汞,负高压 270 V,灯电流 35 mA 即可满足测量要求。灯电流过大影响汞灯的使用寿命。载气流选在 800 mL/min 为宜。

3　在测试过程中汞污染源的控制

(1)使用的玻璃器皿应专用,测试完毕应浸泡在 HNO_3(5 + 95)溶液中。

(2)要使用二次蒸馏的高纯水。

(3)在测定了高浓度标准溶液和较高含量的样品之后,一定要用空白溶液连续测试操作两次,以免对下一个样品造成污染。

(4)实验室通风换气要好,控制空气中汞的污染。

（5）原子荧光光度计的进样管、气液分离管、进气管、排气烟囱等应定期清洗。

（6）所用的酸及其他试剂要求纯度要高，不同厂家和批次的试剂汞空白差异大。标准系列和样品用的试剂要严格配制。

（7）在分析操作中，严格做好空白样品，试剂的加入要做到一致。

Co^{2+}（Ni^{2+}）- DAAB - SDBS
新显色反应体系研究

韩保恒

（河南省地矿局水文地质总站，郑州　450016）

邻,邻'-二氨基偶氮苯(简称 DAAB)已用于光度法测定铜(Ⅱ),具有很好的选择性。作者发现在氨性溶液中,DAAB 也能与钴(Ⅱ)和镍(Ⅱ)发生显色反应。阴离子表面活性剂十二烷基苯磺酸钠(简称 SDBS)不仅使显色反应加快,灵敏度提高,而且还可以使反应前后颜色更加鲜明。本文分别对 Co^{2+} - DAAB - SDBS 和 Ni^{2+} - DAAB - SDBS 二体系做了系统的研究,得到了良好的结果。

Co^{2+} - DAAB - SDBS 和 Ni^{2+} - DAAB - SDBS 新显色体系分别在 pH = 7.5 ~ 9.5 和 pH = 7.5 ~ 10.5 定量地进行显色反应,溶液的吸光度最大且恒定。

实验证明,在 pH = 8.5 的氨性溶液中,在 10 ~ 40 ℃ 的温度下,Co^{2+} - DAAB - SDBS 体系的显色反应,5 min 显色完全,溶液的吸光度至少在 6 h 内稳定不变。低于 5 ℃ 显色溶液浑浊,不能进行测定。在 5 ~ 40 ℃ 的温度下 Ni^{2+} - DAAB - SDBS 体系的显色反应,10 min 显色完全,放置 24 h,溶液吸光度不变。在一般室温下,二显色体系的吸光度都不受温度的影响。

在上述显色条件下,络合物的吸收光谱由图 1 所示(略)。

Co^{2+} - DAAB 二元络合物和 Co^{2+} - DAAB - SDBS 三元体系(绿蓝色溶液)的吸收峰波长都为 610 nm。Ni^{2+} - DAAB 二元络合物的吸收峰为 570 nm,Ni^{2+} - DAAB - SDBS 三元体系(蓝色溶液)则有两个吸收峰,分别为 570 nm 和 610 nm,其中 610 nm 的吸收最强。试剂空白 DAAB 和 DAAB - SDBS 的吸收峰都在 445 nm 处。对比 $\Delta\lambda$ 为 165 nm。

用摩尔比法及连续变化法测得钴络合物组成比为 Co/DAAB = 1:2。镍络合物组成比为 Ni/DAAB = 1:1。

作者在加入 0.5 M 酒石酸钾钠溶液 5 mL pH = 8.5 的氨性溶液中,考察了 38 种阳离子,8 种阴离子和硫脲,分别作了对 50 µg 钴(Ⅱ)和镍(Ⅱ)的干扰试验。结果表明,钴(Ⅱ)和镍(Ⅱ)的干扰离子允许量相差不大。它们除铬(Ⅲ)、铜(Ⅱ)、银(Ⅰ)、铑(Ⅲ)、钌(Ⅲ)、钯(Ⅱ)、铱(Ⅳ)和铌(Ⅴ)容许微克量外,其余 Fe^{3+}、Al^{3+}、Ti^{4+}、Ca^{2+}、Mg^{2+}、Zn^{2+}、Cd^{2+}、Hg^{2+}、Fe^{2+}、Pb^{2+}、Sn^{2+}、As^{5+}、Sb^{3+}、Ga^{3+}、Ge^{3+} 等离子容许量为几毫克至几十毫克。阴离子硝酸根、硫酸根、磷酸根、醋酸根、氟离子、酒石酸根和硫脲容许量为几百毫克到几千毫克,对 Co^{2+}（Ni^{2+}）- DAAB - SDBS 体系光度法测钴(镍)都没有影响。铬(Ⅲ)氧化成铬(Ⅵ)可以提高容许量。加入硫脲使铜(Ⅱ)的容许量从几微克提高到几十微克。上述贵金属元素虽然容许量小,但一般样品不含这些元素或者含量甚微,不影响测定。唯有钴(Ⅱ)和镍(Ⅱ)相互有严重影响,但对测定钴镍来说,具有较好的选择性。

在试验共存离子影响的条件下,应用 Co^{2+}(Ni^{2+}) – DAAB – SDBS 体系分别测得钴含量为 0.20 ~ 3.2 mg/L,镍含量为 0.20 ~ 4.0 mg/L 各自都服从比尔定律,二者线性范围宽,络合物在 610 nm 处的摩尔吸光系数分别为 1.20×10^4 和 7.26×10^3。试剂空白和络合物的颜色变化鲜明,对比度大。Co^{2+} – DAAB – SDBS 和 Ni^{2+} – DAAB – SDBS 新显色体系是光度法测定钴和镍的良好体系。

乙二胺四乙酸二钠——钡容量法
检测污水中硫酸盐

郑月贤　齐光辉　杨巧玉

（河南省地质环境监测院，郑州　450016）

摘　要：在微酸性溶液中，加入过量的氯化钡溶液，将硫酸盐沉淀为硫酸钡，过量的钡离子在镁离子的存在下，连同水样中原有的钙、镁离子一起用乙二胺四乙酸二钠溶液滴定，可间接计算硫酸根的含量。

关键词：硫酸盐；滴定；乙二胺四乙酸二钠

硫酸盐是天然水中主要矿化成分之一，水中少量的硫酸盐对人体健康没有影响，但硫酸盐含量高的水有苦涩味及致泻作用。另外，水中高含量硫酸盐对混凝土有侵蚀作用，故硫酸盐的沉淀对了解地下建筑物的工程地质条件有一定意义。

1　方　法

在微酸性溶液中，加入过量的氯化钡溶液，将硫酸盐沉淀为硫酸钡，过量的钡离子在镁离子的存在下，于 pH = 10 的氨缓冲溶液中，连同水样中原有的钙离子、镁离子一起用乙二胺四乙酸二钠溶液滴定，间接计算硫酸根的含量。

2　试　剂

试剂：盐酸溶液(1 + 1)，钡、镁混合溶液，氨缓冲溶液(pH = 10)，酸性铬蓝 K—萘酚绿 B 混合溶液，乙二胺四乙酸二钠溶液(0.012 5 mol/L)，三乙醇胺溶液(1 + 1)，固体盐酸羟胺，硫化钠溶液(2%)。

3　分析步骤

（1）吸取水样 25.0 mL 于 250 mL 三角瓶中，加盐酸(1 + 1)两滴，摇动试液。

（2）加入 5.0 mL 钡、镁混合溶液，摇动，将试液加热至沸腾，并保温 1 h，静置冷却。

（3）向试液中加入氨缓冲溶液 5.0 mL，K + B 混合溶液两滴，用乙二胺四乙酸二钠溶液滴定到呈不变的蓝色，记录乙二胺四乙酸二钠溶液的体积(V_1)。

（4）另取不含硫酸盐的蒸馏水 25.0 mL，加入钡、镁混合溶液 5.0 mL，氨缓冲溶液 5.0 mL，K + B 混合溶液两滴，用乙二胺四乙酸二钠溶液滴定至终点，记录乙二胺四乙酸二钠溶液的体积(V_2)。

（5）吸取同一水样 25.0 mL，加入氨缓冲溶液 5.0 mL，K + B 混合溶液两滴，用乙二胺四乙酸二钠溶液滴定至终点，记录乙二胺四乙酸二钠溶液的体积(V_3)。

4 计　算

硫酸根的含量按下式计算：

$$SO_4{}^{2-}(mg/L) = \frac{M[(V_2 + V_3) - V_1] \times 96.06 \times 1\,000}{V}$$

式中，M 为乙二胺四乙酸二钠溶液的浓度，mol/L；V 为所取水样体积，mL。

5 讨　论

(1)在上述测定条件下，水样中硫酸盐的量在 10～150 mg/L 范围内，硫酸盐的含量与乙二胺四乙酸二钠溶液的体积成线性关系。如水样中硫酸盐的含量小于 10 mg/L，则测定误差较大，宜采用硫酸钡比浊法。如水样中硫酸盐的含量大于 150 mg/L，则硫酸盐沉淀不完全，测定结果偏低，须适当稀释后再测定。

(2)当水样的总碱度及钙、镁元素含量高时，应先向水样中加盐酸中和，并加热煮沸，逐去 CO_2，以防止加入氨缓冲溶液后部分钙、镁离子生成碳酸盐沉淀，使测定结果偏低。

(3)当溶液温度低于 10 ℃时，滴定到终点时的颜色转变缓慢，易使滴定过量，应先将溶液微热至 30～35 ℃后再滴定。

(4)铁、铝、铜、锰等元素干扰滴定终点，如水样中含有较多的这些元素时，则应按下述方法消除干扰：①水样在未加氨缓冲溶液前，先加三乙醇胺溶液(1＋1)适量，使铁、铝等离子被络合掩蔽，从而消除干扰；②水样在未加氨缓冲溶液前，加入少量的固体盐酸羟胺，此时，二价锰不影响滴定终点。但计算结果时，钙、镁含量一项应减去二价锰的量；③在待滴定的溶液中，加入新配制的硫化钠溶液(2%)0.5 mL，使铜及其他重金属离子生成硫化物沉淀而消除干扰。